普通高等院校地理信息科学系列教材

地理空间分析原理

崔铁军 等 编著

天津市品牌专业经费资助

科学出版社
北 京

内 容 简 介

地理空间分析是地理信息科学理论和技术的重要内容之一，是近年来地理信息科学研究的热点，也是地理信息科学与技术发展较迅速的领域。本书全面介绍了地理空间分析的理论方法、空间分析过程，详细讨论了地理空间量测、空间关系分析、空间推理、叠置分析、缓冲区分析、网络分析、地形分析、空间统计分析、时空序列分析、空间智能分析、空间数据挖掘和辅助决策等技术方法。

本书条理清晰、叙述严谨、实例丰富，既适合作为地理信息科学专业或相关专业本科生、研究生教材，也可供从事信息化建设、信息系统开发等有关科研、企事业单位的科技工作者阅读参考。

图书在版编目(CIP)数据

地理空间分析原理 / 崔铁军等编著. —北京：科学出版社，2016.3
普通高等院校地理信息科学系列教材
ISBN 978-7-03-047959-4

Ⅰ. ①地… Ⅱ. ①崔… Ⅲ. ① 地理信息系统-高等学校-教材 Ⅳ. ①P208

中国版本图书馆 CIP 数据核字（2016）第 060922 号

责任编辑：杨 红 程雷星/责任校对：彭珍珍
责任印制：张 伟/封面设计：迷底书装

科 学 出 版 社 出版
北京东黄城根北街 16 号
邮政编码：100717
http://www.sciencep.com
北京凌奇印刷有限责任公司 印刷
科学出版社发行 各地新华书店经销
*
2016 年 5 月第 一 版 开本：787×1092 1/16
2024 年 1 月第九次印刷 印张：23
字数：574 000
定价：69.00 元
（如有印装质量问题，我社负责调换）

前　言

从本质上讲，地理空间分析是人类认知自然能力的一种延伸。远古时代，受感觉或视觉范围所限制，人类祖先在地上放几根棍子和几块石头作标记，比划距离和方位寻找新的猎物，开始了最原始、最简单的地理空间分析。这说明在人类社会早期，地理空间分析成为人类认知自然和改造自然过程中不可或缺的技能。自从有了地图，人们就自觉或者不自觉地利用地图进行各种类型的空间分析。例如，在地图上测量地理要素之间的距离、面积，以及利用地图进行战术研究和战略决策等。随着现代科学技术，尤其是计算机技术引入地图学和地理学，地理信息系统（geographic information system，GIS）的孕育与发展，地图以数字形式存储于计算机中，以数字地图为支撑的空间分析成为 GIS 的核心和灵魂。利用计算机获取信息，进行分析、辅助空间决策，成为 GIS 的重要功能，也是 GIS 区别于一般的信息系统、CAD 或者电子地图系统的主要标志之一。“空间分析”这个词汇也就成为了这一领域的一个专业术语，也是评价 GIS 成功与否的一个主要指标。

地理空间分析的核心是以地理科学理论和现代科学技术手段解决地理问题，从地理对象空间分布、对象之间的空间关系及对象时空变化过程中获取派生的信息和新的知识，使得地理空间数据更为直观表达出其潜在含义，以便改进地理空间事件的预测和控制能力。地理空间分析能力（特别是对空间隐含信息的提取和传输能力）成为地理信息系统发展进步的驱动力。一个地理信息系统的成功与否取决于它回答人们辅助决策所提出问题的能力。因此，空间分析成为地理信息科学研究的热点方向，也是地理信息科学专业主修课程之一。国内外许多学者从不同的视角阐述了空间分析核心内容，出版了不同版本的空间分析教材。笔者在给地理信息科学本科生讲课时发现，各个版本的教材缺乏系统性，注重技术，忽视了空间分析与地理科学的关系，在教学过程中选择一本适合学生阅读的教材不易。笔者试图从地理科学的视角，以理论、方法、技术为主线，编写这本教材。其目的是抛砖引玉，旨在引起国内学者对地理空间分析理论与技术的探讨和思考，关注地理空间分析理论及技术研究与发展，推动地理信息科学的进步。但由于笔者水平有限，再加上地理空间分析理论与技术还处在不断发展和完善的阶段，书中疏漏之处在所难免，希望相关专家学者及读者给予批评指正。

参加本书写作的有天津师范大学地理信息科学专业老师郭继发、连懿、梁玉斌、宋宜全、刘朋飞、霍红元、张虎、王辉等同志，其中，郭继发负责第四章空间关系分析与推理和第十二章空间智能分析；宋宜全负责第十三章空间决策支持；刘朋飞负责第三章地理空间量测和第五章数字地形分析；连懿负责第八章网络分析和第九章空间统计分析；梁玉斌负责第七章缓冲区分析；张虎负责第六章叠置分析；霍红元负责第十章时空序列分析；王辉负责第十一章空间数据挖掘；其他章节由崔铁军负责。全书由崔铁军最终定稿。在本书撰写过程中，在读研究生协助完成了插图绘图和初稿校对等工作。对此，向他们表示衷心的感谢。还需要说明的是，本书在撰写过程中参考了大量国内外有关论著的理论和技术成果，书中仅列出了部分参考文献，未公开出版的文献没有列在书后参考文献中，尽量在正文当页下方作了脚注，部分资料可能来自于某些网站，但未能够注明其出处，请被引用资料的作者谅解。

值此成书之际，感谢天津师范大学城市与环境科学学院领导和老师的支持；感谢历届博士生、硕士生在地理信息科学研究方面所作出的不懈努力，在此表示衷心的感谢。

崔铁军

2016年3月20日于天津

目　　录

第一章　绪　论

地理空间分析是以地理学理论为基础、以数学建模为手段，以计算机为计算工具，以地理现象的位置和形态特征为对象，通过量算、插值、统计、建模、推理、模拟和推演等方法求解地理空间问题的理论、方法和技术。

1.1　地理空间分析概述

1.1.1　地理空间分析起源

1. 地理空间认知

地理空间分析起源于人类的地理空间认知。从本质上讲，地理空间分析是人类认知自然能力的一种延伸，它的思想在人类社会发展过程中起到了重要的作用。认知是一个人对他所生活世界的认识和了解的各个过程的总称，是概念形成、问题求解、语言描述、个性差异等有机联系的信息处理过程。人类通过对客观世界进行信息获取、存储、转换、分析和利用，认识、理解和掌握客观事物的本质特征与规律，并形成概念世界来描述和表达客观世界。空间认知是人们各种认知形式之一，主要研究人们怎样通过获取、处理、存储、传递和解译空间信息来认识自己赖以生存的环境，包括其中的诸事物、现象的相关位置、空间分布、依存关系，以及它们的变化和规律。地理空间认知是空间认知的一个方面，人类认知自己赖以生存的地理环境（主要指地球的四大圈层：岩石圈、水圈、大气圈和生物圈），包括位置、分布、关系、变化规律等。认知离不开分析，分析是人类认知的重要环节。同样，空间分析是空间认知的重要环节。人们对地理环境的认知也离不开地理空间分析。远古时代，人类祖先在地上用几根棍子和几块石头作标记，比划距离和方位寻找新的猎物。这些也可看做是最原始、最简单的地理空间分析，说明在人类社会早期，地理空间分析成为人类认知自然和改造自然过程中不可或缺的技能。

2. 地图分析

从古到今，人类地理空间认知和分析的结果需要用语言表述，包括自然语言、文字和图形。用图形表示地理世界就有了地图。地图用简单的、抽象的地图符号描述复杂的地理现象。地图源于人类生活、生产实践活动。地图作为地理的特殊语言，自产生起便与地理空间分析结下不解之缘，而成为地理成果的重要表达形式。在地图上确定位置、描述人的活动线路和记载物产，便成为地图最原始的功能。实际上自有地图以来，人们就始终在自觉或不自觉地进行着各种类型的空间分析。例如，在地图上量测地理要素之间的距离、方位、面积，乃至利用地图进行战术研究和战略决策等。传统地图的空间分析是人通过读、描、推、算等过程，多种感官交替使用，在地图上用“找”和“指”、“读”和“写”、“想”和“说”等方式进行的。通过空间分析，“哑图”变为“活图”，最后，“地图”变成学生“脑图”，在人们头脑中形成完整的地理空间概念。人们利用地图通过对某地理

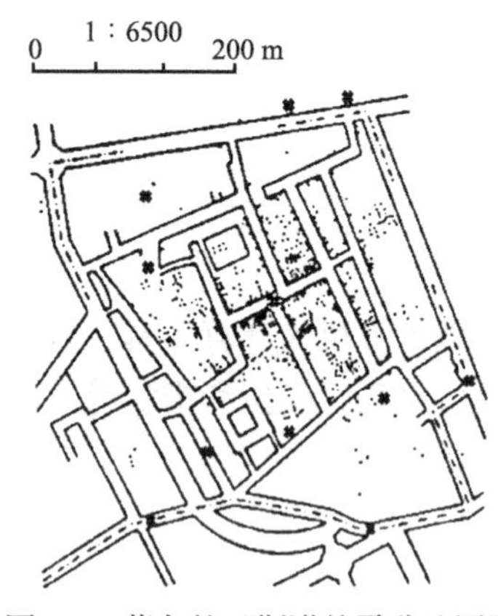

图 1.1　著名的“斯诺的霍乱地图”

事物地理位置的分析，可以得出该事物许多的地理空间特征和空间属性，从而为解决地理问题提供或明或暗的基础条件。地图在理解地理原理、探索地理规律、解决地理问题中扮演着重要的角色。人们不断提高地图的制作水平与精度，进而提高人们对地图所表达的空间信息的理解能力与解译能力，实质上就是进行空间分析的过程。地图分析非常著名的例子，就是著名的“斯诺的霍乱地图”，如图 1.1 所示。1854 年 8 ~ 9 月，英国伦敦霍乱病流行，但是政府始终找不到患者的发病原因。琼·斯诺博士使用一张地图，解决从空间位置关系揭示发病根源、分析病例的空间分布规律及其是否与污染分布有关等诸如此类的问题。

3. 计量地理

地理学家很早采用地理空间分析方法对各类地理学问题进行研究。地理环境是一个整体，各要素间是相互关联的。这里说的关联是指地理事物之间内在的必然联系。地理事象的空间关联可分为地理位置关联、交通和通信上的关联等，是通过人流、物流和信息流来实现的。在区域研究或行业生产发展中涉及大量的地理事象空间关联的分析。例如，将洋流分布图与世界渔场分布图对照进行空间分析，可以揭示洋流与世界主要渔场之间的关联；将等温线图与地形图对照分析，可以找到地形与气温间的某种关联。

地理空间分析概念的提出与飞跃式发展很大程度获益于 20 世纪 20 年代开始的数量地理学革命。马克思曾指出：“一种科学只有在成功地运用数学时，才算达到了真正完善的地步。”地理事象总是发生在一定的时间和空间。工业和农业区位选择经常涉及地理事象的空间关联。例如，气候与自然就具有一定空间关联，京津唐工业区就背靠山西煤炭工业基地，它们之间存在着紧密的空间关联。通过地理事象空间关联的分析，可以把握人流、物流和信息流等方面的地理信息。复杂的空间关联则需要采用多种数学手段，需借助数学通过确定相关系数、建立数据模型和空间模型来进行分析。20 世纪 60 年代地理学兴起了计量革命，计量革命为地理学带来了新工具也带来了新思维，地理学中出现了计算地理学（geographimetrics），或称地理学的数学方法，引起了地理学的“计算革命”，对数学在地理学中的应用起到了普及和推动作用。计量地理学利用数学工具深入研究地区自然、社会、经济、人口等过程的各种数学模型，阐明地域现象的空间分布结构规律与模式，进行有关地理结构和地理组织的演绎。由于兼容并蓄了系统论、控制论、信息论、决策论等学科的内容和方法，从而丰富和加强了地理空间分析的理论基础。将定量（主要是统计）分析手段应用于分析点、线、面的空间分布模式，强调地理空间本身的特征、空间决策过程和复杂空间系统的时空演化过程分析。空间分析理论和方法体系在这一时期也相继建立。1970 年，Tobler 提出了著名的地理学第一定律，即“Everything is related to everything else，but near things are more related to each other”（任何事物都相关，只是相近的事物关联更紧密）。1969 年，美国俄亥俄州州立大学出版国际理论性刊物《地理分析》，一系列重要的数量地理学研究成果均发表在该杂志上。20 世纪 70 年代以后，数量地理学的理论日趋完善，奠定了现代空间分析的理论基础。

4. 地理信息系统

完全依靠人工计算，故只能对少数要素进行统计，严格地说只能称为“统计地理学”。20 世纪 60 年代后，在电子计算机技术推动下，加拿大科学家 Roger Tomlinson 首次提出“地理信息系统”（GIS）术语。地理空间分析作为 GIS 的核心部分之一，也是区别于计算机地图制图系统的显著特征之一。早期的 GIS 强调的是简单的空间查询，空间分析功能很弱或根本没有，随着 GIS 的发展，用户需要更多更复杂的空间分析功能，出现了多种空间分析技术，如缓冲区分析、路径分析、叠加分析、地形分析、聚类分析、空间回归分析和空间相关分析等。空间分析成为地理信息系统的核心功能，这就促进了 GIS 空间分析技术的发展。根据分析的数据性质不同，可以分为：①基于空间图形数据的分析运算；②基于非空间属性的数据运算；③空间和非空间数据的联合运算。利用 GIS 分析功能，对地理空间数据进行分析，解决复杂的变动地学应用问题，逐步形成了地理空间分析的理论和技术方法。

5. 地理计算

遥感技术和 GIS 作为地理空间分析的有效工具带来了地理学的大发展，但地理空间数据量大和地理问题复杂，使得地理空间分析的计算陷于困境，计量革命最初的辉煌在 20 世纪 70 年代末变得黯然失色。分析方法的缺失使得遥感技术与 GIS 技术的应用越来越困难，在这种情况下，20 世纪 90 年代初，地理学家们提出需要把地理信息系统学科发展为地理信息科学。然而，地理信息科学的核心内容是什么呢？1996 年英国利兹大学 Stan Openshaw 等主导展开第一次地理计算学术会议，这次会议宣告了计算地理学作为地理学基础学科的诞生。它带来的科学思想，深刻影响着地理学及相关学科。计算地理学是信息时代地理学的标志。经过近十年的发展，计算地理学的内容基本上明确为空间数据挖掘（含图形、图像处理）、空间运筹、地理数值模拟、地理非数值模拟、地理计算平台软件工程和地理计算模式等（王铮，2011）。地理计算成为地理空间分析的核心内容，主要研究地理空间分析的方法学问题，包括算法、建模和计算体系。

近年来，大数据越来越多地被用来描述正在到来的信息爆炸的时代，急剧增长的地理空间数据已经成为大数据流的重要组成部分，空间大数据的发展将会有效化解地理信息领域长期存在的数据瓶颈问题。地球本身作为一个开放的复杂巨系统，涉及要素众多，时空变化剧烈，建模过程非常复杂。伴随着高性能计算机等硬件技术的发展及云计算和移动计算等软件技术的发展，海量地理空间数据分析、空间建模和空间优化等核心问题有待进一步研究。

1.1.2 地理空间数据

人们在认识自然和改造自然活动中，长期以来用语言、文字、地图等手段表示描述自然现象和人文社会文化的发生和演变的空间位置、形状、大小范围及其分布特征等方面的地理信息（图 1.2）。随着计算机技术和信息科学的引入，人们不得不将连续的以模拟方式存在于地理空间的空间物体离散化，用数字（数据）描述地球表面的地理信息，使计算机能够识别、存储和处理地理实体。空间物体离散化的基本任务就是将以图形模拟的空间物体表示成计算机能够接受的数字形式（数字化）。地理空间数据是指用来表示地理空间实体的位置、形状、大小及其分布特征诸多方面信息的数据，它可以用来描述来自现实世界的目标，具有定位、定性、时间和空间关系等特性。

图 1.2　地理实体的描述

1. 地理实体的数据描述

1）地理现实世界

地理学是研究地球表面自然和人文社会现象及发展规律的科学。人们借助于外感官，探讨地球表面众多现象、过程、特征及人类和自然环境的相互关系在空间及时间上的分布。地理现实世界是复杂多样的，要正确地认识、掌握与应用这种广泛而复杂的现象，需要进行去粗取精、去伪存真的加工，这就要求对地理环境进行科学的认识。对于复杂对象的认识是一个从感性认识到理性认识的一个抽象过程。对于同一客观世界，不同社会部门或学科领域的人群，往往在所关心的问题、研究的对象等方面存在着差异，这就会产生不同的环境映象。

2）地理现实世界抽象表达

人类自从有了语言就学会了抽象表达。人类借助于外感官了解外面的地理现象，在认识过程中，从感性认识上升到理性认识，把所感知的事物的共同本质特点抽象出来，加以概括，就成为概念。在概念层次的世界充满了复杂的形状、样式、细节。人类在表达概念的过程中形成语言，包括自然语言、文字和图形。用图形表示地理世界就有了地图。地图用简单的、抽象的地图符号描述复杂的地理现象。地图在抽象概括表达过程中以两种观点描述现实世界。

（1）场的观点。地理现象在空间上是连续的充满地球表层空间的。地球表面的任何一点都处于三维空间，如果包含时间，是四维空间离散世界，如大气污染、大气降水、地表温度、土壤湿度及空气与水的流动速度和方向等。基于场的思想是把地理空间的事物和现象作为连续的变量来看待，借助物理学中场的概念表示一类具有共同属性值的地理实体或者地理目标的集合，根据应用的不同，场可以表现为二维或三维。一个二维场就是在二维空间中任何已知的点上，都有一个表现这一现象的值；而一个三维场就是在三维空间中对于任何位置来说都有一个值。一些现象，如空气污染物在空间中本质上讲是三维的。基于场模型在地理空间上任意给定的空间位置都对应一个唯一的属性值。根据这种属性分布的表示方法，基于场模型可分为图斑模型、等值线模型和选样模型。

图斑模型是将一个地理空间划分成一些简单的连通域，每个区域用一个简单的数学函数表示一种主要属性的变化。根据表示地理现象的不同，可以对应不同类型的属性函数。比较简单的情况，每个区域中的属性函数值保持一个常数。图斑模型常常被用于描述土壤类型、土地利用现状、植被及生物的空间分布。除了单一属性值，还有多属性值的情况。

等值线模型经常被视为由一系列等值线组成，一条等值线就是地面上所有具有相同属性值的点的有序集合。用一组等值线将地理空间划分成一些区域，每个区域中的属性值的变化是相邻的两条等值线的连续插值。等值线模型常表示等高线、等温线、大气压、地下水位线等。

选样模型是以有限的抽样数据表达地球表面无限的连续现象，地理现象在地理空间上任何一点属性值是通过有限个点的属性值插值计算的。按采样点分为无规律的离散点和规则格网点。

（2）对象观点。地球表层空间被散布的各种对象所填充，对象之间具有明确的边界，每一个对象都有一系列的属性。基于对象的思想是采用面向实体的构模方法，将地球表面的现实世界抽象为点、线、面、体的基本单元，每个基本单元表示为一个实体对象。每个实体对象的几何位置和形态用矢量坐标表示。每个实体对象均赋以唯一的标志来表示，并用属性表表示实体对象的质量和数量特征。

几何数据是描述空间对象的空间形态特征，用来描述空间实体的位置、形状、大小的信息，也称位置数据、定位数据。一般用经纬度、坐标表达。

属性数据是描述空间对象的质量和数量特性，表明其“是什么”，又称非几何数据，一般通过代码给予表达。属性数据对地理要素进行语义定义。它包括各个地理单元中社会、经济或其他专题数据，是对地理单元（实体）专题内容的广泛、深刻的描述。如对象的类别、等级、名称、数量等。

关系数据是描述各个不同空间实体之间的关系（如邻接、关联、包含、连通、接近度）信息，一般通过拓扑关系表达。

除了这三个基本信息外，地理实体变化也是一个很重要的特征。时间特征在基础数据中用资料说明和作业时间来反映，描述地理数据的几何数据随时间各自独立变化，时间因素赋予地图要素动态性质，时间因素也是评价空间数据质量的重要因素。

3）地理现实世界数字表达

为了使计算机能够识别、存储和处理地理现象，人们把地理实体数字化，表示成计算机能够接受的数字形式。数据是地理信息表达的一种形式，可以是数字、文字、图形、图像和声音等多种形式。由于人们对地理现实世界的描述只能抽象表达，所以用数据描述地理世界只能在抽象表达基础上用有限的对象描述，而不能也没有必要全面、详尽、保真地复制地理现象本身。用数据世界描述地理世界有两种形式：①基于场的观点，表达连续现象的栅格数据；②基于对象观点，表达地理离散现象的矢量数据（图 1.3）。

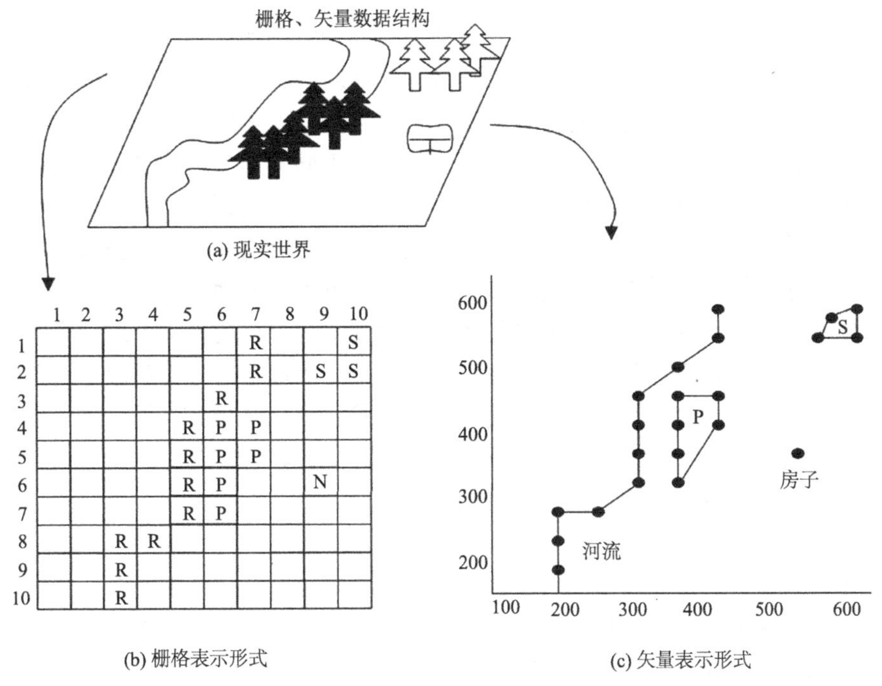

图 1.3　地理实体的数据描述

矢量数据就是在直角坐标系中，用 X、Y 坐标表示地图图形或地理实体的位置和形状的数据。通过记录实体坐标及其关系，尽可能精确地表现点、线、多边形等地理实体，坐标空间设为连续，允许任意位置、长度和面积的精确定义。矢量数据结构是利用欧几里得几何学中的点、线、面及其组合体来表示地理实体空间分布的一种数据组织方式。这种数据组织方式能最好地逼近地理实体的空间分布特征，数据精度高，数据存储的冗余度低，便于进行地理实体的网络分析。

栅格数据就是按栅格阵列单元的行和列排列的有不同“值”的数据集。栅格结构是用大小相等、分布均匀、紧密相连的像元（网格单元）阵列来表示空间地物或现象分布的数据组织，是最简单、最直观的空间数据结构，它将地球表面划分为大小、均匀、紧密相邻的网格阵列。每一个单元（像素）的位置由它的行列号定义，所表示的实体位置隐含在栅格行列位置中，数据组织中的每个数据表示地物或现象的非几何属性或指向其属性的指针。点实体由一个栅格像元来表示；线实体由一定方向上连接成串的相邻栅格像元表示；面实体（区域）由具有相同属性的相邻栅格像元的块集合来表示。

2. 地理空间数据的特征

地理空间数据代表了现实世界地理实体或现象在信息世界的映射，是地理空间抽象的数字描述和离散表达。地理空间数据是描述地球表面一定范围（地理圈、地理空间）内地理事物（地理实体）的位置、形态、数量、质量、分布特征、相互关系和变化规律的数据。地理空间数据作为数据的一类除具有空间特征、属性特征和时间特征三个基本特征外，还具备抽样性、时序性、详细性与概括性、专题性与选择性、多态性、不确定性、可靠性与完备性等特点。这些特点构成了地理空间数据与其他数据的差别。

1.1.3 地理空间分析的定义

地理空间分析是对地理空间现象的定量研究。地理空间物体和现象是空间分析的具体研究对象。空间物体具有空间位置、分布、形态、空间关系（距离、方位、拓扑、相似和相关）等基本特征，其中空间关系是地理实体之间存在的与空间特征有关的关系，是空间数据组织、查询、分析和推理的基础。不同类型的地理实体具有不同的形态结构描述，例如，可以将地理实体划分为点、线、面和体四大要素，面具有面积、周长、形状等形态结构，如具有长度、方向等形态结构。地理空间分析还处于不断发展过程中，目前尚无一个公认的统一定义，已有定义都是基于不同的侧重点及各自的应用领域，或侧重于地理学，或侧重于测绘学，或侧重于信息学，分别对空间分析的内涵进行阐释。地理空间分析的定义可以分成两个部分：一部分是传统意义上的地理空间分析，即以地图为基础的地理空间分析叫做空间图形分析，空间图形分析的产生及发展与地图科学及地图制图技术发展息息相关；另一部分是现代意义上的地理空间分析，即以地理空间数据为基础的地理空间分析叫做空间数据分析，因为它是 GIS 的重要组成部分，所以又叫做 GIS 空间分析。

1. 空间图形分析

地图上包含着空间现象诸多的数量特征和质量特征，以及现象间的联系，甚至在一张地图上，也表达出现象的发展变化。人们通过分析地图可以获得地球表面一定范围的空间表象及其联系和随时间推移的变化，从而可以得出相应的空间量度（坐标、长度、面积、高度和体积等）。

空间图形分析就是把地图表象作为研究对象，对于人们感兴趣的客体，利用地图上所载负的客观实体的信息进行科学研究，探索和揭示它们的分布、联系、演化过程等规律，预测预报它们的前景，即将地图作为空间模型，用多种方法对各种地图表象进行分析解释（祝国瑞，1993）。

空间图形分析是对地图所表现的各种要素和内容进行分析的方法，主要有目视、图解、量算、数理统计或建立数学模式等方法。任何自然或经济现象在地图上都有各自设计表现的特有方式，目视分析形象特征表现的规律，可达到看图知意的效果。而对地图的平面观察仍有局限性，有时尚需利用侧视或建立三维图解的方法，制作剖面图或立体断块图，有助于从不同的侧面观察地表形态的组合形式和地下埋藏状况。对于地图上各种地物方位、长度、面积、地形起伏高度等，更可为不同目的需要从定量方面进行分析、量算，其精度主要取决于地图本身的精确性和量测技术的精度。不同投影的地图，对量测方向、距离、面积等要素的数值产生不同效果。为获取正确的分析数据，应了解各种投影响性质及产生误差的规律以资订正。

2. 空间数据分析

地理空间数据分析，也叫做GIS空间分析，是GIS的核心和灵魂，是GIS区别于一般的信息系统、CAD或者电子地图系统的主要标志之一。

地理空间数据是指用来表示地理空间实体的位置、形状、大小及其分布特征诸多方面信息的数据，它可以用来描述来自现实世界的目标，具有定位、定性、时间和空间关系等特性。地理空间数据分析是对分析地理空间数据有关技术的统称。根据数据性质不同可以分为：①基于空间图形数据的分析运算；②基于非空间属性的数据运算；③空间和非空间数据的联合运算。地理空间数据分析赖以进行的基础是地理空间数据，其运用的手段包括各种几何的逻辑运算、数理统计分析、代数运算等数学手段，最终的目的是解决人们所涉及地理空间的实际问题，提取和传输地理空间信息，特别是隐含信息，以辅助决策。

地理空间数据分析是为了解决地理空间问题而进行的数据分析与数据挖掘，主要通过空间数据和空间模型的联合分析来挖掘空间目标的潜在信息，是从GIS目标之间的空间关系中获取派生的信息和新的知识，是从一个或多个空间数据图层中获取信息的过程。

由于学者对空间分析的内容界定相差较大，故关于空间分析的称谓很多，如地理信息分析或地理空间分析、地理信息统计分析、地理分析、空间数据分析、空间统计学、空间统计与建模、地统计学等，但更多的文献中概称为空间分析。可见空间分析的内涵丰富应用广泛，既有基于地理信息系统的图形分析，也有基于统计学的分析和建模；既有地理学的应用，也有流行病学、生态学、环境科学等领域的应用。鉴于空间分析内涵的丰富性，学者从不同角度对其进行了分类与定义。主要观点有：空间分析是对数据的空间信息、属性信息或二者共同信息的统计描述或说明（Goodchild，1987）；空间分析是基于地理对象空间布局的地理数据分析技术（Haining，1980）；空间分析是指为制定规划和决策，应用逻辑或数学模型分析空间数据或空间观测值；GIS 空间分析是从一个或多个空间数据图层获取信息的过程；空间分析是对于地理空间现象的定量研究，其常规能力是操纵空间数据成为不同的形式，并且提取其潜在信息（Bailey，1995；Openshaw，1997）；空间查询和空间分析是指从GIS目标之间的空间关系中获取派生的信息和新的知识（李德仁，1993）；空间分析是基于地理对象的位置和形态特征的空间数据的分析技术，其目的在于提取和传输空间信息（郭仁忠，1997）。

地理空间分析是从地理空间的角度描述和分析问题。在不少场合，把地图分析和地理空间数据分析等同看待，本书中将地图分析、空间图形分析、地理空间数据分析统称为地理空间分析。

综合多学科关于空间分析的定义，基于对地理空间分析本质的认知和理解，顾及地理信息科学的当代发展，地理空间分析是基于地理学基本理论，采用逻辑运算、数理统计和代数运算等现代数学手段，以计算机技术为工具，以地理现象的位置和形态特征为对象，通过量算、插值、统计、建模、分析、模拟和推演等方法求解地理空间问题的理论、方法和技术。其目的在于为解决地理空间问题而进行的分析、探索和揭示地理客观实体的分布、联系、演化过程等规律，是从地理要素之间的空间关系中获取派生的信息和新的知识，为经济建设、环境和资源调查中的综合评价、规划和预测等科学空间决策提供技术支撑。

3. 空间分析方法体系

一直以来，对于空间分析的论述已经明显呈现出不同的认识：一种认为空间分析主要是对点、线、面的参数描述和图形表示；另一种认为空间分析主要是对地理对象的空间分布的研究与描述。Goodchild 第一次对空间分析的框架作了较系统的研究。他将空间分析分为两大类：一类是“产生式分析”（product mode），通过这些分析可以获得新的信息，尤其是综合信息，实质是提取显式存储空间信息；另一类是“咨询式分析”（query mode），旨在回答用户的一些问题，其实质是提取隐式存储空间信息。后来他把空间分析的功能分为六组，即同类地理现象的属性分析（统计分析）、同类物体的位置和属性数据的联合分析、物体对属性的分析、多类物体的分析、从一类或两类物体产生新的物体对的分析、产生新一类物体的分析等。再后来他又采用不同的逻辑，把空间分析分为空间统计分析、空间相互作用、空间依赖、空间决策支持等，这是对空间分析进行高度抽象的结果，是对空间分析问题认识的进一步深化。

R.Haining 把空间分析分为三大部分，即统计分析、地图分析、数学模型。他没有具体阐述地图分析和数学模型的内容，只是着重于空间统计数据的抽样设计、统计整理、数据模拟及统计特征的分析，就是以数学（统计）模型来描述和模拟空间现象和过程，将本来模拟的地理模型转换成数学模型，以便于定量描述和模拟。他的主要贡献是对地理对象的空间分布的定量研究与描述。

黄杏元把 GIS 的空间分析功能分为数字地形模型分析、空间特征的几何分析和多变量统计分析等。他的观点与 R.Haining 有些相似之处，多变量统计分析与统计分析、数字地形模型分析与数学模型相比，不过是更具体些。空间特征的几何分析是地图分析的内容。在他的著作中，把各种应用模型归为建筑在空间分析之上的独立的部分（黄杏元，2008）。

陈述彭认为地理信息系统的空间分析功能可用于分析和解释地理特征间的相互关系及空间模式，把 GIS 的空间分析分为三个不同的层次：空间检索、空间拓扑叠加分析、空间模拟分析，并认为应更多地关注环境空间模拟模型的研究，同时把空间模拟分析分为三类：一是地理信息系统外部的空间模型分析，将地理信息系统当做一个通用的空间数据库，而空间模型分析功能则借助于其他软件；二是地理信息系统内部的空间模型分析，试图利用地理信息系统软件来提供空间分析模块，以及发展适用于问题解决的宏语言；三是混合型的空间模型分析，既充分利用软件所提供的功能，又充分发挥研究人员的主观能动性。其空间模拟分析的内容包含了各种应用模型，其目的在于模拟试验、预测预报，建立各专业自己的应用分析模型（陈述彭等，1999）。

郭仁忠认为应该以空间信息作为框架来构造空间分析的体系，必须考虑不同信息之间的空间联系，如空间分布趋势和空间对比，从信息内涵上讲是有区别的，但从分析上讲，又是密切联系的，对于空间分布的图形描述既传递了空间分布信息，又传递了空间趋势和空间对比信息，因此空间分析框架应该基于空间信息的综合。为此，空间分析的模型与方法应从五个方面去分析和阐述：空间位置分析、空间分布分析、空间形态分析、空间关系分析和空间相关分析（郭仁忠，2001）。

1.1.4 地理空间分析的过程

地理空间分析成为地理科学研究的有力手段，经济建设的实践要求地理科学对自然资源、自然环境和地域系统演变进行定量分析，应用数学方法和计算机技术，寻求地理现象发生性质变化的数量方面的依据和度量，从而对地理环境的发展、变化提出预测及最优控制。地理空间分析的过程如图 1.4 所示。

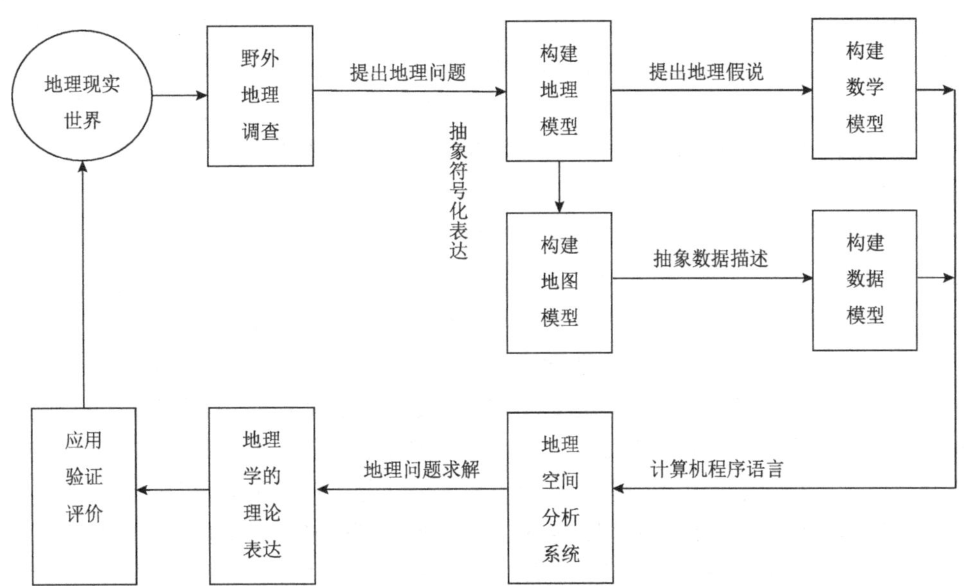

图 1.4 地理空间分析的过程

1. 地理模型

模型是对现实世界中客观实体或现象的抽象和简化的结构。地理模型是对真实地理世界中复杂空间事物所作的概括、简化和抽象表示。也就是把地理实体加以理性的概念化，求得在物理属性、力学属性、化学属性、生物属性等方面的尽可能相似，最终加以高度概括的各种方式的抽象表达。任何一个地理模型，都表征着对一个地理实体的本质描述，既标志着对实体的认识深度，也标志着对实体的概括能力，从这个意义上看，一个地理模型代表着一种地理思维。

在建立地理模型时，必须遵守以下原则：①相似性，即在一定允许的近似程度内，可确切地反映地理环境的客观本质。②抽象性，即在充分认识客体的前提下，总结出更深层次的理性表达。③解释性。立足于分析地理现象发生的原因、规律、影响及发展趋势，侧重于对地理事件的来龙去脉，以及地理现象的原因、结果和地理实体间的相互关联进行阐述、说明和解释，是帮助人类认识复杂地理世界的有力工具。④简捷性。既是实体的抽象，又必须是实体的简化，但其必须包含真实地理世界本质，以便降低复杂地理问题的求解难度。⑤精确性，即必须使模型的运行行为具有必要的精确度，它反映了所建模型的正确精度，所构建的地理模型应具有一定的描述、表达和分析地理实体的位置、属性及演变规律的拟合程度。⑥模糊性。与精确性相反，有些地理现象的变化发展很难用精确的定律或定量的公式进行描述，只能用概念化的抽象语言进行概括，用不确定的模型进行模糊综合分析。⑦统计性。在地理世界中有些地理现象是随机发生的，地理要素之间的相互关系、影响因子是不确定的，只能以统计值或概率分布的形式给出，用统计方法测定地理要素之间相互关系的密切程度，揭示实体之间依赖、相关和自相关等关系。⑧时序性。在地理世界中地理要素变量随时间变化，运用要素变量按照时间顺序变动排列而形成的一种数列进行地理过程的时间序列分析，通过分析地理要素变量随时间变化的历程，揭示其发展变化的规律，并对未来状态进行预测。⑨可控性，即以地理模型所表示的地理环境，要能进行控制下的运行及模拟。

地理模型的作用体现在描述地理原型的要素构成、关系及动态演变过程，故地理模型应尽可能表达地理原型系统的状态、结构和功能。然而，各种地理模型都具有各自的优缺点，其发展趋势是趋于更完整、更全面、多维的、动态的对空间对象进行表达。在实际应用中，应根据应用目的、建模需求，选择适当的地理模型对空间对象进行模拟和分析。

2. 地图模型

地图是最重要的地理模型。地图是客观世界的一种表现形式——模型。地图模型是地理模型的图形描述和表达。地理现实世界是复杂的，人们运用思维能力对客观存在进行简化与概括，形成概念模型；运用符号和图形对客观存在进行简化和抽象，形成符号模型。将现实世界经过科学抽象概括，依据一定的数学法则，有规则按比例，利用符号化的语言，在平面介质上描写各种事物的空间分布、联系及时间中的发展变化状态绘制的图形，形成地图模型。地图模型是地理现实世界的表现或抽象，具有严格的数学基础、符号系统、文字注记，并能用地图概括原则，科学地反映出自然和社会经济现象的分布特征及其相互关系。

地图模型是地理空间分析的基础，通过图解分析可获取制图对象空间结构与时间过程变化的认识；通过地图量算分析，可获得制图对象的各种数量指标；通过数理统计分析，可获得制图对象的各种变量及其变化规律；通过地图上相应要素的对比分析，可认识各现象之间的相互联系；通过不同时期地图的对比分析，可认识制图对象的演变和发展。发挥地图认识功能，就要充分发挥地图在分析规律、综合评价、预测预报、决策对策、规划设计、指挥管理中的作用。

3. 地理数学模型

数学模型（mathematical model）是近些年发展起来的新学科，是数学理论与实际问题相结合的一门科学。它将现实问题归结为相应的数学问题，并在此基础上利用数学的概念、方法和理论进行深入的分析和研究，从而从定性或定量的角度来刻画实际问题，并为解决现实问题提供精确的数据或可靠的指导。现在数学模型还没有一个统一的准确定义，因为站在不同的角度可以有不同的定义。笔者给出如下定义：数学模型是关于部分现实世界和为一种特殊目的而作的一个抽象的、简化的结构。具体来说，数学模型就是为了某种目的，用字母、数字及其他数学符号建立起来的等式或不等式及图表、图像、框图等描述客观事物的特征及其内在联系的数学结构表达式。

地理数学模型是地理模型和数学模型的结合，以实地地理调查为基础，是从地理调查到建立地理学理论表述之间的桥梁。因此，它通常作为地理学理论研究的有用工具和表达形式。建立和应用地理数学模型的过程称为地理系统的数学模拟。

地理数学模型是描述地理系统各要素之间关系的数学表达式。它是实际地理过程的简化和抽象，要求以最少的变量或最小维数向量表示复杂的地理系统状态，具有严密性、定量性和可求解性。当它确切反映地理过程时，其解析常常可以引出地理问题的正确解决方案。应用地理数学模型研究地理系统是一种经济实用的方法，并且便于交流研究成果。

现代地理系统研究中广泛应用地理数学模型和数学模拟方法。建立地理数学模型必须注意的中心环节是权衡模型的简化性、精确度和可求解性。地理数学模型的研究经历了单要素或少要素统计分析模型、多要素静态地理数学模型、综合线性系统地理数学模型、动态系统模型等发展阶段。建立高阶非线性动态模型和耗散结构、自组织过程模型是当前地理数学模型技术的新方向。由于地理系统的复杂性质，地理数学模型研究也面临一些问题：简化性可能使地理数学模型偏离真实的地理基础；复杂的高阶非线性动态系统数学模型难以求解；复杂的地理系统跃变过程难以用连续性数学模型描述；地理数学模型与地理调查、地理数据的契合不紧密等。这些困难必须通过定性与定量研究相结合，发展地理系统的非数学模型方法，如计算机模拟技术等才能解决。

4. 地理数据模型

地理空间数据是地理现实世界又一种表达形式。它以计算机能够接受和处理的数据形式实现对地理世界的抽象表达。在地图模型的基础上用点、线、面及实体等基本空间数据结构来表示地理实体定位、定性、时间和空间关系等，借以表明空间实体的形状大小及位置和分布特征。地理空间数据是地理空间数据分析的基础。地理空间数据对地理现实世界抽象、表达、获取、组织和存储、分析与应用都离不开地理数据模型。

地理数据模型是地理空间数据分析的灵魂，是关于现实世界中空间实体及其相互间联系的概念，为了反映地理实体的某些结构特性和行为功能，按一定的方案建立起来的数据逻辑组织方式，实现复杂的地理事物和现象抽象到计算机中进行表示、处理和分析。地理数据模型分为概念模型（包括三种：①场模型，用于描述空间中连续分布的现象；②对象模型，用于描述各种空间地物；③网络模型，可以模拟现实世界中的各种网络）、逻辑数据模型（常用的包括矢量数据模型、栅格数据模型和面向对象数据模型等）、物理数据模型（物理数据模型是指概念数据模型在计算机内部具体的存储形式和操作机制，即在物理磁盘上如何存放和存取，是系统抽象的最底层）。

5. 地理分析系统

地理数学模型、地理数据模型（地理数据）和计算机系统是构建地理空间分析系统的三个基石。地理空间分析主要通过地理数学模型和地理数据模型（地理数据）联合分析来挖掘空间目标的潜在信息。地理分析系统已经在GIS软件中实现，GIS集成了大量的空间分析工具，如空间信息分类、叠加、网络分析、领域分析、地统计分析等。另外，还有一系列适应地理空间数据的高性能计算模型和方法，如人工神经网络、模拟退火算法、遗传算法等。

目前，GIS 软件与空间分析软件相结合的方式有两种：一种是高度耦合；一种是松散耦合。高度耦合结构即把空间分析模块嵌入 GIS 软件包中，供用户直接从图形界面中选择各种功能，GIS 中相关的数据直接可以参与空间分析计算，这种方式方便了用户，但代价是开发费用较高，实现周期长。目前也只有少数的大型 GIS 公司才会深入涉足到高耦合结构 GIS 软件的设计与开发中，如美国 ESRI 公司。

松散耦合结构则是在相对独立的 GIS 软件和空间分析软件之间使用一个数据交换接口，GIS 软件中的数据通过接口为空间分析软件提供基本的分析数据源，经空间分析软件计算出的结果通过接口以图形的方式显示在 GIS 软件中。实现这种架构方式相对容易，费用也相对较低，一般可以使用开源的 GIS 软件即可实现这种结构。

6. 问题求解

地理学家对地学现象进行研究的一个重要途径是对地学问题进行求解。地理问题求解即在某一地理应用目标中，利用地理信息技术处理空间信息的活动。地理问题求解的一个重要方法与途径是地理空间分析和过程模拟，通过分析和模拟地理现象揭示地学规律。面对一个地理问题进行求解，需要多个地理模型的协同、地理模型相互交流，从而引起地理空间数据的共享，解决模型集成时多个地理空间数据模型之间的输入、输出和交换等一系列问题。

1.2 地理空间分析地位与作用

地理空间分析的三大任务：①空间信息的获取。空间信息的获取包括空间信息的调查、量测、提取、形式化描述等基本过程，如位置信息的量测、面积的量算、空间知识的挖掘、空间形态的描述等。②空间现象的解释。基于已经建立的 GIS 空间数据库进行空间现象的解释，如利用交通网络的布局和人口分布状况解释城市商务中心的形成与发展、基于降水的时空分布特征及流域特征分析洪灾的发生等。③空间事物和现象发展预测。在获取空间事物或现象发展的大量历史和现状信息的基础上，通过对这些现象的解释，提取事物或现象的发展规律，并基于这些发展规律作出未来发展趋势的预测，如基于空间插值分析的暴雨预报、城市扩张规模和形态预测、人口迁移与流动预测等。地理空间分析在自然条件保护、维护生态平衡、按照自然规律和社会规律改造自然环境等方面发挥着重要作用。

1.2.1 地理科学研究作用

综合起来，利用地理空间分析进行地学研究，可以解决以下几个主要问题。

1. 研究各种现象的分布规律

地理位置是指地理事物在某区域的空间分布，是表示地理事物属性的重要内容。体现了地理事物在地球表面或参照物之间的空间绝对关系，能反映地理事物在宇宙空间、地球表面存在的具体地点或分布的准确范围，反映的是地理事物之间的相对性和联系性。进行空间分析，能比较准确地把握地理事物在空间距离、方位、面积等方面的空间属性。通过对某地理事物地理位置的分析，可以得出该事物许多的地理空间特征和空间属性、空间分布规律和特点，从而为解决地理问题提供或明或暗的基础条件。

2. 揭示地理事象的空间关联

地理环境是一个整体，各要素间是相互关联的。这里说的关联是指地理事物之间内在的必然联系。地理事象的空间关联可分为地理位置关联、交通和通信上的关联等，是通过人流、物流和信息流来实现的。在区域研究或行业生产发展中涉及大量的地理事象空间关联的分析。

地理事象总是发生在一定的时间和空间。工业和农业区位选择经常涉及地理事象的空间关联。例如，气候与自然就具有一定的空间关联，京津唐工业区就背靠山西煤炭工业基地，它们之间存在着紧密的空间关联。复杂的空间关联则需要采用多种数学手段，需借助地理信息系统通过确定相关系数、建立数据模型和空间模型来进行分析。

3. 揭示地理事象的时空演变

把同一地区不同时间的地理数据放在一起进行对比，能反映地理事物的空间演变。例如，对某台风进行追踪监测，通过对台风所经过的同海域的卫星遥感图进行对比，可以预测台风的移动方向、路径、速度和暴风雨出现的范围。把同一地区不同时间的地理数据放在一起进行分析，可以反映地理事物的演变过程。例如，将同一城市不同时期的地理数据放在一起进行分析，可以反映该城市的城市化进程和该城市的地域空间结构的变化。例如，森林发生火灾时，将该地区不同时期关于火灾的地理数据进行对照分析，可以揭示火灾发生的位置、演变方向和风向，从而为科学灭火提供重要依据。

4. 分析地理事象的空间结构

任何地理事物都不是孤立存在的，总是存在于一定的空间结构之中，利用地理数据能分析地理事物的空间结构、相互联系及其发展变化的过程，如地球的内部圈层、大气的垂直结构、地壳的演变、水循环和各种天气现象、人口的增长和迁移、城市化进程等。通过对政区图的空间分析能掌握某行政单元处在什么样的地理空间结构之中，通过对某城市遥感图或平面图的空间分析能把握该城市的地域空间结构。对地理事物结构特征进行综合分析和评价，并提出相应的对策。例如，针对我国“山地多，平地少，耕地比重更少”的土地资源结构特征，综合分析评价，在土地利用方面有利有弊，限制了耕地业的发展，有利于林牧业的发展。把地理事物放到空间结构中去认识，有利于人们形成地理空间智慧。

5. 阐释地理事物的空间效应

在对地理事物的空间位置、分布规律、空间结构分析的基础上，进一步阐释地理事象的空间效应。不同的空间位置和空间结构便产生不同的空间效应。河流的治理必须考虑上、中、下游之间引起的空间效应。不同自然、社会经济因素在某地点的空间组合会产生不同的空间效应，在工业、农业区位选择中，必须对区位因素所形成的空间效应进行科学的阐释。

不同的地理数据具有不同的空间分析功能。基础地理数据能比较准确地分析地理位置的空间分布；等高线地形图能对地形、地势进行空间分析；专题地理数据能对一个或几个地理要素进行空间分析。

1.2.2 政府决策管理作用

地理空间分析得以广泛地应用于政府管理中，是由政府的职能所决定的。政府管理的事务通常涉及面广、综合性强，不是单一政府职能部门可以解决的问题，需要调动和协调各方面力量，协调行动。为实现各类信息的有效关联，地理编码系统作为连接空间信息与专题信息的桥梁，可以保障地理信息、与地理位置相关的专业信息能够得到统一应用，在此基础上借助 GIS 空间分析、统计分析及模型分析等功能实现多种信息的快速、及时、准确地集成处理与分析，为领导提供科学的辅助决策信息。

1. 为政府管理提供决策支持

政府管理的事务几乎没有一样不与空间位置发生关系。在宏观方面，资源、环境、经济、社会、军事等活动都发生在地球上的某个地域；在中观方面，政府主管的房屋土地、环保、交通、人口、商业、税务、教育、医疗、体育、文化文物等都有具体位置；在微观方面，城市社会服务的内容也都发生在具体地点，如金融商业网点、旅游景点、派出所、机关学校等。通过统一空间位置、地理编码关联可以将各种信息进行关联、定位，依靠坐标基准实现数据的位置关联。地理信息对解决经济和社会可持续发展中所遇到的问题有重要作用。通过空间分析快速获取需要的信息，掌握社会、环境动态变化，为决策者分析问题、建立模型、模拟决策过程提供方案，提高政府应对紧急事件的能力。

2. 为部门专业化管理提供科学依据

专业部门作为政府管理的主要组成部分，其内容与自身的业务特点紧密结合，形成了各具特色的地理信息应用系统。地震应急辅助决策空间信息服务系统，是服务于中国地震局的地理信息应用系统，它利用国家基础地理信息数据、遥感信息、综合县情数据及国民经济统计数据建立地震重点监视防御区地理基础信息服务数据库，通过研究人口与经济数据空间的非线性分布规律建立空间数据与人口、重要国民经济统计数据相关分析模型，获取任意区域统计数据，提高统计数据地理定位精度，为抗震救灾指挥提供空间数据集成与管理技术支持。在河流流域管理方面充分运用现代地理信息系统技术、先进的三维虚拟仿真可视化技术、大型数据库管理技术及通信技术，对水文专题信息的空间分析模型与查询技术进行整合，实现了从空间结构、时间过程、特征属性和客观规律等方面对流域进行信息化描述。

3. 为地方政府管理提供分析工具

地方政府的管理实际上是一种对区域的管理和治理，涉及区域的自然环境、经济、人口、社会等各个方面的信息，这中间多数与空间信息密切相关。因此，政府可能是空间信息资源潜在的最大拥有者和应用者，使空间信息成为政务信息化的重要环节。从数据库中找出必要的数据，并利用数学模型的功能，为用户生成所需信息的系统，主要是为了解决由计算机自动组织和协调多模型的运行及数据库中大量数据的存取和处理的问题，达到更高层次的辅助决策能力。

1.2.3　商业经济活动决策作用

随着市场经济的快速发展，社会需求的复杂性和多样性使得企业的市场决策变得尤为重要。地理空间分析成为进行现代商业决策分析不可或缺的利器。据估算，超过 80%的商业数据具有空间特性或与空间位置有关，合理有效地开发和利用这些空间性的数据，可以优化资源配置，降低商业运行成本，并用于规划、监测、改善区域商业环境。地理空间分析提供了认识空间经济学现象的思维方式和解决空间经济学问题的方法，可用于表现和分析复杂的空间经济现象，其在商业领域的价值也越来越得到人们的关注。

1. 商业地理分析技术主要应用

地理信息系统在商业上的应用是近年来 GIS 应用研究的新热点。地理空间分析正直接或间接地渗透到包括商业和经济在内的各种社会活动中，主要有市场交易收入预测、市场共享、商店业务分割、商品组合分析、零售店效益监测、促销效果分析、收购及兼并计划、新产品的市场分析、销售网络优化、广场路线设计等。在西方发达国家，地理空间分析已经成为了制定商业战略有力的地理分析工具，并且成为一门新的GIS分支——商业地理分析技术。商业地理分析技术的主要应用包括：①零售业（消费者分布与特征、城区及临区特点、广告布置、按人口的消费者目标区）；②路线选择（报纸分发、垃圾回收、送货服务、出租、公共汽车、救护与消防车）；③银行业（根据地理位置及人口设置广告、银行地址选择、自动取款机（ATM）设置）；④商业建筑地点（选择用户接近度分析、竞争情况分析、环境、交通）；⑤房地产业（地价评估、区域增长历史、自然、环境、给水、设施、当地房地产销售情况）；⑥保险业（客户与市场分析、险情的地理分析与评估）；⑦饭店区位选择与促销（快餐销售覆盖、交通与人流量）。这些应用还有待研究和开发，但某些应用已经发展成熟，并在西方发达国家的经济生活中被广泛地使用。

2. 市场营销辅助决策应用

信息是决策的宝贵资源，决策离不开信息。拥有了高质量的信息，再辅以GIS强大的空间分析功能，地理信息系统在市场营销决策中的应用也显示出了巨大的优越性和潜力。地理空间分析在市场营销辅助决策的应用主要表现在：①在目标市场确定中的应用；②在竞争状况分析中的应用；③在销售网络和销售渠道选取中的应用；④在商品供应调控及销售情况空间模拟方面的应用。其基本的模式是：在确定了目标市场的评价体系后，建立适当的评价模型，以各待选市场的地理位置为信息中心，从空间数据库中提取出与该地的自然条件、社会经济条件等有关属性信息，根据建立的模型，在对资料进行空间查询的基础上，进行空间分析，对各区域进行综合评价，通过空间分析功能，对各区域进行比较，按照统一的确定标准，输出该市场各方面的信息，供进一步的决策应用。

3. 商业选址分析应用

商业选址在商业经营活动中属于投资性决策的范畴，其重要性远远高于一般的经营性决策，选址的成功在很大程度上可以决定整个商业项目的成功与否。因选址本身资金投入大，同时又与企业后期经营战略的制定有关，很容易受到长期约束。因此，企业都非常重视其前期商店选址工作，科学、合理的市场需求分析和商业企业区位选定是商业企业家投资决策的重要依据。

商业选址的最大特点是空间性。在商业与经济管理活动中，应用空间分析功能可以解决一些实际问题，如应用缓冲区分析商业区影响区间分析、竞争对象分布统计，应用叠加分析进行多因素综合评价与预测，应用网络分析进行最佳路径分析、商业网点优化布设与选址和市场配置与优化等。商业选址要宏观、中观、微观分析相结合，不同尺度的视角需要多源数据的整合分析。大的方向性问题要注重宏观分析，与城市的总体经济发展水平保持一致；中观分析和微观分析是商业体系的主要工作领域。从中观的角度探讨商业选址与城镇体系的发展紧密性；从微观的角度分析消费者的需求、网点的布局等细节问题。从中观和微观中抓住商业地址规划的实质。社会经济、人文历史、交通规划、人口布局等大部分数据和空间数据有关，地理空间分析可以应用多维度数据叠加综合分析来支持科学的决策。

地理空间分析在商业方面应用是一个复杂的研究课题，还有很多课题需要深入研究。在技术层次上，地理空间分析需要大量地理信息数据支撑，利用已经存在的数据还不能满足地理空间分析的需求，还需要投入人力对数据进行加工处理。另外，地理空间分析需要数学模型，数学建模需要数学、地理和商业等方面专业知识，这种专业人才培养需要一个过程；在商业和经济发展层次上，仔细考虑空间在商业和经济活动中的重要性，将地理信息系统作为区域发展的战略工具和可以降低商业运行（生产、运输、营销和零售）成本的日常工具；从经济学的角度看，空间经济只是经济的一个侧面，地理空间分析技术应当和其他经济工具协调使用、相互补充。在中国的现实状况下，如何有效地积累地理空间数据，建设有效的空间信息服务体系，如何将之融入企业和政府的管理、评估、规划和决策业务中，如何合理使用稀有资源、降低交易成本等，都需要更深入的研究。虽然地理空间分析在商业领域的应用还面临着许多难题，但随着我国内部和国际区域竞争的加剧，环境与资源问题的加剧，地理信息系统有很大的应用潜力，将成为经济发展的重要工具。

1.2.4　公众出行决策作用

地理空间分析已逐步渗入大众的日常生活中，如车辆导航系统、出行智能服务、信息查询和未来汽车自动驾驶等。

1. 车辆导航系统

车载导航仪内装有导航电子地图和导航软件，通过 GPS 卫星信号确定的位置坐标与此相匹配，实现路况和交通服务设施查询、路径规划、行驶导航等功能。路径规划是车载导航仪的核心功能，在导航电子地图支撑下，找出从节点 A 到节点 B 的累积权值最小的路径。路径分析是 GIS 网络分析中的最基本功能。它帮助驾驶员在旅行前或旅途中选择合适的行车路线，通常是依据电子地图中的交通路网信息，提供从车辆当前位置到目的地之间的总旅行代价最小的路线供用户参考。旅行代价可以是时间、距离、费用等用户关心的因素。如有可能，在进行路径规划时还应考虑从无线通信网络中获取的实时交通信息，以便对道路交通状况的变化及时做出反应。路径引导是指挥司机沿着由路径规划模块计算出的路线行驶的过程。该引导过程可以在旅行前或者在途中以实时的方式进行。为了确定车辆当前的位置和产生适当的实时引导指令，如路口转向、街道名称、行驶距离等，须借助地图数据库和准确的定位。

2. 出行智能服务

出行智能查询服务解决“公交车运行到哪了?哪辆车离我最近?我要坐的车还有几站才来”等问题。市民可以通过电脑及手机上网随时随地查询，出门之前都会提前查一下要坐的车，算准时间再出门，减少了等待时间。

3. 行车安全驾驶

智能交通实现了车与车之间、车与路之间的信息交换和智能化车辆控制系统。例如，如果离前车太近，控制系统会自动调节与前车的安全距离；前车紧急刹车时，会自动通知周边的车辆，后车可以尽可能避免追尾；道路上出现交通事故时，事故车辆会发出警告，通过车与车或者车与路之间的高速通信，使其他车辆几乎在发生事故的同时就得到信息，便于其他车辆及时采取措施或选择另外的路线；当车辆处于非安全状态时，即使驾驶员实施并线或超车操作，汽车也可以自动启动安全保护功能，并线和加速不能实现。这些行车安全驾驶实现需要空间分析算法支撑。

1.3 地理空间分析研究内容

地理空间分析是基于地理对象的位置形态特征的空间数据分析、建模的理论和方法，是地学研究领域一个十分重要的研究内容，是地理信息系统的主要功能特征，是评价地理信息系统功能的指标之一，也是各类综合性地学分析模型的基础，为人们建立复杂的空间应用模型提供了基本工具。基于地理空间分析的定义，地理空间分析研究内容目前尚无一个广为接受的框架。地理空间分析无论其内容如何界定，但它的根本任务都是提取空间信息，而空间信息可以分为空间位置、空间分布、空间形态、空间关系、空间质量、空间关联、空间对比、空间趋势和空间运动过程。综观国内外空间分析理论和技术发展的现状可以发现，其主要源于两大传统基础学科——地理学和地图学。地图学者对空间分析的研究主要侧重于空间图形分析和空间数据分析的理论和技术方法。地理学研究者对空间分析的研究则主要是对空间数据的统计分析和模型分析，侧重于对空间现象变化过程的建模和机理的分析。因此，地理空间分析研究内容可分为基于图形分析、基于数据统计分析和空间模型与建模三类。

1.3.1 地理空间图形分析

依据地理空间数据所表达的地物空间位置与形态变量和属性进行几何量算分析，主要包括空间量算、缓冲区分析、叠置分析、网络分析等基本内容。其分析方法主要采用计算几何、拓扑学、图论等学科的基本技术方法。传统的地图学在对空间图形的分析上已作出了大量的理论和方法准备，同时这一空间分析类型也是前期 GIS 的主要研究内容，现有 GIS 所能提供的空间分析工具也主要集中在空间图形的分析功能上。

1. 基于矢量数据空间分析

（1）空间信息量算。空间信息量算指对空间信息量算，具体是对地理空间数据库中各种空间目标的基本参数进行量算与分析，主要包括几何量算、质心量算和形态量算。几何量算包括空间目标的位置、距离、周长、面积、体积、曲率等。质心是描述地理对象空间分布的一个重要指标。质心通常定义为一个多边形或面的几何中心，当多边形比较简单时，如矩形，计算很容易。但当多边形形状复杂时，计算也更加复杂。在某些情况下，质心描述的是分布中心，而不是绝对几何中心。质心量测经常用于宏观经济分析和市场区位选择，还可以跟踪某些地理分布的变化，如人口变迁、土地类型变化等。关于多边形边界描述的问题，由于面状地物的外观是复杂多变的，很难找到一个准确的指标进行描述。最常用的指标包括多边形长短轴之比、周长面积比、面积长度比等。空间量算是获取地理空间信息的基本手段，所获得的基本空间参数是进行空间分析、模拟与决策的基础。

（2）缓冲区分析。缓冲区分析是基于点、线、面的地图要素，按设定的距离条件，围绕其要素而形成一定缓冲区多边体，从而实现数据在二维空间得以扩展的信息分析方法。点缓冲区主要是适用于点区域对其周围的点数量随距离而减小，确定点缓冲的区域，以便为用户做出合理的规划。例如，污染源对其周围的污染量随距离而减小，确定污染的区域等。线缓冲区分析主要是为某一区域内建立相应的多边形线缓冲区范围内的线状区域，确定线缓冲区，以便为用户做出合理的规划，如为失火建筑找到距其 500m 范围内所有的消防水管等。面缓冲区分析主要是为某一区域内建立相应的多边形缓冲区范围内的面状区域，确定面缓冲区，以便为用户做出合理的规划，如在某高校的规划范围内不能有网吧等。

（3）叠加分析。地理空间数据主要按主题分层提取，同一地区的整个数据层集表达了该地区地理要素内容。叠加分析就是将有关主题层组成的数据层面，进行叠加产生一个新数据层面的操作，其结果综合了原来两层或多层要素所具有的属性。叠加分析不仅包含空间关系的比较，还包含属性关系的比较。叠加分析可以分为以下几类：视觉信息叠加、点与多边形叠加、线与多边形叠加、多边形叠加、栅格图层叠加。

（4）网络分析。空间数据的网络分析是地理网络，对地理网络（如交通网络）、城市基础设施网络（如各种网空间分析线、电力线、电话线、供排水管线等）进行地理分析和模型化，是地理信息系统中网络分析功能的主要目的。网络分析是运筹学模型中的一个基本模型，它的根本目的是研究、筹划一项网络工程如何安排，并使其运行效果最好，如一定资源的最佳分配、从一地到另一地的运输费用最低等。基于几何网络的特征和属性，利用距离、权重和规划条件来进行分析得到结果并且应用在实际中，主要包括路径分析、地址匹配和资源分配。网络分析主要适用于对城市基础设施网络（如各种网线、电缆线、电力线、电话线、供水线、排水管道等）进行地理化和模型化，基于它们本身在空间上的拓扑关系、内在联系、跨度等属性和性质来进行空间分析，通过满足必要的条件得到合理的结果。

（5）泰森多边形。利用泰森多边形可以了解每个采样点控制区域的范围，也可以体现出每个采样点对区域内插的重要性。利用泰森多边形就可以找出一些对区域内插作用不大且可能影响内插精度的采样点值，将它剔除。用聚类和熵的方法生成的泰森多边形也可用来帮助识别可能的离群值。

2. 基于栅格数据空间分析

1）栅格数据分析

栅格数据是 GIS 的重要数据模型之一，基于栅格数据的空间分析方法是空间分析算法的重要内容之一。栅格数据由于其自身数据结构的特点，在数据处理与分析中通常使用线性代数的二维数字矩阵分析法作为数据分析的数学基础。栅格数据的空间分析方法具有自动分析处理较为简单，而且分析处理模式化很强的特征。一般来说，栅格数据的分析处理方法可以概括为聚类聚合分析、多层面复合叠置分析、窗口分析及追踪分析等几种基本的分析模型类型。

栅格数据的聚类、聚合分析均是指将一个单一层面的栅格数据系统经某种变换而得到一个具有新含义的栅格数据系统的数据处理过程。也有人将这种分析方法称为栅格数据的单层面派生处理法。栅格数据的聚类分析是根据设定的聚类条件对原有数据系统进行有选择的信息提取而建立新的栅格数据系统的方法。栅格数据的聚合分析是指根据空间分辨率和分类表进行数据类型的合并或转换以实现空间地域的兼并。空间聚合的结果往往将较复杂的类别转换为较简单的类别，并且常以较小比例尺的图形输出。从小区域到大区域的制图综合变换时常需要使用这种分析处理方法。

栅格数据的聚类、聚合分析处理法在数字地形模型及遥感图像处理中的应用是十分普遍的。例如，由数字高程模型转换为数字高程分级模型便是空间数据的聚合，而从遥感数字图像信息中提取其中某一地物的方法则是栅格数据的聚类。

栅格数据的信息复合分析能够非常便利地进行同地区多层面空间信息的自动复合叠置分析，是栅格数据一个最为突出的优点。正因为如此，栅格数据常被用来进行区域适宜性评价、资源开发利用、城市规划等多因素分析研究工作。在数字遥感图像处理工作中，利用该方法可以实现不同波段遥感信息的自动合成处理，如将 TM 图像的 4、5、6 波段的遥感图像合成可以得到彩色图像。

栅格数据的追踪分析是指对于特定的栅格数据系统由某一个或多个起点，按照一定的追踪线索进行目标追踪或者轨迹追踪，以便进行信息提取的空间分析方法。例如，栅格所记录的是地面点的海拔高程值，根据地面水流必然向最大坡度方向流动的原理分析追踪线路，可以得出地面水流的基本轨迹。此外，追踪分析方法在扫描图件的矢量化、利用数字高程模型自动提取等高线、污染水源的追踪分析等方面都发挥着十分重要的作用。还可以利用不同时期的数据信息进行某类空间对象动态变化的分析和预测。

栅格数据的窗口分析。地学信息除了在不同层面的因素之间存在着一定的制约关系外，还表现在空间上存在着一定的制约关联性。对于栅格数据所描述的某项地学要素，其中的某个栅格往往会影响其周围栅格属性特征。准确而有效地反映这种事物空间上联系的特点，是计算机地学分析的重要任务。窗口分析是指对于栅格数据系统中的一个、多个栅格点或全部数据，开辟一个有固定分析半径的分析窗口，并在该窗口内进行诸如极值、均值等一系列统计计算，或与其他层面的信息进行必要的复合分析，从而实现栅格数据有效的水平方向扩展分析。

2）数字地形分析

数字地形分析（digital terrain analysis，DTA）是在数字高程模型（digital elevation model，DEM）基础上进行地形属性计算和特征提取的数字信息处理技术。它是对 DEM 应用范围的拓展和延伸，除包括 DEM 的基本应用内容（如点高程内插、等高线追踪、地形曲面拟合、剖面计算、面（体）积计算、坡度坡向分析、可视区域分析、流域网络与地形特征等）提取外，还包括在土壤、水文、环境、地质灾害等地学领域广泛应用的复合地形属性，如地形湿度指数、水流强度指数及太阳辐射指数等。数字地形分析分为四类，即坡面地形因子分析、特征地形要素分析、地形统计分析及基于 DEM 的地学模型分析。

坡面地形因子分析。坡面地形因子是为有效研究与表达地貌形态特征所设定的具有一定意义的参数与指标。各种地貌，都是由不同的坡面组成，地貌的变化实际上完全起源于坡面的变化。坡面地形因子可以分为坡面姿态因子、坡形因子、坡长因子、坡位因子及坡面复杂度因子等。DEM 作为地形的数字化表达，为坡面地形因子研究提供了良好的数据源。坡面地形因子的提取也是一个复杂的过程，针对不同的因子，有不同的提取算法，甚至对同一种地形因子，也有多种不同的提取算法。

特征地形要素分析。特征地形要素主要指地形在地表的空间分布特征具有控制作用的点、线或面状要素，包括地形特征点、山脊线、山谷线、沟沿线、水系、流域等方面的内容。近年来，基于自动提取山脊线和山谷线的研究较为活跃，其算法多基于规则格网 DEM 数据设计。按算法设计原理大致可分为以下四种：①基于图像处理技术的原理；②基于地形表面几何形态分析的原理；③基于地形表面流水物理模拟分析原理；④基于地形表面几何形态分析和流水物理模拟分析相结合的原理。黄土高原地区的沟沿线是一条重要的地貌特征线，将坡面划分成其上部的沟间地与下部的沟坡地、沟底地，它是明显的土壤侵蚀类型和土地利用类型分界线。黄土沟沿线提取一直以来是黄土丘陵沟壑区进行水文计算与土壤侵蚀建模的关键技术。众多学者从不同的角度，用不同的方法研究了沟沿线自动提取方法，如坡度变率法、坡度变异法、基于汇流路径坡度变化特征法、形态学方法等。

从数字高程模型计算地形的各种特征，如坡度与坡向、剖面、汇水面积、填挖方和三维透视等，这些派生产品的计算过程被称为地形分析。坡度分析图的价值在于它能为某一地区不同坡度的土地利用方式提供决策依据，可适用于建筑、工程设计、农林规划等。坡向分析能为观测者提供观察区域内详细的属性信息。坡向分析在农业、林业的规划及建筑规划等领域有着广泛的应用。视图分析是表达地理空间位置的一种信息，可以方便决策者从不同角度获得不同的地理空间属性，可适用于区域规划、工程设计等。地形条件是用地条件分析的重要因素之一，地形条件对规划布局、平面结构和空间布置有显著的影响。可适用于规划布局、道路的走向、线形、各种工程的建设，以及建筑的组合布置，城市的轮廓、形态等。

地形统计分析是指应用统计方法对描述地形特征的各种可量化的因子或参数进行相关、回归、趋势面、聚类等统计分析，找出各因子或参数的变化规律和内在联系，并选择合适的因子或参数建立地学模型，从更深层次探讨地形演化及其空间变异规律。DEM 作为一种空间数据，它具有抽样性、概括性、多态性、不确定性、空间性等特征。正是 DEM 的这些特征决定了基于 DEM 的地形分析的条件和任务，也决定了选择哪些手段和方法来展开分析。而统计方法就是其中最有效的手段之一，因为统计就是对大量离散数据的收集、取样、整理、总结和分析，并最终得出有价值和合理的结论。结合以往的研究不难发现，统计方法实际上贯穿了 DEM 从建立、分析到应用的整个过程，而统计方法也是 DEM 研究中不可或缺的一种手段。

需要指出的是，在研究其他可用数字形式（编码）描述的非地形要素的数字模型（如土壤类型、土地利用、地质、气候、温度、水资源、太阳辐射、降水量、磁场、重力场分布、地区人口分布、工农业总产值、国民收入、教育程度等）即 DTM 时，统计方法也是必不可少的。因为 DTM 是在数字高程模型所确定的平面位置上用相应的地形特征值取代高程而形成的，所以无论是 DEM 还是 DTM，在研究方法上是一致的。这样，基于 DEM 的地形统计分析的概念就可以扩展到 DTM 这个更广的范围了。

统计本身是一门非常成熟的学科，包括了许多方法，从概率、抽样、假设检验，到相关分析、回归分析、趋势面分析等，已经形成了一套非常完善的体系。基于 DEM 的地形统计分析利用各种统计方法探讨 DEM 数据本身及其派生地形因子之间的相互关系，找出各因子或参数的变化规律和内在联系，是 DEM 模型分析的前提和依据。

地学模型是地学原型的一种表现形式，是人们构建的主观思想框架对客观实际的反应，是对客观的地学世界的一种理解，是研究和解释地学问题的一种手段。DEM 是地球空间框架数据的基本内容，是各种地学信息的载体，在空间数据基础设施的建设和数字地球战略的实施过程中都具有十分重要的作用，同时也是某些地学问题数字化定量研究的基础。DEM 数据结构简单，含义明确，经过简单运算就可以派生得到如坡度、坡向、坡度和坡向变化率、地形起伏度、粗糙度等地貌特性，给地学问题的研究带来极大的方便。DEM 作为一种数据模型，它的引入为一些地学问题的研究和分析提供了有效的新工具和新手段。例如，统计高程值在某一范围内的栅格的个数，就能很容易地求出研究区域内不同高程所占的面积。DEM 的引入使某些地学问题的研究过程得到了简化，工作效率得到了很大提高。DEM 的引入可以使某些地学模型得到优化，而且可以基于 DEM 本身构建模型来对地学问题进行研究。例如，在地形描述精度、地形遮蔽度、太阳辐射等问题的模型中，DEM 自身就参与了模型的建立而且是这些模型的基础，并且在 DEM 的基础上很方便快捷地进行各种因子的求取和运算，以及进行多层面复合分析。DEM 在工程建设、防洪减灾、无线通信等领域都有着非常广泛的应用。

以 DEM 为主体的模型构建，主要是指模型的数据源是 DEM，模型分析的手段以 DEM 及其派生数据——DTM（指由 DEM 提取的与地形相关的信息）所表达的地形信息特征为逻辑依据，模型的目标是建立与地形、地貌相关的地学模型。这类的地学模型一般是表达连续分布地表现象的空间分布特征。DEM 的模型分析方法指 DEM 与地学模型相结合的方法，即 DEM 参与模型的计算、判断、分析及模拟等过程，亦即 DEM 作为模型建立、计算、空间分布实现的手段。根据其在地学模型中应用的层次和深度的不同，分为两种类型：DEM 的直接应用分析和 DEM 的扩展应用分析。基于 DEM 的直接应用分析是指 DEM 在此类地学模型中，只是简单地用到其自身的数据特征、高程和位置信息，而 DEM 本身不需要进行任何复杂的操作与变换，是直接使用的结果，因此称其为 DEM 直接应用分析。常见的地学模型有气候资源空间推算模型、辅助遥感（remote sensing，RS）影像纠正、土方计算模型、实际库容量的计算模型等。基于 DEM 的扩展应用分析是指 DEM 经过二次或多次变换后的结果作为数据源，或是作为模型分析的条件参与模型的运算。这里包含 DEM 提取的单地形因子、多地形因子，以及多地形因子的组合等三种方式。

表面分析主要通过生成新数据集，获得更多的反映原始数据集中所暗含的空间特征、空间格局等信息。

3）距离制图

距离制图是基于每一栅格相距其最邻近要素的距离来进行分析制图，从而反映出每一栅格与其最邻近源的相互关系。通过距离制图可以获得很多相关信息，指导人们进行资源的合理规划和利用。分配图分配功能依据最近距离来计算每个格网点归属于哪个源，即将所有栅格单元分配给离其最近的源，输出格网的值被赋予了其归属源的值。分配功能可以完成超市服务区域划分，寻找最邻近学校，找出医疗设备配备不足的地区等分析。距离图距离功能计算每个栅格与最近源之间的欧氏距离，并按距离远近分级。利用直线距离功能可以实现空气污染影响度分析、寻找最近医院、计算最近超市的距离等操作。

方向图距离方向函数表示从每一单元出发，沿着最低累计成本路径到达最近源的路线方向。

密度制图主要根据输入的已知点要素的数值及其分布，计算整个区域要素的分布状况，从而产生一个连续的表面，进而计算每个格网点的密度值。通过密度表面显示点的聚集情形，例如，制作人口密度图反映城市人口聚集情况，或根据污染源数据分析城市污染的分布情况。

1.3.2 地理空间数据分析

地理空间数据分析主要是对空间物体的属性信息进行相关分析，其分析技术方法主要是利用统计学的基本方法进行统计和分类分析，如空间群目标属性的均值、众数、中位数求取分析等。

地理统计分析是把统计学方法引入地理学研究领域，构造一系列统计量来定量描述地理要素的分布特征，应用各种概率分布函数、方差等简单的统计特征回归分析方法。分布中心、区域形状、地理要素分布的集中和离散程度等都有了定量指标，许多地理要素间的相关关系，也可以进行定量表示。20 世纪 70 年代末期，多元统计分析方法和电子计算机技术在地理学研究中广泛应用。以电子计算机技术为手段，许多地理学家熟练地掌握了多元统计方法，具备了分析多因素、复杂结构和动态特征等复杂地理问题的能力。20 世纪 80 年代末期，系统理论、系统分析方法、系统优化方法、系统调控方法等被引进地理学研究领域，促进了运筹学中的规划方法、决策方法、网络分析方法，以及数学物理方法、模糊数学方法、分形几何学方法、非线性分析方法等一系列现代数学方法的形成。同时，GIS 技术的发展为其提供了先进的技术手段支持。

地理统计分析主要包括：①分布型分析，对地理要素的分布特征及规律进行定量分析；②相互关系分析，对地理要素、地理事物之间的相互关系进行定量分析；③分类研究，对地理事物的类型和各种地理区域进行定量划分；④网络分析，对水系、交通网络、行政区划、经济区域等的空间结构进行定量分析；⑤趋势面分析，做出地理要素的趋势等值线图，展示所要分析的地理要素的空间分布规律；⑥空间相互作用分析，定量分析各种“地理流”在不同区域之间流动的方向和强度。

1. 预测分析

预测分析是一种统计或数据挖掘解决方案，包含可在结构化和非结构化数据中使用以确定未来结果的算法和技术，可为预测、优化、预报和模拟等许多其他用途而部署。通过预测分析让人们能够在制定决策以前有所行动，以便预测哪些行动在将来最有可能获得成功。预测分析利用先进的分析技术营造安全的公共环境。

为确保公共安全，执法人员一直主要依靠个人直觉和可用信息来完成任务。为了能够更加智慧地工作，许多警务组织正在充分合理地利用它们获得和存储的结构化信息（如犯罪和罪犯数据）和非结构化信息（在沟通和监督过程中取得的影音资料）。汇总、分析这些庞大的数据，得出的信息不仅有助于了解过去发生的情况，还能够帮助预测将来可能发生的事件。利用历史犯罪事件、档案资料、地图和类型学及诱发因素（如天气）和触发事件（如假期或发薪日）等数据，警务人员将可以：确定暴力犯罪频繁发生的区域；将地区性或全国性流氓团伙活动与本地事件进行匹配；剖析犯罪行为以发现相似点，将犯罪行为与有犯罪记录的罪犯挂钩；找出最可能诱发暴力犯罪的条件，预测将来可能发生这些犯罪活动的时间和地点；确定重新犯罪的可能性。

2. 趋势面分析

趋势面分析是拟合数学面的一种统计方法。具体的方法就是用数学方法计算出一个数学曲面来拟合数据中的区域性变化的“趋势”，这个数学面叫做趋势面，方法的过程叫做趋势面分析。趋势面分析是利用数学曲面模拟地理系统要素在空间上的分布及变化趋势的一种数学方法，实质上是通过回归分析原理，运用最小二乘法拟合一个二元非线性函数，模拟地理要素在空间上的分布规律，展示地理要素在地域空间上的变化趋势。

趋势分析图中的每一根竖棒代表了一个数据点的值（高度）和位置。趋势分析工具对观察一个物体的空间分布具有简单、直观的优势，通过拟合最好的多项式对区域中的散点进行内插，得到趋势面。

趋势面分析提供了一系列利用已知样点进行内插生成研究对象表面图的内插技术。完善用户图形界面，引导用户逐步了解数据、选择内插模型、评估内插精度，完成表面预测和误差建模。

局部性插值方法是使用一个大研究区域内较小的空间区域内的已知样点来计算预测值。局部多项式插值法不是一种精确的插值方法，但它能得到一个平滑的表面，建立平滑表面和确定变量的小范围变异。

全局性插值方法是以整个研究区的样点数据集为基础，用一个多项式来计算预测值，即用一个平面或曲面进行全区特征拟合。例如，某一个研究区域的表面变化缓慢，即这个表面上的样点值由一个区域向另一个区域的变化平缓时，采用全局多项式插值法利用该研究区域内的样点对该研究区进行表面插值等。

3. 主成分分析

在用统计分析方法研究这个多变量的地理模型时，变量个数太多就会增加模型的复杂性。人们自然希望变量个数较少而得到的信息较多。在很多情形下，变量之间是有一定的相关关系的，当两个变量之间有一定相关关系时，可以解释为这两个变量反映此模型的信息有一定的重叠。主成分分析是对于原先提出的所有变量，建立尽可能少的新变量，使得这些新变量是两两不相关的，而且这些新变量在反映研究对象的信息方面尽可能保持原有的信息。

主成分分析，是考察多个变量间相关性的一种多元统计方法，研究如何通过少数几个主成分来揭示多个变量间的内部结构，即从原始变量中导出少数几个主成分，使它们尽可能多地保留原始变量的信息，且彼此间互不相关。

4. 聚类分析

空间聚类作为聚类分析的一个研究方向，是指将空间数据集中的对象分成由相似对象组成的类。同类中的对象间具有较高的相似度，而不同类中的对象间差异较大。作为一种无监督的学习方法，空间聚类不需要任何先验知识，这是聚类的基本思想，因此空间聚类也要满足这个基本思想。

空间聚类的主要方法有六大类：划分聚类算法、层次聚类方法、分裂聚类算法、基于密度的聚类方法、基于网格的方法和基于模型的聚类方法。

划分聚类算法基本思想：给定一个包含 n 个对象或数据的集合，将数据集划分为 k 个子集，其中每个子集均代表一个聚类（$k \leqslant n$），划分方法首先创建一个初始划分，然后利用循环再定位技术，即通过移动不同划分中的对象来改变划分内容。

层次聚类方法是通过将数据组织为若干组并形成一个相应的树来进行聚类的，层次聚类方法又可分为自顶向下的分裂算法和自底向上的凝聚算法两种。

分裂聚类算法，首先将所有对象置于一个簇中，然后逐渐细分为越来越小的簇，直到每个对象自成一簇，或者达到了某个终结条件，这里的终结条件可以是簇的数目，或者是进行合并的阈值。而凝聚聚类算法正好相反，首先将每个对象作为一个簇，然后将相互邻近的合并为一个大簇，直到所有的对象都在一个簇中，或者某个终结条件被满足。

基于密度的聚类方法，其主要思想是：只要邻近区域的密度（对象或数据点的数目）超过某个阈值，就继续聚类，这样的方法可以过滤“噪声”数据，发现任意形状的类，从而克服基于距离的方法只能发现类圆形聚类的缺点。

基于网格方法的主要思想是将空间区域划分为若干个具有层次结构的矩形单元，不同层次的单元对应于不同的分辨率网格，把数据集中的所有数据都映射到不同的单元网格中，算法所有的处理都是以单个单元网格为对象，其处理速度要远比以元组为处理对象的效率高得多。

基于模型的聚类方法给每一个聚类假定一个模型，然后去寻找能够很好地满足这个模型的数据集。常用的模型主要有两种：一种是统计学的方法，代表性算法是 COBWEB 算法；另一种是神经网络的方法，代表性的算法是竞争学习算法。COBWEB 算法是一种增量概念聚类算法。这种算法不同于传统的聚类方法，它的聚类过程分为两步：首先进行聚类，然后给出特征描述。

空间聚类分析可以分为基于点和基于面两种方法。基于点的方法需要时间准确的地理位置，基于面的方法是运用其区域内的平均值。

1.3.3　地理空间建模分析

地理空间分析建模是对空间分析模型进行建模的过程，是综合分析处理和应用空间数据的有效手段，也是开发分析决策型地理信息系统（GIS）不可或缺的步骤。利用空间分析建模方法构建 GIS 具有以下多方面的优点：①空间分析建模是对空间决策过程的模拟，因此能有效地从各种因素之间找出因果关系或联系，促进问题的解决，优化解决过程。②空间分析建模可引入成熟的数学模型，有效减少空间分析工作量，提高分析结果的准确性。③空间分析模型可为空间决策分析奠定基础。④空间分析模型能够简练而准确地描述分析数据、过程等，有利于信息交流和复用。

地理模型分析侧重于对空间过程建模分析和空间现象发生机理的解释分析，如对区域过程（长三角区域发展与演变过程分析）、线过程（河流水系发育过程分析）、斑块过程（城镇体系演化过程分析）、点过程（城市交通站点布局发展过程分析）、地统计过程（矿产资源的储量与分布过程分析等）的分析。其分析技术方法主要是仿真技术、虚拟现实技术、地统计分析技术等基本技术。地理学特别是计量地理学在空间过程建模分析和机理解释方面作了大量的理论和方法积累，为 GIS 开展地理模型分析开发提供了良好的基础。从空间分析的技术层次上看，空间图形分析和空间数据分析是地理模型分析的基础，地理模型千差万别，然而其基本原理和方法是一致的，其技术基础空间图形分析和空间数据分析是一般、通用的。因此，GIS 不可能实现对所有的地理现象进行建模分析，但可以提供对地理现象进行建模的框架和技术平台，并为其提供方便的接口和完备的空间图形及数据分析技术工具。

地理模型分析研究步骤：①对复杂地理系统的各种系统要素之间的相互关系与反馈机制进行分析，构造系统结构。②建立描述系统的数学模型。③以适当的计算方法与算法语言将数学模型转化为计算机可以识别运行的工作模型。④运行模型，对真实系统进行模拟仿真，从而揭示其运行机制与规律。⑤过程模拟与预测研究。通过对地理过程的模拟与拟合，定量地揭示地理事物、地理现象随时间变化的规律，预测其未来发展趋势。⑥空间扩散研究。定量地揭示各种地理现象，包括自然现象、经济现象、社会现象、文化现象、技术现象在地理空间的扩散规律。⑦空间行为研究，主要是对人类活动的空间行为决策进行定量的研究。⑧地理系统优化调控研究。运用系统控制论的有关原理与方法，研究人地相互作用的地理系统的优化调控问题，寻找人口、资源、环境与社会经济协调发展的方法、途径与措施。⑨地理系统的复杂性研究。地理系统是高度复杂的巨系统，其复杂系统研究已经引起了国际地理学界的高度重视。

地理模型分析应该注意的几个问题：①所建模型将采用什么观点、解决哪些理论问题、与此问题有关的建立模型的基本假设，以及所依据的理论、将要解决的问题等都将直接或间接地体现在模型之中，如何检验模型的正确性、合理性和有效性。②在各类变量中必须明确哪些变量是可控变量，即通过对哪些变量的调控可以使系统的行为发生改变。③在模型中，如何处理时间概念，即认为被研究的对象系统是无记忆系统还是记忆系统，是建立静态模型还是建立动态模型。④能用于建模的有关数据、资料是什么，可能性如何，应采用何种建模技术，有现成的技术方法可供借鉴还是需要建造新模型，如何确定模型中的参数与初值，采用什么方法确定模型的参数。⑤模型的建造问题、建模程序，建造一个数学模型，必须明确建模的目标、所建模型的精度及该模型的合理性和有效性如何，以及采用什么方法和手段检验所建模型。

1.3.4　地理空间决策支持

地理空间决策支持是应用空间分析的各种手段对空间数据进行处理变换，以提取出隐含于空间数据中的某些事实与关系，并以图形和文字的形式直接地加以表达，为现实世界中的各种应用提供科学、合理的决策支持。由于空间分析的手段直接融合了数据的空间定位能力，并能充分利用数据的现势性特点。因此，其提供的决策支持将更加符合客观现实，因而更具有合理性。

地理空间决策可以认为是空间分析的高级阶段，空间分析技术则是实现空间决策的工具，空间分析与空间决策之间的关系可表达为空间决策=空间数据/操作/分析+模型。

空间决策是通过对空间事物和现象的描述、解释、发展规律分析，掌握其发展演变的规律；通过空间预测功能，把握未来发展趋势，为空间决策提供依据和指导；通过对空间规划实施过程的监测与实时评价，为空间调控决策提供基础和技术支撑，如土地利用规划辅助决策与规划的实施调控、区域城市化发展水平的规划决策与调控等。

决策支持系统是综合利用各种数据、信息、知识、人工智能和模型技术，辅助高级决策解决半结构化或非结构化决策问题。它是以计算机处理为基础的人机交互信息系统。地理空间决策支持系统是由空间决策支持、空间数据库等相互依存、相互作用的若干元素构成，并完成对空间数据进行处理、分析和决策的有机整体。它是在常规决策支持系统和地理信息系统相结合的基础上，发展起来的新型信息系统。

1. 模型库驱动的空间决策支持技术

由空间决策支持技术体系可以看出，模型库是其核心，它是连接空间信息分析技术和专业领域模型的纽带，模型库管理技术直接制约着空间决策支持系统的发展和应用。而模型库管理技术的关键则包括模型的标准化和模型库管理系统开发技术。其中，模型的标准化是实现模型的集成与共享的主要方式，只有实现了模型的标准化才有可能用形式化的模型来描述和表达复杂的地理现象和地理过程。而模型库管理系统则是实现空间决策支持工具化的关键，它的建成将直接推动空间决策支持系统的应用发展。

2. 知识驱动的空间决策支持技术

知识驱动的决策支持系统（decision support system, DSS）可以就采取何种行动向管理者提出建议或推荐。这类 DSS 是具有解决问题的领域知识的人–机系统。领域知识包括理解特定领域问题知识及解决这些问题的技能。这一系统可描述为知识驱动的空间决策支持系统=GIS+决策支持技术+专家系统，其核心包括知识获取的空间数据挖掘技术和处理非结构化或半结构化问题的知识推理技术。

3. 仿真决策支持技术

基于仿真的空间决策支持技术是以可视化技术和地理环境的虚拟建模技术为基础，通过构建决策过程的虚拟环境，以帮助决策者分析通过仿真形成的半结构化问题，并能对决策的每一个环节进行实时调控和决策实施效果的预测模拟，为决策者反馈正确的辅助决策信息，实现科学决策。

4. 多主体空间决策的协同耦合技术

协同空间决策是空间支持系统与计算机协同工作环境的集成，该环境将为工作组决策者提供包括文本、数据和图形信息的交流，利用工作组分析、统一意见形成和表决等通用功能，支持工作组决策者在解决病态空间问题时形成多种决策方案，它是未来空间决策支持的重点发展方向之一。多决策主体的协同耦合是实现集群决策的关键，其决策环境为分布式网络环境下的工作组用户，需要处理的空间决策问题往往更复杂，对空间决策工程的可视化和交互提出了更高的要求，并且要求对决策方案进行更全面的分析和实施效果的评估。

5. 工具化决策支持技术

为决策者提供方便、完备的决策支持工具，实现友好的决策支持人-机交互系统是促进决策支持技术走向实用化的关键。这就要求基于标准和开放的环境实现决策模型和决策方法的封装、标准接口开发及决策问题解决方法的分解和形式化描述，搭建基于开放资源管理的集成的问题分析与解决环境。

1.3.5 地理空间分析研究存在的问题

空间分析理论和技术经过了几十年的快速发展，积累了丰富的理论和技术成果。随着空间信息技术的进一步发展及社会经济信息化发展对空间分析技术需求的进一步提高，现有的空间分析技术在理论和技术方法上仍不能满足应用的需求。

（1）空间分析理论和技术体系还需进一步完善。若将空间分析作为一门独立的学科，有关其学科内容、理论方法、研究对象、应用领域等相关问题都有待进一步界定和完善。虽然已有大量研究，但仍然缺乏一个普遍的研究框架，迫切需要对空间分析的内涵和外延作出更加明确的界定。

（2）空间分析技术主要停留在第一层次（图形分析），缺乏解释地球空间信息机理的空间信息分析模型。传统的空间分析技术基于计算几何、拓扑学、图论等科学基础，在空间图形分析上，对空间位置、空间分布、空间形态、空间关系和空间关联分析等方面进行了系统深入的研究，取得了较好的研究进展。但在对过程建模和机理的分析上，还有大量的地理现象需要借助空间分析技术提出一个一致或广泛认可的建模方法体系。

（3）主要支持地理现象的快照建模，缺乏时空变化的仿真模拟。已有的空间分析技术主要停留在对空间现象和事物空间特征的描述上，基于时点上的快照模型开展空间分析，而对地理现象的发展变化过程的建模分析技术比较缺乏。随着地球信息科学的提出和发展，要求对地球信息的认识不能仅停留在对空间特征的描述上，更重要的是要分析地理空间现象的发展演变过程，以掌握其发展演变的基本规律，为空间决策提供指导。时空数据库技术、可视化与虚拟现实等相关技术的发展为开展地理现象的过程仿真研究提供了前提。

（4）地理分析模型与 GIS 的系统耦合有待深入研究。GIS 发展已为空间图形分析提供了丰富的工具支持，然而对复杂地理现象的建模能力还非常有限。基于地理领域知识的专业地理模型虽然取得了长足的进步，但这些专业地理分析模型还很难实现与 GIS 的有机耦合，深入研究二者的系统耦合，以为地理信息的获取、描述、解释、预测和决策提供一体化的支持。

（5）不确定空间分析理论和技术研究不足。传统的 GIS 用有限、离散的数字系统来模拟无限复杂、连续的地理空间现象，必然导致有限和无限、离散和连续之间的矛盾。用确定地理空间来描述和解释带有广泛不确定性的现实地理世界是难以深入认识世界的本质的，必须要用模糊集合、模糊拓扑空间来研究地理世界的建模问题，相应的空间分析也要从传统的确定性空间分析向不确定性空间分析技术转变，这就要求对不确定空间分析理论和方法作深入、系统的研究，目前这一研究还处在起步阶段，迫切需要加大研究力度。

1.3.6 地理空间分析研究发展趋势

已有的空间分析技术主要集中在对空间图形信息和空间数据的分析上，重在对空间现象的特征描述和解释上。空间分析技术在提供了描述、分析和解释地理现象和特征的基础上，关键要能用于指导人们的实践，即它必然要向其高级阶段——空间决策支持技术发展，为学科决策的制定提供技术支撑。针对当前空间分析、空间决策支持技术的发展现状，结合当前空间信息相关技术的发展和实际应用的需求驱动，笔者对空间决策支持技术发展的相关问题提出了以下几点思考。

（1）要解决海量、高维空间信息分析的理论和技术。对地观测技术为从不同视角、不同时点快速获取海量空间数据提供技术手段，网络技术特别是空间信息网格技术的发展为实现多源空间数据资源的集成提供了技术平台，而基于这些海量、高维的空间数据资源来获取空间信息或空间知识则需要空间分析技术的支撑。传统的空间分析技术都是基于静态、2 维或 2.5 维的单一地理现象（或小区域范围）的分析和处理，而随着全球化问题研究的需求，开展大区域尺度、海量、多维的空间数据分析，则需要新的理论和技术方法的支撑。

（2）要加大空间敏感、稳定、灵活、实用的空间分析工具的开发研究。空间分析是基本的解决一般空间问题的技术，它是一切复杂多样的专业领域模型建模和分析的基础，要实现空间决策的实用化，首先必须要加大空间分析工具开发研究的力度，研制出完备的空间敏感（能突出空间现象的空间特性和要求）、性能稳定、实用方便、灵活的空间分析工具。

（3）空间决策支持需要领域知识的指导。空间分析技术只有和领域知识结合，才能解决不同的专业领域问题，即空间决策支持需要在空间分析提供的一般技术工具的基础上，充分利用专业领域知识解决其专业的非结构化或半结构化问题。其关键技术主要包括领域知识的形式化描述、领域知识的推理及基于领域知识的智能化决策过程与体系结构设计等。

（4）空间信息网格、空间数据挖掘和知识发现有望成为解决智能空间决策最有希望的工具。智能空间决策技术是未来空间决策支持技术发展的必然趋势，其核心是知识的获取、知识管理与推理。网络技术特别是以 3G（Great Global Grid）为代表的第三代互联网技术的发展为空间信息的集成与共享提供了基础平台，基于空间数据挖掘和知识发现技术（特别是基于网络的在线空间数据挖掘与知识发现技术），为利用这些日益丰富的信息资源获取辅助决策需要的有用空间信息提供了可能，同时也解决了智能空间决策的知识获取困难这一瓶颈。

（5）GIS 空间分析技术与专业地理模型集成，开发空间决策支持系统平台，实现空间决策支持的工具化是领域应用的必然需求。空间分析技术在城市规划、土地资源管理等领域已取得了广泛的应用，但这些仅限于对空间位置、形态、分布等基本特征的描述，处在为决策提供一些基本的空间信息这一基本层面上，并且多是对空间决策支持理论和技术框架性研究，距离真正实现空间辅助决策还有相当远的距离。而提高资源环境、城市与区域建设和规划等管理与决策水平，迫切需要空间决策支持技术的支撑。在实现空间分析工具化和专业领域模型标准化的基础上，其关键是要借助目标相对成熟的 GIS 空间信息平台，集成专业领域模型，实现 GIS 由空间分析系统向空间决策支持系统的转变。

由于应用的驱动和相关技术发展的推动，GIS 正处在由空间分析系统向空间决策支持系统转变的关键时期，总结过去近半个世纪 GIS 空间分析理论和技术的发展，展望空间决策支持技术发展趋势和实现的关键技术，提出解决的方案和措施是这个时期地学工作者们必须解决的课题。

1.4　与其他学科关系

地理空间分析技术与许多学科有联系，数学、计算机学、地理学、地图学、经济学、区域科学、大气学、地球物理学、水文学等专门学科为其提供知识和机理。

1. 与数学的关系

地理空间分析包括地理空间图形分析、地理空间数据统计分析、地理空间过程分析和地理空间决策分析，每个部分都需要数学的支撑。尤其是微积分、线性代数、概率、几何学、图论、拓扑学、统计学、决策优化方法等被广泛应用于地理空间分析中。地理空间分析可执行多种杂项功能：计算面积、评估最小距离、导出变量和几何、转换空间权重。空间分析中涉及距离（对于空间统计总是如此），就应使用投影坐标系（而不是基于度、分、秒的地理坐标系）对数据进行投影。通过空间分布模式分析，可以评估要素（或与要素关联的值）是形成一个聚类空间模式、离散空间模式还是随机空间模式。具有显著统计性数据，可利用回归分析来建立数据关系模型，也可以构建空间权重矩阵。与传统的非空间统计分析方法不同，空间统计方法是将空间（邻域、区域、连通性和/或其他空间关系）直接融入数学中。地理空间数据的高性能计算模型和方法，有人工神经网络、模拟退火算法、遗传算法等。

2. 与地理学的关系

地理学是一门研究地球表层自然与人文要素相互关系和规律的学科，是由大气圈、生物圈、水圈、岩石圈和人类圈构成的一个复杂的巨系统。地理学研究地球资源、环境演化规律与人类社会活动之间的相互作用关系，寻求人类社会与环境协同演化、持续发展的途径。它现在已发展为集自然科学、技术科学与社会科学为一体，由多学科科学体系组成的边缘学科，是 21 世纪的支柱性科学。它围绕资源、生态环境保护和可持续发展这一时代的主题。随着地理信息系统在地学中的深入应用，解决地理问题成为地理信息科学研究的主要目标。地理学研究的信息化是必然趋势，也为地理研究提供了全新的技术手段。地理学是地理空间分析的出发点，也是地理空间分析的归宿。地理空间分析以地理学为理论基础，解决人类持续发展过程中面临的地理问题。

3. 与地图学的关系

地图学是研究地图的理论、编制技术与应用方法的科学，是一门研究以地图图形反映与揭示各种自然和社会现象空间分布、相互联系及动态变化的科学、技术与艺术相结合的科学。地图不仅能直观地表示任何范围制图对象的质量特征、数量差异和动态变化，而且还能反映各种现象分布规律及其相互联系，所以地图不仅是区域性学科调查研究成果的很好的表达形式，而且也是科学研究的重要手段，尤其是地理学研究不可缺少的手段，正如世界著名地理学家李特尔所说：地理学家的工作是从地图开始到地图结束。因此，地图也被称为“地理学第二语言”。运用地图所具备的认识功能，把地图作为科学研究的重要手段，越来越受到人们的重视。通过图解分析，可获取制图对象空间结构与时间过程变化的认识；通过地图量算分析，可获得制图对象的彩色晕渲图各种数量指标；通过数理统计分析，可获得制图对象的各种变量及其变化规律；通过地图上相应要素的对比分析，可认识各现象之间的相互联系；通过不同时期地图的对比分析，可认识制图对象的演变和发展。发挥地图认识功能，就要充分发挥地图在分析规律、综合评价、预测预报、决策对策、规划设计、指挥管理中的作用。

通过对地图上各要素或各相关地图的对比分析，可以确定各要素和现象之间的相互联系；可以形成整体和全局的概念，确立地理信息明确的空间位置（定位功能、建立空间关系）。如通过同一地区不同时期地图的对比，可以确定不同历史时期自然或社会现象的变迁与发展。通过利用地图建立各种剖面、断面、块状图等，可以获得制图对象的空间立体分布特征，如地质剖面图反映地层变化，土壤、植被剖面图反映土壤与植被的垂直分布。通过在地图上对制图对象的长度、面积、体积、坐标、高度、深度、坡度、地表切割密度与深度、河网密度、海岸线曲率、道路网密度、居民点密度、植被覆盖率等具体数量指标的量算，可以更深入地认识地理环境（获得物体所具有的定性、定量特征）。

地图分析方法是地理空间分析的主要来源。

4. 与计算机科学的关系

计算机科学是系统性研究信息与计算的理论基础及它们在计算机系统中如何实现与应用的实用技术的学科。计算机科学学科的四个主要领域为计算理论、算法与数据结构、编程方法与编程语言及计算机元素与架构。其他重要领域有软件工程、人工智能、计算机网络与通信、数据库系统、并行计算、分布式计算、人机交互、机器翻译、计算机图形学、操作系统及数值和符号计算。

计算理论研究的根本问题是什么能够被有效地自动化?什么能够被计算，去实施这些计算又需要用到多少资源？为了回答第一个问题，递归论检验在多种理论计算模型中哪个计算问题是可解的。而计算复杂性理论则被用于回答第二个问题，研究解决一个不同目的的计算问题的时间与空间消耗。计算科学（或者科学计算）是关注构建数学模型和量化分析技术的研究领域，同时通过计算机分析和解决科学问题。在实际使用中，它通常是计算机模拟和计算等形式在各个科学学科问题中的应用。

地理空间分析的核心是解决地理问题。复杂的地学问题则需要采用多种数学手段建立数学模型进行分析，若用人工计算，只能对少数简单模型计算，只能应用计算机才能解决复杂的地学问题。针对人类可持续发展的决策需求，利用计算机技术实现自然和人文现象发展过程的模拟、监控、推演和时空分析，揭示人地空间布局的时空变化规律，以提高人们决策的科学性。利用地学观测数据、研究地学过程数学模型，在超级计算机上进行大规模科学计算，以认识和再现地理现象过去和当代状况，并预测未来。在计算机支持下的地理计算是一项战略新兴技术，不仅对研究地理科学十分重要，而且是衡量一个国家地球科学研究综合水平的重要指标，也是应对全球变化、减灾防灾、环境治理必不可少的科学支撑，是无可替代的数值模拟实验平台。

1.5 本书主要内容

地理空间分析是地理信息科学的主要技术之一，是地理信息系统的主要功能，是在地理学、地图学、应用数学、信息学和计算机科学等学科基础上发展起来的。学习本书必须了解并掌握五类学科领域的知识：第一类是数学。数学是地理空间分析的基础，必须掌握高等数学、线性代数、概率论与数理统计、离散数学等数学知识。第二类是地理科学知识，如地理科学概论、自然地理学、人文地理学、环境与生态科学、经济地理学和环境科学等课程。第三类是地图学知识，地图学是地理空间分析的基础。第四类是计算机科学知识和技能，主要掌握程序语言设计、数据结构算法、计算机图形学、数据库原理、计算机网络和人工智能等专业课程。第五类是地理信息科学基础理论知识，包括地理空间认知、地理实体表达、地理时空基础、地理信息可视化与尺度、地理信息传输与解译、地理信息不确定性。每类所含学科内容如图 1.5 所示。

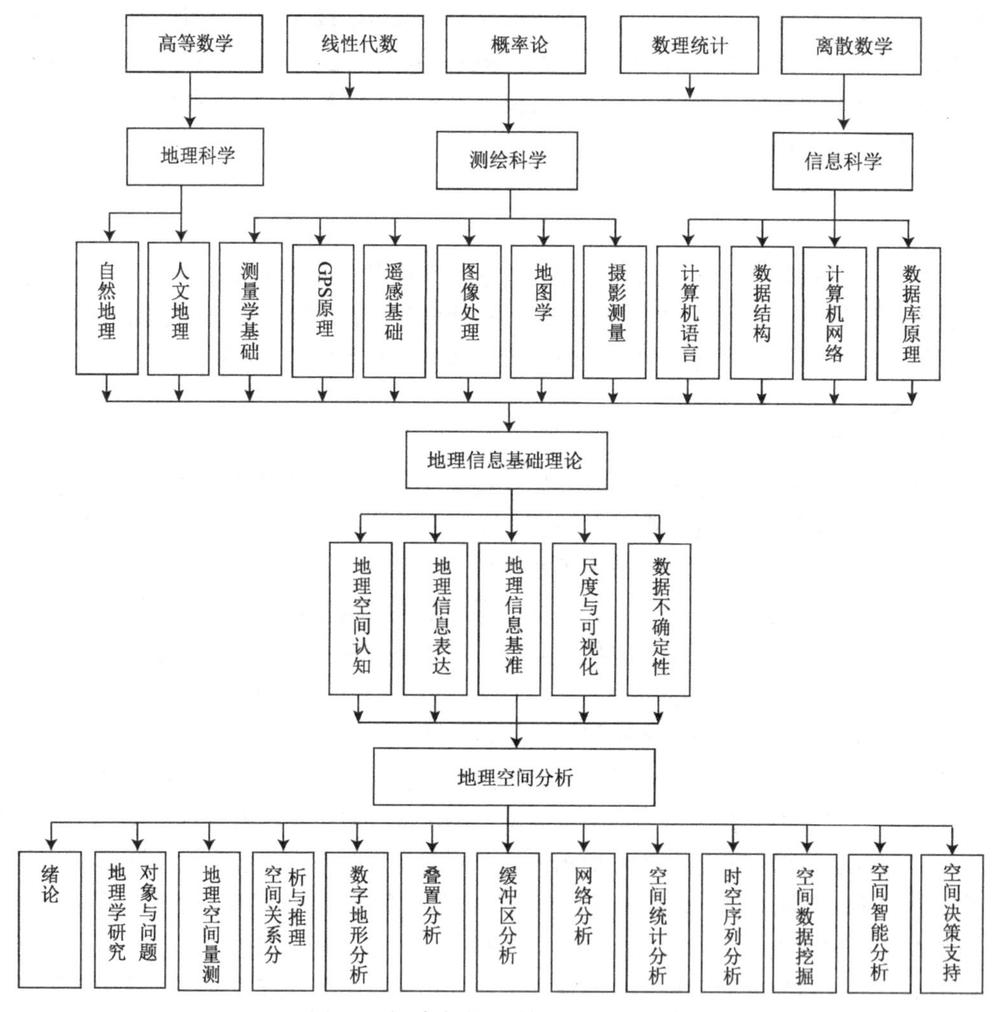

图 1.5　阅读本书所需知识及主要内容

第二章　地理学研究对象与问题

地理空间分析的核心是解决地理空间问题，探索和揭示地理客观实体的空间分布、地理要素的相互联系和地理现象的空间演化过程等规律，从这些规律中获取派生的信息和发现新的知识。分析和解决地理问题，就离不开地理科学基本理论和方法，为了解决地理空间分析的理论问题，笔者开始探索地理学的共同性质、基本特征和运功规律，力图揭示地理学的本质，探讨地理学研究的方法与理论的结构体系。

2.1　地理学研究对象与任务

要解决地理问题，首先要明白什么是地理。近百年来，地理学自形成一个学科体系演化到现在，内容、范围乃至体系结构已发生了巨大变化。地理学是以人类居住的地球表层，包括自然地理系统、生态系统和人类社会系统所组成的开放复杂巨系统为研究对象，研究地球表层各圈层相互作用关系及其空间差异与变化过程的学科。地理学研究众多现象、过程、特征及人类和自然环境的相互关系在空间及时间上的分布。因为空间及时间影响了多种主题，如经济、气候、植物及动物，所以地理学是一个高度跨学科性的学科。

地球表层各种自然和人文现象具有明显的地域差异，而这种以地域差异单元来研究人地关系地域系统的就是现代地理学。其中，自然地理学调查自然环境和如何造成地形及气候、水、土壤、植被、生命的各种现象及它们的相互关系，把组成自然地理环境的各种要素相互联系起来进行系统的综合研究，阐明自然地理环境的整体、各组成要素及其相互间的结构功能、物质迁移、能量转换、动态演变和地域分异规律等内容，用系统的、综合的、区域联系的观点与方法，去审视与研究人类赖以生存的地球表层自然环境的组成、结构、区域分异特征、形成与变化规律及人与环境的相互作用，从而对地表自然环境进行评估、预测、规划、管理、优化、调控。人文地理学是探讨各种人文现象的地理分布、扩散和变化，以及人类社会活动地域结构的形成和发展规律的一门学科。地理信息系统则是计算机技术与现代地理学相结合的产物，采用计算机建模和模拟技术实现地理环境与过程的虚拟，以便对地理现象进行直观科学的分析，并提供决策依据。

地理学本质上说是非线性的，是一门跨学科的综合性、边缘性、交叉性科学。在地理学的科学性方面，还有许多尖锐的问题有待解决。有的学者认为地理学是“一个由共同起源和共同目标联系起来的自然科学和社会科学的复杂的分支体系式的家族”，这是有枝无干的体系说的代表。它实际上否认独立的超越分支学科的地理学的存在。也有的认为，地理学是知识百科全书的一部分，回答“在哪里”？信息科学和计算机技术在地理学中应用，要求地理学回答“怎么样”“为什么”？地理学应该有自己共性的概念、规律和方法论，催促其理论、方法、技术和工程的重建，强调对复杂的地理结构和地理过程本质的辨别和抽象。

2.1.1 地理学研究对象

地理科学与地球科学或地学的区别在于，地球科学或地学是自然科学，而地理科学是自然科学与社会科学的汇合。地理学既涉及自然又涉及社会的宏观规律，这是地理学的本质与特色。地理学是一门研究由多种地理要素组成的地域系统的结构、功能及其时空演替（变化）规律的边缘性（跨界）科学。现代地理学是一个科学体系，它既包括自然地理学和经济地理学，又包括人文地理学。从科学分类来说，现代地理学兼有自然科学和社会科学的性质。

地理学的研究对象和内容不是“一成不变”，它是发展变化的，并且有一个发展变化过程。长期以来，地理学界对于学科的研究对象问题一直争论不休，诸如“地理环境”“人地关系”“地理圈”“地理壳”“地理景观”“地理综合体”“地区差异”“空间分布”等定义不下数十种。地理学的研究对象在不同的时代、国家或学派有不同的概念，曾有多种既有差别又有相同之处的说法或界定，如地理壳、景观壳、地理环境和地球表层等。其中，地球表层这个概念最初是由德国地理学家李希霍芬于 19 世纪中提出来的,但他当时的观点并没有引起地理学界的足够重视。20 世纪 80 年代，钱学森院士从科学发展及其服务于社会发展、关注人类前途命运的高度，从系统论角度，明确提出，地理学的研究对象是地球表层。地球表层范围是接近地球物理表面与人类关系密切的地球表层部分，即上至对流层顶、下至岩石圈底部，包括岩石圈、水圈、大气圈、生物圈和智慧圈。地球表层是由地球诸多圈层相互交汇所组成的、以人类为中心的开放巨系统。其中，以人类的文化圈（智慧圈）为核心。

地球表层的特征：①太阳辐射集中分布于地球表层，太阳能的转化也主要在地球表层进行。②地球表层自然环境同时存在着气体、液体、固体三相物质和三个圈层的界面。各界面上三相物质共存又互相交换、相互渗透，形成多种多样的胶体和溶液系统。③地球表层自然地理环境具有本身发展的形成物，如生物、风化壳、土壤层、地貌形态、沉积岩和黏土矿物等。这些物质和现象都是地球表层所特有的，通常称为表成体。④互相渗透的各圈层间进行着复杂的物质、能量交换和循环、化学物质循环、地质循环等。在交换和循环中还伴随着信息的传输。⑤地球表面自然地理环境既是一个整体，又存在着复杂的内部分异，其各部分的特征差别显著，在极小的距离内部可能发生变化。这种分异表现在水平和垂直方向上。⑥地球表层是人类社会发展的场所，尽管随着科学技术的发展，人类活动范围已远远超出海陆表面，达到地球高空甚至宇宙空间，但地球表层仍是人类生活的基本环境。

2.1.2 地理研究主要任务

目前，现代地理学研究的前沿重点是区域格局与动态过程及驱动力，全球变化与区域响应方面的理论创新，区域资源开发与生态环境保护及人地关系协调的应用创新，以及地理信息科学技术创新。

1. 地理学研究的任务

作为地理学研究对象的地球表面是一个多种要素相互作用的综合体，一般来说，根据研究对象的侧重点不同，地理学分为自然地理学和人文地理学两部分，以地表复杂地理现象空间分布、时间演变规律和人地关系研究为核心。

从自然地理学的研究对象出发，自然地理学研究内容主要包括：①人类赖以生存的地球表层自然环境的组成、结构及其区域分异规律；②人类赖以生存的地球表层自然环境的成因与变化规律；③人类赖以生存的地球表层自然环境系统的运行机制（物质循环、能量转换、信息传输）；④人类与地球表层自然环境的相互作用、相互影响；⑤地球表层自然环境的评估、预测、规划、管理、优化、调控。

人文地理学以人地关系的理论为基础，最根本宗旨是综合自然与社会的因素，研究人文现象的空间分布、运动及其对人类生活环境的影响。地理学把地球表面作为人类活动的空间来研究，地球表面是人类生存活动最直接、最重要的场所，人和地理环境间的相互依存关系一直是地理学研究的重要课题。而且，现代社会和经济发展以前所未有的规模和速度影响着地理环境，由于科学技术进步，人类利用环境的范围扩大了，强度不断提高，人对地的干扰和影响越来越大，出现了危害人类社会的各种环境问题，如人口过度膨胀、资源在地域上和时间上的供应失调、环境污染扩大而且质量恶化、城市化进程加快带来城市扩展失控等。人类关注自然环境在经济增长、社会进步中的基础地位的同时，进一步认识到人类自身在其中的主体作用，社会、经济、文化和政治体制等因素改变了自然界能量流动和物质循环，自然环境与人文环境相互作用形成了统一的综合体。人文地理学以人文现象为研究主体，侧重于揭示人类活动的空间结构及其地域分布的规律性，人文现象的空间分布及其演变不仅受到自然环境的影响，而且社会、经济、文化和政治等因素也在起着十分重要的作用。当代地理学更趋于深入研究国家建设和解决社会问题，人文地理学日益成为地理学的发展重点。

2. 解决主要问题

目前，如何利用自然资源；如何控制生态环境恶化，促使人类生态环境优化，提高生存环境质量；如何在保障资源和生态环境的同时，促进社会经济的可持续发展等，是人类面临的影响社会发展和人类生存的严峻问题，地理学研究者应根据学科优势和学科发展的需要及人类发展的要求，确定学科前沿重点问题进行深入研究，以促进学科发展，为解决人类未来生存和社会发展做出新贡献。目前的观点可以归纳为以下几个重点问题。

第一，全球变化及其区域响应研究。全球环境变化研究在过去、目前和未来，都是地理学的重要研究领域。地球和地表自然界是有机的整体，全球各个圈层之间的相互作用密切。随着人口增长、社会发展和科技进步，人类活动对地理环境的影响越加强烈。人类对某一地区施加的影响，会对其他地区产生作用，而今天的措施又将对未来产生影响。当今瞩目的全球环境变化问题与长期以来人类活动影响的缓慢累积过程有着密切的关系。全球环境变化及其区域响应涉及古地理环境演变、土地利用和土地覆被变化、减轻自然灾害、典型区域环境定位研究及全球环境变化的对策等众多领域。其中，全球环境变化的社会经济对策涉及自然地带推移变化、土地利用与农林牧业的结构与布局、能源结构调整、海岸带的防御措施，以及自然资源合理利用和自然灾害防治等。

第二，陆地表层过程和格局的综合研究。在这些方向上，自然地理学研究注重野外定点观测和室内的实验研究，人文地理注重地理空间人流和物流的调查分析。近年来，国内外许多地理学者认识到，要推动地理学的发展，必须在格局与过程的相互作用方面加强研究，地理学者必须强调格局和过程及其间的关系。发生在各种类型和各种尺度区域中的过程必然产生一定的格局，而格局的变化又会影响自然、生态、社会发展的进程。这就产生了不同尺度区域之间的相互依赖性。陆地表层系统包括与人类密切相关的环境、资源和社会经济在时空上的结构、演化、发展及其相互作用，可以应用数学模型探索客观事物之间的规律及空间变化。

第三，自然资源保障和生态环境建设研究。水资源、土地资源和生物资源是地球人类家园支撑系统的重要组成部分。我国上述自然资源的人均占有量少、空间分布不均衡，经济高速发展对自然资源的压力加大。长期以来掠夺式的开发和不合理的经营管理，导致自然资源枯竭、环境退化和生物多样性丧失等一系列问题，这些问题成为制约我国社会经济可持续发展的严重障碍。可持续发展要求在不同尺度的区域内，社会经济发展与人口、资源、环境保持协调的关系。应综合研究我国各类自然资源的格局、过程和动态，从整体出发，研究各类自然资源之间的相互关系，揭示其组合特征和演变规律。研究自然资源和生态环境之间，不同区域的资源与环境之间，特别是人类活动与资源、环境之间的相互关系，揭示自然资源的时空变化规律并评估自然资源开发利用的环境效应，阐明人类经营活动对自然资源和生态环境的影响，提出其调控机制和对策。土地退化生态环境恶化具有明显的区域差异，要划分不同的生态类型，对其成因机制、动态过程和发展趋势进行全面系统的研究，提出宏观整治战略及生态环境建设的途径和措施。

第四，区域可持续发展及人地系统的机理和调控研究。综合分析区域之间存在的差异性和相似性，不同的地域，其人口、资源、环境和发展的内涵也不同。为此要从空间结构、时间过程、组织序变、整体效应、协同互补等方面认识和寻求全球的、全国的或区域的人地关系的整体优化、协调发展及系统调控的机理，为区域可持续发展和区域决策与管理提供理论依据。

2.2　地理要素相互联系

地理要素的形成从根本上说是自然和人类社会发展的产物。地理要素分为自然地理要素和人文地理要素。自然地理要素包括土壤、水文、大气、植被、地貌；人文地理要素包括经济、政治、文化几大要素，细分的话应该有交通、政策、民俗、历史、区位等要素。地理要素关系是系统各要素之间及系统与环境之间通过某种方式相互影响、相互制约、相互依存的性质。地理要素关系的实质是系统各要素之间及系统与环境之间发生着广泛的物质、能量和信息交换。地理环境各要素相互联系、相互影响，构成了一个有机整体。

2.2.1　地理关系产生驱动力

地球表层的各要素和各部分是相互联系、相互制约的，从而形成一个完整的、独立的、内部具有相对一致性、外部具有独特性的整体。在客观世界中，系统与系统、系统中的要素与要素、要素与系统的相互关系、相互作用、相互影响，除了物质和能量的交换外，彼此间还存在着信息传输。没有信息的交换与传输，系统与系统、系统中的要素与要素、要素与系统就会失去联系，系统本身就无法成为一个整体。因此，信息是客观世界物质系统的本质属性，反映了宇宙中一切过程及发生变化的程度，它是客观存在的。值得注意的是，伴随着智慧圈的出现，信息流的方向发生了改变，强度增大和速度加快。因此，信息（交流）已与物质（迁移）、能量（交换）一道成为了地理学研究的主要问题之一。

1. 物质的迁移与循环

这里的“物质”不是哲学的概念范畴，而是物理上宏观、中观和微观的实体材料，包括各种固体、液体和气体物质，即“物质”是自然界中实实在在的物质。它既不会增加，也不会减少，只存在形式的变化。因此，物质在自然界中遵循质量守恒定律。物质的交换、迁移与循环是系统与系统间、系统与要素间、要素与要素间相互作用和相互联系的主要表现形式之一。尽管物质流动必须由能量来驱动，信息可以控制和支配物质的流通，但能量的转化与固定、信息的传递与储存都必须在物质的参与下进行。可以认为，物质是产生关系最基本的基础，不存在物质，一切关系都将无从谈起。

2. 能量的转化与固定

这里的"能量"也不是抽象的概念，它是度量物体运动能力强弱的概念，如热能、动能、势能等。人类对能量的理性认识最早可以追溯到能量守恒与转换定理，这一定理被表述为：在任何与外界隔绝的孤立系统中，不论发生什么变化或过程，能量的形式可以转换，但能量的总和恒定不变。能量守恒与转换定理在热力学中表现为热力学第一定律，也指外界传给一个物质系统的热量，等于系统内能的增加和系统对外做功的总和，继热力学第一定律之后，人类对能量的理性认识是热力学第二定律或称熵增原理，然后才是比利时科学家普利高津（Prigogine）所创立的"耗散结构"理论。能量的载体是物质，而物质流动必须由能量来驱动。因此，能量传递与物质交换总是同时进行的，仅有物质而没有能量，也不可能产生关系。

3. 信息的传递与储存

系统中除了物质的迁移与循环能量的转化与固定外，还存在着信息的传递与储存，由于信息的传递与储存必须以物质和能量作为载体，不能脱离物质和能量而存在。因此，信息的传递与储存必然伴随着物质的迁移与转换及能量的转化与固定。信息与物质、能量的不同之处在于，尽管信息遵循信息传输定理，但在其运动过程中不遵循守恒定理，它既可以增加，也可以减少，还可以被复制。

物质迁移必须以能量为动力，没有能量，物质迁移就不可能进行，信息的传递与储存也不会实现。而物质和能量是一个统一体，任何物质本身都包含一定的能量，能量又一般以一定的物质为载体，在物质迁移过程中，能量必然伴随着在物质之间发生传递和转移。信息则决定了它们的结合程度，迁移、传递和转移的过程。因此，物质、能量与信息三者之间是辩证的关系，其中的任何一者都不可能脱离另外两者而独立存在。对于系统（开放系统）来说，其内、外部都具有物质传输、能量流动、信息传递的功能。

系统的物质流动、能量转换和信息传递是维持系统生命的关键，这也是系统本身的功能，即从环境接受物质、能量和信息，经过系统的变换，向环境输出新的物质、能量和信息。由于地球系统是一个复杂开放的巨系统。因此，它在多个层次上具有了以上功能。首先，地球系统及其多级子系统存在着垂直分层、水平分异、立体交叉与多层次的特征。那么，地球系统及其多级子系统在不同层次、水平就都存在着物质的传输、能量的流动和信息的传递。其次，地球系统与环境的相互联系、相互作用也是通过交换物质、能量与信息实现的。正是由于地球系统及环境之间、地球系统及其多级子系统之间、多级子系统之间存在着广泛的物质传输、能量流动和信息传递，才产生了地理学研究中各种不同的关系。

2.2.2 地理要素关系类型

地球系统是一个由相互作用的地核系统、地幔系统、岩石圈系统、土壤圈系统、水圈系统、大气圈系统、生物圈系统和智慧圈系统等子系统构成的统一系统。它是组成和结构都十分复杂的巨系统，范围比地理系统的范围要大得多。地球系统是由许多不同层次、不同规模的系统构成的开放、非线性的复杂巨系统。对于一个开放的系统而言，系统与环境之间、系统的内部各组分之间，都在不间断地进行着物质、能量、信息的传递与交换。地球系统不间断地进行的物质、能量、信息的传递与交换，决定了地球系统的整体性结构与功能，造就了地理学研究中不同层次、不同水平间的各种关系。

1. 地球系统与其环境之间的关系

地球系统与地外系统之间进行着广泛的物质交换，地外系统的尘埃与陨石坠入地球系统，参与了地球系统的物质循环，而地球系统上部的一些大分子，也会挣脱地球系统的引力而逃逸到地外系统中去，尽管两者的数量并不大，但长远看来，数量还是相当可观的。地球系统主要而稳定的能量供给来自于太阳辐射。自地球形成之时起，太阳辐射在地球系统的发展中始终占主导地位，而且随着地球内部放射性核能的衰竭，太阳辐射能的主导地位越来越牢固。物质是信息的载体，只要有物质的交换，就有信息的传递。进入地球系统的物质，它给地球系统带来了地外系统的信息，智慧圈上的人类正是凭借着进入地球系统的各种不同形式的物质来获得关于地外系统的信息。同时，逸出地球系统的物质，也给地外系统带去了地球系统的信息。当代地球科学的宏观发展趋势更强调“系统论”思维，即把地球作为宇宙中太阳系的一个行星、一个系统来认识，研究整个地球系统的行为、结构、演化过程和动力学机制。从而提出了“地球系统科学”的概念。这是一种高度综合的整体化研究思路。

2. 地球表层空间系统与其环境之间的关系

地球系统中地核系统、地幔系统已经超出了地理学的主要研究对象，因此，把剩下的六大圈层系统作为一个整体（地球表层空间系统）来研究，具有了更大的价值。它的环境就是地球外部环境（地外系统）和地球内部环境（地核系统和地幔系统总称地内系统）。地球表层空间系统子系统之间物质与能量的差异，和由此所导致的信息差异，是地球表层空间系统的子系统之间物质、能量及信息交换的动力。

地球表层空间系统不断与地外系统和地内系统进行着广泛的物质交换。地外系统的物质以宇宙尘埃和陨石等形式进入地球表层空间系统，地球表层空间系统中的物质也会以高能离子的形式逸出地球表层空间系统；对地内系统而言，它以火山喷发、地幔对流等形式把物质输入地球表层空间系统；而地球表层空间系统中的物质也会以板块俯冲等形式进入到地内系统中，完成物质的交流。能量是维持地球表层空间系统正常运行的动力，也是联系地球表层空间系统的桥梁与纽带。尽管太阳辐射是地球表层空间系统的主要能量来源，但地球内能也对地球表层空间系统产生了不可忽视的作用与影响。地球表层空间系统与其内部环境与外部环境之间进行着广泛物质与能量的交换，因此，就有了广泛的信息交流。地球表层空间系统根据其所接收到的环境信息作出响应，调整了它自己的行为，同时，它也通过信息反馈，影响它的环境。

3. 地球表层空间系统之间的关系

地球表层空间系统作为地理学的研究对象，圈层系统之间的相互作用、相互影响都是通过物质、能量与信息的传递与交换来实现的。并且，正是六大圈层系统之间的物质交换和能量转化，才使六大圈层系统形成了一个整体，使它们具有了整体性。物质是构成六大圈层系统的基础，但不同的是，构成六大圈层系统的物质形式有一定的差异，大气圈以气体为主，水圈以液体为主，其他圈层则以固体为主。能量驱动六大圈层系统的物质迁移与循环，反过来，物质迁移与循环不仅带动了能量的流动与传输，还导致了能量的转化与交换。

物质的迁移与循环、能量的传输与转化，是六大圈层系统发展演化的原因和动力，也是圈层间相互联系的纽带、相互作用的杠杆。信息交流是六大圈层系统联系的又一纽带，六大圈层系统通过广泛的信息联系，构成了地球上最为复杂的关系。六大圈层系统中的任一圈层发生变化，都会或多或少影响其他圈层，使得其他圈层产生相应的调整。目前，研究最多的是伴随着智慧圈的出现和发展对其他圈层所造成的影响，以及其他圈层对某一圈层变化的响应，这都必须通过研究圈层之间的信息交流来实现。

4. 圈层系统与其环境之间的关系

圈层系统与其环境之间的关系是指地球表层空间系统与其环境之间的关系和它内部要素之间的关系与高一层次的关系。但由于系统的划分是相对的，对于一个系统来说，它是上一级系统的子系统，同作为一个系统，又有其子系统。所以，地球表层空间系统的子系统（六大圈层系统）实质上还是一个个系统，这一个个系统与其环境具有了新的关系特点。对于其中每一个圈层系统来讲，它的环境不仅有地内环境系统和地外环境系统，还应加上其余的五大圈层系统。因此，它的关系更为复杂。例如，岩石圈系统有其环境，其环境除了地内系统和地外系统外，还应该加上除了岩石圈系统以外的五大圈层系统。在地球上存在着生物并受其生命活动影响的区域叫做生物圈。生物圈对于其他五大圈层有点特殊，它包括水圈全部、大气圈的下层（对流层）和岩石圈的上层（风化壳）。因此，它的环境是地内系统、地外系统、土壤圈系统、智慧圈系统和部分岩石圈系统、大气圈系统的总和，它是一个由多种要素组成的综合体，它控制和塑造着生物圈内生物的全部生理过程、形态构造和地理分布。而在环境对生物圈内的生物发生影响的同时，生物有机体，特别是它们的群体也对其环境产生相当明显的改造作用。生物都要生存在一定的环境内，在它们个体发育的全过程中，不断地与环境进行着物质、能量与信息的交换。它们从环境中吸取必需的能量和营养物质，建造自己的躯体。同时，又把不需要的代谢产物排放到外界环境中，以此来维持正常的生命活动和种族繁衍。因此，任何生物有机体都不能脱离环境而生存。

5. 圈层系统内部子系统之间的关系

地球表层空间系统的子系统——六大圈层系统的内部要素实质上还是一个个系统，这一个个系统之间的关系，相对于其上一级系统之间的关系要更为密切。例如，岩石圈系统的硅镁层和硅铝层之间的关系；大气圈系统的对流层、平流层、中间层、热层和散逸层之间的关系等都具有相同的特点。以生物圈系统的子系统为例，生产者、消费者、分解者和无机环境既可以看做是生物圈的要素，也可以看做是生物圈的子系统，但实际上它们还是一个个的系统，只是层次不同而已。生产者、消费者、分解者和无机环境四个系统之间的关系相对于六大圈层系统之间的关系要更为密切。地球上没有任何一种生物单独地生存于非生物环境之中，它总是程度不同地受到其他生物的影响。因此，这里的环境仅是相对于主体生物而言，它既包括非生物的所有自然要素，也包括主体生物以外的一切生物。物质是构成生产者系统、消费者系统、分解者系统和无机环境系统（无机环境在这里指水圈系统全部、大气圈下层和岩石圈上层）的基础，没有物质的存在，也就没有这四个系统所构成的生物圈的存在。生产者系统所固定的物质，通过一系列的被食关系，在生物圈中传递与循环。能量则是它们的动力，一切生命活动都伴随着能量的转化，没有能量的转化，也就没有了生命活动。伴随着物质的传递，固定于其中的能量也得以传递，但特殊的是，能量的传递具有单向性。信息的传递具有举足轻重的作用，四个系统间包含多种多样的信息，大致可以分为物理信息、化学信息、行为信息和营养信息，当然，这四类信息还可以分出多种信息形式。这四个系统所构成的系统的功能除体现在生物生产过程、能量流动和物质循环外，还表现为系统中各生命成分之间存在着信息传递。信息传递也是生物圈的基本功能之一，在传递过程中伴随着一定的物质和能量的消耗。但信息传递不像物质流动那样是循环的，也不像能量流那样是单向的，而往往是双向的，有从输入到输出的信息传递，也有从输出到输入的信息反馈。按照控制论的观点，正是由于这种信息流，生物圈系统才产生了自动调节的机制。

6. 圈层系统内部子系统的要素与其环境之间的关系

对地理学的研究，仅到圈层系统内部子系统之间的关系这个层次还不够，还必须再把它往下解析，这样的需求以生物圈较为显著。生物圈系统由生产者系统、消费者系统、分解者系统和无机环境系统等四个子系统构成，且这四个子系统都可以继续往下分。以生产者系统为例，它下面包含有植物界、部分原核生物界生物（原核生物界中的生物还有另一部分是异养）和部分原生生物界生物（原生生物界中生物还有另一部分是异养）。这里的环境指生产者系统周围的一切事物及现象的总和，包括了毗连生长的其他个体。生产者从种子（孢子）脱离母株落到地面时起，便开始了它的生命过程。它从周围的环境获取生活资料，从而进行了伴以能量流动的物质交换，它既受到环境的影响，又影响环境。生产者从环境中获取自身所需的物质，构成自己的躯体。同时，它把各种排泄物又排放到环境之中，从而完成了它与环境之间的物质交换。

生产者与环境之间进行的能量交换也是明显的，通过光合作用，生产者把外界的能量固定到躯体中，然后通过呼吸作用，把一定的能量散发到环境中，完成了与环境之间的能量交换。生产者与环境之间的信息交换也很明显，它从环境中获取的物质和能量中得到关于环境的各种信息，这就是有些植物可以当做指示植物的原因。同时，它也通过自身发出的信息，一定程度上改变和控制着周围的环境。

7. 圈层系统内部子系统要素之间的关系

圈层系统内部子系统的要素与其环境之间的关系是从外部进行研究，而要素之间的关系主要表现在以下几个方面。

（1）全球大小各级自然综合体内部，任何一个要素和部分的发展变化，都要受到整体的制约。自然综合体一经形成就具有稳定性，其内部各要素和各部分是整体不可分割的部分，要单独改变其中任一要素是困难的。当然，在人类强有力的影响下，地理环境也会发生局部变化，例如，由于人工灌溉，沙漠地区可以出现局部绿洲；由于人为滥伐，热带雨林可以局部出现草原及半荒漠景观，但一旦人类的影响停止，让其自然发展，只要大气环流形势不变，最终地理环境仍然要恢复它原来的面貌。这表明任何一个要素和部分的发展变化都要受到地理环境整体的制约。

（2）地理环境中这一要素影响另外的要素，这一要素的变化影响另外要素的变化。例如，副热带高气压及信风带控制的大陆中心和大陆西岸，由于常年受副高压下沉气流及来自内陆的信风控制，因此，气候极其干燥。由于水分不足，地表径流或全无，物理风化强烈，风成作用盛行，形成大片沙漠、砾漠，植被稀疏。以上各要素之间是一环扣一环，一个要素影响另外的要素。当其中一个要素发生变化时，其他因素受其影响，相应地也会发生变化。

（3）地理环境中，这一部分会影响另外一部分，这一部分的变化，会影响另外一部分的变化。例如，地质史上存在冰期和间冰期，冰期时，大量地表水以冰层的形式被固结在陆地上，由此引起海平面下降，大陆架露出海面，结果使陆地面积扩大，轮廓发生变化，陆上动植物分布也发生变化。同时，海平面下降还引起流入海洋的河流侵蚀基准面下降，河流下蚀作用加强，河谷下切更深，陆地地形分割剧烈；间冰期，固结在大陆上的冰层消融返回海洋，海平面上升并淹没了大陆架，河流下切力减弱，陆地地形分割也不厉害。

2.2.3　地理要素关系的度量

由于地理学研究对象的关系复杂性，用任何单一的方法都不足以完全胜任，因此有必要把各种方法有机地结合在一起，进行多要素分析、多层次分析。关系的度量方法也是多种多样的，各种方法有各种方法的优点和适用范围，本书就地理学研究中经常用到的方法进行一定的阐述。

1. 相关分析法

对于两个地理要素 x 与 y 而言，如果测得的它们样本值分别为 x_i 与 y_i（i=1，2，…，n），则它们之间的相关系数被定义为

$$r_{xy}=\frac{\sum_{i=1}^{n}(x_i-\overline{x})\quad(y_i-\overline{y})}{\sqrt{\sum_{i=1}^{n}(x_i-\overline{x})^2}\sqrt{\sum_{i=1}^{n}(y_i-\overline{y})^2}}$$

式中，$\overline{x}$ 和 $\overline{y}$ 分别为两个地理要素样本值的平均值，即

$$\overline{x}=\frac{1}{n}\sum_{i=1}^{n}x_i\text{，}\quad\overline{y}=\frac{1}{n}\sum_{i=1}^{n}y_i$$

其中，r_{xy} 为地理要素 x 与 y 之间的相关系数，是表示两地理要素之间相关程度的统计指标，其值介于［-1，+1］，$r_{xy}>0$，表示正相关，即两地理要素同向相关（正相关），$r_{xy}<0$ 表示负相关，即两地理要素异向相关（负相关）。r_{xy} 的绝对值越接近于 1，表示两地理要素之间的关系越密切；越接近于 0，表示两地理要素的关系越不密切。

2. 灰色关联度法

客观世界，既是物质世界，又是信息世界，它既包含了大量的已知信息，也包含大量的未知信息和不确定的信息。既含已知信息，又含未知信息的系统称为灰色系统，地理学所研究的对象就是一类典型的灰色系统。因此，自灰色系统理论产生以来，就被广泛应用于地理学的研究之中。由于地理学所研究的对象是复杂开放的巨系统，加之人类的认识水平有限，许多系统、要素之间的关系是灰色的，很难用相关系数法比较精确地度量其相关程度的客观大小。灰色系统理论提出了对各子系统进行灰色关联度分析的概念，意图通过一定的方法，寻求系统中各子系统（或因素）之间的数值关系。因此，灰色关联度分析对一个系统发展变化态势提供了量化的度量，非常适合动态历程分析。

综上所述，组成地球表面的各要素（气候、地形、水文、生物、土壤）之间相互联系、相互制约和相互渗透，构成了地理环境的整体性。地理环境的整体性理论是地理学的基础理论之一。整体性就是地球表面各组成要素和各组成部分之间的内在联系性，它们相互联系相互制约并结成一个整体，这一要素影响另外的要素，这一部分影响另外的部分。地理环境整

体性的表现：①地理环境各要素与环境总体特征协调一致；②地理环境各要素之间相互制约，牵一发而动全身；③不同区域之间的联系，一个区域的变化会影响到其他区域。地球表面整体性是地球各圈层间相互作用的结果，而圈层相互作用主要是通过圈层间的能量交换和物质运动来实现的。其中，能量是维持地表系统正常运行的动力，也是岩石圈、大气圈、水圈、生物圈联系的桥梁和纽带。

2.3 地理空间分布

人们研究地理空间差异过程中产生了地理学。地理学家研究众多现象、过程、特征及人类和自然环境的相互关系在空间及时间上的分布。自然地理环境空间分布存在差异的规律，这是由自然地理环境进化发展的主要能源决定的。太阳辐射和地球内能是自然地理环境进化发展的最主要、最基本的能源，被称为空间分异因素。在这两个空间分异因素的作用下，形成地带性与非地带性规律，出现了地球表面在时间及空间尺度上演变和变化的不同现象。人们在改造客观世界的过程中，必然要感知各种物质客体的大小、形状、场所、方向、距离、排列次序等，也要感知各种事件发生的先后、迟速、久暂等，离开空间和时间的知觉就不可能感知物质客体及其运动，无从进行任何有目的的活动。

2.3.1 地理空间思维

“空间”是抽象概念，其内涵是无界永在，其外延是一切物件占位大小和相对位置的度量。“无界”指空间中的任何一点都是任意方位的出发点；“永在”指空间永远出现在当前时刻。空间由不同的线组成，线组成不同形状，线内便是空间。空间在地理学中指地球表面的一部分，有绝对空间与相对空间之分。地理学科的性质决定了其思维方式的空间特色，各种地理思维活动（记忆、想象、判断、概括、推理、分析综合）无一不借助各种形式的空间展开，常常是借助正确的心理地图来进行。这种借助图形对地理问题进行各种空间维度思维的心理活动称为地理空间思维。

空间思维与人类日常生活密不可分。空间思维能力在很多伟大的科学发现中起着重要的作用。许多日常科学研究都广泛地依赖空间思维过程。空间思维使人具有理解空间关系的能力，知道地理空间如何展示，能对有关的空间概念进行推理并做出决策。空间思维，是指基于空间，从空间的事物着眼，对空间事物迅速高效地进行一系列分析判断应对及几再调整处置完整谋事的思维过程。空间思维能力包括空间想象、空间分析和空间表现三个方面，它是解决空间问题的关键。

地球表面上的一切地理现象、一切地理事件、一切地理效应、一切地理过程，统统发生在以地理空间为背景的基础之上。一般意义上，空间需具备五大要素：距离、可接近性、集聚性、大小规模、相对位置。地理学意义上空间要素主要包括位置、距离、方位、类型、形状、大小和配置等。

地理空间要素所涉及的形状主要有区域轮廓、空间排列状态、空间形式（包括空间形态，如景观特征、空间结构等；也包括空间运动的过程状态）。世界上每一个区域，大到一个大洲、大洋，小到一个湖泊、一条河流，都有一定的轮廓特征。既可以根据面状地理事物的轮廓形状特征，也可以根据线状地理事物的分布特征（如山脉、河流、交通线、行政区划线、海岸线等分布状况）和点状地理事物的相关位置（如城市、矿产、山峰等）分析定位地理事物和现象在地球表层呈现的空间形状、有序的方位顺序等分布状态。

在关注地理事物的分布时，要关注其空间展开范围的大小或宽窄。地理空间的大小通过地理事物的大小和方位反映出来，主要表现在两个方面：区域尺度、面积的大小；地理事物和现象展开的空间范围的大小、宽窄。地理事物的大小和范围反映着地理空间的等级观念。地理学的基本思想是根据其空间差别性，如根据空间划分为大陆、地区、地方和地点来理解地表。地理位置中的大位置、中位置、小位置也包含有尺度大小的涵义。

地理学家认为地理区域的内部复杂性和差异性是由尺度决定的。改变分析的空间尺度能提高深入了解地理过程和现象的洞察力，能了解地理过程和现象在不同尺度上是如何相互联系的。地理环境在不同尺度分异规律的作用下，分化为一系列等级和规模不同的区域单位。大尺度分异形成等级高、范围大的区域，在其背景下，大小尺度的分异又形成级别渐低、范围渐小的区域，使地球表面形成一个由多级区域单位构成的复杂的镶嵌体系。

一般说来，高级分异规律是下级分异的背景，而低级分异的有规律联系又是构成高级分异的基础。从不同尺度看城市，由于观察的尺度不同，实际区域空间结构的类型也不同。例如，一个城市，若从宏观尺度考虑，它往往被视为一个点，而若从较小的空间尺度观察，它则表现为不同功能区组成的空间，其内部又有空间结构，如扇形结构、星形结构等。

方位主要指地理空间位置关系，关注方向、邻接关系、所处部位等内容。常见的与方位有关的词汇：地球上的八个方位（东、西、南、北、东北、西北、东南、西南）；在……周围；绕；在……附近；内陆、边沿；中央；中心；中间；向四周等。正确说明方位，首要的是要确定表征地理事物方位（位置）的参照物。应用表征方位的词汇说明地理事物和现象的方向、邻接关系、所处部位等。

结合（借助）方位观察地理事物和现象的分布特征。点状分布通常沿某个方向区域或地理事物在某地理事物的分布方位加以描述和概括。线状分布着重说明其沿哪个方向的走势及其稀密特点。面状分布说明该地理事物的分布范围，即东南西北的界限，或该地理事物在某地理事物的分布方位上大致的面积。

距离是人们生活方式、生产方式最重要的地理问题。距离有不同的内涵：几何距离（两地间的直线距离）；运行距离（两地间的实际运行里程）；文化距离（相似的文化可以消减距离）；时间距离（两地间旅行和运输消耗的时间）；经济距离（两地间旅行和运输的总消费）。人们最关心的是经济距离，一般来说，距离越近，流量分布的概率越大，距离越远，流量分布的可能性越小。

2.3.2　地理空间问题

地理空间是物质、能量、信息的数量及行为在地理范畴中的广延性存在形式。特指形态、结构、过程、关系、功能的分布方式和分布格局同时在“暂时”时间的延续（抽象意义上的静止态），讨论所表达出的“断片图景”。地理空间的研究是地理学的基本核心之一。主要内容包括：①地理空间的宏观分异规律与微观变化特征；②地理事物在空间中的分布形态、分布方式和分布格局；③地理事物在空间中互相作用、互相影响的特点；④地理事物在空间中所表现的基本关系及此种关系随距离的变化状况；⑤地理事物的空间效应特征；⑥地理事物的空间充填原理及规则；⑦地理事物的空间行为表现；⑧地理空间对于物质、能量和信息的再分配问题；⑨地理事物的空间特征与时间要素的耦合；⑩地理空间的优化及区位选择的经济价值。

地理空间问题是人类认知的一个古老而永恒的主题，“空间”这只“看不见的手”对人类行为和社会发展的约束是与生俱来、无处不在的。大至国家“生存空间”的压力，小至日常生活中“私域空间”的狭小，甚至哲学选择中的“生存或毁灭”难题，无不表现出某种因效用空间的有限而无法最大化地排列不同效用的两难处境。从本质上讲，人类社会最稀缺的就是时间和空间，人类一切社会经济活动的根本形式是最大限度地获取时间和空间——在有限的时间内尽可能多地实现各种需要以便相对延长其时间；通过占有或扩大“空间”来摆脱“空间”的约束，以便获得尽可能大的自由度。因此，从空间角度分析人类的社会发展及经济行为具有重要的理论意义和实践价值。

地理空间问题是人们认识世界和改造世界过程中必须解决的问题，因为空间及时间影响了多种主题，如经济、健康、气候、植物及动物。自然地理学调查自然环境及如何造成地形及气候、水、土壤、植被、生物的各种现象及它们的相互关系。人文地理学专注于人类建造的环境和空间是如何被人类制造、看待及管理，以及人类如何影响其占用的空间。环境地理学在自然地理学与人文地理学的研究成果上，评价人类与自然的相互关系，并提出人类征服自然、改造自然以适应自身永续发展的安全状态和技术（包括生产技术和制度技术）条件。地理学研究能解释地球上自然、生物和人类的分布特点及它们相互联系的复杂链条。利用地理分析解决了管理资源、环境问题（修建大坝和水库造成的不良环境影响）、自然灾害（如旱灾、水灾）和环境污染（城市、农业及工业废物排放造成的污染）等重大地理问题。这些地理问题集中表现在以下几个方面。

1. 空间分布与格局

空间分布指的是在一定地区或区域内散布。空间格局指生态或地理要素的空间分布与配置。空间格局是植物种群的基本特征，研究植物种群的空间格局有助于认识它们的生态过程及它们与生境的相互关系。其中，判定种群的空间分布类型和空间关联性是空间格局研究的两个主要内容。

种群的空间分布类型与空间关联性是一致的，它们是种群生态关系在空间格局上的两种表现形式。植物种群的空间分布有三种基本类型：集群分布、随机分布和均匀分布，相应地，种群的空间关联有三种基本方式：空间正关联、空间无关联和空间负关联。集群分布和空间正关联体现了种群内部正向（相互有利）的生态关系，均匀分布和空间负关联反映了种群内部负向（相互排斥）的生态关系，随机分布和空间无关联则意味着种群内部没有明确的生态关系。

2. 资源配置与规划

资源配置是指对相对稀缺的资源在各种不同用途上加以比较作出的选择。资源是指社会经济活动中人力、物力和财力的总和，是社会经济发展的基本物质条件。在社会经济发展的一定阶段上，相对于人们的需求而言，资源总是表现出相对的稀缺性，从而要求人们对有限的、相对稀缺的资源进行合理配置，以便用最少的资源耗费，生产出最适用的商品和劳务，获取最佳的效益。资源的稀缺性决定了任何社会都必须通过一定的方式把有限的资源合理分配到社会的各个领域中去，以实现资源的最佳利用，即用最少的资源耗费，生产出最适用的商品和劳务，获取最佳的效益。资源配置合理与否，对一个国家经济发展的成败有着极其重要的影响。

社会资源的配置是通过一定的经济机制实现的。动力机制：资源配置的目标是实现最佳效益，在资源配置是通过不同层次的经济主体实现的条件下，实现不同经济主体的利益，就成为它们配置资源的动力，从而形成资源配置的动力机制。信息机制：为了选择合理配置资源的方案，需要及时、全面地获取相关的信息作为依据，而信息的收集、传递、分析和利用是通过一定的渠道和机制实现的，如信息的传递可以是横向的或者是纵向的。决策机制：资源配置的决策权可以是集中的或分散的，集中的权力体系和分散的权力体系，有着不同的权力制约关系，因而形成不同的资源配置决策机制。

资源规划即在掌握资源的时空分布特征、地区条件、国民经济对资源需求的基础上，协调各种矛盾，对资源进行统筹安排，制定出最佳开发利用方案及相应的工程措施的规划。规划制定需遵循因地制宜、综合利用、人工调节与经济合理等基本原则。应用数理统计理论进行调节计算的经验方法，资源数学规划方法，即以数学表达式来描述资源系统特征及开发利用中相互依赖和制约的关系，并求出为某一目标（或多目标）服务的最优解，其内容包括线性规划、动态规划、非线性规划与多目标规划等。

3. 空间关系与影响

空间关系是描述地理实体或现象之间空间位置相互关系的描述，是空间分析和推理的基础，地理空间关系是地理空间视角的重要组成部分，是结合空间的角度与联系的观点分析地理事物的独特方法。一般而言，地理空间指地球表面各种地理现象、事物、过程等发生、存在、变化的空域性质。空域性质往往通过填充在空间内的地理要素之间的联系得以体现。无论是单一要素的深入认识，还是要素的简单叠加都不能真实地反映客观世界，只有通过要素之间的联系与相互作用表现出的结构、功能性意义才能完整、综合地解释地理空间现象。

地理空间中任何地理事物和现象的产生，任何地理分布、地理结构、地理特征和规律的形成都不是偶然的，都是与各种地理要素或环境存在着一定联系而产生的结果。这种结果受各种原因的影响，同时，也反过来影响并作用于原因。因果联系在地理空间中普遍存在，是较高层次的地理理性知识。因果关系知识具有抽象、复杂的特点，在分析过程中一般需要考虑如下几个方面：①在地理因果关系中，原因和结果可以分直接和间接两类。例如，温度差产生气压差，气压差产生气压梯度力，最终导致风的形成。这里气压梯度力是风的直接原因，温度差和气压差为间接原因。气压差为温度差的直接结果，风的形成为间接或终极结果。②有些地理现象是由单一因素引起的，有些地理现象是由多个原因共同作用引起的；有时一个原因产生一个结果，有时一个原因产生多个结果。基于地理因果关系复杂多样的特点，地理学者用集合的方法将地理因果关系分为一因一果、一因多果、多因一果、多因多果、因果链条五类。③在不同的空间，相同的原因不一定产生相同的结果。空间内的原因是变量，其标准、质量发生变化势必要影响其产生的结果状态。④一种地理现象在某一时刻可以为原因，而在另一时刻又可以是另一种现象的结果。原因可为结果，结果可再次转化为原因，既影响即将获得的新结果，又改造先期影响结果的原因。例如，溪流通过冲走岩石“挖出”沟谷，反过来，沟谷又给溪流规定了渠道；降水使森林繁茂，而繁茂的森林由于巨大的蒸发作用和抑制散热又有利于降水的形成。

4. 空间动态与过程

动态是指事情发展变化的情况。过程是事物发展所经过的程序或阶段。空间动态与过程是现实世界中地球表面特定位置上的地物属性或状态随其驱动力的时间变化。本书所指的动态现象一般是一个动态、形式多样、富于变化、边界模糊的开放性复杂系统，变化多端的自然现象，运动无约束，通常以液态或气态的形式呈现，如沙尘暴、云、雾、霭、烟、污染气体扩散、龙卷风及洋流等。动态现象不同于通常的移动对象，移动对象是有明确边界、有规律地刚性运动的地物。动态现象与人类的生活息息相关，直接或间接地影响着人类的经济、政治、军事和社会活动。

变化是一切事物的运动本质。时空变化组成了时空过程。因而对变化的准确把握，有助于认识过程，对时空进行进一步的分析与研究。根据地理实体或现象变化的快慢和周期的长短，变化可被分为长期变化、中期变化和短期变化。相对应于时空过程，就有时空长期过程、时空中期过程、时空短期过程三种；根据地理实体或现象变化的节奏特点，变化可分为连续变化、离散变化和级进变化，对应于时空过程就被分为时空连续变化过程、时空离散变化过程、时空级进变化过程。其中，连续变化是指地理实体或现象一直处于不间断变化中；离散变化也称瞬间变化，时空对象总是处于静止状态，某时刻发生突变，变化在瞬间完成；级进变化是指时空对象有时静止，有时变化。一般情况下，在某种时间大尺度范围内，根据地理实体或现象的时空特征，可以将离散变化近似认为是连续变化；而连续变化在时间小尺度范围下，也可能为离散变化。这要视情况而定。

2.3.3　地理空间分布差异

自然地域分异理论是地理学的基本理论之一。一般认为，自然地域分异规律包括地带性规律、非地带性规律及地方性规律等方面。地带性规律是由太阳辐射能纬度分布不同或距海远近湿度不同引起的。非地带性规律是由地形和地质构造等因素引起的。也有人认为，由海陆相互作用及海拔高度引起的畸变应属非地带性之列，分别称经度地带性及垂直地带性。地方性规律则是更局部的分异规律，是由地方地形、地面组成物质及地下水埋深等因素引起，具有系列性、组合性及重复性等表现形式。引起自然地域分异的因素，包括太阳能和地球内能两部分。两者互不从属，但却共同对地表自然界产生作用，相互制约，表现出矛盾统一的特征。自然地域分异规律反映出自然综合体地域分异的客观规律，指自然地理环境各组分及其相互作用形成的自然综合体之间的相互分化及由此产生的差异。

1. 地理要素形态与度量

地理空间形态是描述地理物体和现象在地理空间形象和发生的状态。现实世界中地球表面现象和过程，通过人们地理空间认知过程形成地理概念，将地球表面现象和过程抽象概括成地理要素实体，在空间形态上抽象为点、线、面、体四种形态。

1）点状实体形态描述

在对客观世界事物和现象进行抽象的过程中，对那些占据着一定的地理空间位置，但其形状特性在一定的情况下对其本质特征的影响可以忽略的地理要素和现象把它抽象成点状实体，如路灯。点状地理实体在地理空间上具有确定的位置，不能随意移动。点状实体的定位一般在实体的几何中心，如水井的几何中、道路交叉点、小比例尺地图上的居民区轮廓几何中心。点状实体形态一般不表示长度和面积。有些点状实体具有方向特性，如房屋的朝向、陡坎的朝向、河流的流向、窑洞的朝向等。点状实体的可视化表现通常可以以一种点状的符号来形象化描述。点状符号是一种表达不能依比例尺表示的小面积事物和点状事物所采用的符号。点状符号一般以地理实体的中心位置为符号绘制的中心（原点），在以系统坐标轴有一定夹角的坐标系统下绘制组成符号的一组图元，如控制点、路灯、独立树等。

2）线状实体形态描述

在对客观世界事物和现象进行抽象的过程中，对那些占据着一定的地理空间位置，呈线性分布，其长度是其形状的主要特征，但其宽度对其本质特征的影响可以忽略不计的地理要素和现象抽象为线状实体，如铁路。线状实体的可视化表现通常可以以一种线状的符号来形象化描述。线状符号是一种表达线状分布事物的符号，其长度是依比例尺表示，而宽度不能按比例尺表示，需进行适当的夸大。线状符号由于其线性特征，图元符号都是相对于线上某个位置来绘制，所以线状符号必须以动态的坐标系——线上某一位置的切线来建立坐标以利于图元符号的生成，而且线性符号一般都以一定的周期重复绘制相同的图元符号或周期具有一定的随机性。例如，陡坎，以一定的间隔在线上沿切线的垂直方向绘制一条短线。

在对客观世界事物和现象进行抽象的过程中，对那些占据着一定的地理空间位置，其长度是其形状的主要特征，但其宽度对其本质特征的影响不可以忽略不计，即具有一定宽度的线性面的地理要素和现象抽象为带状实体，如大比例尺中的高速公路、室外楼梯等。带状实体的可视化表现通常可以以两线状的符号来形象化描述，例如，机耕路，以长虚线表示光辉部，实线表示暗影部。带状符号是一种按地图比例尺表示事物分布范围的符号，带状符号具有线状和面状符号的特征，以带的左右线表示事物的分布范围和形状，范围内加绘颜色或说明符号以表示它的性质。在带的范围内具有面的特征，左右线具有线的特征。

3）面状实体形态

在对客观世界事物和现象进行抽象的过程中，那些占据着一定的地理空间位置，呈面状分布的多边形对象为面状实体，如旱地、果园等。面状实体的可视化表现通常可以以一种面状的符号来形象化描述。面状符号是一种按地图比例尺表示事物分布范围的符号。面状符号用轮廓线表示事物的分布范围，轮廓线内加绘颜色或说明符号以表示它的性质和数量。填充符号以一定的规则来进行组织，如散列式、整齐式、相应式等，如填充某种颜色、符号之间的间隔、符号基线的方向等。

4）体状实体形态

在对客观世界事物和现象进行抽象的过程中，对那些占据着一定的地理空间位置，呈面状分布，其长度是其形状的主要特征，但其高度对其本质特征的影响不可以忽略不计的地理要素和现象抽象为体状实体，如地形、建筑物等。体状实体的可视化表现通常可以以一种立体符号来形象化描述。体状符号是一种按地图比例尺表示事物分布范围的符号。体状符号用轮廓线表示事物的分布范围，对高度有两种表示方式：一是轮廓线内加绘颜色或说明符号以表示它的高度，如等高线、分层设色、注解建筑物高度等；二是轮廓线内三维建模，如数字高程模型、地物三维模型。三维模型是物体的多边形表示，通常用计算机或者其他视频设备进行显示。显示的物体可以是现实世界的实体，也可以是虚构的物体。任何自然界存在的东西都可以用三维模型表示。三维模型主要包含几何数据和表面纹理。几何数据是地物纹理数据与属性数据的载体，也是三维模型提供定量空间分析能力的基础。纹理既包括通常意义上物体表面的纹理，也包括在物体光滑表面上的彩色图案，也称纹理贴图（texture），当把纹理按照特定的方式映射到物体表面上的时候能使物体看上去更真实。三维模型可以手工生成，也可以按照一定的算法生成。

5）地貌形态

地貌形态描述主要包括平面形态、垂直剖面形态及纵剖面形态。平面形态是地貌形态在平面坐标上投影的形态，常以直径、扁率、长轴长度、短轴长度、面积、弯曲系数等参数表示。其中，弯曲系数定义为曲线长度除以直线长度。垂直剖面形态，又称横剖面形态，包括坡形、坡面长、坡度等。纵剖面形态包括起伏特征、大小等。在测绘领域地貌形态的描述主要是数字参数描述，包括高度、坡度、切割密度、切割深度等指标。高度用以表现地貌起伏，有绝对高度和相对高度之分，坡度是用来描述地表的倾斜程度。在实际情况下，地表是一个曲面，任何一点坡度都不相同，所以，坡度是一个平均值。切割密度是一区域内谷底长度与面积的比。切割深度是区域内最高点和最低点的高差。在地图上，地貌形态主要表现为等高线。等高线越密集，坡度越陡；等高线越疏，坡度越缓。

度量形态就是通过度量来反映形态的特征，而且只包含形态自身的特征。形态的度量可概括为两种方法：特征的度量和分类。特征的度量可分为总特征的度量和次特征的度量。分类是把形态分成各种人们常见的几何图形或自然物形态，如长方形、三角形、牛轭形、纺锤形等。这些分类是定性、模糊的，具有很大程度的随意性，不同的人常常有不同的描述结果和分类。人们很难对形态进行客观的分析和对比研究。因此，形态的度量要达到四个目标：①包括形态的特征；②只包括形态的特征；③客观的；④符合人们对形态的直观认识。

空间形态度量是对点、线、面和体地理空间对象的位置、中心、重心、长度、面积、体积及曲率等的量测。这些空间几何参数是了解空间对象特征、进行空间分析及辅佐决策支持系统的基本信息。

（1）地理位置。地理位置是用来界定地理事物间的各种时间空间关系的地理专业术语。它一般根据需要可以从不同方面进行地理位置描述。按照地理位置的相对性与绝对性进行定位，一般分为相对地理位置和绝对地理位置。相对地理位置是相对自然地理位置的简称。它一般是对地理事物的时空关系作定性描述。绝对地理位置是以整个地球为参考系，以经纬度作为度量标准。地球上每一个地方都有自身唯一的经纬度值。

（2）地理实体中心是指地理实体形态几何中心。点状物体几何中心计算简单；线状物体几何中心是该地物长度的中点；面状物体几何中心分为规则图形和不规则图形。规则图形计算简单；不规则图形可利用计算地物坐标平均值作为地物的几何中心。对于多地物目标空间分布形态中心，可以以多个目标的几何中心为基础，再确定总体多目标地理的几何中心。

（3）重心是描述地理实体空间形态的一个重要指标。重心计算类似中心计算，只是在中心计算基础上加上质量权重。外形规则、质地均匀的面状物体、线状物体和三维立体的重心和中心重合。

（4）面积是对一个平面的表面多少的测量。对立体物体表面多少的测量一般称为表面积。规则面积计算有数学公式。地球上的地理现象多为不规则图形，在小范围可视为平面，在大范围是地球表面面积。不规则平面面积通常用积分方法。将多边形边界分成上下两个部分，分别求解上边界下积分值与下边界下的积分值之差作为其面积。地球表面面积计算复杂，往往对大区域进行分块，再累加计算出总面积。

（5）线状地物的曲率是针对线实体上某个点的切线方向角对弧长的传动率。它反映的是线实体某一部分的弯曲程度，对于整个线实体，求取平均曲率则能更好地反映线实体的弯曲程度。线曲率不仅在理论上应用广泛，在实际的工程中也解决了许多技术问题，例如，在公路设计中，合理曲率可以保证行车安全。

2. 地理空间分布与度量

1）地理空间分布

地理空间分布是从总体的、全局的角度描述地理物体与现象在一定地区或区域内散布的特性。在讨论空间分布问题时，应当区分这样两个概念：分布对象和分布区域。分布对象就是所研究的地理空间物体和现象，分布区域就是分布对象所占领的空间域、定义域。

（1）点状地理事物的空间分布描述。点状地理事物的空间分布描述通常以某一区域为背景来呈现点状事物的分布状况，具体描述：①点状地理事物位置（沿交通线分布、沿谷地分布、沿河流分布）；②总体分布特征（疏密状况，是否均衡；如果不均，哪儿多，哪儿少）；③极值区位置名称（最多、最少、最集中的地带在哪儿，最稠密或最稀薄区的地区名称等）；④点组成的形状——反映什么规律；⑤代表的含义（如城市等级）；⑥点的动态变化；⑦与背景图中其他地理事物的位置关系等。

（2）线状地理事物的空间分布描述。线状地理事物（山脉、河流、交通线、分界线、海岸线、等值线）的描述总体概况（位置、平直弯曲、特殊形状、走向、延伸方向）、局部分布（分段描述其走向和延伸方向）、走向（东西走向、南北走向、西北东南走向、与纬线平行、与海岸线平行）和延伸方向（延伸方向也就是拐点，延伸方向必须有原因），多条线状地理事物的总体分布特点往往描述其分布趋势（延伸方向、增减方向、数值变化趋势、沿哪个方向的走势）、分布特点、分布范围、分布疏密、分布形态及其分布变化。网状地理事物（铁路网、公路网、水网、电网等）空间分布特征一般从网络密度、分布范围、分布特点和分布变化等方面描述。

（3）面状地理事物的空间分布描述。面状地理事物可分为离散面状地物、连续面状地理现象和网状地理对象。连续空间分布特征的描述包括地理事物的分布范围（东南西北的界限）、分布方位（地理事物在某地理事物的分布方位、位置属性和数量属性）、分布面积（大致的面积）和伸展方向。面状要素在水平方向空间分布，主要描述地理环境要素空间分布的数量演变（例如，南亚地区降水的总体分布特点：由西向东增多；沿海多、内陆少）、几何性状特点（点状分布、线性分布、面状分布、带状分布）和空间分布的集中（或分散）特性（例如，中国人口分布：东南多，西北少；东部人口密度大，西部人口密度小，集中分布于“黑河—腾冲”线以东）。面状要素在垂直方向空间分布体现了区域地理事物三维空间的分布特点。例如，喜马拉雅山脉南坡的自然带分布规律：从山麓到山顶依次是常绿阔叶林、针阔混交林、针叶林、灌木林、草甸、荒漠、积雪冰川等。离散面状地物空间分布特征的描述：①分布范围、方位；②延伸方向；③形状（条带、团块状等）；④面积大小与变化。

2）地理空间分布关系描述

空间分布描述需借助地理关系要素揭示描述对象的分布特征，关系要素与描述主体同属区域地理整体环境的结构部分，而两者之间有着更为密切的空间联系。作为空间分布描述的关系要素有以下几类：①经纬度；②海陆因素，有沿海、内陆、海域等；③地理方位，如东部、西北部等；④自然地理区，如地形区、径流流域等；⑤政治地理区，如大洲、国家、各级行政区等；⑥经济地理区，如工业区、农业区等；⑦交通位置，如铁路沿线、公路沿线等；⑧其他要素的运用。根据描述的需要和描述的简明性可灵活借助非地理学科知识作为关系要素，如几何学中的弧形、带状、“十”字状等。地理空间分布描述运用关系要素应注意的几个问题如下。

（1）空间分布描述经常凭借的关系要素。一般而言，地理空间分布描述包括如下若干方面：经纬度位置、海陆位置、大洲位置、相对位置、半球位置、地理方位等，上述要素为使用频率较高的关系要素。例如，厄瓜多尔的地理位置：地处南美洲西北部；赤道穿过其北部，位于低纬热带地区；西邻太平洋。另外，自然地理区、经济地理区、交通运输中的点线也是常用的关系要素。

（2）空间分布描述是对关系要素的综合运用。例如，我国主要城市在地区分布上的主要特点：多分布在地势比较平坦，气候温和湿润，资源丰富，交通比较方便（沿海、沿河、沿铁路），工农业比较发达的地区。显然，地形、气候、河流、交通、资源、工农业等关系要素的综合运用，准确揭示了我国城市的分布特点。

（3）空间分布描述主体与关系要素有着一定的因果性。空间分布规律的揭示不是一种简单、直观描述的过程，诚然，地理分布现象背后蕴含着某种地理原因。例如，我国风能资源的分布规律：丰富地区——东南沿海及其附近岛屿，新疆、内蒙古、甘肃北部；较丰富地区——黑龙江、吉林东部，河北北部及辽东半岛；青藏高原地势高亢开阔，风能资源较为丰富。在我国，影响风能资源的主要因素是季风（冬季风、夏季风），其他因素有大风时日、下垫面（植被、地形地势、洋面等）、海陆风、台风等。沿海地区靠近夏季风源地，北部边疆地区靠近冬季风源地，青藏高原受季风流影响和自身大气对流运动作用，风力较为强劲。以上地区风能资源较为丰富。东南沿海、北部边疆省区等关系要素体现了风能资源空间分布规律的内在地理成因。

（4）空间分布描述的关系要素通常表现出强烈的地域性特色。例如，中亚地区灌溉农业的分布：主要分布于山麓地带，以及河流、湖泊附近。描述的关系要素体现了干旱地区缺乏水源的自然地理环境特征。

3）地理空间分布度量

空间分布常用的描述参数是分布密度、平均值、极值、分布中心（几何中心、分布重心）、离散度、空间集聚度及粗糙度等；通过空间分布检验来确定地理对象的聚集、分散、均匀、随机等分布类型；用空间聚类分析方法反映分布的多中心特征并确定这些中心；通过趋势面分析反映现象的空间分布趋势；分布密度是指单位分布区域内的分布对象的数量，描述了随机变量的具体分布，分为离散型和连续型两种；离散度反映了面状区域上离散型分布对象的分布情况。

2.3.4　地理空间关系描述

地理空间关系是由地理物体的几何特性（位置、形状）所引起的关系，如距离、方位、连通性、相似性等。这类关系概括起来可以分为四类：距离关系、方位关系、拓扑关系和相似关系。

1. 空间距离关系

距离是空间对象间一种重要的关系，有一种说法是相邻的事物相似，远离的事物相异。另一种说法是空间造成隔离，隔离促成个性的形成和发展，由此繁衍出自然和人文景观的多样性和区域差异。前一种观点强调的是地理同一性，后一种观点强调的是地理差异性。然而，两种观点都把这对矛盾统一体的本源归结为——空间距离。地理空间中的距离所描述的对象一定是位于地理空间中，也就是说它具有空间概念，是基于地理位置的，反映了空间物体间的几何接近程度。在地理空间中，不仅要计算点状物体间的距离，还要计算非点状物体间的距离。计算非点状物体间距离的方法主要有：两物体重心间的距离（即两物体间的最短距离）、两物体间的平均距离、两物体间的最远距离等。距离也可以用定性的概念来表达，如近、中、远等。

2. 空间方位关系

空间关系是指地理实体之间存在的一些具有空间特性的关系。空间对象的方向关系是指空间中一个对象（目标对象）相对于另一个对象（参考对象）的位置，反映空间对象之间的顺序关系。描述方向关系时，至少需要三个元素：参考对象、目标对象和它们所处的参考框架。其中，指向出发的目标称为参考目标，被指向的目标称为源目标（或目的目标）。从空间方向关系的定义可以看出，空间方向关系具有不可逆性，一般有 Dir（A，B）≠Dir（B，A）。

空间方向关系的表达方式有定性和定量描述两种。定性描述是一种用有序尺度数据粗略描述方向关系的形式，常用 4 主方向（如东、西、南、北）、8 主方向等自然语言来表达。定量描述是用方位角、象限角等来表达方向关系值的。其中，方位角是定义在笛卡尔坐标中，以正北方向为零度，顺时针旋转得到的一个角度，取值于（0°，360°）。通常，定性描述与定量描述可以互相转化。例如，在 4 主方向表达中，将平面按等间隔（360°/4=90°）划分，于是可以得到（45°，0°］∪［315°，360°）为北方向。依此类推，可以规定 8 主方向和 16 主方向的定量表达区间。定性描述与定量描述之间的区别在于：定性描述（自然语言表示）较定量描述（数值表示）粗糙，特别是自然语言表示具有一定的模糊性。方向关系模型包括方向关系的表示和推理，方向关系的表示主要分以点为基元和以区域为基元的模型。顺序方向空间关系描述空间物体对象间的某种排序关系，如东、南、西、北、前、后、左、右等。

3. 空间拓扑关系

空间拓扑关系描述的是基本的地理空间要素之间的邻接、关联和包含关系。用于描述地理实体之间的连通性、邻接性和区域性。这种拓扑关系难以直接描述空间上虽相邻但并不相连的离散地物之间的空间关系。确定拓扑关系是所有地理学空间问题中的基本任务。

拓扑关系是明确定义空间关系的一种数学方法。拓扑学的英文名是 Topology，直译是地志学，也就是与研究地形、地貌相类似的有关学科。几何拓扑学是 19 世纪形成的一门数学分支，它属于几何学的范畴，但是这种几何学又与通常的平面几何、立体几何不同。通常的平面几何或立体几何研究的对象是点、线、面之间的位置关系及它们的度量性质。拓扑学对于研究对象的长短、大小、面积、体积等度量性质和数量关系都无关，拓扑的中心任务是研究拓扑性质中的不变性。

空间拓扑关系是地理信息科学中借鉴拓扑学的概念，描述的是地理对象的空间目标点、线、面之间的邻接、关联和包含关系。基于矢量数据结构的结点-弧段-多边形，用于描述地理实体之间的连通性、邻接性和区域性。空间拓扑关系对空间分析具有重要的意义，因为：①根据拓扑关系，不需要利用坐标或距离，可以确定一种空间实体相对于另一种空间实体的位置关系。拓扑关系能清楚地反映实体之间的逻辑结构关系，它比集合数据具有更大的稳定性，不随地图投影而变化。②利用拓扑关系有利于空间要素的查询，例如，某条铁路通过哪些地区，某县与哪些县邻接。又如，分析河流能为哪些地区的居民提供水源，对某些湖泊周围的土地类型及生物栖息环境作出评价等。③可以根据拓扑关系重建地理实体。例如，根据弧段构建多边形，实现道路的选取，进行最佳路径的选择等。

空间关系用来阐述空间实体对象间的约束机制，其中空间距离关系对空间物体对象间的约束最强，方向关系次之，拓扑关系最弱。各种空间关系并不是相互独立的，如基本的距离关系和方向关系建立在“相离”的拓扑关系基础之上。

4. 空间相似关系

空间要素之间存在特殊关系。一个空间单元内的要素与其周围单元要素有相似性，空间单元之间具有连通性。

1）相似理论

相似性是人类感知、判别、分类和推理等认知活动的基础。相似理论是研究自然现象中个性与共性，或特殊与一般的关系及内部矛盾与外部条件之间关系的理论。相似理论主要应用于指导模型试验，确定“模型”与“原型”的相似程度、等级等。随着计算机技术的不断进步，相似理论不但成为物理模型试验的理论而继续存在，而且进一步扩充其应用范围和领域，成为计算机“仿真”等领域的指导性理论之一。随着“相似”概念日益扩大，相似理论有从自然科学领域扩展到包括经济、社会科学及思维科学和认知哲学领域的趋势。

相似理论所处理的问题通常是极其复杂的，在现代科技中它最主要的价值在于指导模型试验上。尽管相似理论本身是一个比较严密的数理逻辑体系，但是，一旦进入实际的应用课题，在很多情况下，不可能很精确的相似理论的特点是高度的抽象性与宽广的应用性相结合。

相似理论中的三个定理赖以存在的基础为：①现象相似的定义；②自然界中存在的现象所涉及的各物理量的变化受制于主宰这种现象的各个客观规律，它们不能任意变化；③现象中所涉及的各物理量的大小是客观存在的，与所采用的测量单位无关。

相似第一定理：两个相似的系统，单值条件相同，其相似判据的数值也相同。

相似第二定理：当一现象由 n 个物理量的函数关系来表示，且这些物理量中含有 m 种基本量纲时，则能得到（$n-m$）个相似判据。

相似第三定理：凡具有同一特性的现象，当单值条件（系统的几何性质、介质的物理性质、起始条件和边界条件等）彼此相似，且由单值条件的物理量所组成的相似判据在数值上相等时，则这些现象必定相似。

这三条定理构成了相似理论的核心内容。相似第三定理明确了模型满足什么条件、现象时才能相似，它是模型试验必须遵循的法则。

2）空间相似理论

空间相似关系具有两方面的含义：一是指空间目标几何形态上的相似；二是指空间物体（群）结构上的相似（吴立新和史文中，2003）。空间目标几何形态相似分析本身就是分析的目的，在很多情况下是更深分析的基础。对形态相似性的分析有两个途径：其一是相似变换下的图形吻合度的分析；其二是基于形态参数的聚类分析或相关分析。

地理空间实体的描述一般来说可以分为空间特征和属性特征，空间特征主要包括描述空间实体的几何特征，如位置、维数、大小、形状等，以及描述空间实体之间空间关系的几何关系，如实体之间的拓扑、方向、距离关系等。如此，对应到空间相似关系，空间实体之间的相似特征集合可以概括为几何特征相似、空间关系相似和属性（语义）相似。

基于几何形态相似的经典应用有德国地球物理学家魏格纳根据大西洋两岸大陆轮廓线的相似吻合特征，提出了著名的大陆漂移学说。形态相似分析本身就是分析的目的。属性（语义）相似是地理分类分级的基础。地理分类分级是依照一定的标准、阈值、属性或功能所划分的地理组合或地理范畴。结构相似是智能化空间查询的一个重要研究内容。地学经常会研究地理现象的空间分布和布局，以及地理实体的内部结构。河网水系常常被分类为树状结构、扇状结构、网状结构等。

5. 空间自相关

空间自相关统计量是用于度量地理事物的一个基本性质，表示某位置上的数据与其他位置上的数据间的相互依赖程度。通常把这种依赖叫做空间依赖（spatial dependence）。Tobler第一定律另一种表达方式是：All attribute values on a geographic surface are related to each other，but closer values are more strongly related than are more distant ones。地理事物或属性在空间分布上互为相关，存在集聚（clustering）、随机（random）、规则（regularity）分布。

地理物体和现象由于受空间相互作用和空间扩散的影响，彼此之间可能不再相互独立，而是相关的。空间自相关分析的目的是确定某一变量是否在空间上相关，其相关程度如何。空间自相关系数常用来定量描述事物在空间上的依赖关系。具体地说，空间自相关系数用来度量物理或生态学变量在空间上的分布特征及其对邻域的影响程度。例如，视空间上互相分离的许多市场为一个集合，如市场间的距离近到可以进行商品交换与流动，则商品的价格与供应在空间上可能是相关的，而不再相互独立。实际上，市场间距离越近，商品价格就越接近、越相关。

地理研究对象普遍存在的变量间的关系中，确定性的是函数关系，非确定性的是相关关系。例如，存在空间自相关，即该变量本身存在某种数学模型。地理空间自相关是指时间序列相邻数值间的相关关系。通过已知观测数据建立自回归模型，即可对自相关变量进行预测。地理要素空间相互影响，自相关是一种不容忽视的影响因素。例如，某个城市在一段时期内，其他影响城市发展因素不变，城市经济结构通常也不变，若城市经济规模发生了较大变化，则是城市本身经济自身相关发挥较大作用所致。例如，所研究的地理对象受许多因素影响，要是这些因素本身存在自相关，必然削弱它们的作用，为此需剔除自相关影响大的因素。

空间自相关分析是认识空间分布特征的一种常用方法，它可以检测两种现象的变化是否存在相关性，可以揭示空间变量的区域结构形态。一种现象的观测值如果在空间分布上呈现出高的地方周围也高，低的地方周围也低，称为空间正相关，表明这种现象具有空间扩散的特性；如果呈现出高的地方周围低，低的地方周围高，则称为空间负相关，表明这种现象具有空间极化的特性；如果观测值在空间分布上呈现出随机性。表明空间相关性不明显，是一种随机分布的现象。空间自相关分析，也是检验某一要素属性值是否与其相邻空间点上的属性值相关联的重要指标，正相关表明某单元的属性值变化与其相邻空间单元具有相同的变化趋势，代表了空间现象有集聚性的存在；负相关则相反。

空间自相关分析可分为全局空间自相关分析和局部空间自相关分析。全局空间自相关是对属性在整个区域空间特征的描述；局部空间自相关是研究范围内各空间位置与各自周围邻近位置的同一属性相关性。

全局空间自相关概括了在一个总的空间范围内空间依赖的程度；其最常用的关联指标是Moran's *I*，在构成的Moran散点图中，可以划分为四个象限，对应四种不同的区域空间差异类型：高高（区域自身和周边地区的属性水平均较高，二者空间差异程度较小）、高低（区域自身属性水平高，周边地区属性水平低，二者空间差异程度较大）、低低、低高；能够根据高高、低低类型是否占最多，判断某一地区存在显著的空间自相关性，即具有明显的空间集聚特征。

局部空间自相关，描述一个空间单元与其邻域的相似程度，能够表示每个局部单元服从全局总趋势的程度（包括方向和量级），并提示空间异质，说明空间依赖是如何随位置变化的。其常用反映指标是Local Moran's *I*。其空间关联模式可细分为四种类型：高高关联（即属性值高于均值的空间单元被属性值高于均值的领域所包围）、低低关联（属于正的空间关联）、高低关联、低高关联（属于负的空间关联）。

2.3.5　空间结构理论

自人类出现以来，人类和自然环境之间就有着密不可分的关系，它们相互影响、相互制约。一方面，人类的生存和发展需从自然界中获取物质和能量；另一方面，人类生产生活所产生的垃圾要排放到自然界中。可以将人类和自然环境之间的这种关系简称为人地关系。故人地关系理论着重探讨的就是人类活动与自然环境之间的相互关系。人地关系是现代地理学研究的重要课题，也是当今社会发展必须直面和探讨的问题，还是人类认识世界的永恒命题。人类的生存和活动，都要受到一定的地理环境的影响。人地关系就是指人类社会向前发展的过程中，人类为了生存的需要，不断地扩大、加深改造和利用地理环境，增强适应地理环境的能力，改变地理环境的面貌，同时地理环境影响人类活动，产生地域特征和地域差异。人地关系的地域性或地域组合，是人文地理学研究的特殊对象。近现代的人地关系理论归纳起来有两类，即决定论和非决定论。世界上的社会各界有识之士对人地关系进行了大量的探索和思考，终于提出了一种新的理论——可持续发展理论，该理论指出，人类必须科学地认识自然并按照自然规律改造自然。

由于地球表层中人与自然关系在空间上存在差异，所以在地理学研究中就出现各种各样不同性质或功能的区域。地理学的区域性，就是指人对客观存在的地域差异的反映，是人类从改造利用地表空间的需要角度去认识各种性质大体相似或功能大体相近的空间单位——区域，以便因地制宜地进行有效的开发利用。地理学的研究，总离不开区域。研究内容包括地理学的区域性、区域地理位置、区域地理要素与因素、区域地理特征、区域地理系统、区域地理结构功能与效应、区域地理演化、区域地理规划、区域地理调查、区域地理信息处理、区域地理著作体系。区位空间的核心是“人类行为中最少努力原则”，即随着距离的增加，地理要素间的作用减弱，两个城市中心之间人口移动必然和它们居民的乘积成正比，而和其间的距离成反比。区位论是经济地理学与城市地理学的核心理论，空间结构理论是在古典区位经济论基础上发展起来的一种具有动态性质的总体性的区位经济理论。

1. 空间结构研究的问题

空间的配合是人类经济行为的产物，依经济原则形成空间位置与空间大小间相互密切的有机关系，其间必定存在着某种秩序，经济学家把这种秩序称为空间结构，这种结构实质上就是空间秩序。空间结构理论作为一种综合性的区位经济理论，它的研究对象涉及产业部门、服务部门、城镇居民点、基础设施的区位、空间关系，也涉及人员、商品、财政和信息的区间流动等方面。正是因为空间结构理论研究所涉及的内容过于宽泛，理论界对其学科性质的分歧一直较大。但综观空间结构理论的基本内容，它主要包含五个方面：第一，以城镇型居民点（市场）为中心的土地利用空间结构。这是对杜能理论模型和位置级差地租理论的发展。它利用生产和消费函数的概念，推导出郊区农业每一种经营方式的纯收益函数，并由此划分出一定的经营地带。第二，最佳的企业规模、居民点规模、城市规模和中心地等级体系。理论推导的基础，一是农业区位论；二是集聚效果理论。将最佳企业规模的推导与城镇居民点合理规模的推导相结合，将城市视为企业一样，理解为一种生产过程，应用"门槛"理论，将中心地等级体系应用于区域规划的实际。第三，社会经济发展各阶段上的空间结构特点及其演变。通过一般作用机制的分析，揭示空间结构变化的动力及演变的一般趋势和类型。第四，社会经济客体空间集中的合理程度。在实践中表现为如何处理过疏和过密问题，对区域开发整治和区域规划有实践意义。第五，空间相互作用。这主要包括地区间的货物流、人流、财政流，各级中心城市的吸引范围，革新、信息、技术知识的扩散过程等，这些方面是空间结构特征的重要反映。

2. 空间结构基本理论

1）空间结构阶段论

空间是人类进行社会经济活动的场所，这种活动的每一个有关区位的决策，都会引起空间结构一定程度上的改变。区域发展状态与空间结构状态密切相关。空间结构的特征不仅受运费、地租、聚集等因素的影响，还与社会经济发展水平、福利水平有关。在社会经济发展水平的不同阶段，会不断产生影响空间结构的新因素。即使是同一种因素，也会产生不同的影响作用。空间结构阶段论把人类社会经济发展划分为四个阶段。

（1）社会经济结构中以农业占绝对优势的阶段。这一阶段的主要特征是，绝大多数人口从事广义的农业，城市之间的联系很少，缺乏导致空间结构迅速变化的因素，空间结构状态极具稳定性。

（2）过渡性阶段。这是一个由社会内部变革和外部条件变化引起社会较快发展的阶段。其主要特征是社会分工明显，商品生产、商品交换的规模扩大，城市成为所在区域经济增长的中心，并开始对周边腹地产生影响。空间集聚出现不平衡，空间结构呈现出中心–边缘不稳定状态。

（3）工业化和经济起飞阶段。这是社会经济发展中具有决定性意义的一个阶段。其基本特征表现为：投资能力扩大，国民收入大幅度增长，国民经济进入强烈动态增长时期；第三次产业开始大量涌现，交通网络发展很快，区域经济中心的等级体系得到加强，城市之间的交换、交流日益加强，空间结构状态从"中心–边缘"结构演变为多核心结构，处于一种比较充分的变化之中。

（4）技术工业和高消费阶段。这是空间结构与系统重新恢复到平衡状态的阶段。这种恢复当然不是单纯的重复，而是高水平、动态的平衡。在此阶段，空间结构的过疏过密问题会得到较大程度的解决，区域间的不平衡得以较大消除，各区域的空间和资源都能得到充分合理地利用，空间结构的各组成部分完全融合为一个有机的整体。空间结构阶段论为地域开发、重大建设布局提供了理论依据，现在已经成为制定区域发展和区域整治规划应遵循的基本原则之一。

2）空间相互作用引力理论

根据空间相互作用理论，社会经济客体在不断发展、扩大和发挥职能的过程中，总是要与周围同类事物或其他社会经济客体发生相互作用。这种作用的强度、密切程度总是与事物的集聚规模和它们之间的距离有关。因此，可以用牛顿的引力模型来类比。例如，在一个城市地域体系内，各种规模、类型的城市之间有着不同程度的相互作用，不同城市体系之间也有一定的联系。对此，人们可以理解为有一种类似于物理学中的“作用力”和“力场”的东西存在。在社会经济范畴内，衡量相互作用的强度一般使用“潜力”（potential）概念，并借用物理学中的引力模型来确定相互作用潜力的大小。早在 1929 年，威廉 · J.雷利（William J.Reilly）根据对零售贸易区域的考察，提出了零售引力法则，用以解释根据城市规模建立的商品零售区。雷利零售引力法则认为，两个城市对断裂点（它们控制范围的分界点）附近任一中间城镇零售额的吸引力，与两个城市人口的近似值成正比，与两个城市到该地距离的平方成反比。在雷利之后，约翰 · Q.斯图罗特（John Q.Stewart）和其他许多人发现引力型关系广泛存在于各种社会经济活动分布中。虽然，以雷利法则为代表的潜力法是就衡量进入市场或潜在区位的产品进入性而言的，但他们对评价各区位从不止一个原料地吸引同一种可转移投入的进入潜力，甚至包括用于服务转移的各种场合，都是有作用的。空间相互作用的引力理论，证明了空间相互作用的结果，必然形成一定的空间结构。在一定程度上可以认为，空间结构是区域的形态特征，而它的内在本质联系是“作用力”和“力场”。在一定范围内，各级城市的人口、经济活动会形成有等级的、多层覆盖的吸引范围，而这种吸引范围之间的位置关系和等级从属关系就是一种结构形态。空间作用力的大小，反映了集聚规模的大小。作用力在空间分布上的差异，反映出疏密关系的空间差异。引力模型和潜力理论方法的应用，在一定范围内可使空间结构研究精确化，进而由此概括出一些法则。空间相互作用及潜力理论对区位理论的应用研究具有重要意义。例如，利用这一理论对人口潜力、市场潜力等空间差异进行分析，就可为工业、农业、交通运输、城镇及商业中心的区位选择提供相当精确、可靠的依据。

3）城市空间结构理论

城市空间结构研究是现代空间结构理论的重要内容。在城市空间结构研究中，许多学者都认为，地表各个场所形成各种经济区位的过程，是较大地表的空间分化成为土地利用的小空间的过程。空间分化是空间结构的出发点，空间分化过程的结果就是空间结构，因而把它归结为城市空间分化过程的研究。根据狄更生（Dickinson）的说法，随着城市化的进展，城市内将形成明确的功能区。一般来说，城市在发展过程中会聚集许多经济功能，从而使城市发展趋于多样化。城市发展过程的基本顺序是：①形成城市基础产业的生产区位；②由该生产区位引致人口集中而形成消费区位；③由消费区位引致的人口集中，形成非经济基础产业的区位；④由基础产业导致关联产业的区位；⑤再由这些产业区位进一步引致人口集中与消费区位，由此又导致非经济基础产业的区位。由于城市功能的多样性，区位和企业功能等因素都必然导致城市空间的分化。就城市空间结构而言，许多城市都有自己的特点，同时也有其共性。对于城市空间结构，学术界有不少学者作过探讨，其中最有代表性的是同心圆地带、扇形地带和多核心等理论。

（1）同心圆地带理论。该理论最早由伯吉斯（Burgess）提出。他以芝加哥为例，进行一般化推导，结果认定近代社会比较显著的事实是大城市的增长，这种增长主要表现在城市地区外延的扩张。他认为，这种扩张的典型过程，可用一连串同心圆加以说明。这个同心圆是由五个地带所组成：第一地带为中心商业区。第二地带是围绕城市中心的过渡带。它被第一地带的商业与轻工业侵入，也被称为颓废地区，常有贫民窟存于其间。第三地带是工人住宅地带。这里有由第二地带颓废地区逃避的工人居住于此，因为在此他们更容易接近工作地点。第四地带为住宅地区。主要有高级公寓或独栋居住房。第五地带为通勤者地带。它位于城市境界之外，包括郊外地区或卫星城镇，在距中心商业区 30 ~ 60 分钟乘车距离范围内。伯吉斯还认为大城市可以有次商业中心向外扩张，形成卫星城市。这些卫星城市的市中心，并不意味着近邻地区的复活，而是表示若干附近的共同体，被总合成为较大的经济单位。在城市扩大时，由于住宅与职业的不同，个人或集团都在不断变化和移动，从而呈现出区位重整（relocation）的过程。狄更生发展了伯吉斯的理论。他认为城市受地形或历史发展的影响，可能扭曲一般结构。但以城市中心为主的三大地带配置形态和过程，仍有可能存在。这三大地带是：中心地带、中间地带和外侧地带。三大地带集合成为城市化地区，其人口密度、职业、休闲、利益关系及组织方面，形成单一的社会、经济单位。狄更生同时认为，随着城市化的进行，城市中逐渐形成各具风格的地带。这种过程由城市的中心商业区逐渐向外扩大。他把这种城市同心圆地带的形成、扩大的过程称为同心圆增长，并认为城市空间结构是由城市空间结构中城市中心的吸引与聚集的向心力、分散与分解的离心力和空间分化的其他力量共同促进而发展的。

（2）扇形地带理论。扇形地带理论（sectortheory）首先是霍伊特（Hoyet）在对美国城市状况进行实地考察后于 1938 ~ 1942 年提出来的，此后得到了众多学者的响应和支持。该理论的主要观点是：城市的住宅由城市中心沿放射状交通路线呈扇形分布。他们认为，就城市整体而言，其核心只有一个，交通路线由城市中心为轴心向外呈放射状分布。随着城市人口的增加，城市将沿该路线扩大，但同一利用方式的土地，往往从城市中心附近开始，以后逐渐向周围移动。同一方式的土地利用沿轴状延伸的地带，就是扇形地带。

（3）多核心理论。哈里斯（Harris）和乌尔曼（Ullman）于 1945 年提出了多核心理论，在 20 世纪 60 ~ 70 年代以后，又得到了一些学者的追随。这一理论认为，许多城市的土地利用形式并不一定在唯一核心周围，可能有若干个核心。他们以美国大部分城市为依据，认为城市核心周围发展的地区依次是中心商业区、批发商业及轻工业区、重工业区、住宅区、小核心、郊外与卫星城镇。综上所述，空间结构理论在西方国家发展的不同时期，都不同程度地影响了一些国家的发展战略，产生过一些积极作用。笔者认为，我国作为一个发展中大国，经济发展至今较为平衡，在寻求区域经济协调发展的过程中，借鉴西方空间结构理论的一些有益观点，科学探索我国空间结构的发展，也是很有指导意义的。

空间结构理论是一定区域范围内社会经济各组成部分及其组合类型的空间相互作用和空间位置关系，以及反映这种关系的空间集聚规模和集聚程度的学说，是在古典区位理论基础上发展起来的总体的、动态的区位理论。任何一个区域或国家，在不同的发展阶段，有不同特点的空间结构。完善、协调与区域自然基础相适应的空间结构对区域社会经济的发展具有重要意义。该理论的主要内容是：社会经济各发展阶段的空间结构特征，如合理集聚与最佳规模；区域经济增长与平衡发展间的倒“U”形相关；位置级差地租与以城市为中心的土地利用空间结构；城镇居民体系的空间形态；社会经济客体在空间的相互作用；“点-轴”渐进式扩散与“点-轴系统”等。空间结构理论在实践中可用来指导制定国土开发和区域发展战略，是地理学和区域科学的重要理论基础。

2.4　地理时空过程

地理时空过程是指地理事物和现象发生发展演变的过程，强调地球表层系统地理事物和现象随时间变化的特征。地理时空过程是地理学研究的主题之一。任何一种地理要素或现象，都伴随着复杂的时空过程，如景观空间格局演变、河道洪水、地震、森林生长动态模拟、林火蔓延等都是典型的地表空间过程。人们常常需要在对地理实体及其空间关系的简化和抽象基础上，通过利用专业模型对地理对象的行为进行模拟，分析其驱动机制，重建其发展过程，并预测其发展变化趋势。

2.4.1　地理时空过程概述

1. 地理时空过程

地理时空过程是研究各种地理现象和过程在统一基础上所遵循的总体规律。它以地理系统中的物质、能量和信息的行为和运动为脉络，作为识别地理系统本质的基础，并由此抽象出地理学中的普遍性规律，主要研究：①地理有序性，包括地理系统的空间有序、时间有序、感应有序、等级包容等；②研究地理系统的结构、功能和动态特征；③研究地理过程的节律性，预测地理过程的变化；④研究地理现象的组合规律及其作用、影响；⑤研究地理时空耦合，即地理空间中的物质、能量和信息的扩散、集聚及其随时间进程而产生的不同表现范围和分布格局；⑥空间行为理论。同时，又从物质、能量和信息在地理空间中的迁移、转换和储存的特征中，揭示地理流、地理势、地理场、地理谱和地理熵等具有统一基础的指标，由此对于地理系统的可测性、可比性、可控制性和定量化作出贡献。

通过地理时空过程分析，力图揭示地理学整体本质。它已经或正在证实，地理系统的空间结构、空间组织、空间有序和空间行为等，能够很好地耦合于自然地理过程和人文地理过程之中。把自然环境比喻为一架“精巧机器”，强调地理系统中的协同性，这种协同性不仅表现于各类自然要素之间的互相影响和匹配之中，而且表现在人与自然之间的复杂关系之中。地理时空过程研究普遍遵循以下原则。

（1）地理系统的整体性原则。地理系统很好地体现了“整体大于部分之和”的概念，这是地理学综合性特征的概括。不揭示地理系统所具有的整体效应，就谈不上理论地理学的建立。

（2）地理要素的最小限制原则。从这个原则出发，可以有效地认识地理区域或地理环境诸要素的贡献能力的临界条件或容忍阈值，由此确定适宜的区域载荷量、区域生产潜力，以及地理系统的边界条件。

（3）地理现象在空间上的连续过渡原则。这成为所有地理学理论普遍遵循的原则之一，是由地球基本特性所决定的。由此认识地域分异和地理空间内的分界，绝大多数必然是模糊的、不分明的和连续过渡的。这种客观存在的事实，不仅不会排斥研究者使用合理的、准确的、清晰的和严格的地理界限区分空间，而且它本身正好为精确的数学表达提供了广阔的前景。

（4）地理相似性与差异性的互补原则。在地理环境中，无限的差异性与相似性组成互为对立的一组事件。相似中孕育着差异，差异中包含着相似。以数量表达的形式，假定两种地理事件完全相似时的概率为1，绝对差异时的概率为0，则在地理空间或地理事实的相似性比较上，其实际概率总介于0~1，相似性的概率值越大，差异性概率值越小，反之亦然，二者之和恒等于1。这种互补的、对应的概率特性，构成了一切区域空间比较或类型划分的基础。

（5）地理环境演变的趋稳性原则。由于各类地理要素之间的互相作用，对于地理环境的动态演变来说，总有一种趋稳的特性。当地理环境演变达到稳定态之后，只要输入条件中的扰动或各要素之间"流"的变化幅度在允许的范围之内，则该稳定态得以保持。一旦发生超越稳定态的许可范围的扰动或变化，则进入某种新的不稳态，经地理系统自我调节和自我适应，会在新的条件下达到新的稳定态。

（6）地理过程的震荡规律原则。地理过程随时间的变化，在随机条件下，一般具有某种周期或循环的特性。依据此项原则，地理过程的模拟和趋势预测，才具备一定程度的合理性和可能性。

在可感知的和可测量的基础上，按照不长的时间尺度即时段的长短，建立依照时序各类地理性质的表现，而后把这些性质放在某个规定的范畴中进行分析，得到在纵向上的表现规律。陆地表层系统地理过程是陆地表层各要素或综合体随时空变化的历程，它包括发生在陆地表层系统内的各种物理过程、化学过程、生物过程、人文过程等。依据研究对象的要素特征，陆地表层系统地理过程可分为自然过程和人文过程。现代社会里几乎没有一个地表自然过程不受人文过程的影响，由此可见，人文地理过程既是地表过程的重要部分，又对地表的生物、物理、化学过程产生重要的影响。

2. 自然地理时空过程

自然地理过程涉及地球的运动（形式与意义）、热力环流、大气运动、水循环、洋流、岩石圈物质循环、自然环境的整体性和差异性等。自然地理过程是在地球表层各自然地理成分相互作用下自然综合体的形成和演变过程。自然地理过程通常分为部门自然地理过程和综合自然地理过程，气候形成和变化、河谷发育、水文过程、土壤发育和植物群落发育等属于部门自然地理过程，把它们综合在一起则属于综合自然地理过程。

几种常见的地理过程如下。

（1）热力环流的形成过程：近地面空气的受热或冷却（冷热不均），引起气流的上升或下沉运动。空气的上升或下沉，导致同一水平面上气压的差异。气压差异形成大气水平运动，这样就形成了热力环流圈。

（2）地壳内部物质循环过程：地球内部的岩浆，在岩浆活动过程中上升冷却凝固形成岩浆岩。岩浆岩在地表外力的侵蚀、搬运、堆积、固结成岩作用下，形成沉积岩。同时，这些已生成的岩石经变质作用形成变质岩。各类岩石在地壳深处或地壳以下被高温熔化，又生成岩浆回到地球内部。从岩浆到形成各种岩石又到新岩浆的产生，这一运动变化过程，构成了地壳物质循环。

（3）海陆间大循环的过程：海洋水在太阳辐射作用下大量蒸发，形成水汽。水汽被气流输送到陆地上空，在适当条件下凝结，形成降水。降落到地面的水，或沿地面流动形成地表径流，或渗入地下形成地下径流。两者汇集江河，最后又返回海洋。水的这种循环运动称为海陆间大循环。

（4）北半球中低纬大洋环流的形成，东北信风驱动赤道北侧海水由东向西流动，大部分受地转偏向力影响，沿海岸向纬度较高的地区流去，至中纬地区受西风吹动形成西风漂流。当它们到达大洋东岸时，一部分沿大陆西岸折向低纬地区，形成赤道暖流的补偿流。

自然地理过程是连续性过程，不同时刻表现出不同的自然地理特征。无论是地貌类型、土壤类型，还是气候类型、植被类型，都是演变过程的中间产物，如地貌主要类型有高原、山地、丘陵、平原等，土壤可分为暗棕壤、草甸土、白浆土等。植被类型可分为湿生植被、中生植被、旱生植被等。各类型的特征有严格定义，类型之间存在着本质的差异。其实，类型只是自然地理过程中某一阶段特征的抽象概括。

一般而言，尽管可以将各圈层特征的产生与消亡变化，称为地理要素过程，如地貌过程、成土过程等；将地球表层结构与功能等特征的产生与消亡变化称为地理系统的综合过程。但事实上，既不存在独立的要素过程，也不存在独立的综合过程，它们是统一地理过程在要素或整体结构功能上的表现。这就是自然地理过程统一性原理，其表现既是地貌过程，也是土壤过程、水文过程、植被演替过程。也就是说，地貌过程、岩石转化过程、土壤过程、水文过程、生物过程只不过是自然地理过程的不同侧面，而非独立过程。

3. 人文地理时空过程

从人文要素构成看，人文地理过程包括人口空间过程（人口迁移）、经济空间过程（经济活动的集聚与扩散）、基础设施过程（基础设施网络的空间拓展）和社会文化空间过程（宗教、文化等的传播和扩散）。

（1）人口空间过程主要是指人作为地表人文要素主体的地理过程，重点关注人口迁移过程，包括人口迁移、集聚和疏散等长时间序列下的空间演变过程及短时期内的变化过程。人口空间过程是区域空间结构演化的重要基础，是诠释区域形态和空间结构的重要方面。

（2）经济活动过程是人类的主要活动内容，包括农业生产活动、工业生产活动和其他服务性经济活动。这些经济活动在地球表层的布局、集聚、扩散、升级等空间过程，形成了经济活动过程。从长时间序列来看，农业生产过程是地表过程最为明显的经济活动过程，而工业生产活动则是目前对地球表层产生作用最为明显的经济活动过程，特别是产业的集聚与扩散过程。

（3）基础设施对人类社会的发展和进步有支撑和引导两个基本的作用。一般而言，基础设施包括交通设施、通信设施、能源设施和水利设施，其中交通设施包括铁路、公路、机场、水运、管道等各类设施。这些基础设施的布局、连接、拓展、成网，以及技术改造所牵系的低层级网络向高层级网络的长时间序列下的演变（如驿道、公路、国省道、高速公路的发展过程和网络拓展过程），构成基础设施的地表过程。

（4）社会文化空间过程：社会文化活动是指与人类相关的各类政治活动、社会活动、文化活动和宗教活动等内容。社会文化空间过程是指与人类精神、文化及社会方面的要素有关的地表空间发展过程，包括文化的传播和扩散、宗教信仰的传播、政治集团的结盟与军事布局的变化等。

在以上四个过程中，人口本身的空间迁移过程和经济活动的集聚与扩散过程是人文地理过程中两个最为关键的要素过程。人文地理各要素过程及其结果的直接空间表达形式是城镇化和土地利用变化，并通过城镇化和土地利用变化作用于陆地表层系统的物质、能量循环。反之，陆地表层系统物质能量循环变化又在一定程度上约束和影响人文地理过程。

2.4.2　地理过程研究内容

陆地表层系统的复杂性为地理过程研究带来了诸多困扰和挑战，地理资料的时间序列及对此所作出的分析结果，共同构成了地理过程的研究内容，大致包括：①认识有限时段内的变化规律。在一定的时间间隔内，尽可能详尽地记录地理现象的依时行为，从中发现地理事实变化规律，以便推测该时段前后变化状况。②对于未来可能发生的地理行为进行模拟和预测，这是地理过程研究的最高层次，也是地理学科学性与实用性的集中体现。③研究地理过程与地理分布之间的耦合关系，从而把地理学的规律统一于时间与空间的共同基础之中。

研究自然地理过程的目的在于了解地球表层的形成和演变。自然地理过程的时间尺度通常分为日变化、年变化、多年变化、长期变化等。现代的变化信息可通过设立定位观察站来取得，或从已有长期观察的气象、水文站台网取得。较长时期的自然地理过程主要用溯因法和遗迹分析法加以重建。溯因法指收集反映自然地理过程不同发展阶段的事实或客体，按其可能的发生顺序加以组合排列，以求重建其发生和演变过程。遗迹分析法指对地球表层中保存的自然地理过程的各种遗迹进行分析比较，以重建过去的自然地理过程。例如，对树木年轮进行分析，并结合其他资料，可以推论过去的气候，研究气候变化的历史。

人文地理学是以地球表面人类各种社会经济活动为研究对象，以人文现象为研究主体，侧重于揭示人类活动的空间结构及其地域分布的规律性。人文地理过程是陆地表层系统地理过程最重要的组成部分之一。人口迁移过程和经济集聚-扩散过程是人文地理过程最重要的要素过程。城市化和土地利用变化是人文地理过程最直接的空间表达形式。人文地理过程模拟研究的核心内容包括要素模拟和综合过程模拟。

从陆地表层系统科学的角度和人-地系统相互作用的角度看，人文地理过程与地表自然过程的相互作用集中体现在城市化和土地利用变化。人文地理过程模拟的重点应是城镇化过程和土地利用变化过程的模拟。但由于这两个过程均是人口、经济等各人文要素地理过程的结果，因此，人口、经济活动等人文要素的地理过程模拟是进行地表人文地理综合过程（城镇化、土地利用变化）演化机理分析和科学模拟的基础。因此，人文地理过程模拟的核心内容应包含两大部分，即人文地理要素（如人口、经济活动等）过程模拟和人文地理综合过程（城镇化、土地利用变化）的模拟。

人文地理过程具有三大特性：①序列空间层次性。人文地理过程中的序列是一种空间范围层次的过程序列，是一种空间性的序列，反映一定时间段空间相互关系的范围大小，显现出空间区域随时间的层次组合变化。②推移性，即人文地理过程的不断运动和变化，永远不会停留在某一点上。因此，推移性就是空间发展过程的不断实现和不断消失的过程。③类型形态性。人文地表系统的空间发展过程，在其绝对推移性中的一定时期中，具有相对稳定与自身统一的规定性，即人文地表过程的稳定性。由于空间发展过程的稳定性，人文地表系统每一时期的空间发展过程及其空间排布和空间组合形式具有特殊性，形成一定的类型和空间形态。

地理过程是空间的演化形式，包括生态环境、人类社会经济和地理系统三种基本运动形式。由于地理现象的复杂性，地理过程模拟的理论方法和技术手段仍处于探索阶段，许多实际问题还有待解决。研究地理过程模拟的理论和方法体系，从而认识和把握地理空间和广义社会、经济空间的运动规律，进行虚拟、预测和调控区域空间的演化过程。以地理空间理论、地理复杂模型和地理信息处理为主要研究方法，以空间动态模拟和预测为主要应用目标，研究新的地理过程模拟的理论体系和复杂地理模型，其中包括地理机理分析和地理复杂系统模型等。采用实证与规范研究、定性与定量分析相结合的手段，揭示地理演化的变化规律，对持续发展提供科学依据。地理过程模拟方法包括分析、模拟、预测和调控空间过程的一系列理论和技术。

在理论方面，探讨地理系统的区域空间、文化空间、信息空间、市场制度、博弈规则，以及它们之间客观关系的基本问题；探讨某些特定的社会场、信息场、资源场是如何被创造出来的，并在空间分异中起着什么作用，揭示社会空间的运动规律；用非线性理论，探讨有关区域空间的非均衡演化机理，有关居住空间分异、社会稳定与可持续发展之间的内在联系和运行规律。通过剖析影响空间分异、社会稳定的主要元素，提出保障社会进化应遵循的结构机理；从空间理论分析与非线性动态模型相结合的角度，对城市空间发展进行研究，建立空间发展的系统理论，突破社会科学、自然科学各自封闭研究的局限，采用社会学分析方法与定量模型相结合的方法进行研究，以揭示空间发展的深层机制，形成较为系统的理论。

在技术方面，应用 Rough 集理论、小波算法、遗传算法和神经网络等方法，探讨模型的局域转换规则。演化规则是元胞自动机（cellular automata，CA）模型的核心，它决定着元胞自动机的动态演化过程，揭示元胞自动机的本质规律。应用场与能量的概念，解释社会经济运行规律，分析一切自然和社会的力量及运行规律。运用元胞自动机模型，揭示空间演化的规律。应用拓扑分析，探讨空间演化过程中空间关系对空间结构的影响，揭示空间非均质性及其社会发展的规律。在元胞、状态、元胞空间的概念和元胞状态多元化的基础上，将元胞及其状态进行封装，给出不同种类的元胞。并将其运用到广义经济空间中，同时给出确定元胞参数的具体方法，从而拓展元胞自动机的理论体系和应用范畴。在空间技术应用中，应用神经网络结构，给出了基于神经网络的遥感多传感器数据融合模型，解决传统神经网络所不能解决的问题，从事物产生和运行机理的深度去考查，解析事物、构建空间复杂模型，特别是元胞自动机模型。

随着对地观测和计算机技术的发展，空间信息及其处理能力已极大丰富和加强了，人们渴望利用这些空间信息来认识和把握地球和社会的空间运动规律，进行虚拟、科学预测和调控，这迫切需要建立空间信息分析的理论和方法体系。该体系应能够和谐地包容空间分析领域已取得的各方面的成果，其中包括空间机理分析和空间复杂系统模型等。该体系包括空间统计指标、空间回归及自适应模型、空间机理模型、空间统计与空间机理相结合的模型和空间复杂系统模型，以及解析解、数值解和解析＋知识解三种求解技术。

2.4.3 地理时空过程模拟

地理时空过程模拟是地理学研究的一种技术手段，是对地理环境进行虚拟研究的一项重点研究课题。地理学研究地球表层自然要素与人文要素相互作用与关系及其时空规律，将人地关系同地域系统的优化落实到地区综合发展基础上，探求系统内各要素的相互作用及系统的整体行为与调控机理。它所面对的是复杂的地球表层巨系统，是由大气圈、水圈、岩石圈、生物圈与人类圈所构成的统一整体，是由各种自然现象、人文现象组合在一起的复杂体系。地理时空过程模拟对象是地理系统。地理系统是指各自然地理要素通过能量流、物质流和信息流的作用结合而成的，具有一定结构和功能的整体，即一个动态的多等级开放系统。地理系统具有的复杂性特点决定了地理时空过程模拟也呈现复杂化。遵从地理学基本规律，上述要素自身地理系统之间或与其周围环境之间，不断进行物质、能量和信息的交换和传输，且以“流”的形式（如物质流、能量流、信息流、人口流、货币流、经济流等）贯穿其间，既维系系统与环境的关系，又维系系统内部各要素间的关系，形成一个动态的、成等级的、有层次的、可实行反馈的开放系统。同时，地理系统应建立在可观测性、可比较性、可控制性的量化基础之上，并由此去探讨地理系统的行为与作用机制。一个完整的地理系统，是“自然-社会-经济”的复合体系，由自然子系统、经济子系统、社会子系统之间的联系与耦合，共同构成复杂的巨系统。地理系统研究的终极目标，要求精确地表达、优化、控制地理要素间的复杂关系。由此出发，可望对地理实体进行描述、模拟和预测。

为考察地理系统的性质而用类比方法进行实验或观测，并进行动态演示。地理系统是一个多层次的开放系统、动态系统，而且一个系统与其他地理系统发生相互作用，每一系统内部又存在多种要素间的联系，故对其直接进行研究几乎是不可能的。地理模拟有三种类型：①模拟实验，如风洞实验、水槽实验等，都是用小型的实物进行实验。②相似模拟。例如，对地理系统中水分传输过程转化为电学中的电传导，并对水分传输的规律进行实验的方法。③数学模拟。例如，研究作物产量这一复杂对象，可提出数学结构式，编制对它进行处理的数字计算机程序，即可在计算机中进行模拟。以上只是大致分类，实际上通常是以这些类型的混合形式进行地理模拟，无论何种类型，其目的都在于定量地阐明事物本质，重点在于掌握数学结构并建立模型。

地理时空过程模拟是在计算机系统构建的基础上进行模型开发和集成。地理时空过程模拟从地理系统的整体出发，从多个方面对地理要素进行分析，对地理整体的结构和功能进行分析，在此基础上进行模拟系统的构建，是融合了数学模型和计算机等多种技术手段对地理系统进行空间上的虚拟，达到实验、观察和研究的目的。对于地理系统研究来说，其最大的难点在于如何从复杂的地理要素中选取重要的影响因子，并对因子进化指标体系、模型建立与检验、动态预测等一系列的研究。科技的进步和地理研究的深入，地理学领域的专家和学者开发出一系列地理学研究的方法，如系统动态学、元胞自动机、数学模型算法等，广泛地应用在地理研究中，对于系统模拟的发展发挥了重要的推动作用。

1. 地理过程模拟基本模型要素

地理系统模拟的基本模型归纳为系统动力学、元胞自动机和多智能体三种。

1）系统动力学

系统动力学（system dynamics，SD）是由麻省理工学院的 Forrester 教授所创立的一门研究系统动态复杂性的科学。20 世纪 70 年代末由杨通谊、王其藩、许庆瑞、吴建中等引入中国。SD 不是依据抽象的假设，而是以现实世界的存在为前提；不追求“最佳解”，而是从整体出发寻求改善系统行为的机会和途径，是依据对系统的实际观测信息建立动态的仿真模型，并通过计算机试验来获得对系统未来行为的描述。系统动力学把研究对象划分为若干子系统，并且建立起各个子系统之间的因果关系网络，立足于整体及整体之间的关系研究，以整体观替代传统的元素观，通过建立流图和构造方程式，实行计算机仿真试验。该模型的特点是反馈，基于历史数据的参数计算、基于现状的未来预测，但仅有水平变量、速率变量、辅助变量、常量等最基本的计算元素及其方程式，对变量随时间的变化模拟几乎做到了极限。其明显的缺点是没有空间数据表达。而其对整体的反馈及与各个子系统的反馈乃至各个变量反馈，是地理系统模拟必不可少的，也是其他模拟不可替代的。

2）元胞自动机

元胞自动机（cellular automata，CA）指在一个有限的规则格网中的每一元胞取有限的离散状态，遵循同样的作用规则，依据确定的相同的局部规则作同步更新。大量元胞通过简单的相互作用而构成动态系统的演化。Wolfram 的著作《一种新科学》将 CA 推向空前的高度，并认为 CA 的基础就在于"如果让计算机反复地计算极其简单的运算法则，那么就可以使之发展成为异常复杂的模型，并可以解释自然界中的所有现象"的观点。CA 最基本组成为元胞、状态、元胞空间、邻居、规则等部分。CA 不同于一般的动力学模型，它不是由严格定义的物理方程或函数确定，而是由一系列模型构造的规则构成。凡是满足这些规则的模型都可以算作是 CA 模型。CA 进行的是局部演化，对整体的反馈较弱，CA 进行的是规则演化，计算方程较少。这样的复杂性模型正好符合地理系统的变化特征，因为并不是所有的地理过程都是可量化的，有时候说明规则即可，人文现象更是如此。所以，地理系统模拟基本模型必须包括 CA。CA 的缺陷在于无法判断个体对整体的影响，以及整体对个体的反馈影响。

3）多智能体

智能体（agent-based，AB），有时候也叫做 multi-agent system（MAS）或者 multi-agent simulation（MAS）是一种用来模拟独立存在个体（一个个体，或者一个群体）的行为或者个体间的互动的计算模型。这种模拟方式的特点是通过个体活动可以了解个体对整体的影响。它综合了博弈论、复杂系统、突现、计算社会学、进化编程和蒙特卡洛方法等一些其他思想。这个模型为了再现和预测某复杂现象的特征，模拟多个个体的同时行动和它们之间的互动。这个过程是从低（微）层到高（宏）层（自下而上）的突现。也就是说，这个模型的关键就是简单的行为规则生成复杂的行为。另一个原则是整体比个体的总和要大。一般来说，个体在一定活动范围内，按照自己的利益（如繁殖）、经济利益或者社会状态做某些行为，这些行为是通过简单的决策规则或者探试来决定的。个体在本模型中可能会进行学习、适应和繁殖。AB 模型中的个体可以进行移动，也可以与环境进行信息交换，同时可以感受群体的变化信息。这种感受是可以跨区域、跨尺度的。可移动性正是其被选作地理系统模拟基本模型的要素之一。

2. 地理过程模拟基本要素的集成

从目前可见的地理系统模拟模型来看，地理过程无非包括某个时点的状态、可能变化的环境、导致环境变化的地理梯度（地理势）、地理流、个体和群体等。在众多的地理模型中，虽然很多模型可以解决某个具体的问题，但作为基本模型分析地理过程，GIS、SD、CA、AB 的组合集成就基本可以满足整体需要。虽然它们之间的功能会存在某些方面的交叉与重叠，但集成融合之后将会是整体功能大于它们各自的单体功能。因此，这里称之为地理系统模拟基本模型，简称为 GSBM（geo-graphic system basic model）。地理系统模拟基本模型组合见表 2.1。

表 2.1　地理系统模拟基本模型要素组合

	SD	CA	AB
SD		√	√
CA	√		√
AB	√	√	
组合结果	SD+CA,SD+AB	SD+CA+AB	SD+AB+CA

这里，GIS 为所有计算数据提供空间模拟环境，同时与各种模型进行属性信息交换，并将结果可视化在 GIS 中。GIS 的强大空间分析功能可以辅助其他基本模型工作。CA 借助 GIS 空间进行局部演化，并将演化的结果与 GIS 和其他模型进行交换。AB 可以在 GIS 中实现“跨越式”变化，是一个“凌驾”于 CA 之上的“灵长类”模型。SD 模型则成了贯穿整个模型的时间模型，它不仅通过调用 GIS 的属性信息进行模拟，而且可以将信息传递或反馈给 CA、AB，从宏观到微观形成地理流的模拟，实现地理过程可视化监测。

按照表 2.1 的组合，可以从它们的底层原理中进行融合。之前的研究已经表明，SD 与 GIS 可以结合，CA 与 AB 可以结合，CA 和 AB 都可以与 GIS 结合，SD 与 CA 和 AB 也可以结合。也就是 GIS、SD、CA 及 AB 之间实际上是可以打通所有环节的，可实现真正意义上的贯通，实现无缝融合，见图 2.1。图 2.1 反映了地理系统模拟基本模型的集成框架及其各自核心元素的原理层的对接可能性。GIS 以点、线、面方式提供基础地理空间框架、属性信息及其自身的空间分析工具；CA 以元胞、邻域、邻域空间、规则、状态等在 GIS 空间框架上工作；AB 则以其智能体、规则、行为、生命期等在 GIS 空间框架上工作，与 CA 进行交互；SD 以其多尺度的子系统表达模式在元胞层面乃至整个研究区范围内参与 CA 和 AB 的运算。整个模拟过程在初始 GIS 空间框架上，依据 SD 的时间步长进行演化，CA、AB 与 GIS、SD 同步工作，最终结果将会形成以元胞为基本单元的点、多个元胞组成的线或面。模拟的结果重新回到空间可视化状态。

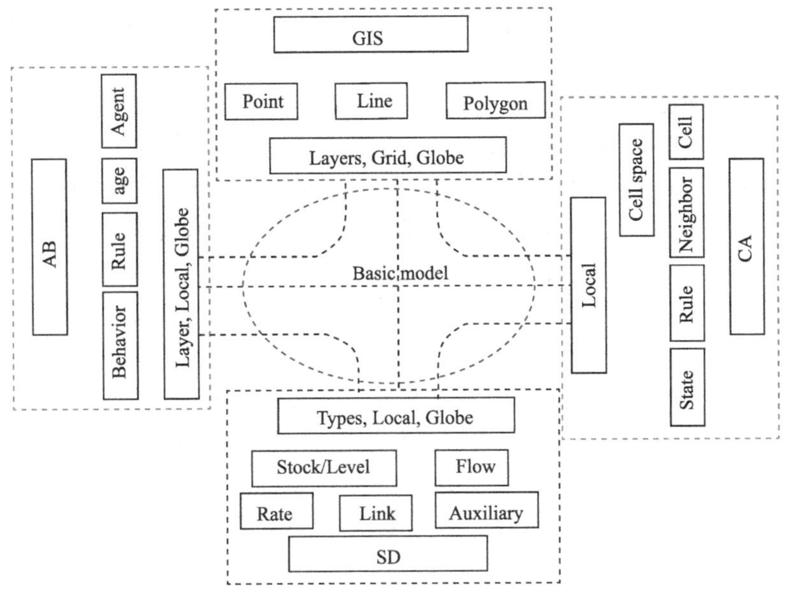

图 2.1　地理系统模拟基本模型原理集成框架（郑新奇，2012）

已有研究表明，SD 与 CA 之间、CA 与 AB 之间、SD 与 AB 之间是可以互相进行协同工作的。它们之间的协同工作基础除了空间共享之外，就是地理信息的交换。这里地理信息的交换实际上就是模型之间的数据通信。从图 2.2 可以看到，在 GIS 中有空间数据、属性数据（类型数据），在 CA 中也有空间、类型数据，在 AB 中也有空间和类型数据，GIS、CA、AB 可以实现完整意义上的数据通信。SD 中则只有属性数据（类型数据），SD 则主要通过属性数据（类型数据）计算与其他模型交换属性数据（类型数据）来进行数据通信。

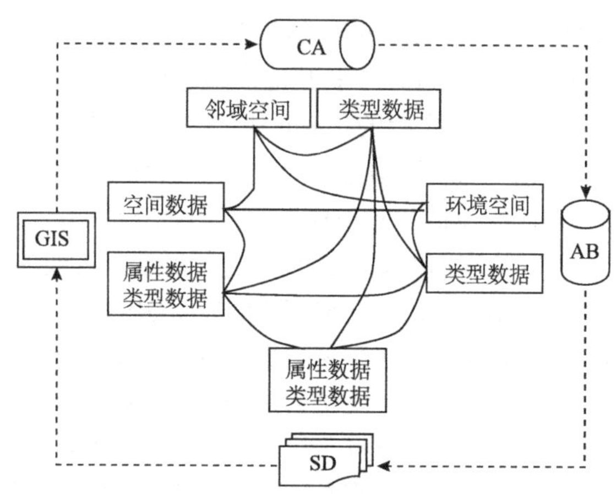

图 2.2　地理系统模拟基本模型数据通信集成框架（郑新奇，2012）

3. 地理过程模拟基本模型集成框架

为了更好地阐述地理系统模拟基本模型的集成框架，通过透视方式绘制了一张图（图 2.3）。这个图参阅了多个已有比较公认的集成环境模型及已经发表的单体模型的组合应用案例。通过图 2.3 可以发现，地理系统通过点、线、面抽象后分层通过 GIS 进行管理。在 GIS 中可以实现网格化（元胞单元划分），网格可以实现动态网格以表达不同的地理尺度，这个网格可以用于 CA 和 AB 的环境空间、SD 的计算单元，每个网格单元中具有属性或类型信息，CA、AB 和 SD 就可以方便进行数据交换和通信。执行过程中可以监测这个过程，看到每一个网格单元的变化信息，使原来黑箱或灰箱的地理过程变得透明，提高可视化水平。

GSBM 中的各个模型均具有全局性，也就是其变化可以起步于局部（如一个元胞单元），变化过程则波及整个研究区。GSBM 中的各模型均是基于状态和规则的。无论 SD、CA、AB 等都有一个针对起始点的状态，状态的变化通过规则来实现，基本上很少用到复杂的数学计算。也正是它们的这些特点，才使这些模型集成后构成地理系统模拟的基本模型。在已知的众多地理模型研究中，将静态与动态结合、自然与人文结合、原位与异位结合起来的模型，应该基本上就是本书提出的这些模型的组合集成，即统一地理学模型。

GSBM 的应用领域很广泛，不仅可以进行单体模型的应用，也可以进行组合模型的应用，更可以进行 GSBM 的整体应用。凡是地理系统涉及的内容，GSBM 都可以进行模拟和分析，实现地理模拟过程的可视化。如果形成 GSBM 计算工具，则其应用将有更好的前景。

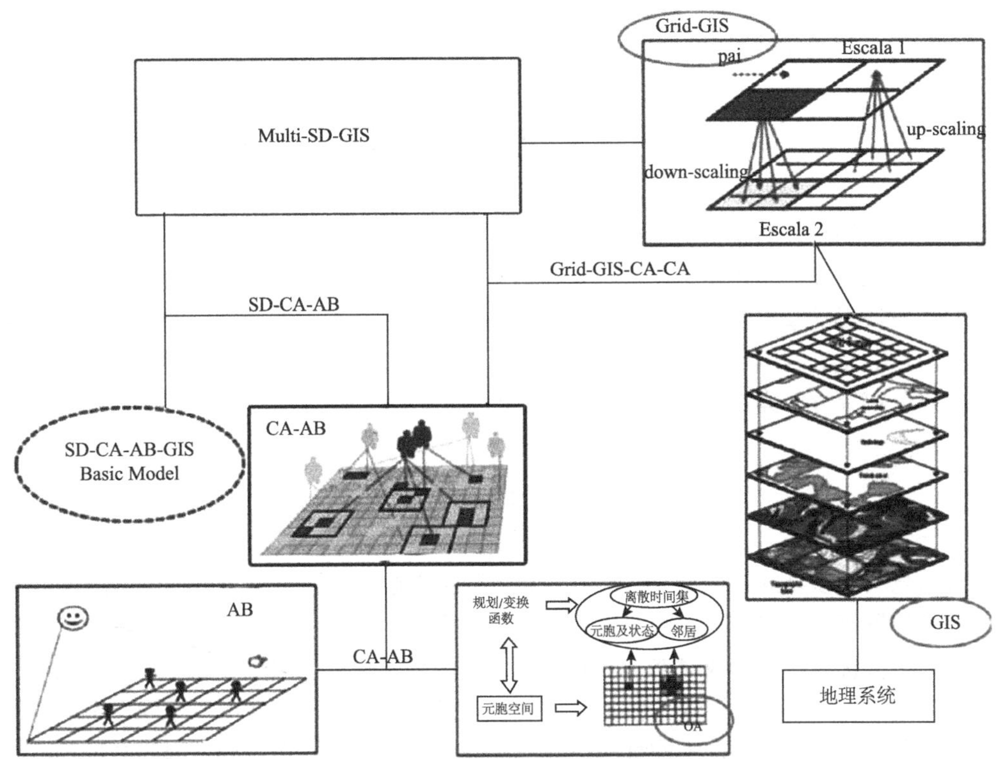

图 2.3 地理系统模拟执行过程示意图（郑新奇，2012）

第三章　地理空间量测

地理空间量测与计算是指对地理空间对象的基本参数进行量算与分析，如空间目标的位置、距离、周长、面积、体积、曲率、空间形态及空间分布等，是人们获取地理空间信息的基本手段。所获得的基本空间参数是进行复杂空间分析、模拟与决策制定的基础。本章首先介绍了空间目标量测的维度和尺度，用以确定量测的空间基准；然后从空间物体的几何特征、几何形态及分布等方面详细介绍计算这些特征的方法。

3.1　空间量测尺度

地理信息具有多维的结构特征，即在二维空间的基础上，实现多专题的第三维信息结构，通常将数字位置模型（二维）和数字高程模型（一维）的结合称为 2.5 维或三维，加上地理变化的时间坐标称为四维，或时态。不同空间维之间的转化主要取决于用户根据不同的需要所确定的空间尺度，有时也受制于技术条件和客观条件。在地理空间中，不同形态的空间目标存在着不同维度的分布，而不同维的空间目标隐含的信息又存在差异，因此在进行空间量测时首先需要确定空间目标的维度。空间目标维度的划分一方面取决于空间量测尺度，另一方面又反作用于量测尺度，影响着测量所达到的精度。

3.1.1　空间维和空间尺度

空间目标分为实体与现象。实体描述空间中的静态物体，一般是以 0 维、一维、二维、三维、分数维（如 2.5 维）存在。现象描述空间物体发生发展过程，一般是以三维和四维，即二维+时间维和三维+时间维的形式存在。除此之外，空间维的划分还存在高维空间。在空间量测中只考虑与空间量测关系密切的 0 维、一维、二维、三维、四维及分数维。

1. 0 维要素

0 维就是空间中的一个点（point）。在二维欧氏空间中用唯一的实数对（x，y）来表示，在三维欧氏空间中用唯一的实数组（x，y，z）来表示。在 0 维空间中点用来代表空间目标时，只考虑目标的位置与其他目标的关系，而不考虑它的大小、面积、形状等属性。在空间量测中，0 维空间目标可以分为实体点、标号点、面点标志及节点等类型。

实体点（node entity），表示某一特征的位置的点或面特征衰减后呈现的特征点；标号点（node label），用于显示地图和插图文本信息（如特征名称点），它有助于特征识别；面点标志（node area），指的是在面状图形内标明该面属性信息的点；节点（node），是两条或多条弧段或链的拓扑联结点，或一条弧段或链的端点。

点是构成线、面或体的基本组成元素。对点的直接量测一般没有太大意义，主要考虑它的属性特征，因此在对点状物进行量测时，把它们作为矢量系统中的一个结点、起始点或终点，研究其在不同层面上所代表的不同地物的属性、密度、均值等。例如，研究某一区域内城市间的交通网络，需要知道网络的通达性、密集度，有哪些重要城市在哪些线路上等，由于不需要知道城市的大小、面积、形状等属性，用点来代替路线所穿过的城市，不仅减少了工作量，而且突出了研究主题，使研究者能从宏观上把握城市间的关联。

2. 一维要素

一维表示空间中一个线要素，或者空间对象之间的边界。空间分析中的一维空间目标包括线段、弦列、弧、拓扑连线、链、全链、面链、网链及环等。

线段表示连接两点间的直线。弦列是点的序列，表示一串互相联结无分支的线段，弦列可与其自身或其他弦列相交。弧是形成一曲线的点的轨迹，该曲线可由数学函数定义。拓扑连线用于表示两个节点的拓扑连接，可利用其节点顺序确定方向。

链表示非相交线段或弧的无分支而有方向的序列，它的两个端点以节点为界，这些节点不一定相异。链有几种特殊形式，如全链、面链和网链。

全链是指一条可显示定位左右多边形和始终端节点的链，是二维拓扑面的组成部分；面链表示一条可显示定位左右多边形但不能定位始终端节点的链，是二维拓扑面的组成部分；网链指的是一条可显示定位始终端节点但不能定位左右多边形的链，属于某一个网络的组成部分（图 3.1）。

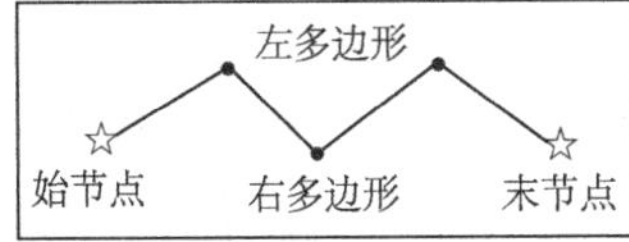

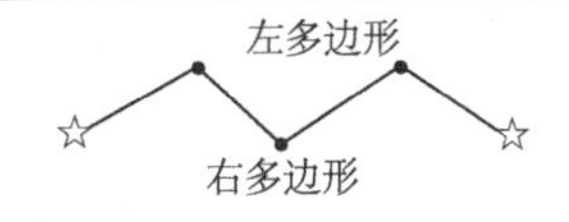

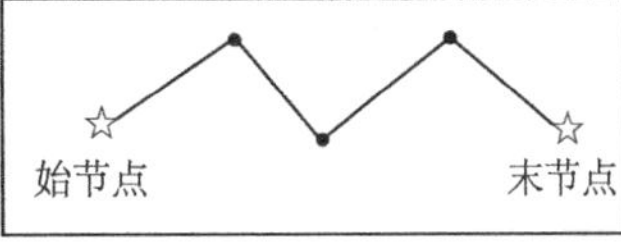

图 3.1　链的分类

环指的是由不相交的链、弦列或弧组成的闭合序列，一个环表示一个封闭的边界，但不表示封闭内的面积，环也可以看成是链的特殊形式。G-环是由一系列具有坐标的点组成的串，定义了一个封闭的边界，首尾点必须重合。GT-环表示由全链和（或）面链组成的环（图 3.2）。

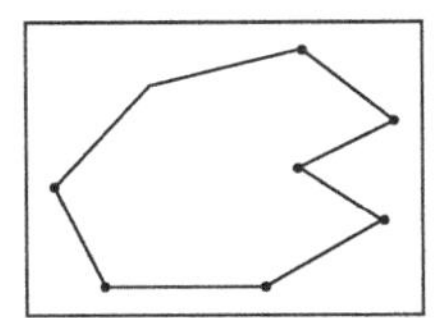
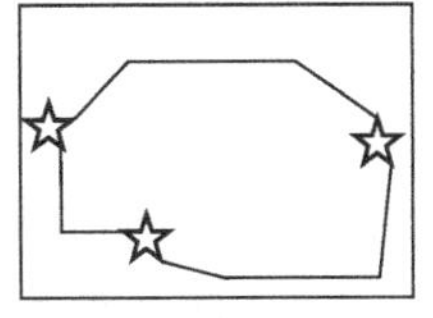

图 3.2　G-环和 GT-环示意图

一维线状要素在表示空间目标时同样没有考虑面积、体积等属性，而是突出地物的长度、弯曲度和走向等特征。另外，一维线状要素也是组成面或体的构架，没有粗细，渲染时不可见。在地形图测图中的骨架线等制图要素，在地图渲染显示时不可见。

3. 二维要素

二维表示空间中的一个面状要素，在二维欧氏平面上指由一组闭合弧段所包围的空间区域。由于面状要素由闭合弧段所界定，故二维要素又称为多边形。空间分析中的二维空间目标包括内面、G-多边形、GT-多边形、广义多边形、虚多边形、像元及网络单元等类型。

内面表示不包括边界的面。G-多边形表示由一个内面、一个 G-环和零个或多个不相交、不嵌套的内 G-环组成的面。GT-多边形则只是一个二维拓扑面面元，其边界由边链产生的 GT-环加以定义（图 3.3）。

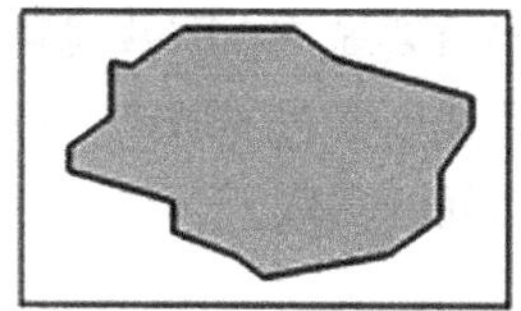
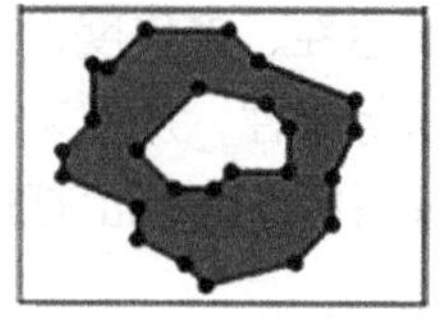
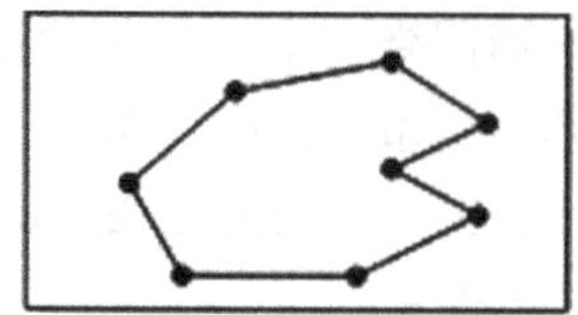

图 3.3　二维空间目标分类

对二维空间目标的量测主要包括计算面积、周长、中心位置、质心位置等。面积是物体在二维空间中的一个重要表现形式，如描述城市的大小、森林的覆盖面积等。面积的量测，对于规则的几何形体容易实现，但对不规则的几何面要相对复杂得多。

周长本身作为线划要素应在一维空间中表示，但周长总是依附于空间物体存在，若没有空间物体，周长就没有意义，而这一空间物体可以是面状或体状的，因此周长的量测是在二维或三维空间中进行的。

中心和质心描述的是点要素在二维空间中的分布与组合情况，众多的点要素在二维平面上具有不同的空间组合形态，通过量测来确定其中心和质心。中心与质心的量测可以突出点在二维平面上的位置特征与空间形态特征，经常用于选址、分析人口分布状况等。

4. 三维要素

三维空间存在的空间目标是由一组或多组闭合曲面所包围的空间对象。可以由二维空间目标组合，也可由三维体元构成。体元是一种方形实体，一般是立方体，表示三维实体的体元素，是三维实体中最小的不可再分的元素。三维空间对象包括体元、标志体元、三维组合空间目标、体空间等。

三维空间目标的量测参数包括体积、表面积、表周长等，目前还没有成型的真三维空间分析处理软件，对于垂直方向的第三维信息通常抽象成一个属性值，如高程、气压、温度等，然后进行空间分析和处理。通常意义上，三维指立体空间，此外还可以表示成二维+时间维，例如，分析土地、沙漠、洪水、火灾等二维空间目标随时间变化的发展过程，获得空间目标变化的宏观信息，决策者可以根据这些变化的特点和规律进行宏观管理与决策。

5. 四维及分数维要素

四维空间是在三维空间的基础上加上时间维，四维空间量测通过测量值来体现三维立体目标物在时间上的变化。与二维+时间维相比，四维空间所描述的对象由平面变为立体。平面目标随时间的变化限于平面内的各个方向，而立体空间目标的变化存在 360 个方向角，变化形式多种多样，因此四维空间目标包含更多的空间信息。例如，地理空间数据中表示山体的变化可以包括山谷的宽窄变化、山脊的走向变化、山体的高度变化、山体基地面积的变化等。通常地理空间数据以平面目标的描述为主，随着地理信息科学理论与技术的不断发展，三维目标物的空间表达日益广泛，因此四维空间对象的量测越发重要。

另外，随着理论与实践的不断进步，整数维已不能充分反映几何物体的形态特征和空间延展特征，例如，一条曲线和一条直线从某种角度都可以看成一维的，但曲线的形态要比直线复杂得多，其携带的信息也多得多，当量测曲线的尺子越小时，量测曲线的长度值就越大。空间量测的最终目的是真实反映空间目标及其相互关系，为了减小量测误差，降低空间信息损失量，提高量测精确度，在空间量测中引用了分数维。如图 3.4 所示，在 Koch 曲线中，其整体是一条无限长的折线，若用无穷小的线段量测，其长度结果是无穷大；而用平面量测，其结果是0（即此曲线中不包含平面）；只有找一个与Koch曲线维数相同的尺子量测才会得到有限值，这个维数显然大于1且小于2，是一个分数维。经过理论推导，Koch 曲线的维数是1.2618…。

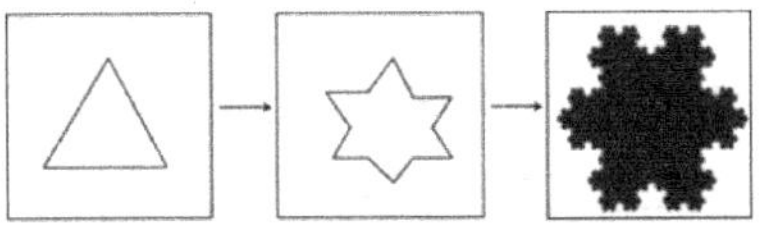

图3.4　Koch曲线的演变过程

3.1.2　几何量测尺度

对某一空间目标描述所选用的空间维取决于空间尺度，而空间尺度的最终确定又取决于用户的需求和目的。用户在进行空间分析之前根据自己的需求和使用目的来确定空间量测的尺度，空间尺度一旦确定，就决定了在该尺度下的空间目标物被表达的空间维。在地理信息系统中，量测尺度主要指的是成图比例尺。

比例尺的含义主要是指系统所用空间数据的精度和详细程度，系统中空间数据的精度高、要素选取多、数据详细而全面就说明空间数据的比例尺大；相反则说明空间数据的比例尺小。一般来说，比例尺越大，地形图能够表示的地表信息越丰富，其所承载的空间信息越多，在进行空间量测时所能够量测的信息也就越多，所得到的量测值越精确，这一点等同于用传统方法在不同比例尺的纸制地图上用曲线计量测。

1. 空间量测尺度与空间维

空间量测中，依据空间目标的维度与量测尺度有直接关系，而且不同的比例尺决定了空间维之间的相互转换。如图3.5所示，不同的比例尺下，地物显示的详细程度不同，随着比例尺的缩小，地物逐渐抽象为多边形、点等类型。因此，空间要素的维度随着量测尺度的变化而发生变化。

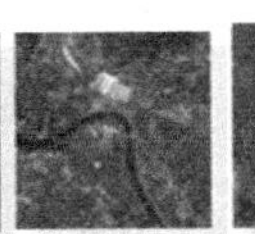

图3.5　地物在不同比例尺下的显示

2. 空间量测尺度与空间量测精度

在地理信息系统中，比例尺对空间量测结果有很大影响，除了上述的维度变化外，还影响量测的精度。一定比例尺的空间数据决定了空间数据的密度、空间坐标的有效位数和影像数据的空间分辨率，也表达了空间目标的抽象程度，不同的比例尺可以改变空间目标的维数表达。另外，空间量测的精度除了设备本身误差外，主要由空间分析的用途决定。比例尺越大，量测的信息越多，量测值越精确。

一条公路在大比例尺时可看成面状地物，需要量测两边的边线与细小的拐弯，以保证量测精度；而对于小比例尺而言，该公路会被抽象为线，仅量测拐点坐标。因此，在空间量测中不同的比例尺决定量测精度的不同。

3.1.3　属性量测尺度

空间对象的表象信息是通过几何参数的量测及其相互转换获取的，除了表象信息外还存在隐含信息，即通常所说的属性数据。在地理空间数据中，属性数据是指与空间位置无直接关系的特征数据，它是与地理实体相联系、经过抽象的地理变量，通常可将其分为定性和定量两种形式。

定性属性数据包括名称、类型、种类等用以表述空间实体性质方面的特征，多用字符、符号表示，字符形式的属性类别数据采用逻辑关系处理。定量属性数据包括数量、等级等用以表述空间实体数量方面的特征，多用数字形式表示。而数字形式的属性数字数据通常采用数学关系处理。

属性数据的量测尺度由粗略至详细大致可分为命名量、次序量、间隔量及比率量等四个层次。

命名量是空间数据属性量测中的一个重要尺度，描述事物名义上的差别，起到区分不同本质空间目标的作用，如长江、黄河，北京、天津等，这类属性只能用等于或不等于来描述。次序量是通过对空间目标进行排列来标志的一种量测尺度，对空间目标的描述不按值的大小，而是按顺序排列，如地震等级、奖学金等级等，用大于或小于描述。间隔量是指不参照某个固定点，按间隔表示相对位置的数；间隔尺度可以定量描述事物之间的差异，按间隔量测值来比较大小。这种差异称为“距离”，如北京市距离天津 130km。比率量是指那些有零值而且量测单位间隔相等的数据，它可以明确描述事物间的比率关系，例如，2014 年北京汽车保有量为 537 万辆，天津为 259 万辆，则比率关系为 537/259≈2.07，表明北京汽车保有量是天津的 2.07 倍。

数据量测尺度的差异不是事物本质的差异，而是人们对事物观察角度的差异。数据从不同侧面反映事物本质，“侧面”不同，数据的量测尺度会有所不同。属性数据的不同量测尺度之间可以转化。通常这个转化按照比率量→间隔量→次序量→命名量方向逐渐模糊化。

3.2　空间几何量测

基本几何参数量测包括对点、线、面空间目标的位置、中心、重心、长度、面积、体积和曲率等的量测与计算。这些几何参数是了解空间对象、进行高级空间分析及制定决策的基本信息。

3.2.1　空间位置量测

研究和分析地球空间事物首先要确定空间对象的空间位置，空间位置是所有空间目标物共有的描述参数。空间位置借助于空间坐标系来传递空间物体的个体定位信息，包括绝对位置和相对位置。绝对位置是以经纬网为参照确定的位置。在空间分析中所需要的位置信息是关于点、线、面、体目标物的绝对和相对位置信息。空间对象的相对位置是空间中一目标物相对于其他目标物的方位，相对位置的量测具有实用意义。

地理空间矢量数据模型包括点、线、面三类地理目标，其空间位置用其特征点的坐标表达和存储。

点目标的位置在欧氏平面内用单独的一对（x，y）坐标表达，在三维空间中用（x，y，z）坐标表达。线目标的位置用坐标串表达，在二维欧氏空间中用一组离散化实数点对表示：（x_1，y_1），（x_2，y_2），…，（x_n，y_n）。在三维空间中表示为：（x_1，y_1，z_1），（x_2，y_2，z_2），…，（x_n，y_n，z_n），其中 n 是大于 1 的整数。面状目标的位置由组成它的线状目标的位置表达。体状目标的位置由组成它的线状目标和面状目标的位置表达。在矢量数据结构中，由于其位置直接由坐标点来表示，所以位置是明显的，但属性是隐含的。

在栅格数据结构中，每一个位置点都表现为一个单元（cell 或 pixel），属性是明显的，而位置是隐含的。

空间对象位置的量测涉及位置精度，是指数据集（如地图）中物体的地理位置与其真实地面位置之间的差别，其研究对象主要是点、线、面的几何精度，它是地理空间数据质量评价的重要指标之一，常以坐标数据的精度表示。由于位置精度的提高是其他量测精度提高的基础，因此，位置精度的提高是今后空间量测需要解决的一个重要的数据质量问题。

3.2.2　空间中心量测

空间量测的中心多指几何中心，即一维、二维空间目标的几何中心，或由多个点组成的空间目标在空间上的分布中心。简单的、规则的空间目标其中心的确定非常简单，例如，线状物体的中心就是该线状物体的中点；圆的几何中心是圆点；正方形、长方形、正多边形等规则面状物体，其中心是它们对角线的交点。多空间目标物空间分布形态中心的确定可以先确定它的分布区域，将其分布中心的确定转换为单一空间目标物中心的确定。

中心对空间对象的表达和其他参数的获取具有重要意义。例如，上海的最南端和最北端的直线距离为 120 km，以最南端的点还是以最北端的点代替这座城市，在地图上的位置就会相差 120 km，如此大的误差将直接影响地图的精度。在这种以点表示面的情况中，为了精确和表达的需要一般用几何中心来代替。

不规则面状形体几何中心可利用以下公式求得，其中，C_x、C_y分别为不规则面状物体几何中心的横、纵坐标。

$$C_x = \frac{\sum_{i=1}^{n} x_i}{n}, \quad C_y = \frac{\sum_{i=1}^{n} y_i}{n} \tag{3-1}$$

3.2.3　空间重心量测

重心是描述地理对象空间分布的一个重要指标。从重心移动的轨迹可以得到空间目标的变化情况和变化速度。重心量测经常用于宏观经济分析和市场区位选择，还可以跟踪某些空间分布的变化，如人口变迁、土地类型变化等。假设人口所在区域为一同质平面，每个人都是平面上的一个质点，具有相同的重量，则人口重心应为区域中距离平方和最小的点，即一定空间平面上力矩达到平衡的一点。

线状物体和规则面状物体的重心和中心是等同的，面状物体的重心可理解为多边形的内部平衡点。面状物体的重心可以通过计算梯形重心的平均值获得，即将多边形的各个顶点投影到 x 轴上，得到一系列梯形，所有梯形重心的联合就确定了整个多边形的重心。或者说，多边形的重心是以各个梯形的面积为权值而计算得到的加权平均值。

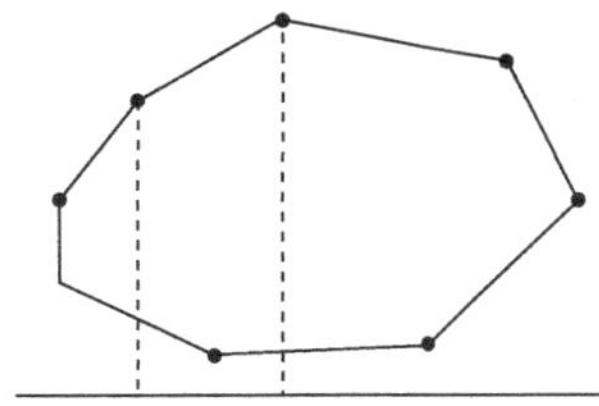
图 3.6　按梯形重心计算原理

按梯形划分的思路计算多边形重心的原理如图 3.6 所示。

设多边形顶点为按照顺时针存储的数组（x_i，y_i），其重心计算公式为

$$x=\frac{\sum\overline{X}_iA_i}{\sum A_i}\;,\quad y=\frac{\sum\overline{Y}_iA_i}{\sum A_i}\qquad(3\text{-}2)$$

其中，$\overline{X}_i$和$\overline{Y}_i$为第i个梯形的重心坐标，A_i为其对应的梯形面积。由下面的式子计算得到：

$$\begin{cases}A_i=(y_{i+1}+y_i)(x_i-x_{i+1})/2\\ \overline{X}_iA_i=(x_{i+1}^2+x_{i+1}x_i+x_i^2)(y_{i+1}-y_i)/6\\ \overline{Y}_iA_i=(y_{i+1}^2+y_{i+1}y_i+y_i^2)(x_i-x_{i+1})/6\end{cases}\qquad(3\text{-}3)$$

同样的，多边形的重心也可以采用类似的思路首先将多边形的所有顶点连接起来划分为若干个三角形，然后分别计算三角形的重心位置，再基于每个三角形的面积为权，计算加权平均值。三角形的重心是三条中线的交点，原理如图 3.7 所示，计算过程如下。

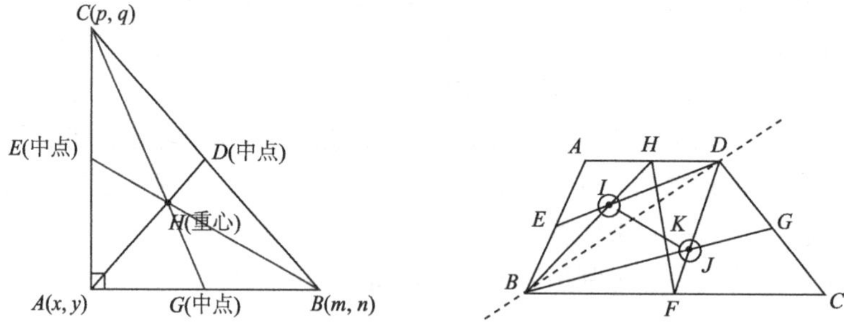

图 3.7　三角形及四边形重心计算原理

首先获取边 BC 的中点 D 的坐标；获取过 A 和 D 点的直线方程 $y=a_1x+b_1$，然后获取边 AB 的中点 G 的坐标，最后计算过 C 和 G 点的直线方程 $y=a_2x+b_2$，得到两条直线的交点坐标即三角形重心坐标。

作为特殊多边形，四边形的计算具有特殊性，其重心计算可以连接四边形的一条对角线，这样四边形就变成两个三角形的组合体，分别计算两个三角形的重心，并连接两个重心成一条线段 AB。同样，连接出四边形的另一条对角线，四边形就变成另外两个三角形的组合体，分别计算这两个三角形的重心，并连接两个重心成一条线段 CD，则线段 AB，CD 的交点就是四边形的重心。

3.2.4　空间长度量测

长度是空间目标几何特征基本参数，可以代表点、线、面、体间的距离，也可以代表线状对象的长度、面和体的周长等。长度量测本质上是距离计算，其中距离量测包括几何距离和球面距离。

1. 几何距离

1）欧氏距离

在欧氏空间中，设 S 为任一非空集合，$d:S\times S\longrightarrow R^I$ 为函数，使得对于 S 的任何点 p_1、p_2、p_3 满足下列三个性质：

（1）非负性。$d(p_1,p_2)\geqslant 0$，当且仅当 $p_1=p_2$ 时，$d(p_1,p_2)=0$。

（2）对称性。$d(p_1,p_2)=d(p_2,p_1)$。

（3）三角不等式。$d(p_1,p_2)\leqslant d(p_1,p_3)+d(p_3,p_2)$。

则（S，d）称为以 d 为距离的度量空间。若 p_1、$p_2\in S$，则实数 d（p_1、p_2）称为从点 p_1 到点 p_2 的距离。

对于 R^m 中的两个点 $p_i(x_{i1},x_{i2},\cdots,x_{im})$ 和 $p_j(x_{j1},x_{j2},\cdots,x_{jm})$，度量距离的一般形式表示为（Gatrell，1983）

$$d_n(p_i,p_j)=\left(\sum_{k=1}^{m}\left|x_{ik}-x_{jk}\right|^n\right)^{1/n} \tag{3-4}$$

式（3-4）称为 Minkowshi 度量。当 n=1 时，式（3-4）简化为

$$d_1(p_i,p_j)=\left|x_{i1}-x_{j1}\right|+\left|x_{i2}-x_{j2}\right|+\cdots+\left|x_{im}-x_{jm}\right|=\sum_{k=1}^{m}\left|x_{ik}-x_{jk}\right| \tag{3-5}$$

式（3-5）称为曼哈顿距离（Manhattan distance）。当 n=2 时，式（3-5）简化为

$$d_2(p_i,p_j)=\left(\sum_{k=1}^{m}\left|x_{ik}-x_{jk}\right|^2\right)^{1/2} \tag{3-6}$$

式（3-6）称为欧氏距离。当 n 趋于无穷大时，式（3-4）可近似简化为

$$d\infty(p_i,p_j)=\max\left(\left|x_{i1}-x_{j1}\right|,\left|x_{i2}-x_{j2}\right|,\cdots,\left|x_{im}-x_{jm}\right|\right) \tag{3-7}$$

式（3-7）称为最大范数距离。它们的几何解释如图 3.8 所示，图中（a）$d_1=\Delta x+\Delta y$，（b）$d_2=\sqrt{(\Delta x)^2+(\Delta y)^2}$，（c）$d\infty=\max(|\Delta x|,|\Delta y|)$。式（3-4）～式（3-6）定义的三种距离度量仅仅适用于点与点之间的距离计算，并且表达形式唯一。同时，这些距离度量满足度量空间的三个基本特性，即非负性、对称性和三角不等式。此外，在统计学中，也定义有斜交距离、马氏距离等。

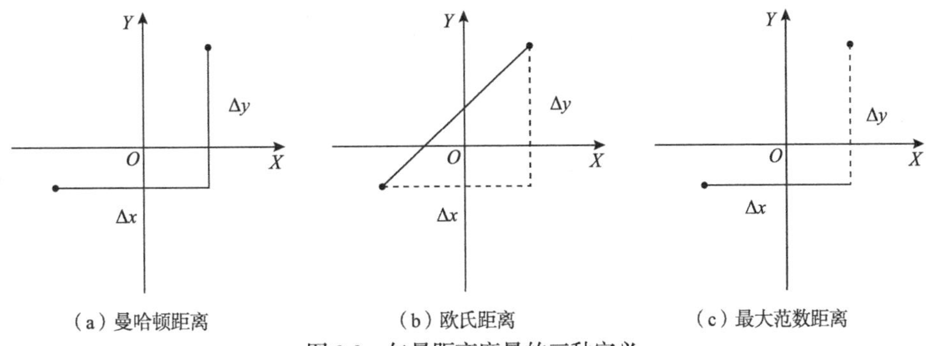

（a）曼哈顿距离　（b）欧氏距离　（c）最大范数距离

图 3.8　矢量距离度量的三种定义

2）典型几何类型之间的距离

通过点与点之间的距离，很容易得到点与线、点与面、线与线、线与面、面与面之间的距离。

（1）点与线之间的距离。可定义为该点与线上点之间的距离的最小值，这样，点 P 与线 L 之间的距离可以表示为

$$d_{PL}(P,L)=\max_{x\in L}(d_{Px}) \tag{3-8}$$

空间数据库中线 L 一般是由有限条直线段 $L_1,L_2,\cdots,L_n$ 组成，可以通过计算点 P 到这些直线段的最小距离来确定点 P 到线 L 的距离。设点 P 到直线段 $L_1,L_2,\cdots,L_n$ 的最小距离分别为 $d_1,d_2,\cdots,d_n$，则点 P 到线 L 的距离为

$$d_{PL}(P,L)=\min\{d_1,d_2,\cdots d_n\} \tag{3-9}$$

（2）点与面之间的距离。点 P 与面 A 之间有不同的概念距离：“中心距离”是点 P 与面 A 中几何中心或者重心之间的距离。“最小距离”是指点 P 与面 A 中所有点之间距离的最小值。“最大距离”是指点 P 与面 A 中所有点之间距离的最大值。

（3）线与线之间的距离。两条线 L_1 与 L_2 之间的距离可以定义为线 L_1 上的点 P_1 与线 L_2 上的点 P_2 之间距离的最小值，其表达式为

$$d(L_1,L_2)=\min\{d(P_1,P_2)|P_1\in L_1,P_2\in L_2\} \tag{3-10}$$

（4）线与面之间的距离。线 L 与面 A 之间的距离也可以定义为线 L 上点 P_L 与面上的点 P_A 之间距离的最小值。

（5）面与面之间的距离。两个面 A_1 与 A_2 之间有不同的距离概念：“中心距离”是指两个面状物体的质心之间的距离。“最小距离”是指面 A_1 中点 P_1 与面 A_2 中点 P_2 之间距离的最小值。“最大距离”是指面 A_1 中点 P_1 与面 A_2 中点 P_2 之间距离的最大值。

3）扩展的欧氏空间距离

为能够描述各种类型目标（包括线、面）间的距离，提出了一些扩展的欧氏空间距离表达方法，如最小（近）距离、最大（远）距离和质心距离等。

最小距离：

$$D_{\min}(A,B)=\min_{p_A\in A}\left\{\min_{p_B\in B}\{d(p_A,p_B)\}\right\} \tag{3-11}$$

最大距离：

$$D_{\max}(A,B)=\max_{p_A\in A}\left\{\max_{p_B\in B}\{d(p_A,p_B)\}\right\} \tag{3-12}$$

质心距离：

$$D_c(A,B)=d\left(\frac{1}{m}\sum_{i=1}^{m}v_{iA},\ \frac{1}{n}\sum_{j=1}^{n}v_{jB}\right) \tag{3-13}$$

式中，A 和 B 为两个空间目标；v_{iA} 和 v_{jB} 分别为目标 A 和 B 的顶点，如图 3.9 所示。容易发现，对于线、面目标，这三种距离差异很大。在现实中，它们各有实际应用。在森林防火中，

任何火源（点）离森林（面）的距离必须大于一个安全临界值，这个值只能用最小距离来描述。在无线电覆盖范围分析中，为了保证信号能被给定区域内的任意点接收，必须使用最大距离。

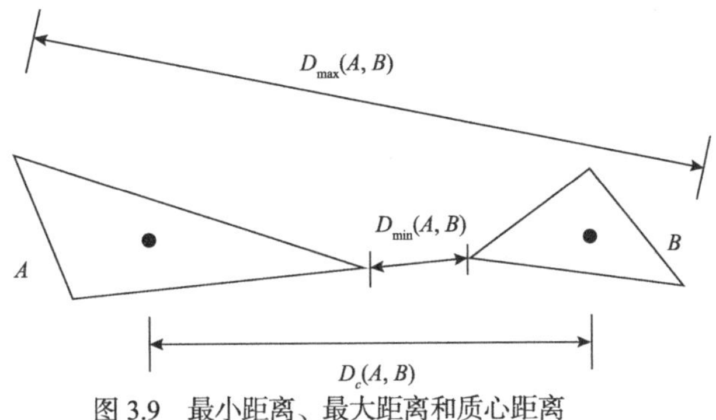

图 3.9　最小距离、最大距离和质心距离

严格地讲，这些扩展距离并不满足距离度量的三个基本特性（即非负性、对称性和三角不等式），并且由于这三种距离只考虑了两个空间目标的局部而非整体之间的关系，导致当两个目标的形状、大小、相对位置发生变化时，这三种距离值可能保持不变。

4）Hausdorff 距离

对于两个点集 A 和 B，Hausdorff 距离可表示为

$$\begin{aligned} H(A,B) &= \max\{h(A,B), h(B,A)\} \\ h(A,B) &= \sup_{p_a \in A}\left\{\inf_{p_b \in B}\|p_a - p_b\|\right\} \\ h(B,A) &= \sup_{p_b \in B}\left\{\inf_{p_a \in A}\|p_a - p_b\|\right\} \end{aligned} \tag{3-14}$$

式中，$\sup\{\bullet\}$为一个集合的最小上界；$\inf\{\bullet\}$为一个集合的最大下界；$\|\bullet\|$为两个点之间的某种度量，如欧氏距离度量。$h(A, B)$和 $h(B, A)$分别为从 A 到 B 和从 B 到 A 的有向 Hausdorff 距离，有的文献也称为向前和向后距离。这两个有向距离函数通常不相等，即不满足距离度量的对称性，因此，它们并非真正的距离度量。由于空间目标是非空紧致集合（即有界闭集），有向 Hausdorff 距离可简化为

$$\begin{aligned} h(A,B) &= \max_{p_a \in A}\left\{\min_{p_b \in B}\{d(p_a, p_b)\}\right\} \\ h(B,A) &= \max_{p_b \in B}\left\{\min_{p_a \in A}\{d(p_a, p_b)\}\right\} \end{aligned} \tag{3-15}$$

相应地，Hausdorff 距离表示为

$$H(A,B) = \max\left\{\max_{p_a \in A}\left\{\min_{p_b \in B}\{d(p_a, p_b)\}\right\}, \max_{p_b \in B}\left\{\min_{p_a \in A}\{d(p_a, p_b)\}\right\}\right\} \tag{3-16}$$

从表达形式上看，Hausdorff 距离也是一种最大-最小距离。如果 A 和 B 的 Hausdorff 距离为 d_0，则 A（或 B）的任意点到 B（或 A）的最小距离不大于 d_0，即对于 A（或 B）的任意

一个点 p_a（或 p_b）总能在 B（或 A）上找到一个点位于 p_a（或 p_b）的 d_0 邻域内（即以 p_a 或 p_b 为中心、以 d_0 为半径的一个圆）。因此，Hausdorff 距离和两种有向 Hausdorff 距离可利用基于 Buffer 的方法来定义和计算，并表示为

$$
\begin{aligned}
&H(A,B)=\min\{\varepsilon: A\subseteq B\oplus S(\varepsilon), B\subseteq A\oplus S(\varepsilon)\}\\
&h(A,B)=\min\{\varepsilon: A\subseteq B\oplus S(\varepsilon)\}\\
&h(A,B)=\min\{\varepsilon: B\subseteq A\oplus S(\varepsilon)\}
\end{aligned}
\tag{3-17}
$$

式中，$\oplus$ 为数学形态学膨胀算子，Minkowshi 度量的和运算；$S(\varepsilon)$ 为半径为 ε 的一个圆（Serra，1982），如图 3.10 所示。

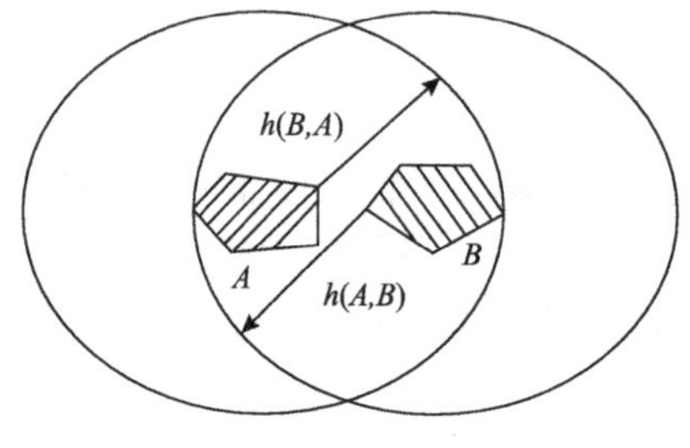

（a）两个任意面目标A和B

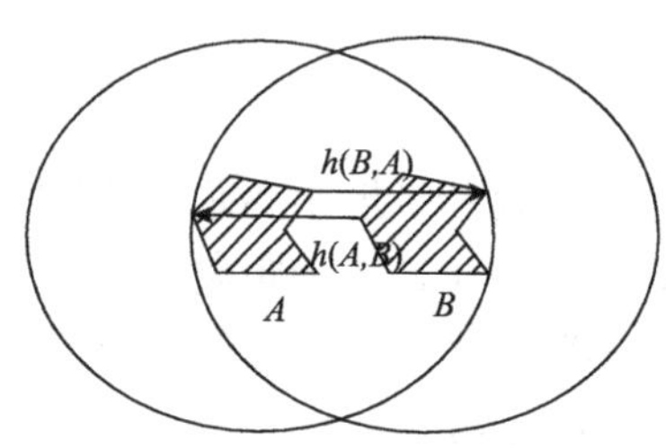

（b）面目标B是通过A平移得到

图 3.10　Hausdorff 距离的表达与计算

2. 球面距离

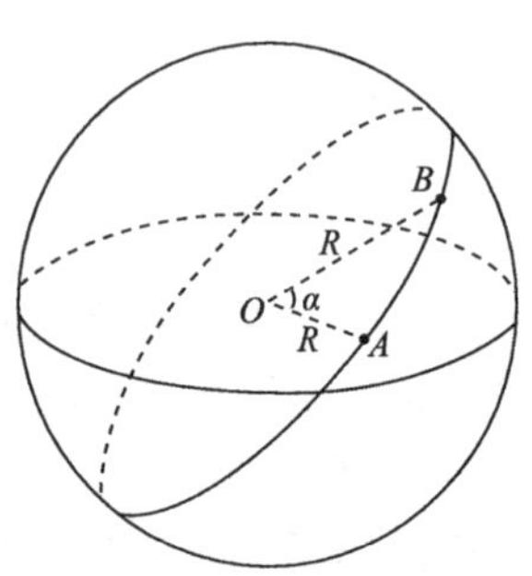

图 3.11　点 A 和点 B 之间的球面距离

如图 3.11 所示，球面距离指球面上两点 A、B 之间的最短距离，即经过 A、B 两点的大圆在这两点间的一段劣弧 AB 的长度，表示为

$$l=R|a| \tag{3-18}$$

式中，R 为球半径；a 为 AB 所对应的球心角的弧度数。

地球表面可以近似地看成一个球面，下面讨论不同地理位置的球面距离计算方法。

（1）同经度不同纬度的两地间的球面距离。设 A、B 是位于同一经度圈上的两地，它们的经度差为 θ，则球面距离为

$$l=\frac{\theta}{180}\pi R \tag{3-19}$$

（2）同纬度不同经度的两地间的球面距离。设 A、B 两地的纬度均为 α 度，它们的经度差为 θ，则球面距离为

$$l=\frac{\arccos(\sin^2 a+\cos^2 a\cos\theta)}{180}\pi R \tag{3-20}$$

（3）不同经度和不同纬度的两地间的球面距离。设 A 地的纬度为 α 度，B 地的纬度为 β 度，它们的经度差为 θ，则球面距离为

$$l=\frac{\arccos(\pm\sin\alpha\sin\beta+\cos\alpha\cos\beta\cos\theta)}{180}\pi R \tag{3-21}$$

式中，两地在赤道同侧时取正，异侧时取负。

此外，在地理信息科学应用领域，两点之间的距离可以定义为它们间的直线长度，如图3.12（a）、（c）所示的欧氏距离，也可以是它们间实际到达路径的长度，如图3.12（b）所示的最短路径距离和图3.12（d）所示的球面距离。同时，其既可以是二维空间的距离度量，如图3.12（a）、（b）所示，也可以是三维空间的距离度量，如图3.12（c）、（d）所示。

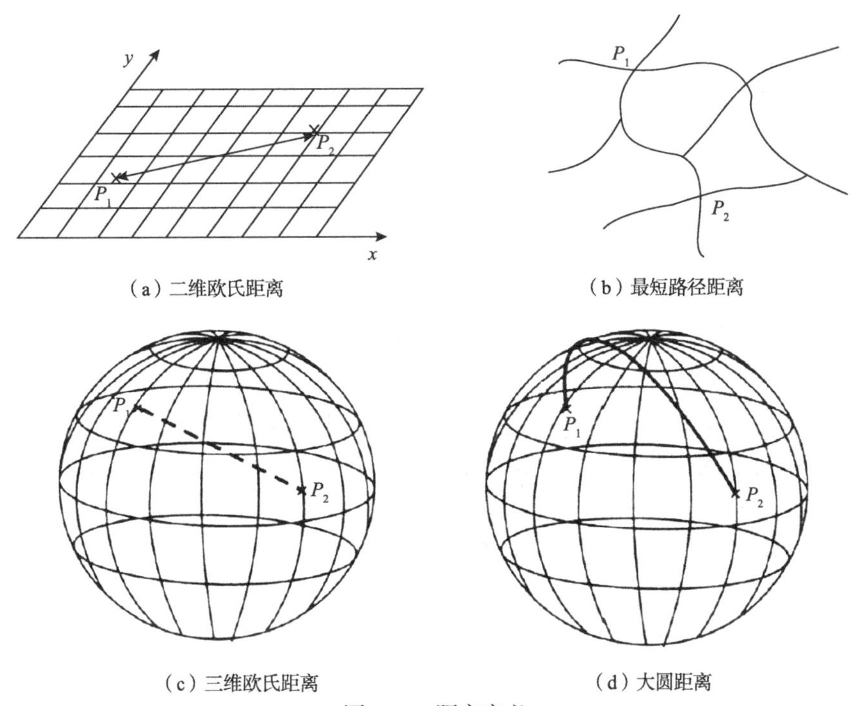

（a）二维欧氏距离　（b）最短路径距离

（c）三维欧氏距离　（d）大圆距离

图3.12　距离定义

3.2.5　空间周长量测

空间目标的周长可以通过围绕地物的相互连接的线段，即封闭绘图模型来进行计算。地理空间矢量和栅格数据量测长度的方式与原理又有所不同。在矢量数据中，对于每条直线段，软件都将存储一组坐标对，每一坐标对之间的距离都能通过勾股定理计算出来，然后直接把线段长度加起来，最后得到相对准确的线长或累计长。线段越多，线性对象的描述就越精确，测定的线总长将越准确。而栅格数据则不然，它是通过将格网单元数值逐个累加得到全长，如图3.13所示。

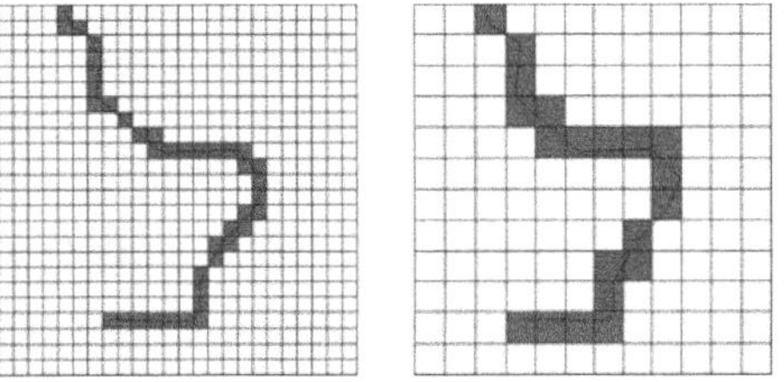

图3.13　矢量和栅格数据周长计算对比

3.2.6　空间面积量测

面积在二维欧氏平面上是指由一组闭合弧段所包围的空间区域。对于简单的图形，如长方形、三角形、圆、平行四边形和梯形及可以分解成这些简单图形的复合图形，面积的量测比较简单；但地理空间目标的形态通常不是简单的复合图形，如跌宕起伏的山体、形状不规则的湖泊等，其面积计算非常复杂。

通常情况下，将多边形边界分解为上下两半，其面积是上半边界下的积分值与下半边界下的积分值之差。

$$S = \frac{1}{2}\sum_{i=1}^{n}\begin{vmatrix} X_i & Y_i \\ X_{i+1} & Y_{i+1} \end{vmatrix} = \frac{1}{2}\sum_{i=1}^{n}(X_i \times Y_{i+1} - X_{i+1} \times Y_i) \tag{3-22}$$

对于三维曲面的面积，包含两个方面：将三维曲面投影到二维平面上，计算其在平面上的投影面积及计算三维曲面的表面积。

3.2.7　空间体积量测

体积通常是指空间曲面与一基准平面之间的容积，它的计算方法因空间曲面的不同而不同。大多数情况下，基准面是一水平面，其高度不是固定的。当高度上升时，空间曲面的高度可能低于基准平面，此时出现负的体积。在对地形数据处理时，当体积为正时，工程上称为“挖方”；体积为负时，称为“填方”，是工程计算里的重要工作。

体积的计算通常也是近似方法，由于空间曲面表示方法的差异，近似计算的方法也不一样，以下仅给出基于三角形格网和正方形格网的体积计算方法，其基本思想均是以基底面积（通常为三角形或正方形）乘以格网点曲面高度的均值，区域总体积是这些基本格网上体积之和。

（1）基于三角形格网：其基本格网上的体积计算方法如下：$V = S_A(h_1 + h_2 + h_3)/3$，其中，$S_A$是基底格网三角形 A 的面积，如图 3.14 所示。

（2）基于规则格网：其体积为$V = S_A(h_1 + h_2 + h_3 + h_4)/4$，其中，$S_A$为格网正方形面积，如图 3.15 所示。

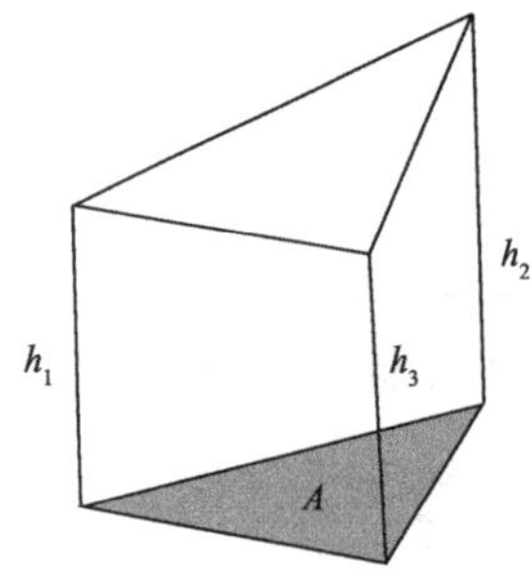

图 3.14　体积计算原理示意图

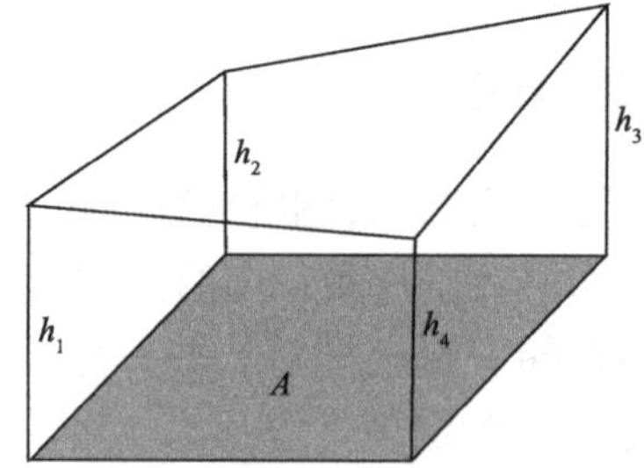

图 3.15　体积计算原理示意图

（3）基于等高线：计算过程分为以下步骤。首先计算各条等高线围成的面积，设为$f_0, f_1, \cdots, f_n$；假设等高距为 h，则体积为

$$v = \frac{1}{3}f_0 \times h_0 + \frac{1}{2}\sum[f_0 + 2f_0 + \cdots + 2(n-1) \times f_n] \times h \tag{3-23}$$

其中，f_0和 h_0分别为最上层（或最下层）等高线围成的面积和相应的高程差。

3.3　空间形态量测

对于空间目标的分析除了量测其基本几何参数外，还需量测其空间形态。地理空间目标被抽象为点、线、面、体四大类，点状空间目标是零维空间体，没有任何空间形态；而其他三类空间目标作为超零维的空间体，各自具有不同的几何形态，并随着空间维数的增加而越加复杂。

在空间分析中，形态量测主要解决通过空间量测获取空间目标具体、量化的形态信息，以便反映客观事物的特征，更好地为空间决策服务。

3.3.1　线状地物形态量测

在地理空间要素的表现形式中，很多以线状形态表现，其中有的是绝对线状，表现为面状目标物的轮廓线，如行政界限、事物边界线等；有的是非绝对线状，是线条形面状地物在小比例尺图幅上的表现，如道路、河流等地物。线状物体在形态上表现为直线和曲线两种，其中曲线的形态量测更为重要。

曲线的描述经常涉及两个参数，即曲率和弯曲度。曲率反映的是曲线的局部弯曲特征，线状地物的曲率由数学分析定义为曲线切线方向角相对于弧长的转动率，设曲线的形式为 $y=f(x)$，则曲线上任意一点的曲率为

$$K=\frac{y''}{(1+y'^2)^{\frac{3}{2}}} \tag{3-24}$$

曲率的计算对于工程管理意义重大，例如，河流的弯曲程度影响河道的通畅情况，高速公路的曲率影响汽车行驶速度和行程距离。

弯曲度 S 是描述曲线弯曲程度的另一个参数，是曲线长度 L 与曲线两端点线段长度 l 之比。用公式表示为 $S=L/l$。如图 3.16 所示，根据弯曲度的定义，右侧路径规划的结果中，两点之间的距离为深色所示，而实际的函数距离则为图中浅色折线，可以看出该路径规划中弯曲度很大。实际应用中，主要反映曲线的迂回特征。在交通运输中，迂回特征加大了运输成本，降低了运输效率。因此，它经常用来进行研究公交、行车路径等的快捷性。

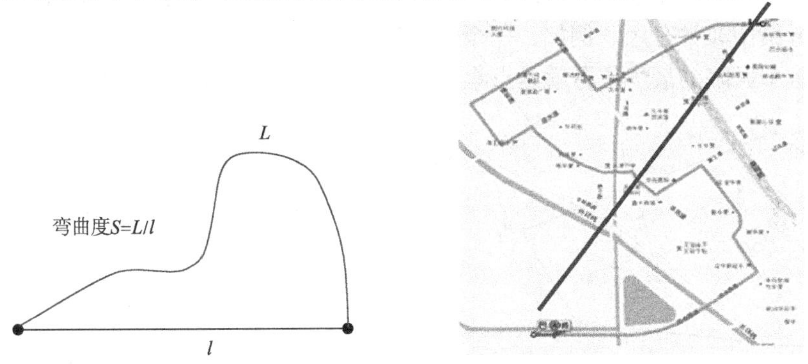

图 3.16　弯曲度定义及应用实例

3.3.2　面状地物形态量测

面状物体常见的规则形态有圆形、四边形、梯形、三角形、长方形等，但大多数空间面状物体表现为非规则的复杂形态，如湖泊的形状、城市的形状及山体的表面形状等，对于它们的描述需要从多个角度运用多种手段进行形态量测。

复杂的面状物体有时需要用形状简单的图形对其概括描述，这些简单的图形包括最大内切圆、最小外接圆和最小凸包等。

面状空间形态的复杂性有时候表现在面状物体的复合上，如在一片森林中有几小片灌木丛、大面积的玉米种植区内有几小块大豆种植区等。对这样的多边形形态进行量测时需要考虑两点：一是以空洞区域和碎片区域确定该区域的空间完整性；二是多边形边界特征描述问题。

1. 空间一致性问题

空间破碎度和完整性是指空洞区域内空洞数量的度量，通常使用欧拉函数量测。欧拉函数是关于碎片程度及空洞数量的一个数值量测法。数量上，欧拉数=（空洞数）-（碎片数-1），这里空洞数是外部多边形自身包含的多边形空洞数量，碎片数是碎片区域内多边形的数量，如图 3.17 所示。需要注意的是，有孔分布的多边形才称为碎片。

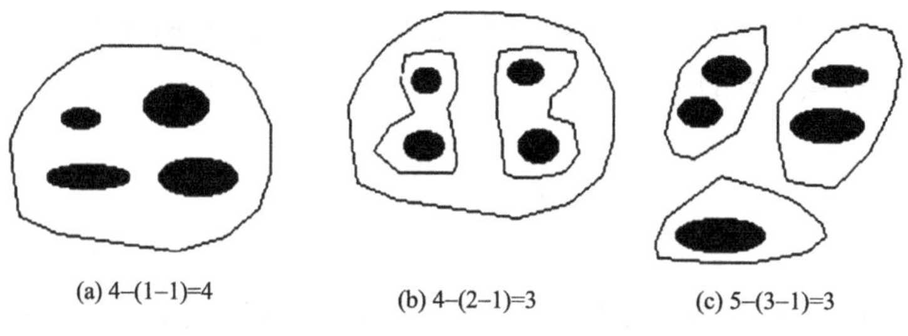

图 3.17　欧拉数计算示意图

2. 多边形边界特征描述

复杂的面状物体用形状简单的图形对其概括描述，如最大内切圆、最小外接圆和最小凸包等。最大内切圆在空间项目选址等空间决策过程中具有重要作用，如地图上多边形内点状符号的自动设置定位的关键问题就是要找出该多边形的最大内切圆。

最小外接圆可应用于平面点集的分布形态分析，其圆心是点集的最小、最大中心，在一些选址定位分析中非常有用。例如，一个医院的选址就应当保证所有居民区到该医院的距离尽可能短，这个医院的最优位置就是点集（居民区的集合）的最小外接圆圆心。

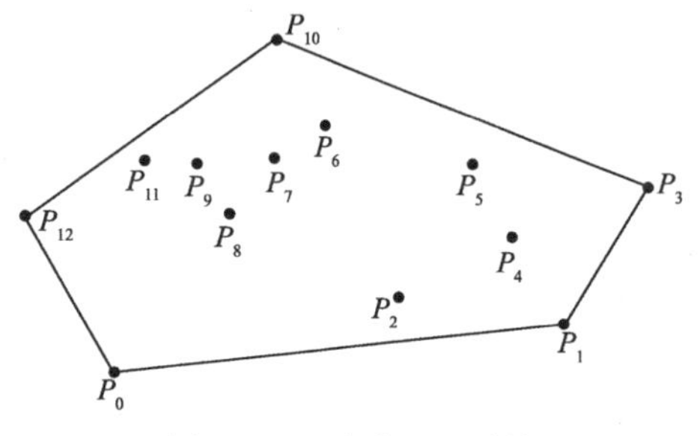

图 3.18　凸包定义及计算

凸包是数据点的自然极限边界，为包含所有数据点的最小凸多边形，连接任意两点的线段必须完全位于该凸多边形中，同时区域的面积也达到最小值。最小凸包在概括多边形形状方面有很重要的作用，如提取散点数据的边界。计算原理如图 3.18 所示。

描述面状地物形状特征要比计算多边形周长和面积困难得多。不同的二维平面物体的形状有不同的测度，相似的形状应有描述该物体形状的近似数值。较之用类似平行四边形、梯形和三角形等几何形状来描述多边形形状特征，用圆来描述最简单、最紧凑。圆有理想的凸度，因为圆的表面没有凹面或锯齿形。用圆来描述多边形形状特征的测量方法叫做测量多边形的凸度或凹度的方法。

由于地物的外观是多变的，很难找到一个准确的量对其进行描述。因此，对目标属紧凑型的或膨胀型的判断极其模糊。最常用的指标包括多边形长短轴之比、周长面积比等。其中，绝大多数指标是基于面积和周长的。

如果认为一个标准的圆目标既非紧凑型也非膨胀型，则可定义目标物形状系数紧凑度（compactness ratio）为

$$R = \frac{P}{2\sqrt{\pi} \cdot \sqrt{A}} \tag{3-25}$$

式中，P 为目标物周长；A 为目标物面积。如果 $R < 1$，目标物为紧缩型；$R = 1$，目标物为一标准圆；$R > 1$，目标物为细长（膨胀）型。该指标反映城市的紧凑程度，其中圆形区域被认为非紧凑也非膨胀，紧凑度为 1。其他形状的区域，其离散程度越大则紧凑度越低，如图 3.19 所示。

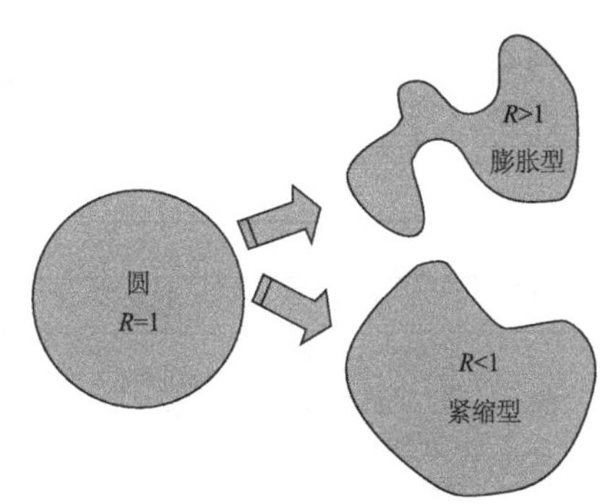

图 3.19　紧凑度指标的意义

除上述紧凑度的指数定义外，还有两种形式的定义：①$R=A/A'$ 其中，A 为区域面积，A' 为该区域最小外接圆面积。在计算中采用最小外接圆面积作为衡量城市形状的标准。②$R=1.273A/L_2$，该指标也认为圆形为标准形状，但它只考虑最长轴长度，只能概略地反映城市形状。L_2 为最长轴长度，A 为区域面积。

形状比（form ratio），是反映城市带状特征的重要指标，城市的带状特征越明显则形状比越小。显然，如果城市为狭长带状分布，其两端的联系是不便捷的。其计算公式为形状比=A/L_2，其中，A 为区域面积，L_2 为区域最长轴的长度。

伸延率（elongation ratio），反映城市的带状延伸程度，带状延伸越明显则伸延率越大，反映城市的离散程度越大。其计算公式为伸延率=L/L'，式中，L 为区域最长轴长度；L' 为区域最短轴长度。

3.4　空间分布量测

在描述空间对象时，除了将它们作为个体考虑其几何形态、物体属性外，还要从宏观上把握它们在空间上的组合、排列、彼此间的相互关系等特征，即空间分布特征。空间分布的研究内容主要有两个方面：分布对象和分布区域。空间分布对象是指所研究的空间物体和对象；空间分布区域是指分布对象所占据的空间域和定义域。

3.4.1 空间分布类型

从外部表现上看，在一定的量测尺度下，空间分布呈现为点、线、面三种基本的分布类型，其基本特征和典型实例如表 3.1 所示。

表 3.1 空间分布的基本类型

分布类型	沿线状要素的离散点	沿线状要素连续分布	面域上的离散点	线状分布	离散的面状分布	连续的面状分布	空间连续分布
举例	城市分布、火山分布	河流流速流量、高速公路车流量	城市分布	高速公路或河流沿线	草场分布、农田分布	人口普查区域、行政区划	地形、降水

根据郭仁忠在《空间分析》一书中提到的空间分布对象和空间分布区域的不同组合及分布对象在区域内分布方式的不同，按对象、区域和方式中不同要素的组合方式将空间分布的类型概括为以下几种，如表 3.2 所示。

表 3.2 空间分布的类型

分布类型	点		线		面	
	离散	连续	离散	连续	离散	连续
线	江河里的船只、公路上的汽车、路旁分布的加油站	街道两旁的林荫树				
面	城镇的分布、火山的分布	降水	河网、交通网、地图上的边界线	污染的扩散、大气运动	湖泊的分布、居民区中楼房的分布	人口普查区域、行政区划

3.4.2 点状分布

点模式的空间分布是一种比较常见的状态，如不同区域内的人口、房屋、城市分布、油田区的油井分布等。通常，点模式的描述参数有分布密度、样方分析、邻近分析、分布中心、分布轴与分散度等。

1. 分布密度

分布密度描述的是点、线、面目标的空间分布，是最简单、最常用的点模式空间分布描述方法。它是单位分布区域内分布对象的数量，是两个比率尺度数据的比值，其分子为分布对象的计量，分母为分布区域的计量。

一般对于分子的计算有这样几种可能：分布对象发生频数的计算；分布对象几何度量的计算，对点要素以频数计，对线和面分别以长度和面积计算；分布对象的某种属性计算，如计算沿河流分布的城市人口数。作为分母的分布区域只能为线状和面状，分别计算其长度和面积。

2. 样方分析

样方分析是空间分布的特征识别技术，分析中面积被划分为大小相同的单元，统计分析单元内部的关注点数与假设的差距。

如果每个均一的样方包含相同数量的点对象，则整个研究区分布具有均一性，这种检验分布性的标准型方法称为样方分析。均一点模式是根据均一的子区域之间的关系定义的，这种子区域称为较大区域的样方。

3. 邻近分析

邻近分析是一种分析点位置关系的点模式分析法，通常分为顺序法和区域法两种方法。无论是哪种方法，它分析过程的中心思想都是先测出每点与其最近点间的距离，然后将量测值与所测距离的均值进行比较。这种统计方法仅涉及计算每对最近点间距离的平均值，平均最近邻距离提供了空间分布中点之间距离的量度或点之间的距离指数。

4. 分布中心

分布中心用于概略表示点状分布对象的总体分布特征、中心位置、聚集程度等信息。例如，在区域经济特征分析中，分布中心对城镇、工业、商业的位置分析结果有深刻的影响，它在某种意义上代表了点状对象的空间位置。空间分布中心的研究对象可以是几何中心、加权平均中心、中位中心及极值中心等。

5. 分布轴与分散度

分布轴与分散度这两个指标主要用于描述离散点数据的分布特征。离散点群在空间的分布趋势或走向可以用分布轴线来确定。分布轴线是一条拟合直线，描述了离散点群的总体走向，而点群相对于轴线的距离则反映了离散点群在点群走向上的离散程度，即离散度。离散度是反映离散对象分布聚集程度的空间分布参数，它是分布中心和分布轴线的补充。

分布轴线的确定与点群相对于轴线的离散程度有关，点群相对于轴线的离散程度可以用三种不同的距离来度量：垂直距离 d_v、水平距离 d_h、直交距离 d_p，如图 3.20 所示。

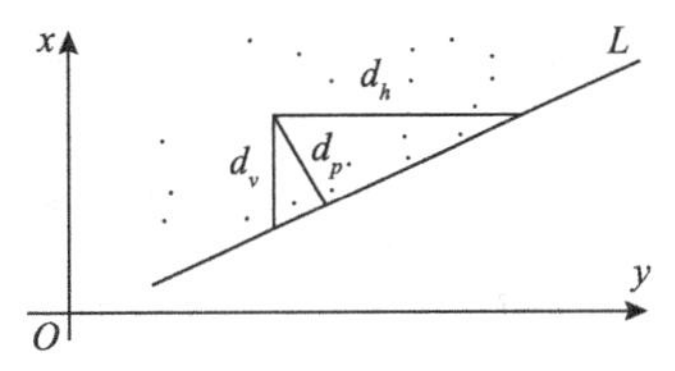

图 3.20　分布轴线

在具有相同或相近的分布中心和分布密度的情况下，可以用不同的离散度来反映空间分布特性，离散度可以用平均距离、标准距离、极值距离、平均邻近距离来度量。一般来说，点群具有一定的集中趋势，但并不一定集中分布于某一点（分布中心）处，可能是规则分布，或是随机分布，或是有几个分布中心，这样离散度的计算就失去意义。

3.4.3　线状分布

线划要素同点要素一样在地面上占有一定的空间，并表现出一定的结构和模式。线划要素在空间中的分布，有些是具体分布，有些是抽象分布，如常见的输电线路、供水管道、河流网、道路网等是具体的线体，而等高线表示的山体、以线性表示的冰川砾石串、冰川擦痕等则是一种抽象的线体。由于线划要素本身属于一维空间体，与点要素相比增加了长度和方向，因此其空间分布也较点状空间分布复杂。

1. 线密度

线密度分析是对某一区域内部的线状要素进行统计的一种分析方法，用某区域内线的长度之和除以该区域面积总和得到，单位是 m/m^2 或 km/km^2。空间分析中经常用线密度来描述某一特征的分布情况，例如，对某一城市道路的发达程度进行分析时，需要知道道路网密度，即全市道路总长除以该市的面积；对某一地区的水域状况进行分析时，需求出河网密度值等。在很多情况下，线密度值还用来与不同地区或相同地区不同时期的其他数值进行对比，得出所需的信息。

2. 邻近分析

点的最近邻分析同样适用于线模式的空间分布分析。通常状况下，最近邻分析以线中点的位置来代替线，忽略线的长度，对各中心点进行最近邻统计。但是，线要素与点要素的区别在于线要素具有长度，若忽略长度进行分析就失去了线划要素的特有意义，不能反映线体本身的真实分布，因此对线要素可以采用线体随机取样分析，然后统计最近邻距离。

具体方法为：首先在地图每条线上选一个随机点；然后用直线连接最近邻的两点，量测这些连线段的距离，计算出平均最近邻距离值；最后进行检验以判断是否服从随机分布。

3. 线状对象定向

一维的线划要素具有方向性，分布在二维和三维空间上的线状对象同样具有方向性。线状对象的方向一般用“风向玫瑰图”分析，其基本步骤为：首先，确定线划要素的分布中心；然后，以此中心为圆心画直线代表观测的线划要素，进行矢量合成；最后，将合成矢量的坐标值除以线对象的总数。

4. 连通度

线状物体在空间中形成网络，因此，研究线状物体之间的连通性极为重要。线状物体连通度是指线划要素在构成网络时的连接性及从一处到另一处的连通程度，它是对网络复杂性的一种量度。通常，使用指数γ、指数α来衡量线状物体的连通度。

γ指数等于给定空间网络体节点连线数L与可能存在的所有连线数之比，即给定连线数与最大连线数的比值。它的取值范围为0～1，当没有节点连接时为0，当可能存在的所有节点连线实际都存在时为1。

α指数用于衡量环路性能，表示节点被交替路径连接的程度。它的取值范围也为0～1，当网络中不存在环路时取0，当实际环路数与最大环路数相等时为1，该指数是衡量连通性的一种替代。

α指数与γ指数反映网络模式两个不同的方面，将指数与指数结合起来可提供一个网络复杂性的综合度量值。这两个指数建立在拓扑结构基础上，因此，计算α值与γ值要求必须基于地理空间矢量数据。

3.4.4 区域分布

区域模式是一个二维空间分布，它具有0维和一维空间分布所不具有的信息，其分布模式主要包括离散区域分布和连续区域分布两种模式。

离散区域分布在地质地矿研究中比较常见，如金属矿、油气带分布图等。按照离散状态的不同分为簇状、分散状和随机状。扩展邻接法和洛伦兹曲线是研究离散区域分布的重要方法。

扩展邻接法是连接边数的统计方法。根据定义，一个连接边是指两个多边形共享的边或边界，通过计算多边形模式中连接边的数量并刻画每一个图层的连接结构，进而确定图形的分布状态。对于同质区域，按二进制划分的多边形确定多边形的连接边数量；对于异质区，则分别按照同质、异质间的连接边数进行统计，如果同质区多边形间的连接边数大于异质区多边形间的连接边数，则此分布为簇状分布。

连续性区域分布意味着空间现象的分布与地面有紧密关联，在地图上常以等值线表示，在地形研究中常用岭、谷和坳等来表述。目前，连续区域分布已经涉及所有类型的等值线，如“人口密度面”“土地价值面”“降水量面”等。有些“面”并不是空间上连续的现象，但在空间分析时，可以用连续的等值线近似地模拟，以便从各种看起来杂乱的分布中循出一般规律。

区域分布模式和点分布模式具有相似性，因此，可利用点分布模式的一些研究方法来研究区域分布模式。例如，计算研究区域中多边形密度的方法，一种是与点模式完全相同的多边形数量密度；一种是与点模式稍微有差别的面积密度，它的方式是先求出多边形的面积，然后计算各类多边形的面积与研究区域总面积的比值，得出的结果是百分比而不是点模式的密度比。

第四章　空间关系分析与推理

空间关系是指各空间实体之间的关系，包括拓扑空间关系、顺序空间关系和度量空间关系。地理对象的空间关系分析是基于地理对象的位置和形态的空间关系的分析技术，是地理信息科学的重要理论问题之一，在地理空间数据建模、空间查询、空间分析、空间推理、制图综合、地图理解等过程中起着重要作用。空间推理是建立在地理数据空间关系分析的基础上，采用某种算法或演绎方法，从地理空间信息中已经存在的显式或隐式的属性信息、空间信息提取空间知识，并根据这些知识进行空间设计与规划。空间关系与推理理论及其应用研究越来越受到国内外人工智能、地理信息系统、空间数据库及相关学术界的重视。本章主要介绍空间关系分析概念、距离关系、方位关系、拓扑关系、空间相似性和空间推理等内容。

4.1　空间关系分析概论

4.1.1　空间关系分析定义

地理环境各要素相互联系、相互影响，构成了一个有机整体。地理对象的空间关系可以是由地理对象的几何特性（空间现象的地理位置与形状）引起的空间关系，如距离、方位、连通性、拓扑等，其中，拓扑关系是研究得较多的关系；距离是内容最丰富的一种关系；连通用于描述基于视线的空间物体之间的通视性；方向反映物体的方位。地理对象的空间关系也可以是由地理对象的几何特性和非几何特性共同引起的空间关系，如空间分布现象的统计相关、空间自相关、空间相互作用、空间依赖等，还有一种是完全由地理对象的非几何属性所导出的空间关系。地理要素之间的空间区位关系可抽象为点、线（或弧）、多边形（区域）之间的空间几何关系，点、线、面相互之间的邻接、相交、包含等各种空间关系。

从空间关系的内涵来讲，空间关系模型应该能够反映目标尺度、人类认知、目标层次、现象的不确定及随时间变化等特性对空间关系的影响。从数学角度来看，空间关系模型必须是可形式化和可推理的，以方便操作和实现。空间关系从人们认知的角度对空间现象和目标间的关系进行建模，因而在空间数据查询、检索、空间数据挖掘、空间场景相似性评价及图像理解等应用领域得到了广泛应用。

空间对象之间的关系是计算机图形学、计算机视觉、图像处理、人工智能、计算复杂性、空间数据库等领域基础理论研究与应用的基础。随着空间信息的大量和快递激增，研究学者逐步发现，未来地理信息技术在很大程度上将依赖于功能更强的空间分析和建模能力的结合，作为空间分析和辅助决策基础的空间推理也因此受到了越来越广泛的关注。空间分析是建立在空间目标位置和属性表达，以及目标间复杂空间关系表达的基础上，要提高空间分析能力，必须解决空间关系描述与表达。

4.1.2 空间关系特征

空间关系描述的是空间目标间的相对位置关系，受空间认知、空间对象、空间数据组织等因素的影响，具有认知、尺度、层次、不确定性、动态等特征（杜世宏等，2007；邓敏等，2013）。

（1）空间关系的认知特征。空间关系是人类对地理现象或环境的认知概念在 GIS 中的直接反映，因此与人类的认知密切相关。GIS 必须能够接受人们对地理现象或环境的认知和描述结果，能够正确理解用户输入的概念，并把处理的结果按照符合认知要求的形式输出。空间关系认知特征研究内容主要包括：认知对空间关系描述与处理的影响；用户与 GIS 友好交流的接口设计；自然语言中空间关系的处理等。

（2）空间关系的尺度特征。地理实体或现象随着空间尺度的变化，其形态可能发生变化（如形状简化、合并、聚集等），从而导致不同时空尺度上空间目标间的空间关系可能发生变化。空间关系尺度特征研究内容主要包括：不同尺度下空间关系的描述；不同尺度下空间关系的差异、变化、推理及一致性等。

（3）空间关系的层次特征。空间关系的层次特征表现在两个方面：一方面是由空间关系语义引起的层次性；另一方面是由空间对象的层次性引起的。主要研究内容包括层次空间关系的描述、联系和推理等。

（4）空间关系的动态特征。空间目标随着时间的推移在形状、尺寸等方面发生移动、扩张、收缩、分割、合并、消失等时空变化，进而导致空间目标间空间关系发生变化，空间关系的这种随时间而变化的特征称为时间特征。主要研究内容包括：时空关系的描述和操作、时空组合关系描述和操作、时空关系在时空数据库中的实现和查询等。

（5）空间关系的不确定性特征。主要表现为人的认知不确定性和空间数据本身的不确定性，还包括空间关系在分析处理和应用中产生的不确定性。空间关系的不确定性反映了空间关系的复杂性，是现实世界中地理现象和复杂性在 GIS 中的具体表现。主要研究内容包括：不确定空间关系和精确空间关系的统一描述与处理；不确定空间关系的推理方法等。

4.2 距离关系

空间距离是一类非常重要的空间概念，可用于描述空间目标之间的相对位置、分布等情况，反映空间相邻目标间的接近程度和相似程度，是人们认识世界的基本工具。从描述空间的角度来看，空间距离分为物理距离（在现实空间）、认知距离（在认知空间）和视觉距离（在视觉空间）；从表达方式来看，空间距离又可分为定量距离和定性距离；在计算上，根据 GIS 所采用的数据结构不同，空间距离度量分为欧氏空间的矢量距离和数字空间的栅格距离；根据 GIS 空间目标的形态不同，空间距离可分为点/点、点/线、点/面、线/线、线/面、面/面等六类，此外，还可包含点群、线群、面群间的距离度量（郭仁忠，2001）。在矢量距离计算中，点/点之间的距离计算比较简单，常采用欧氏距离度量表达，而其他五类距离的计算则相对复杂，并且在不同的应用中对距离的定义和理解也有所不同。为此，各种扩展的空间距离被相继提出，如最近距离、最远距离、质心距离、Hausdorff 距离、边界 Hausdorff 距离、对偶 Hausdorff 距离、广义 Hausdorff 距离等。对于常规的几何距离和球面距离计算，参见 3.2.4 节，在此不再赘述。

4.2.1　地理距离

地理学第一定律不仅在地理学朝定量化的发展中起到了指导性、方向性的作用，而且在与地理有关的其他学科（如考古学、社会学等）中也得到了应用。但其“远近”概念的含糊性要求具体问题具体分析，这就局限了其更广泛的应用。

对于两个地理单元来说，其空间邻近度有不同的计算方案，但均牵涉两个量：两者之间公共边界的长度；两个单元中心之间的距离。一般说来，空间邻近度正比于公共边界长，反比于中心距，直观地讲，就像尼泊尔特邻近西藏或者甘肃特邻近青海那样。这些方案给出了定量计算远近的公式，但长度和距离仍然是欧氏空间中有明确定义、地理空间中却更复杂的量。例如，欧氏空间中距离的标准单位可以用米制等，但在地理空间中距离也可以另一种方式表达：距离=速度×时间。例如，光年就是光一年所跑过的距离。

在可以用给定交通工具的情况下，用小时来表达北京到成都的距离，也可以在给定人流速度分布的情况下用小时来表达北京到成都的距离。当然，要解释为什么会有这样的人流，需要考虑旅行成本、人均收入等更复杂的因素。更一般地讲，地理空间中两个地理单元之间的距离，对给定的流，可以用平均到达时间来表达，对不同的流可以有不同的距离。基于流的概念，李小文院士定义了时空邻近度的概念：地理空间任意两匀质区域（含点）之间的时空邻近度，对给定的“流”，正比于二者之间的总流量，反比于从一端到达另一端的平均时间。

时空邻近度的概念比较好地解释了当代人们切身感受到的“小世界”和“地球村”，同时又能定量比较地理学第一定律中的远近。也很好地解释了“邻国相望，鸡犬之声相闻，民至老死不相往来”的地理距离问题。

4.2.2　栅格距离

在栅格空间中，两个点 P_1（i，j）和 P_2（m，n）间的距离仍可以利用欧氏距离来表达，即

$$d(P_1,P_2)=f(i,j,m,n)=\sqrt{(i-m)^2+(j-n)^2} \tag{4-1}$$

式中，d（P_1，P_2）以栅格像元来计算。但是，根据式（4-1）计算得到的结果难以满足这个要求。为此，一些其他的栅格距离定义方法被相继提出，如棋盘距离、城市街区距离、八边形距离、斜距等。图 4.1 以一个 5×5 的方格矩阵分别表示了不同类型的栅格距离。其中，图 4.1（a）为基于 8 邻域计算的棋盘距离，每个邻接像元距离为 1；图 4.1（b）为基于 4 邻域计算得到的城市街区距离；图 4.1（c）为基于八边计算得到的距离；图 4.1（d）在水平方向、垂直方向的邻接像元距离为 2，在对角线方向的邻接像元距离为 3；而图 4.1（e）的定义类似于图 4.1（d），在水平方向、垂直方向的邻接像元距离为 3，在对角线方向的邻接像元距离为 4。

2	2	2	2	2
2	1	1	1	2
2	1	0	1	2
2	1	1	1	2
2	2	2	2	2

（a）棋盘距离

4	3	2	3	4
3	2	1	2	3
2	1	0	1	2
3	2	1	2	3
4	3	2	3	4

（b）城市街区距离

3	2	2	2	3
2	2	1	2	2
2	1	0	1	2
2	2	1	2	2
3	2	2	2	3

（c）八边形距离

6	5	4	5	6
5	3	2	3	5
4	2	0	2	4
5	3	2	3	5
6	5	4	5	6

（d）斜距2-3

8	7	6	7	8
7	4	3	4	7
6	3	0	3	6
7	4	3	4	7
8	7	6	7	8

（e）斜距3-4

图 4.1　不同类型的栅格距离定义

以上仅仅从数学上讨论了二维空间中点目标或栅格单元之间的各种距离表达形式和计算方法，并且不同的表达方法得到的距离度量也是不同的。图 4.2 可视化表达了各种距离度量的计算过程和差异。

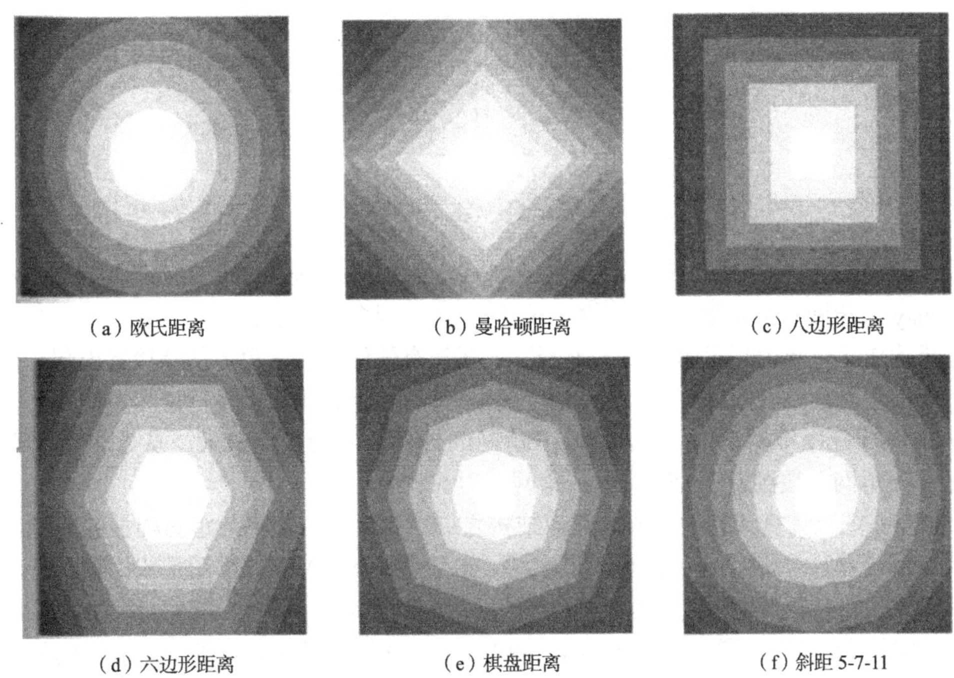

（a）欧氏距离 （b）曼哈顿距离 （c）八边形距离

（d）六边形距离 （e）棋盘距离 （f）斜距 5-7-11

图 4.2 各种不同类型距离的可视化表达

4.2.3 邻近关系

空间邻近关系是 GIS、模式识别、空间推理等与空间相关领域内经常使用的一个概念，既隶属于拓扑关系，又可看做是定性的度量关系，在地理信息科学领域起着十分重要的作用。根据空间目标之间是否具有公共部分，可将空间邻近关系分为两类：一类是空间相连目标之间的邻近关系，称为拓扑邻近或相邻（$\left(A\,|\,B \Leftrightarrow A\cap B=\partial A\cap\partial B\neq\varnothing\right)$，$\partial A$ 和 ∂B 分别表示实体 A 和 B 的边界）；另一类是空间不相连目标之间的邻近关系，其存在于相离目标之间，称为几何邻近或相离$\left(A\,|\,B \Leftrightarrow A\cap B=\partial A\cap\partial B=\varnothing\right)$。拓扑邻近可以通过空间目标之间的公共部分进行定义与区分，较为固定与明确；几何邻近的定义与区分依赖于具体的应用环境，尤其是在空间目标不规则分布情况下，通常有一定的模糊性。

1. Voronoi 距离与 k 阶邻近的定义

Voronoi 图，又叫泰森多边形或 Dirichlet 图，它由一组连接两邻点直线的垂直平分线组成的连续多边形组成。N 个在平面上有区别的点，按照最邻近原则划分平面，每个点与它的最近邻区域相关联。Delaunay 三角形是由与相邻 Voronoi 多边形共享一条边的相关点连接而成的三角形。Delaunay 三角形的外接圆圆心是与三角形相关的 Voronoi 多边形的一个顶点。如图 4.3 所示，其中（a）是平面上的点集，（b）是由该点集产生的 Voronoi 图。

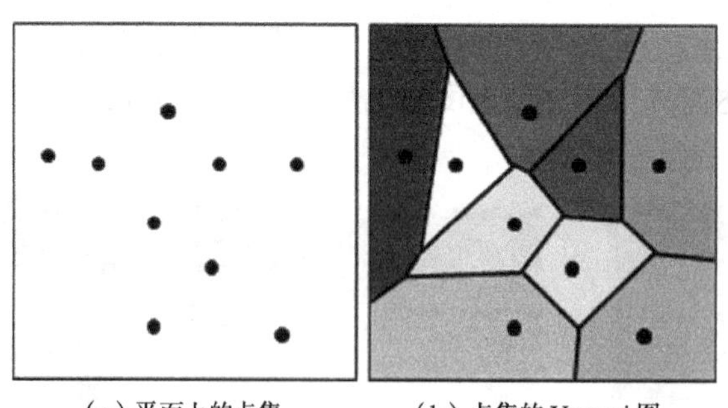

（a）平面上的点集　　（b）点集的 Voronoi 图

图 4.3　Voronoi 图

对于给定的初始点集 P，有多种三角网剖分方式，其中 Delaunay 三角网具有以下特征：①Delaunay 三角网通常是唯一的（不唯一的情况如 P 只含四个点，该四点共圆）；②三角网的外边界构成了点集 P 的凸多边形“外壳”；③没有任何点在三角形的外接圆内部，反之，如果一个三角网满足此条件，那么它就是 Delaunay 三角网；④如果将三角网中的每个三角形的最小角进行升序排列，则 Delaunay 三角网的排列得到的数值最大，从这个意义上讲，Delaunay 三角网是最接近于规则化的三角网。

Voronoi 图是计算几何中重要的几何结构之一，主要用于解决与距离相关的问题，如最短路径、最近点、求 n 个点的凸包、最小树、最大空圆等。Voronoi 图是依据最邻近原则，将空间中的每一点分配给距其最近的空间目标后所形成的一种空间剖分图。空间目标的 Voronoi 多边形是互不重叠的，空间目标之间 Voronoi 多边形的个数反映了它们之间的邻近程度。随着 k 阶 Voronoi 图的广泛应用，产生了多种 k 阶 Voronoi 图的生成算法。平面 n 个点集合的 k 阶 Voronoi 图的生成算法是利用 k–1 阶 Voronoi 图构造 k 阶 Voronoi 图，该算法可以得到更好的效果。Voronoi 距离用空间目标之间最少的 Voronoi 多边形个数来度量，该距离可推算出空间目标 A 相对于空间目标 B 的远近级别，用来表示空间目标之间的邻近度，称为 k 阶邻近关系。

设 P 是二维欧氏空间（IR2）有限凸域上空间目标 P_1，P_2，…，P_n 的集合，$P_i,P_j \in P(i \neq j,i,j=1,2,\cdots,n)$。$V(P)$为 P 剖分后形成的 Voronoi 图，空间目标 P_i 和 P_j 的 Voronoi 区域分别记为 $V(P_i)$ 和 $V(P_j)$，$V(P_i)$ 和 $V(P_j)$ 之间 Voronoi 多边形的最少个数称为 P_i 与 P_j 之间的 Voronoi 距离，也称 P_i 与 P_j 之间存在 k 阶邻近关系，记为 $\mathrm{VD}(P_i,P_j)=k$，且 $\mathrm{VD}(P_i,P_j)\geqslant 0$；当 P_i=P_j 时，$\mathrm{VD}\left(P_i,P_j\right)=0$。

Voronoi 距离不是纯度量意义上的距离，其含有一种拓扑信息，值只取决于 Voronoi 多边形的个数，而与空间尺度无关。Voronoi 距离不仅反映了空间目标之间的邻近程度，而且可以用于更加细致地区分相离目标（包括非相离目标）之间的不同邻近情形。当 k 值为 0 时，说明空间目标之间存在较为规则的分布；k 值为 2 时，说明两个空间目标被其他空间目标隔开。因此，k 阶邻近是对几何邻近关系的总概括，可以用 k 阶邻近细致地区分相离目标之间的不同几何邻近情形。如图 4.4 所示，VD（G，G）=0，VD（G，D）=1，VD（G，C）=2，VD（A，G）=3。

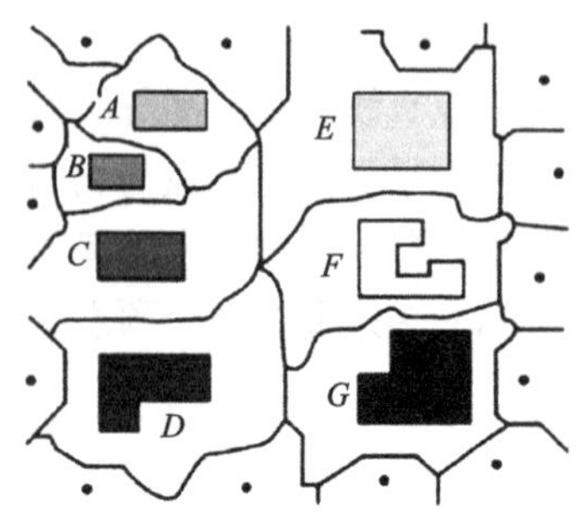

图 4.4　面目标间的 Voronoi 图

2. *k* 阶邻近的相关性质

k 阶 Voronoi 邻近具有如下性质。

（1）有序性与度量性。给定空间目标共享 Voronoi 边界的空间目标是其一阶邻近目标，而该空间目标的所有一阶邻近目标的 Voronoi 多边形恰好将空间目标完全围绕。因此，如果以该给定空间目标为中心，则可知其与一阶邻近目标之间不存在其他任何目标。如图 4.5（a）所示，给定一个空间目标 *P*，其一阶邻近目标所组成的 Voronoi 多边形刚好将空间目标 *P* 包围在其中。

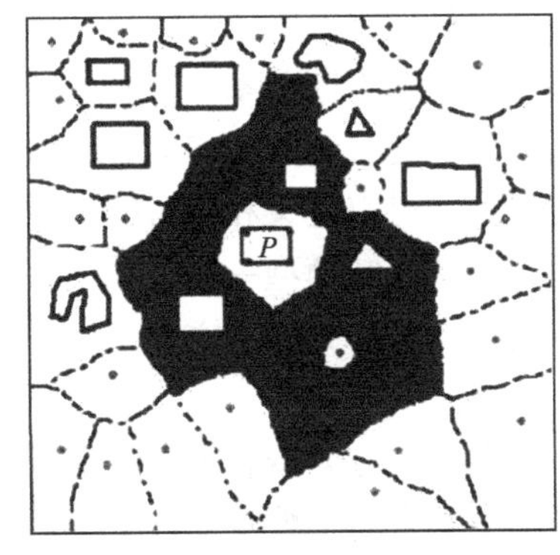

（a）*P* 的一阶邻近目标（填充区域）

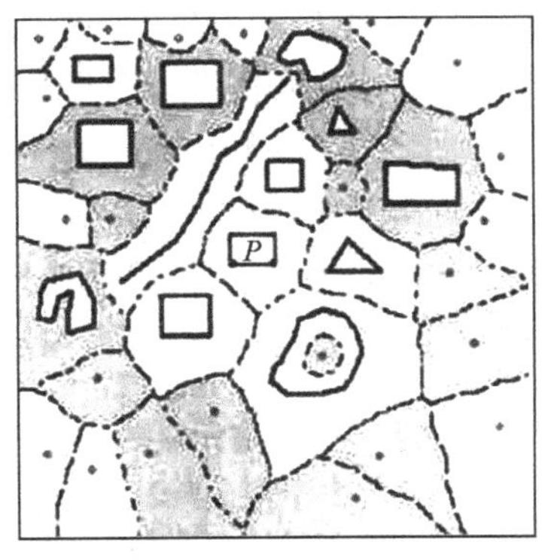

（b）*P* 的二阶邻近目标（填充区域）

图 4.5　空间目标 *P* 的 *k* 阶邻近目标

虚线为 Voronoi 边界，实线为目标边界

二阶邻近目标并不与给定目标的 Voronoi 多边形相接，而是与给定目标的一阶邻近目标的 Voronoi 多边形相接。二阶邻近目标必定全部位于一阶邻近目标之后，即一阶邻近目标位于二阶邻近目标之前。依此类推，三阶邻近目标位于二阶邻近目标之后。如图 4.5（b）所示，空间目标 *P* 的所有二阶邻近目标均在一阶邻近目标之后，且位于三阶邻近目标之前，其所有的邻近目标按照阶数组成了一个层次图。推而广之，*k*+1 阶目标必定直接位于 *k* 阶目标之后。因此，*k* 阶邻近目标满足有序性的性质，反映了以给定目标为中心视点的一种空间序列关系，以及度量空间目标之间的远近程度。

（2）局部拓扑性。由于 *k* 阶邻近以拓扑相接为基础而定义，而拓扑相接显然是一种定性信息。当空间目标在一定的范围内发生变化时，*k* 阶邻近的关系将保持不变，即具有局部拓扑特性。但当空间目标的位置变化超出一定范围时，*k* 阶邻近关系将会发生变化。例如，一阶邻近目标与二阶邻近目标发生变换的条件是：二阶邻近目标之间的距离减小到小于相关的一阶邻近目标的距离。事实上，一阶邻近与二阶邻近之间的变换是最基本的变化，能直接导致更高阶的邻近关系的变化。局部拓扑性表明，*k* 阶邻近能用于捕捉空间目标之间的动态变换信息。

4.3　方 位 关 系

空间方向关系研究对象在空间中的次序关系。在现实中，尽管人们没有明确定义如何描述方向概念，但这并不影响他们之间的交流，互相理解对方所要描述的概念，这主要在于人们对方向概念的理解是基本一致的，即在他们的大脑中，有一个一致的方向概念的模糊定义。

GIS 中方向关系研究的主要目的是使计算机能够描述和处理人们所具有的方向概念，以使 GIS 软件能够方便地与人进行交流，能在最大程度上方便人们按照自己的要求管理、检索和分析自己所拥有的数据。在涉及方向关系的空间数据分析和处理中，人们经常使用“前”“后”“左”“右”“东”“南”“西”“北”等方向概念来进行语义描述，实际上这是一种关于空间方向的模糊概念（郭仁忠，1996）。总而言之，空间方向关系描述与推理既要能反映人们对方向关系的认知，又要能够处理人们认知中带有的模糊性。

空间方向关系主要包括以下几个基本概念。

（1）描述的空间对象，包括一个参照对象和一个目标对象。参照对象是一个参考基准，根据它来确定各个方向的空间范围及目标对象与参照对象的方向关系。

（2）原子方向概念。人们认知的方向概念是离散的，能分辨的方向概念个数有限，并且以词语描述为主；但由于计算机的存储和运算能力强大，可以定义和分辨的方向概念较多，并且以数字描述为主。为了使计算机中的数字模型与人的认知模型一致，采用人们经常使用的一些有限方向词语来描述方向关系，这些最基本的方向被称为原子方向，如东、南、西、北等。

（3）方向关系系统及其中的原子方向个数，即用多少个方向概念来描述空间对象间的方向关系。一个方向系统必须是完备而无冗余的，即其中的方向个数及其含义必须能够完全描述人们的认知概念，但又不能存在重复。例如，4 方向关系的原子方向由东（E）、南（S）、西（W）和北（N）4 个方向概念组成：8 方向关系的原子方向由东（E）、南（S）、西（W）、北（N）、东南（SE）、东北（NE）、西南（SW）和西北（NW）等 8 个方向概念组成。此外，还有 16 和 32 方向系统，但人们经常使用的是 4 或 8 方向关系系统。

（4）方向区域。为了能够确定目标对象位于参照对象的哪个方向，必须根据参照对象的空间形状和范围，按照原子方向的个数，把参照对象所在空间划分成与原子方向个数相等的子空间区域，一个方向概念对应一个空间区域，即方向区域。根据目标对象与方向区域的关系来确定目标对象与参照对象的方向关系。若目标对象落在参照对象的同一个方向区域内，则它们的方向是相同的。

在上面四个概念中，方向关系系统及其原子方向个数决定了空间方向关系的语义描述，是一种语义分辨率，而方向区域定义了方向的空间范围，是计算方向关系的基准和依据。对于同一对研究对象，相同的原子方向个数，方向区域的定义不同，则它们之间的方向关系可能不同。也就是说，方向区域的定义，直接地反映了空间方向关系描述方法的描述能力及其准确性。

4.3.1　方位参考框架

方向关系描述通常包括三个重要因素：参考对象（reference object）、目标对象（primary object）和参考框架（reference frame），目标对象是指要描述的对象；参考对象是一个参考基准，根据它的大小和形状来确定各个方向的空间范围及目标对象属于参考对象的方向；参考框架决定了如何确定方向名称的问题，这主要跟人们的使用习惯有关。根据参考框架的应用情况将参考框架分为三种。

（1）内部参考框架（intrinsic reference frame）：根据参考对象内部划分来确定方向关系。

（2）直接参考框架（deictic reference frame）：根据观察者的位置来确定方向。

（3）外部参考框架（extrinsic reference frame）：在地球表面上，选择不同的北方向（磁北、真北、坐标北等）建立的参考框架（图 4.6）。

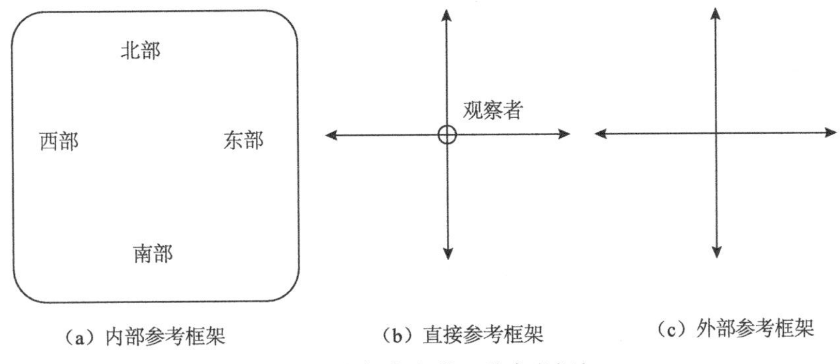

图 4.6　空间方向的三种参考框架

4.3.2　矢量数据方位关系

1）基于锥形的方法

基于锥形的方向关系模型把参考对象当做一个点来处理，按照方向片的数量，把参考对象所在的空间范围以等角度的方式形成锥形方向区域。对于点对象，以自身作为参考点，对于线或者面对象，以质心或重心作为参考点。通常包括 4 方向划分和 8 方向划分，4 方向划分用定性方向符号 E、W、S、N 分别表示所对应的地理空间中的东、西、南和北 4 个方向，8 方向划分在 4 方向划分的基础上加入 NE、SE、SW、NW 表示地理空间中的东北、东南、西南、西北。通过判断目标对象与各方向片是否存在交集来确定方向关系，以 O 表示“同一”关系（图 4.7）。

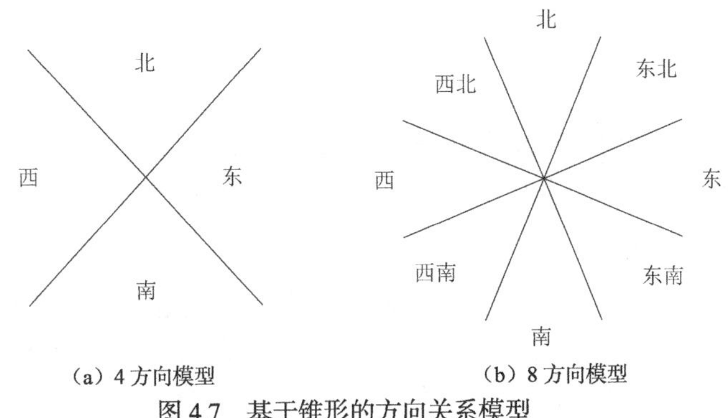

图 4.7　基于锥形的方向关系模型

2）基于投影的方向关系模型

投影方法是指把空间对象分别向 x 轴和 y 轴投影，利用投影后的坐标来描述方向关系。投影方法最初由 Frank（1991）提出，但 Frank 的方法只适用于点对象间方向关系的描述，如图 4.8 所示。Goyal（2000）针对此缺陷，用粗略方向关系矩阵来描述方向关系，粗略方向关系矩阵按照参照对象的外接矩形，对参照对象所在的空间范围进行划分，划分得到的方向区域是规则的。基于投影的方法可分为带中心区的和不带中心区两种。粗略方向关系矩阵法增加了“同一”的概念，即表示参照对象与目标对象的外接矩形处于同一位置，无法描述方向关系。

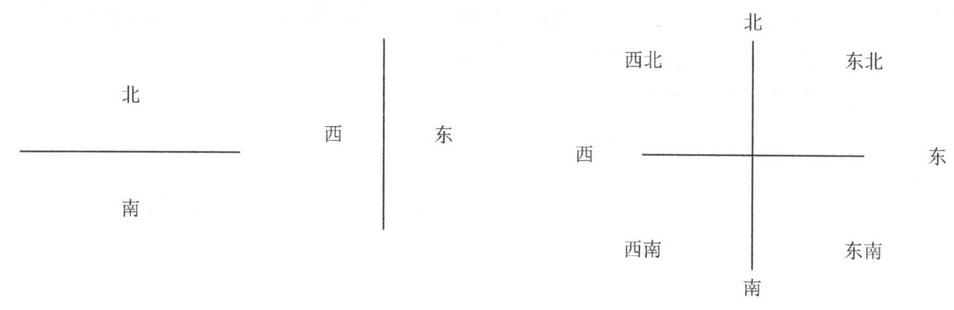

图 4.8　不带中心区的投影模型

根据方向片的数量可分为 4-方向模型和 8-方向模型，根据参考对象可分为有中心区的投影模型和无中心区的投影。无中心区的 4-方向模型的原子方向为 N、W、S 和 E，8-方向模型的原子方向为 N、NE、E、SE、S、SW、W、NW。有中心区的投影模型增加了中心区域，用来处理位置相同时的方向关系（图 4.9）。

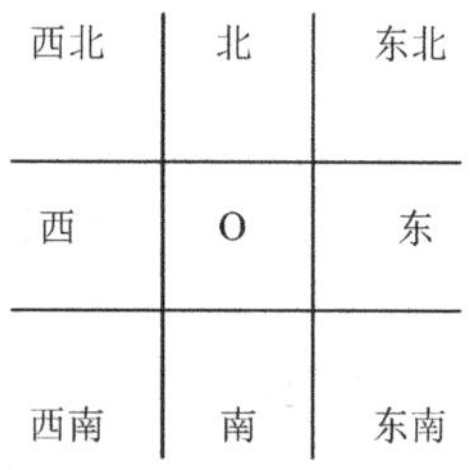

西北	北	东北
西	O	东
西南	南	东南

图 4.9　带中心区的投影模型

粗略方向关系矩阵的定义如下：

$$\mathbf{Dir}(A,B)=\begin{bmatrix} O_{\mathrm{NW}}\cap B & O_{\mathrm{N}}\cap B & O_{\mathrm{NE}}\cap B \\ O_{\mathrm{W}}\cap B & O_{\mathrm{O}}\cap B & O_{\mathrm{E}}\cap B \\ O_{\mathrm{SW}}\cap B & O_{\mathrm{S}}\cap B & O_{\mathrm{SE}}\cap B \end{bmatrix} \tag{4-2}$$

用元素为 0（空）或 1（非空）的矩阵描述方向关系，如方向关系矩阵 $\mathbf{Dir}(A,B)=\begin{bmatrix} 0 & 1 & 1 \\ 0 & 0 & 0 \\ 0 & 0 & 0 \end{bmatrix}$

3）2-D string 模型

由于该模型首先需要将空间区域网格化，通过比较目标对象和参考对象的网格索引来获取空间方向关系，因此这种方法描述的方向关系很粗糙，对缠绕、包含、相交等情况仍然无法处理。

4）三角形方向关系模型

三角形方向关系模型（triangular model）通过参考对象的质心作两条射线形成一个三角形区域来表示一个基本方向，如图 4.10（a）所示。判断目标对象 O 是否在三角区域内即可确定目标对象 O 与参考对象 R 的方向关系。如果目标对象 O 不在三角区域内，则反方向移动三角形，使 O 完全落入三角形内，如图 4.10（b）所示。

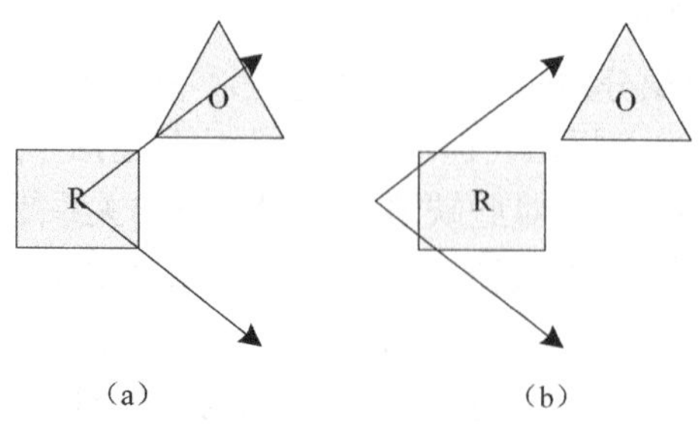

图 4.10　三角形模型

5）双十字模型

该模型又称为 Freksa-Zimmermann 模型，该模型中除了有参考对象、目标对象外，还引入了视点对象，视点对象和参考对象的直线将平面分为三部分，然后过视点对象和参考对象分别做垂直于该直线的直线，因此这三条直线将平面分成 15 个部分，对应于 15 个方向关系，其中包括 2 个点、7 条线和 6 个区域，如图 4.11（a）所示，图 4.11（b）是 15 种方向关系的图形表示。

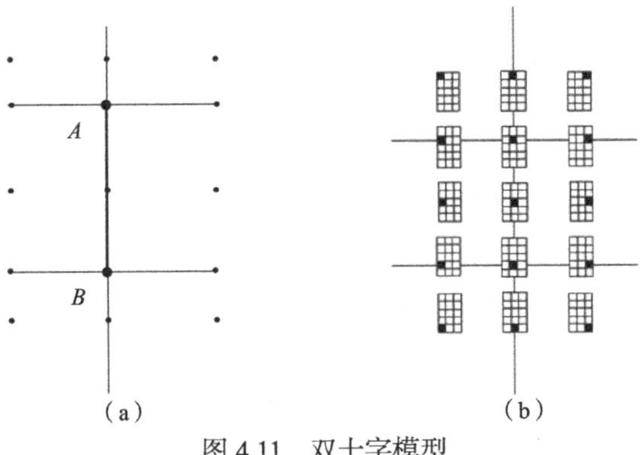

图 4.11　双十字模型

6）最小外接矩形 MER 法和最小约束矩形（MBR）法

最小外接矩形（minimun enclosing rectangle，MER）模型以最小外接封闭矩形（MER）来代替空间目标，以参考对象和目标对象 MER 的中心的方向关系代替参考对象和目标对象之间的方向关系。这种模型简单灵活，但是对于一些复杂问题的处理，仍然存在一些问题。

最小约束矩阵模型（minimum bounding rectangle，MBR）将空间对象分别投影到 *X*、*Y* 坐标轴上分别获取 *X*、*Y* 的最大最小值，进而获取空间对象的 MBR，通过比较目标对象和参考对象的 MBR 来获取空间对象之间的方向关系。MBR 方向关系模型如图 4.12 所示。

由于该模型中参考对象和目标对象均用 MBR 来近似表示，因而对于目标对象和参考对象的形状不是很敏感，MBR 模型描述的方向关系有时候与实际情况并不一致，特别是对于凹形的目标对象和参考对象的方向关系（杜世宏，2007）。

7）FSIA（四半无限区域）模型

四半无限区域（four semi-infinite area，FSIA）模型以过 MBR 顶点的 4 条方向线（NE、NW、SE、SW）及其交点的连线 *L* 将平面分为 4 个半无限区域，如图 4.13 所示。FSIA 通过 5 条特征线构造方向关系矩阵：

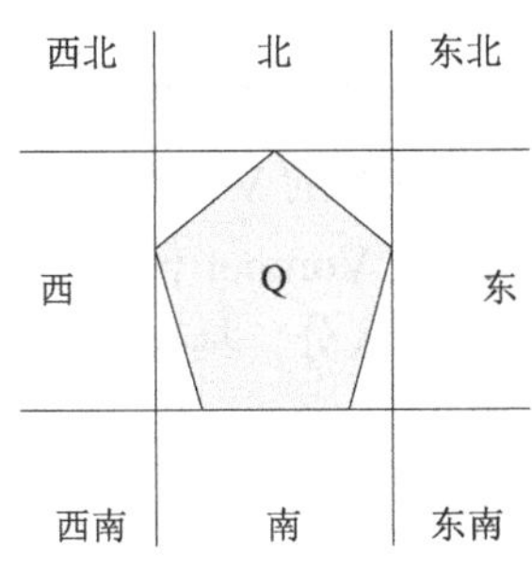

图 4.12　MBR 方向关系模型

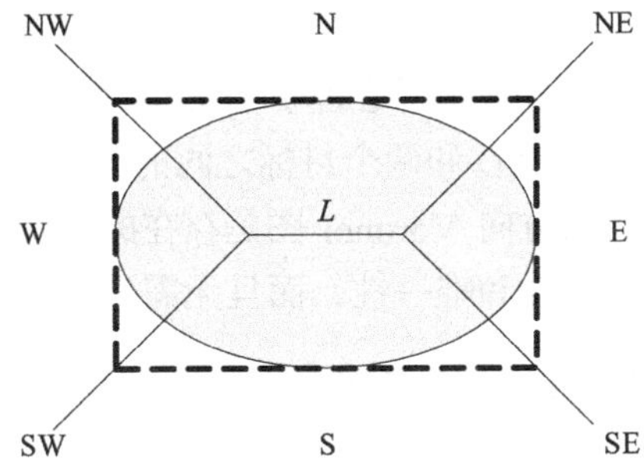

图 4.13　FSIA 方向关系模型

$$\mathbf{Dir}_1(A,B)=\begin{bmatrix} \mathrm{NE}_A\cap\mathrm{NE}_B & \mathrm{NE}_A\cap\mathrm{NW}_B & \mathrm{NE}_A\cap\mathrm{SE}_B & \mathrm{NE}_A\cap\mathrm{SW}_B & \mathrm{NE}_A\cap L_B \\ \mathrm{NW}_A\cap\mathrm{NE}_B & \mathrm{NW}_A\cap\mathrm{NW}_B & \mathrm{NW}_A\cap\mathrm{SE}_B & \mathrm{NW}_A\cap\mathrm{SW}_B & \mathrm{NW}_A\cap L_B \\ \mathrm{SE}_A\cap\mathrm{NE}_B & \mathrm{SE}_A\cap\mathrm{NW}_B & \mathrm{SE}_A\cap\mathrm{SE}_B & \mathrm{SE}_A\cap\mathrm{SW}_B & \mathrm{SE}_A\cap L_B \\ \mathrm{SW}_A\cap\mathrm{NE}_B & \mathrm{SW}_A\cap\mathrm{NW}_B & \mathrm{SW}_A\cap\mathrm{SE}_B & \mathrm{SW}_A\cap\mathrm{SW}_B & \mathrm{SW}_A\cap L_B \\ L_A\cap\mathrm{NE}_B & L_A\cap\mathrm{NW}_B & L_A\cap\mathrm{SE}_B & L_A\cap\mathrm{SW}_B & L_A\cap L_B \end{bmatrix} \quad (4\text{-}3)$$

8）方向关系矩阵模型

由于基于投影、基于锥形和 MBR 模型均利用空间对象的近似描述来描述空间关系，例如，锥形模型在描述线、面对象的关系时以质心间的关系代替其本身的方向关系，而 MBR 模型以对象的最小外接矩形间的方向关系代替其本身的方向关系，其结果可能跟对象间的真实方向关系不相符。方向关系矩阵模型用来描述空间对象间的方向关系，方向关系矩阵模型对空间的划分跟 MBR 方向关系模型一致，但是在计算时以目标对象自身进行计算。因此，可以认为方向关系矩阵模型是基于投影的模型和 MBR 模型的拓展。

方向关系矩阵模型包括粗略方向关系矩阵模型和详细方向关系矩阵模型，粗略方向关系矩阵模型通过判断目标对象与参考对象的各方向片是否相交来确定方向关系：

$$\mathbf{Dir}_2(A,B)=\begin{bmatrix} \mathrm{NW}_A\cap B & \mathrm{N}_A\cap B & \mathrm{BE}_A\cap B \\ \mathrm{W}_A\cap B & \mathrm{O}_A\cap B & \mathrm{E}_A\cap B \\ \mathrm{SW}_A\cap B & \mathrm{S}_A\cap B & \mathrm{SE}_A\cap B \end{bmatrix} \quad (4\text{-}4)$$

详细方向关系模型在计算时以目标对象和参考对象各方向片相交的长度（面积）比来确定其方向关系：

$$\mathbf{Dir}_3(A,B)=\begin{bmatrix} \dfrac{\mathrm{Area}(\mathrm{NW}_A\cap B)}{\mathrm{Area}(B)} & \dfrac{\mathrm{Area}(\mathrm{N}_A\cap B)}{\mathrm{Area}(B)} & \dfrac{\mathrm{Area}(\mathrm{BE}_A\cap B)}{\mathrm{Area}(B)} \\ \dfrac{\mathrm{Area}(\mathrm{W}_A\cap B)}{\mathrm{Area}(B)} & \dfrac{\mathrm{Area}(\mathrm{O}_A\cap B)}{\mathrm{Area}(B)} & \dfrac{\mathrm{Area}(\mathrm{E}_A\cap B)}{\mathrm{Area}(B)} \\ \dfrac{\mathrm{Area}(\mathrm{SW}_A\cap B)}{\mathrm{Area}(B)} & \dfrac{\mathrm{Area}(\mathrm{S}_A\cap B)}{\mathrm{Area}(B)} & \dfrac{\mathrm{Area}(\mathrm{SE}_A\cap B)}{\mathrm{Area}(B)} \end{bmatrix} \quad (4\text{-}5)$$

在该矩阵中每个元素是值域为［0，1］的实数，当目标对象为面对象时 Area 表示计算面积，为线对象时表示计算长度。

9）基于 Voronoi 的方向关系模型

闫浩文（2002）基于心理学的实验对比法研究得到的影响空间方向的两个主要参量是两目标群点凸壳直径 D 和两个目标之间的可视区域，提出了方向关系的 Voronoi 描述法。由于两个空间目标的方向 Voronoi 图是存在的且是唯一的，因此方向 Voronoi 模型描述的空间方向关系具有完备性和唯一性，而且无需进行参考目标和源目标的区分，具有普遍性。

4.3.3 栅格数据方位关系

栅格数据以二维规则网格表示地理现象，栅格数据的方位关系指的是规则网格上任意两点之间的方位关系，以方位角表示。如图 4.14 所示，图中 p_i 和 p_j 之间的方位角为 a_{ij} 。

设有两平面点 $p_i\left(x_i,y_i\right)$ ， $p_j\left(x_j,y_j\right)$ ，其平面方位角（连线 p_ip_j 与 Y 轴正向的夹角）为

$$a_{ij}=\begin{cases}0 & \Delta y\geqslant 0,\Delta x=0\\ \dfrac{\pi}{2}-\arctan\left|\dfrac{\Delta y}{\Delta x}\right| & \Delta y\geqslant 0,\Delta x>0\\ \dfrac{\pi}{2}+\arctan\left|\dfrac{\Delta y}{\Delta x}\right| & \Delta y<0,\Delta x>0\\ \pi & \Delta y<0,\Delta x=0\\ \dfrac{3\pi}{2}-\arctan\left|\dfrac{\Delta y}{\Delta x}\right| & \Delta y<0,\Delta x<0\\ \dfrac{3\pi}{2}+\arctan\left|\dfrac{\Delta y}{\Delta x}\right| & \Delta y\geqslant 0,\Delta x<0\end{cases} \tag{4-6}$$

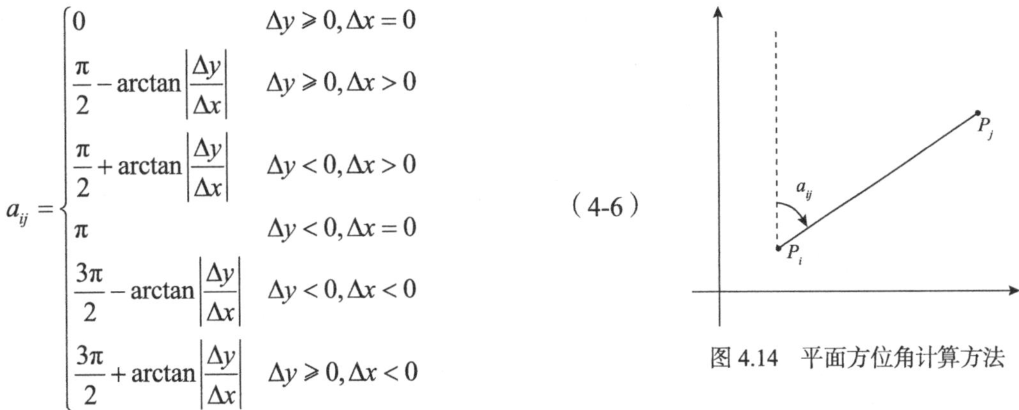

图 4.14 平面方位角计算方法

式中， $\Delta y=y_j-y_i$ ， $\Delta x=x_j-x_i$ 。

对于栅格矩阵，如果已知所定义的栅格矩阵的纵轴方向与真实地理北方向的交角为 θ ，那么将以公式（4-6）求得的方向角 a_{ij} 转化为真实地理坐标下的方向值 β_{ij} ，其公式为

$$\beta_{ij}=a_{ij}+\theta \tag{4-7}$$

4.3.4 不确定性方位关系

位置不确定性、模糊对象、宽边界区域等都会对方向关系带来影响，这种影响体现在参照对象方向区域的划分函数 P 及目标对象与参照对象方向区域之间的隶属函数 F 上，使得它们不再是二值函数，而是一个多值函数，然而现有方向关系描述方法中的划分函数 P 和隶属函数 F 不能处理这种不确定性。

（1）位置不确定性对方向关系的影响。空间数据都是不确定的，具有一定的位置误差，即位置不确定性，由此得到的方向关系也具有不确定性，位置不确定性使得计算得到的方向关系与实际情况不一致。

（2）模糊对象对方向关系的影响。模糊对象对方向关系的影响在于模糊对象内的各个元素具有不同的隶属度，不能采取与精确对象一样的方法来定义参照对象方向区域的划分函数 P 及目标对象与参照对象的隶属函数 F。同样，方向关系的描述也应该考虑模糊对象中每个元素隶属度的影响，而不能把它简单地当做一个整体来看待，这一点也是与精确对象有区别的。传统的方向关系描述方法把对象当做一个整体处理，而不区分单个元素的影响，这一点在处理模糊对象时必须考虑。

（3）宽边界区域对方向关系的影响。在用投影方法描述宽边界区域的方向关系时，对参照对象来说，存在着是以内部还是以边界的坐标范围来划分方向区域的问题；对目标对象来说，存在着是以内部还是以边界来判断目标对象与参照对象方向之间关系的问题。

4.4 拓扑关系

拓扑关系在不同领域有不同的含义。在数学上，是指旋转、平移和尺度缩放变换下保持不变的性质；在 GIS 数据结构中，是指根据拓扑几何原理进行矢量空间数据组织的方式，具体包括点（结点）、线（链、弧段、边）和面（多边形）三种几何要素的组成和链接关系；在空间认知和空间语言领域，主要用有限的定性语言或符号语言表示认知概念，关键是在空间对象的几何形状和语言描述间建立数学模型（即拓扑关系模型），实现从几何结构到关系语言的转换。

4.4.1 拓扑关系概述

1. 拓扑的定义

地理信息科学中的拓扑学通常指的是几何拓扑学，它是 19 世纪形成的一门数学分支，它属于几何学的范畴。拓扑学的英文名是 Topology，直译是地志学，也就是与研究地形、地貌相类似的有关学科。中国早期曾经翻译成“形势几何学”“连续几何学”“一对一的连续变换群下的几何学”，但是，这几种译名都不大好理解，1956 年统一的《数学名词》把它确定为拓扑学，这是按音译过来的。

在数学上，哥尼斯堡七桥问题是拓扑学发展史的重要问题。哥尼斯堡（今俄罗斯加里宁格勒）是东普鲁士的首都，普莱格尔河横贯其中。18 世纪在这条河上建有七座桥，将河中间的两个岛和河岸联结起来。人们闲暇时经常在这儿散步，一天有人提出：能不能每座桥都只走一遍，最后又回到原来的位置。这个看起来很简单又很有趣的问题吸引了大家，很多人尝试各种各样的走法，但谁也没有做到。看来要得到一个明确、理想的答案还不那么容易（图 4.15）。

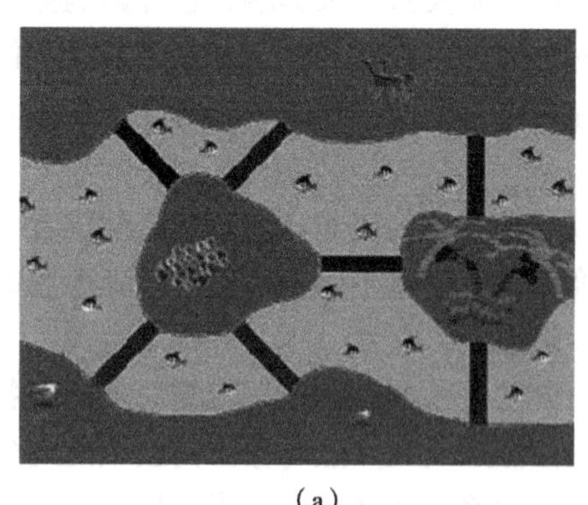

（a）

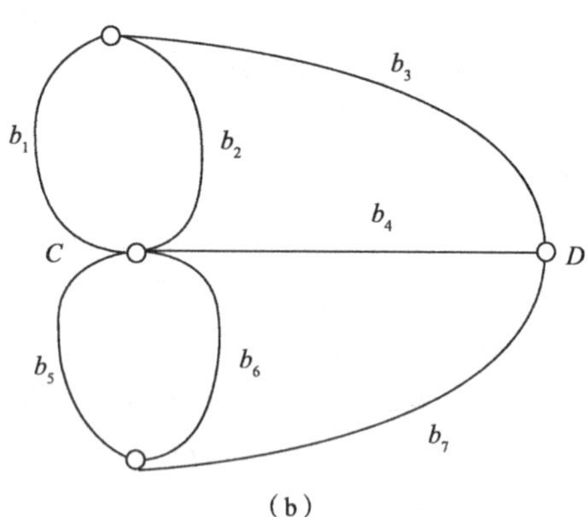

（b）

图 4.15　哥尼斯堡七桥问题

1736 年，有人带着这个问题找到了当时的大数学家欧拉，欧拉经过一番思考，很快就用一种独特的方法给出了解答。欧拉把这个问题首先简化，他把两座小岛和河的两岸分别看作四个点，而把七座桥看作这四个点之间的连线。那么这个问题就简化成，能不能用一笔就把这个图形画出来。经过进一步的分析，欧拉得出结论——不可能每座桥都走一遍，最后回到原来的位置，并且给出了所有能够一笔画出来的图形所应具有的条件。这是拓扑学的“先声”。

拓扑学是几何学的一个分支，但是这种几何学又与通常的平面几何、立体几何不同。通常的平面几何或立体几何研究的对象是点、线、面之间的位置关系及它们的度量性质，拓扑学对于研究对象的长短、大小、面积、体积等度量性质和数量关系都无关。

举例来说，在通常的平面几何里，把平面上的一个图形搬到另一个图形上，如果完全重合，那么这两个图形叫做全等形。但是，在拓扑学里所研究的图形，在运动中无论它的大小或者形状都发生变化。在拓扑学里没有不能弯曲的元素，每一个图形的大小、形状都可以改变。例如，前面讲的欧拉在解决哥尼斯堡七桥问题的时候，他画的图形就不考虑它的大小、形状，仅考虑点和线的个数。

公理　拓扑

设X是一个非空集合，X的幂集的子集（即是X的某些子集组成的集族）T称为X的一个拓扑。当且仅当：①X和空集$\varnothing$属于T；②T中任意多个成员的并集仍在T中；③T中有限多个成员的交集仍在T中时称集合X连同它的拓扑T为一个拓扑空间，记作(X,T)，称T中的成员为这个拓扑空间的开集，定义中的三个条件称为拓扑公理。

从定义上看，给出某集合的一个拓扑就是规定它的哪些子集是开集。这些规定不是任意的，必须满足三条拓扑公理。

一般说来，一个集合上可以规定许多不相同的拓扑，因此说到一个拓扑空间时，要同时指明集合及所规定的拓扑。在不引起误解的情况下，也常用集合来代指一个拓扑空间，如拓扑空间X、拓扑空间Y等。

同时，在拓扑范畴中讨论连续映射。定义为$f:(X,T_1)\to(Y,T_2)$（T_1、T_2是上述定义的拓扑）是连续的，当且仅当开集的原像是开集。两个拓扑空间同胚，当且仅当存在双向互逆的连续映射。同时，映射同伦和空间同伦等价也是很有用的定义。

定义 4.1　开集

如果U是一个集合，对于U的每一个点$x\in U$，存在$\varepsilon>0$，使得集合$A=\{y\mid d(x,y)<\varepsilon\}$，则称$U$是一个开集。

定义 4.2　邻域

如果U是一个开集，$x\in U$，则称U是x的邻域。

定义 4.3　内点和集合的内部

对于集合A和点x，如果存在开集U，使得$x\in U$，并且U是A的子集，那么称x是集合A的内点。A的所有内点构成的集合，称为A的内部。A的内部是包含在A内部的一个最大的开集。

定义 4.4　边界点和边界

对于集合A和点x，如果在x的任何一个邻域U内，既存在属于A的点，也存在属于A的补集的点，即$U\cap A\neq\varnothing$，$U\cap\sim A\neq\varnothing$，则称$x$是$A$的边界点，所有边界点构成的集合称为$A$的边界。

定义 4.5　集合的外部

A是拓扑空间X的一个集合，A的内部和A的边界相对于X的补集称为A的外部。

2. 拓扑的性质

拓扑的中心任务是研究拓扑性质中的不变性。拓扑性质有哪些呢？首先介绍拓扑等价，这是比较容易理解的一个拓扑性质。

在拓扑学里不讨论两个图形全等的概念，但是讨论拓扑等价的概念。例如，尽管圆和方形、三角形的形状、大小不同，在拓扑变换下，它们都是等价图形。在一个球面上任选一些点用不相交的线把它们连接起来，这样球面就被这些线分成许多块。在拓扑变换下，点、线、块的数目仍和原来的数目一样，这就是拓扑等价。一般地说，对于任意形状的闭曲面，只要不把曲面撕裂或割破，它的变换就是拓扑变换，就存在拓扑等价。应该指出，环面不具有这个性质。设想，把环面切开，它不至于分成许多块，只是变成一个弯曲的圆桶形，对于这种情况，就说球面不能拓扑变成环面。所以，球面和环面在拓扑学中是不同的曲面。

直线上的点和线的结合关系、顺序关系，在拓扑变换下不变，这是拓扑性质。在拓扑学中曲线和曲面的闭合性质也是拓扑性质。

3. 空间数据中的拓扑及其重要性

拓扑所研究的是几何图形的一些性质，它们在图形被弯曲、拉大、缩小或任意的变形下保持不变，只要在变形过程中不使原来不同的点重合为同一个点，又不产生新点。换句话说，这种变换的条件是：在原来图形的点与变换了图形的点之间存在着一一对应的关系，并且邻近的点还是邻近的点。这样的变换叫做拓扑变换。拓扑有一个形象说法——橡皮几何学。因为如果图形都是用橡皮做成的，就能把许多图形进行拓扑变换，如一个橡皮圈能变形成一个圆圈或一个方圈。

矢量数据可以是拓扑的，也可以是非拓扑的，这取决于数据中是否建立了拓扑。若数据中建立了拓扑，那么需要在数据中增加相关的文件或空间来存储空间关系（拓扑关系）。人们自然会问，数据集中构建拓扑有什么好处？需要汇总数据库的 GIS 用户也会问是否需要建立拓扑。关于是否需要拓扑取决于 GIS 项目，对于某些项目，拓扑并非必要，而对于另一些项目而言，拓扑又是必需的。例如，GIS 数据生产者会发现在查找错误、确保线的正确会合和多边形的正确闭合方面，使用拓扑是绝对必要的。同样，GIS 在交通、地下空间和其他网络设施分析过程中，也需要用拓扑对数据进行分析。

在地理信息科学中拓扑至少有两个主要优点：首先，拓扑能确保数据质量和完整性，这是数据生产者广泛使用拓扑的主要原因。例如，拓扑关系可用于发现未正确接合的县。如果在假定连续的道路上存在一个缝隙，造成路网出现断链，用最短路径分析时会选择迂回路径而避开缝隙。同样，拓扑可以保证共同边界的多边形没有缝隙或重叠。其次，拓扑可强化 GIS 空间分析，例如，位置服务中，数据库中的地址需要按街道左侧或右侧（道路的上下行）进行关联。

拓扑关系是空间对象间的一种重要空间关系，包括点、线、面等地理要素间是否相交、相离、重叠等基本拓扑关系，以及点、线、面等要素的关联、邻接关系等。在基本拓扑关系中主要分为基于交叉集的拓扑关系和基于区域连接算子（RCC）的拓扑关系。4 元交、9 元交模型将所研究的空间目标限定为简单点（无大小、无形状）、简单线（不能够自交，有且有两个不重合的边界点）、简单面（区域边界必须连通）。简单对象的内部、边界和外部形式化定义为：设 A 为一个简单对象，则集合 A 的内部是 A 的最大开集，表示为 A°；A 的闭包是包含 A 的所有闭集的交，表示为 A^-；集合 A 的边界是 A 的闭包和 A 的外部的闭包的交，表示为 ∂A。

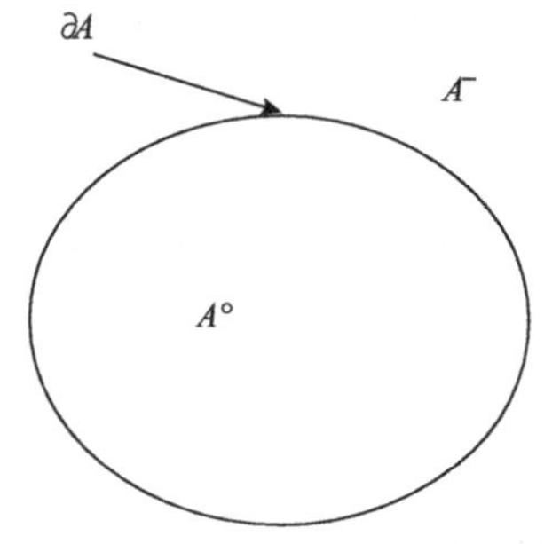

图 4.16　集合 A 的内部、边界和外部

面状目标的内部、边界和外部很容易划分，如图 4.16 所示。对于点状目标，可定义其边界为空。对于二维空间中的线状目标，它的边界为线状目标的两个端点。内部为线上除端点外的其他部分，形式化表达为 $A^\circ=\{x|x\in A且x\notin\partial A\}$；对于点状目标，点状目标在空间中被抽象为一个点，也可

以视为仅包含一个点的点集。点状目标与其他非点状目标的拓扑空间关系可以直接通过代表它的点与其他目标的边界、内部及外部的关系来表示。

4.4.2　一维空间目标之间的拓扑关系

一维空间中空间目标表现为点和线段，广泛适用的是 Allen 提出的时间区间逻辑模型，是一维地理空间目标的拓扑关系。某一个时间可以描述为时间轴上的一个点，那么一个时间段可描述为一条水平的线段。两个时间点 T_1 和 T_2 的关系是：$T_1 = T_2$、$T_1 > T_2$ 和 $T_1 < T_2$。时间段可表示为 (T_s, T_e)，其中，T_s 为开始时间点，T_e 为结束时间点。设某个时间点为 T_i，那么时间点与时间段的关系可以表示为如下五种：①时间点在时间段前面，$T_i < T_s < T_e$；②时间点在时间段开始，$T_i = T_s < T_e$；③时间点在时间段中间，$T_s < T_i < T_e$；④时间点在时间段末端，$T_s < T_e = T_i$；⑤时间点在时间段后面，$T_s < T_e < T_i$。

设有两个时间段 X 和 Y，它们的始点分别为 X_s 和 Y_s，终点分别为 X_e 和 Y_e。X 和 Y 的关系有 13 种，如表 4.1 所示。其中，白色的矩形表示 X，灰色的矩形表示 Y。

表 4.1　两个时间段之间的关系

名称	关系	逆关系	图解	端点的顺序
相等	$X = Y$	$Y = X$		$X_s = Y_s < X_e = Y_e$
前面	$X < Y$	$Y > X$		$X_s < X_e < Y_s < Y_e$
相接	X m Y	Y mi X		$X_s < X_e = Y_s < Y_e$
相交	X o Y	Y oi X		$X_s < Y_s < X_e < Y_e$
开始	X s Y	Y si X		$X_s = Y_s < X_e < Y_e$
结束	X f Y	Y fi X		$X_s < Y_s < X_e = Y_e$
期间	X d Y	Y di X		$Y_s < X_s < X_e < Y_e$

表中“=”表示相等（equal），“<”和“>”分别表示前面（before）和后面（after），“m”表示相接（meet），“o”表示相交（overlap），“d”表示在其间（during），“s”表示开始（start），“f”表示结束（finish），“i”表示有关关系的逆变化。

对于一维地理空间目标的拓扑关系，完全可以用 Allen 的时间区间逻辑来表达。这些拓扑关系分为点与点、点与线、线与线之间的拓扑关系。点与点的拓扑关系只有两种：重叠和相离。点与线的拓扑关系只有 3 种：相离、点位于线上、点位与线的端点处。线与线的拓扑关系包括相等、相离、外相接、相交、内相接和包含。

4.4.3　基于交叉模型的拓扑关系

1. 4 交模型

Egemhofer M.J.等于 1991 年基于点集拓扑学提出 4 交（four intersection，4I）模型来描述空间拓扑关系。在 4 交模型中，用两个对象 A、B 的内部（A°）和边界（∂A）子集是否相交来刻画两个对象间的拓扑关系：

$$4\mathbf{I}(A,B)=\begin{bmatrix} A^{\circ}\cap B^{\circ} & A^{\circ}\cap\partial B \\ \partial A\cap B^{\circ} & \partial A\cap\partial B \end{bmatrix} \quad (4\text{-}8)$$

矩阵中每个“元组”有空和非空两种取值，分别表示相离或相交。因此，4 交模型矩阵共有 $2^9=512$ 种可能的取值，包括了所有的拓扑关系，具备了理论上的完备性。排除现实世界中没有物理意义的关系，可以导出 8 种面-面关系、11 种面-线关系、3 种面-点关系、16 种线-线关系、3 种点-线关系和 2 种点-点关系。

（1）点与点。点与点的拓扑关系比较简单，包括相离和重叠两种，如图 4.17 所示。

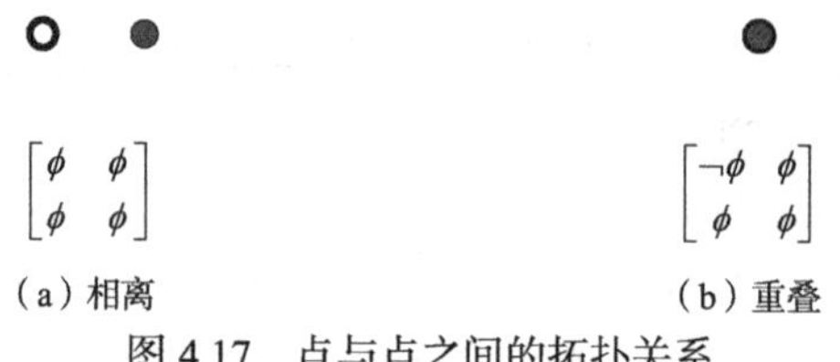

（a）相离　（b）重叠

图 4.17　点与点之间的拓扑关系

（2）点与线。点与线的拓扑关系比较简单，包括相离、点在线上、点在线的端点三种，如图 4.18 所示。

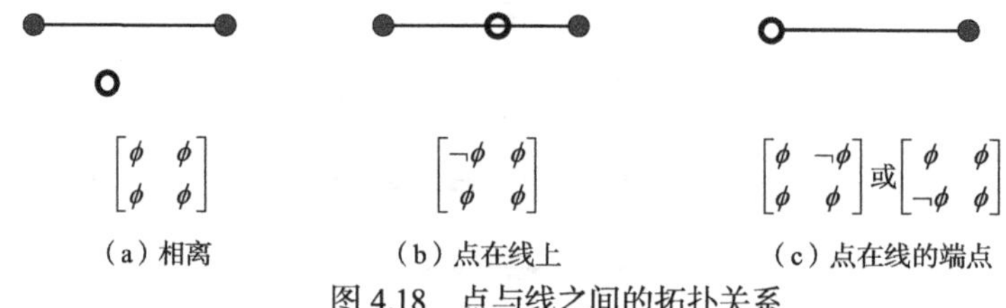

（a）相离　（b）点在线上　（c）点在线的端点

图 4.18　点与线之间的拓扑关系

（3）点与面之间的拓扑关系。点与线的拓扑关系比较简单，包括相离、点在面内、点在面的边界上三种，如图 4.19 所示。

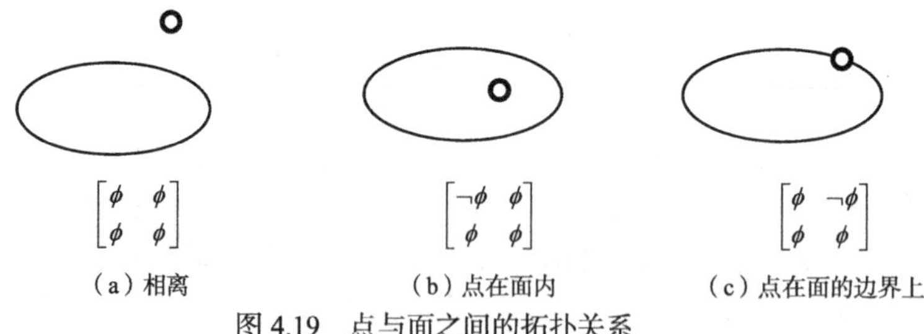

（a）相离　（b）点在面内　（c）点在面的边界上

图 4.19　点与面之间的拓扑关系

（4）线与线之间的拓扑关系。线与线之间的拓扑关系共 16 种。①R110：$\begin{bmatrix} \phi & \phi \\ \phi & \phi \end{bmatrix}$，$A$ 与 B 相离（disjoint）。②R111：$\begin{bmatrix} \phi & \phi \\ \phi & \neg\phi \end{bmatrix}$，$A$ 与 B 相接（touch）。③R112：$\begin{bmatrix} \neg\phi & \phi \\ \phi & \phi \end{bmatrix}$，$A$ 与 B 相交。④R113：$\begin{bmatrix} \neg\phi & \phi \\ \phi & \neg\phi \end{bmatrix}$，$A$ 的端点与 B 的端点重合；A 和 B 相交。⑤R114：$\begin{bmatrix} \phi & \phi \\ \neg\phi & \phi \end{bmatrix}$，$A$ 的端点在 B 上。⑥R115：$\begin{bmatrix} \phi & \phi \\ \neg\phi & \neg\phi \end{bmatrix}$，$A$ 的一个端点在 B 上，另一个端点与 B 的一个端点重合。

⑦R116：$\begin{bmatrix} \neg\phi & \phi \\ \neg\phi & \phi \end{bmatrix}$，$A$ 的端点在 B 上，A 和 B 相交。⑧R117：$\begin{bmatrix} \neg\phi & \phi \\ \neg\phi & \neg\phi \end{bmatrix}$，$A$ 的一个端点在 B 上，另一个端点与 B 的一个端点重合，A 和 B 相交。⑨R118：$\begin{bmatrix} \phi & \neg\phi \\ \phi & \phi \end{bmatrix}$，$B$ 的端点在 A 上（对应 R4）。⑩R119：$\begin{bmatrix} \phi & \neg\phi \\ \phi & \neg\phi \end{bmatrix}$，$B$ 的一个端点在 A 上，另一个端点与 A 的一个端点重合（对应 R5）。⑪R1110：$\begin{bmatrix} \neg\phi & \neg\phi \\ \phi & \phi \end{bmatrix}$，$B$ 的端点在 A 上，A 与 B 相交（对应 R6）。⑫R1111：$\begin{bmatrix} \neg\phi & \neg\phi \\ \phi & \neg\phi \end{bmatrix}$，$B$ 的一个端点在 A 上，另一个端点与 A 的一个端点重合，A 与 B 相交（对应 R7）。⑬R1112：$\begin{bmatrix} \phi & \neg\phi \\ \neg\phi & \phi \end{bmatrix}$，$B$ 的端点在 A 上，A 的端点在 B 上，A 和 B 的端点不重合。⑭R1113：$\begin{bmatrix} \phi & \neg\phi \\ \neg\phi & \neg\phi \end{bmatrix}$，$B$ 的一个端点在 A 上，A 的一个端点在 B 上，A 和 B 的另一个端点重合，A 和 B 不相交。⑮R1114：$\begin{bmatrix} \neg\phi & \neg\phi \\ \neg\phi & \phi \end{bmatrix}$，$B$ 的端点在 A 上，A 的端点在 B 上，A 和 B 相交。⑯R1115：$\begin{bmatrix} \neg\phi & \neg\phi \\ \neg\phi & \neg\phi \end{bmatrix}$，$B$ 的一个端点在 A 上，A 的一个端点在 B 上，A 和 B 的另一个端点重合，A 和 B 相交。

（5）线与面之间的拓扑关系。线与面之间的拓扑关系共 11 种。①Rlr0：$\begin{bmatrix} \phi & \phi \\ \phi & \phi \end{bmatrix}$，$A$ 与 B 相离（disjoint）。②Rlr1：$\begin{bmatrix} \phi & \phi \\ \phi & \neg\phi \end{bmatrix}$，$A$ 的端点在 B 的边界上。③Rlr3：$\begin{bmatrix} \neg\phi & \phi \\ \phi & \neg\phi \end{bmatrix}$，$A$ 的端点在 B 的边界上，A 在 B 内。④Rlr6：$\begin{bmatrix} \neg\phi & \phi \\ \neg\phi & \phi \end{bmatrix}$，$B$ 包含 A（contain）。⑤Rlr7：$\begin{bmatrix} \neg\phi & \phi \\ \neg\phi & \neg\phi \end{bmatrix}$，$B$ 包含 A，A 的一个端点在 B 的边界上。⑥Rlr8：$\begin{bmatrix} \phi & \neg\phi \\ \phi & \phi \end{bmatrix}$，$A$ 的一部分在 B 的边界上，其他部分在 B 外面。⑦Rlr9：$\begin{bmatrix} \phi & \neg\phi \\ \phi & \neg\phi \end{bmatrix}$，$A$ 在 B 的边界上。⑧Rlr10：$\begin{bmatrix} \neg\phi & \neg\phi \\ \phi & \phi \end{bmatrix}$，$A$ 与 B 相交，A 有部分在 B 的边界上。⑨Rlr11：$\begin{bmatrix} \neg\phi & \neg\phi \\ \phi & \neg\phi \end{bmatrix}$，$B$ 与 A 相交，A 有部分在 B 的边界上，A 的端点在 B 的边界上。⑩Rlr14：$\begin{bmatrix} \neg\phi & \neg\phi \\ \neg\phi & \phi \end{bmatrix}$，$B$ 与 A 相交，A 有部分在 B 的边界上，A 的端点不在 B 的边界上。⑪Rlr15：$\begin{bmatrix} \neg\phi & \neg\phi \\ \neg\phi & \neg\phi \end{bmatrix}$，$A$ 有部分在 B 的边界上，A 的一个端点在 B 的边界上，另一个端点在 B 内。

（6）面与面之间的拓扑关系。面面拓扑关系有 8 种，如图 4.20 所示。

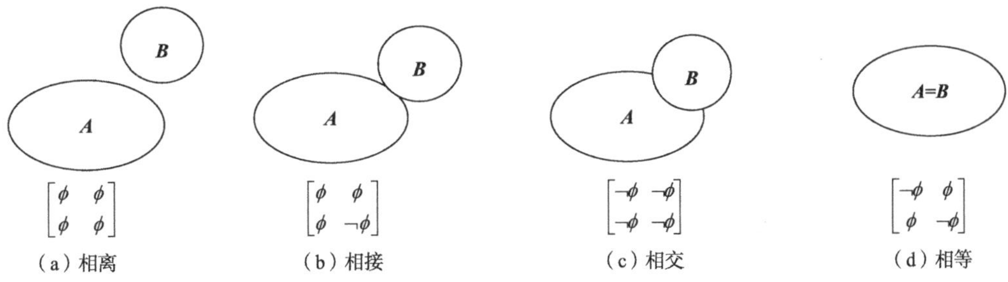

（a）相离　（b）相接　（c）相交　（d）相等

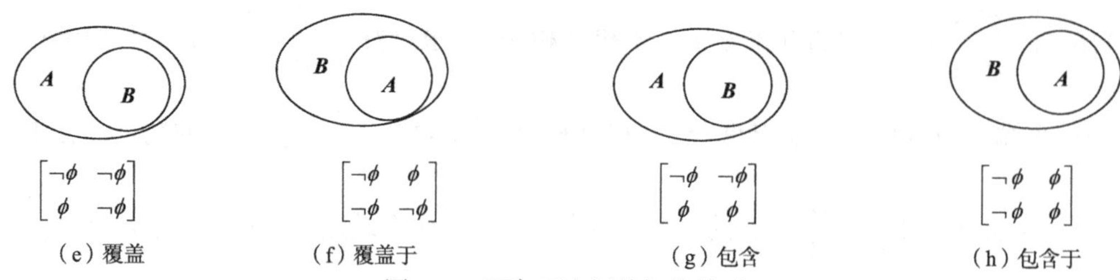

图 4.20　面与面之间的拓扑关系

2.9 交模型

9 交模型（nine intersection，9I）是针对 4 交模型的不足通过进一步考虑空间目标的外部来描述空间拓扑关系：

$$9\mathbf{I}(A,B)=\begin{bmatrix} A^{\circ}\cap B^{\circ} & A^{\circ}\cap\partial B & A^{\circ}\cap B^{-} \\ \partial A\cap B^{\circ} & \partial A\cap\partial B & \partial A\cap B^{-} \\ A^{-}\cap B^{\circ} & A^{-}\cap\partial B & A^{-}\cap B^{-} \end{bmatrix} \tag{4-9}$$

与 4 交模型类似，矩阵中每个“元组”有空和非空两种取值，分别表示相离或相交。因此，4 交模型矩阵共有 2^9=512 种可能的取值。排除现实世界中没有物理意义的关系，可能的拓扑关系有 60 余种，包括 8 种面-面关系、19 种面-线关系、3 种面-点关系、33 种线-线关系、3 种点-线关系和 2 种点-点关系，线-面关系如图 4.21 所示，线-线关系如图 4.22 所示。

LR11	LR12	LR13	LR22	LR31	LR32	LR33
$\begin{bmatrix}0&0&1\\0&0&1\\1&1&1\end{bmatrix}$	$\begin{bmatrix}0&0&1\\0&1&1\\1&0&1\end{bmatrix}$	$\begin{bmatrix}0&0&1\\0&1&1\\1&1&1\end{bmatrix}$	$\begin{bmatrix}0&0&1\\1&1&1\\0&0&1\end{bmatrix}$	$\begin{bmatrix}0&0&1\\1&0&1\\1&1&1\end{bmatrix}$	$\begin{bmatrix}0&0&1\\1&1&1\\1&0&1\end{bmatrix}$	$\begin{bmatrix}0&0&1\\1&1&1\\1&1&1\end{bmatrix}$
LR42	LR44	LR46	LR62	LR64	LR66	LR71
$\begin{bmatrix}1&0&1\\0&1&1\\0&0&1\end{bmatrix}$	$\begin{bmatrix}1&1&1\\0&0&1\\0&0&1\end{bmatrix}$	$\begin{bmatrix}1&1&1\\0&1&1\\0&0&1\end{bmatrix}$	$\begin{bmatrix}1&0&1\\1&1&1\\0&0&1\end{bmatrix}$	$\begin{bmatrix}1&1&1\\1&0&1\\0&0&1\end{bmatrix}$	$\begin{bmatrix}1&1&1\\1&1&1\\0&0&1\end{bmatrix}$	$\begin{bmatrix}1&0&1\\1&0&1\\1&1&1\end{bmatrix}$
$\begin{bmatrix}1&0&1\\1&1&1\\1&0&1\end{bmatrix}$	$\begin{bmatrix}1&0&1\\1&1&1\\1&1&1\end{bmatrix}$	$\begin{bmatrix}1&1&1\\1&0&1\\1&0&1\end{bmatrix}$	$\begin{bmatrix}1&1&1\\1&0&1\\1&1&1\end{bmatrix}$	$\begin{bmatrix}1&1&1\\1&1&1\\1&0&1\end{bmatrix}$		
LR72	LR73	LR74	LR75	LR76		

图 4.21　9 交模型能够区分的 19 种面-线拓扑关系

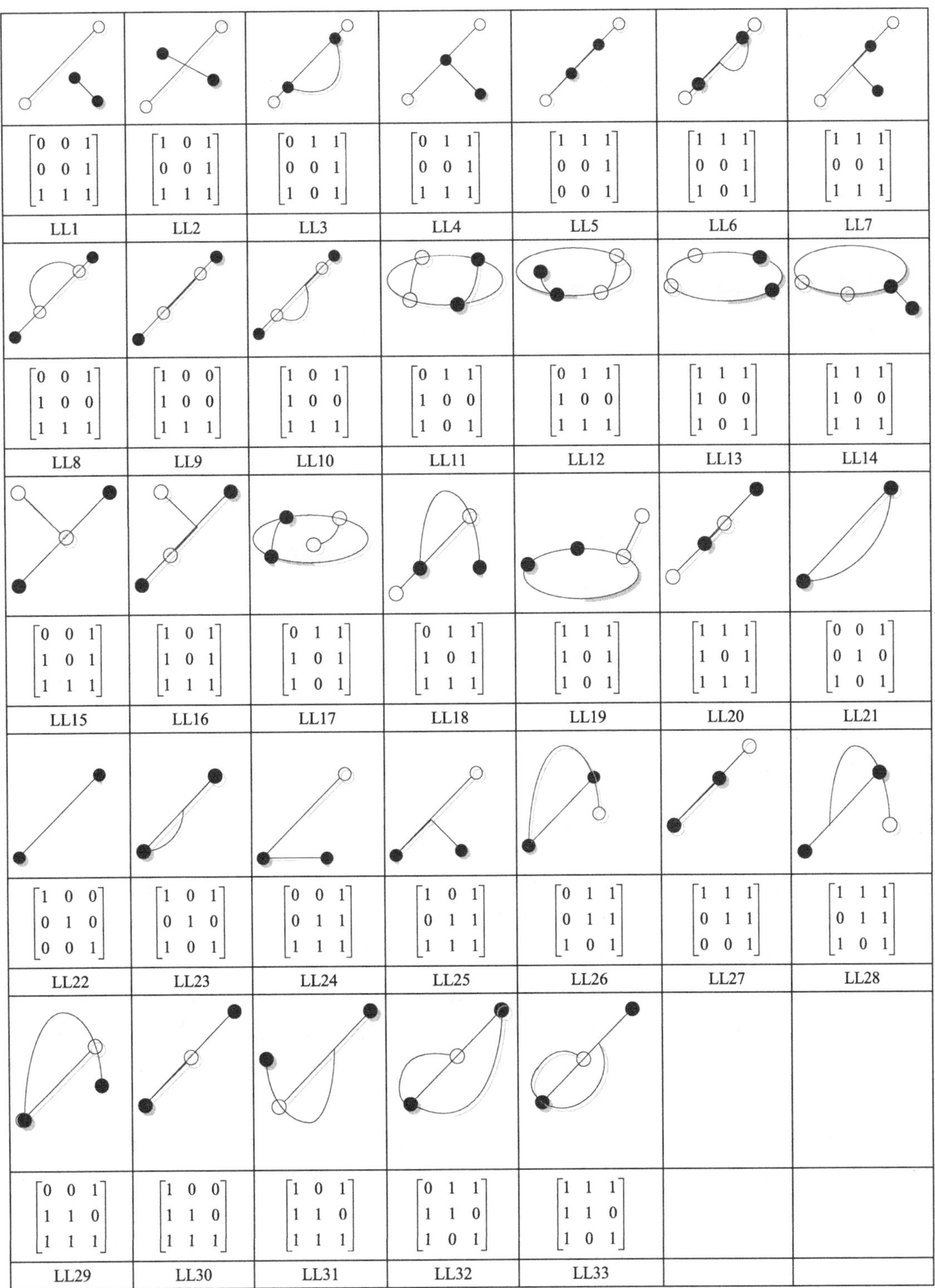

图 4.22 9 交模型能够区分的 33 种线-线拓扑关系

9 交模型是从 4 交模型拓展而来的，二者之间的差异如表 4.2 所示。对于点与其他类型的空间目标来说，9 交模型和 4 交模型的表达效果是一致的。区别出现在二维空间的线与区域、线与线之间的拓扑关系上。

表 4.2　基于不同模型的几类空间目标之间的拓扑关系数量

空间维数	两个空间目标的类型	基于 4 交模型的数量	基于 9 交模型的数量
共同维度 0（一维空间）	区域与区域	8	8
	线与线	8	8
共同维度：1（二维空间）	区域与线	11	19
	凸区域与直线	10	11
	线与线	16	33
	直线与直线	11	11

3. 基于 Voronoi 图的 9 交模型（V9I）

由于 9 交模型中空间外部（即“余”）具有无限性，所以可能会导致一些难以处理的问题，如难以直接计算和操作，无法更进一步地区分空间邻近与相邻关系，缺乏可操作的实用工具等，基于 Voronoi 的空间关系 9 元组模型 V9I 模型，采用 Voronoi 区域来替代 9I 模型中空间目标的“余”：

$$\mathbf{V9I}(A,B)=\begin{bmatrix} A^{\circ}\cap B^{\circ} & A^{\circ}\cap \partial B & A^{\circ}\cap B_V \\ \partial A\cap B^{\circ} & \partial A\cap \partial B & \partial A\cap B_V \\ A_V\cap B^{\circ} & A_V\cap \partial B & A_V\cap B_V \end{bmatrix} \tag{4-10}$$

式中，A_V、B_V 为 A、B 区域的 Voronoi。其他参数与 9 交模型一致。

4.4.4　基于 RCC 模型的拓扑关系

Randell 等基于 Clarke 的空间演算逻辑公理提出了 RCC 理论，此后 RCC 理论又得到了进一步的完善、应用和发展。RCC 模型以区域为基元，而不像传统拓扑中以点为基元，区域可以是任意维，但在特定的形式化模型中，所有区域的维数是相同的，例如，在考虑二维模型时，区域边界和区域间的交点不被考虑进来。RCC 模型假设一个原始的二元关系 C（x，y）表示区域 x 与 y 连接。关系 C 具有自反性和对称性，可以根据点出现在区域中来给出关系 C 的拓扑解释。C（x，y）表示 x 和 y 的拓扑闭包共享至少一个点，使用关系 C 可以定义 8 个基本关系。

在 RCC 模型中，定义在区域上的关系通常被分组为关系集合，集合中的元素互不相交且联合完备（jointly exhaustive and pairwise disjoint，JEPD），即对于任何两个区域，有且仅有一个特定的 JEPD 关系被满足，其中最有代表性的是 RCC-8 和 RCC-5 关系集。RCC-8 包括不连接（DC）、外部连接（EC）、部分交叠（PO）、正切真部分（TPP）、非正切真部分（NTPP）、相等（EQ）、反正切真部分（TPPI）和反非正切真部分（NTPPI）。RCC-5 没有考虑区域的边界，即将 DC 和 EC 合并为分离（DR），TPP 和 NTPP 合并为真部分（PP），TPPI 和 NTPPI 合并为反真部分（PPI），如图 4.23 所示。

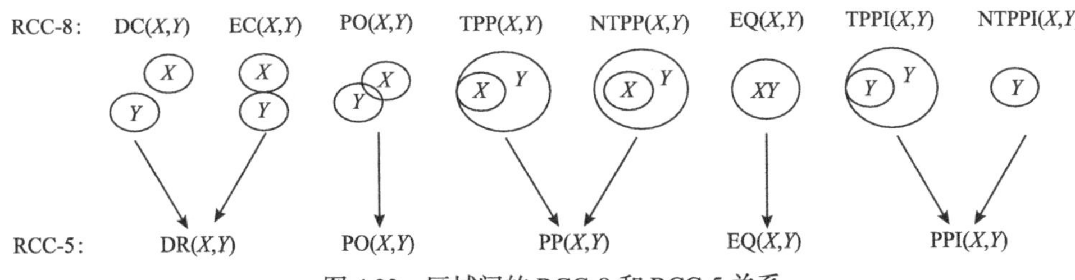

图 4.23　区域间的 RCC-8 和 RCC-5 关系

4.4.5　不确定性拓扑关系

由于现实世界中许多空间目标边界不易定义或不确定，从而导致其空间范围隐含着不确定性，通常称这类目标为模糊目标或不确定区域，在此视为具有宽边界的区域，如图 4.24 所示。设 A 为一个宽边界区域，内部表示为 A°，外部表示为 A^{-}，边界表示为 ΔA。

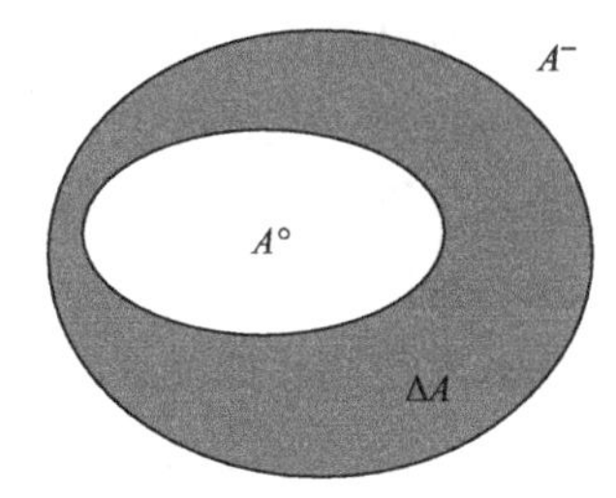

图 4.24　集合 A 的内部、边界和外部

针对两个不确定区域 A 和 B，在 9 交模型基础上建立的扩展的 9 交模型，表示为

$$\mathbf{F9I}(A,B)=\begin{bmatrix} A^{\circ}\cap B^{\circ} & A^{\circ}\cap \Delta B & A^{\circ}\cap B^{-} \\ \Delta A\cap B^{\circ} & \Delta A\cap \Delta B & \Delta A\cap B^{-} \\ A^{-}\cap B^{\circ} & A^{-}\cap \Delta B & A^{-}\cap B^{-} \end{bmatrix} \tag{4-11}$$

4.5　空间相似性

空间相似性已广泛应用于图像检索、地图比较、空间认知等领域。相似性本身在人们学习和思考过程中是一种基本工具或方法，它对于人们理解在客观世界中存在的事物、结构和行为是非常重要的，对事物、思想等进行分类是人们非常熟悉的。

4.5.1　空间相似性概述

空间相似性的理论基础：其一有本体论的基础；其二是空间认知。本体论属于哲学领域的研究对象，它包含两种含义：一种是指用于表述在空间和时间中实际存在的客体的存在；另一种是指用于表示作为观念的部分的存在。在 GIS 中本体论扮演了一个重要的角色，空间信息具有丰富的语义内涵，通过本体，空间信息的语义内容可以被充分准确地表达出来。本体在领域内的共享保证了领域内信息在语义上的统一和规范，为空间信息语义相似性奠定了理论基础。空间认知是认知科学的一个重要研究领域，是研究人们怎样认识自己赖以生存的环境，包括其中的诸事物、现象的相关位置、空间分布、依存关系，以及它们的变化和规律。人类的空间认知能力是一种认知图形，并运用图形在头脑中的心像进行图形操作的能力。心像地图也称认知地图，是空间环境信息在人脑中的反应。空间认知能力的差异使得所产生的心像地图也有差异，存在差异性的同时，也存在某种相似性。空间目标的形状、大小、方位、位置和相互关系等空间结构的知识，形成了人们对自身生存环境的认知地图，并影响人们的空间决策和行为。

Holt 将空间相似性定义为：在某一个特定的粒度（比例尺）和内容（专题属性）上被认为是相似的两个区域。广义上，空间相似性是指根据特定内容和比例尺对空间的匹配和排序。影响空间相似性的因素如下。

（1）内容，是指相似性评价的使用情况、所发挥的作用、所使用的推理方法、应用的目的、使用者的思想框架等，内容由用户确定，无需评价系统自动定义，同时，它还受比例尺的限制。

（2）比例尺，是指空间数据和属性数据的不同精度，或者不同的抽象层次。

（3）领域知识，是指所应用领域的地理位置、数据规范等。

（4）技术，是指检索、搜寻、识别、匹配等所使用的方法。

（5）量算方法，包括距离的计算等。

（6）排序方法。

Holt 对空间相似关系的描述定义及影响空间相似性关系的变量如图 4.25 所示。

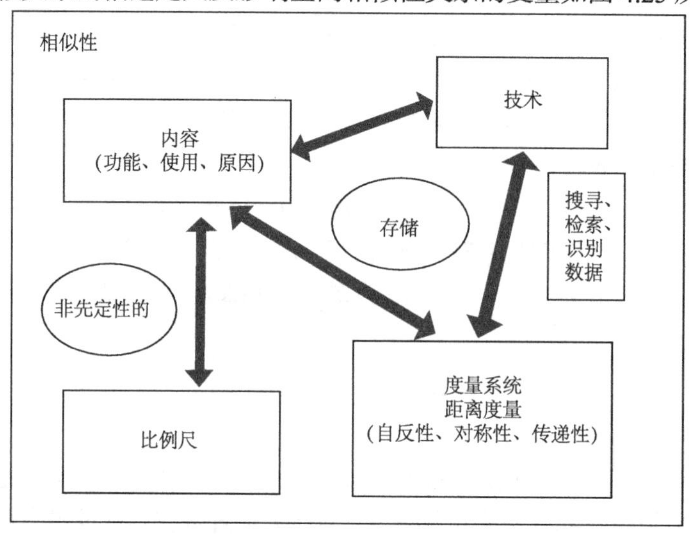

图 4.25　空间相似关系变量

空间相似性是指空间目标之间的关联程度，当两个目标完全相似时可认为是等价的。等价关系有三个特性：自反性、对称性和传递性。对于相似关系，自反性是不言而喻的，但是对称性和传递性就被弱化了。因而相似关系的特性是自反性、弱对称性和弱传递性。弱对称性意味着一种相似关系的方向性，Tversky 用“儿子像父亲”的例子来对其进行说明：在父亲和儿子的关系中，儿子是主体，父亲是参考；但“父亲像儿子”这种颠倒关系显然是有问题的。因为相似就意味着存在差异，小小的差异会传播扩大，所以相似性就弱化了传递性。

吴立新等认为空间相似关系包含两方面的含义：一是指空间目标几何形态上的相似；二是指空间物体（群组目标）结构上的相似（吴立新和史文中，2003）。他指出，形态相似分析本身就是分析的目的，在很多情况下是更深分析的基础，提供部分分析依据。对形态相似性的分析有两个途径：一是相似变换下的图形吻合度的分析；二是基于形态参数的聚类分析或相关分析。对于平面图形的相似，可用 Hamming 距离、Hausdorff 距离和骨架结构进行度量。

结构的相似主要是指群组目标之间的相似。因为结构相似不仅包含了单个图形个体的相似，从格式塔认知心理学来说，其整体结构分布，尤其是其空间关系更是研究和分析的重点。在研究地理现象的空间分布和布局中，经常会不自觉地用到空间群组目标的相似性分类，如水系通常被分为树状结构、网状结构等，这种结构的相似性就是分类的基础。

闫浩文等（2009）从多尺度地图自动综合结果的质量评价为出发点，研究并指出了多尺度地图空间相似关系的一些基本问题。基于“相似就是指事物之间在特征方面的一一对应”的认识，采用集合学的方法，对空间相似关系进行了定义。该定义虽是针对多尺度地图目标的相似关系，但也适用于一般的情况。该定义如下：设有 A_1、A_2 两个地理空间目标，其特征集合分别记为 C_1、C_2，且 C_1、C_2 均为非空集合。若 $C_1 \cap C_2 = C_n \neq \varnothing$，则称相似特征集 C_n 为目标 A_1、A_2 的空间相似关系。空间目标之间的空间相似关系强弱可用相似度来衡量，相似度值域为［0, 1］。相似度的大小具有模糊性，难以精确计算（图 4.26）。

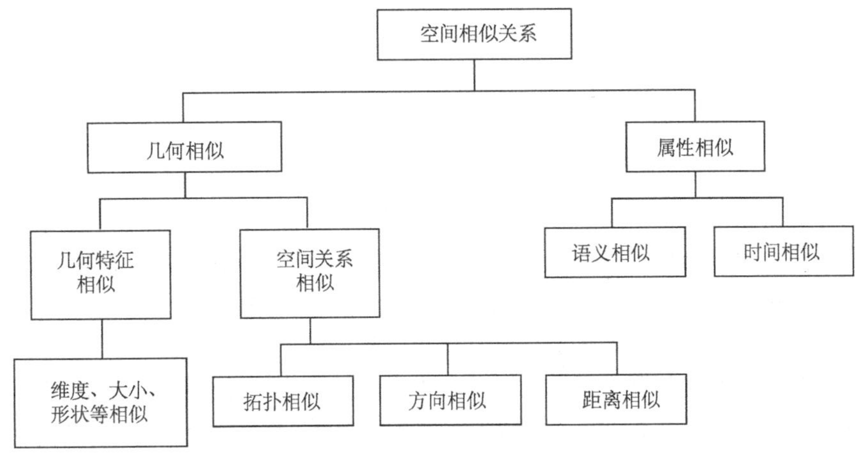

图 4.26　空间相似关系分类

该定义采用集合学进行定义，有着严密的数学基础，但是该描述过于宽泛，不仅适用于地理空间目标，也适用于其他目标。空间实体目标之间的相似特征集合可以概括为几何特征相似、空间关系相似和属性（语义）相似。从数据角度出发，地理空间实体是用数据来进行表达的。如前所述，在地理信息科学领域，有关空间实体目标的描述数据一般来说可以分为两类，即几何特征数据和非几何特征数据，因此，空间相似关系可以分为几何相似关系和非几何相似关系（主要是语义相似）。对几何数据和属性数据进一步细化，在几何数据中，有单一空间目标之间的几何特征（如维数、大小、面积等）数据和群组空间目标之间空间关系（方向、距离、拓扑）数据；属性数据中既包括一般的属性描述数据（如数据质量、数量等），也包括很重要的一类属性数据即时间特征数据，这样对应到空间相似关系。

4.5.2　几何形似性

1. 结构相似度

点的结构指的是点的拓扑不变量或一些几何特性，主要包括点的度及连接到该点的线实体的方向。用图论的语言来说，点的度就是连接到该点的边的数目；与点关联的线实体的方向采用“蜘蛛编码”的编码方案来描述。比较待匹配点 P_1 与候选匹配点 P_2 的结构相似度只需要对相应的编码进行按位与操作，然后统计值为 1 的位数，其计算见式（4-12）。

$$\delta_{\text{structure}\_P}(P_1,P_2)=\frac{\min(m',n')}{\min(m,n)} \tag{4-12}$$

式中，P_1 与 m 条线的关联，与 P_2 中 n 条关联线的相似方向个数为 m'，n' 为 P_2 在 P_1 中有相似方向的个数。

2. 位置相似度

GIS 的一个主要特征就是它能使用对象的位置信息。比较实体时，考虑实体的位置很重要。对于点实体来说，位置差异主要是由欧几里得距离决定。设 dist 为两点之间的距离，d_p 为匹配距离阈值，则点实体间位置相似度按式（4-13）计算。其中，d_p 的取值无法直接通过理论计算来确定，通常需要由对实际数据的统计分析得到。

$$\delta_{\text{position}\_P}=1-\frac{\text{dist}}{d_p} \tag{4-13}$$

对于线实体间的相似度，线实体间的距离 d_l 采用第三章所述方法来确定。

使用位置相似度意味着每个实体都有一个清晰而明确的表示点。对于面实体来说，该点为表示面实体的多边形内部一点，具有旋转、平移和尺度变化的不变性，且能准确地表示多边形的整个面积，也称为形状中心点。在计算机视觉和模式识别中的形状匹配问题里，采用模板累加的方法确定形状中心，采用 3×3 的模板方阵，模板系数取为 1，当累加次数达到一定时，必然会在中间某处出现最大值，而且该点是唯一的，它的位置只与图形的形状有关，对旋转、平移和尺度变化具有不变性。因此，本书将计算机视觉和模式识别中的方法引入到面实体匹配中，即采用模板累加的方法来确定面实体位置。假定 $p_1=(x_1,y_1)$ 和 $p_2=(x_2,y_2)$ 为平面上待匹配的两多边形的形状中心点，采用欧几里得（Euclid）距离来计算其位置相似度，计算公式如下：

$$\delta_{\text{position}\_A}(P_1,P_2)=1-\frac{\sqrt{(x_2-x_1)^2+(y_2-y_1)^2}}{U} \tag{4-14}$$

式中，U 为待匹配两个多边形的任意边界点间距离的最大值。

3. 形状相似度

形状是描述物体的重要特征之一，利用形状特征来区别和检索物体比较直观。形状相似度是在一定形状描述方法的基础上计算目标相似性或相异性。

对于线实体来说，采用张桥平提出的基于两条线方向变化角之差的方法来计算其形状相似度。

对于面实体来说，已有不同方法用于计算面匹配的形状相似度。可以通过面的紧致度（面积周长比）、边界的描述和面的构成成分来定义面实体的形状。在计算机视觉和模式识别领域中，一般是通过一些方法生成数值的描述例子来标志形状，其模型为：形状边界是一点集，按照某一形状特征值提取算法对每个边界点提取相应的形状特征值，并将它看作为形状描述参数的函数值，再定义一个与各边界点相关的参量作为描述函数的自变量。该模型具有旋转、平移、比例不变性，与人的视觉判断比较一致。

设形状描述函数为

$$f(l_i)=|P_iO_c| \tag{4-15}$$

即以多边形边界上各点 P_i 到形心点 O_c 的距离 $|P_iO_c|$ 作为形状描述函数的值，以边界某一匹配起始点 P_0 到边界上任一点 P_i 的弧长 l_i 作为形状描述函数的参数。为了有可比性，l_i 取值应保证其相对于各自形状边界周长的比例一致，使各待匹配形状边界的点数统一。用向量间绝对距离计算的方法来计算形状相似度，公式如下：

$$\delta_{\text{shape}\_A}(A,B)=1-\frac{[\sum_{i=0}^{n}(f_A(l_i)-f_B(l_i))^2]^{1/2}}{U} \tag{4-16}$$

$$U=\max(\sum_{i=0}^{n}f_A(l_i),\sum_{i=0}^{n}f_B(l_i)) \tag{4-17}$$

式中，A、B 为待匹配的面实体对；$f_A(l_i)$ 和 $f_B(l_i)$ 分别为 A 和 B 的形状描述函数在 l_i 点的函数值；n 为通过 l_i 的定义而计算得到的待匹配形状的边界点数；U 为待匹配实体的形状描述函数最大值。

4. 大小相似度

人眼在匹配两个实体时，除了考虑实体的位置和形状外，其大小也是要考虑的因素，线实体是通过其长度来体现其大小，而面实体则主要是通过面积来体现其大小。设 $\text{size}(A)$、$\text{size}(B)$ 分别表示实体 A、B 的大小，则大小相似度计算公式为

$$\delta_{\text{size}\_A}(A,B)=1-\frac{|\text{size}(A)-\text{size}(B)|}{\max(\text{size}(A),\text{size}(B))} \tag{4-18}$$

5. 总相似度

总相似度是通过计算实体各特征相似度的加权平均得到，各特征的权值与人眼对图形识别的特点有关。根据视觉机理，对于简单的图形，人眼不需要努力就能立刻认出它的某些成分，如对图形的形状和大小有个直观的认识；对于复杂的图形，就需要花费一定的努力才能加以识别，往往需要依靠对周围环境的理解才能做到，如识别在形状、大小方面无明显差别的图形，才需要考虑它们的位置特征。因此，在进行实体匹配时，形状、大小、结构特征具有相同的权值，位置特征的权值比其他特征的权值要小。基于此，设待匹配实体 A、B 共有 q 个特征，第 i（i=1，…，q）个特征的相似度为 $\sigma_i(A,B)$，权重为 ω_i，由各特征相似度确定的实体 A、B 的总相似度为 $\psi(A,B)$，计算公式为

$$\psi(A,B)=\frac{\sum_{i=1}^{q}\omega_i\sigma_i(A,B)}{\sum_{i=1}^{q}\omega_i} \tag{4-19}$$

4.5.3 属性相似性

地理信息的语义信息通过属性来表达，随着语义层面的地理信息互操作越来越频繁，地理数据的语法异构与语义异质影响着地理信息互操作的进程，有效地度量地理信息的语义相

似性显得越来越重要。地理信息领域的语义相似度算法研究，虽然直接利用分类体系作为领域（或任务）本体可快速简便地计算语义相似度，但是由于分类体系通常是面向具体应用构建的，因此同一组概念的相似度会因为分类体系的不同而产生差异。谭永滨等（2013）面向基础地理信息领域，试图从概念的内涵出发提出一种基于概念本体属性的语义相似性度量模型。该模型根据本体属性的类型不同，分别采用不同的算法计算本体属性值的相似度，最终结合各个本体属性的重要性计算概念间的语义相似度。

在该模型中，定义本体属性集合向量结构为 $A=\{[a_1 \quad v_1 \quad w_1],[a_2 \quad v_2 \quad w_2],\cdots,[a_n \quad v_n \quad w_n]\}$，其中，$a$ 为本体属性项分量；v 为本体属性值；w 为各个本体属性所占的权重值，可由层次分析法确定。本体属性项可分为五种类型：标称型、同义型、层次型、数值型和其他型。基于本体属性的相似度算法函数为

$$\delta A(c,c')=\sum_{p\in P}\left(w_p\times\Phi_A^u\left(v_p^c,v_p^{c'}\right)\right) \tag{4-20}$$

式中，c 和 c' 分别为两个本体概念；P 为本体属性集合；$U=\{N,S,H,M,T\}$ 分别为各种属性类型的相似度算法；c 和 c' 的属性项 $p(p\in P)$ 的值分别为 v_p^c 和 $v_p^{c'}$；$\Phi_A^u\left(v_p^c,v_p^{c'}\right)$ 为各种属性类型相应的算法函数；$u\in U$ 表示特定的属性类型；w_p 为概念的每个本体属性的权重值。

4.5.4　空间方向相似性

如果两个空间方向关系不同，存在差异，那么可以定义这种差异为“空间方向关系的距离”，那么相同的部分就是“空间方向关系的相似程度”。按参考对象进行空间方向分区，若 A 为参考对象，则在方向片说明符号上加一个下标 A 以示区别。方向关系矩阵描述参见 4.3.2 节。

方向关系矩阵中至少有一个元素不是 0，若该方向关系矩阵中只有一个元素为非 0，那么该方向关系矩阵为单元素方向关系矩阵，该方向为原子方向片，对应的 9 个方向片为相互排斥的方向。若方向关系矩阵中不止一个元素为非 0，那么该方向关系矩阵为多元素方向关系矩阵。方向片之间的 4 邻域概念邻域如图 4.27 所示。各方向片之间的基本方向距离如图 4.28 所示。

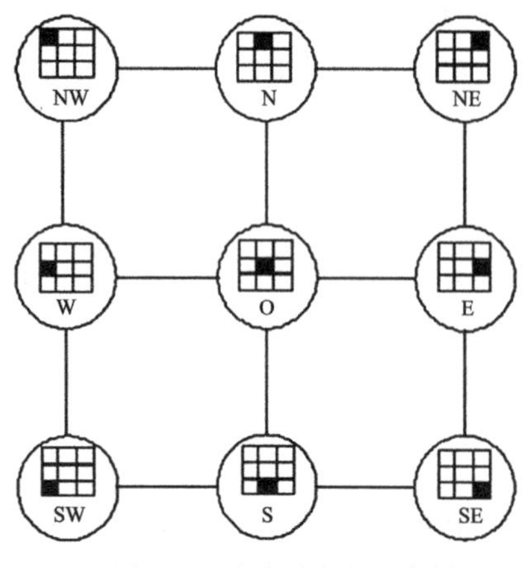

图 4.27　方向片的概念邻域图

	N	NE	E	SE	S	SW	W	NW	O
N	0	1	2	3	2	3	2	1	1
NE	1	0	1	2	3	4	3	2	2
E	2	1	0	1	2	3	2	3	1
SE	3	2	1	0	1	2	3	4	2
S	2	3	2	1	0	1	2	3	1
SW	3	4	3	2	1	0	1	2	2
W	2	3	2	3	2	1	0	1	1
NW	1	2	3	4	3	2	1	0	2
O	1	2	1	2	1	2	1	2	0

图 4.28　4 邻域的方向距离

空间方向关系的距离是两个空间方向关系之间的差别，反之就是空间方向关系相似性。当目标对象方向改变时，如果在同一个方向片中变换，定义方向距离为 0；如果在 NE 和 SW 方向片之间及 WN 和 ES 方向片之间，定义方向距离为 4，且为最大方向距离。很明显，当一个目标绕参考目标旋转 180° 时，方向变化最大。可以定义此时为最不相似，其相似性值为 0。当方向距离为 0 时，定义为最相似，其相似性值为 1。因此，相似性值与不相似性值之和为 1。从 NE 方向片到 SW 方向片的方向距离可以理解为在这两个方向间移动方向片，无论怎样移动，最少要经过 4 个方向片，那么它们之间的最短方向距离为 4，这里定义的最短方向距离是移动对象最少经过的方向片的块数，而不是对角移动 $2\sqrt{2}$ 的直线距离。设方向变化前后方向矩阵分别为 $\boldsymbol{D}_0$ 和 $\boldsymbol{D}_1$，那么 $\boldsymbol{D}_0$ 和 $\boldsymbol{D}_1$ 描述的两个方向的方向相似程度可以表示为

$$\mathrm{SimDir}\left(\boldsymbol{D}_0,\boldsymbol{D}_1\right)=1-\frac{\mathrm{dist}\left(\boldsymbol{D}_0,\boldsymbol{D}_1\right)}{\mathrm{dist}_{\max}} \tag{4-21}$$

式中，$\mathrm{dist}_{\max}$ 取 4，$\mathrm{dist}\left(\boldsymbol{D}_0,\boldsymbol{D}_1\right)$ 指矩阵 $\boldsymbol{D}_0$ 转换到 $\boldsymbol{D}_1$ 的最小代价（方向距离）。

4.5.5　空间拓扑相似性

空间拓扑关系的渐变已广泛地用于拓扑关系概念邻近的建模，邻近概念有助于拓扑关系的排序和拓扑相似关系的确定。拓扑关系不等价就说明有差别，那么，相同部分有多少就是拓扑关系的相似程度。若能找到两个空间关系的差别，就可以计算它们的相似性，因为它们之间存在差异的组成部分和相同组成部分之和为一个常数。

面面之间的 8 个拓扑关系为 T={相离 D（disjoint），相接 M（meet），重叠 O（overlap），覆盖 CV（covers），包含 C（contains），相等 E（equal），被覆盖 CB（covered-by），被包含（inside）}，图 4.29 为 8 个拓扑关系的概念邻域图，节点表示拓扑关系，如果它们能够直接通过连续的形变（如扩大、缩小及移动）互相转换，那么它们会沿连线方向变化。例如，从“相离”开始，伸展（或者移动）其中一个对象，可以得到“相接”。从图 4.29 可以看出：“相离”和“相交”是“相接”的第一阶邻近。可以用图中两种拓扑关系之间的距离来定义它们的相似程度。如果 T_i 和 T_j 是两种拓扑关系（$T_i,T_j \in T$），它们的拓扑关系相似程度 Sim 为

$$\mathrm{Sim}(T_i,T_j)=\begin{cases}1 & T_i=T_j\\ k(0<k<1) & T_i,T_j\text{为第一阶邻近}\\ 0 & \text{其他}\end{cases} \tag{4-22}$$

当拓扑约束是 T 的一个子集 C 时，C 和拓扑关系 T_j 之间的相似程度是 T_j 和 C 中任意元素之间相似程度的最大值，可以表示为

$$\mathrm{Sim}=\max\left(\mathrm{Sim}(T_i,T_j)\right) \quad \forall T_i \in C$$

如果子集 C 是 T 的全集，则它对任意拓扑关系的相似程度为 1。

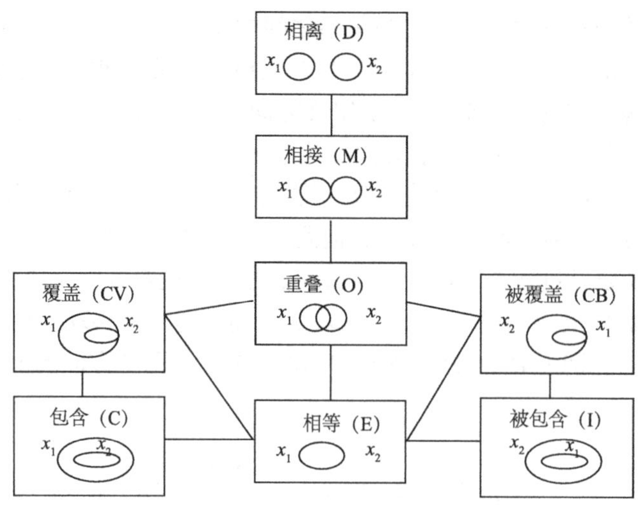

图 4.29　面面拓扑关系的概念邻域图

根据两个区域之间拓扑关系的概念邻域图，可以得到表 4.3 所示的两个区域之间拓扑关系概念邻域的差异矩阵。在两个空间场景中的两个区域 A 和 B 之间的拓扑关系可以分别表示为：$\text{Topo1}(A,B)$、$\text{Topo2}(A,B)$，这两个拓扑关系之间的距离为 $\text{DisTopo}\left[\text{Topo1}(A,B),\text{Topo2}(A,B)\right]$，它的值可以从表中查到，那么两个空间场景中两个区域 A 和 B 之间的拓扑关系相似程度为

$$\text{SimTopo}(A,B)=1-\frac{\text{DisTopo}\left[\text{Topo1}(A,B),\text{Topo2}(A,B)\right]}{4} \tag{4-23}$$

表 4.3　两个区域之间拓扑关系概念邻近的差异矩阵

	相离	相接	重叠	覆盖	被覆盖	包含	被包含	相等
相离	0	1	2	3	3	4	4	3
相接		0	1	2	2	3	3	2
重叠			0	1	1	2	2	1
覆盖				0	2	2	2	1
被覆盖					0	2	1	1
包含						0	2	1
被包含							0	1
相等								0

4.5.6　空间语义相似性

1. 地理空间语义的含义

在语义学中，语义就是语言所表达的意义，它反映了人类的思维过程和客观实际。语义关系是描述概念知识的典型方式，在自然语言交流中，同义、反义、上下文关系、部分和继承可用于定义术语的语义关系。语言是通过指称关系与现实世界和想象世界建立联系。语义类型是语义网络的节点，节点与节点之间的关系即为语义关系，正因为有着与本体论相似的结构图，所以在解释语义关系时可以用本体论作为研究方法。

本体论是用特殊词汇去描述与一定视觉世界相关的实体、类、属性和功能的理论，是发生在一个特定领域的概念的规范，目的是对目标类型加以区别。本体论是用结点表示概念的有向图，结点间的连线表示概念间的关联。本体论引入地理信息系统的最大意义在于对空间信息语义理论的丰富，主要反映了地理信息科学研究中心的转移，即从过去过分强调计算模型的形式化到目前对空间目标域本身的关注。在GIS中，本体扮演了一个重要的角色，它允许人们去捕获独立于数据表达的数据语义，以及能根据语义概念进行特殊查询。本体论常被用到信息检索和信息综合中，在这里，主要把本体论作为一种分类方法，按不同的分类原则产生的类分属于不同的本体。

在地理空间中，地理实体的分类（如建筑物、道路等）没有包含几何信息，它们包含了用于描述空间目标的语义的空间概念，也就是说，与地理空间概念相关联的语义就是地理空间语义。在GIS中，地理空间语义也可以理解为不同区域位置和数据集间的连接。空间目标的语义主要用属性数据表达，那么依据空间目标的属性数据就可以理解空间目标的语义，同样道理，利用这些数据可以计算空间目标间的语义相似性。

数据的量表分为名义量表、有序量表、间隔量表和比率量表。名义量表描述事物名义上的差别，这种差别往往是质的差别；有序量表表示事物的等级和次序概念；间隔量表可以比较事物的异同，可以在事物之间排定次序或等级，还可以定量地描述事物间的差异大小；比率量表除了可以描述事物差异外，还可以明确事物间的比率关系（郭仁忠，2001）。不同的数据类型和不同属性项对语义相似性量算的贡献不同，对计算方法也有影响。

地理空间语义有比较明显的层次性，空间实体分类之间的关系就是一个很好的例子。语言学家和计算机专家也常用层次结构来组织语义。地理空间语义包含的内容比较多，如特征语义（特定颜色、形状、纹理等）、对象语义（如长城）、空间关系语义（对象之间的空间关系，如在房子前面的马路）等。由于语义是面向用户的，不同的用户有不同的语义需求，使系统准确把握用户语义需求的内涵和粒度也是系统能力的一个重要方面。

2. 地理空间语义相似性

相似性研究有其哲学、心理学和生物学背景。另外，在数学、统计学、认知科学、神经心理学和应用科学中也大量地运用到相似性概念。例如，Tversky早在1977年就把相似性概念描述为"通过个体分类对象，形成概念，并进行综合的一种组织原理"。

事物间的相似性与它们所比较和观察的方面有关，可能在这方面相似而在另一方面不相似。例如，有些对象在颜色上相似，有的在形状或面积上相似，有的甚至在时间、内部结构上相似，还有自相似等。在当今GIS学术界研究相似性度量方法的目的是揭示较深层次上的信息，以便更好地将这一方法运用到空间对象的抽象与合并中。显然，对于地理空间目标而言，地理空间语义也存在相似性的问题。计算机科学家定义语义相似性为层次结构概念中的语义距离；心理学家和认知科学家定义语义相似性为特征或概念的描述相似性；在GIS界，有些学者定义语义相似性是特征与语义关系描述上的相似性。

地理空间语义相似性主要应用于空间抽象和空间目标合并，其研究对于地理现象分类很有帮助，可以通过语义形式化提高地理信息的可用性，通过语义相似性量算，人们可用熟悉的地理空间描述不熟悉的地理空间。传统的语义相似性量算方法通常分为基于特征、信息内容、语义关系、上下文关系的相似性量算。根据GIS的数据特征，地理空间语义相似性值可以定义为空间语义层次结构或网络结构中属性数据特征的相似程度。

3. 地理空间语义相似程度的计算方法

对于地理空间语义来讲，其相似程度的计算就显得比较麻烦，因为表达地理空间语义的数据有多种不同的类型和特征。表达地理空间语义的数据包括名义量表、有序量表、间隔量表和比率量表四种类型。明显有本质区别的是名义量表，并且，大多数情况下就是用它来表达地理空间语义。名义量表一般有一个分类系统，它反映事物的“异”与“同”，也可反映“相似”，这个“相似”就是事物在分类树中所处的相对位置。

在同一本体中，空间目标的名义量表特征主要包括属性、功能、结构、部分等，属性特征描述类的不同类型，功能特征表达可以应用的功能，结构特征是目标所具有的物理结构，部分特征是相对它所属的整体而言所具有的成员特征。自相似程度总是比不同目标之间的相似程度大。相似性有时具有不对称性（例如，医院像建筑物，但不能说建筑物像医院）。相似性没有传递性，因为这里使用的是一种概念距离。

Tversky（1997）利用集合论定义了一个计算语义相似性的“对照模型”，公式如下：

$$\mathrm{Sim}(A,B)=\theta f(A\cap B)-\alpha f(A-B)-\beta f(B-A) \tag{4-24}$$

该模型可以进一步转换为一个“比率模型”，公式如下：

$$\mathrm{Sim}(A,B)=\frac{f(A\cap B)}{f(A\cap B)+\alpha f(A-B)+\beta f(B-A)} \tag{4-25}$$

式中，α、β、θ 分别为相应的权重；$A\cap B$ 表示 A、B 中相同特征的集合；$A-B$ 表示特征集属于 A 但不属于 B；$B-A$ 表示特征集属于 B 但不属于 A。这里，并没有考虑概念空间中的空间密度，若考虑该因素，就必须修正上面的公式。同时，该模型也没有考虑不同特征的重要程度。

在语义关系中，常用层次结构来描述，在这种层次性语义网络中，语义距离可以产生一种评价语义相似性的直观方法。当语义网络中只有“is-a”关系时，语义距离就能说明语义的关联程度，这种概念距离是在语义网络中两个节点之间的最短路径的长度。但是，在语义网络中相邻节点并不一定是等距离的，节点的密度对语义距离的计算有影响。很多学者利用这种思想提出了语义相似性的计算模型。语义相似性的计算模型还有“基于信息量的模型”和“基于上下文关系的模型”。基于信息量的模型使用层次结构和信息量来计算语义相似性，是基于分类的相似性，两个概念所共有的信息越多，越相似，两个类的相似性近似为在层次结构中包括这两个类的第一个超类的信息量，概念越抽象，信息量越低。基于上下文关系的模型考虑了一个概念词汇在上下文中出现的情况和各种限制条件。

Rodriguez（2000）在分析了已有模型的基础上，提出了一个 MD 模型，用它来分析实体类（entity class）之间的语义相似性，实体类包括了类的名称、实体类之间的语义关系/实体类的不同特征。实体类借助词汇与自然语言中的概念相联系，而这些词汇有同义性和多义性，语义关系是描述有关概念性知识的一种典型方式，如“is-a”关系、“part-whole”（部分整体）关系。“is-a”关系有传递性和不对称性，可用于定义层次结构。部分整体关系有传递性，实体类之间可以在功能、可分解性等方面存在这种关系。语义关系可以分为很多种，但是在地理信息系统中常用“is-a”关系和“part-whole”（部分整体）关系。因此，把实体类的不同特征分为部分关系特征、功能特征和属性特征，并分别给予它们一个权重。实体类之间的相似性计算公式如下：

$$\mathrm{Sim}(A,B)=W_p\mathrm{Sim}_p(A\cap B)-W_f\mathrm{Sim}_f(A-B)-W_a\mathrm{Sim}_a(B-A) \tag{4-26}$$

式中，p、f和a分别为部分关系特征、功能特征和属性特征，假设用变量N表示这些特征，W_N表示不同类型特征的权重，这些权重可以人为设定，或者利用不同实型的特征值出现的次数来计算，假设有n个实体类，M表示某种类型特征出现的次数，那么，这三种特征（p、f、a）的权重为

$$W_f=\frac{P_f}{P_f+P_p+P_a} \tag{4-27}$$

$$W_p=\frac{P_p}{P_f+P_p+P_a} \tag{4-28}$$

$$W_a=\frac{P_a}{P_f+P_p+P_a} \tag{4-29}$$

式中，$P_N=1-\frac{M}{n}$，这说明了出现的次数越少，权重越大。

4.6　空间推理

空间推理推动GIS从传统的以数据管理为目标的应用阶段向空间分析、决策的深层应用方向发展，是进行空间分析与决策的重要手段。本节首先介绍了空间推理的一般概念，重点讨论了基于组合的推理方法。

4.6.1　空间推理概述

空间推理的研究起源于20世纪70年代初。在国外，成立了许多专门从事空间推理方面研究的协会和联盟，如美国国家地理信息分析中心（National Center for Geographic and Analysis，NCGIA）、美国地质勘探局（U.S. Geological Survey，USGS）、欧洲定性空间推理网SPACENET、匹兹堡大学的空间信息研究组、慕尼黑大学空间推理研究组等。国际知名期刊 *Artificial Intelligence* 近年来发表了许多篇关于空间推理的文章，而且呈逐年增长的趋势。这可以从该期刊近年来的总目录中看出，在一些大学里，不仅有越来越多的研究人员从事空间推理方面的研究工作，而且还在大学生和研究生中开设了空间推理方面的课程。近几年来，空间推理方面的学术会议也越来越多，一些重要的国际AI学术会议都把时态推理和空间推理作为重要的专题，空间推理已成为人工智能的一个热点领域。

1. 空间推理定义

地理空间分析与推理是人类认知世界的一项基本活动。推理是根据已知的事实和规则来推断出新事实的一个过程，而空间推理是指利用空间逻辑、形式化方法和人工智能技术对空间关系进行建模、描述和表示，并据此对空间目标间的空间关系进行定性或定量的分析和处

理的过程。空间推理的研究在人工智能中占有很重要的地位，是人工智能领域的一个研究热点。长期以来，人们一直在不断探索以计算机为主体的空间推理方法，这意味着计算机必须具有人类的空间感知、空间认知、空间表达、逻辑推理、在空间环境中学习和交流等能力，这也是空间推理难于一般常规推理的主要原因。空间推理的关键问题是如何利用存储在数据库中的基础空间信息，并结合相关的空间约束来获取所需的未知空间信息。它涉及空间目标的特性及推理的逻辑表达，其中，空间特性包括拓扑性质、形状、大小、方向、距离等。在有关空间推理的研究中，空间关系推理是其中一个核心内容，也是空间推理的研究热点之一，成为地理信息科学基础理论研究的一个重要方面。

2. 空间推理特点

空间推理除了具有常规推理的一般共性之外，还具备地理空间特性，这种空间特性是指地理空间实体的位置、形态及由此产生的特征。所以，空间推理要处理空间实体的位置、形状和实体之间的空间关系。

空间推理具有以下特点：①空间推理是以空间和存在于空间中的空间对象为研究对象，不能脱离空间和存在于空间中的空间对象来研究空间推理。②在空间推理过程中运用人工智能技术和方法。③空间推理处理的是一个或几个推理的问题。④空间推理基于空间和存在于空间中的空间对象已经被建模的前提下，不能在没有模型的情况下讨论空间推理。⑤空间推理必须能够给出关于空间和存在于空间中的空间对象的定性或定量的推理结果。⑥空间推理必须能够描述空间行为。⑦当空间推理模型把问题分解为几个组成部分时，必须能够描述这些组成部分之间的相互作用。⑧在空间推理过程中，可能用到空间谓词，空间中确定的点使某些空间谓词为真，而使另一些空间谓词为假。⑨空间推理应该能够处理带有模糊性和不确定性的空间信息。⑩空间推理中应该能够添加和处理时间因素，即称为时空推理。⑪空间推理应该具有空间自然语言理解能力。

目前，空间推理被广泛应用于地理信息系统、机器人导航、高级视觉、自然语言理解、工程设计和物理位置的常识推理等方面，并且正在不断向其他领域渗透，其内涵非常广泛。

3. 空间推理分类

1）定量空间推理

定量空间推理是人们最早提出的空间推理方法，它对实体及其间的空间关系做定量的描述。在积木世界、几何建模和机器人学中应用较多。

传统空间数据的使用是基于坐标和欧几里得几何的方法，即完全使用数值的定量方法。这种方法在处理定量问题上很有用，但也同时存在着复杂度高、抽象能力差等许多缺点。对于数据不完全的问题，很困难或无法使用定量方法。

目前，定量空间推理主要研究在几何学、机器人学和视觉方面的定量方法，集中在人工智能中的设计、认知及语言等领域。

2）定性空间推理

定性模型用离散量来区分域的基本特性，是用非数值概念来进行表达的方法。如果说定量模型是使用完整数据的话，那么定性模型就是处理问题的重要性。因此，定性推理模型可以把数据分析与确定事件的重要性质区分开来，可以用部分信息来处理问题，当在实际应用中使用不完备数据集时，定性推理模型尤其重要。近几年来，表示空间知识的定性方法发展很快，已经比较成熟，有关定性空间概念的领域很广，下面仅就定性空间的表示和推理进行分析、讨论。空间有许多不同的方面，因此在研究空间的表示和推理时，既要确定所面临空间实体的种类，又要考虑用不同方法来描述这些空间实体间的关系。

空间实体在传统的数学理论中，点或点和线被看成是最基本的空间实体。随着定性空间推理的发展，已有很多研究把空间区域看成本原空间实体。

3）层次空间推理

层次是组织和构造复杂系统的最为常用的形式之一。空间信息科学在本质上就是研究复杂的层次空间系统。空间信息理论研究的焦点就是空间的概念，特别是空间和空间现象的概念层次。层次空间推理是利用层次去推断空间信息并得出结论的一种解决空间问题的方法。层次，作为一种抽象机制，可用来降低认知的负荷。进行层次推理必须给出层次结构，在结构上进行推理的一系列规则结果比较层次算法性能分析。

目前，层次及层次在空间推理中应用的研究有经验类及计算类两类问题，前者强调空间的系统方面空间领域结构，后者更注重空间的过程方面。有关层次空间推理的研究很多，例如，多级高速公路导航，它的概念模型包括规划层、指令层和驱动层，每一层都描述了在行程规划和导航中的子任务。

4）不确定性空间推理

空间对象的不确定性通常可以分为两大类：第一类，空间对象具有明确的边界，但其位置和形状未知或者不能被精确地度量，学者们已经提出了不同的模型来表示和处理这一类不确定性，如模糊模型和概率模型；第二类，空间对象边界具有不确定性，其中的空间对象没有明确的边界或者确定其边界没有意义。由于空间对象的边界具有不确定性，必须利用带有不确定性的模型来描述空间目标及其拓扑关系。

4.6.2　空间关系推理

空间关系构成了空间环境一个极其重要的概念领域，空间关系在现实世界空间知识中占有很高的比例，因此，空间关系推理是空间推理的一个必要和核心内容，空间关系理论在空间推理中起核心作用。空间关系推理是指包含空间关系知识的空间推理，包括拓扑关系、方向关系和距离关系等空间关系的推理，拓扑、方向和距离等空间关系的组合推理，以及空间关系与环境信息等空间信息结合起来共同构成的空间推理系统。

人们掌握的基于认知原则的空间关系是高度复杂的，且对日常生活中目标的空间属性和空间布局的熟悉，使得不同空间关系间逻辑关系如此明白，几乎完全没有意识到人们是如何操作空间信息的，因而理解和明晰空间关系这一概念框架极为困难。空间数据的空间特性和空间关系的复杂性构成了空间关系推理的条件、任务及其难点所在。因此可以说，空间关系推理是空间推理的一个主要特征。空间关系推理的知识表示和空间关系推理的推理机制是空间关系推理研究的两个核心内容。

1. 空间关系推理的知识表示

知识表示就是关于如何表示知识所作的一组约定，是知识的符号化过程。知识表示的主要问题是设计各种数据结构，即知识的形式表示方法。一般来讲，任何一个给定的问题都有多种等价的表示方法，但能力是不一样的。能力强的表示方法使问题具有较强的明晰性，并对内部思维提供方便，从而使问题变得比较容易求解。因此，对于不同领域的求解问题，选择知识表示的方法是至关重要的。研究知识的表示方法是设计空间关系推理系统的核心内容之一。

空间关系推理的知识表示包括空间关系的形式化表示及空间关系推理规则的形式化表示两个主要组成部分。空间实体类型和层次上的多种多样，决定了空间实体间空间关系的复杂多样。空间实体往往具有模糊性、不确定性和多维动态的特点。如何从空间实体中提取实体间复杂多样的空间关系，并对空间关系知识进行抽象、概念化，反映空间实体之间的相互联系及规律，选择适当的表示方法，采用较严谨的数学公式或数学模型形式化表示，是空间关系推理知识表示研究的一个核心问题。需要一套完整的形式化表示方法表示实体本身的几何信息和空间位置，表示实体间的空间关系，表示模糊、不精确和不完全知识，并允许在不同尺度和层次下多重表示空间实体和空间关系。

2. 空间关系推理机制

空间关系推理的推理机制研究主要包括空间关系的推理方法和搜索策略研究。推理搜索策略是推理机制运用知识进行问题求解的重要研究课题，如果说推理方法只涉及在选定所用知识条件下的“推理本身”，那么搜索策略是指这种推理按什么次序来进行，它关系问题求解领域的规划与控制，涉及在求解的搜索过程中如何和何时选用知识库中的知识。设计一套有效的搜索控制机制，往往与空间数据结构密切相关。实际应用中，空间数据量往往是海量的，能否有效地从海量数据中推导出所需要的空间关系，是关系空间关系推理是否切实可行的关键问题。图 4.30 概要比较了常规推理与空间关系推理的知识表示和推理机制区别。

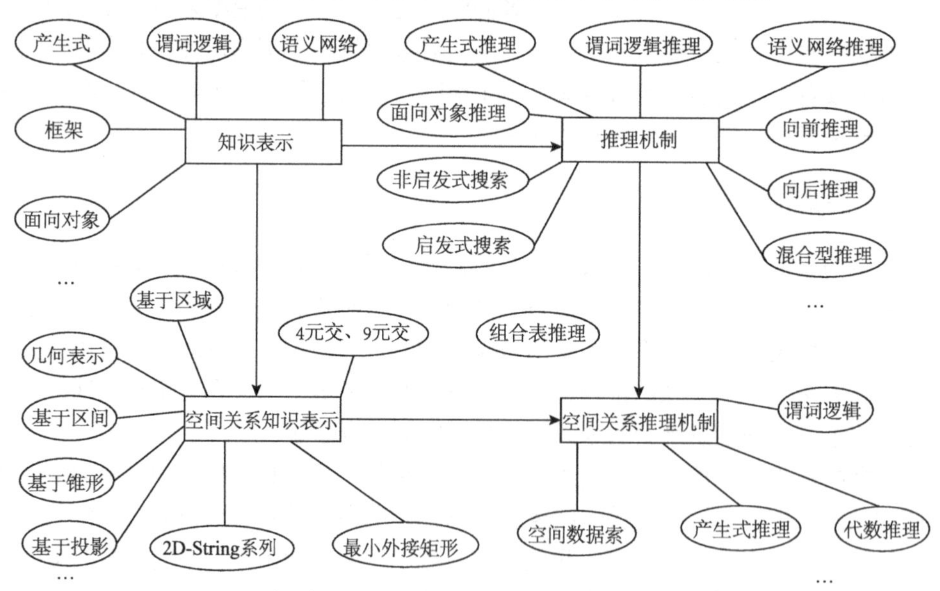

图 4.30　常规推理与空间关系推理的知识表示与推理机制区别

3. 空间关系推理方法

推理从方法论上分为纯形式推理、基于知识的推理、统计推理与直觉推理（常识推理）。基于知识的推理，是指以知识表示为必要前提，利用知识进行问题求解的推理过程。知识表示的完整含义实际上不仅包括知识表示的结构，还必须考虑知识处理的方法。因此，按照知识表示的不同，基于知识的推理又分为基于谓词逻辑的推理、基于产生式规则的推理、基于代数的推理和人工神经网络推理等。其中，基于产生式的推理是基于谓词逻辑推理的一种简单形式。通常采取什么推理方法与已知事实和规则的表示密切相关，如果已知事实和规则用产生式表示，则通常使用产生式系统推理，如果用谓词逻辑表示，则用谓词逻辑演算体系中的一些演绎推理方法等进行推理。

根据空间关系及推理规则的表示，空间关系推理的推理方法有基于谓词逻辑的推理、组合表推理、基于产生式的推理、基于代数的推理和基于语意网络的推理。其中，组合表推理和基于语意网络的推理属于基于代数的推理，基于产生式的推理属于基于谓词逻辑的推理。

1）基于谓词逻辑的推理

谓词演算是不完全决策，不完全决策性导致了谓词演算固有的不易处理性。即使对那些归结反驳过程终止的问题，其过程也是 NP 完全问题。因此，虽然很多推理问题可以被形式化为归结反驳问题，但对非常大的问题，该方法是不易处理的，并用此系统证明定理。然而即使是用最简单的逻辑语言，定理证明也是难以控制的。基于谓词逻辑的空间关系推理最有代表性的是基于 RCC 区域连接演算（region connection calculus）的逻辑推理法。

2）组合表推理

组合表推理目前已成为空间关系推理的一个核心技术。组合表推理是空间关系事实的一种演绎推理，它从两个已知关系事实 $R(a, b)$ 和 $R(b, c)$ 演绎出有关 a 和 c 的关系事实 $T(a, c)$。从计算的观点看，事前记录关系对的组合结果，需要时可以直接从组合表查询记录的组合推理结果，这一方法非常直观简单。在处理包括一个固定关系集的关系信息时，这一技术特别适合。可以从 $n\times n$ 组合表的一套 n 关系中存储任意对组合的结果。这一方法的简单性使得它成为空间关系推理的有效工具。

3）基于产生式的推理

如果空间关系的推理规则用产生式表示，则使用产生式系统推理。产生式推理的优点是产生式表示方法与人们的思维方式比较接近，易于理解，便于人机交换信息，另外规则库是以模块形式组织，修改、扩充和删除比较容易，对整个系统影响较小。但是，其缺点是求解复杂问题时控制流不够明确，难以匹配而导致效率较低。

4）基于代数的推理

基于代数的推理借助代数计算来实现推理，它包括运算对象、运算符号和一组公理。令 $S=\{s_i,\ i\in I\}$ 为一有限集，其中 I 是一个有限下标集，每个 s_i 称为一个类子。$O=\{O_j,\ j\in J\}$ 为一有限集，J 也是一个有限下标集，每个 O_j 称为一个运算。一个 k 目运算 O_j（$k\geqslant 0$）可以表示为 O_j: $s_1\times s_2\times\cdots\times s_k\longrightarrow s_k+1$，$s_i$（$1\leqslant i\leqslant k+1$）可以相同或部分相同，也可以不同。$S$ 和 O 的组合 $\Sigma=<S,\ O>$ 称为一个基调。

代数推理系统可表示为一个二元组。二元组 $D=<\Sigma,\ E>$ 称为一个抽象数据类型，其中，Σ 是一个基调，E 是一组公理。每个公理是一个一阶谓词演算的合式公式。基于代数的推理方法是目前空间关系推理普遍采用的一种方法，它采用代数符号运算进行推理，推理规则用多项式等式或不等式表示，避免了选言判断和量词构造，因而使推理变得简单，但代数系统的表示能力常常受到限制。

5）语意网络推理

语意网络实际上是用图解来表示知识，是一个由表示实体、概念等结点及表示结点之间关系的弧线组成的有向图，即将知识组织成有层次的相互关联的点弧结构。语意网络表示的优点是容易把各种事物有机地联系起来，特别适合表达关系型知识。语义网络适宜于表达地物空间分布和存在关系知识，而且语义网络通过对个体间的联系追溯到有关个体的结点，实现对知识的直接存取，能比较正确地反映人对客观事物的本质认识，直观，便于理解。但是，语义网络表示方法缺乏正规的语义和元语，复杂、不规则的知识，时间因素的知识，意念知识等，用语义网络表示起来并不合适。基于上述空间关系推理的不同推理方法的分析，最适宜的办法莫过于将组合表推理、基于代数的推理和基于产生式的推理这三种推理方法结合起来。用组合表和代数规则来表示那些在推理过程中需要用到的有关系统功能结构等相对固定不变的知识。用规则结构来表示体现专家经验的启发性知识，从而可以充分发挥组合表简便快捷和产生式方法与人们的思维方式比较接近，易于理解，便于人机交换信息，规则修改、扩充和删除比较容易，对整个系统影响较小的特点。

4.6.3 定性空间关系推理

空间信息是复杂的，从量上来看是海量级的，从种类上看不仅包括数值型、字符型，还包括图形、图像等许多类型；并且空间信息间的相互联系是固有的。因此，对空间信息仅进行定量的研究是不够的，还需要从定性方面进行研究。定性空间推理是对定性空间关系的表示分析与处理，研究的是几何空间中空间对象间的关系，是人类对几何空间中空间对象及其定性关系认知常识的表示与处理过程。本节仅仅以定性空间推理的理论、技术和研究热点为例，介绍了定性空间关系推理的过程和应用。

1. 定性空间推理的模式

定义 4.6 假设 X、Y、Z 是空间对象，$\mathfrak{R}$ 是定性空间关系的完备集。定性空间推理的基本模式从已知关系 $R_1(X,Y)$ 与 $R_2(Y,Z)$ 推出 $R_3(X,Z)$，即

$$R_1(X,Y)R_2(Y,Z)\to R_3(X,Z) \tag{4-30}$$

其中，$R_1,R_2\in\mathfrak{R},R_3=\{\xi|\xi\in\mathfrak{R},R_1(X,Y)\wedge R_2(Y,Z)\wedge\xi(X,Z)\}$。$R_1(X,Y)$，$R_2(Y,Z)$ 与 $R_3(X,Z)$ 分别称为推理的前提和结论。

式（4-30）给定的前提 $R_1(X,Y)$，$R_2(Y,Z)$ 修改前提为 $R_1(Y,X)$，$R_2(Y,Z)$ 时，不能从基本推理模式中获得 X 与 Z 的关系。为此，给出如下关于逆的定义。

定义 4.7 设 $R\in\mathfrak{R}$，$\mathfrak{R}$ 是定性空间关系的完备集。R 的逆记为 R^-，则

$$R^-=\{\xi\mid\xi\in\mathfrak{R},\text{对任意的空间对象}X\text{、}Y\text{有}\xi(Y,X)\wedge R(X,Y)\}$$

如 NE−=SW 利用关系的逆，可以得到不同前提下的推理模式，如下：

$$R_2^-(Y,Z)\,R_1^-(X,Y)\to R_3(Z,X)$$
$$R_1^-(Y,X)\,R_2^-(Z,Y)\to R_3(X,Z)$$
$$R_2(Z,Y)\,R_1(Y,X)\to R_3(Z,X)$$
$$R_1(X,Y)\,R_2^-(Z,Y)\to R_3(X,Z)$$
$$R_2(Z,Y)\,R_1^-(X,Y)\to R_3(Z,X)$$
$$R_1^-(Y,X)\,R_1^-(Y,Z)\to R_3(X,Z)$$
$$R_2^-(Y,Z)\,R_1^-(Y,X)\to R_3(Z,X)$$

图 4.31 中的 8 种模式穷尽了已知 X 与 Y 间的关系和 Y 与 Z 间的关系经推理获取 X 与 Z 间关系的所有情况。在实际推理时，显然不需要考虑图 4.31（b）和图 4.31（c）两种情况，因为当能够直接获得对象间关系时，没有必要再通过求逆来获得这样的关系。对于图 4.31(d)，只需要将 X 与 Z 交换便可以得到图 4.31（a），作为推理，这样的交换不影响推理结果。

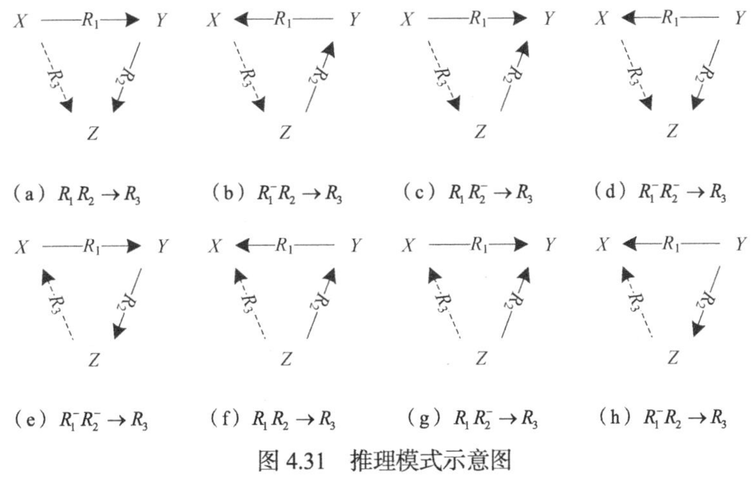

（a）$R_1R_2\to R_3$　（b）$R_1^-R_2\to R_3$　（c）$R_1R_2^-\to R_3$　（d）$R_1^-R_2^-\to R_3$

（e）$R_1^-R_2^-\to R_3$　（f）$R_1R_2\to R_3$　（g）$R_1R_2^-\to R_3$　（h）$R_1^-R_2\to R_3$

图 4.31　推理模式示意图

2. 基于组合表的空间推理

自从 Allen 引进组合表以来，组合表得到人工智能和相关学科相当大的重视。组合推理是根据两个关系事实 $R(a，b)$ 和 $R(b，c)$，推导出关于 a 和 c 的关系事实 $T(a，c)$ 的一种推理方式。组合推理可以单独使用，也可以作为较大推理机制的一部分，如关系事实集的一致性检验。

在许多情况下，组合推理的有效性不依赖于所包含的数据项的个数，而只依赖于关系 R、S 和 T 的逻辑性质。从计算的观点看，事先记录关系对的组合，需要时可以通过查询方便地得到组合推理的结果。当处理的是一个包含固定关系集的关系信息时，组合表技术特别适合。n 个关系的任意两两关系对的组合构成一个 $n\times n$ 组合表。组合表的简单性使得它成为实现有效推理的一个非常引人瞩目的工具。只要领域信息可以用有限的二元关系集合表示，组合表推理适用于任何领域。

定义 4.8　基于 $R_1(X\,Y),R_2(Y\,Z)$ 推出 $R_3(X,Z)$ 的过程被称为组合运算，称为组合运算符。当 R_1、$R_2\in\mathfrak{R}$ 时，组合运算时 $\mathfrak{R}\times\mathfrak{R}\to 2^{\mathfrak{R}}$ 的子集，称该子集为 $\mathfrak{R}$ 上运算的组合运算表，简称组合表。

显然，当构造出 $\mathfrak{R}$ 上的组合运算表后，通过查表可以完成基于 $\mathfrak{R}$ 的推理。以下分别讨论拓扑关系、方位关系的组合表及组合表的融合和推理。

1）基于组合表的拓扑关系空间推理

空间对象间的拓扑关系是空间中最基本的关系，描述了空间对象在拓扑变换（平移、旋转、缩放）下的拓扑不变量，如空间对象的相交、相邻和包含等关系。由于拓扑关系只能产生定性差异，因此，成为定性空间推理的基本研究问题之一。尽管数学上已对拓扑进行了广泛研究，但数学上的拓扑太抽象，不适合常识空间推理的形式化。目前，空间推理领域中同时存在基于哲学逻辑的公理化拓扑理论和基于传统点集拓扑的数学拓扑理论，其代表工作分别是区域连接演算（RCC）和交集模型，此外还有许多学者提出的改进模型。

本书以 RCC8 模型为例说明拓扑关系的定性空间推理问题。RCC8 模型区分出区域间可能存在的 8 种基本拓扑关系：DC、EC、PO、TPP、NTPP、EQ、TPPI、NTPPI，构成一个 JEPD 关系集合。通过构建空间关系组合表可以推导出两个空间实体间可能的空间关系。通过对 RCC8 模型改进和延伸，构建了可用于空间拓扑关系本体推理的组合表。表 4.4 详细地描述了本书构建的地理空间实体间 8 种常见拓扑关系的组合推理情况。通过表 4.4 可以发现，能够推导出空间实体间明确的空间关系毕竟是有限的。例如，通过包含于（NTPP）和相离（DC）这两种拓扑关系可以生成相离（DC）这种拓扑关系，而且是唯一的，也就是说，如果空间地理实体 *A* 包含于 *B*（*A* 在 *B* 内部），而 *B* 与 *C* 相离（*B* 在 *C* 的外部），则可以得出 *A* 与 *C* 相离（*A* 在 *C* 的外部）；但是对于另外一种情况，通过包含于（NTPP）和相交（PO）这两种拓扑关系不能够生成唯一的结果，可能是相交（PO）、内切于（TPP）、包含于（NTPP）等结果中的一种。在上述表格中，通过两种拓扑关系能够推出唯一结果的仅占 27/64。

表 4.4 空间拓扑关系组合表

	DC（相离）	EC（相邻）	PO（相交）	TPP（内切于）	NTPP（包含于）	TPPI（被内切）	NTPPI（包含）	EQ（相等）
DC（相离）	DC，EC，PO，TPP，NTPP，TPPI，NTPPI，EQ	DC，EC，PO，TPP，NTPP	DC，EC，PO，TPP，NTPP	DC，EC，TPP，NTPP	EC，PO，TPP，NTPP	DC	DC	DC
EC（相邻）	DC，EC，PO，TPPI，NTPPI	DC，EC，PO，TPP，TPPI，EQ	DC，EC，PO，TPP，NTPP	EC，PO，TPP，NTPP	PO，TPP，NTPP	DC，EC	DC	EC
PO（相交）	DC，EC，PO，TPPI，NTPPI	DC，EC，PO，TPPI，NTPPI	DC，EC，PO，TPP，NTPP，TPPI，NTPPI，EQ	PO，TPP，NTPP	PO，TPP，NTPP	DC，EC，PO，TPPI，NTPPI	DC，EC，PO，TPPI，NTPPI	PO
TPP（内切）	DC	DC，EC	DC，EC，PO，TPP，NTPP	TPP，NTPP	NTPP	DC，EC，PO，TPP，NTPP	DC，EC，PO，TPPI，NTPPI	TPP
NTPP（包含）	DC	DC	DC，EC，PO，TPP，NTPP	TPP，NTPP	NTPP	DC，EC，PO，TPP，NTPP	DC，EC，PO，TPP，NTPP，TPPI，NTPPI，EQ	NTPP
TPPI（被内切）	DC，EC，PO，TPPI，NTPPI	EC，PO，TPPI，NTPPI	PO，TPPI，NTPPI	EQ，PO，TPPI，TPP	PO，TPP，NTPP	TPPI，NTPPI	NTPPI	TPPI
NTPPI（包含）	DC，EC，PO，TPPI，NTPPI	PO，TPPI，NTPPI	PO，TPPI，NTPPI	PO，TPP，NTPPI	PO，TPP，NTPP，EQ，TPPI，NTPPI	NTPPI	NTPPI	NTPP
EQ（相等）	DC	EC	PO	TPP	NTPP	TPPI	NTPPI	EQ

2）基于组合表的方位关系空间推理

方向与方位是空间对象与空间关系研究中经常使用的词汇，方向是定量描述方法，方位是定性描述方法。定量描述中常用方位角、象限角等概念来精确地给出空间目标之间的方向。定性描述是用若干主方向（ordinal directions）概略地描述空间方向，这些主方向被称为方位。

空间方位及方位间关系研究是定性空间关系研究的主要内容之一。方位确定了空间主方向的划分，不同的方位关系表示模型采用不同的主方向划分方法。因此，得到的方位也不相同，方位关系是空间对象方位间的关系，它是一类重要的定性空间关系，描述的是空间对象间的一种顺序，如前、后、左、右、上、下、东、南、西、北等。

前面介绍了方向关系矩阵格网阵列的图形表示，两格网阵列的组合运算为两格网阵列相应格网单元的组合运算，见图 4.32。其中，灰色格网单元表示未知的格网单元取值，可能为空，也可能非空。

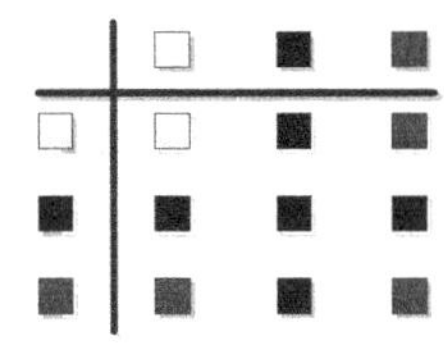

图 4.32　格网阵列的组合运算

定义 4.9　（单项方向关系）9 元交方向关系矩阵中只有一个非空交元素时，称此方向关系为单项方向关系。

定义 4.10　（多项方向关系）9 元交方向关系矩阵中有多个非空交元素时，称此方向关系为多项方向关系。

方位关系最符合人类的常识性地理空间认知，包括东（E）、西（W）、南（S）、北（N）、东北（NE）、东南（SE）、西南（SW）、西北（NW）等 8 种方位关系。根据基于投影的 8 方向关系定性表示模型的定义及格网阵列的组合运算，可以得出 9 种单项方向关系的组合运算结果（图 4.33）。

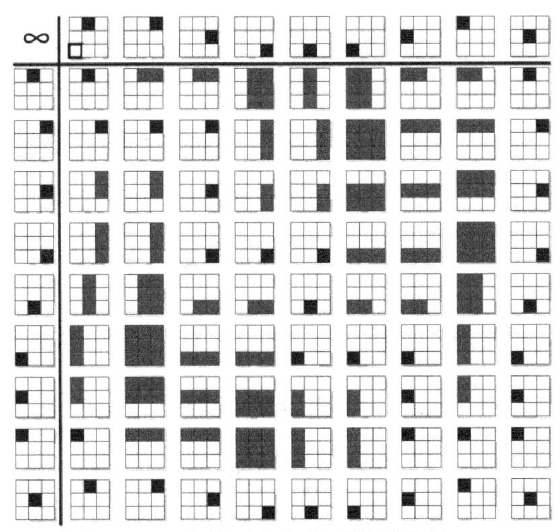

图 4.33　9 种单项方向关系格网阵列

本书以点目标间的方向关系表示模型为例说明。平面上任意两点间的方向关系可以形式化表示为命题“A 在 B 南面”或“north（A，B）”，给定一系列方向关系命题，可以依据方向关系的形式化推理规则推导出其他未知的方向关系。

定义 4.11　方向关系是一个二元函数，它将平面上两点间矢量线段 P_1 和 P_2 的方向影射到方向表示模型的符号集上，这里用符号 d 表示方向关系。

定义 4.12　（反转运算）若给定两点间矢量线段 P_1 和 P_2 的方向，则可以导出从 P_2 和 P_1 的矢量线段方向，这一运算称为方向关系的反转运算，用符号 inv 表示。

$$\mathrm{inv}\left(\mathrm{dir}\left(P_1,P_2\right)\right)=\mathrm{dir}\left(P_2,P_1\right)\ \text{ and }\ \mathrm{inv}\left(\mathrm{inv}\left(\mathrm{dir}\left(P_1,P_2\right)\right)\right)=\mathrm{dir}\left(P_1,P_2\right)$$

定义 4.13 （组合运算）两个相接矢量线段（第一个线段的终点是第二个线段的起点）的方向的组合称为方向关系的组合运算，用符号 ∞ 表示。

$$d_1 \infty d_2 = d_3 \text{ means } \mathrm{dir}(P_1,P_2)\infty \mathrm{dir}(P_2,P_3)=\mathrm{dir}(P_1,P_3)$$

用 P_1、P_2、P_3 表示任意坐标点，$\mathrm{dir}(P_1,P_2)$ 表示由点 P_1 至点 P_2 所确定的方向，d_1、d_2、d_3 表示任意方向关系。方向关系具有如下推理规则：

规则 4.1 结合律：$d_1\infty(d_2\infty d_3)=(d_1\infty d_2)\infty d_3=d_1\infty d_2\infty d_3$

规则 4.2 同一律：$d\infty 0=0\infty d=d$ 且 $\mathrm{dir}(P_1,P_1)=0$

规则 4.3 自反律：$d\infty d=d$

规则 4.4 消去律：$\mathrm{inv}(d)\infty d=0$ 且 $d\infty \mathrm{inv}(d)=0$

规则 4.5 反转律：$\mathrm{inv}\left(\mathrm{dir}\left(P_1,P_2\right)\right)=\mathrm{dir}(P_2,P_1)$ and $\mathrm{inv}\left(\mathrm{inv}\left(\mathrm{dir}\left(P_1,P_2\right)\right)\right)=\mathrm{dir}(P_1,P_2)$

规则 4.6 分配反转律：$\mathrm{inv}(d_1\infty d_2)=\mathrm{inv}(d_2)\infty \mathrm{inv}(d_1)$

根据上述规则，表 4.5 描述了地理空间实体间常见方位关系的组合推理情况，方位关系具有自反（inverse of）和传递（transitive）等特性，通过表 4.5 可以发现，能够推导出的地理空间实体间明确的方位关系是有限的并且不总是唯一的。

表 4.5 9 种方向关系的组合运算结果

∞	N	NE	E	SE	S	SW	W	NW	O
N	N	NE，N	NE，EN，N	NE，E，SE，N	O，S，N	W，NW，SW，N	NW，W，N	NW，N	N
NE	N，NE	NE	E，NE	E，SE，NE	SE，E，S，NE	O，SW，NE	NW，N，W，NE	N，NE，NW	NE
E	NE，N，E	NE，E	E	SE，E	SE，S，E	S，SE，SW，E	O，W，E	N，NE，NW，E	E
SE	E，NE，N，SE	E，NE，SE	E，SE	SE	S，SE	S，SW，SE	S，SW，W，SE	O，NW，SE	SE
S	O，N，S	E，SE，NE，S	SE，E，S	SE，S	S	SW，S	SW，W，S	SW，W，NW，S	S
SW	W，NW，N，SW	O，NE，SW	SE，S，SW，E	S，SE，SW	S，SW	SW	SW，W	W，NW，SW	SW
W	NW，N，W	N，NW，NE，W	O，E，W	S，SW，SE，W	SW，S，W	SW，W	W	NW，W	W
NW	N，NW	N，NE，NW	N，E，NE，NW	O，SE，NW	SW，WS，NW	W，SW，NW	NW，W	NW	NW
O	N	NE	E	SE	S	SW	W	NW	O

3）基于组合表的距离关系空间推理

距离关系是如“A 离 B 很近”“A 距离 B 比距离 C 近”“A 距离 B 有 1m 远”等的描述。距离关系分为绝对距离关系（两个空间实体间的距离）和相对距离关系（两个空间实体间的距离与第三个空间实体的距离作比较）。绝对距离关系可以定量或定性地表示，相对距离关系是定性表示。绝对距离关系的定性表示依赖于使用的空间的规模。大多数处理定性距离的方法使用点作为基本的空间实体，绝对距离关系是根据选择的粒度层次，通过把实数域划分成如“很近”“近”“远”“很远”等的几个区域来得到。相对距离是通过与参考距离做比较得到，如“比……近”“等距离”“比……远”。

本节中将距离 q_i 看做是围绕参照目标的同心圆区域，为简单起见，这个同心圆区域仍用 q_i 表示。这样距离关系表示可以转换为集合的求交运算。图 4.34 中距离关系分三个等级，近、中和远，如果目的目标 B 和参照目标 A 之间的距离为近，则

$$B \in q_0 \Leftrightarrow \{B \text{ Subset or Equals } q_0\}$$

对 SRC-Ontology 进行扩展，使之可以表示距离关系，设参照目标为 A，目的目标为 B。

$$\text{Objects} = \{0, q_0, q_1, q_2, q_3, q_4, A, B\}$$

$$\text{Relations} = \{=, \cap, \subset, \subseteq, \supset, \supseteq\}$$

各种距离关系表示为

$$B \in q_0 \Leftrightarrow \{B \text{ Subset or Equals } q_0\}$$

$$B \in q_1 \Leftrightarrow \{B \text{ Subset or Equals } q_1\}$$

…………

建立距离关系的定性表示模型。这里规定距离关系的定性表示具有如下三个限制。

（1）$q_0 \leqslant q_1 \leqslant q_2 \leqslant \cdots \leqslant q_n$，即距离范围单调递增。

（2）$q_1 \geqslant \Delta_{i-1}, \forall i > 0$，即给定距离范围比它前面所有距离范围的和大。

（3）$q_j \pm q_i \cong q_j$。若距离范围 q_j 比它前面某一个距离范围 q_i 大得多（$q_j \gg q_i$），则 q_i 被 q_j 吸收，通常称为吸收律。

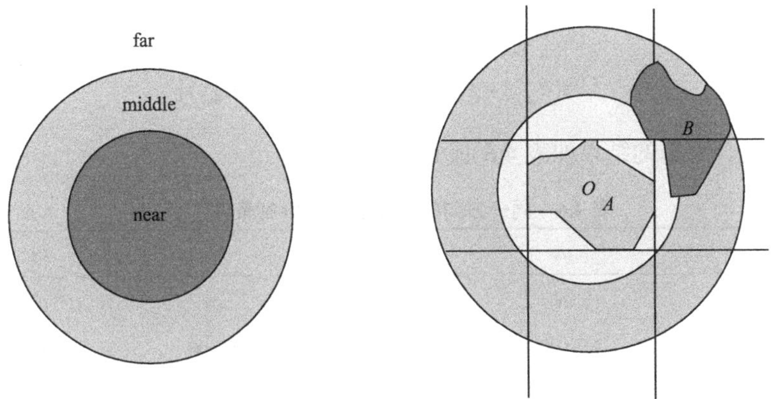

图 4.34　距离分级示意图

定义 4.14　给定参照目标 A 和基本目标 B 之间的距离 $d_{AB} = d(A,B)$，目标 B 和目标 C 之间的距离 $d_{BC} = d(B,C)$。距离的组合运算给出目标 A 和目标 C 之间的距离。距离的组合运算给出可能距离的一个范围，可以找到这个范围的一个下界和一个上界。

定义 4.15　在同一方向的距离组合运算中，目标 B 相对于目标 A 的方向与目标 C 相对于目标 B 的方向一致，如图 4.35 所示。距离的组合为两个距离相加。因此，组合的下界不小于两个距离中的大者：

$$\mathrm{LB}(d_{AC}) = d_{AB} \oplus d_{BC} = \max(d_{AB}, d_{BC})$$

定义 4.16　在相反方向的距离组合运算中，目标 B 相对于目标 A 的方向与目标 C 相对于目标 B 的方向相反，如图 4.36 所示。距离的组合为两个距离相加。因此，组合的下界不小于两个距离中的大者：

$$\mathrm{UB}(d_{AC}) = d_{AB} \Theta d_{BC} = \max(d_{AB}, d_{BC})$$

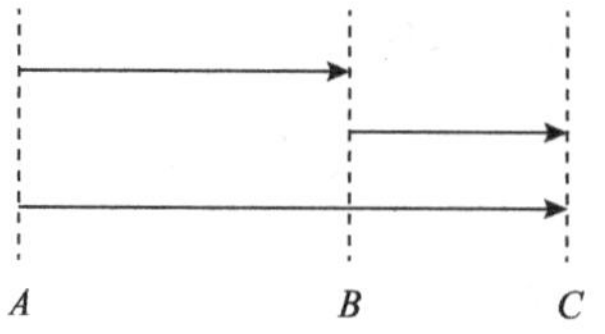

图 4.35　同一方向的距离组合

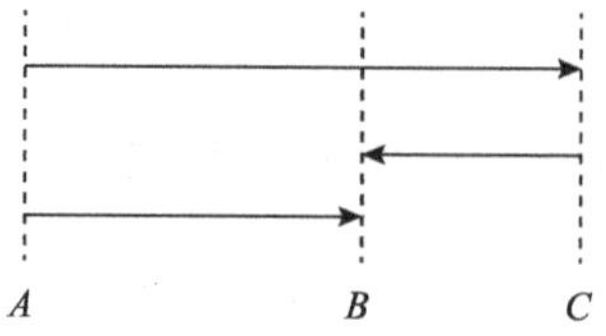

图 4.36　相反方向的距离组合

定义 4.17　顺序函数（ord）定义为 $Q \to \{1, \cdots, n+1\}, \mathrm{ord}(q_i) = i+1$。若 $i > n, \mathrm{ord}^{-1}(i) = q_n$。

定义 4.18　后继函数（succ）给出距离等级列表中当前距离的下一个等级符号：对于 $i < n, \mathrm{succ}(q_i) = q_i + 1$；若 $i = n, \mathrm{succ}(q_n) = q_n$。

规则 4.7　结合律：$q_1 \oplus (q_2 \oplus q_3) = (q_1 \oplus q_2) \oplus q_3 = q_1 \oplus q_2 \oplus q_3$ 和 $q_1 \Theta (q_2 \Theta q_3) = (q_1 \Theta q_2) \Theta q_3 = q_1 \Theta q_2 \Theta q_3$

规则 4.8　同一律：$q \oplus 0 = q$ 且 $q \Theta 0 = q$

给定一系列距离关系，可以依据以上距离关系的形式化推理规则推导出其他未知的距离关系。并且使用规则 4.8，可以导出 5 个距离等级 q_0、q_1、q_2、q_3、q_4 和 0 距离同一方向的距离组合运算结果。0 距离表示原始目标和参照目标之间的距离很近，不能区分。

如不加任何限制，组合的上界是 q_n（离参照目标最远的距离）；若假设距离范围单调递增，则

$$\mathrm{UB}(d_{AC}) = \mathrm{ord}^{-1}\left(\mathrm{ord}(d_{AC}) + \mathrm{ord}(d_{BC})\right)$$

由此得到组合运算的结果如表 4.6 所示。

表 4.6　同一方向的距离组合（限制条件①）

$\oplus$	0	q_0	q_1	q_2	q_3	q_4
0	0	q_0	q_1	q_2	q_3	q_4
q_0	q_0	q_0，q_1	q_1，q_2	q_2，q_3	q_3，q_4	q_4
q_1	q_1	q_1，q_2	q_1，q_2，q_3	q_2，q_3，q_4	q_3，q_4	q_4
q_2	q_2	q_2，q_3	q_2，q_3，q_4	q_2，q_3，q_4	q_3，q_4	q_4
q_3	q_3	q_3，q_4	q_3，q_4	q_3，q_4	q_3，q_4	q_4
q_4	q_4	q_4	q_4	q_4	q_4	q_4

表 4.6 中的一些项只有在等步距距离范围的情况下才成立。如果考虑限制条件②，两个距离关系的组合只能比两个距离关系中的大者大一个等级，如表 4.7 所示。

$$\mathrm{UB}(d_{AC}) = \mathrm{succ}\left(\max(d_{AB}, d_{BC})\right)$$

表 4.7　同一方向的距离组合（限制条件②）

⊕	0	q_0	q_1	q_2	q_3	q_4
0	0	q_0	q_1	q_2	q_3	q_4
q_0	q_0	q_0，q_1	q_1，q_2	q_2，q_3	q_3，q_4	q_4
q_1	q_1	q_1，q_2	q_1，q_2	q_2，q_3	q_3，q_4	q_4
q_2	q_2	q_2，q_3	q_2，q_3	q_2，q_3	q_3，q_4	q_4
q_3	q_3	q_3，q_4	q_3，q_4	q_3，q_4	q_3，q_4	q_4
q_4	q_4	q_4	q_4	q_4	q_4	q_4

其实，建立的距离模型主要是针对定性距离，定性距离本来就是一个相对模糊的概念，量化的距离模型在空间关系本体中难以表达，鉴于此本书还采取定性距离实现量化表达，表 4.8 描述了本书构建的地理空间实体间常见距离关系的组合推理情况。

表 4.8　空间距离关系组合表

	far（远）	veryfar（非常远）	moderate（适中）	near（近）	verynear（非常近）
far（远）	far，veryfar	veryfar	far，veryfar	moderate，near，far	far，veryfar，moderate，near，verynear
veryfar（非常远）	far，veryfar	veryfar	moderate，veryfar	moderate，far，near	moderate，far，near
moderate（适中）	far，veryfar	veryfar	moderate，veryfar	moderate，far，near	moderate，far，near
near（近）	moderate，verynear，near，far	far，veryfar	moderate，far	near	near，verynear
verynear（非常近）	moderate，far	veryfar，far	moderate，far	near，moderate，far	verynear，near

3. 方位和拓扑关系对的复合

目前，空间关系推理研究主要集中在单类型空间关系推理上，即根据拓扑关系推理拓扑关系，根据方向关系推理方向关系，根据距离关系推理距离关系，而较少研究多种类型空间关系的混合推理。现有的各种空间关系描述模型相互独立，不能统一描述，因而较难进行多种空间关系的混合推理。本书以拓扑关系和方位关系为例，进行空间关系混合推理。

1）区间关系对的复合

区间关系对的复合是以 Allen 的区间关系复合表为基础的，区间关系对的复合操作按如下方式进行：第一对的第一个区间关系与第二对的第一个区间关系复合，得到一个区间关系集合称为 P，再对区间关系对的第二个区间关系进行类似的操作，得到的区间关系集合称为 Q。两个区间关系对的复合结果就是 P 与 Q 中的区间关系的笛卡尔乘积，如 $R_1=(b,mi)$，$R_2=(m,bi)$，R_1 和 R_2 的复合操作如下：

$$R_1\circ R_2=(b,mi)\circ(m,bi)=(b\circ m)\times(mi\circ bi)=\{b\}\times\{bi\}=(b,bi)$$

由于两对象间的拓扑关系和方位关系分别对应于一组区间关系对，因此基于上述的区间关系对的复合方法，就可以确定拓扑和方位关系相结合的复合。

2）拓扑和方位关系对的复合

在一些实际应用中能够获得的信息是不完备的，有时仅能获得对象间的一种空间关系而不是所有类型的空间关系，例如，已知空间的方位关系和空间的拓扑关系，需要推导出空间的方位或拓扑关系。因此，需要构造方位和拓扑关系间的复合表或拓扑和方位关系间的复合表，来得到相应的方位或拓扑关系。这两种复合都是先将空间关系映射为区间关系，然后执行相应的区间关系对的复合，得到复合结果后，再将区间关系对集合转换成方位或拓扑关系。拓扑关系与方位关系进行复合，得到方位关系的复合表（表 4.9）。

表 4.9　拓扑与方位进行复合得到方位关系的复合表

	N	NE	E	SE	S	SW	W	NW
DC	DU	DU	DU	DU	DU	DU	DU	DU
EC	CO，W，NW，N，NE，E	CO，N，NE，E	CO，N，NE，E，SE，S	CO，E，S，SW	CO，W，E，SW，S，SE	CO，W，SW，S	CO，W，NW，N，SW，S	CO，W，NW，N
PO	CO，W，NW，N，NE，E	CO，N，NE，E	CO，N，NE，E，SE，S	CO，E，S，SW	CO，W，E	CO，W，SW，S	CO，W，NW，N	CO，W，NW，N
TPP	NW，N，NE	NE	NE，E，SE	SE	SW，S，SE	SW	SW，W，NW	NW
NTPP	NW，N，NE	NE	NE，E，SE	SE	SW，S，SE	SW	SW，W，NW	NW
TPPI	CO，N	CO，N，NE，E	CO，E	CO，E，S，SW	CO，S	CO，W，SW，S	CO，W	CO，W，NW，N
NTPPI	CO，N	CO，N，NE，E	CO，E	CO，E，S，SW	CO，S	CO，W，SW，S	CO，W	CO，W，NW，N
EQ	N	NE	E	SE	S	SW	W	NW

符号Δ的含义是原子方位关系的可能的析取集合，DU 是方位关系的全集。可以看出，当 A、B 间的拓扑关系是 EQ、TPP 或 NTPP 时，复合结果产生的方位关系是最强的，这是因为对象 A 包含于 B 中，因此，B 相对于 C 的方位关系也一定是 A 相对于 C 的方位关系。拓扑与方位进行复合，得到拓扑关系的复合表（表 4.10），上述的观察结果对表 4.9 也成立。

表 4.10　拓扑与方位进行复合得到拓扑关系的复合表

	N	NE	E	SE	S	SW	W	NW
DC	RU	RU	RU	RU	RU	RU	RU	RU
EC	RU\NTPP	RU\NTPP	RU\NTPP	RU\NTPP	RU\NTPP	RU\NTPP	RU\NTPP	RU\NTPP
PO	DC，EC，PO，TPPI，NTPPI	DC，EC，PO，TPPI，NTPPI	DC，EC，PO，TPPI，NTPPI	DC，EC，PO，TPPI，NTPPI	DC，EC，PO，TPPI，NTPPI	DC，EC，PO，TPPI，NTPPI	DC，EC，PO，TPPI，NTPPI	DC，EC，PO，TPPI，NTPPI
TPP	DC，EC	DC，EC	DC，EC	DC，EC	DC，EC	DC，EC	DC，EC	DC，EC
NTPP	DC	DC	DC	DC	DC	DC	DC	DC
TPPI	DC，EC，PO，TPPI，NTPPI	DC，EC，PO，TPPI，NTPPI	DC，EC，PO，TPPI，NTPPI	DC，EC，PO，TPPI，NTPPI	DC，EC，PO，TPPI，NTPPI	DC，EC，PO，TPPI，NTPPI	DC，EC，PO，TPPI，NTPPI	DC，EC，PO，TPPI，NTPPI
NTPPI	DC，EC，PO，TPPI，NTPPI	DC，EC，PO，TPPI，NTPPI	DC，EC，PO，TPPI，NTPPI	DC，EC，PO，TPPI，NTPPI	DC，EC，PO，TPPI，NTPPI	DC，EC，PO，TPPI，NTPPI	DC，EC，PO，TPPI，NTPPI	DC，EC，PO，TPPI，NTPPI
EQ	DC，EC	DC，EC	DC，EC	DC，EC	DC，EC	DC，EC	DC，EC	DC，EC

RU 是包含 RCC-8 的 8 种关系的集合。由于只要两对象间的方位关系为 8 种原子方位关系中的任意一种时，就意味着它们之间的拓扑关系为 DC 或 EC。因此，若 A、B 间的拓扑关系为 EQ、TPP 或 NTPP，且 B、C 间存在原子方位关系，则 A、C 间的拓扑关系一定为 DC 或 EC。而且，通过表还可以看到，无论 B、C 间的方位关系如何，只要它们的拓扑关系是不变的，则复合之后 A、C 间的拓扑关系都是一样的。

第五章　数字地形分析

数字地形分析是指在数字高程模型（DEM）数据上进行地形属性计算和特征提取的数字信息处理过程。地形属性包括曲面参数、形态特征、统计特征和复合地形属性。地形曲面参数具有明确的数学表达式和物理定义，并可在 DEM 上直接量算，如坡度、坡向、曲率等。地形形态特征是地表形态和特征的定性表达，也可以在 DEM 上直接提取。地形统计特征是指定区域的统计学特征。复合地形属性是在地形曲面参数和形态特征的基础上，利用其他学科，如水文学、地貌学和土壤学等的应用模型而建立的环境变量，通常以指数形式表达。数字地形分析从结构上划分包括基本地形因子计算及复杂因子计算两大类。前者包括坡度、坡向及粗糙度计算等，后者则是面向专业应用的复杂计算，如水文分析、可视性分析及各种地形特征点、线的提取等。本章主要介绍利用 DEM 数据进行的地形形态量测及在一些学科的经典应用：水文分析、淹没分析及通视分析。

5.1　地形形态计算

地形形态指的是地物在三维空间里的关于长度、面积、体积等形状和状态的描述因子。主要包括表面积计算、质心和重心计算方法、体积计算及曲面分维数计算等方面的基本知识。根据 DEM 的数据组织形式，可以将地形抽象为一个水平面上的若干四棱柱或者三棱柱组成，这些柱体的底面高程一致，但是顶面高程不一致，而且顶面的形状也不同。四棱柱对应规则格网形式存储和表示的 DEM，三棱柱则对应采用 TIN 表示 DEM 的情形。因此，地形一些形态的计算可以分解为若干棱柱的计算。

5.1.1　表面积计算

根据地学现象分布定律，地形表面积可看作是由该地区的 DEM 数据所包含各个网格的表面积之和，若网格中有特征高程点或地性线，则可将小网格分解为若干小三角形，求出它们斜面面积之和，就得出该网格的地形表面面积，即将地形分解为若干个三棱柱的形式，通过计算其顶面的三角形面积之和获得地形表面的面积。其原理如图 5.1 所示。

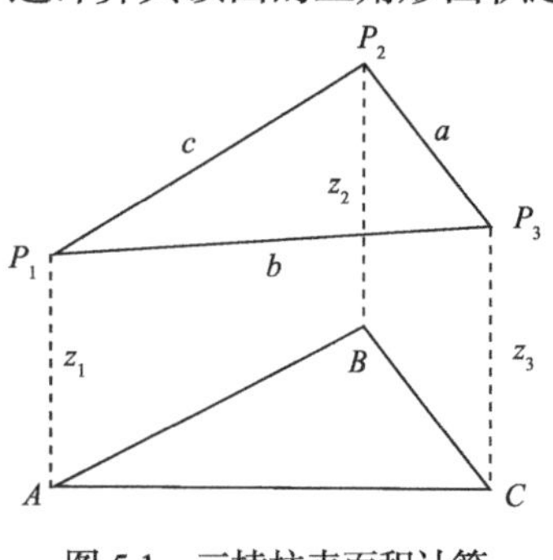

图 5.1　三棱柱表面积计算

其计算公式如下：

$$
\begin{aligned}
S &= \sqrt{P(P-a)(P-b)(P-c)} \\
P &= \frac{a+b+c}{2} \\
a &= \sqrt{(x_2-x_3)^2+(y_2-y_3)^2+(z_2-z_3)^2} \\
b &= \sqrt{(x_1-x_3)^2+(y_1-y_3)^2+(z_2-z_3)^2} \\
c &= \sqrt{(x_2-x_1)^2+(y_2-y_1)^2+(z_2-z_1)^2}
\end{aligned}
\tag{5-1}
$$

5.1.2　重心与质心计算

重心是物体的重力中心（center of gravity），重心是引力的作用点。质量中心简称质心（centre of mass），指物质系统上被认为质量分布的平均位置，是质量集中于此的一个假想点。与重心不同的是，质心不一定要在有重力场的系统中，质心在引力大小和方向不均匀时可以不与重心重合。

假设在某坐标系统下几何物体的特征点坐标分别为（x_1，y_1），（x_2，y_2），…，（x_n，y_n），各点质量分别为 m_1，m_2，…，m_n，则该物体的质心计算公式为

$$x=\frac{\sum_{i=1}^{n}m_ix_i}{\sum_{i=1}^{n}m_i},\quad y=\frac{\sum_{i=1}^{n}m_iy_i}{\sum_{i=1}^{n}m_i}\tag{5-2}$$

重心，是在重力场中，物体处于任何方位时所有各组成质点的重力的合力都通过的一点。规则而密度均匀物体的重心就是它的几何中心。不规则物体的重心，可以用悬挂法来确定。物体的重心，不一定在物体上。在平面直角坐标系中，其坐标计算式如下。

$$x=\frac{\sum_{i=1}^{n}G_ix_i}{\sum_{i=1}^{n}G_i},\quad y=\frac{\sum_{i=1}^{n}G_iy_i}{\sum_{i=1}^{n}G_i}\tag{5-3}$$

可以看出，重心的计算不仅与各点的质量有关，而且和其对应的重力加速度 g 有关，当各点处 g 相同时，重心与质心坐标计算公式一致。

5.1.3　体积计算

与计算表面积的基本原理一样，三维地形的体积通过将指定地区的 DEM 数据分解为四棱柱或三棱柱将其体积进行累加得到。此时，需要计算棱柱的高度及上表面的表面积，四棱柱体上表面可以采用抛物双曲面拟合，而三棱柱体上表面则可以采用斜平面拟合，下表面均为水平面，计算公式如式（5-4）所示，其中，S_3 与 S_4 分别是三棱柱与四棱柱的上表面面积。

$$\begin{aligned}V_3&=(Z_1+Z_2+Z_3)/3\times S_3\\V_4&=(Z_1+Z_2+Z_3+Z_4)/4\times S_4\end{aligned}\tag{5-4}$$

5.1.4　曲面分维数计算

分维，又称分形维或分数维，作为分形的定量表征和基本参数，是分形理论的又一重要原则。长期以来人们习惯于将点定义为 0 维，直线为一维，平面为二维，空间为三维，爱因斯坦在相对论中引入时间维，就形成四维时空。对某一问题给予多方面的考虑，可建立高维空间，但都是整数维。在数学上，把欧氏空间的几何对象连续地拉伸、压缩、扭曲，维数也不变，这就是拓扑维数。然而，这种传统的维数观受到了挑战。曼德布罗特曾描述过一个绳球的维数：从很远的距离观察这个绳球，可看做一个点（0 维）；从较近的距离观察，它充满了一个球形空间（三维）；再近一些，就看到了绳子（一维）；再向微观深入，绳子又变成了三维的柱，

三维的柱又可分解成一维的线。那么，介于这些观察点之间的中间状态又如何呢?

显然，并没有绳球从三维对象变成一维对象的确切界限。数学家豪斯道夫（Hausdorff）在 1919 年提出了连续空间的概念，也就是空间维数是可以连续变化的，它可以是自然数，也可以是正有理数或正无理数，称为豪斯道夫维数。曼德布罗特也把分形定义为豪斯道夫维数大于或等于拓扑维数的集合。

分维的概念可以从两方面建立起来：一方面，首先画一个线段、正方形和立方体，它们的边长都是 1。将它们的边长二等分，此时，原图的线段缩小为原来的 1/2，而将原图等分为若干个相似的图形。其线段、正方形、立方体分别被等分为 21、22 和 23 个相似的子图形，其中的指数 1、2、3，正好等于与图形相应的经验维数。一般说来，如果某图形是由把原图缩小为 $1/a$ 倍相似的 b 个图形所组成，有下面关系公式成立：

$$a^D = b, D = \log b / \log a \tag{5-5}$$

则指数 D 称为相似性维数，D 可以是整数，也可以是分数。

另一方面，当画一根直线时，如果用 0 维的点来量它，其结果为无穷大，因为直线中包含无穷多个点；如果用一块平面来量它，其结果是 0，因为直线中不包含平面。那么，用怎样的尺度来量它才会得到有限值呢？看来只有用与其同维数的小线段来量它才会得到有限值，而这里直线的维数为 1（大于 0、小于 2）。与此类似，如果画一个 Koch 曲线，其整体是一条无限长的线折叠而成，显然，用小直线段量，其结果是无穷大，而用平面量，其结果是 0（此曲线中不包含平面），那么只有找一个与 Koch 曲线维数相同的尺子量它才会得到有限值，而这个维数显然大于 1、小于 2，那么只能是小数（即分数）了，所以存在分维。其实，它的豪斯多夫维数即分维数为 d=log（4）/log（3）=1.26185950714…

分形理论（fractal theory）是当今十分风靡和活跃的新理论、新学科。分形的概念是美籍数学家本华・曼德博（Benoit B. Mandelbrot）首先提出的。其数学基础是分形几何学，即由分形几何衍生出分形信息、分形设计、分形艺术等应用。分形理论的最基本特点是用分数维度的视角和数学方法描述和研究客观事物，也就是用分形分维的数学工具来描述研究客观事物。它跳出了一维的线、二维的面、三维的立体乃至四维时空的传统藩篱，更加趋近复杂系统的真实属性与状态的描述，更加符合客观事物的多样性与复杂性。

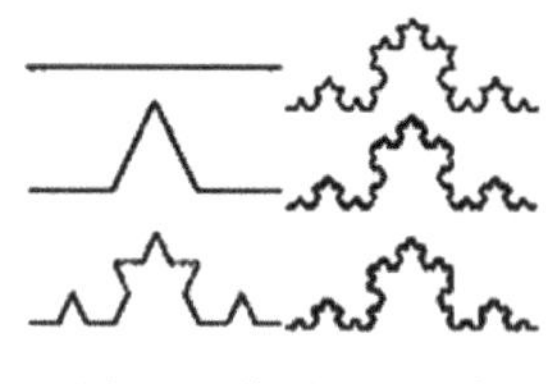

图 5.2　分形原理示意

由于图形拥有自相似性，产生了分数维度。它表征分形在通常的几何变换下具有不变性，即标度无关性。由于自相似性是从不同尺度的对称出发，也就意味着递归。线性分形又称为自相似分形。标准的自相似分形是数学上的抽象，迭代生成无限精细的结构，如科契（Koch）雪花曲线、谢尔宾斯基地毯曲线等。这种分形只是少数，绝大部分分形是统计意义上的无规分形（图 5.2）。

5.2　地形因子计算

在三维 GIS 中，地面是以 DEM 或者数字表面模型 DSM 等形式描述，通常认为是对地面的 2.5 维表达。基本地形因子主要描述地形的基本特征或者通用特征，包括坡度坡向、表面积、体积等。

5.2.1　坡度

坡度描述地表单元陡缓程度，通常把坡面的垂直高度和水平距离的比值称为坡度，在有些地方也将坡面相应的夹角称为坡度，如图 5.3 所示。坡度表示了地表面在该点的倾斜程度，在数值上等于过该点的地表微分单元的法矢量 n 与 z 轴的夹角（或正切值），如图 5.3 所示。从微分角度上看，是地表曲面函数 $z=f(x, y)$ 在东西、南北方向上的高程变化率的函数。

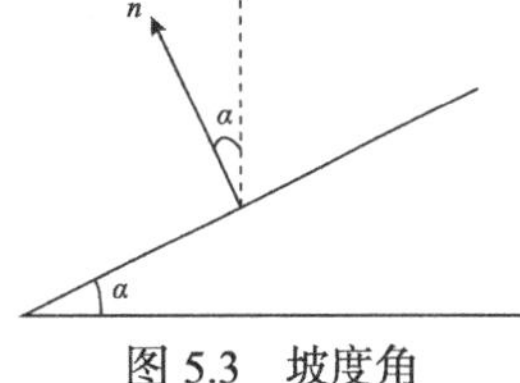

图 5.3　坡度角

坡度的表示方法有百分比法、度数法、密位法和分数法四种，其中以百分比法和度数法较为常用。

百分比法表示坡度即两点的高程差与其水平距离的百分比，其计算公式为坡度=（高程差/水平距离）×100%。

用度数来表示坡度，利用反三角函数计算而得，其公式为 tanα=高程差/水平距离。

由于地面模型采用离散的格网模型 DEM 或者 TIN 来表示，因此在进行坡度提取时，常采用简化的差分公式，即

$$S=\arctan(\sqrt{f_x^2+f_y^2}) \tag{5-6}$$

式中，f_x 和 f_y 分别为 X 和 Y 方向高程变化率。

对于规则格网 DEM 而言，拟合曲面法以格网点为中心的一个局部地表区域窗口，拟合一个曲面用以代表当前区域的地形分布。基于窗口的坡度计算公式为

$$S=\arctan(\sqrt{\mathrm{slope}_{\mathrm{WE}}^2+\mathrm{slope}_{\mathrm{SN}}^2}) \tag{5-7}$$

式中，通过计算水平和垂直两个方向的坡度，来近似表示当前窗口中心点对应的坡度。依此类推，计算整幅影像的坡度影像。不同的地面拟合算法，使用不同的公式计算两个方面的坡度。常用的计算模型如图 5.4 所示，其对应的计算方法如表 5.1 所示。

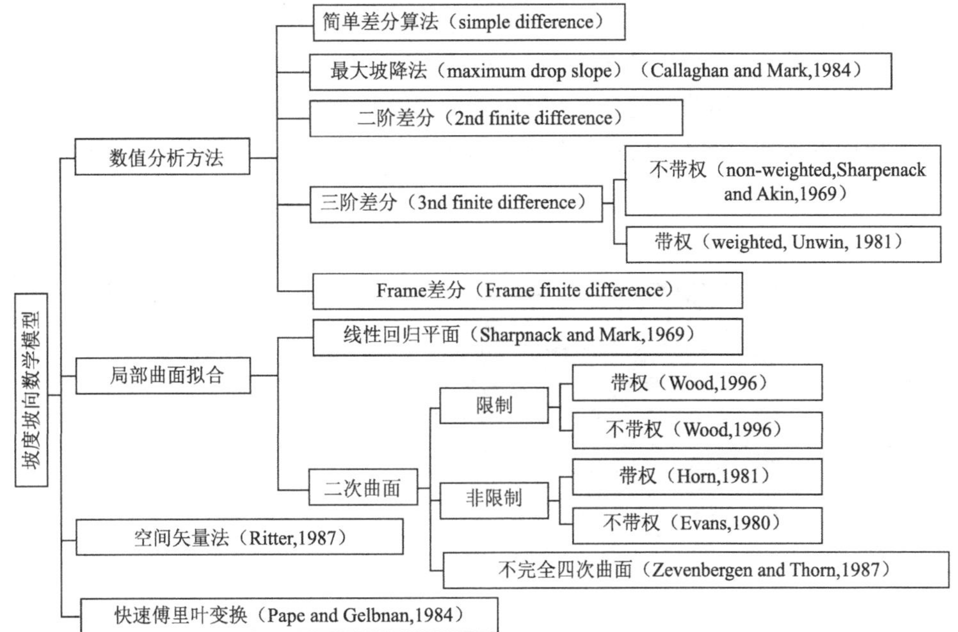

图 5.4　常见梯度计算算法

表 5.1　常用差分算法

公式	说明	备注
$f_x=(z_8-z_2)/2g\quad f_y=(z_6-z_4)/2g$	二阶差分、矢量算法、不完全四次插值	
$f_x=(z_7-z_1+z_8-z_2+z_9-z_3)/6g$ $f_y=(z_3-z_1+z_6-z_4+z_9-z_7)/6g$	三阶不带权差分、线性回归平面、非限制二次曲面、限制二次曲面	Erdas 使用算法
$f_x=(z_7-z_1+2(z_8-z_2)+z_9-z_3)/8g$ $f_y=(z_3-z_1+2(z_6-z_4)+z_9-z_7)/6g$	三阶反距离平方权差分、带权限制二次曲面、带权非限制二次曲面	ArcGIS 使用算法
$f_x=(z_7-z_1+\sqrt{2}(z_8-z_2)+z_9-z_3)/(4+2\sqrt{2})g$ $f_y=(z_3-z_1+\sqrt{2}(z_6-z_4)+z_9-z_7)/(4+2\sqrt{2})g$	三阶反距离权差分	
$f_x=(z_7-z_1+z_9-z_3)/4g$ $f_y=(z_3-z_1+z_9-z_7)/4g$	Frame 差分	
$f_x=(z_5-z_2)/2g\quad f_y=(z_5-z_4)/2g$	简单差分	

7	6	5
8	0	4
1	2	3

图 5.5　中心点及其领域编号

表 5.1 中的式子里，点及其周边邻域点的分布如图 5.5 所示。

5.2.2　坡向

坡向定义为坡面的法线在水平面上投影的方向，也可以通俗地理解为由高及低的方向。坡向是坡度所面对的方向或山体所面对的罗盘方向。坡向可以用于识别表面上某一位置处的最陡下坡方向。坡向是针对 TIN 中的每个三角形或规则格网 DEM 中的每个格网进行计算的。坡向以度为单位按逆时针方向进行测量，角度范围介于 0°（正北）~ 360°（仍是正北，循环一周）。坡向格网中各点的值均表示该像元的坡度所面对的方向。平坡没有方向，指定为−1。

坡向对于山地生态有着较大的作用，日照时数和太阳辐射强度与此密切相关。对于北半球而言，辐射收入南坡最多，其次为东南坡和西南坡，再次为东坡与西坡及东北坡和西北坡，最少为北坡。另外，坡向往往与水流方向一致，垂直于等高线，影响日照、迎风或背风、温度和降水等。图 5.6 为常用的坡向分类方法及根据 DEM 计算的坡向示意图。

坡度和坡向的关系如图 5.7 所示。图 5.8 为利用 ArcGIS 计算坡度和坡向的实例。

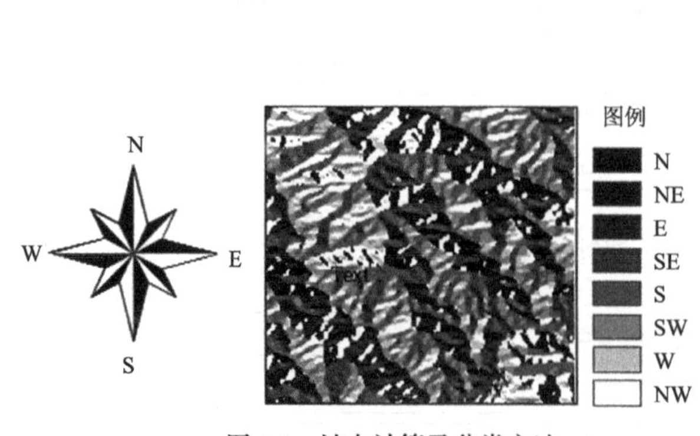

图 5.6　坡向计算及分类方法

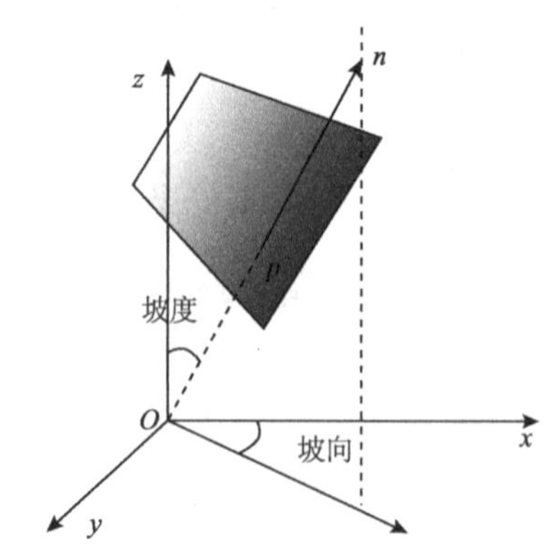

图 5.7　坡度与坡向的关系

 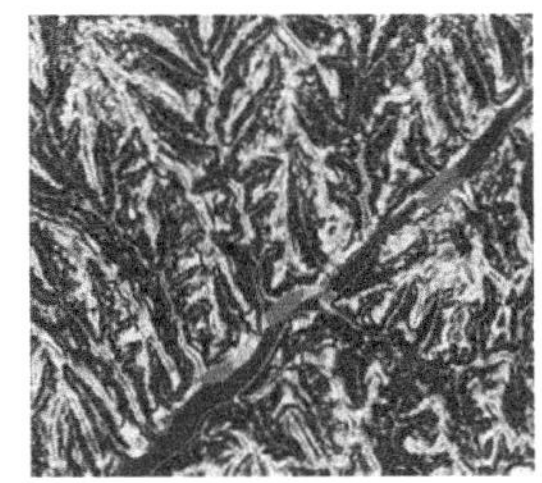 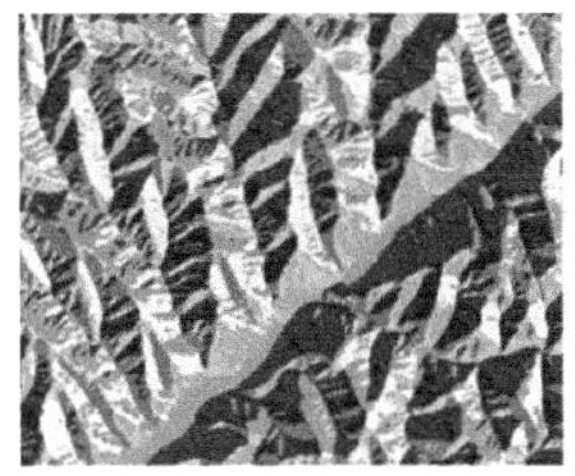

图 5.8 某地区 DEM 和坡度坡向计算结果

5.2.3 地面表面积

地面表面积计算方法见 5.1.1。

5.2.4 投影面积

投影面积指的是任意多边形在水平面上的投影面积。如果一个多边形由顺序排列的 N 个点（X_i，$Y_{i,}$ i=1，…，N）组成并且第 N 点与第 1 点相同，则水平投影面积计算公式为

$$S=\frac{1}{2}\sum_{i=1}^{n}\begin{vmatrix}X_i & Y_i\\ X_{i+1} & Y_{i+1}\end{vmatrix}=\frac{1}{2}\sum_{i=1}^{n}(X_i\times Y_{i+1}-X_{i+1}\times Y_i) \tag{5-8}$$

将 DEM 投影于水平面后，由原来的三维或者 2.5 维目标降为二维多边形，其计算公式与多边形面积计算公式一致。

5.2.5 体积

体积计算方法见 5.1.3。

5.2.6 坡度坡向变化率

坡度变化率是指单位范围内坡度的最大变化值，设中心格网点 0 号坡度为 a_0，其 8 邻域任意 j 号格网点的坡度为 a_j（j=1，2，…，8），则坡度变化率的计算公式为

$$S_j=\begin{cases}\dfrac{a_j-a_0}{D} & j=2,4,6,8\\ \dfrac{a_j-a_0}{\sqrt{2}D} & j=1,3,5,7\end{cases} \tag{5-9}$$

定义中心点 0 处的坡度变化率为 $S_0=\mathrm{sgn}(S_{\max})\left|S_{\max}\right|$，其中，$S_{\max}$ 为 8 个点坡度的最大值。由式（5-9）可知，在格网内部，任一格网点的坡度变化率应取其相邻 8 个格网点的坡度变化率中绝对值最大的一个，并且与其同号。对于位于四个角的格网点，其坡度变化率根据相邻三个格网点的坡度变化率确定。位于边沿的格网点，则根据其相邻 5 个格网点确定。

同样，坡向变化率的计算方法和坡度变化率计算方法相同，直接将式中的坡度换成坡向即可。

5.2.7 曲率

曲率是对地形表面任意一点扭曲变化程度的定量化度量因子，在垂直和水平两个方向上

的分量分别称为平面曲率和剖面曲率。地形表面曲率反映了地形结构和形态，同时也影响着土壤有机物含量的分布，在地表过程模拟、水文、土壤等领域有着重要的应用价值和意义。

剖面曲率是对地面坡度的沿最大坡降方向地面高程变化率的度量。数学表达式为

$$K_v = -\frac{p^2 r + 2qps + q^2 t}{(p^2 + q^2\sqrt{1 + p^2 + q^2})} \tag{5-10}$$

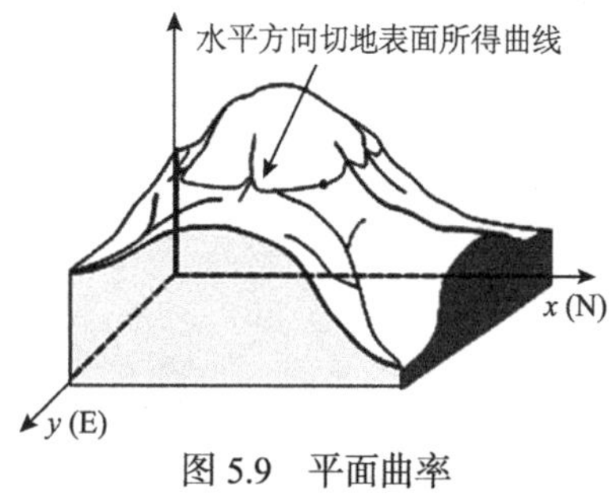

图 5.9　平面曲率

平面曲率用通过地形表面任何一点 P 的水平面沿水平方向切地形表面所得的曲线表示在该点的曲率值，如图 5.9 所示。

平面曲率描述的是地表曲面沿水平方向的弯曲、变化情况，也就是该点所在的地面等高线的弯曲程度。从另一个角度讲，地形表面上一点的平面曲率也是对该点微小范围内坡向变化程度的度量。数学表达式与剖面曲率类似为

$$K_h = -\frac{q^2 r - 2pqs + p^2 t}{(p^2 + q^2)\sqrt{1 + p^2 + q^2}} \tag{5-11}$$

式中，利用离散的 DEM 数据把地表曲面数学模拟为一个连续的曲面 $H(x, y)$，x 和 y 为地面点的平面坐标，$H(x, y)$ 为该点高程值，$p = \partial H / \partial x$，是 x 方向高程变化率；$q = \partial H / \partial y$，是 y 方向高程变化率；$r = \partial^2 H / \partial x^2$，对高程值 H 在 x 方向上的变化率进行同方向变化率计算，即 x 方向高程变化率的变化率；$s = \partial^2 H / \partial x \partial y$，对高程值在 x 方向上的变化率在 y 方向上计算变化率，即 x 方向高程变化率在 y 方向的变化率；$t = \partial^2 H / \partial y^2$，对高程值在 y 方向上的变化率同方向上求算变化率，即 y 方向高程变化率的变化率。

曲率因子的提取算法的基本原理为：从微分几何的思想出发，模拟曲面上每一点所处的垂直于和平行于水平面的曲线，利用曲线曲率的求算方法推导得出各点处的各个曲率因子。计算曲率值的关键在于确定得出式中各个参量的值，在 DEM 中求算高程的微分分量最常用的是 3 阶反距离平方权差分，其核心思想是考虑在不同距离上的点对中心格网点偏导数计算的影响，计算公式如下。

$$\begin{aligned} f_x &= \frac{z_{i-1,j+1} + 2z_{i,j+1} + z_{i+1,j+1} - z_{i-1,j-1} - 2z_{i,j-1} - z_{i+1,j-1}}{8g} \\ f_y &= \frac{z_{i+1,j+1} + 2z_{i+1,j} + z_{i+1,j-1} - z_{i-1,j-1} - 2z_{i-1,j} - z_{i-1,j+1}}{8g} \end{aligned} \tag{5-12}$$

5.2.8　相对高差

相对高差，是指在所指定的分析区域内所有栅格中最大高程与最小高程之差。对于 DEM 而言，一般采用相邻格网点的相对高差计算。公式为 $\mathrm{RF}_i = H_{\max} - H_{\min}$。式中，$\mathrm{RF}_i$ 为分析区域内的地面起伏度；$H_{\max}$ 为分析窗口内的最大高程值；$H_{\min}$ 为分析窗口内的最小高程值。

相对高差也称为地形起伏度，是反映地形起伏的宏观地形因子，在区域性研究中，地形

起伏度能够直观地反映地形起伏特征。在水土流失研究中，能够反映水土流失类型区的土壤侵蚀特征，比较适合区域水土流失评价的地形指标。

5.2.9　粗糙度

地表粗糙度是反映地表起伏变化和侵蚀程度的指标，一般定义为地表单元的曲面面积 $S_{曲面}$ 与其在水平面上的投影面积 $S_{水平}$ 之比：$R = S_{曲面} / S_{水平}$。实际应用时，当分析窗口为 3×3 时，可采用下面近似公式求解：$R = 1/\cos(S)$。其中，S 为坡度因子，此时，基于 DEM 的地表粗糙度的提取主要分为以下两个步骤：①根据 DEM 提取坡度因子 S；②根据公式 $R = 1/\cos(S)$ 计算地表粗糙度。

5.2.10　凹凸系数

在格网点面元的四个格网点中，最高点与其对角点的连线称为格网点主轴，主轴两端点的高程平均值与格网点面元平均高程之比，称为格网点面元的凸凹系数。计算公式如下：

$$\mathrm{CD} = \left(\frac{h_{\max} + h'_{\max}}{2}\right) / \bar{h} \tag{5-13}$$

式中，$\bar{h}$ 为格网点面元平均高程；$h_{\max}$ 和 $h'_{\max}$ 分别为主轴两个端点的高程值。当 CD 值为正时，格网点面元的实际表面为凸形坡，否则为凹形坡。

5.2.11　剖面计算

剖面是一个假想的垂直于海拔零平面的平面与地形表面相交，并延伸其地表与海拔零平面之间的部分。研究地形剖面，常常以线代面，研究区域的地貌形态、轮廓形状、地势变化、地质构造、地表切割强度等。剖面图的绘制也是在 DEM 格网上进行的。已知两点 a 和 b，求这两点的剖面图的原理是：内插出 a、b 两点的高程值；计算 a、b 连线与 DEM 格网的所有交点，插值出各交点的坐标和高程，并把交点以离始点的距离进行排序；选择一定的垂直比例尺和水平比例尺，以各点的高程和距起始点的距离为纵横坐标绘制剖面图（图 5.10）。

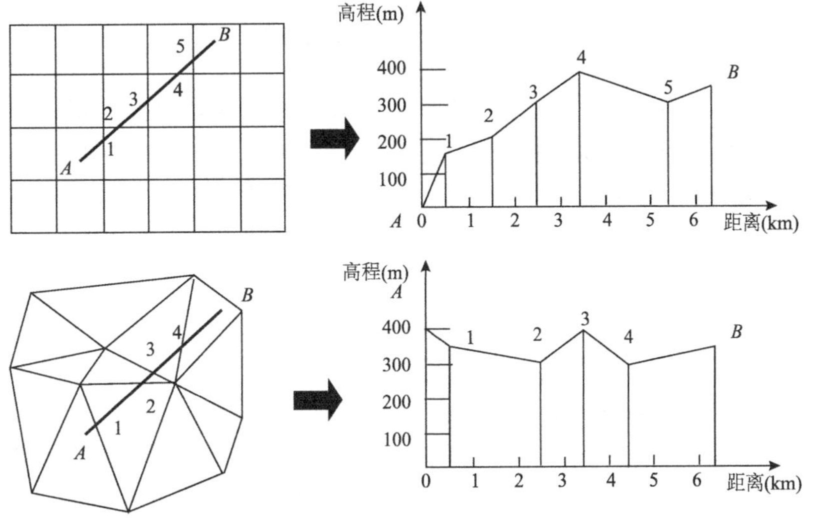

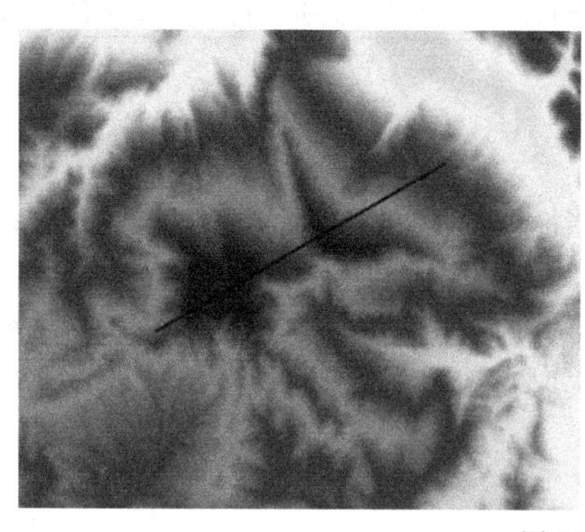

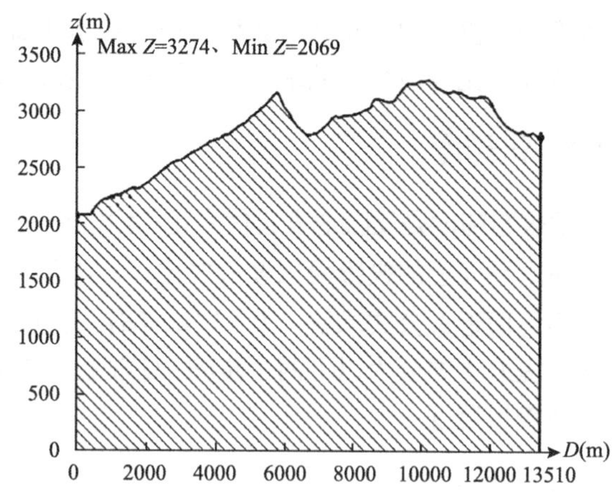

图 5.10　剖面分析图

在绘制剖面图的时候，往往需要进行高程插值。对于起始点和终止点的高程，格网 DEM 可通过周围的四个点内插得到，三角网 DEM 可通过该点所在的三角形的三个顶点内插得到。

在格网或三角网交点的高程通常可通过简单的线性内插算出。如图 5.11 所示，假设线段端点分别为 $A(x_1, y_1, z_1)$，$B(x_2, y_2, z_2)$，交点 C 的坐标为 (x_3, y_3, z_3)。据此得知 AC 的距离 S_1 和 AB 的距离 S_2，C 点的高程为 $Z_3 = [(Z_2 - Z_1)/S_2] \times S_1$。

A　　C　　B

图 5.11　线性插值原理

5.2.12　剖面积

剖面指物体切断后呈现出的表面，地形分析中指的是沿着指定的平面将 DEM 进行分割，获取该剖面高程分布图，进而计算剖面积。计算公式为

$$S = \sum_{i=1}^{n-1} \frac{Z_i + Z_{i+1}}{2} \cdot D_{i,i+1} \tag{5-14}$$

其中，n 为交点数；D_i，i+1 为 P_i 与 P_i+1 之间的距离。同理可计算任意横断面及其面积。

5.3　地形特征分析

虽然地表形态各式各样，但地形点、地形线、地形面等地形结构的基本特征构成了地形的骨架。因此，一般的地形特征提取主要是指地形特征点、线、面的提取，进而通过基本要素的组合进行地表形态分析。特征地形要素的提取更多地应用较为复杂的技术方法，其中，山谷线、山脊线的提取采用了全域分析法，成为数字高程模型地学分析中很具特色的数据处理内容。

5.3.1　地形特征点提取

地形特征点主要包括山顶点（peak）、凹陷点（pit）、脊点（ridge）、谷点（channel）、鞍点（pass）、平地点（plane）等。利用 DEM 提取地形特征点，可通过一个 3×3 或更大的栅格窗口，通过中心格网点与 8 个邻域格网点的高程关系来进行判断和获取，即在一个局部区域内，用 x 方向和 y 方向上关于高程 z 的二阶导数的正负组合关系来判断，如表 5.2 所示。

该方法假设 DEM 表面为 $z=f(x, y)$，但由于真实地表与数学表面的差别，利用该方法提取的特征点，常产生伪特征点。

表 5.2　地形特征点类型的判断表

名称	定义	邻域高程关系
山顶点（peak）	是指在局部区域内海拔高程的极大值点，表现为在各方向上都为凸起	$\frac{\partial^2 z}{\partial x^2}<0$，$\frac{\partial^2 z}{\partial y^2}<0$
凹陷点（pit）	是指在局部区域内海拔高程的极小值点，表现为在各方向上都为凹陷	$\frac{\partial^2 z}{\partial x^2}>0$，$\frac{\partial^2 z}{\partial y^2}>0$
脊点（ridge）	是指在两个相互正交的方向上，一个方向凸起，而另一个方向没有凹凸性变化的点	$\frac{\partial^2 z}{\partial x^2}<0$，$\frac{\partial^2 z}{\partial y^2}=0$ 或 $\frac{\partial^2 z}{\partial x^2}=0$，$\frac{\partial^2 z}{\partial y^2}<0$
谷点（channel）	是指在两个相互正交的方向上，一个方向凹陷，而另一个方向没有凹凸性变化的点	$\frac{\partial^2 z}{\partial x^2}>0$，$\frac{\partial^2 z}{\partial y^2}=0$ 或 $\frac{\partial^2 z}{\partial x^2}=0$，$\frac{\partial^2 z}{\partial y^2}>0$
鞍点（pass）	是指在两个相互正交的方向上，一个方向凸起，而另一个方向凹陷的点	$\frac{\partial^2 z}{\partial x^2}<0$，$\frac{\partial^2 z}{\partial y^2}>0$ 或 $\frac{\partial^2 z}{\partial x^2}>0$，$\frac{\partial^2 z}{\partial y^2}<0$
平地点（plane）	山顶点是在局部区域内各方向上都没有凹凸性变化的点	$\frac{\partial^2 z}{\partial x^2}=0$，$\frac{\partial^2 z}{\partial y^2}=0$

表 5.2 中关于地形特征点的判断是在局部区域内利用 x、y 方向的凹凸性判断的，该判断法十分适合利用在 DEM 上判断地形特征点。在 DEM 中可以利用差分的方法得到 $\partial^2 z/\partial x^2$ 和 $\partial^2 z/\partial y^2$ 的值。典型的地形特征点示意如图 5.12 所示。

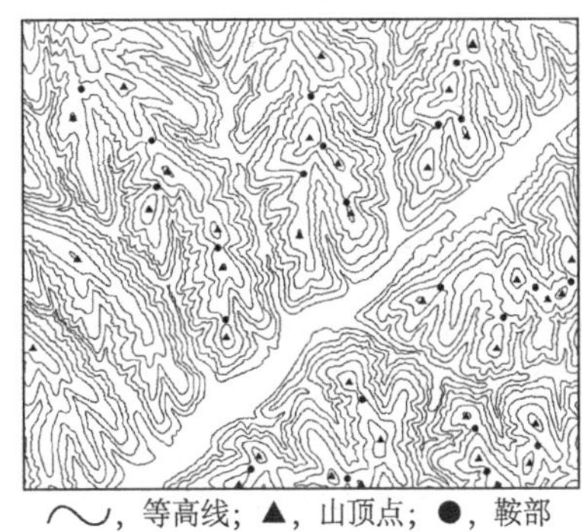

图 5.12　利用 ArcGIS 提取的 DEM 山顶、鞍部点

除上述算法外，在一个 3×3 的栅格窗口中，也可以直接利用中心格网点与 8 个邻域格网点的高程关系来进行判断地形特征点。具体方法如下。

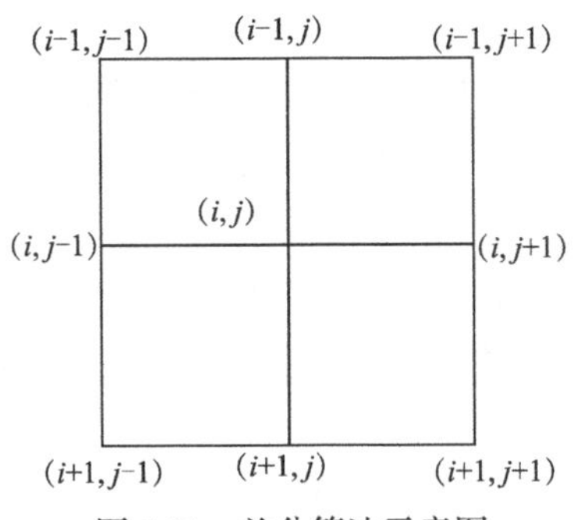

图 5.13　差分算法示意图

假设有一个如图 5.13 所示的 3×3 窗口。则

如果 $(Z_{i,j-1}-Z_{i,j})\times(Z_{i,j-1}-Z_{i,j})>0$

（1）当 $Z_{i,j+1}>Z_{i,j}$ 时，则 VR（i,j）=−1。

（2）当 $Z_{i,j+1}<Z_{i,j}$ 时，则 VR（i,j）= 1。

如果 $(Z_{i-1,j}-Z_{i,j})\times(Z_{i+1,j}-Z_{i,j})>0$

（3）当 $Z_{i+1}>Z_{i,j}$ 时，则 VR（i,j）=−1。

（4）当 $Z_{i+1}<Z_{i,j}$ 时，则 VR（i,j）=1。

如果（1）和（4）或（2）和（3）同时成立，则 VR（i,j）= 2。

如果以上条件都不成立，则 VR（i,j）= 0。

$$\text{其中，}VR(i,j)=\begin{cases}-1\text{，表示谷点}\\1\text{，表示脊点}\\2\text{，表示鞍点}\\0\text{，表示其他点}\end{cases}$$

5.3.2 山脊线和山谷线提取

山脊线和山谷线构成了地形起伏变化的分界线，是描述地形起伏的骨架线，对地形地貌研究具有重要的意义。另外，对于水文物理过程研究而言，由于山脊、山谷分别表示分水性与汇水性，山脊线和山谷线的提取实质上也是分水线与汇水线的提取。这一特性又使得山脊线和山谷线在许多工程应用方面有着特殊的意义。

山脊线、山谷线的提取方法中，基于规则格网 DEM 的方法最为常见。从原理上来分，主要分为以下五种。

1. 基于图像处理原理

因为规则格网 DEM 数据事实上是一种栅格形式的数据，可以利用数字图像处理中的方法计算得到，一般采用各种滤波算子进行边缘提取。基于该原理有一种简单移动窗口的算法，其主要思路是：①计算一个 2×2 窗口以对 DEM 格网阵列进行扫描；②第一次扫描中，将窗口中最低高程值的点进行标记，自始至终未被标记的点即为山脊线上的点；③第二次扫描中，将窗口中最高高程值的点进行标记，自始至终未被标记的点即为山谷线上的点。

以上方法简单快速，但是存在两个主要缺陷：①取特征点时必须排除 DEM 中噪声的影响；②特征点连接成线时的算法设计较为困难。

2. 基于地形表面几何形态分析原理

典型算法就是断面极值法，其基本思想是地形断面曲线上高程的极大值点就是分水点，而高程的极小值点就是汇水点。基本过程为：①找出 DEM 的纵向与横向的两个断面上的极大、极小值点，作为地形特征线上的候选点；②根据一定的条件或准则将这些候选点划归各自所属的地形特征线。

这种算法存在两个主要缺陷：①曲率阈值的选择不易确定。由于这种方法对地形特征线上的点的判定与其所属的地形特征线的判定是分开进行的，在确定地形特征线时，全区域采用一个相同的曲率阈值作为判定地形特征线上点的条件。因此，忽略了每条地形特征线必然存在的曲率变化现象。当阈值选择较大时，会丢失许多地形特征线上的点，导致后续跟踪的地形特征线间断且较短；如果选择过小，会产生地形特征线上点的误判，给后续地形特征线的跟踪带来困难。②由于该方法只选择纵、横两个断面来去确定高程变化的极值点，因此它所确定的地形特征线具有一定的近似性，与实际的地形特征线有一定的差异，有时候还会出现遗漏。

3. 基于地形表面流水物理模拟算法

这种算法的基本思想是：按照流水从高至低的自然规律，顺序计算每一栅格点上的汇水量，然后按汇水量单调增加的顺序，由高到低找出区域中的每一条汇水线。根据得到的汇水线，通过计算找出各自汇水区域的边界线，得到分水线。

算法采用了 DEM 的整体追踪分析的思路与方法，分析结果系统性好，还便于进行相应的径流成因分析，但是，该方法也存在以下两个明显的缺陷：①由于该算法所计算的汇水量与高程有关，计算的结果必然是，高程值大的地形特征线上的点的汇水量小，高程值小的地形特征线上的点的汇水量大。因此，可能导致低处非地形特征线上的点的汇水量也较大而被误认为地形特征线上的点，而位于高处的地形特征线上的点会因为汇水量小而被排除，这就造成用该算法所确定的地形特征线（汇水线）的两端效果很差。②由于该算法将网格汇水区域的公共边界视为分水线，因此它所确定的分水线均为闭合曲线，这与实际的地形特征线（山脊线）不符。

4. 基于地形表面几何形态分析和流水物理模拟分析相结合

由于基于地形表面几何形态分析原理和基于地形表面流水物理模拟的算法均存在一定的缺陷，因此可将两者结合起来以实现地形特征线的提取。这种算法的基本思路是：首先，采取较稀疏的 DEM 格网数据，按流水物理模拟算法提取区域内概略的地形特征线。然后，用其引导，在其周围邻近区域对地形进行几何分析，来精确确定区域的地形特征线。

这一算法的关键在于：求出已提取的概略的地形特征线与 DEM 格网线的交点，在该交点附近的一个小区域内，对 DEM 数据进行几何分析，即找出该区域内与概略的地形特征线正交方向地形断面上高程变化的极值点，该点即为地形特征线的精确位置。这一算法的基本过程可归纳为：①概略 DEM 的建立；②地形流水物理模拟；③概略地形特征线提取；④地形几何分析；⑤地形特征线精确确定。

5. 平面曲率与坡位组合法

利用 DEM 数据提取地面的平面曲率及地面的正负地形，取正地形上平面曲率的大值为山脊，负地形上平面曲率的大值为山谷。该种方法提取的山脊、山谷的宽度可由选取平面曲率的大小来调节，方法简便效果好。

ArcGIS 软件提供的水文分析算法提取山谷和山脊线结果如图 5.14 和图 5.15 所示。

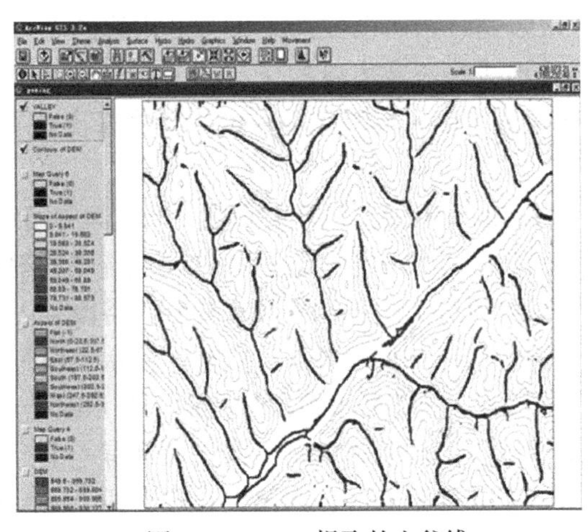

图 5.14 DEM 提取的山谷线

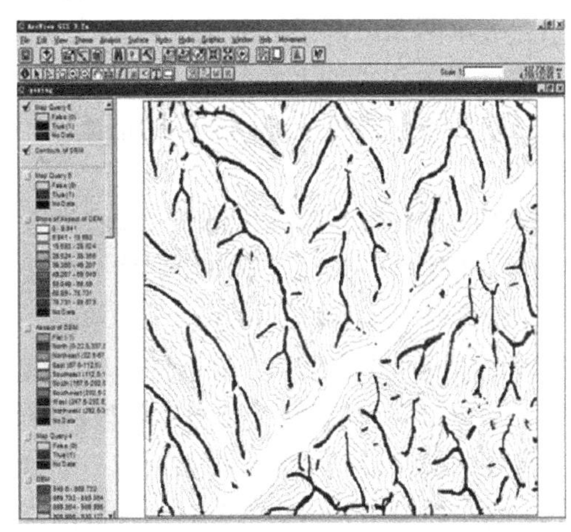

图 5.15 DEM 提取的山脊线

5.4 水 文 分 析

水与人类的生活息息相关，因此，研究水的起源、分布、存在及其运动规律，具有非常重要的意义。水文分析基于高程模型建立水系模型，研究流域水文特征和模拟地表水文过程，并对未来的地表水文情况进行估计。水文分析有助于分析洪水的范围、洪水水位及泛滥情况，定位地表径流污染源，预测地貌改变对径流的影响等，广泛应用于区域规划、农林、灾害预测、道路设计等行业和领域。地表水的汇流情况很大程度上取决于地表形状，而 DEM 能够很好地表达某区域的地貌形态，在描述流域地形、坡度坡向分析、河网提取等方面具有突出优势，非常适用于水文分析。水文分析是 DEM 数据应用的一个重要方面。利用 DEM 生成集水流域和水流网络，成为大多数地表水文分析模型的主要输入数据。

5.4.1　流域基本概念

与流域相关的基本概念及其几何意义如图 5.16 所示。

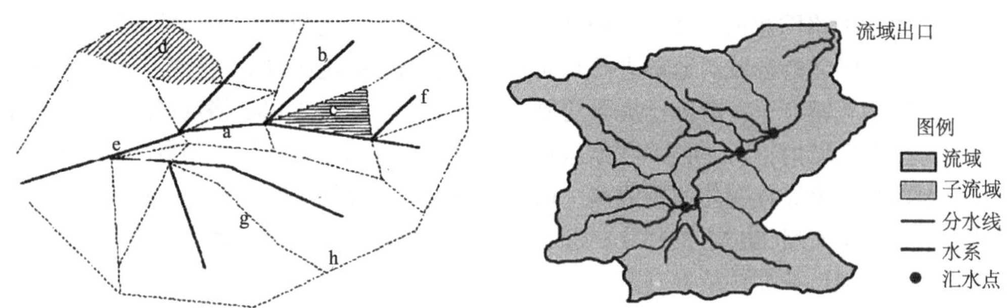

图 5.16　基本概念示意图

图 5.16 中，a 为内部沟谷段，b 为外部沟谷段，c 为内部汇流区，d 为外部汇流区，e 为沟谷节点，f 为汇流源点，g 为分水线段，h 为分水线源点。上述特征基本概念描述如下。

沟谷线段指一条具有两侧汇流区的线段；分水线段表示一条具有两侧分水区的线段；沟谷结点表示两条或两条以上沟谷线的交点；分水线结点指两条或两条以上分水线的交点；沟谷源点表示沟谷的上游起点；分水线源点指分水线与流域边界的交点；内部汇流区表示汇流区边界不包含流域部分边界的汇流区；外部汇流区表示汇流区边界包括部分流域边界的汇流区。

沟谷结点和沟谷源点共同组成沟谷结点集，所有的沟谷段组成沟谷段集，形成沟谷网络；所有的分水线组成分水线段集，形成分水线网络。沟谷段集和分水线段集共同把流域分割成一个汇流区集。沟谷段是最小的沟谷单位，沟谷段可以分为内部沟谷段和外部沟谷段。内部沟谷段连接两个沟谷结点，外部沟谷段连接一个沟谷结点和沟谷源点。同样，分水线段是最小的分水线单位，也分为内部分水线段和外部分水线段。内部分水线段连接两个分水线结点，外部分水线段连接一个分水线结点和一个分水线源点。汇流网络中每一沟谷段都有一个汇流区域，这些区域由分水线集控制。外部沟谷段有一个外部汇流区，内部沟谷段有两个内部汇流区，分布在内部沟谷段两侧。整个流域被分割成一个个子流域，每个子流域如同树状图上的一片“叶子”。

水系：指流域内具有同一归宿的水体所构成的水网系统。水系以河流为主，还可以包括湖泊、沼泽、水库等。

流域：每个水系都从一部分陆地区域上获得水量的补给，这部分区域就是水系的流域，也称作集水区或流域盆地。

子流域：水系由若干个河段构成，每个河段都有自己的流域，称为子流域。较大的流域往往还可以继续划分为若干个子流域。

分水线：也称分水岭。两个相邻流域之间的最高点连接成的不规则曲线，就是两条水系的分水线。分水线两边的水分别流入不同的流域，即分水线包围的区域就是流域。现实世界中，分水线大多为山岭或者高地，也可能是地势微缓起伏的平原或者湖泊。

汇水点：指流域内水流的出口。一般是流域边界上的最低点。

5.4.2 流域分析基本过程

基于DEM的地表水文分析主要内容是利用水文分析工具提取地表水流径流模型的水流方向、汇流累积量、水流长度、河流网络及其分级，以及对研究区的流域进行分割等。通过对这些基本水文因子的提取和基本水文分析，可以在DEM表面之上再现水流的流动过程，最终完成水文分析过程。主要分析过程如图5.17所示，主要包括填充伪洼地、计算流向、计算流长、计算累积汇水量、河流分级、连接水系和水系矢量化等多个过程。

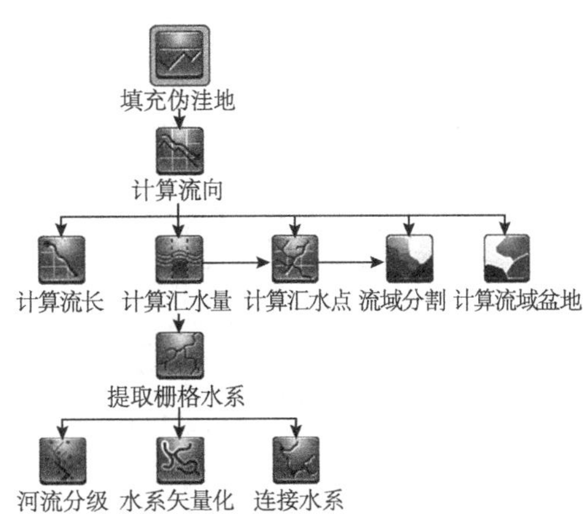

图5.17 流域分析过程

1. 填充伪洼地

洼地是指流域内被较高高程所包围的局部区域，分为自然洼地和伪洼地。自然洼地是自然界实际存在的洼地，通常出现在地势平坦的冲积平原上，而且面积较大。在地势起伏较大的区域非常少见，如冰川或喀斯特地貌、采矿区、坑洞等。在DEM数据中，数据处理的误差和不合适的插值方法所产生的洼地，称为伪洼地。

DEM数据中绝大多数洼地都是伪洼地。伪洼地会影响水流方向并导致地形分析结果错误。例如，在确定水流方向时，由于洼地高程低于周围栅格的高程，一定区域内的流向都将指向洼地，导致水流在洼地聚集不能流出，引起汇水网络的中断。因此，在进行水文分析前，一般先对DEM数据进行伪洼地填充处理。洼地填充的剖面如图5.18所示。

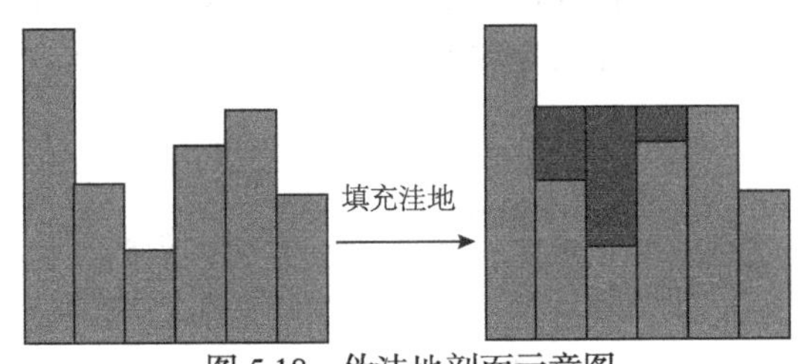

图5.18 伪洼地剖面示意图

进行填充伪洼地操作时主要针对两种情景：①对DEM栅格数据填充伪洼地。DEM栅格数据中所有洼地（包括真实洼地和伪洼地）都将被填平，由于真实洼地极少，因此，填洼后对后续分析的影响不大。②根据已知先验知识对DEM数据填充伪洼地，此方法非常适用于分析区域存在真实洼地的情况，使用真实洼地的位置数据，得到更为精确的伪洼地填充结果。需要注意的是，在填充某处洼地后，有可能产生新的洼地。因此，填充洼地是一个不断重复识别洼地、填充洼地的迭代过程，直至所有洼地被填充且不再产生新的洼地。当DEM数据量较大或者洼地非常多时，该操作可能耗费更多的时间。

2. 流向分析

计算流向，即地形表面水的流向。对中心栅格的8个邻域栅格进行编码。编码一般取2的幂值，从中心栅格的正右方栅格开始，按顺时针方向，其编码值分别为2的0、1、2、3、4、5、6、7次幂值，即1、2、4、8、16、32、64、128，分别代表中心栅格单元的水流流向为东、东南、南、西南、西、西北、北、东北8个方向，如图5.19所示。每一个中心栅格的水流方向都由这8个值中的某一

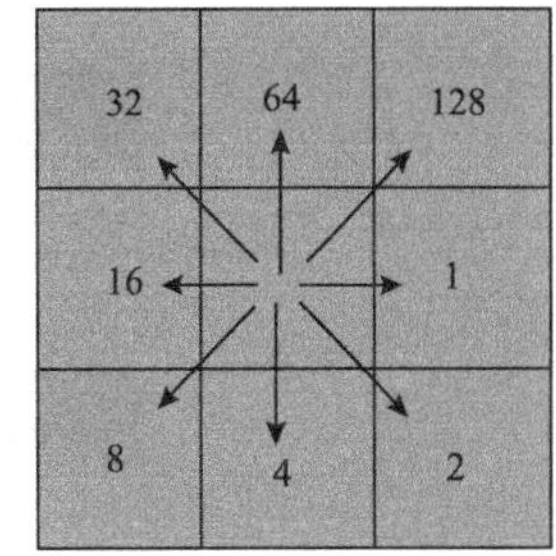

图5.19 流向示意图

个值来确定。例如，若中心栅格的水流方向是西，则其水流方向被赋值 16；若流向东，则水流方向被赋值 1。

位于栅格边界的单元格比较特殊，可以指定其流向为向外，此时边界栅格的流向值如图 5.20（a）所示，否则，位于边界上的单元格将赋为无值，如图 5.20（b）所示。

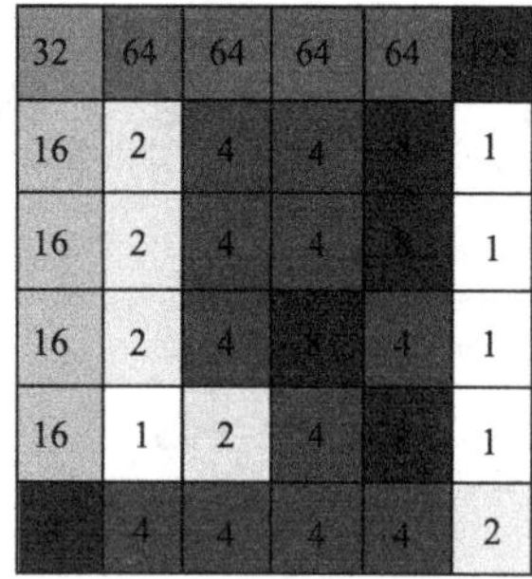

（a）边界流向向外

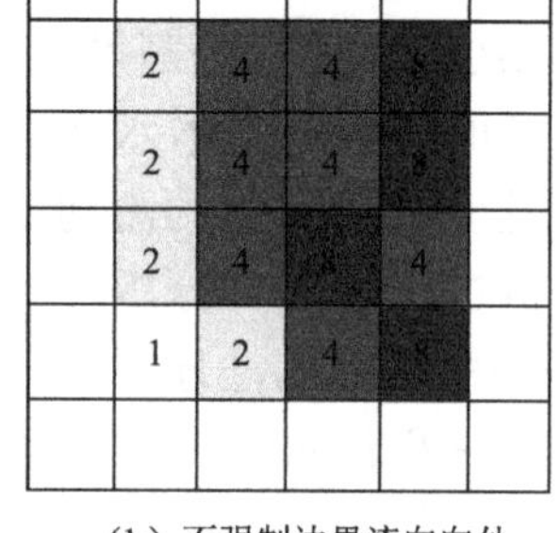

（b）不强制边界流向向外

图 5.20　边界栅格流向示意

在计算流向时，常用的方法是最大坡降法，又称 D8 算法、最大距离权落差法。计算单元格的最陡下降方向作为水流方向。距离权落差是指中心栅格与邻域栅格的高程差除以两栅格间的距离，栅格间的距离与方向有关，如果邻域栅格对中心栅格的方向值为 2、8、32、128，则栅格间的距离为 $\sqrt{2} \approx 1.414$，否则距离为 1。最大距离权落差法计算的基本思路如下：首先计算中心格网点与周围 8 邻域的高程落差，寻找并记录最大坡降，即 $\text{Drop} = \max(\Delta Z \times 100 / D)$。然后，计算最大坡降格网点与中心格网点之间由高到低的方向，即水流方向。上式中，D=1 或者 $\sqrt{2}$。

3. 计算流长

流长，是指每个单元格沿着流向到其流向起始点或终止点之间的距离或者加权距离，包括上游方向和下游方向的长度。水流长度直接影响地面径流的速度，进而影响地表土壤的侵蚀力，在水土保持方面具有重要意义，常作为土壤侵蚀、水土流失的评价因素。

4. 计算汇水量

计算汇水量是根据流向栅格的结果计算每个像元的汇水量。可以选择性地使用权重数据计算加权汇水量。基本思路如下：假定栅格数据中的每个单元格处有一个单位的水量，依据水流方向图顺次计算每个单元格所能累积到的水量（不包括当前单元格的水量）。图 5.21 显示了通过水流方向计算汇水量的过程。

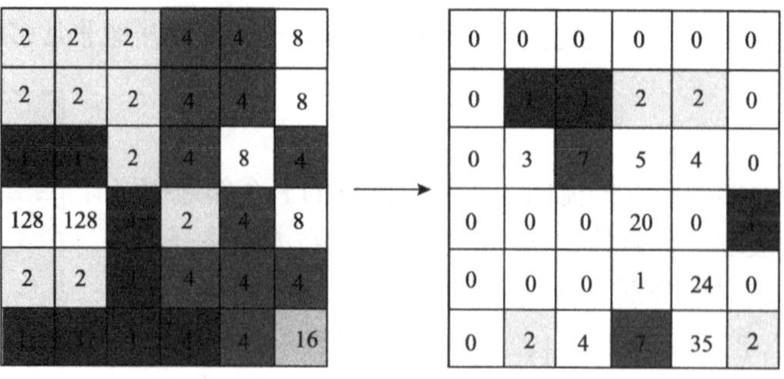

（a）流向数据　　（b）累积汇水量

图 5.21　计算汇水量示意图

计算得到的结果表示了每个像元累积汇水总量，该值为流向当前像元的所有上游像元的水流累积量总量，不会考虑当前处理像元的汇水量。在实际应用中，每个像元的水量不一定相同，需要指定权重数据来获取实际的汇水量。使用了权重数据后，汇水量的计算过程中，每个单元格的水量不再是一个单位，而是乘以权重（权重数据集的栅格值）后的值。例如，将某时期的平均降水量作为权重数据，计算所得的汇水量就是该时期的流经每个单元格的雨量。

计算的汇水量的结果值有利于识别河谷和分水岭。像元的汇水量较高，说明该点地势较低，可视为河谷；像元汇水量为 0，说明该点地势较高，可能为分水岭。因此，汇水量为提取流域的各种特征参数，如流域面积、周长、排水密度等提供了参考。

5. 计算汇流点

计算汇流点根据流向栅格和累积汇水量栅格生成汇水点栅格数据。汇水点位于流域的边界上，通常为边界上的最低点，流域内的水从汇水点流出，所以汇水点必定具有较高的累积汇水量。根据这一特点，就可以基于流向栅格和累积汇水量来提取汇水点。汇水点的确定需要一个累积汇水量阈值，累积汇水量栅格中大于或等于该阈值的位置将作为潜在的汇水点，再依据流向最终确定汇水点的位置。该阈值的确定十分关键，影响着汇水点的数量、位置，以及子流域的大小和范围等。合理的阈值，需要考虑流域范围内的土壤特征、坡度特征、气候条件等多方面因素，根据实际研究的需求来确定，因此具有较大难度。获得了汇水点栅格后，可以结合流向栅格来进行流域的分割。

6. 流域分割

流域分割是将一个流域划分为若干个子流域的过程。通过计算流域盆地，可以获取较大的流域，但实际分析中，可能需要将较大的流域划分出更小的流域（称为子流域）。确定流域的第一步是确定该流域的汇水点，那么，流域分割同样首先要确定子流域的汇水点。与计算流域盆地不同，子流域的汇水点可以在栅格的边界上，也可能位于栅格的内部。因此，流域分割的汇水数据，既可以是前面计算汇水点得到的栅格数据，也可以使用表示汇水点的二维点集合来分割流域。

7. 流域盆地

流域盆地即集水区域，是用于描述流域的方式之一。计算流域盆地用来创建描述流域盆地的栅格数据集，是依据流向数据为每个像元分配唯一盆地的过程，如图 5.22 所示。流域盆地是描述流域的方式之一，展现了那些所有相互连接且处于同一流域盆地的栅格。

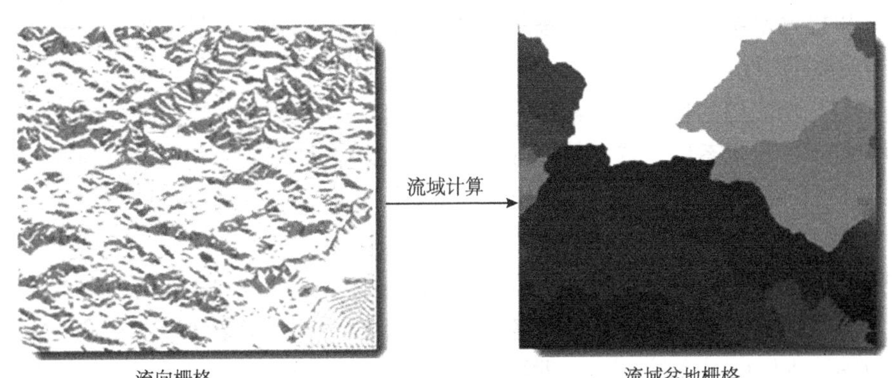

图 5.22　流域盆地计算

通常认为所有流域盆地的汇水点均在栅格的边界上，即水流向边界外，因此，计算流域盆地时，首先确定各个汇水点，然后按照水流方向识别出分水线，从而确定流域的边界，最终确定各个流域盆地。在创建流向栅格的时候，使用强制边界栅格流向向外参数，更容易得到最佳结果。提取栅格水系是提取水系网络的第一步，后面的河流分级、连接水系和水系矢量化都是基于栅格水系进行操作的。

累积汇水量较高的像元可视为河谷，通过给汇水量设定一个阈值，提取累积汇水量大于该阈值的像元，从而得到栅格水系。实际操作过程中，对于不同级别的河谷、不同区域的相同级别的河谷，该阈值可能不同，因此在确定该阈值的时候需要根据研究区域的实际地形地貌并通过不断的实验来确定。

根据前面的介绍，栅格水系可以通过对累积汇水量栅格进行代数运算来提取。假设经过调研确定某区域的累积汇水量超过 2000 的区域为汇水区域，则提取栅格水系的表达式为

[数据源.累积汇水量栅格] >2000

经过计算获得栅格水系，它是一个二值栅格。其中，累积汇水量大于 2000 的像元赋值为 1，其他像元赋值为 0。数值 0 表示无值，图 5.23 为提取的栅格水系。

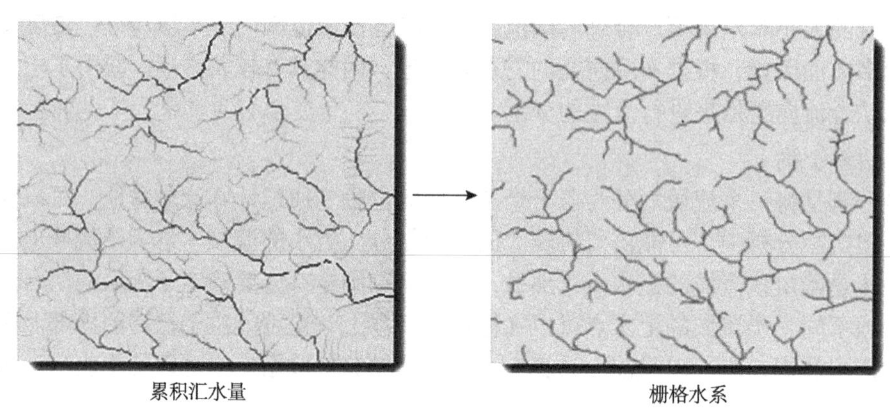

图 5.23　栅格水系提取结果

8. 河流分级

流域中的河流分为干流和支流。在水文学中，根据河流的流量、形态等因素对河流进行分级。在水文分析中，可以从河流的级别推断出河流的某些特征。河流分级功能用来对河流进行分级。以栅格水系为基础，依据流向栅格对河流分级编号，编号值越大，等级越高。

9. 水系矢量化

水系矢量化功能用来将栅格水系转化为矢量水系，并将河流的等级存储到结果数据集的属性表中。得到矢量水系后，就可以进行各种基于矢量的计算、处理和空间分析，如构建水系网络。图 5.24 为 DEM 数据及其对应的矢量水系。

10. 连接水系

基于栅格水系和流向栅格，为水系中的每条河流赋予唯一值。连接后的水系网络记录了水系节点的连接信息，体现了水系的网络结构。连接成功后，每条河段都有唯一的栅格值。如图 5.25 所示，图中的点为交汇点，即河段与河段相交的位置。河段是河流的一部分，它连接了两个相邻交汇点，或者一个交汇点和汇水点，或连接一个交汇点和分水岭。

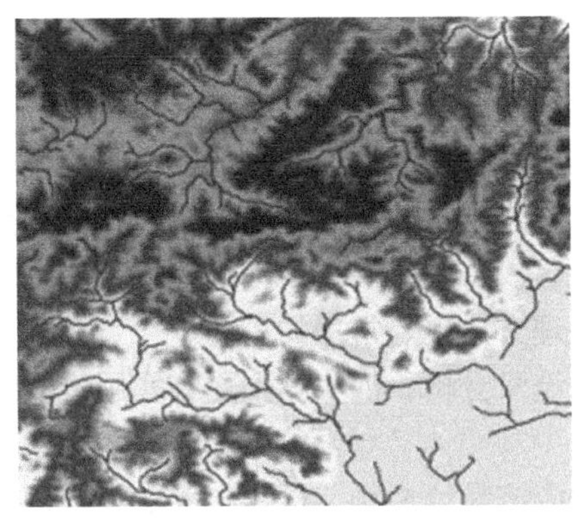

图 5.24　提取的矢量水系数据集

图 5.25　连接水系示意图

最终得到的连接水系结果中，河流栅格线状网络应为大于或等于 1 的值，如图 5.26 所示。

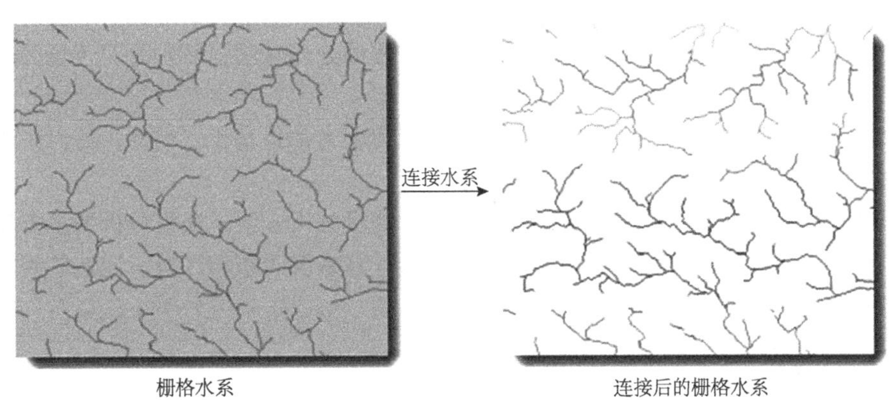

图 5.26　连接水系结果图

5.5　淹没分析

洪水淹没是一个很复杂的过程，受多种因素的影响，其中，洪水特性和受淹区的地形地貌是影响洪水淹没的主要因素。对于一个特定防洪区域而言，洪水淹没可能有两种形式：一种是漫堤式淹没，即堤防并没有溃决，而是由于河流中洪水水位过高，超过堤防的高程，洪水漫过堤顶进入淹没区；另一种是决堤式淹没，即堤防溃决，洪水从堤防决口处流入淹没区。无论是哪种情况，洪水的淹没都是一个动态的变化过程。对于第一种情况，需要有维持给定水位的洪水源，这在实际洪水过程中是不可能发生的，处理的办法是根据洪水水位的变化过程，取一个合适的洪水水位值作为淹没水位进行分析。对于第二种情况，当溃口洪水发生时，溃口大小是变化的，导致分流比也在变化。一般都会采取防洪抢险措施，溃口大小与分流比在抢险过程中也在变化，洪水淹没并不能自然地发生和完成，往往有人为防洪抢险因素的作用，如溃口的堵绝、蓄滞洪区的启用等。这种情况下要直接测量溃口处进入淹没区的流量是不大可能的，因为堤防溃决的位置不确定，决口的大小也在变化，测流设施要现场架设是非常困难也是非常危险的。所以实际应用时，考虑使用河道流量的分流比来计算进入淹没区的洪量。

归根到底，洪水淹没的机理是水源区和被淹没区有通道（如溃口、开闸放水等）或存在水位差，就会产生淹没过程，其最终的结果应该是水位达到平衡状态，这个时候的淹没区就应该是最终的淹没区。基于水动力学模型的洪水演进模型可以将这一洪水淹没过程模拟出来，即在不同时间的洪水淹没的范围，这对于分析洪水的淹没过程是非常有用的。洪水演进模型虽然能够较准确地模拟洪水演进的过程，但由于洪水演进模型建模过程复杂，建模费用高，通用性不好，一个地区的模型不能应用到另外一个地区。特别是对于江河两侧大范围的农村地区模型的边界很难确定。所以，上述两种概化的处理方法也是常用的。

关于洪水的淹没分析，人们往往想到三维的洪水淹没分析，但实际上更有实用价值的应该是二维的淹没分析，原因有下面几点。

（1）目前所说的三维不是真正的三维，严格地说应该是 2.5 维，即用二维的表现设备来表现三维，这种条件下的三维往往受视角和视点的影响，视觉效果并不尽如人意，不能满足实际的应用需求。虽然现在市场上出现了一些真三维的观察显示设备，但其在价格、对硬件性能的要求、实用性上尚不能达到普遍使用的目的。

（2）二维来表现三维的现实世界是概化问题一贯的处理方法，特别是对于场分布类别的事物用二维来表现具有直观、简单、明了的优点。

（3）目前洪水模拟演进、洪涝灾害评估等实用模型大都是基于二维的，所以采用二维的洪水淹没分析能够更好地与成熟的模型结合。

基于格网模型的洪水淹没分析就是一种二维的淹没分析方法。淹没分析的主要步骤包括两大步：进行洼地填充，去除伪洼地；根据洪水量计算淹没面积和区域。洼地的判断及填充以剔除洼地见前文 5.4.2 节。

5.5.1 无源淹没

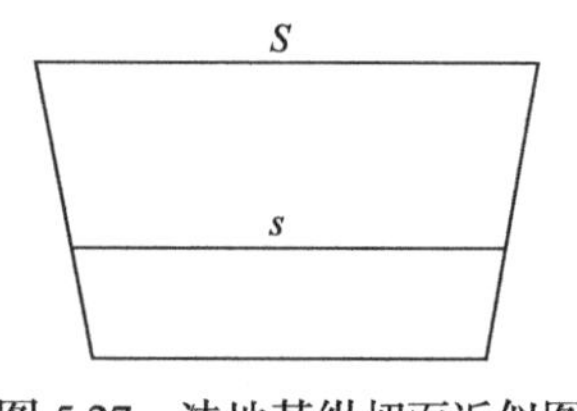

图 5.27 洼地某纵切面近似图

无源淹没中凡是高程低于给定水位的点都记入淹没区，记作被淹没的点，这种情形相当于整个区域大面积均匀降水。所有低洼处都可能积水成灾。从算法分析上看，这种情况分析起来比较简单，因为它不涉及区域连通、洼地合并、地表径流等复杂问题。如图 5.27 所示，假设区域降水量为 Dmm，某一洼地摄雨口的面积为 $S\text{m}^2$，洼地当前水位表面积为 $s\text{m}^2$，则洼地水位上涨高度 Δh（单位 m）可近似表示为

$$\Delta h = \frac{S \times D \times 10^{-3}}{s} \tag{5-15}$$

由式（5-15）可以看出，当洼地上下底面相差不大时，水面上涨高度 Δh 只与降水量 D 相关。因此，如果从粗略的计算来看，在区域大面积降水的无源淹没情况下，每个洼地水面上涨的幅度基本上是一致的，也就是整个区域洼地水面均匀抬高。产生淹没时，只要是低于水位高度的点都记入淹没点，会被淹没掉。

5.5.2 有源淹没

有源淹没情况下，水流受到地表起伏特征的影响，即使处在低洼处，也可由于地形的阻挡而不会被淹没。造成的淹没原因除了自然降水外，还包括上游来水、洼地水溢出等。

在实际情况中，有源淹没更为普遍也更为复杂，涉及水流方向、地表径流、洼地连通等情况的分析。

1. 水流方向的判断

自然地表水流总是由高处向低处流动，而且沿着坡度最陡的方向流动。依据这个规律，要判断 DEM 区域内某一点的水流方向，可以从与此点相邻的 8 邻域来判断。具体判别方法如下：从水平、垂直 4 个方向上找出最大高程点 $h_{1\max}$ 和最小高程点 $h_{1\min}$，再从对角线的 4 个方向上找出最大高程点 $h_{2\max}$ 和最小高程点 $h_{2\min}$，然后按以下条件判断。式中，d 为正方形格网间距；h 为 DEM 中当前点的高程。

满足条件 $\max\left(\dfrac{h_{1\max}-h}{d},\dfrac{h_{2\max}-h}{\sqrt{2}d}\right)$ 的点为当前点的上游点，即入水点；满足条件 $\max\left(\dfrac{h-h_{1\min}}{d},\dfrac{h-h_{2\min}}{\sqrt{2}d}\right)$ 的点为当前点的下游点，即水流方向点。

2. 地表径流的形成

地表径流形成情况与该地区的谷脊分布有关，所以在判断地表径流之前要先判别出该区域的谷脊点。谷是地势相对最低点的集合，脊是地势相对最高点的集合。在栅格 DEM 中，可按照下列判别式直接判定山谷点和山脊点。

当 $(h_{i,j-1}-h_{i,j})\times(h_{i,j+1}-h_{i,j})>0$ 时，若 $h_{i,j+1}>h_{i,j}$，则 $V_R(i,j)=-1$；若 $h_{i,j+1}<h_{i,j}$ 时，$V_R(i,j)=1$。

当 $(h_{i-1,j}-h_{i,j})\times(h_{i+1,j}-h_{i,j})>0$ 时，若 $h_{i+1,j}>h_{i,j}$，则 $V_R(i,j)=-1$；若 $h_{i+1,j}<h_{i,j}$ 时，$V_R(i,j)=1$。

其他情况下，$V_R(i,j)=0$。V_R 的意义如下式所示。

$$V_R(i,j)=\begin{cases}-1 & \text{山谷点}\\ 0 & \text{其他点}\\ 1 & \text{山脊点}\end{cases}$$

这种判定只能提供概略的结果。当需要对山谷山脊特征作较精确分析时，应由曲面拟合方程建立地表单元的曲面方程，然后通过确定曲面上各插值点的极小值和极大值，以及当插值点在两个相互垂直方向上分别为极大值或极小值时，确定出谷点或脊点。形成地表径流的地貌形态包括河流及当洪水发生时形成水流的山谷沟渠，根据几何学、地貌学原理及 DEM 的特征，河流、山谷均属于谷地地貌，所以均可用获取山谷线的方法获得。可以在通过上述方法判断出谷点的情况下，根据山谷线的如下特征进行判别，从而获取山谷线，得到地表径流路径：①每一条山谷线均由连续的局部极小值构成。②对于每一特定的山谷线来说，从其最高点（即山谷线的最上游）开始往下游延伸的其余各山谷线特征点的高程值应该越来越小。③山谷线遇到以下情况之一都将终止，连接另一条山谷线；汇入湖泊或海洋；到达 DEM 的边缘。

从山谷点数组中找出高程最大的点作为当前山谷线的起始点（上游特征点），从此点开始，沿着水流方向点往下游跟踪，直到遇到另一条山谷线或者汇入湖泊海洋或者到达 DEM 的边缘终止。

3. 洼地连通情况分析

有源淹没有两种情况：一种是河流沟谷本来就终止于该洼地；另一种情况就是当无源淹没中洼地水位到达一定程度的时候，水从洼地边缘漫出，流向其他较低地区，这时候较低地区的淹没就属于有源淹没。

第一种情况可以通过以上沟谷判断方法，得出沟谷线，再根据水流方向直接往下游追踪，到最后就能得到由该沟谷或河流连接的洼地，得到它们的连通关系。第二种情形下，则要先分析找到洼地边缘及溢口，然后才能确定流水的溢出点并判断流水的流向。对于 DEM 数据，判断洼地的边缘有多种方法。常见的有射线法及种子点生长法。

（1）射线法。该方法常用平行线扫描和铅垂线扫描。从洼地点数组中取一点，分别沿平行于 X、Y 轴线方向扫描，判断扫描到的点的 $V_R(i, j)$ 值。若碰到 $V_R(i, j)=1$ 且是从此方向上扫描到的第一点，则此点为洼地边缘点，将其赋予边缘点标志。

（2）扩散法（种子点生长法，8 方向邻域判断）。将洼地底点中的一个点作为种子点，然后向其相邻的 8 个方向扩散。如果被扩散的点 $V_R(i, j)$ 值为 1，就不再作为种子点向外扩散，该点记录为边缘点，否则就继续作为种子点向外扩散。重复上述过程直到所有种子点扫描为止。从洼地所属的边缘点中找出高程值最小的点，则该点即为该洼地的溢口点。从洼地溢口点出发，依照水流方向进行判断，就能得出溢出水的流向，从而得到洼地间的连通情况。

5.5.3 基于 TIN 的淹没分析

基于 DEM 的洪水淹没分析可以解决上述两种洪水最终淹没范围和水深分布的问题，但由于 DEM 数据量大，对于较大范围的洪水淹没分析，在目前的计算机硬件技术水平上还不能较快地计算出结果，在防洪减灾决策实施等方面，这种计算速度是不能忍受的。格网模型的思想很早就已经提出，并且在各个领域得到广泛的应用，如有限元计算的离散单元模型，目前所能见到的较先进的洪水模拟演进模型（如陆吉康教授的水动力洪水演进模型）也是一种格网化的模型。基于空间展布式社会经济数据库的洪涝灾害损失评估模型也是基于格网模型的思想（见李纪人等的相关文章）。由于格网本身对模型概化的优越性，同时考虑与洪水演进和洪涝灾害损失评估模型更好地结合，所以采用基于格网的洪水淹没分析模型是比较好的选择。

由 DEM 可以较方便地生成 TIN 模型。生成的 TIN 模型，其三角网格的大小分布情况反映了高程的变化情况，即在高程变化小的区域其三角网格大，在高程变化大的区域其三角网格小，这样的三角格网在洪水淹没分析方面具有以下优点。

（1）洪水淹没的特性与三角格网的这种淹没特性是一致的，即在平坦的地区淹没面积大，在陡峭的区域淹没面积小，所以采用这种格网更能模拟洪水的淹没特性。

（2）洪水的淹没边界和江河边界等都是非常不规则的，采用三角形格网模型比规则的四边形格网模型等更能够模拟这种不规则的边界。

（3）三角形格网大小疏密变化不一致，既能满足模型物理意义上的需求，也能节省计算机的存储空间，提高计算速度。

针对一个特定地区的洪水淹没分析，为了减少数据量和便于分析，一般根据洪水风险，预先圈定一个最大的可能淹没范围，并且将沿江两岸分成左右两半分别进行处理分析，靠江边的边界处理为淹没区的进水边界。这样处理对于防洪减灾来说是合理的，一般在防洪区域，沿江两岸堤防建设的洪水保证率是不一样的，有重点地保护一些地区和放弃一些地区，所以需要将两岸分开处理。

目前，国家测绘局能够提供七大江河周边地区 1∶1 万的 DEM 数据，在实际应用中需要根据特定的防洪区域的微地形修正该 DEM 数据，以保证地形数据的准确，根据实测微地形（如堤防、水利工程等）数据修正 DEM 的 GRID 栅格高程值。将一系列实测数据进行自动快速修正 GRID 的程序可以在 ArcInfo Desktop 平台上开发完成，可以直接进行交互式使用。将修正后的 DEM 数据用上面提到的洪水最大可能淹没范围进行剪裁，得到的区域就是所需要进行淹没分析研究的范围。

将 DEM 转换为 TIN 模型，提取三角格网，并对每个三角格网赋高程值，高程值按三个顶点从 GRID 上取得的高程值的平均值求得。该三角格网就是要进行洪水淹没分析的格网模型。

1. 给定洪水水位的淹没分析

选定洪水源入口，设定洪水水位、选出洪水水位以下的三角单元，从洪水入口单元开始进行三角格网连通性分析，能够连通的所有单元即组成淹没范围，得到连通的三角单元，对连通的每个单元计算水深 W，即得到洪水淹没水深分布，如图 5.28 所示。

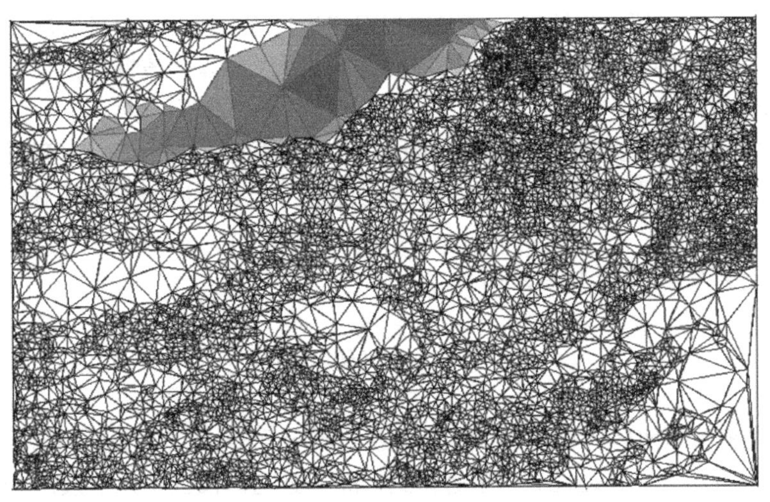

图 5.28　三角网水深分布图

单元水深的计算公式为 $W=H-E$，式中，W 为单元水深；H 为水位；E 为单元高程。

2. 洪水淹没连通区域算法

对于洪水淹没区域连通性，在一些淹没分析软件中，仅考虑高程平铺的问题，即在任何地势低洼的区域都同时进水，实际上从洪水淹没本身来说这是不准确的。洪水首先是从水源处开始向外扩散淹没，只有水位高程达到一定程度之后，洪水才能越过某一地势较高的区域到达另一个洼地。洪水淹没的连通性算法可以从投石问路法的原理来理解。

假定有一个探险家，他带着一个高程标准（水位高程）需要将这一高程以下所有能够相互连通的区域探寻出来，假定这片区域由不同大小的格网组成，格网是由边数一样多（当然也可以不一样多，但那样会使问题更复杂）的多边形组成，这里为讨论问题的方便，假定为四边形，探险家前进的方向即为投石问路的石子，探险家背着一个袋子，袋子里装着前进方向的石子。开始，探险家只有一颗石子，某一个表明能够进入的边界单元的石子，能够从这一边界单元进入的条件是，他所带的高程标准表明这一单元的高程比高程标准低。探险家投出这颗石子从这一边界单元进入，进入该单元后，对该单元做标记，表明已经走过，又得到三颗石子，即三个可能前进的方向，需要对这三颗石子检验是否可以继续用于投石问路，首先检验石子指明方向的单元是否具有已走过的标志，如果有则弃之，如果没有则保留，继续下一步检验。继续检验的条件是石子指明前进方向的单元高程比所带的高程标准是高还是低，如果高则该石子不合格，丢弃之，如果低则合格，放入袋子中，袋中石子个数自动增加。检验完后，判断袋子中的石头个数，如果不为零，则可以继续往下探寻，再从袋子中取出一颗石子，继续投石问路，直到袋子中没有石子为止。这样就能遍历整个区域，找出与入口单元相连的满足高程标准的连通区域。

从问题的收敛性上来看，这种算法是完全可以收敛的，因为探险家开始的本钱只有一颗石子，每前进一步，得到的石子个数可能为 0、1、2、3（别的多边形数目可能不一样，但一定包括零），但他一定得消耗一颗用于探路的石子，所以如此不断探寻下去，最后石子用完，连通区域也就找出来了。

3. 给定洪量的淹没分析

在进行灾前预评估分析时可以根据可能发生的情况给定一个洪量，或者取洪水频率对应流量的百分数。在灾中评估分析时 Q 值可以根据流量过程曲线和溃口的分流比计算得到，有条件的地方，可以实测，不能实测的可以根据上下游水文站点的流量差，并考虑一定区间来水的补给误差计算得到。

在上述 H 分析方法的基础上，通过不断给定 H 条件下求出对应淹没区域的容积 V 与 Q 的比较，利用二分法等逼近算法，求出与 Q 最接近的 V，V 对应的淹没范围和水深分布即为淹没分析结果

一般，$V = f(H)$，简化计算式如下：

$$V = \sum_{i=1}^{m} A_i \times (H - E_i) \tag{5-16}$$

式中，V 为连通淹没区水体体积；A_i 为连通淹没区单元面积，由连通性分析求解得到；E_i 为连通淹没区单元高程，由连通性分析求解得到；m 为连通淹没区单元个数，由连通性分析求解得到。

定义函数如下，显然该函数为单调递减函数，函数变化趋势如图 5.29 所示。

$$F(H) = Q - V = Q - \sum_{i=1}^{m} A_i \times (H - E_i) \tag{5-17}$$

已知 $F(H_0) = Q$，H_0 为入口单元对应的高程，要求得一个 H，使得 $F(H) \to 0$。为利用二分逼近算法加速求解，在程序设计时考虑变步长方法进行加速收敛过程。需要预先求得 H_1，使 $F(H_1) < 0$。H_1 的求解可以设定一个较大的增量 ΔH，循环计算 $H_1 = H_0 + n\Delta H$，直到 $F(H_1) < 0$。再利用二分法求算 $F(H)$ 在（H_0，H_1）范围内趋近于零的 H_q。H_q 对应的淹没范围和水深分布即为给定洪量 Q 条件下对应淹没范围和水深（图 5.30）。

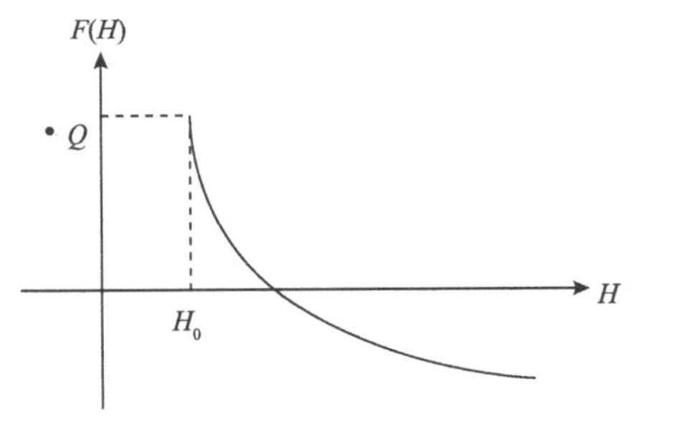

图 5.29 $F(H)$ 函数变化趋势图

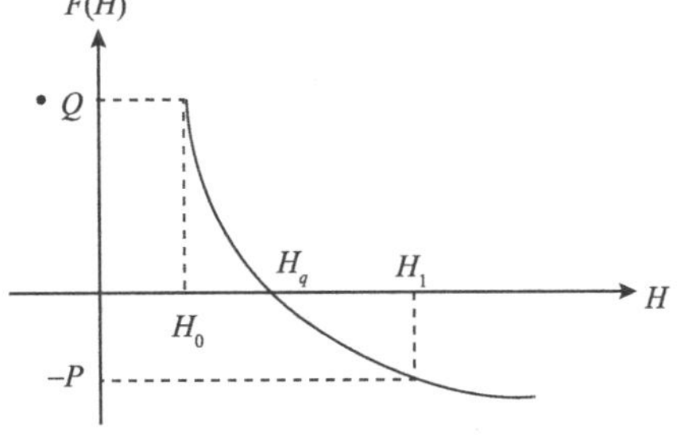

图 5.30 H_q 求解示意图

5.5.4 任意多边形格网模型的洪水淹没分析

前面谈到利用 TIN 模型产生的 TIN 来进行洪水淹没分析，这样的淹没分析方法是有一些缺点的：由 DEM 产生 TIN 模型时对于高程有一个概化过程，即在三角单元内认为高程是均匀的，在实际处理时由三个点的高程平均取得。这个处理过程会产生一定的误差。因此，有人提出了基于多边形的洪水淹没分析方法。

将 DEM 转化为多边形，处理时将具有相同高程并且相邻的单元合并为一个多边形，这样可以大大减少多边形的数量，同时又能保证 DEM 的高程精度完全不损失。这样得到的格网模型比较三角单元格网模型，单元数量要多得多，但单元的高程精度要比三角单元高，所以三角单元的格网模型可以用于较粗精度的分析，由 DEM 直接转化为多边形的格网模型可以用于较高精度的分析。

任意多边形格网模型的洪水淹没分析方法与三角单元格网模型相似，也可以采用投石问路算法，但相对于三角单元格网模型在算法上需略作一些技巧性的处理。因为每一个单元相邻的单元数量是不确定的，在算法上将每个单元的相邻单元编号预先生成一个序列。在对每一个单元进行投石问路时，从预先生成的序列中提取出相邻单元的编号，完成投石问路的整个算法过程，每个单元的相邻单元数量虽然是不确定的，但是有限的，所以投石问路算法一定可以收敛。图 5.31 是任意多边形格网模型洪水淹没分析的一个例子。

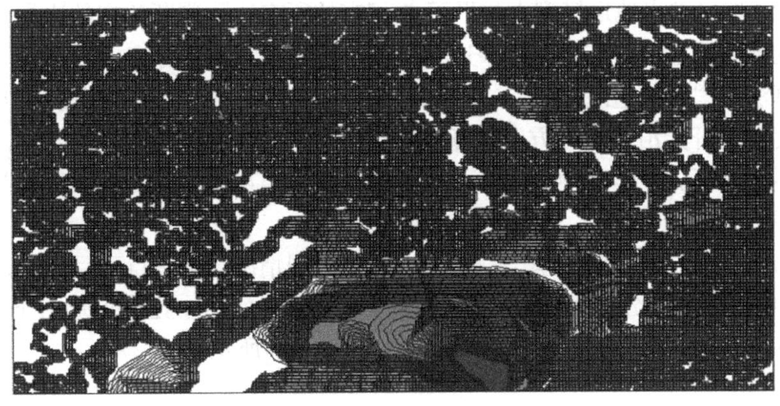

图 5.31 任意多边形格网模型洪水淹没分析结果

5.6 通视分析

通视分析也称为视线图分析，实质上属于对地形进行最优化处理的范畴。通视分析在航海、航空及军事方面有重要的应用价值，如设置雷达站、电视台的发射站、道路选择、航海导航等，在军事上如布设阵地、设置观察哨所、铺设通信线路等；有时还可能对不可见区域进行分析，例如，低空侦察飞机在飞行时，要尽可能避免敌方雷达的捕捉，飞机要选择雷达盲区飞行。通视分析的基本内容有两个：一个是两点或者多点之间的可视性分析（intervisibility）；另一个是可视域分析（viewshed），即对于给定的观察点，分析观察所覆盖的区域。

5.6.1 视线分析

可视性分析根据给定的观察点和被观察点，在输入的栅格表面对它们之间是否可见进行分析。分别提供了两点可视性分析和多点可视性分析。

1. 两点之间的可视性分析

两点可视性，用来分析地表的任意两点之间是否可以相互通视。由于数字高程模型描述的是地面点的高程而不包含地面上的物体，如森林树木和建筑物等的高度，所以，当地物高度对分析结果有不可忽略的影响时，可以加入“附加高程值”来调整观察点的高度，以得到正确的结果。若输入了附加高程，则对两点都附加该高程，很有可能赋予附加高程与不考虑附加高程得到的结果截然相反。例如，不考虑附加高程则两点不可见，考虑了附加高程后两点可见，因而了解地物高度和添加附加高程在有的情况下非常重要。两点可视性分析可以在栅格地图上直接画出两点构成的线段来分析，也可以分析叠加在栅格地图上的线数据集中的某段线的两端点所在位置的通视情况。

基于栅格 DEM 判断两点间通视有多种算法，常用的主要有两种。

比较常见的一种算法基本思路如下：首先确定过观察点和目标点所在的线段与 XY 平面垂直的平面 S；然后求出地形模型中与平面 S 相交的所有边；判断相交的边是否位于观察点和目标点所在的线段之上，如果有一条边在其上，则观察点和目标点不可视。

另一种算法是“射线追踪法”，这种算法的基本思想是对于给定的观察点 V 和某个观察方向，从观察点 V 开始沿着观察方向计算地形模型中与射线相交的第一个面元，如果这个面元存在，则不再计算。显然这种方法既可用于判断两点相互间是否可视，又可以用于限定区域的水平可视计算。

在 ArcView 中分析某区域内 A 与 A' 两点间的通视情况，观察点到目标点之间将会出现一条视线，其中可视的部分为浅色，不可视的部分为深色，如图 5.32（a）所示。同时，ArcView 会自动绘出 $A—A'$ 两点间的通视剖面图，如图 5.32（b）所示。

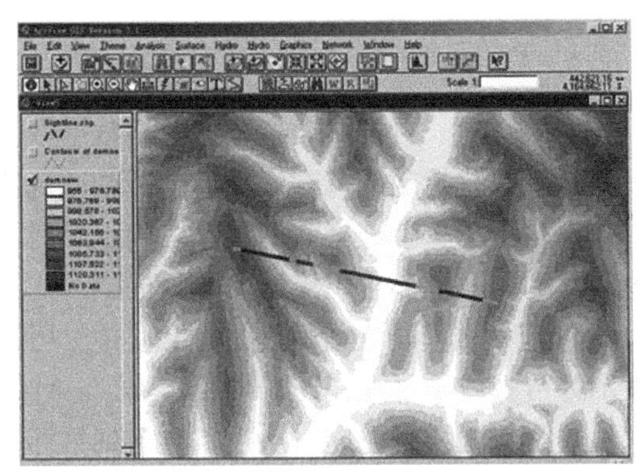
(a) A—A′ 间的通视情况示意

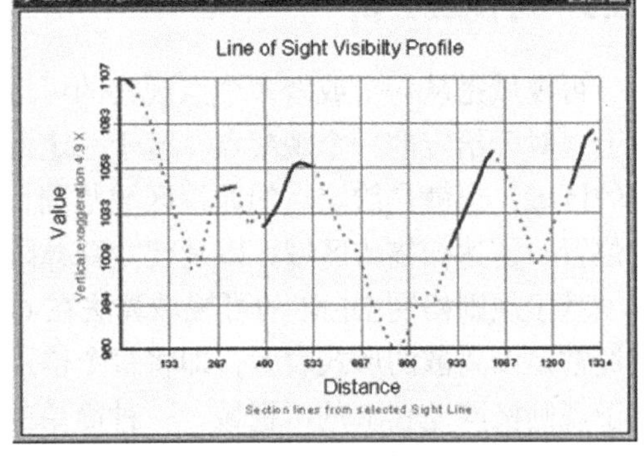

(b) A—A′ 两点间的通视剖面图

图 5.32　通视性分析示意图

2. 多点可视性分析

多点可视性用来分析栅格表面的多点之间是否可以相互通视。在多点可视性分析中可以对一个或多个点单独附加高程值，附加了高程后，很有可能赋予附加高程与不考虑附加高程得到的结果截然相反，因此了解地物高度和添加附加高程在有的情况下非常重要。多点可视性分析可以在栅格地图上直接鼠标点选多个点构成参与分析的点；也可以通过导入点数据集的方式来生成参与分析的点，如图 5.33 所示。

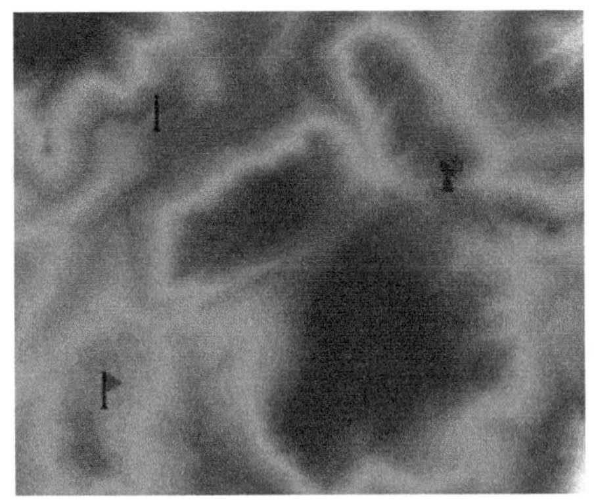
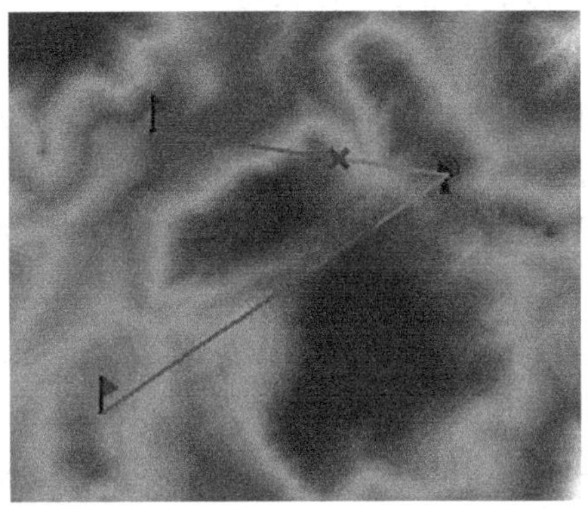

图 5.33　DEM 数据集与观测点及多点可视性分析结果

三维可视性分析功能是二维空间分析功能的升华，具有直观形象的特点。图 5.34 为多点可视性分析在三维场景中的展现效果。

图 5.34　三维场景中多点可视性分析效果

5.6.2　可视域分析

可视域是从一个或者多个点观察的可以看见的地表范围。可视域分析是在栅格数据数据集上，对于给定的一个观察点，基于一定的相对高度，查找给定的范围内观察点所能通视覆盖的区域，也就是给定点的通视区域范围，分析结果是得到一个栅格数据集。在确定发射塔的位置、雷达扫描的区域，以及建立森林防火瞭望塔的时候，都会用到可视域分析。

基于规则格网 DEM 的可视域算法在 G1S 分析中应用较广。在规则格网 DEM 中，可视域经常是以离散的形式表示，即将每个格网点表示为可视或不可视，即“可视矩阵”。计算基于规则格网 DEM 的可视域，一种简单的方法就是沿着视线的方向，从视点开始到目标格网点，计算与视线相交的格网单元（边或面），判断相交的格网单元是否可视，从而确定视点与目标视点之间是否可视。显然这种方法存在大量的冗余计算。总的来说，由于规则格网 DEM 的格网点一般都比较多，相应的时间消耗比较大。针对规则格网 DEM 的特点，比较好的处理方法是采用并行处理。

在进行可视域分析的时候，需要明确几个重要的参数，包括观察点、附加高程、观测半径、观察角度等。

1. 观察点

观察点是用于可视域分析的原点，可以是一个或者多个。当拥有多个观察点时，可以确定哪些视点能够看到那些区域。

2. 附加高程

观察点的高度由两部分组成：一部分是观察点的表面高程；另一部分包括附加高程。因此，可以通过观察点的附加高程来调整观察点的高度，例如，若在地图上选择的观察点的实际地面高程为 430m，附加高程值为 100m，则观察点的高程为 530m。

3. 观测半径

观测半径限制了可视域的搜索范围。如果只在一定长度范围内查找观察点的可视范围，可以指定可视半径，则可视范围在以观察点为圆心，可视半径为半径的圆形范围内查找。可视半径的默认值为 0，指观测半径无穷大，即在整个地图范围内查找。

4. 观察角度

观察角度限制了可视域的搜索方向。观察角度以度为单位，介于 0° ~360° 。其中，默认起始角度为 0° ，从正北方向开始，顺时针旋转到 360° 。

5. 多点可视域分析

多点可视域分析是在栅格数据表面，对于给定的多个观察点，基于各自的相对高度，查找给定范围内所有观察点所能通视的全部区域，分析结果将得到一个栅格数据集。多点可视域可以是共同可视域（所有观察点可视域的交集），或者非共同可视域（所有观察点可视域的并集）。

同样，考虑 DEM 数据没有地面建筑的特点，在多点可视域分析中也可以对一个或多个观察点单独附加高程值，附加了高程后，很有可能赋予附加高程与不考虑附加高程得到的结果截然不同，因此了解观察点高度和添加附加高程是非常重要的。

在具体的软件操作中，多点可视域分析可以在栅格地图上直接使用鼠标等输入设备点选多个点构成多个观察点，也可以通过导入点数据集的方式来生成多个观察点。对于导入的点数据集既可以有高程字段，也可以统一设置附加高程值。

一个多个观察点可视域的分析结果实例如图 5.35 所示。

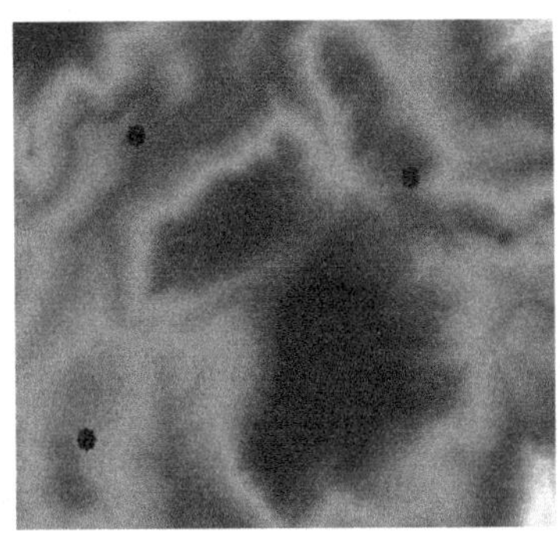

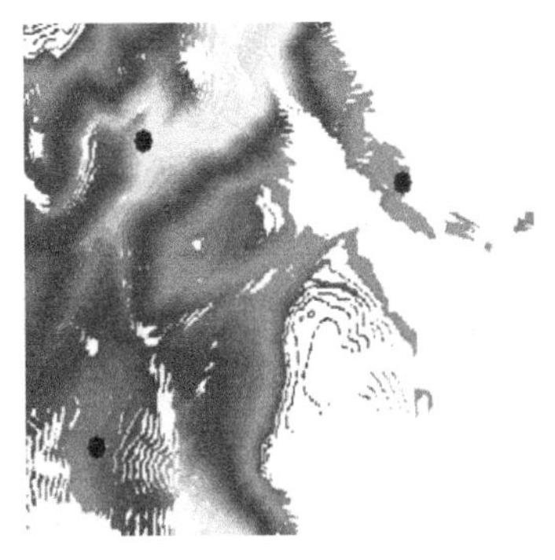

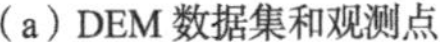

（a）DEM 数据集和观测点　　（b）多点可视域分析结果

图 5.35 多点可视域分析

第六章 叠置分析

叠置分析是地理信息系统中用来提取空间隐含信息的方法之一。叠置分析是将代表不同主题的各个地理要素数据层面进行叠置产生一个新的地理要素数据层面，叠置结果综合了原来两个或多个层面地理要素所具有的属性。叠置分析不仅生成了新的空间关系，而且将输入的多个数据层的属性联系起来产生了新的属性关系，是地理环境综合分析和评价的一种重要手段。叠置分析分为矢量数据叠置和栅格数据叠两种形式。本章将首先对叠置分析进行概述，然后对矢量数据叠置和栅格数据叠置分别进行论述。

6.1 叠置分析理论

地理对象综合体内部的各要素和各部分是相互联系、相互制约的，从而形成一个完整的、独立的、内部具有相对一致性、外部具有独特性的整体。地图是反映自然和社会现象的形象、符号模型，是空间信息的载体、空间信息的传递通道。传统地图的载体多为纸张，在传统的地图制图工艺中，地图是逐个要素，或逐个符号，或逐个颜色的叠加印刷覆盖结果。地图的生产制作过程也就是覆盖层的覆盖过程，其每一种覆盖层可以是一种制图要素，如河流、道路、居民地等；也可以是一种符号，如线状的、面状的、点状的等；也可以是一种带有色彩的符号，如红色、黄色、蓝色或者三原色的组合色。通俗地讲，传统地图可看成是许多覆盖层的覆盖结果。这种思想打开了地理空间数据中组织数据和在逻辑上设计地理信息系统的大门（崔铁军，1990）。人们找到了组织和管理地理信息的一种特殊方法——地理信息数据分层。根据需要和可能来选择地理要素，通常应包括基本地理要素：河流、居民地、交通等，以及地质、地貌、土坡、植被等专业要素。其每一种要素在数据库以“层”来存放。为便于管理，对层严格地进行了定义，分为点层、线层、面层三种类别。对于每一要素层，可以根据需要自由地选择层的类别，也可以视其复杂程度进一步分解为若干层。例如水网，可以分为河流和湖泊，河流是线状要素，湖泊是面状要素，前者存储于线层，后者存储于面层。也可以将河流和湖泊同存储于线层。

地理空间数据按要素主题（如河流、道路、居民地等）进行分层存储和管理的优点是简化了数据的操作和处理，便于计算机的管理、处理、分析和查询。每个物理层之间在数据组织和结构上相对独立，数据更新、查询、分析和显示、拓扑关系建立、拓扑关系完整性和一致性维护等操作以物理层为基本单位。缺点是分层切断了不同层间要素的空间相互关系。例如，河流和植被分别放在不同的层中，如果河流是植被的边界，河流必须在不同的层中进行存储，这不仅破坏了河流数据的一致性，而且也无法建立河的左岸是植被这种关系，因为拓扑关系只适合在同一层中建立。

地理要素层除矢量数据层外，还包括图像数据层、数字高程数据层（规则格网数字高程模型和不规则格网数字高程模型）、地理要素注记层和统计专题图层等。地理空间数据元数据基于地理要素层类进行描述。地理要素层元数据描述主要内容包括地理要素层对象标识

ID、地理要素层代码 Code、地理要素层类型 Type、地理要素层尺寸 Size、地理要素层内数据来源、生产年代、地图投影、数据质量、数据精度、分辨率、平面和高程控制点等。

叠加分析是地理要素分层的逆向操作。在统一空间参考系统下，通过对两个地理要素层叠加运算，建立在空间位置上有一定关联的地理对象的空间特征和专属属性之间的相互关系，产生新的地理要素层。这里提到的地理要素层可以是图层对应的数据集，也可以是地物对象。多个地理要素层数据的叠置分析，不仅产生了新的空间关系，还可以产生新的属性特征关系，能够发现多层数据间的相互差异、联系和变化等特征。

叠置分析是指将同一地区、同一比例尺、同一数学基础、不同信息表达的两组或多组专题要素的图形或数据文件进行叠置，根据各类要素与多边形边界的交点或多边形属性建立具有多重属性组合的新图层，并对那些在结构和属性上既相互重叠，又相互联系的多种现象要素进行综合分析和评价；或者对反映不同时期同一地理现象的多边形图形进行多时相系列分析，从而深入揭示各种现象要素的内在联系及其发展规律的一种空间分析方法。如图 6.1 所示，其中，（a）是一个基本图层多边形；（b）是一个其他图层多边形；（c）是两个图层的叠置分析结果，叠置后产生了四个多边形。

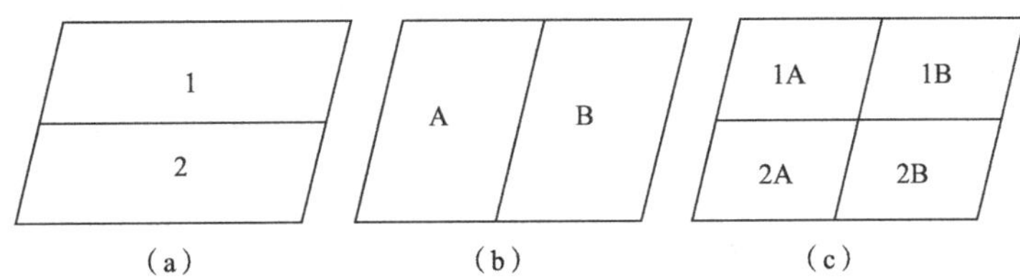

图 6.1　叠置分析示意图

地理空间数据的处理与分析目的是获得空间潜在信息，叠置分析是非常有效的提取隐含信息的工具之一，有利于提取某个区域范围内某些专题内容的数据特征。叠置分析获取的新数据层综合了原来两个或多个层面要素所具有的空间和属性特征，叠置分析不仅生成了新的空间关系，还将输出的多个数据层的属性联系产生了新的属性关系，或建立地理对象间的空间对应关系，即新数据层上的属性是各输入数据层上相应位置处各属性的函数。例如，将全国水质监测站分布图与行政区图叠置，得到一个新的图层，既保留了水质监测站的点状图形及属性，同时附加了行政分区的属性信息，据此可以查询水质监测站点属于哪个省区，或者查询某省区内共有多少个水质监测站点。

从原理上讲，叠置分析是对两个或两个以上的地理要素图层的几何和属性特征按一定的数学模型进行分析运算。叠置分析根据数据结构不同，通常分为矢量数据叠置分析和栅格数据叠置分析。矢量数据叠置分析的结果是新的空间特性和属性关系，而栅格数据叠置分析的结果是新的栅格数据。矢量数据模型以点、线、面等简单几何对象来表示空间要素，叠置分析时空间要素图形处理比较复杂，而栅格数据模型则以格网的形式记录属性信息，空间信息隐含，不涉及图形要素的叠置处理。从运算角度看，矢量数据模型与栅格数据模型的属性叠置处理分为代数运算与逻辑运算两大类。空间集合 A 和 B 的逻辑交（∩）、逻辑并（∪）和逻辑差（–）运算如图 6.2 所示。

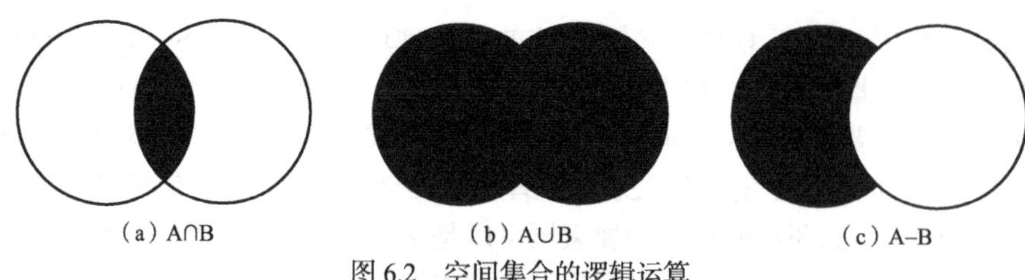

图 6.2　空间集合的逻辑运算

6.2　矢量数据叠置分析

6.2.1　点与点叠置

点与点的叠置是一个图层上的点与另一个图层上的点进行叠置，从而为图层内的点建立新的属性，同时对点的属性进行统计分析。点与点的叠置是通过不同图层间的点的位置和属性关系完成的，得到一张新的属性表，属性表表示点间的关系（朱长青和史文中，2006）。

例如，图 6.3 表示某一城市中网吧（空心圆）与学校（实心圆）的叠置，这样就可以计算学校与网吧之间的距离。从叠置后的属性表可见，网吧 1 与学校的距离最近。

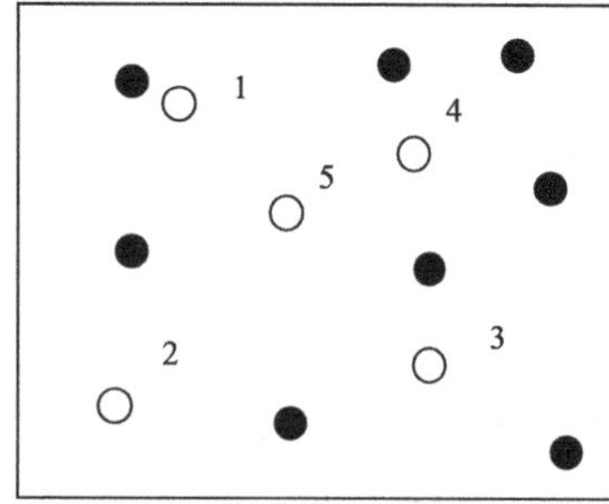

网吧	网吧与学校的距离
1	25
2	100
3	50
4	50
5	100

图 6.3　网吧（空心圆）与学校（实心圆）的叠置分析

矢量数据模型的基本单元是点及点的坐标。点要素的位置信息采用地理坐标来存储，通过测定点在有效坐标系统中的坐标存储点的位置（x，y），用一对坐标值表示点的矢量。点与点的叠置，通常是计算一个图层中的每个点到另一个图层中最近点或全部点的距离，或是将不同点图层复合生成新的点图层。其中，点（x_0，y_0）与点（x_1，y_1）间的距离（D）算法的基础是两点之间的距离平方。

$$D^2=\left(x_0-x_1\right)^2+\left(y_0-y_1\right)^2$$

6.2.2　点与线叠置

点与线的叠置是一个图层上的点与另一个图层上的线进行叠置，从而为图层内的点和线建立新的属性。叠置分析的结果可用于点和线的关系分析，如计算点和线的最近距离（朱长青和史文中，2006）。

图 6.4 表示某地区城市（圆圈）与高速公路（实线）两个图层叠置分析结果，从叠置分析结果可以看出城市与高速公路之间的关系、高速公路的分布情况。

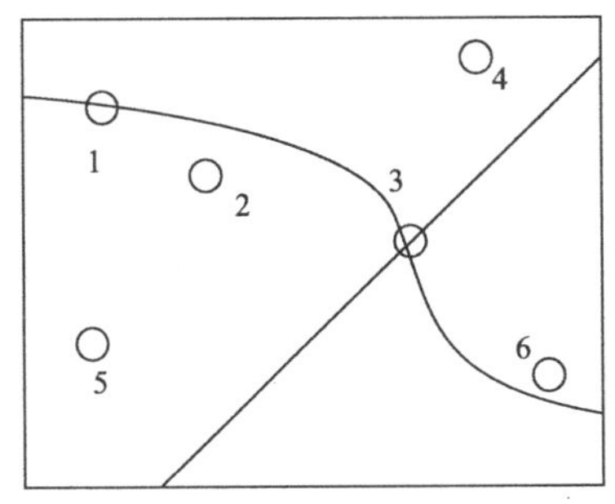

城市	城市与公路的距离/km
1	0
2	20
3	0
4	40
5	50
6	10

图 6.4　城市与高速公路的叠置分析

矢量数据模型的线要素由点构成，包括两个端点和端点之间标记线形态的一组点，可以是平滑的曲线或折线。矢量数据模型通过一系列的短直线逼近曲线，为了记录这些短直线，仅仅需要记录每段直线部分的点的坐标。快速计算给定点到复杂平面曲线的最小距离可采用分割逼近法的步骤，如下所示（廖平，2009）。

（1）计算给定点 $P(x_k,\ y_k)$ 到复杂平面曲线段 $r_i(u)$ 上两个端点的距离，如图 6.5 所示。

$$dt_i^1 = \sqrt{[x_k - x_i(0)]^2 + [y_k - y_i(0)]^2}$$

$$dt_i^2 = \sqrt{[x_k - x_i(1)]^2 + [y_k - y_i(1)]^2}$$

（2）计算给定点 $P(x_k,\ y_k)$ 到复杂平面曲线段 $r_i(u)$ 上的两个端点的距离。

$$dt_i = \min\{dt_i^1, dt_i^2\}$$

（3）求出点到所有复杂平面曲线段上两个端点距离的最小值。

$$e_k = \min\{dt_i\}$$

则点到复杂曲线最小距离必然落在与 e_k 对应的相邻曲线段上，如图 6.6 所示。

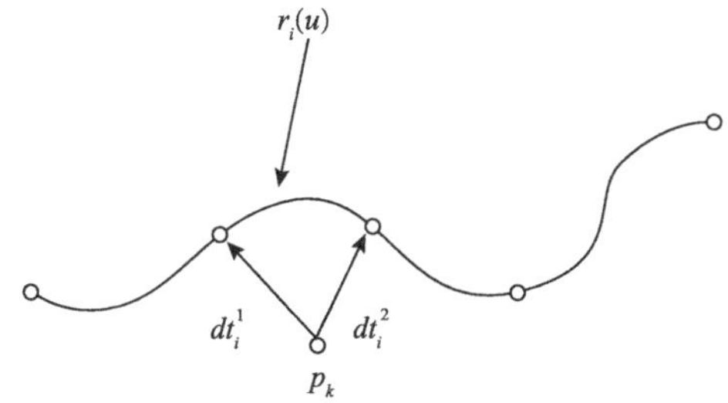

图 6.5　给定点到复杂平面曲线段端点的距离

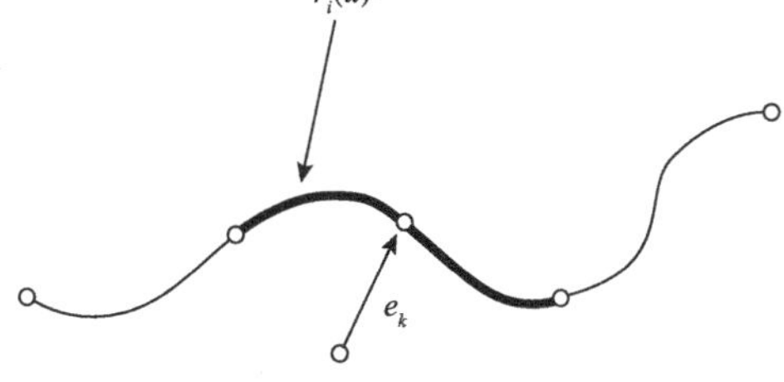

图 6.6　给定点到复杂平面曲线段端点的最短距离

（4）将每个相邻复杂平面曲线段沿 u 方向等间距分割成 4 个曲线段，如图 6.7 所示，并分别求出点 p_k 到这些曲线段端点的距离，然后找出其中的最小距离 e_k^* 所对应的 B 样条曲线分割端点 $r_i^*(u_j)$，则点到复杂曲线最小距离必然落在与分割端点 $r_i^*(u_j)$ 对应的相邻曲线段上。

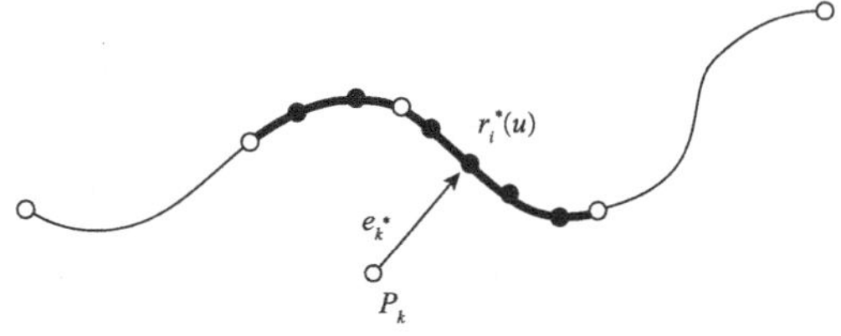

图 6.7　给定点到复杂平面曲线段端点的最短距离

（5）计算每个相邻复杂平面曲线段两个端点间的 u 方向间距。

（6）判断每个相邻复杂平面曲线段两个端点间的 u 方向间距是否小于计算精度。如果每个相邻复杂平面曲线段两个端点间的 u 方向间距小于计算精度，则求解结束，此时求得的 e_k^* 为点到复杂平面曲线的最小距离。如果每个相邻复杂平面曲线段两个端点的 u 方向间距有一个不小于计算精度，则转到第（4）步，求解。

6.2.3　点与面叠置

点与面的叠置是将一个图层上的点与另一个图层上的面叠置，从而为图层的每个点建立新的属性，同时对每个多边形内点的属性进行统计分析。面要素以多边形的形式存储在地理信息中，用一条单一的封闭的线或者一组相互连接的线表示。点与面的叠置是通过点在多边形内的判别完成的，得到一个新的属性表，属性表不仅包含原有的属性，还有点落在哪个面内的目标标志。如果有多个点分布在一个多边形内，则要附加一些其他信息，如点的个数或各点属性的总和等。该叠置过程实际上是判断点与多边形的拓扑包含关系，以确定每个点各落在哪个多边形内，其结果得到关于点集的新属性表。新表中不仅保留了点图层的原有属性，还增加了各点所属多边形的标志。

对于平面内任意闭合曲线，都可以直观地认为，曲线把平面分割成了内、外两部分，其中“内”就是多边形区域。直线穿越多边形边界时，有且只有两种情况：进入多边形或穿出多边形。直线可以无限延伸，而闭合曲线包围的区域是有限的。因此，最后一次穿越多边形边界，一定是穿出多边形，到达外部。

假如从一个给定的点做射线，还可以得出下面两条结论：①如果点在多边形内部，射线第一次穿越边界一定是穿出多边形。②如果点在多边形外部，射线第一次穿越边界一定是进入多边形。

如图 6.8 所示，当射线穿越多边形边界的次数为偶数［图 6.8（a）］时，所有第偶数次（包括最后一次）穿越都是穿出，因此所有第奇数次（包括第一次）穿越为穿入，由此可推断点在多边形外部。当射线穿越多边形边界的次数为奇数时［图 6.8（b）］，所有第奇数次（包括第一次和最后一次）穿越都是穿出，由此可推断点在多边形内部。

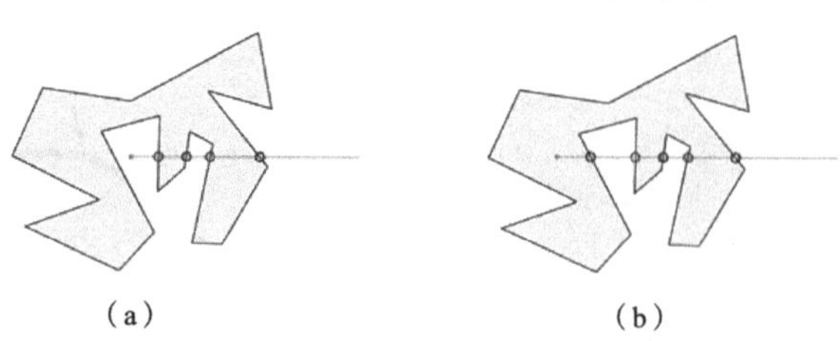

图 6.8　射线法图解

有几种特殊情况需要注意，分别是点在多边形的边上，点和多边形的顶点重合，射线经过多边形顶点，射线刚好经过多边形的一条边。判断点是否在线上的方法有很多，比较简单直接的就是计算点与两个多边形顶点的连线斜率是否相等。点和多边形顶点重合的情况更简单，直接比较点的坐标就可以了。顶点穿越看似棘手，换一个角度来看，射线穿越一条线段需要什么前提条件使线段两个端点分别在射线两侧，只需要规定被射线穿越的点都算作其中一侧即可，如规定射线经过的点都属于射线以上的一侧。

除了射线法还有很多其他的方法，下面再介绍一种回转数法。回转数（又叫卷绕数）是拓扑学中的一个基本概念，具有很重要的性质和用途。平面中的闭合曲线关于一个点的回转数，代表了曲线绕过该点的总次数。当回转数为 0 时，点在闭合曲线外部。如图 6.9 所示，在通过给定的点和多边形计算回转数时，首先用线段分别连接点和多边形的全部顶点，然后计算所有点与相邻顶点连线的夹角，并计算所有夹角和。注意每个夹角都是有方向的，所以有可能是负值。最后根据角度累加值计算回转数。不难理解，360°（2π）相当于一次回转。

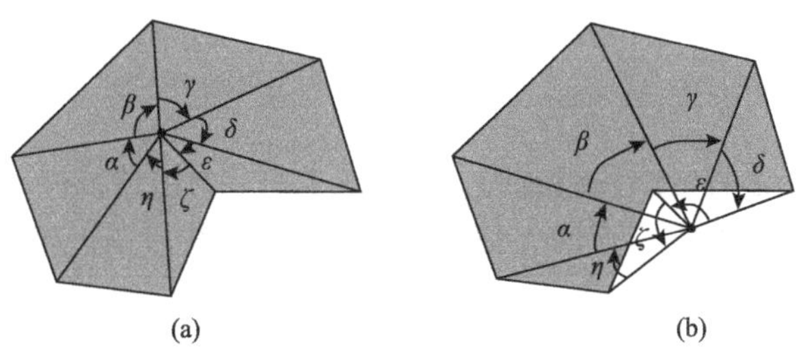

图 6.9　回转数法图解

图 6.10 表示了某地学校与行政区划的叠置，可以确定每所学校所属的行政区划，也可以确定一个行政区划内学校的情况。

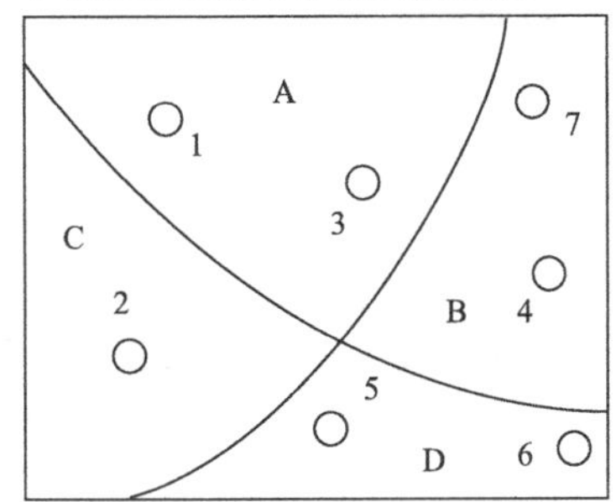

学校	行政区
1	A
2	C
3	A
4	B
5	D
6	D
7	B

图 6.10　学校与行政区划的叠置分析

6.2.4　线与线叠置

线与线的叠置是将一个图层上的线与另一个图层上的线叠置，通过分析线之间的关系，从而为图层中的线建立新的属性关系。

例如，图 6.11 表示河流（虚线）与公路（实线）的叠置分析结果，结果可以表明交通运输分布情况。

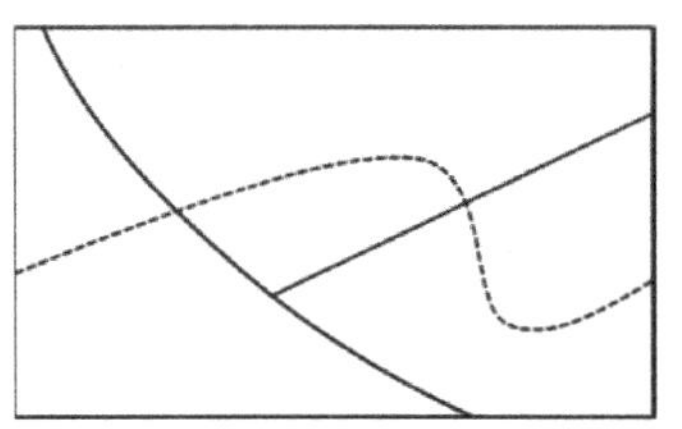

图 6.11　河流与公路的叠置分析

矢量地理信息系统中通过存储沿着线的一系列点坐标值来存储一个线要素，利用存储的数据判定两条线是否相交，是许多其他 GIS 操作中的核心问题，如多边形的重叠及多边形缓冲区。对于两条直线来讲，在计算机内存储的是两条线的端点坐标，（X_{S1}，Y_{S1}），（X_{E1}，X_{E2}）和（X_{S2}，Y_{S2}），（X_{E2}，Y_{E2}）。通常用来表达直线的一个方程是

$$y = a + b \times x$$

计算出连接每一对坐标值的直线方程，即求出每条直线的 a、b 值。对于任何一个 X 的值都可以计算出 Y 的值。两条直线相交的一个重要特点，就是存在一个点，这个点的 X 和 Y

值在这两条直线都是一样的。利用得到的 A_1，B_1 和 A_2，B_2 值，联立方程可以得到两条直线交点的坐标值。

$$A_1 + B_1 \times X = A_2 + B_2 \times X$$

$$X = \frac{A_2 - A_1}{B_1 - B_2}$$

$$Y = A_1 + B_1 \times \frac{A_2 - A_1}{B_1 - B_2}$$

每条曲线都是由一系列的线段组成的，对曲线上每一对线段都应用直线相关检测，通过观测交点的 X 值是否位于直线端点的 X 值之间来判断两条线段是否相交。如果有任何一对线段相交，也就意味着曲线相交。

6.2.5　线与面叠置

线与面的叠置是将一个图层上的线与另一个图层上的多边形叠置，确定线落在哪个面内，以便为图层的每条弧段建立新的属性。这里，一条线可能跨越多个多边形，一个多边形内可能包含了多条线。这时，需要进行线与面的求交，并在交点处截断线段，并对线段重新编号，建立线段与面的属性关系。新的属性表不仅包含原有的属性，还有线落在哪个面内的目标标志。另外，也可以得到这些线的长度等属性。

线与面的叠置会将原来的同个面分隔成两个或多个面，线被当成新的面的边界，同时，线也会在线与面的边界的交点处被打断。在计算线与面的边界的交点时，可以根据计算线与线的求交点的方法，即分别利用线和面的边界的端点的坐标确定线的方程，然后根据交点坐标同时满足两条线的方程的方法得到交点坐标。

图 6.12 表示某地公路（虚线）与行政区划（A、B、C）的叠置，其中线目标 1 与两个多边形相关，线目标 2 与三个多边形相关。通过叠置，可以得到每个行政区内公路分布情况。

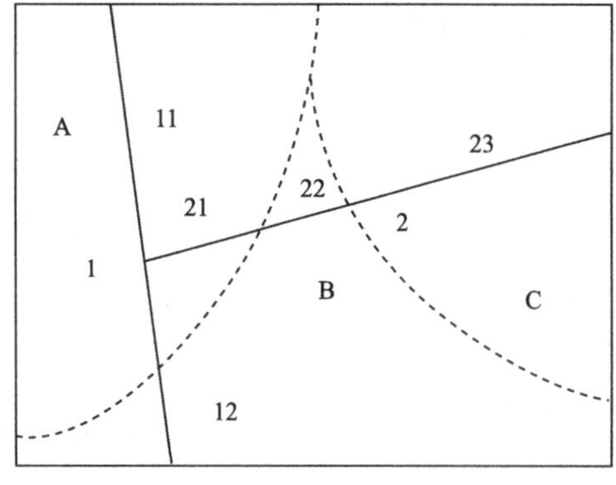

线号	原线号	多边形号
11	1	A
12	1	B
21	2	A
22	2	B
23	2	C

图 6.12　公路与行政区划的叠置分析

6.2.6　面与面叠置

多边形与多边形的叠置是指将两个不同图层的多边形要素相叠置，产生输出层的新多边形要素，用以解决地理变量的多准则分析，区域多重属性的模拟分析、地理特征的动态变化分析，以及图幅要素更新、相邻图幅拼接、区域信息提取等。

多边形与多边形的叠置要比前面几种叠置要复杂得多，需要将两层多边形的边界全部进行边界求交的运算和切割。然后根据切割的弧段重新建立拓扑关系，最后判断新叠置的面分别落在原始面的哪个面内，建立起新面与原面的关系，如果必要再抽取属性。

面要素表示二维的且有面积和边界性质的空间要素。在地理信息系统中，存储面要素的一种方法是存储定义区域边界的线。线是通过一连串的 *XY* 坐标来存储的，唯一不同的是存储区域边界线的时候，线的终点和起点相互重合形成一个封闭的边界。与其他线一样，为了存储只能近似地表示边界。将点按顺序存储，最后的点的坐标和第一个点的坐标一致。面要素通过线要素定义，面的边界把面要素区域分成内部区域和外部区域。面要素可以是单独的或相连的。单独的区域只有一个特征点，既是边界的起始点，又是边界的终点。

其基本的处理方法是，根据两组多边形边界的交点来建立具有多重属性的多边形或进行多边形范围内的属性特征的统计分析。其中，前者也叫地图内容的合成叠置，后者称为地图内容的统计叠置。多边形与多边形的叠置分析具有广泛的应用功能，它是空间叠置分析的主要类型，一般基础 GIS 软件具备该类型的叠置分析功能。

图 6.13 表示两个多边形的叠置分析。其中，图 6.13（a）是上覆多边形；图 6.13（b）是基本图层多边形；图 6.13（c）是叠置结果。表 6.1 是空间叠置逻辑并运算的结果。

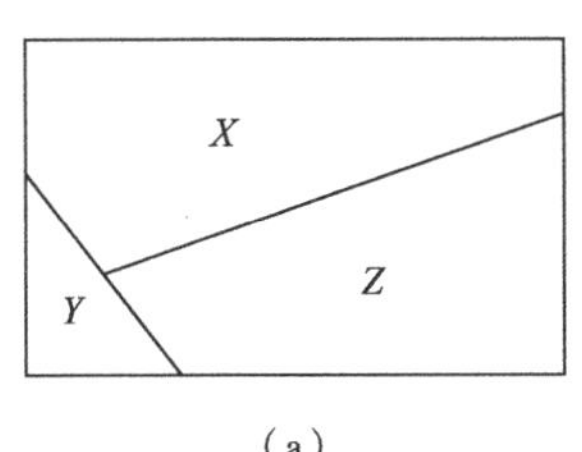

（a）

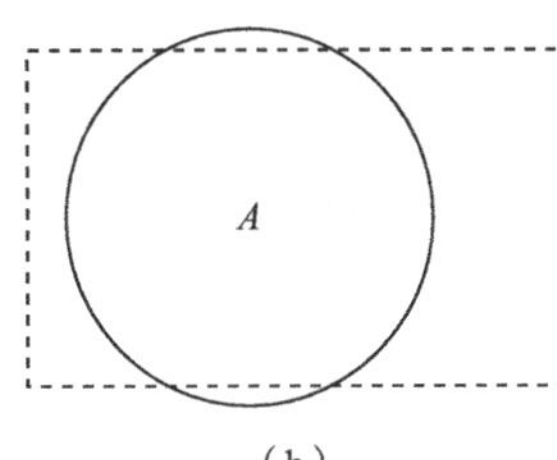

（b）

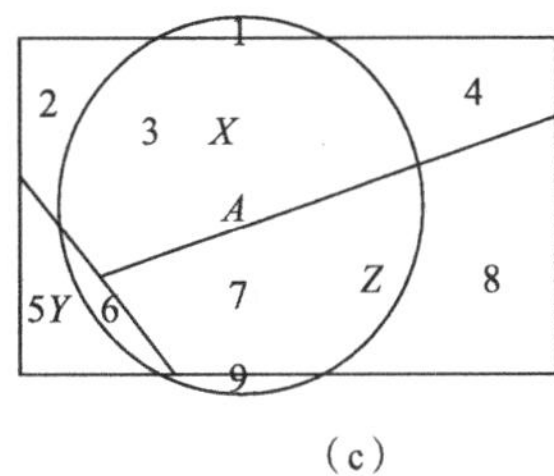

（c）

图 6.13　两个多边形的叠置分析

表 6.1　空间叠置逻辑并运算

叠置多边形	基本图层多边形	上覆多边形
1	*A*	0
2	0	*X*
3	*A*	*X*
4	0	*X*
5	0	*Y*
6	*A*	*Y*
7	*A*	*Z*
8	0	*Z*
9	*A*	0

面要素的叠置可以产生重叠区域，也可以在其他面要素内形成岛。面要素同样是通过一连串的 *XY* 坐标来存储的。在叠置过程中，可以借助于面边界线之间的关系判定面的相交或包含的关系。

6.2.7　误差传递

叠置分析由于是在不同图层的点、线、面之间进行的，点、线、面的误差会传递到叠置的结果上，影响分析的可靠性。

在上述六种叠置分析中，都可能产生不同的叠置误差。下面以对面的叠置为例，对叠置分析的误差进行讨论。

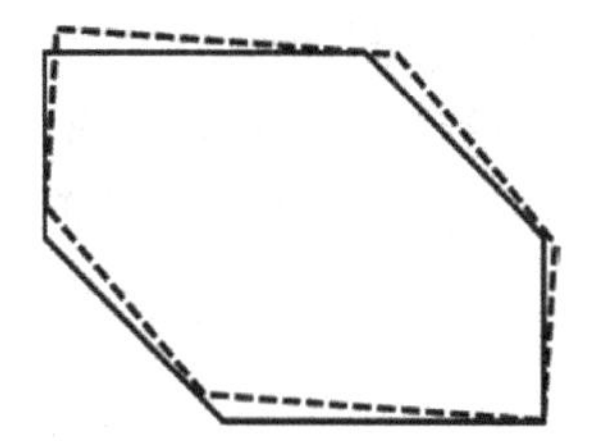

图 6.14　多边形叠置所产生的碎屑多边形

由于进行多边形叠置的往往是不同类型的数据，同一对象可能有不同的多边形表示。例如，不同类型的地图叠置，甚至是不同比例尺的地图叠置。因此，同一条边界的数据往往不同，这时可能产生一系列碎屑多边形，而且边界越准确，越容易产生碎屑多边形。图 6.14 表示多边形叠置所产生的碎屑多边形，其中，实线表示基本图层多边形，虚线表示上覆多边形。

对于这种碎屑多边形，通常有下列处理方法。

（1）根据多边形叠置的情况，人机交互或通过模式识别方法将小多边形合并到大多边形。

（2）确定无意义多边形的面积模糊容限值，将小于容限值的多边形合并到大多边形中。

（3）先拟合一条新的边界线，然后进行叠置操作。

6.3　栅格数据叠置分析

6.3.1　栅格数据叠置分析基本原理

用栅格方式来组织存储数据的最大优点就是数据结构简单，各种要素都可用规则格网和相应的属性来表示，且这种格网数据不会出现类似于矢量数据多层叠置后精度有限导致边缘不吻合的问题，因为对于同一区域、同一比例尺、同一数学基础的不同信息表达的要素来说，其栅格编号不会发生变化，即对于任意栅格单元用作标志的行列号（I_0，J_0）是不变的，进行叠置的时候只是增加了属性表的长度，表 6.2 表示进行多重叠置后的栅格多边形的数据结构。

表 6.2　栅格数据的多重属性表示

栅格编号		属性 1	属性 2	…	属性 n
I_0	J_0	R_1	R_2	…	R_n

栅格数据来源复杂，包括各种遥感数据、航测数据、航空雷达数据、各种摄影的图像数据，以及数字化和网格化的地质图、地形图、各种地球物理、地球化学数据和其他专业图像数据。叠置分析操作的前提是要将其转换为统一的栅格数据格式，如 BMP、GRID 等，且各个叠置层必须具有统一的地理空间，即具有统一的空间参考（包括地图投影、椭球体、基准面等）、统一的比例尺及统一的分辨率（像元大小）。

栅格叠置可用于数量统计，如行政区划图和土地利用类型图叠置，可计算出某一行政区划内的土地利用类型个数及各种土地利用类型的面积；可进行益本分析，即计算成本、价值等，如城市土地利用图与大气污染指数分布图、道路分布图叠置，可进行土地价格的评估与预测；可进行最基本的类型叠置，如土壤图与植被图叠置，可得出土壤与植被分布之间的关系图；还可以进行动态变化分析及几何提取等应用，不同专题图层的选择要根据用户的需要及各专题要素属性之间的相互联系来确定。

栅格数据的叠置分析操作主要通过栅格之间的各种运算来实现。可以对单层数据进行各种数学运算，如加、减、乘、除、指数、对数等，也可通过数学关系式建立多个数据层之间的关系模型。设 a、b、c 等表示不同专题要素层上同一坐标处的属性值，f 函数表示各层上属性与用户需要之间的关系，A 表示叠置后输出层的属性值，则

$$A=f(a,\ b,\ c,\ \cdots)$$

叠置操作的输出结果可能是算术运算结果，或者是各层属性数据的最大值或最小值、平均值（简单算术平均或加权平均），或者是各层属性数据的逻辑运算结果。此外，其输出结果可以通过对各层具有相同属性值的格网进行运算得到，或者通过欧几里得几何距离的运算及滤波运算等得到。这种基于数学运算的数据层间的叠置运算，在地理信息系统中称为地图代数。地图代数在形式和概念上都比较简单，使用起来方便灵活，但是把图层作为代数公式的变量参与计算，在技术上实现起来比较困难。

6.3.2 栅格数据叠置方法

基于不同的运算方式和叠置形式，栅格叠置方法包括如下几种类型。

（1）局部变换：基于像元与像元之间一一对应的运算，每一个像元都是基于它自身的运算，不考虑其他的与之相邻的像元。

（2）邻域变换：以某一像元为中心，将周围像元的值作为算子，进行简单求和、求平均值、最大值、最小值等。

（3）分带变换：将具有相同属性值的像元作为整体进行分析运算。

（4）全局变换：基于研究区内所有像元的运算，输出栅格的每一个像元值是基于全区的栅格运算，这里像元是具有或没有属性值的网格（栅格）。

1. 局部变换

每一个像元经过局部变换后的输出值与这个像元本身有关系，而不考虑围绕该像元的其他像元值。如果输入单层格网，局部变换以输入格网像元值的数学函数计算输出格网的每个像元值。局部变换的过程很简单，如将原栅格值乘以常数后作为输出栅格层中相应位置的像元值，如图 6.15（a）所示。单层格网的局部变换不仅局限于基本的代数运算，三角函数、指数、对数、幂等运算都可用来定义局部变换的函数关系。

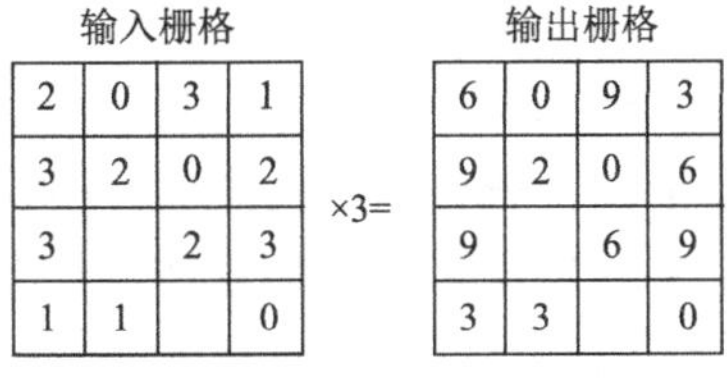

（a）单层局部变换

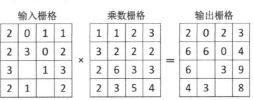

（b）多层局部变换

图 6.15　局部变换

局部变换方法中的常数可用同一地理区域的乘数栅格层代替进行多层之间的运算，如图 6.15（b）所示。多层格网的局部变换与把空间和属性结合起来的矢量地图叠置类似，但效率更高。多层格网可作更多的局部变换运算，输出栅格层的像元值可由多个输入栅格层的像元值或其频率的量测值得到，概要统计（包括最大值、最小值、值域、总和、平均值、中值、标准差）等也可用于栅格像元的测度。例如，用最大值统计量的局部变换运算可以从代表 20 年降水变化的 20 个输入栅格层计算一个最大降水量格网，这 20 个输入栅格层中的每个像元都是以年降水数据作为其像元值。

局部变换是栅格数据分析的核心，对于要求数学运算的 GIS 项目非常有用，植被覆盖变化研究、土壤流失、土壤侵蚀及其他生态环境问题都可以应用局部变换进行分析。例如，通用土壤流失方程式为

$$A = f(R, K, L, S, C, P)$$

式中，采用了 6 个环境因素：R 为降水强度；K 为土壤侵蚀性；L 为坡长；S 为坡度；C 为耕作因素；P 为水土保持措施因素；A 为土壤平均流失量。若以每个因素为输入栅格层，通过局部变换运算即可产生土壤平均流失量的输出格网。

2. 邻域变换

邻域变换输出栅格层的像元值主要与其相邻像元值有关。如果要计算某一像元的值，就将该像元看作一个中心点，一定范围内围绕它的格网可以看作它的辐射范围，这个中心点的值取决于采用何种计算方法将周围格网的值赋给中心点，其中的辐射范围可自定义。若输入栅格在进行邻域求和变换时定义了每个像元周围 3×3 个格网的辐射范围，在边缘处的像元无法获得标准的格网范围，辐射范围就减少为 2×2 个格网，如图 6.16 所示。那么，输出栅格的像元值就等于它本身与辐射范围内栅格值之和。例如，左上角栅格的输出值就等于它和它周围像元值 2、0、3、3 之和 8；位于第二行、第二列的属性值为 3 的栅格，它周围相邻像元值分别为 3、0、1、0、2、0、3 和 2，则输出栅格层中该像元的值为以上 8 个数字与其输入像元值 3 之和 14。

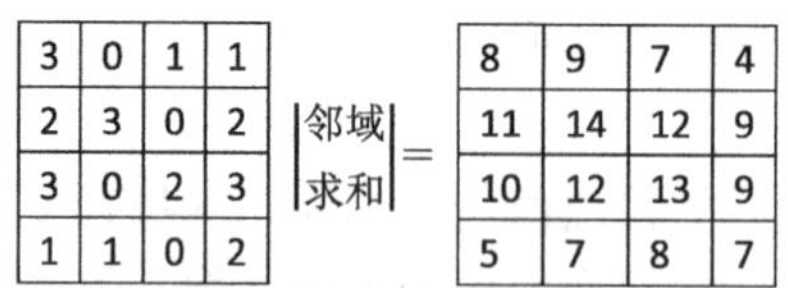

图 6.16　邻域变换

中心点的值除了可以通过求和得出之外，还可以取平均值、标准方差、最大值、最小值、极差频率等。尽管邻域运算在单一格网中进行，其过程类似于多个格网局部变换，但邻域变换的各种运算都是使用所定义邻域的像元值，而不用不同的输入格网的像元值。为了完成一个栅格层的邻域运算，中心点像元是从一个像元移到另一个像元，直至所有像元都被访问。邻域变换中的辐射范围一般都是规则的方形格网，也可以是任意大小的圆形、环形和楔形。圆形邻域是以中心点像元为圆心，以指定半径延伸扩展；环形或圈饼状邻域是由一个小圆和一个大圆之间的环形区域组成的；楔形邻域是指以中心点单元为圆心的圆的一部分。

邻域变换的一个重要用途是数据简化。例如，滑动平均法可用来减少输入栅格层中像元

值的波动水平，该方法通常用 3×3 或 5×5 矩形作为邻域，随着邻域从一个中心像元移到另一个像元，计算出在邻域内的像元平均值并赋予该中心像元，滑动平均的输出栅格表示初始单元值的平滑化。另一例子是以种类为测度的邻域运算，列出在邻域之内有多少不同单元值，并把该数目赋予中心像元，这种方法用于表示输出栅格中植被类型或野生物种的种类。

3. 分带变换

将同一区域内具有相同像元值的格网看作一个整体进行分析运算，称为分带变换。区域内属性值相同的格网可能并不毗邻，一般都是通过一个分带栅格层来定义具有相同值的栅格。分带变换可对单层格网或两个格网进行处理，如果为单个输入栅格层，分带运算用于描述地带的几何形状，如面积、周长、厚度和矩心。面积为该地带内像元总数乘以像元大小，连续地带的周长就是其边界长度，由分离区域组成的地带，周长为每个区域的周长之和，厚度以每个地带内可画的最大圆的半径来计算，矩心决定了最近似于每个地带的椭圆形的参数，包括矩心、主轴和次轴，地带的这些几何形状测度在景观生态研究中尤为有用。

多层栅格的分带变换如图 6.17 所示，通过识别输入栅格层中具有相同像元值的格网在分带栅格层中的最大值，将这个最大值赋给输入层中这些格网导出并存储到输出栅格层中。输入栅格层中有 4 个地带的分带格网，像元值为 2 的格网共有 5 个，它们分布于不同的位置并不相邻，在分带栅格层中，它们的值分别为 1、5、8、3 和 5，那么取最大值 8 赋给输入栅格层中像元值为 2 的格网，原来没有属性值的格网仍然保持无数据。分带变换可选取多种概要统计量进行运算，如平均值、最大值、最小值、总和、值域、标准差、中值、多数、少数和种类等，如果输入栅格为浮点型格网，则无最后四个测度。

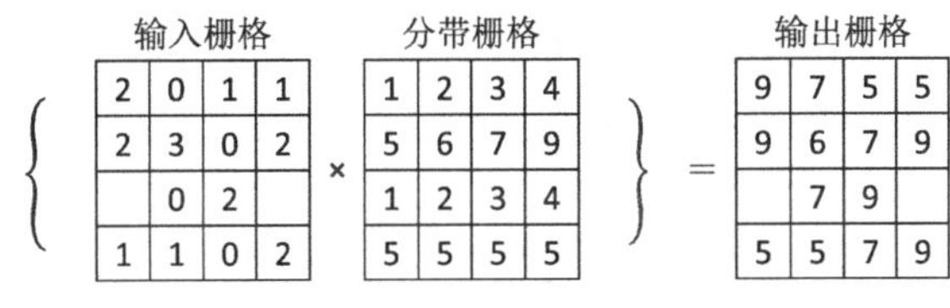

图 6.17　分带变换

4. 全局变换

全局变换是基于区域内全部栅格的运算，一般指在同一网格内进行像元与像元之间距离的量测。自然距离量测运算或者欧几里得几何距离运算均属于全局变换，欧几里得几何距离运算分为两种情况：一种是以连续距离对源像元建立缓冲，在整个格网上建立一系列波状距离带；另一种是对格网中的每个像元确定与其最近的源像元的自然距离，这种方式在距离量测中比较常见。

欧几里得距离运算首先定义源像元，然后计算区域内各个像元到最近的源像元的距离。在方形网格中，垂直或水平方向相邻的像元之间距离等于像元的尺寸大小或者等于两个像元质心之间的距离；如果对角线相邻，则像元距离约等于像元大小的 1.4 倍；如果相隔一个像元，那么它们之间的距离就等于像元大小的 2 倍，其他像元距离依据行列来进行计算。图 6.18 中，输入栅格有两组源数据，源数据是第一组，共有三个栅格，源数据 2 为第二组只有一个栅格。欧几里得几何距离定义源像元为 0 值，而其他像元的输出值是到最近的源像元的距离。因此，如果默认像元大小为 1 个单位的话，输出栅格中的像元值就按照距离计算原则赋值为 0、1.4 或 2。

输入栅格

		1	1
			1
	2		

欧几里得距离＝

输出栅格

2.0	1.0	0.0	0.0
2.0	1.0	1.0	0.0
1.0	0.0	1.0	1.0
1.4	1.0	1.4	2.0

图 6.18　欧几里得距离运算

在距离量测中像元间距离考虑全部的源数据，且要求像元间距离最短，但没有考虑其他因素，如运费等。通常情况下，卡车司机对穿越一条路径的时间和燃料成本比其自然距离更感兴趣。通过两个相邻像元（目标物）之间的费用与其他两个相邻像元之间的费用是不同的，这种以每个像元的成本或阻抗作为距离单位的距离量测属于成本距离量测运算。成本距离量测运算比空间距离量测运算要复杂得多，需要另一个格网来定义经过每个像元的成本或阻抗。成本格网中每个像元的成本经常是几种不同成本之和。例如，管线建设成本可能包括建设和运作成本，以及环境影响的潜在成本。给定一个成本格网，横向或纵向垂直相邻的像元成本距离为所相邻像元的成本的平均数，斜向相邻像元的成本距离是平均成本乘以 4。成本距离量测运算的目标不再是计算每个像元与最近源像元的距离，而是寻找一条累积成本最小的路径。

对于交通运输格网输出的像元值，应结合最近距离与费用值进行计算，使其达到最小，即达到最佳效益。在图 6.19 中，第一行、第二列的栅格输出值等于穿越它本身和穿越距离它最近的源像元所需费用的一半，等于 3；针对左下角的费用网格值为 2 的像元，有三种路径到达距离它最近的源像元，即 2→a→b；2→c→b；从 2 的质心直接到 b 的质心，即 2 与 b 的对角线距离。前两者从距离角度看近，其值是一样的，而第三种路径距离稍远；但与费用结合，其费用值就不一样了。第一种路径费用值为 3.6，第二种路径费用值为 5.1,三种路径费用值为 1.4×（1+2）/2=2.1，因是对角线距离，故在计算费用时要乘以距离值的一半，那么第三种路径作为最佳路径，输出栅格的值就为 2.1。

输入栅格

		1	1
			1
a	2		
b	c		

成本栅格

2	2	4	4
4	4	3	3
2	1	4	1
2	5	3	3

输出栅格

5.0	3.0	0.0	0.0
3.5	2.5	2.8	0.0
1.5	0.0	2.5	2.0
2.1	3.0	2.8	4.0

图 6.19　交通费用运算

5. 栅格逻辑叠置

栅格数据中的像元值有时无法用数值型字符来表示，不同专题要素用统一的量化系统表示也比较困难，故使用逻辑叠置更容易实现各个栅格层之间的运算。例如，某区域土壤类型包括黑土、盐碱土及沼泽土，也可获得同一地区的土壤 pH 及植被覆盖类型相关数据，要求查询出土壤类型为黑土、土壤 pH<6 且植被覆盖以阔叶林为主的区域，将上述条件转化为条件查询语句，使用逻辑求交即可查询出满足上述条件的区域。

二值逻辑叠置是栅格叠置的一种表现方法，用 0 与 1 分别表示假（不符合条件）与真（符合条件）。描述现实世界中的多种状态仅用二值远远不够，使用二值逻辑叠置往往需要建立多个二值图，然后进行各个图层的布尔逻辑运算，最后生成叠置结果图。符合条件的位置点或区域范围可以是栅格结构影像中的每一个像元，或者是四叉树结构影像中的每一个像块，也可以是矢量结构图中的每一个多边形。图层之间的布尔逻辑运算包括与（AND）、或（OR）、非（NOT）、异或（XOR）等，表 6.3 说明逻辑运算的法则与结果。

表 6.3 布尔逻辑运算示例

A	B	AANDB	AORB	ANOTB	AXORB
0	0	0	0	0	0
1	0	0	1	1	1
0	1	0	1	0	1
1	1	1	1	0	0

这里以垃圾场选址为例，阐述二值布尔逻辑模型的构建。根据是否考虑权重，该模型又分为二值非权重和二值权重布尔逻辑模型。

假设某市政府要在辖区范围内选择理想地点建立一个垃圾场，有关垃圾场的选址条件如下所述：①区域地表物质应具有低渗透率，以阻止可溶性物质快速渗入地下水中；②区域与现有市政区域范围保持一定距离；③区域不属于环境敏感区；④区域应属于农业区，而非市政区或工业区；⑤区域的地表平均坡度平稳，并小于某个极限值；⑥区域不发生洪水。

当然，对于垃圾处理场所的选择可能还有其他的条件，如是否位于风口、土地价格的高低等。这里仅列举以上条件来说明二值逻辑叠置模型的应用原理。

第一步是根据垃圾场选址条件组织有关图件资料，包括表土渗透性图、城区范围图、生态敏感度分布图、城乡区划图、地表坡度图和洪泛区分布图等。

第二步是建立垃圾场选址的模型。该模型将以上图层结合起来进行布尔逻辑运算，生成二值图，其中值为 1 的地点表示满足上述垃圾场选址的全部条件，值为 0 的地点表示不满足垃圾场选址的所有条件。

首先要将各个图层二值化［（TRUE，FALSE）或（0，1）］。根据每层图件的数据分类级别是否满足相应的布尔逻辑条件，将该层数据图转化成二值图，若图件数据的某分类级别满足相应的布尔逻辑条件，则该分类级别为 TRUE（=1），否则为 FALSE（=0）。本例中各层数据的带尔逻辑条件如下：Ca=地表渗透性级别为低级；Cb=距离城区边界的距离>1km；Cc=生态敏感性为不敏感级别；Cd=土地利用类型为农业用地；Ce=地表坡度<2°；Cf=不属于洪泛区范围。

对各输入数据层的布尔逻辑条件变量进行逻辑与运算，在区域某位置点上如果所有数据层的条件变量都是所要求的值，则结果变量 OUTPUT 为“1”，其他情况下为“0”。

$$\text{OUTPUT} = \text{Ca AND Cb AND Cc AND Cd AND Ce AND Cf}$$

生成二值图。满足条件的位置就是二值图中值为“1”的地点。

上例中，布尔集合值只包括两类：不是“1”就是“0”。但在实际应用中，很多布尔集合的值不是简单的“0”或“1”，而是介于“0”和“1”之间的其他值。另外，垃圾场选址应用的是二值非权重逻辑模型，在对多层数据的布尔逻辑组合中各个数据层的影响程度存在差异时，依据各个数据层的影响程度需要赋予不同的权重级别，二值权重布尔逻辑模型对于每个二值图层都乘以一个权重因子，然后进行多个图层的二值图的布尔逻辑组合运算。

第七章　缓冲区分析

缓冲区是指围绕地理要素一定宽度的区域。缓冲区分析是用来确定不同地理要素的空间邻近性和接近程度的一种分析方法。

7.1　缓冲区分析概述

缓冲区是指空间对象的一种影响范围或服务范围。从数学的角度看，缓冲区分析的基本思想是：给定一个空间对象或对象集合，确定它们的邻域，而邻域的大小由邻域半径 R 决定。因此，对象 O_i 的缓冲区定义为

$$B_i = \{x : d(x, O_i) \leqslant R\} \tag{7-1}$$

式（7-1）定义了对象 O_i 的缓冲区：距 O_i 的距离 d 小于 R 的全部点的集合。d 在一般情况下取欧氏距离，但也可取其他类型的距离。对于对象集合 $O=\{O_i: i=1, 2, \cdots, n\}$，其半径为 R 的缓冲区是各个对象缓冲区的并集，即

$$B = \bigcup_{i=1}^{n} B_i \tag{7-2}$$

在 GIS 的诸多空间分析功能中，缓冲区分析是一种使用频繁的空间分析技术，其实质是对一组或一类对象按某一缓冲距离（也称缓冲半径或缓冲宽度）建立缓冲区。

空间目标主要是点目标、线目标、面目标及由点、线、面目标组成的复杂目标。因此，空间目标的缓冲区分析包括点目标缓冲区、线目标缓冲区、面目标缓冲区和复杂目标缓冲区。从缓冲区的定义可见，点目标的缓冲区是围绕该目标的半径为缓冲距的圆周所包围的区域；线目标的缓冲区是围绕该目标的两侧距离不超过缓冲距的点组成的带状区域；面目标的缓冲区是沿该目标边界线内侧或外侧距离不超过缓冲距的点组成的面状区域；复杂目标的缓冲区是由组成复杂目标的单个目标的缓冲区的并组成的区域。

随着三维 GIS 的发展，对三维空间中体目标的研究和应用也不断深入。对于三维体目标，同样存在着缓冲区分析，其缓冲区的定义与二维的一样，只是研究范围从二维平面到三维空间，表示也更复杂。例如，三维空间点目标的缓冲区是一个以缓冲距为半径的球体。对于空间的线、面及体也有相似的缓冲区。按照参与缓冲区分析的空间对象的不同类型，可把缓冲区分析划分为点对象缓冲区分析、线对象缓冲区分析、面对象缓冲区分析和体对象缓冲区分析。

另外，由于应用的需要，一个空间目标缓冲区中的缓冲距不一定是常数，可能是受不同因素的影响，产生变化的缓冲距。例如，研究洪水淹没范围，污染扩散影响等。

为了深入阐述缓冲区分析的原理和算法，需要首先明确以下几个概念。

（1）轴线：轴线即线目标坐标点的有序串构成的迹线，或面目标的有向边界线，如图 7.1 所示。

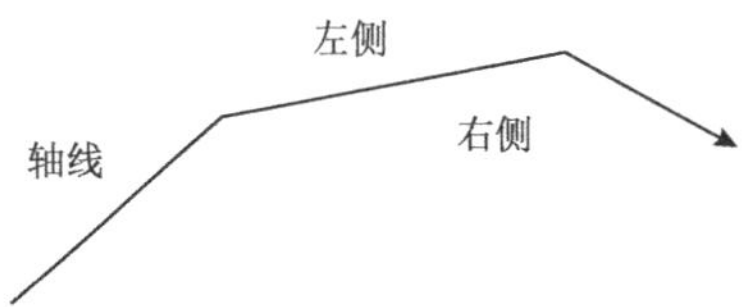

图 7.1　轴线的左侧和右侧

（2）轴线的左侧和右侧：指轴线前进方向的左侧和右侧，如图 7.1 所示。

（3）多边形的方向：若多边形的边界为顺时针方向，则为正向多边形［图 7.2（a）］，否则，为负向多边形［图 7.2（b）］。

（4）缓冲区的外侧和内侧：位于轴线前进方向左侧的缓冲区称为缓冲区的外侧；反之，为内侧，如图 7.3 所示。

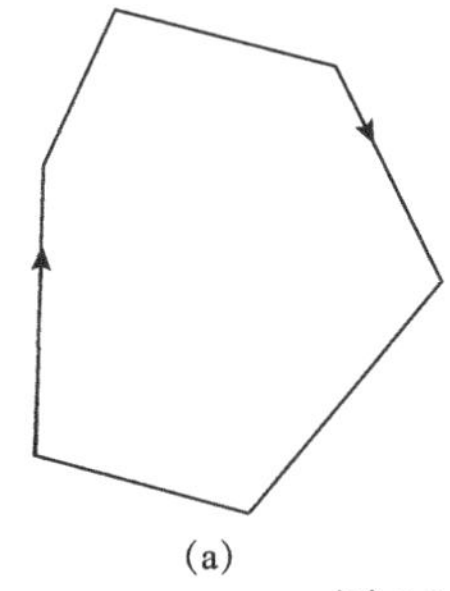

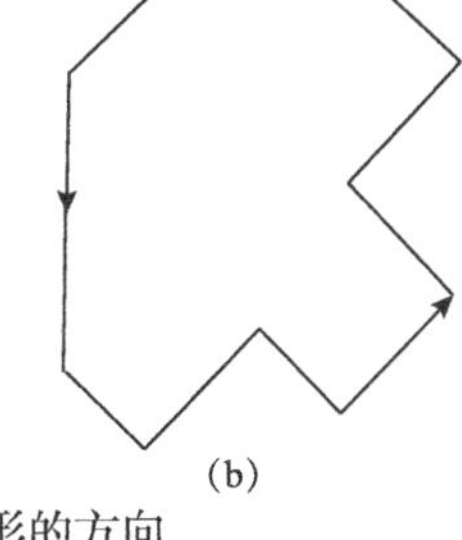

图 7.2　多边形的方向

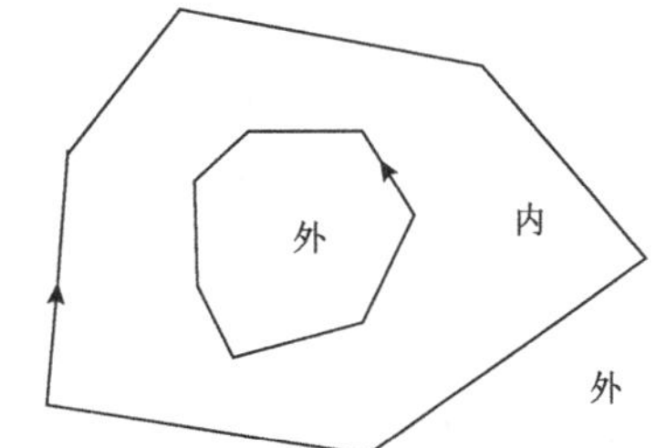

图 7.3　缓冲区的外侧和内侧

（5）轴线的凹凸性：轴线上按顺序取 3 点 P_{i-1}、P_i、P_{i+1}，用右手螺旋法则进行判断（即拇指朝上，其他四指沿着轴线的前进方向），如果中间点位于轴线的左面，则为凹；反之，则为凸。若拇指朝下，其他四指沿着轴线的前进方向，则中间点左凸右凹，如图 7.4 所示。

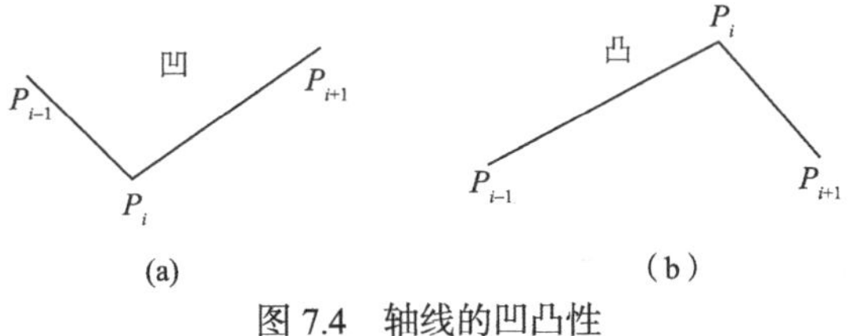

图 7.4　轴线的凹凸性

7.2　缓冲区分析的矢量方法

缓冲区分析矢量方法的基本流程如下：在所有缓冲区的所有边界线段之间进行两两求交运算；根据求交结果生成所有可能的多边形或多面体；判断多边形或多面体的拓扑关系，得到最终结果。

7.2.1　二维对象的缓冲区分析

本节主要研究二维点对象、线对象和面对象的缓冲区生成算法。

1. 点缓冲区

点缓冲区是以该点状对象为圆心、以缓冲距离为半径得到的圆形区域［图 7.5（a）］。当

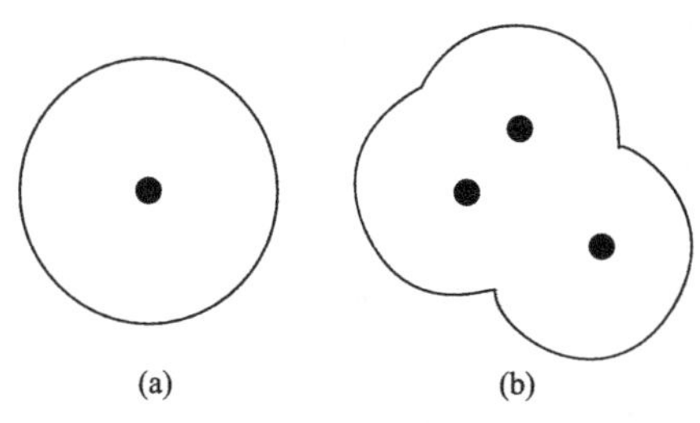

图 7.5　点缓冲区示例

两个或两个以上的点状对象相距较近或者它们的缓冲半径较大时，则其缓冲区可能会部分重叠[图 7.5(b)]。

点目标的缓冲区就是围绕点目标的半径为缓冲距的圆周所包围的区域，其生成算法的关键是确定点目标为中心的圆周。常用的点缓冲区生成算法是圆弧步进拟合法。

圆弧步进拟合法是将圆心角等分，在圆周上用等长的弦代替圆弧，以直代曲，用均匀步长的直线段逐步逼近圆弧段，如图 7.6 所示。

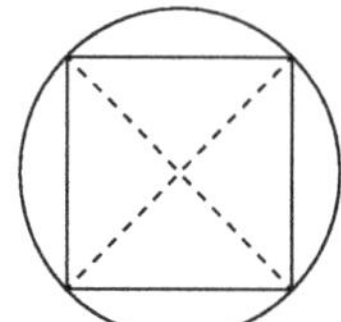
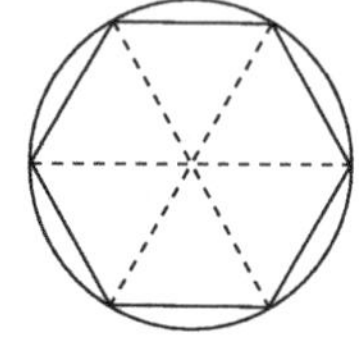
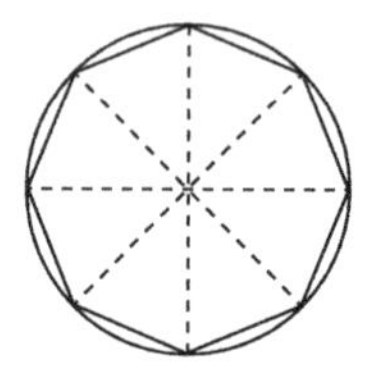
图 7.6　圆弧步进拟合法算法示意图

下面具体给出圆弧步进拟合法的步骤。如图 7.7 所示，由于所求缓冲区外边界是正向多边形，故按顺时针方向弥合。

已知半径为 R（缓冲距）的圆弧上的一点 $A(a_x,a_y)$，求出顺时针方向的步长为 α 弥合点 $B(b_x,b_y)$，即用弦长 AB 代替圆弧 AB。设 OA 的方向角为 β，OB 的方向角为 γ，则有

$$\gamma=\beta-\alpha \tag{7-3}$$

进一步，有

$$\begin{aligned} b_x &= R\cos\gamma = a_x\cos\alpha + a_y\sin\alpha \\ b_y &= R\sin\gamma = -a_x\sin\alpha + a_y\cos\alpha \end{aligned} \tag{7-4}$$

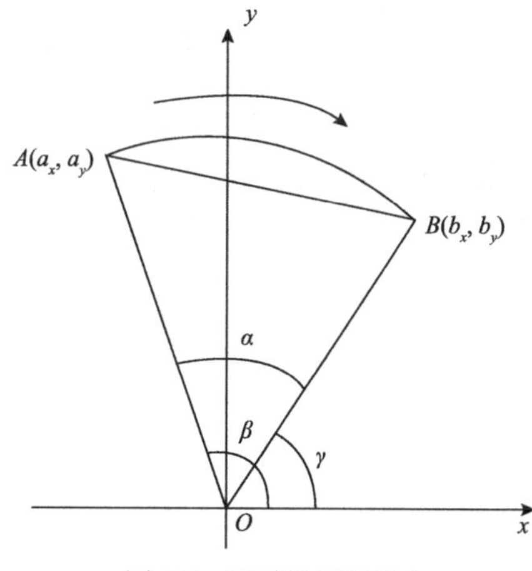

图 7.7　顺时针圆弧拟合

对整个圆周，根据精度要求，给定圆周上弥合的点数，并计算步长为

$$\alpha=\left[\frac{360}{n}\right] \tag{7-5}$$

从起始点（R，0）开始，通过不断增加步长的倍数，依次求得弥合点，最后强制闭合回到起始点（R，0）。按弥合顺序连接这些点，就得到点目标的缓冲区边界。显然，等分的圆心角越小，步长越小，精度越高。而等分的圆心角越大，步长越大，精度也越差。

同理，也可以进行逆时针圆弧弥合，其基本公式为

$$\begin{aligned} b_x &= a_x\cos\alpha - a_y\sin\alpha \\ b_y &= a_x\sin\alpha + a_y\cos\alpha \end{aligned} \tag{7-6}$$

2. 线缓冲区

线缓冲区是以线状对象为参考轴线，离开轴线向两侧沿轴线法线方向平移一定距离得到分别位于轴线左、右的两条线，并在线端点处以光滑曲线（如半圆弧）连接而组成的封闭区域［图 7.8（a）］。特殊情况下，同一线状对象两侧的缓冲区宽度可以不一样，甚至同一线状对象不同段的缓冲区宽度也可以不一样。与点缓冲区类似，当两个或两个以上线状对象交叉、相距较近或者其缓冲半径较大时，其缓冲区可能交叉或部分重叠［图 7.8（b）］。

线目标缓冲区边界生成算法的关键是确定线目标两侧的缓冲线问题。关于线目标的缓冲区生成算法有许多研究。这里介绍两种基本算法——角平分线法和凸角圆弧法，其中角平分线法是线目标的缓冲区生成算法中最简单的方法，凸角圆弧法是较实用的方法。

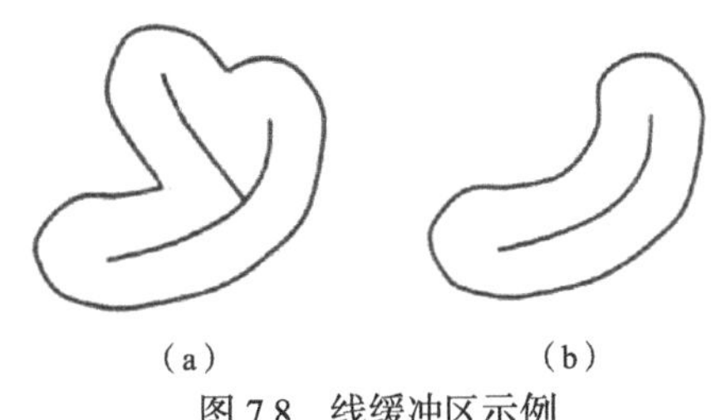

图 7.8　线缓冲区示例

1）角平分线法

角平分线法的基本思想是在转折点处根据角平分线确定缓冲线的形状，如图 7.9 所示。

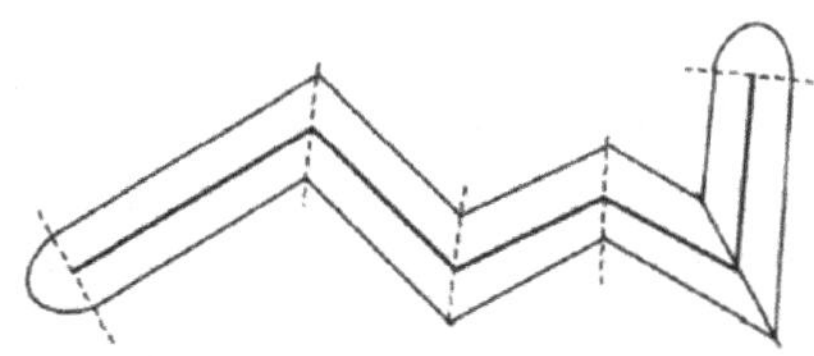
图 7.9　角平分线法缓冲区分析示意图

角平分线法的基本步骤是：①确定线状目标左右侧的缓冲距离 d_1 和 d_r；②沿线状目标轴线前进方向，依次计算轴线转折各点的角平分线，线段起始点和终止点处的角平分线取为起始线段或终止线段的垂线；③在各点的角平分线的延长线上分别以左右侧缓冲距离 d_1 和 d_r，确定各点的左右缓冲点位置；④将左右缓冲点顺序相连，即构成该线状目标的左右缓冲边界的基本部分；⑤在线状目标的起始端点和终止端点处，以（d_1+d_r）为直径、以角平分线（即垂线）为直径所在位置分别向外作外接半圆；⑥将外接半圆分别与左右缓冲边界的基本部分相连，即形成该线状目标的缓冲区。

上述算法中关键是左右缓冲点的确定，如图 7.10 所示。下面给出缓冲点表达式。设轴线上顺序相邻的三个点 $A(a_x,a_y)$，$B(b_x,b_y)$，$C(c_x,c_y)$。设 AB，BC 连线的方位角分别为 α_{ab} 和 α_{bc}，沿前进方向左右侧的缓冲宽度分别为 d_1 和 d_r，则由图 7.10 可计算得

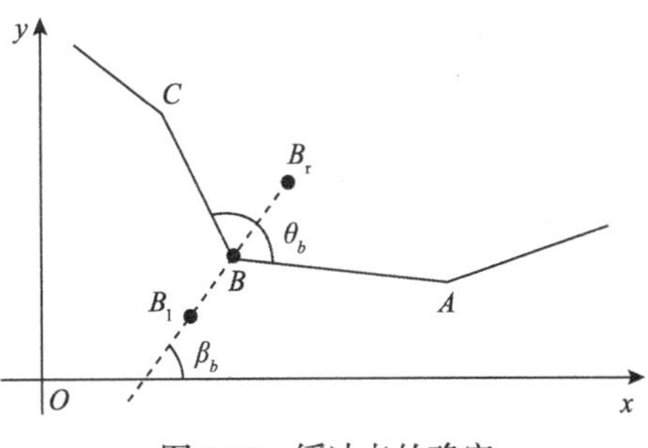

图 7.10　缓冲点的确定

$$
\begin{aligned}
x_{b_1} &= x_b - D_1\cos\beta_b \\
y_{b_1} &= y_b - D_1\sin\beta_b \\
x_{b_r} &= x_b + D_r\cos\beta_b \\
y_{b_r} &= y_b + D_r\sin\beta_b
\end{aligned}
\tag{7-7}
$$

其中，

$$D_1=\frac{1}{\sin(\frac{\theta_b}{2})}d_1 \tag{7-8}$$

$$D_r = \frac{1}{\sin(\frac{\theta_b}{2})} d_r \qquad (7\text{-}9)$$

$$\beta_b = \begin{cases} \alpha_{ba} + \frac{1}{2}\theta_b - 2\pi, \alpha_{ab} < \pi \\ \alpha_{ba} + \frac{1}{2}\theta_b, \alpha_{ab} \geqslant \pi \end{cases}$$

$$\theta_b = \begin{cases} \alpha_{bc} - \alpha_{ba}, \alpha_{bc} > \alpha_{ba} \\ \alpha_{bc} - \alpha_{ba} + 2\pi, \alpha_{bc} < \alpha_{ba} \end{cases}$$

$$\alpha_{ba} = \begin{cases} \alpha_{ab} + \pi, \alpha_{ab} < \pi \\ \alpha_{ab} - \pi, \alpha_{ab} \geqslant \pi \end{cases}$$

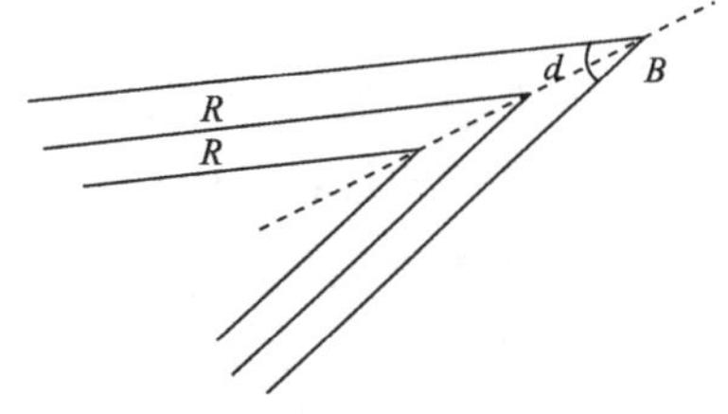

图 7.11　凸侧角点变化情况

角平分线法的缺点是难以保证双线的等宽性，尤其是当凸侧角点在进一步变锐时，将远离轴线顶点。

2）凸角圆弧法

凸角圆弧法是一种较好的改进方法，它能克服角平分线法的缺点，其优点是可以保证凸侧的缓冲线与轴线等宽，而凹侧的对应缓冲点位于凹角的角平分线上，因而能最大限度地保证缓冲区边界与轴线的等宽关系。凸角圆弧法的基本思想是：在轴线的两端用半径为缓冲距的圆弧弥合；在轴线的各转折点，首先判断该点的凸凹性，在凸侧用半径为缓冲距的圆弧弥合，在凹侧用与该点关联的前后两相邻线段的偏移量为缓冲距的两平行线的交点作为对应顶点，将这些圆弧弥合点和平行线交点依一定的顺序连接起来，即形成闭合的缓冲区边界（图 7.11）。

凸角圆弧法的主要步骤如下。

（1）判断轴线转折点的凹凸性。轴线转折点的凹凸性决定何处用圆弧弥合，何处用平行线求交。这个问题可以转化为两个矢量的叉积（向量积）来判断。设有沿轴线方向顺序三个点 P_{i-1}（x_{i-1}，y_{i-1}）、P_i（x_i，y_i）、P_{i+1}（x_{i+1}，y_{i+1}），把与转折点相邻的两个线段看为两个三维矢量

$$\begin{aligned} P_{i-1}P_i &= (x_i - x_{i-1}, y_i - y_{i-1}, 0) \\ P_iP_{i+1} &= (x_{i+1} - x_i, y_{i+1} - y_i, 0) \end{aligned} \qquad (7\text{-}10)$$

则轴线转折点 P_i 的凹凸性可由矢量 $P_{i-1}P_i$ 和 P_iP_{i+1} 的叉积在 z 方向值

$$S = (x_i - x_{i-1})(y_{i+1} - y_i) - (x_{i+1} - x_i)(y_i - y_{i-1}) \qquad (7\text{-}11)$$

的符号决定。由空间解析几何可知：若 $S<0$，则 P_i 为凸点；若 $S=0$，则三点共线；若 $S>0$，则 P_i 为凹点，如图 7.12 所示。

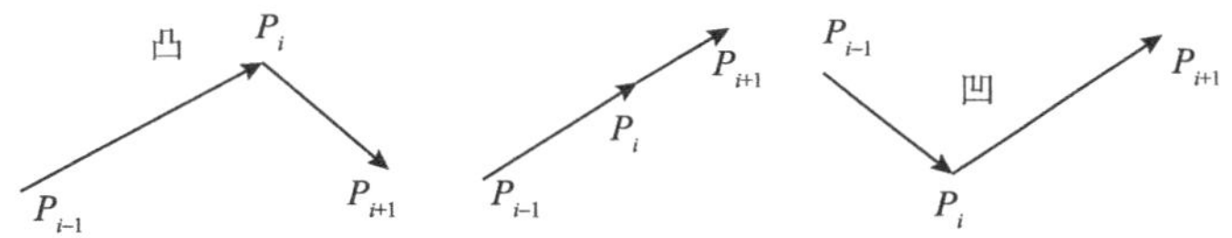

图 7.12　转折点的凹凸性

（2）内侧缓冲点坐标的计算。内侧缓冲点是与 P_i 相邻的两线段内侧平行线的交点，如图 7.13 中的 P 点。

设立平移坐标系，以转折点 P_i 为新坐标系的原点，假设相邻两线段的方向角（从 x 轴正向逆时针旋转形成的角）分别为 α_1 和 α_2，缓冲距为 R，平行线交点 P 到转折点 P_i 的距离为 d，因平行线的交点在角平分线上，令角平分线的方向角为 α。

若 P_i 为凹点，如图 7.13 所示。下面确定缓冲点 $P(x_P, y_P)$ 的坐标。

根据图 7.13，有下列关系

$$\begin{aligned} R &= d\sin(\alpha-\alpha_2) = -x_P\sin\alpha_2 + y_P\cos\alpha_2 \\ R &= d\sin(\alpha_1-\alpha) = x_P\sin\alpha_1 - y_P\cos\alpha_1 \end{aligned} \qquad (7\text{-}12)$$

由以上可以求解点 P 的坐标为

$$\begin{aligned} x_P &= R(\cos\alpha_1+\cos\alpha_2)/\sin(\alpha_1-\alpha_2) \\ y_P &= R(\sin\alpha_1+\sin\alpha_2)/\sin(\alpha_1-\alpha_2) \end{aligned} \qquad (7\text{-}13)$$

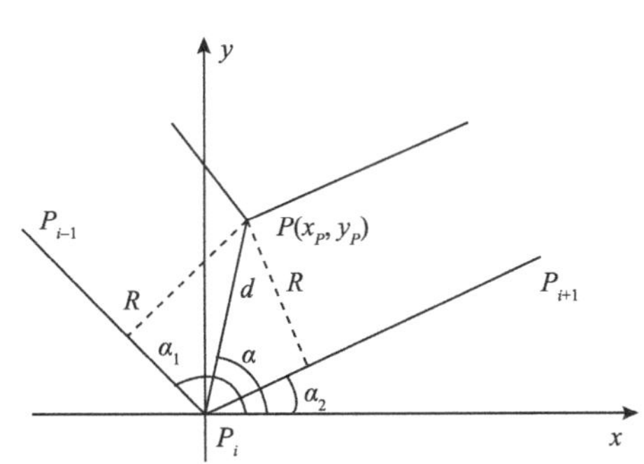

图 7.13　平行线的凹点内侧缓冲点

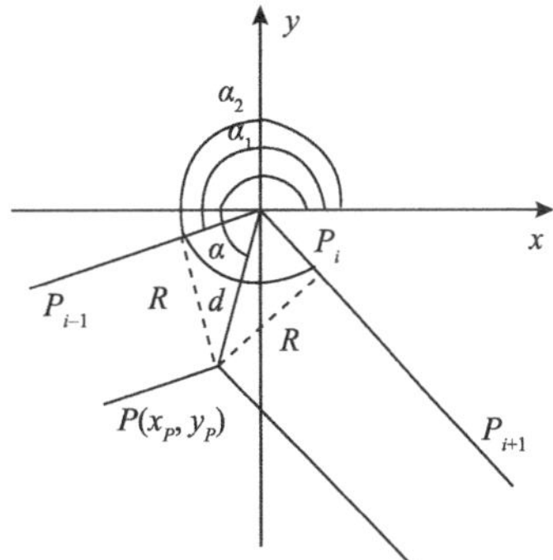

图 7.14　平行线的凸点内侧缓冲点

若点 P 为凸点，如图 7.14 所示。由图 7.14 可以得到如下的数学关系：

$$\begin{aligned} R &= d\sin(\alpha-\alpha_1) = -x_P\sin\alpha_1 + y_P\cos\alpha_1 \\ R &= d\sin(\alpha_2-\alpha) = x_P\sin\alpha_2 - y_P\cos\alpha_2 \end{aligned} \qquad (7\text{-}14)$$

由以上可以求解点 P 的坐标为

$$\begin{aligned} x_P &= -R(\cos\alpha_1+\cos\alpha_2)/\sin(\alpha_1-\alpha_2) \\ y_P &= -R(\sin\alpha_1+\sin\alpha_2)/\sin(\alpha_1-\alpha_2) \end{aligned} \qquad (7\text{-}15)$$

坐标平移前，P_i 在原坐标系的坐标为（x_i, y_i），根据坐标平移变换公式，缓冲点 P 在原

坐标系的坐标（x'_P，y'_P）为

$$x'_P = x_i + x_P \qquad (7\text{-}16)$$
$$y'_P = y_i + y_P$$

（3）外侧缓冲点坐标的计算。在线目标的外侧，要计算外侧缓冲圆弧的起始点。该圆弧的起点在转折点之前的轴线线段向外侧平移一个缓冲距得到的缓冲线上，且圆弧起点与转折点的连线垂直于转折点之前的线段。圆弧的终点在转折点之后的轴线线段向外侧平移一个缓冲距得到的缓冲线上，且圆弧终点与转折点的连线垂直于转折点之后的线段，如图 7.15 所示。

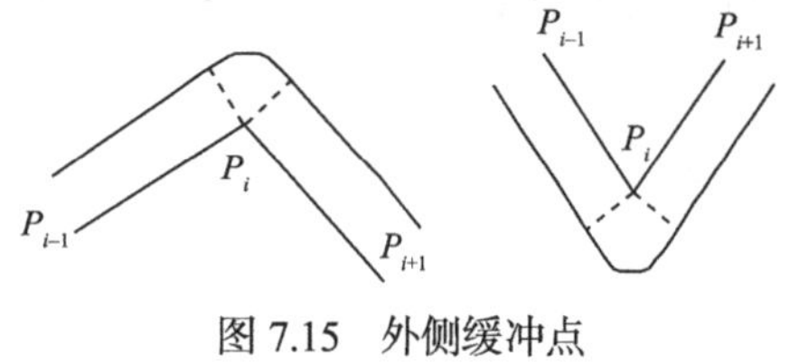

图 7.15　外侧缓冲点

设有沿轴线方向顺序三个点 $P_{i-1}(x_{i-1},y_{i-1})$、$P_i(x_i,y_i)$、$P_{i+1}(x_{i+1},y_{i+1})$。若 $P_i(x_i,y_i)$ 是凹点，P_iP_{i+1} 的方向角是 α_2。建立新的旋转平移坐标系，使新坐标系的原点是 P_i，x 轴正向与 P_iP_{i+1} 一致，旋转角是 α_2。假设 $P_{i-1}P_i$ 在新坐标系下的方向角为 α_1，缓冲距为 R，圆弧的起点为 $A(x_A,y_A)$，终点为 $B(x_B,y_B)$。

若 $\pi \geqslant \alpha_1 \geqslant \frac{\pi}{2}$，如图 7.16（a）所示。则有

$$AB = R\sin(\pi-\alpha_1) = R\sin\alpha_1 \qquad (7\text{-}17)$$
$$P_iB = R\cos(\pi-\alpha_1) = -R\cos\alpha_1$$

$$x_A = -R\sin\alpha_1 \qquad (7\text{-}18)$$
$$y_A = R\cos\alpha_1$$

$$x_B = 0 \qquad (7\text{-}19)$$
$$y_B = -R$$

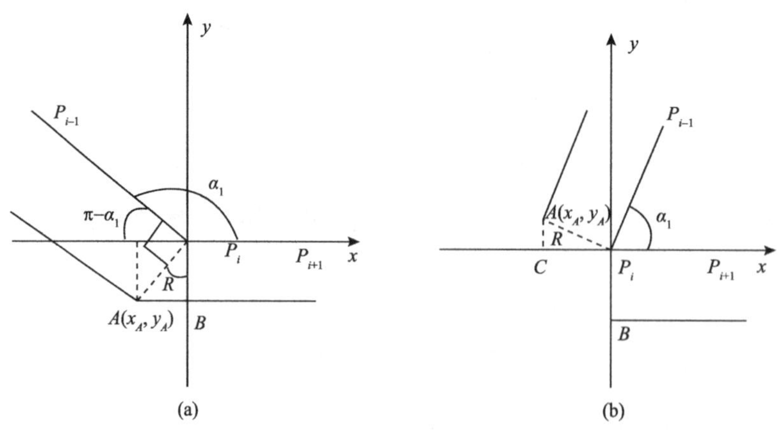

图 7.16　凹点的外侧缓冲点

若 $\pi \geqslant \alpha_1 \geqslant \frac{\pi}{2}$，如图 7.16（b）所示。则有

$$AC = R\sin(\frac{\pi}{2} - \alpha_1) = R\cos\alpha_1$$
$$P_iC = R\cos(\frac{\pi}{2} - \alpha_1) = R\sin\alpha_1 \tag{7-20}$$

$$x_A = -R\sin\alpha_1$$
$$y_A = R\cos\alpha_1 \tag{7-21}$$

$$x_B = 0$$
$$y_B = -R \tag{7-22}$$

对于凹点，由于旋转平移坐标公式及 α_2 是新坐标系中坐标轴沿原坐标系的原点转动的角，则圆弧的起点 A 在原坐标系中的坐标 $A(x'_A, y'_A)$ 为

$$x'_A = x_i + x_A\cos\alpha_2 - y_A\sin\alpha_2$$
$$y'_A = y_i + x_A\sin\alpha_2 + y_A\cos\alpha_2 \tag{7-23}$$

将式（7-21）代入上式，有

$$x'_A = x_i - R\sin\alpha_1\cos\alpha_2 - R\cos\alpha_1\sin\alpha_2 = x_i - R\sin(\alpha_1 + \alpha_2)$$
$$y'_A = y_i - R\sin\alpha_1\sin\alpha_2 + R\cos\alpha_1\cos\alpha_2 = y_i + R\cos(\alpha_1 + \alpha_2) \tag{7-24}$$

圆弧的终点 B 在原坐标系中的坐标 $B(x'_B, y'_B)$ 为

$$x'_B = x_i + x_B\cos\alpha_2 - y_B\sin\alpha_2$$
$$y'_B = y_i + x_B\sin\alpha_2 + y_B\cos\alpha_2 \tag{7-25}$$

将式（7-22）代入上式，有

$$x'_B = x_i + R\sin\alpha_2$$
$$y'_B = y_i - R\cos\alpha_2 \tag{7-26}$$

若 $P_i(x_i, y_i)$ 是凸点，P_iP_{i+1} 的方向角是 α_2。建立新的旋转平移坐标系，使新坐标系的原点是 P_i，x 轴正向与 P_iP_{i+1} 一致，旋转角是 α_2。假设 $P_{i-1}P_i$ 在新坐标系下的方向角为 α_1，缓冲距为 R，圆弧的起点为 $A(x_A, y_A)$，终点为 $B(x_B, y_B)$。

若 $\frac{3\pi}{2} \geqslant \alpha_1 \geqslant \pi$，如图 7.17 所示。则有

$$CA = R\sin(\alpha_1 - \pi) = -R\cos\alpha_1 \tag{7-27}$$

$$x_A = R\sin\alpha_1 \tag{7-28}$$

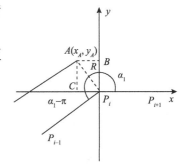

图 7.17 凸点的外侧缓冲点

$$y_A = -R\cos\alpha_1$$

$$x_B = 0 \tag{7-29}$$

$$y_B = R$$

若 $2\pi \geqslant \alpha_1 \geqslant \frac{3\pi}{2}$，同样可以证明圆弧起点和终点的坐标与上述一致。

进一步，由旋转平移坐标变换公式，圆弧的起点 A 在原坐标系中的坐标 $A(x'_A, y'_A)$ 为

$$\begin{aligned} x'_A &= x_i + x_A \cos\alpha_2 - y_A \sin\alpha_2 \\ y'_A &= y_i + x_A \sin\alpha_2 + y_A \cos\alpha_2 \end{aligned} \tag{7-30}$$

将式（7-28）代入上式，有

$$\begin{aligned} x'_A &= x_i + R\sin\alpha_1 \cos\alpha_2 + R\cos\alpha_1 \sin\alpha_2 = x + R\sin(\alpha_1 + \alpha_2) \\ y'_A &= y_i + R\sin\alpha_1 \sin\alpha_2 - R\cos\alpha_1 \cos\alpha_2 = y_i - R\cos(\alpha_1 + \alpha_2) \end{aligned} \tag{7-31}$$

圆弧的终点 B 在原坐标系中的坐标 $B(x'_B, y'_B)$ 为

$$\begin{aligned} x'_B &= x_i + x_B \cos\alpha_2 - y_B \sin\alpha_2 \\ y'_B &= y_i + x_B \sin\alpha_2 + y_B \cos\alpha_2 \end{aligned} \tag{7-32}$$

将式（7-29）代入上式，有

$$\begin{aligned} x'_B &= x_i - R\sin\alpha_2 \\ y'_B &= y_i + R\cos\alpha_2 \end{aligned} \tag{7-33}$$

（4）确定圆弧弥合的方向。如图 7.18 所示，圆弧弥合与方向有关，在起始点和终止点相同的情况下，若圆弧弥合方向不同，其结果是不同的。为了保证生成的缓冲区边界是顺时针方向，必须考虑圆弧弥合的方向。从上面研究可见，转折点是凸点，则圆弧弥合是顺时针方向；转折点是凹点，则圆弧弥合是逆时针方向。

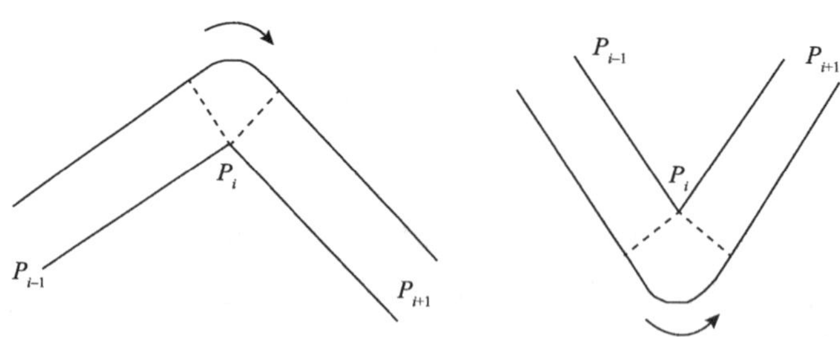

图 7.18　圆弧弥合方向

3. 多边形缓冲区

多边形对象缓冲区生成的思路与线对象缓冲区的生成算法基本相同。不同的是，仅在非岛多边形的外侧形成缓冲区［图 7.19（a）］，以及在岛多边形的内侧形成缓冲区。在特殊情况下，复杂多边形（包含岛的多边形）对象内、外侧的缓冲区宽度可以不一样。多个多边形重叠时，其缓冲区或部分重叠［图 7.19（b）］。

由于面目标实际上是由线目标围绕而成的，因此缓冲区边界生成算法可基于线目标缓冲区边界生成算法。但这里是单线问题，缓冲区沿面目标的外围生成。例如，利用凸角圆弧法生成缓冲区时，首先判断边界上每个转折点的凸凹性，在左侧为凸的转折点用半径为缓冲距的圆弧弥合，在左侧为凹的转折点用平行线求交，然后将这些圆弧弥合点和平行线交点依一定的顺序连接起来，即形成面目标的缓冲区边界。

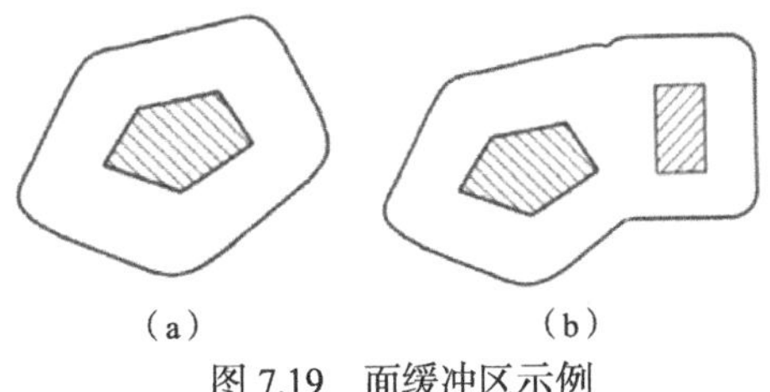

图 7.19　面缓冲区示例

7.2.2　三维对象的缓冲区分析

随着 3D GIS 的发展，空间三维目标的研究得到了重视和发展。目前，针对三维空间目标的缓冲区分析研究还较少。三维空间目标包括三维空间点、线、面及体。三维空间点、线、面目标是二维平面上点、线、面的推广，而体目标则是三维空间特有的目标形式。下面给出三维空间目标缓冲区的一般定义。

设有空间目标 T，其缓冲距为 R，则其对应的缓冲区定义为与目标 T 距离不超过 R 的所有点的集合，即

$$V=\left\{(x,y,z)\middle|\sqrt{(x-x_T)^2+(y-y_T)^2+(z-z_T)^2}\leqslant R,(x_T,y_T,z_T)\in T\right\} \tag{7-34}$$

从几何上看，三维空间目标的缓冲区是以三维目标 T 为中心外推距离 R 所形成的三维空间体。

1. 点缓冲区

设有空间点 $P(x_0,y_0,z_0)$，其缓冲距为 r，则其对应的缓冲区定义为与 P 点距离为不超过 r 的所有点的集合：

$$V=\left\{(x,y,z)\middle|\sqrt{(x-x_0)^2+(y-y_0)^2+(z-z_0)^2}\leqslant r\right\} \tag{7-35}$$

从几何上看，三维空间点目标的缓冲区是以 P 为中心，以 r 为半径的球体。因此，基于三维空间球体的生成算法，构建以 P 为中心，以 r 为半径的球体，用以表达三维空间点目标的缓冲区（图 7.20）。

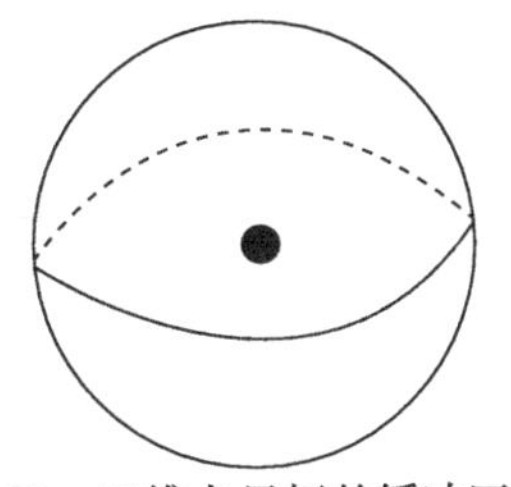
图 7.20　三维点目标的缓冲区示例

2. 线缓冲区

1）直线段的缓冲区

设有空间线段 P_1P_2，端点坐标分别为 $P_1(x_1,y_1,z_1)$，$P_2(x_2,y_2,z_2)$。设缓冲距为 R，则 P_1P_2 的缓冲区定义为与 P_1P_2 距离不超过 R 的所有点的集合。几何上，P_1P_2 的缓冲区以线目标 P_1P_2 的轴线为轴，半径为尺的圆柱体及端点由两个半径为 R 的半球组成，如图 7.21 所示。

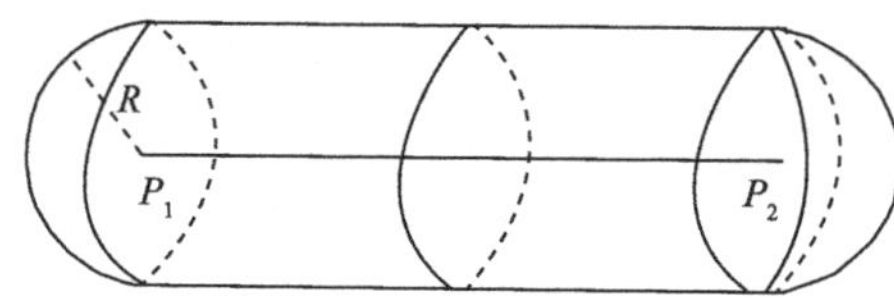

图 7.21 空间直线段的缓冲区

2）空间折线段的缓冲区

空间折线段目标是由空间一系列线段组成的复合目标，其缓冲区的生成方法可类似二维平面中折线段缓冲区的生成方法。

a. 角平分面法

角平分面法的基本步骤如下。

（1）确定线状目标的缓冲半径 R。

（2）沿线状目标轴线前进方向，依次计算轴线转折点 $P_i(x_i,y_i,z_i)$ 的角平分面，线段起始点和终止点处的角平分面取为起始线段或终止线段的垂面。角平分面的计算方法为：①由转折点 P_i 及左右相邻点 P_{i-1} 和 P_{i+1} 确定一个平面 L；②在平面 L 上，计算转折点左右两条线段的角平分线；③过角平分线作垂直于平面 L 的平面 H，则平面 H 即所求的角平分面（图 7.22）。

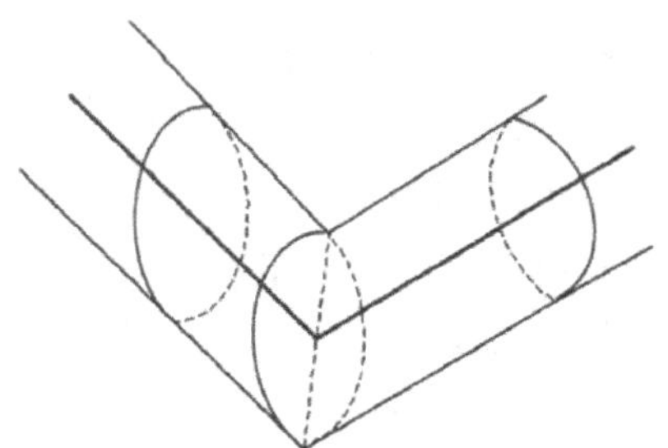
图 7.22 角平分面缓冲区生成算法示意图

（3）在转折点的角平分面上以转折点为圆心作半径为 R 的圆，则该圆即转折点相邻两线段 $P_{i-1}P_i$ 和 P_iP_{i+1} 对应的缓冲圆柱的交线。

（4）将转折点左右线段对应的缓冲圆柱顺序相连，即构成该线状目标的缓冲区的基本部分。

（5）在线状目标的起始端点和终止端点处，以 $2R$ 为直径，以线段垂面为半球底面分别向外作外接半球。

（6）将外接半球分别与左右缓冲边界的基本部分相连，即形成该线状目标的缓冲区。

角平分面法本质是由一系列等半径的圆柱连接而成的系列圆柱体。当凸角进一步变锐时，角平分面法对应的凸侧角点可能产生与二维类似的尖角现象，其改进方法是在凸侧角点用圆球代替，即下面的凸角圆柱法。

b. 凸角圆柱法

凸角圆柱法的基本步骤如下。

（1）判断轴线转折点的凹凸性。轴线转折点的凹凸性决定何处用圆球弥合，何处用圆柱求交。类似二维的情况，这个问题可以通过两个矢量叉积的符号来判断。设由沿轴线方向顺序三点 $P_{i-1}(x_{i-1},y_{i-1},z_{i-1})$、$P_i(x_i,y_i,z_i)$、$P_{i+1}(x_{i+1},y_{i+1},z_{i+1})$ 构成的两个向量为 $P_{i-1}P_i$ 和 P_iP_{i+1}，则两向量的叉积通过下式计算

$$P_{i-1}P_i \times P_iP_{i+1} = \begin{vmatrix} i & j & k \\ x_i - x_{i-1} & y_i - y_{i-1} & z_i - z_{i-1} \\ x_{i+1} - x_i & y_{i+1} - y_i & z_{i+1} - z_i \end{vmatrix} \tag{7-36}$$

该向量的 z 坐标分量为

$$S = (x_i - x_{i-1})(y_{i+1} - y_i) - (x_{i+1} - x_i)(y_i - y_{i-1}) \tag{7-37}$$

若 $S<0$，P_i 为凸点；若 $S=0$，则 P_{i-1}、P_i 和 P_{i+1} 三点共线；若 $S>0$，P_i 为凹点。

（2）计算缓冲圆柱交线。线段 $P_{i-1}P_i$ 和 P_iP_{i+1} 确定一个平面，在该平面上根据凹凸性计算内侧缓冲距 R 的缓冲点 P。由线段 $P_{i-1}P_i$ 和 P_iP_{i+1} 生成的缓冲圆柱相交于 P 点，如图 7.23 所示。过 P 点，分别作垂直于 $P_{i-1}P_i$ 和 P_iP_{i+1} 的平面 $L_{i-1,i}$ 和 $L_{i,i+1}$，则平面 $L_{i-1,i}$ 和 $L_{i,i+1}$ 与对应的缓冲圆柱的交线即为缓冲圆柱交线。

（3）连接缓冲圆柱。在转折点 $P_i(x_i, y_i, z_i)$ 的角平分面上，以 P_i 为球心，以 R 为半径作球。球与 $P_{i-1}P_i$ 和 P_iP_{i+1} 对应的缓冲圆柱相交于交线 $L_{i-1,i}$ 和 $L_{i,i+1}$，两交线间的球面部分即是缓冲区在转折点处的部分（图 7.24）。

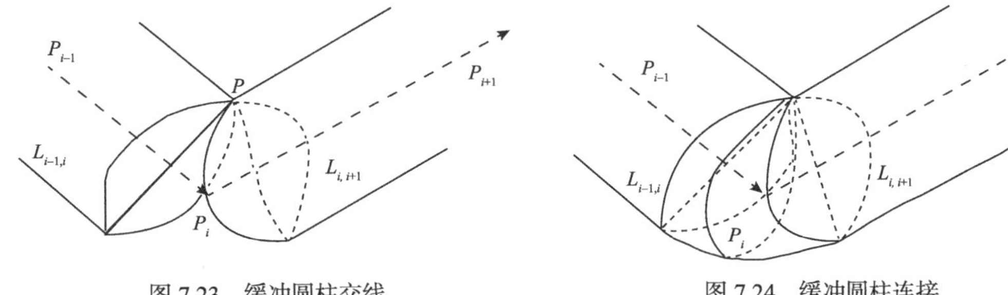

图 7.23　缓冲圆柱交线　　　图 7.24　缓冲圆柱连接

3. 面缓冲区

三维空间面目标的缓冲区是由面目标向外扩展而得到的。对于三维空间平面目标，其缓冲区是由面的两边各向面的垂直方向外移一个缓冲距得到的平面、面的外侧形成的半圆柱及面的顶点形成的部分球体得到的体状目标。图 7.25 显示了一个空间长方形平面形成的三维面目标的缓冲区。

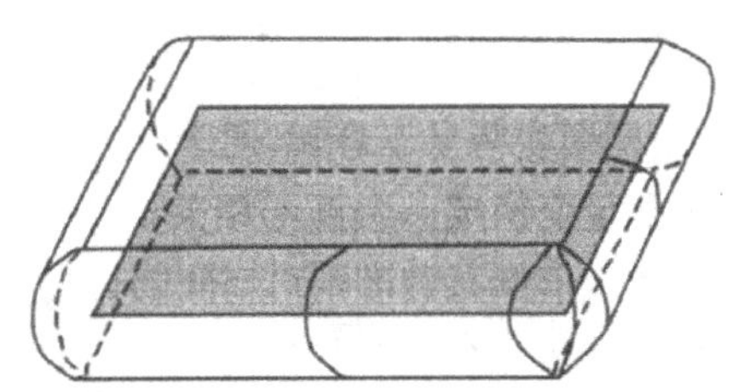

图 7.25　三维长方形平面目标缓冲区示例

对于不在同一平面的面目标，基于矢量方法的缓冲区计算比较复杂，一种处理办法是将矢量数据转换为栅格数据，利用栅格缓冲区分析方法进行求解。

4. 体缓冲区

对于空间体目标，其缓冲区是空间的体，只是原来空间体目标的外扩。对于简单体目标，其缓冲区容易求得。而对于复杂三维体目标的缓冲区，基于矢量方法的缓冲区计算比较复杂，一种处理办法是将矢量数据转换为栅格数据，利用栅格缓冲区分析方法进行求解。

7.3　缓冲区分析的栅格方法

缓冲区分析的栅格方法原理是将矢量图形栅格化（图 7.26），对要进行分析的地理实体进行像元加粗，然后提取其边缘。缓冲区分析的矢量方法采用矢量算法进行缓冲区分析，涉及大量的几何求交运算。与矢量方法相比，缓冲区分析的栅格方法在原理上容易理解，较易实现，对于自相交算法也更容易解决。

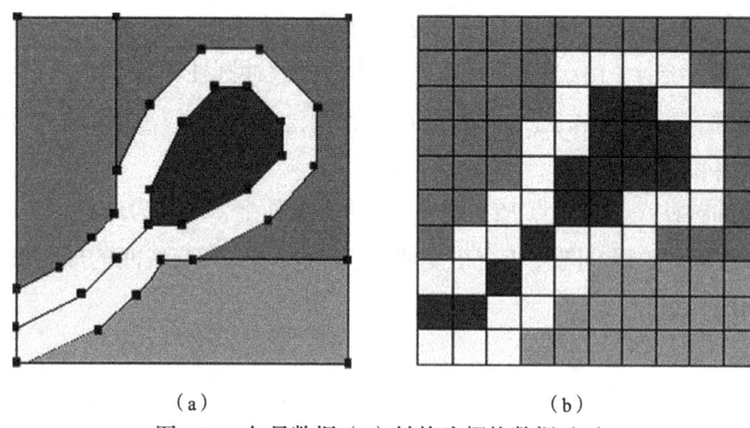

图 7.26　矢量数据（a）转换为栅格数据（b）

7.3.1　二维对象的缓冲区分析

二维离散空间可以看成是由一系列规则的二维栅格单元（下称“像元”）组成，每个像元由笛卡尔坐标（x，y）表示，所有这些像元的集合构成了对二维欧氏空间的一种镶嵌。在二维栅格结构中，每个像元单元有 8 个邻域，即 4 个边邻域和 4 个点邻域（图 7.27）。

• 4	• 3	• 2
• 5	• 0	• 1
• 6	• 7	• 8

图 7.27　像元的 8 邻域示意图

二维离散空间可以分成对象像元和非对象像元两类，对象像元是指地物对象占据的像元，用“1”表示，非对象像元是指没有被地物对象占据的像元，用“0”表示。这样，二维栅格空间可以看成是一幅二值图。离散空间下常见的距离测度有棋盘距离、城市距离和欧氏距离。棋盘距离和城市距离实质上是一种近似的欧氏距离。为了与实际测量一致，通常采用欧氏距离。设三维栅格中的任意两个像元 $p_1(x_1, y_1)$ 和 $p_2(x_2, y_2)$，它们之间的欧氏距离为

$$d_e(p_1, p_2) = \sqrt{(x_1 - x_2)^2 + (y_1 - y_2)^2} \tag{7-38}$$

二维对象的缓冲区分析中距离变换的目的是针对每个非对象像元，计算其到最近的对象像元的距离。如果距离测度采用欧氏距离，则距离变换称为欧氏距离变换。欧氏距离变换可以表达为

$$d_e(p') = \min\{d_e(p, p'), p \in O, p' \in O'\} \tag{7-39}$$

式中，O 为对象像元集合；O' 为非对象像元集合。基于二维栅格的缓冲区生成可以看成是从目标对象开始，逐步向其周围二维邻域扩张，扩张的半径逐步增大，直至扩张到的体元与目标对象的最小距离大于或等于给定的缓冲半径为止。

图 7.28 为二维栅格空间中不同对象的栅格缓冲区示意图。其中，图 7.28（a）为点对象的二维栅格缓冲区；图 7.28（b）为线对象的二维栅格缓冲区；图 7.28（c）为面对象的二维栅格缓冲区。

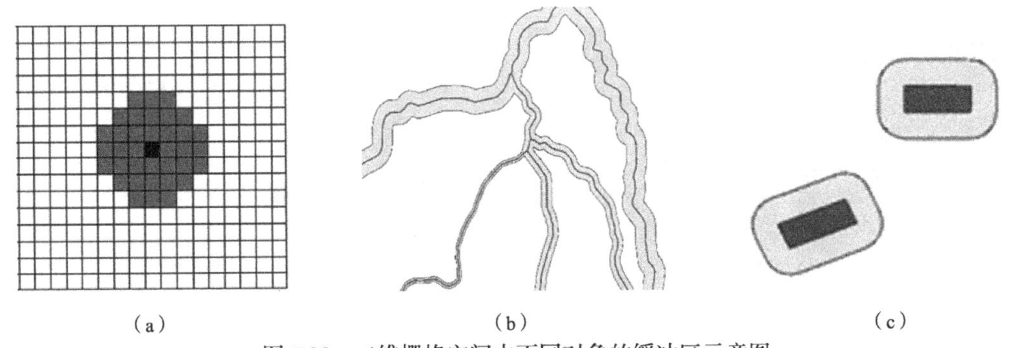

图 7.28 二维栅格空间中不同对象的缓冲区示意图

7.3.2 三维对象的缓冲区分析

与二维情况类似，三维离散空间可以看成是由一系列规则的三维立方体元组成，每个立方体元由笛卡尔坐标 (x,y,z) 表示，所有这些体元的集合构成了对三维欧氏空间的一种镶嵌。在三维栅格结构中每个体元有 6 个面邻域、12 个边邻域和 8 个点邻域，共有 26 个邻域（图 7.29）。

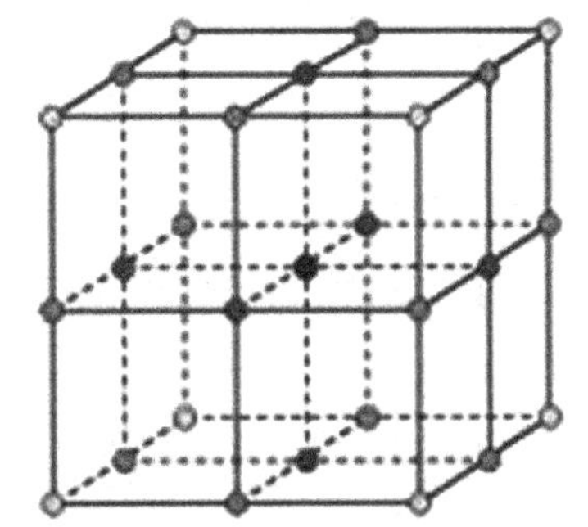

图 7.29 三维栅格空间中体元的 26 邻域

三维离散空间可以分成对象体元和非对象体元两类，对象体元是指地物对象占据的体元，用“1” 表示，非对象体元是指没有被地物对象占据的体元，用“0”表示。这样，三维栅格空间可以看成是三维的二值图。为了与实际测量一致，三维离散空间下的距离测度也采用欧氏距离。设三维栅格中的任意两个体元 $v_1(x_1,y_1,z_1)$ 和 $v_2(x_2,y_2,z_2)$，它们之间的欧氏距离为

$$d_e(v_1,v_2)=\sqrt{(x_1-x_2)^2+(y_1-y_2)^2+(z_1-z_2)^2} \qquad (7\text{-}40)$$

与二维情况类似，三维对象的缓冲区分析中距离变换的目的是针对每个非对象体元，计算其到最近的对象体元的距离。欧氏距离变换可以表达为

$$d_e(v')=\min\{d_e(v,v'),v\in O,v'\in O'\} \qquad (7\text{-}41)$$

其中，O 为地物对象体元集合，O' 为非对象体元集合。基于三维栅格的缓冲区生成可以看成是从目标对象开始，逐步向其周围三维邻域扩张，扩张的半径逐步增大，直至扩张到的体元与目标对象的最小距离大于或等于给定的缓冲半径为止。

图 7.30 为三维栅格空间中不同对象的缓冲区示意图。其中，图 7.30（a）为点对象的三维栅格缓冲区；图 7.30（b）为螺旋体的三维栅格缓冲区；7.30（c）为“V”形面的三维栅格缓冲区；7.30（d）为褶皱面的三维栅格缓冲区。

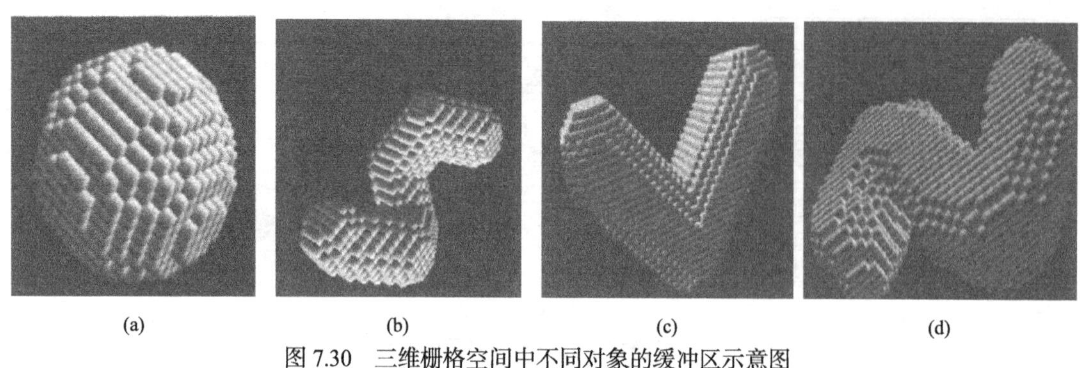

图 7.30 三维栅格空间中不同对象的缓冲区示意图

7.4 动态目标缓冲区

本节对动态目标缓冲区的生成算法进行论述，并对缓冲区的生成中出现的一些问题进行讨论。

7.4.1 基本模型

前面讨论的缓冲区，空间目标对邻近对象的影响只呈现单一的距离关系，这种缓冲区称为静态缓冲区。在实际应用中，还涉及空间目标对邻近对象的影响呈现不同强度的扩散或衰减关系。例如，污染对周围环境的影响呈现梯度变化，这样的缓冲区称为动态缓冲区。对于动态缓冲区的分析，不能简单地设定距离参数，而是根据空间目标的特点和要求，选择合适的模型，有时还需要对模型进行变换。常见的动态缓冲区分析模型包括线性模型、二次模型和指数模型。

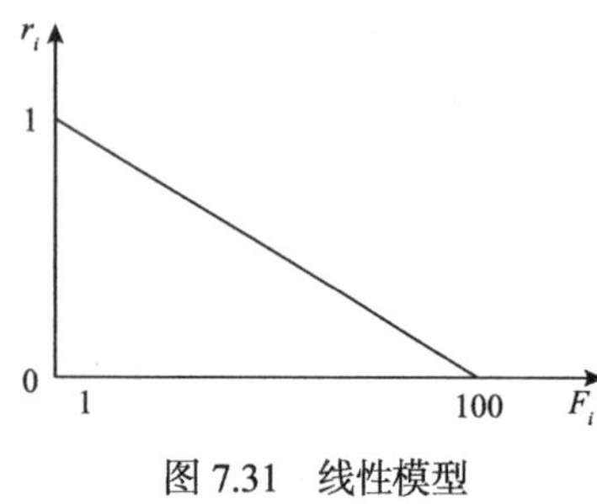

图 7.31 线性模型

1. 线性模型

当目标对邻近对象的影响度 F_i 随距离 r_i 的增大呈线性形式衰减时（图 7.31），可以用线性模型表达。

线性模型的表达式为

$$F_i = f_0(1-r_i) \tag{7-42}$$

其中，

$$r_i = \frac{d_i}{d_0} \qquad 0 \leqslant r_i \leqslant 1 \tag{7-43}$$

式中，F_i 为目标对近邻对象的影响度；f_0 为目标本身的综合规模指数；d_i 为近邻对象离开目标的实际距离；d_0 为目标对近邻对象的最大影响距离。

2. 二次模型

当目标对邻近对象的影响度 F_i 随距离 r_i 的增大呈二次形式衰减时（图 7.32），可以用二次模型表达。

二次模型的表达式为

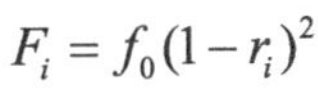

$$F_i = f_0(1-r_i)^2 \tag{7-44}$$

其中，

$$r_i = \frac{d_i}{d_0} \quad 0 \leqslant r_i \leqslant 1 \tag{7-45}$$

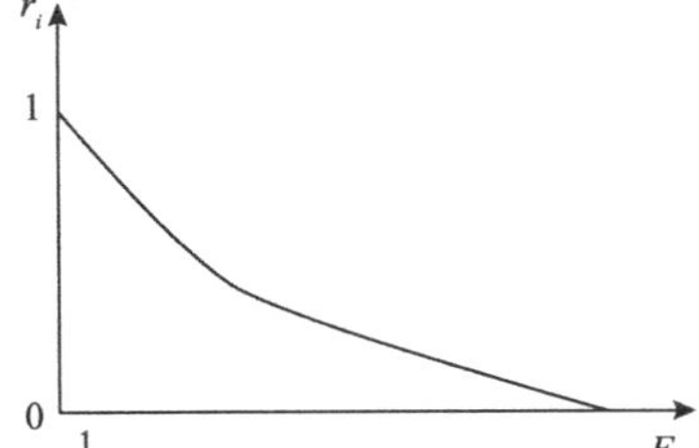

图 7.32　二次模型

式中，F_i 为目标对近邻对象的影响度；f_0 为目标本身的综合规模指数；d_i 为近邻对象离开目标的实际距离；d_0 为目标对近邻对象的最大影响距离。

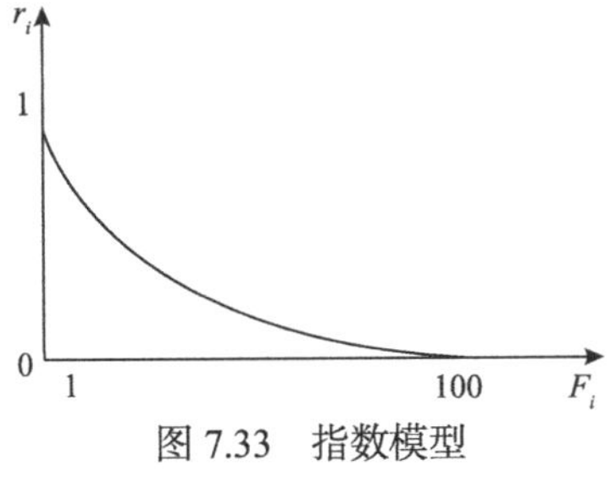

图 7.33　指数模型

3. 指数模型

当目标对邻近对象的影响度 F_i 随距离 r_i 的增大呈指数形式衰减时（图 7.33），可以用指数模型表达。

指数模型的表达式为

$$F_i = f_0^{(1-r_i)} \tag{7-46}$$

其中，

$$r_i = \frac{d_i}{d_0} \quad 0 \leqslant r_i \leqslant 1 \tag{7-47}$$

式中，F_i 为目标对近邻对象的影响度；f_0 为目标本身的综合规模指数；d_i 为近邻对象离开目标的实际距离；d_0 为目标对近邻对象的最大影响距离。

根据实际情况的变化，空间目标对周围空间影响度可能还有其他关系，这些关系可以通过实际进行数据拟合来确定，也可以通过经验或已有模型来确定。

这些模型可用于城市辐射影响分析、环境污染分析、矿山开采影响分析等。

动态缓冲区分析问题存在于许多实际问题中。例如，对于流域问题，从流域上游的某一点出发沿流域下溯，河流的影响范围或流域辐射范围逐渐扩大；从流域下游的某一点出发沿流域上溯，河流的影响范围或流域辐射范围逐渐缩小。

对于流域问题，其缓冲区生成算法可以基于线目标的缓冲区生成算法，采用分段处理的方法生成各流域的缓冲区，然后按某种规则将各段缓冲区光滑连接；也可以基于点目标的缓冲区生成算法，采用逐点处理的方法分别生成沿线各点的缓冲圆，然后求出缓冲圆序列的两两外切线（包络线），所有外切线相连即形成流域问题的动态缓冲区，如图 7.34 所示。

另外，两个城市之间的影响力，随着与城市之间的距离而逐渐变小。对于城市之间影响力的动态缓冲区分析，可类似于流域问题的缓冲区分析方法建立，如图 7.35 所示。

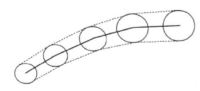

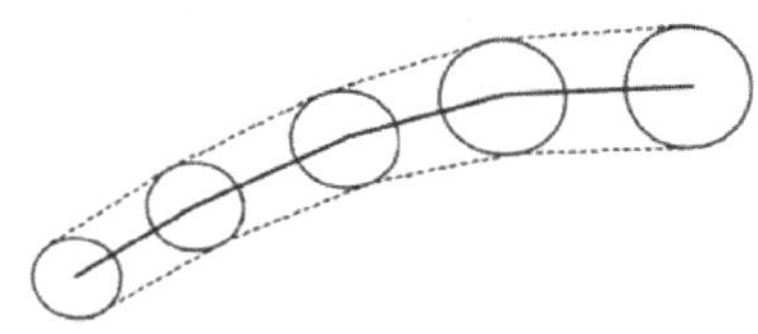
图 7.34　流域问题的动态缓冲区

图 7.35　城市间影响力的动态缓冲区

7.4.2　缓冲区特殊处理方法

建立缓冲区时，经常有一些特殊情况需要处理。

1. 缓冲区叠置时的处理

缓冲区的重叠包含多个特征缓冲区的重叠(图 7.36)和同一特征缓冲区的重叠(图 7.37)。对于多个特征缓冲区的重叠，需要通过拓扑分析的方法，先自动识别出落在缓冲区内部的线段或弧段，然后删除这些线段或弧段，得到处理后的连通缓冲区［图 7.36（c）］。同一特征缓冲区的重叠采用逐段线段求交的方法。如果有交点且在两条线段上，则记录该交点。至于该线段的第二个端点是否保留，则要判断其是进入重叠区，还是从重叠区出来。对于进入重叠区的点删除，否则记录该点，进而得到包括岛状图形的缓冲区。

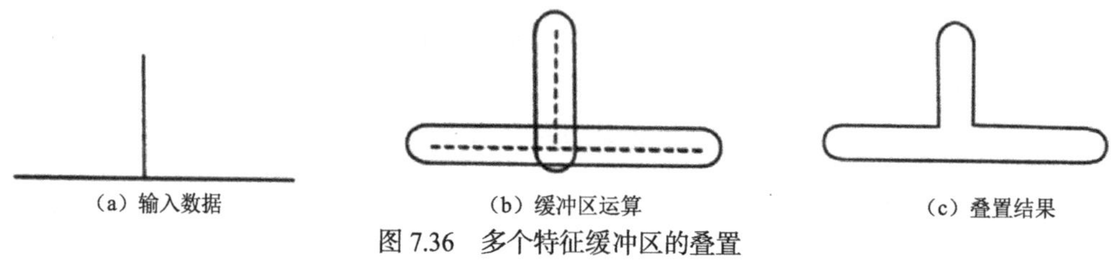

图 7.36　多个特征缓冲区的叠置

2. 缓冲区宽度不同的处理

有时，地物属性特征不同可以有不同的缓冲区宽度。例如，沿河流绘出的环境敏感区的宽度，与各段河流的类型及其特点有关，可以通过建立河流属性表，根据不同属性确定其不同的缓冲区宽度，生成所需要的缓冲区。图 7.38 表示宽度不同的缓冲区。

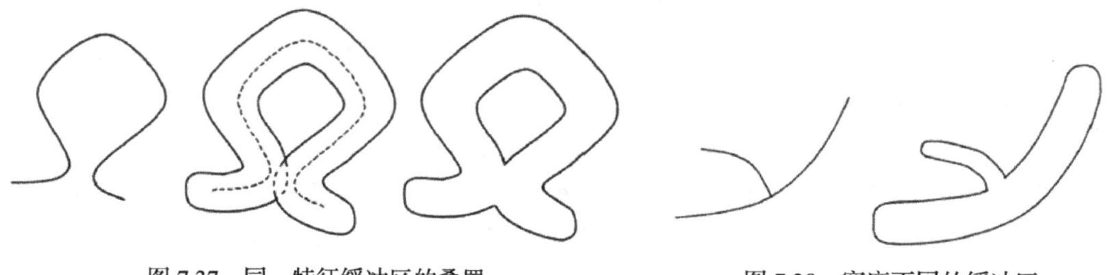

图 7.37　同一特征缓冲区的叠置　　图 7.38　宽度不同的缓冲区

对于缓冲区还有许多特殊情况，详细可见王家耀（2001）、黄杏元等（2001）。

7.5　缓冲区分析的应用

在实际的应用中，缓冲区分析一般可以按照以下步骤实施：①选择所要研究的空间对象（如点污染源、道路、河流、断层、建筑物）；②根据已有的研究结论或通过计算，得到缓冲半径的大小；③利用由步骤②得到的缓冲半径进行缓冲区分析，得到相关的缓冲区；④通过矢量数据的叠加分析得到缓冲区内的空间对象，并进行统计。

下面简单介绍缓冲区分析的一些具体应用。

在城市规划的实践中，如需要了解道路或轨道交通周边的建筑物情况或居民总数，可首先对道路或地铁轨道实施缓冲区分析，然后利用空间叠加分析统计缓冲区内的建筑物或居民总数。

在防洪工程设计中，需要在距河流一定纵深范围内规划树木的采伐，设置防护林带，以防止水土流失。这就需要根据相关经验或理论计算得到缓冲距离的大小，然后对河流实施缓冲区分析。

在防震减灾的研究中，需按照断层或断裂带的危险等级，通过缓冲区分析得出围绕断层或断裂带的缓冲带，并作为防震和抗震的重点区域。

在对城市土地进行评价的过程中，要根据离开交通主干道的远近进行土地成本的估算，并预测房地产价格。此时，缓冲半径的大小可以根据道路的等级及道路周围的通畅程度进行确定。

在生态区规划中，需要确定自然生态保护区的范围，然而由于城市化进程的发展，生态保护区周围的小城镇会在一定程度上向外扩张，有可能对生态保护区造成影响。对此，可对自然生态保护区周围1km范围内的区域采取限制发展的措施，并减少污染排放企业。这一过程中就需要使用多边形的缓冲区分析操作。

如前所述，把二维缓冲区的概念扩展到三维空间，将缓冲区概念用于三维空间中，可以定义三维缓冲区范围。三维缓冲区分析比二维缓冲区分析的应用更加广泛。点缓冲区分析应用在如空中爆炸物的影响范围的确定等方面；三维线缓冲区分析在地下管网和水利管道方面有重要的作用；三维面缓冲区分析则可以在城市规划中发挥作用。

此外，缓冲区分析还是农业、军事、地质、电信、环境评价等领域不可或缺的分析工具。

第八章　网 络 分 析

现实世界中存在各种各样的网络，它是现代生活、生产中各种物质、能量和信息流动的通道，是由点、线构成的系统，通常用来描述某种资源或物质在空间中的运动。GIS 中的地理网络除了图论中网络线变、结点、拓扑等特征外，还具有空间定位上的地理意义、目标复合上的层次意义和地理属性意义。

8.1　网络分析概述

网络分析就是对地理网络和城市基础设施网络等网状事物，以及它们的相互关系和内在联系进行地理分析和模型化。网络分析的基本研究对象是线状目标，线状目标是在基本弧段通过结构化的组织构成了目标意义的网络体系。路径是网络分析中具有较完整地理意义的特征子类，它是由线段弧段和点目标组成的，是网络分析结构的存储和显示形式，路径可以与各种事件直接关联，通过路径分析可以更好地表达和分析现实世界的地理网络。网络分析在城市交通规划、城市管线设计、服务设施分布选址、最优线路选择等方面都有广泛的应用。

8.1.1　图论基本概念

图论中许多基本的概念如路径、赋权图、连通性等都是进行网络分析的基础。图论中所研究的图是由实际问题抽象出来的逻辑关系图，图中点和线的位置及曲直无关紧要，点的多少和每条线连接的是哪些点才是关键。

两个端点重合的边称为环。如果有两条边的端点是同一对顶点，则称这两条边为重边。既没有环也没有重边的图，称为简单图。如果图中的边是有向的，则称为有向图，反之则称为无向图。在有向图中，顺向的首尾相接的一串边的集合叫做有向路。通常用顺次的节点或边来表示路或有向路。如果一个图中，任意两个节点之间都存在一个路，则称为连通图。起点和终点为同一个节点的路称为回路（或圈）。如果一个连通图中不存在任何回路则称为树，任意一个连通图，去掉一些边后形成的树叫做连通图的生成树，一个连通图的生成树可能不止一个。

给定一个图，图中的每一条边赋以一个实数，称这种数为边的权数，这种图为赋权图。赋以权数的有向图称为赋权有向图，也可称为网络。根据需要赋权有向图中的一条边，必要时可以赋以多个权值，另外也可以给节点赋权，称为点权网络，相对于点权网络，给边赋权的网络称为边权网络。权数的含义也可以不相同。例如，有时权数可以表示两地之间的实际距离或行车时间，也可以表示资源在线路上的容量或流量等，这要由实际问题的约束条件来决定。在机器实现中，邻接矩阵表示法、关联矩阵表示法、邻接表表示法是用来描述图与网络常用的方法。

邻接矩阵用来表示图中任意两点间的邻接关系及其权值。如果两点间有一条邻接矩阵中对应的元素为 1；否则为 0（也可用 ∞ 表示两点间无任何连接关系），邻接矩阵为对称矩阵。

有向图与其对应的邻接矩阵如图 8.1 所示。对于加反图的邻接矩阵表示，一条弧所对应的元素不再是 1，而是相应的权值。对应权值代表的意义不同，“0”元具体填入何值可灵活处理。这种表示方法简单、直接，但若网络比较稀疏，会浪费大量存储空间。

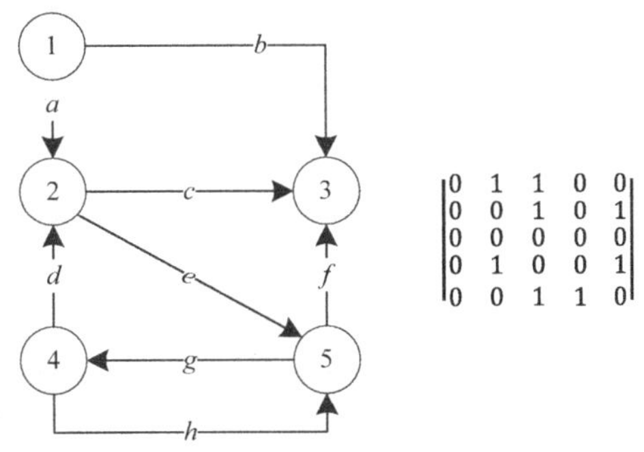

$$\begin{vmatrix} 0 & 1 & 1 & 0 & 0 \\ 0 & 0 & 1 & 0 & 1 \\ 0 & 0 & 0 & 0 & 0 \\ 0 & 1 & 0 & 0 & 1 \\ 0 & 0 & 1 & 1 & 0 \end{vmatrix}$$

图 8.1　有向图及其邻接矩阵

在关联矩阵中，每行对应图的一个结点，每列对应图的一条弧。如果一个结点是一条弧的起点，则关联矩阵中对应的元素为 1；如果一个结点是一条弧的终点，则关联矩阵中对应的元素为-1；如果一个结点与一条弧不关联，则关联矩阵中对应的元素为 0。图 8.1 中有向图所包含的弧为 a、b、c、d、e、f、g、h，则相应的关联矩阵如图 8.2 所示。

图的邻接表是图中所有结点邻接表的集合，图 8.1 中有向图的邻接表就可以用图 8.3 来表示。在许多使用图的信息系统中，关联矩阵和邻接矩阵的表示形式发挥了重要作用。但是用矩阵来表示图存在许多不足之处，用矩阵表示图要占用一定的空间，而随着图的顶点和边的不断增加，存储矩阵所需的空间也就越大。在现实生活中，一个网络，例如交通网，往往由数千个甚至更多的结点和边组成，这样用矩阵形式来管理就需要非常大的空间，在实际应用中不可行。另外，用矩阵来表示图一般是基于边的，也就是说有关结点的信息无法表示，而在实际应用中，站点一类的地物在网络分析中往往具有重要的约束条件，如阻碍强度等，这是在进行分析时必须严格考虑的因素。目前，大家公认的比较有效地表示方法是邻接表表示方法，不过在网络分析的研究中如何更加有效地利用存储空间来表示地理网络，进一步改进算法以提高解决实际问题的效率，仍是人们关注的焦点。

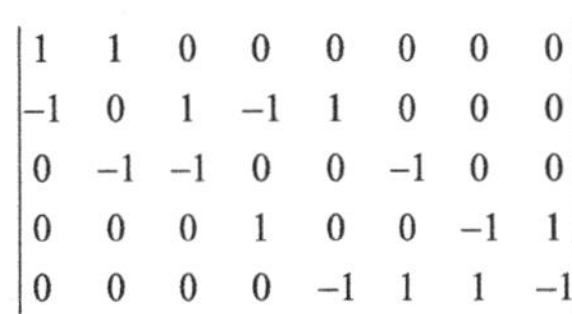

$$\begin{vmatrix} 1 & 1 & 0 & 0 & 0 & 0 & 0 & 0 \\ -1 & 0 & 1 & -1 & 1 & 0 & 0 & 0 \\ 0 & -1 & -1 & 0 & 0 & -1 & 0 & 0 \\ 0 & 0 & 0 & 1 & 0 & 0 & -1 & 1 \\ 0 & 0 & 0 & 0 & -1 & 1 & 1 & -1 \end{vmatrix}$$

图 8.2　有向图的关联矩阵

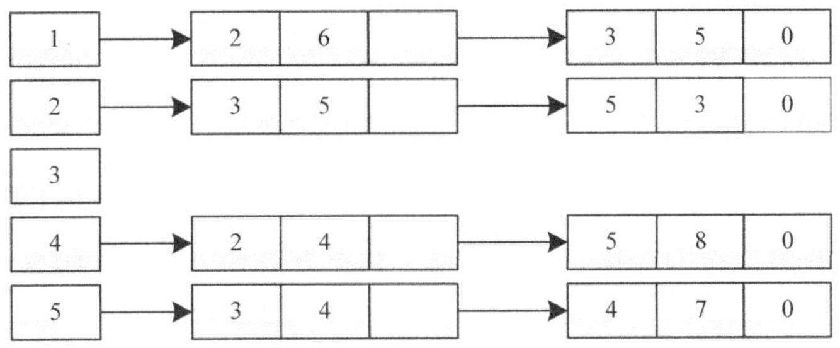

图 8.3　有向图的邻接矩阵

8.1.2　基本元素

网络是由若干线状实体和点状实体互相连接构成的一个系统。在图论中，一个网络被定义为若干结点和边的集合。在 GIS 中网络的基本元素包括链、结点、站点、中心、障碍、拐角等，如图 8.4 所示。

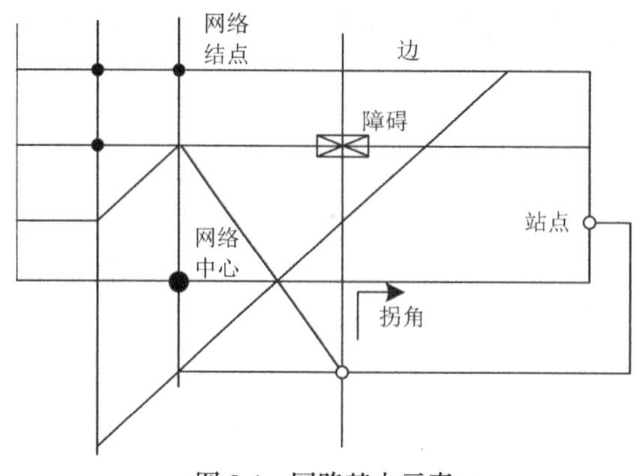

图 8.4　网路基本元素

1）链

网络中链是构成网络模型的最主要的几何框架，对应着图或网络中的各种线状要素，表现的是网络中的地理实体和现象。可以代表公路、铁路、河流、输电线路、航空线、航海线等。

链包括图形信息和属性信息，链的属性信息包括阻碍强度、资源需求量和资源流动的约束条件。链的阻碍强度是指通过一条链所需要花费的时间或费用等，如资源流动的时间、速度等；链的资源需求量是指沿着网络链可以收集到的或者可以分配给一个中心的资源总量；资源流动的约束条件则表达了除几何条件外的链自身对资源通行的限制等。

2）结点

结点即网络链的两个端点，网络中链与链之间通过结点相连。如果结点参与资源分配，结点也有资源需求量，如结点的方向数。结点也具有是否允许通行的约束能力，如人行天桥规定的车辆限高。

3）站点

站点时网络中装载或卸下资源的结点位置，在网络中传输的物质、能量、信息等都是从一个站出发，到达另一个站，如车站、码头等。

站的属性主要有两种：一种是站的资源需求量，表示资源在站上增加或减少，正值表示装载资源，负值表示卸下资源；另一种是站的阻碍强度，代表与站有关的费用或阻碍，如某个车站上下车的时间。

4）中心

中心是网络中具有一定的容量，能够从链上获取资源发送资源的结点所在地。例如，水库属于河网的中心，它能容纳一定量的水资源，同时，它能将水沿不同的渠道输送出去。

中心的属性主要有两种：一种是中心的资源容量，它是从其他中心可以流向该中心或从该中心可以流向其他中心的资源总量。资源总量分配给一个中心的所有弧段的资源需求量之和不能超过中心的资源容量。另一种是阻碍强度，是指中心沿某一路径分配给一个中心的或由该中心分配出去的过程中，在各大弧段上及各路径转弯处所受到的总阻碍不能超过该中心所承受的阻碍强度。

5）障碍

障碍是指对资源传输器阻断作用的结点或链，它阻碍了资源在与其相连的链间的流动，代表了网络中元素的不可通行状态，如破坏的桥梁、禁止通行的关口等。

6）拐角

拐角指网络结点处，所有资源流动的可能的转向。例如，在十字路口禁止车辆左拐，便形成拐角。

8.1.3 网络的空间数据模型

地理网络模型是客观世界中地理网络系统的抽象表达。在地理网络中，涉及的要素较多，与图论中一般的图及网络在内容、形式、特征上有较大的差别。因此，图论中的网络模型已不能完全表达地理网络模型。在基于图论模型和方法基础上，地理网络模型将结合 GIS 中实际问题的效用、效率及精度，通过对地理网络要素的分析、组合来描述网络中的实体、现象，以及它们之间的相互关系和空间相对位置的特征。

地理网络模型主要有概念数据模型、逻辑数据模型、物理数据模型。

1）概念数据模型

概念数据模型就是从所有实体集合中确定需要处理的空间对象或实体，明确空间对象或实体之间的相互关系，从而决定数据库的存储内容。概念模型包括几何数据模型和语义数据模型。

几何数据模型即以纯几何的观点看待地理空间，将地理空间抽象成几何对象的集合。几何网络对象描述了地理要素的形状、空间位置、空间分布及空间关系等信息，并封装了对这些信息进行操作的空间方法。

语义数据模型是基于空间信息的语言学模型，将空间信息系统作为语言单位（几何分布）、语法规则（空间关系）和语义规则（专题描述信息及非空间关系）三位一体形成的系统。语义数据模型可用于描述空间实体或现象的包括非空间关系在内的专题信息。

2）逻辑数据模型

逻辑数据模型是概念数据模型所确定的空间实体及关系的逻辑表达，可以分为面向结构模型和面向操作模型。

面向结构模型表达了数据实体之间的关系，它包括层次数据模型、网络数据模型和面向对象数据模型。层次数据模型是按树形结构组织数据记录，以反映数据之间的隶属或层次关系，它能很好地表达 $1:n$ 的关系，但表达共享点线的拓扑结构较困难。网络数据模型是层次数据模型的一种广义形式，通过指针连接来表达 $m:n$ 的关系，其缺点是目标关系复杂时，指针将变得相当复杂。面向对象数据模型通过把需要处理的空间目标抽象成不同的对象，建立种类对象的联系图，并将种类对象的属性与操作予以封装。

面向操作的逻辑数据模型包括关系数据模型和扩展关系模型。关系数据模型通过满足一定条件的二维表的形式来表达数据之间的逻辑结构。扩展数据模型是利用面向对象的方法，对传统的关系模型进行改进，使其能处理变长字段属性，支持空间操作。

3）物理数据模型

物理数据模型是通过一定的数据结构，完成空间数据的物理组织、空间存取及索引方法的设计。在物理数据模型阶段，除了要考虑如何实现对专题信息的操作，即实现专题与语义数据模型的方法外，还要考虑几何数据模型与专题、语义数据模型的关联问题。

8.2 连通性分析

在现实生活中，常有类似在多个城市间建立通信线路问题，即在地理网络中从某一点出发能够到达的全部结点或边有哪些，如何选择对于用户来说成本最小的线路，这是连通分析所需要解决的问题。连通分析的求解过程实质上是对应图生成树的求解过程，其中研究最多的是最小生成树问题。最小生成树问题是带权连通图一个很重要的应用，在解决最有代价问题上用途非常广泛。

1. 基本概念

一个连通图的生成树是含有该连通图的全部顶点的一个极小连通子图，包含三个条件：①它是连通的；②包含原有连通图的全部结点；③不含任何回路。

依据连通图生成树的定义可知，若连通图G的顶点个数为n，则G的生成树的边数为n–1；树无回路，但如果不相邻顶点连成一边，就会得到一个回路；树是连通的，但如果去掉任意一条边，就会变为不连通的。

对于一个连通图而言，通常采用深度优先遍历或广度优先遍历来求解其生成树。从图中某一顶点出发访遍图中其余顶点，且使每一顶点仅被访问一次，这一过程叫做图的遍历。遍历图的基本方法是深度优先搜索和广度优先搜索，两种方法都可以适用于有向图和无向图。

深度优先搜索的基本思想是：从图中的某个顶点出发，然后访问任意一个该点的邻接点，并以该点的邻接点为新的出发点继续访问下一层级的邻接点，从而使整个搜索过程向纵深方向发展，直到图中的所有顶点都被访问过为止。同样，可知广度优先搜索是从图中的某个顶点出发，访问该顶点之后依次访问它的所有邻接点，然后分别从这些邻接点出发按深度优化搜索遍历图的其他顶点，直至所有顶点都被访问到为止，这种遍历方法的特点是尽可能优先对横向搜索，故称为广度优先搜索。两种搜索方法是地理信息系统网络分析中比较常用的搜索方法，许多算法的提出都是基于其基本思想进行改进和优化的。

2. 连通图遍历

图 8.5 是一个具有 8 个结点的网络图，对其分别进行深度优先搜索和广度优先搜索，其搜索过程为：设图 G=（V，E）是一个具有 n 个顶点的连通图，从 G 的任一顶点出发，作一次深度优化搜索或广度优先搜索，就可将 G 中的所有 n 个顶点都访问到。在使用以上两种搜索方法的过程中，从一个已访问过的顶点 i 搜索到一个未曾访问过的邻接点 j，必定要经过 G 中的一条边（i，j），而两种方法对图中的 n 个顶点都仅访问一次。因此，除初始出发点外，对其余 n–1 个顶点的访问一共要经过 G 中的 n–1 条边，这 n–1 条边将 G 中的 n 个顶点连接成 G 的极小连通子图，所以它是 G 的一颗生成树。

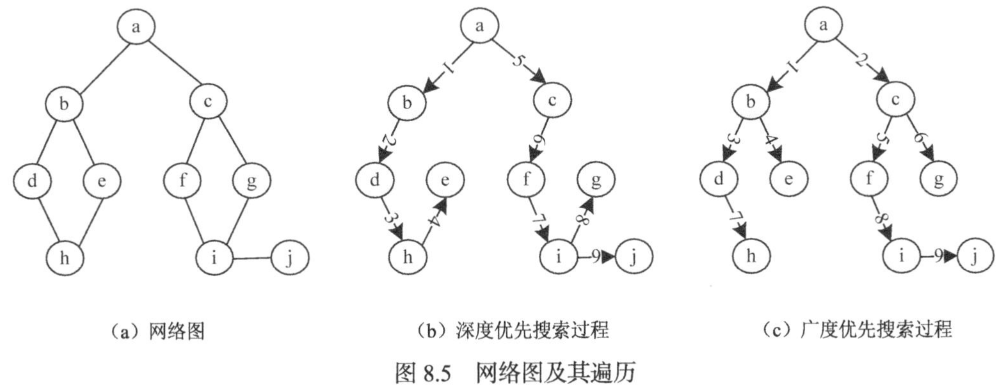

（a）网络图　（b）深度优先搜索过程　（c）广度优先搜索过程

图 8.5　网络图及其遍历

3. 最小生成树

通常，由深度优先搜索得到的生成树称为深度优先生成树（deep first search，DFS），由广度优先搜索得到的生成树称为广度优先生成树（breadth first search，BFS）。一个连通赋权图可能有很多的生成树，如图 8.6 所示。设 T 为图 G 的一个生成树，若把 T 中各边的权数相加，则将这个相加的和数称为生成树的权数。在图中的所有生成树中，权数最小的生成树称为图 G 的最小生成树。

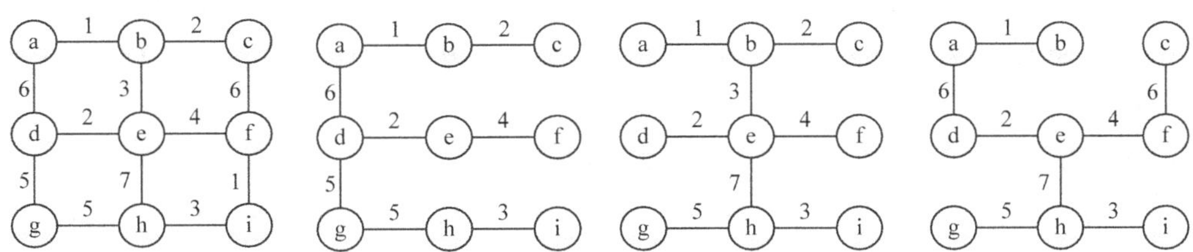

图 8.6　连通带权图及其生成树

要解决在多个城市间建立通信线路的问题，首先可用图来表示这个问题。图的顶点表示城市，边表示两城市间的线路，边上所赋的权值表示代价。对多个顶点的图可以建立许多生成树，每一棵树可以使一个通信网。如果要求出成本最低的通讯网，就转化为求一个带权连通图的最小生成树问题。

根据前面介绍的最小生成树的概念可知，构造最小生成树有两条依据：①在网中选择 n–1 条边连接网的 n–1 个顶点；②尽可能选取权值为最小的边。已有很多算法求解此问题，其中著名的有克罗斯克尔（Kruskal）算法和 Prim 算法。从算法思想来看，Kruskal 算法和 Prim 算法本质上是相同的，它们都是从以上两条依据出发设计的求解步骤，只不过在表达和具体步骤设计中有所差异而已。

1）Kruskal 算法

克罗斯克尔（Kruskal）算法，俗称“避圈法”。设图 G 是由 m 个结点构成的连通赋权图，则构造最小生成树的步骤如下：①先把图 G 中的各边按权数从小到大重新排列，并取权数最小的一条边为生成树 T 中的边；②在剩下的边中，按顺序取下一条边，若该边与生成树中已有的边构成回路，则舍去该边，否则选择进入生成树中；③重复步骤②，直到有 m–1 条边被选进 T 中，这 m–1 条边就是图 G 的最小生成树，利用 Kruskal 算法求带权图的最小生成树过

程如图 8.7 所示。

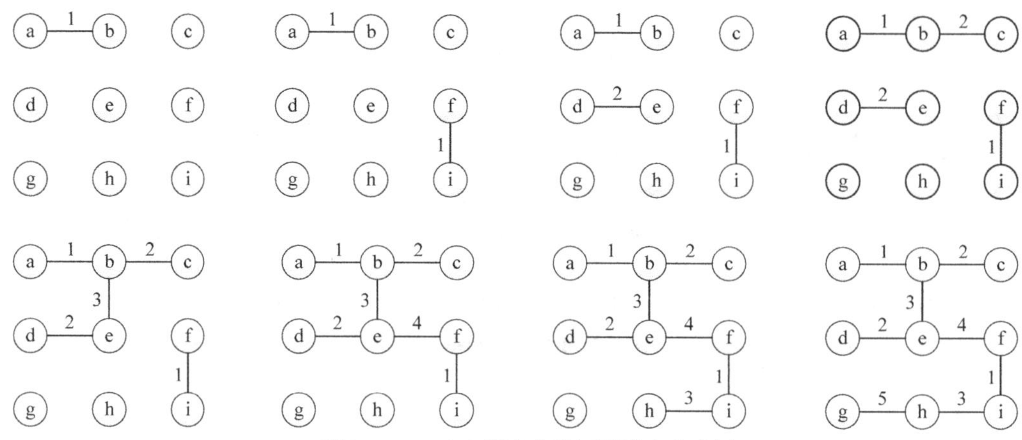

图 8.7　Kruskal 算法求带权图最小生成树

2）Prim 算法

Prim 算法是构造最小生成树的另一算法，其基本思想是：假设 $G=(V, E)$ 是连通网，声称最小生成树为 $T=(V, \mathrm{TE})$，求 T 的步骤如下。

（1）初始化设置一个只有节点 u_0 的结点集 $U=\{u_0\}$ 和最小生成树的边集 $\mathrm{TE}=\{\varphi\}$ 。

（2）在所有 $u \in U$ 和的边 $v \in V-U$ 中，找一条权最小的边 (u_0, v_0)，并赋 $\mathrm{TE}+\{(u_0, v_0)\} \rightarrow \mathrm{TE}$ 和 $(v_0)+U \rightarrow U$ 。

（3）如果 $U=V$，则算法结束，否则重复步骤（2）。

（4）得到最小生成树 $T=(V, \mathrm{TE})$，利用 Prim 算法求带权最小生成树的过程如图 8.8 所示。Prim 算法的时间复杂度为 $O(n^2)$ 。

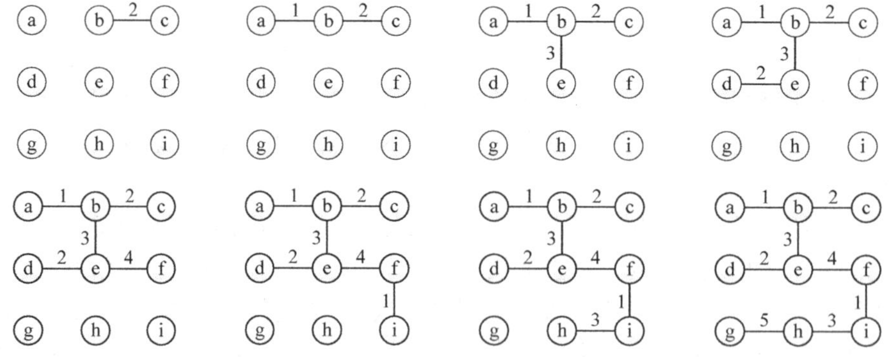

图 8.8　Prim 算法求带权图最小生成树

最小生成树问题在实际生活中的一个典型应用是以给定设施的位置为目的地，识别满足一定距离要求的街道路线。例如，某学校选择接送学校的校车行车路线，需要确定哪些学生居住地点距离学校较近而不需享受校车接送服务，以节省时间和资金投入。常见的地理信息系统软件已经能够提供菜单式的命令来完成这项任务，在已知网络中以学校这个目的地构造最小生成树，选出从学校到一定距离内的所有街道路段，在通过学生地址与街道相匹配的数据库管理系统识别出因住在选出的街道上而不能享有校车接送待遇的学生。

8.3 最短路径

在网络分析中，路径分析是核心问题。路径分析是在指定网络的结点间找出最佳路径。最佳路径是满足某种最优化条件的一条路径。这时最“佳”可能是距离最短、时间最少、费用最小、线路利用率最高等。

路径分析主要包括两类：一类是有确定轨迹的网络路径问题，如交通网络中最优路径分析，这类分析的特点是空间中的移动对象只能沿确定的轨迹运动，它是目前主要研究的类型；另一类是无确定轨迹的路径分析，没有明确的路径限制，如通过沼泽地的路径选择，这类路径分析目前研究较少。

路径分析的关键是对路径的求解，即如何求满足条件的最优路径。而最优路径的求解常常可以转化为最短路径的求解，最短路径指网络图中一个点之间总边权最小的连接起讫点的边的序列。最短路径问题是网络分析中的最基本问题，不仅可以将许多最佳路径问题转化为最短路径的问题，同时网络最优化中的其他许多问题也可以转化为最短路径问题或以最短路径算法为基础。最短路径算法的效率直接影响网络最优化问题的效率。

8.3.1 最短路径的数学模型

设 $G=<V, E>$是一个非空的简单有限图，V 为结点集，E 为边集。对于任何 $e=\left(v_i,v_j\right)\in E$，$w(e)=a_{ij}$ 为边 $\left(v_i,v_j\right)$ 的权值。P 是 G 中的两点间的一条有向路径，定义 P 的权值

$$W(P)=\sum_{e\in E(P)} w(e) \tag{8-1}$$

则 G 中两点间权最小的有向路径称为这两点的最佳路径。

最短路径的数学模型为

$$\begin{cases} \min \sum\limits_{(v_i,v_j)\in E} a_{ij}x_{ij} \\ x_{ij} \geqslant 0 \\ \sum\limits_{(v_i,v_j)\in E} x_{ij} - \sum\limits_{(v_i,v_j)\in E} x_{ji} = \begin{cases} 0 & i=1 \\ 0 & 2\leqslant i\leqslant n-1 \\ -1 & i=n \end{cases} \end{cases} \tag{8-2}$$

式中，x_{ij} 为 $\left(v_i,v_j\right)$ 在有限路径中出现的次数。求最短路径的问题实际上就是求解上述模型的最优解。

8.3.2 Floyd 算法

弗洛伊德（Floyd）算法能够求得每一对顶点之间的最短路径，其基本思想是：假设球从定点 V_i 到 V_j 有弧，则从 V_i 到 V_j 存在一条长度为 d_{ij} 的路径，该路径不一定是最短路径，需要进行 n 次试探。首先判别弧 (V_i,V_j) 和 (V_1,V_j) 是否存在，即考虑路径 (V_i,V_1,V_j) 是否存在。如

果存在，则比较(V_i,V_j)和(V_i,V_1,V_j)的路径长度，较短者为从V_i到V_j的中间顶点的序号不大于1的最短路径。假如在路径上再增加一个顶点V_2，若路径$(V_i,\cdots,V_2)$和路径$(V_2,\cdots,V_j)$分别是当前找到的中间顶点的序号不大于1的最短路径；假如在路径上再增加一个顶点V_2，若路径$(V_i,\cdots,V_2)$和路径$(V_2,\cdots,V_j)$分别是当前找到的中间顶点的序号不大于2的最短路径；将它和已经得到的从V_i到V_j的中间顶点的序号不大于1的最短路径相比较，从中选出中间顶点的序号不大于2的最短路径之后，再增加一个顶点V_3，继续进行试探。依次类推，在经过n次比较之后，最后求得的必是从V_i到V_j的最短路径。按此方法，可同时求得各对顶点间的最短路径。算法共需3次循环，总的时间复杂度是$O(n^3)$。

8.3.3　Dijkstra 算法

最短路径的最经典算法是Dijkstra于1959年提出的按路径长度递增的次序产生最短路径的方法，它是一种适用于所有弧的权威非负的最短路径算法，可以给出从某定点到图中其他所有顶点的最短路径。

Dijkstra 算法的基本思想是标记源点到已得到点的最短路径，再寻找到一个点的最短路径。其基本原理是：每次新扩展一个距离最短的点，更新与其相邻的点的距离。当所有边权都为正时，由于不会存在一个距离更短的没扩展过的点，所以这个点的距离永远不会再改变，因而保证了算法的正确性。不过根据这个原理，用 Dijkstra 求最短路径的图不能有负权边，因为扩展到负权边的时候会产生更短的距离，有可能破坏了已经更新的点距离不会改变的性质。其基本过程如下。

（1）初始化。起源点设置为：$d_s=0$，p_s为空；并标记起源点s，记k=s，其他所有点设为未标记的。

（2）检验从所有已标记的点k到其直接连接的未标记的点j的距离，并设置：

$$d_j=\min[d_j,d_k+l_{kj}]$$

其中，l_{kj}是从点k到点j的直接连接距离。

（3）选取下一个点，从所有未标记的结点中，选取d_j中最小的一个i

$$d_i=\min[d_j，\text{所有未标记的点}j]$$

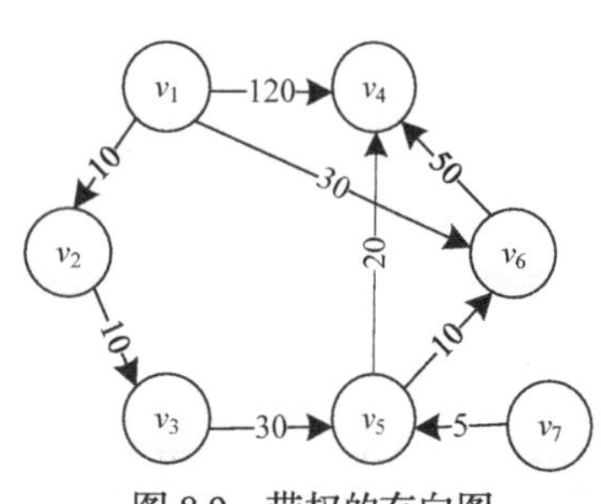

图 8.9　带权的有向图

点i就被选为最短路径中的一点，并设为已标记的点。

（4）找到点i的前一点。从已标记的点中找到直接连接到点i的点j*，作为前一点，设置：i=j*。

（5）标记点i。如果所有点已标记，则算法完全推出，否则，记k=i，转到（2）、（3）、（4）。

图8.9为某一带权有向图，若对其实施Dijkstra算法，则所得v_0到其余各顶点的最短路径及运算过程中距离的变化情况如表8.1所示。

表 8.1 从源点 v_0 到各终点的距离值和最短路径的求解过程

终点	k=1	k=2	k=3	k=4	k=5	k=6
v_2	10 (v_1, v_2)					
v_3	∞	20 (v_1, v_2, v_3)				
v_4	120 (v_0, v_4)	120 (v_0, v_4)	120 (v_0, v_4)	80 (v_0, v_6, v_4)	70 $(v_0, v_2, v_3, v_5, v_4)$	
v_5	∞	∞	50 (v_0, v_2, v_3, v_5)	50 (v_0, v_2, v_3, v_5)		
v_6	30 (v_0, v_6)	30 (v_0, v_6)	30 (v_0, v_6)			
v_7	∞	∞	∞	∞	∞	∞
v_j	v_2	v_3	v_6	v_5	v_4	
s	$\{v_0, v_2\}$	$\{v_0, v_2, v_3\}$	$\{v_0, v_2, v_3, v_6\}$	$\{v_0, v_2, v_3, v_6, v_5\}$	$\{v_0, v_2, v_3, v_6, v_5, v_4\}$	

下面按 Dijkstra 算法求最短路径。

令 $d(1)=0$，$d(i)=\infty$，（i=2，3，4，5，6，7）

计算 k=1；

$d(2)=\min\{d(2), d(1)+l(1, 2)\}=\min\{\infty, 0+10\}=10$

$d(3)=\min\{d(3), d(1)+l(1, 3)\}=\min\{\infty, 0+\infty\}=\infty$

$d(4)=\min\{d(4), d(1)+l(1, 4)\}=\min\{\infty, 0+120\}=120$

$d(5)=\min\{d(5), d(1)+l(1, 5)\}=\min\{\infty, 0+\infty\}=\infty$

$d(6)=\min\{d(6), d(1)+l(1, 6)\}=\min\{\infty, 0+30\}=30$

$d(7)=\min\{d(7), d(1)+l(1, 7)\}=\min\{\infty, 0+\infty\}=\infty$

显然，$d(2)=\min\{d(1), d(2), d(3), d(4), d(5), d(6), d(7)\}=10$

于是，标记（v_0,v_2），即（v_0,v_2）是 v_0 到 v_2 的最短路径。

k=2；

$d(3)=\min\{d(3), d(1)+l(1, 3)\}=\min\{\infty, 0+10\}=20$

$d(4)=\min\{d(4), d(1)+l(1, 4)\}=\min\{\infty, 0+120\}=120$

$d(5)=\min\{d(5), d(1)+l(1, 5)\}=\min\{\infty, 0+\infty\}=\infty$

$d(6)=\min\{d(6), d(1)+l(1, 6)\}=\min\{\infty, 0+30\}=30$

$d(7)=\min\{d(7), d(1)+l(1, 7)\}=\min\{\infty, 0+\infty\}=\infty$

显然，$d(3)=\min\{d(1), d(3), d(4), d(5)\}=20$

于是，标记（v_0，v_3），即（v_0，v_3）是 v_0 到 v_3 的最短路径。

k=3；

$d(4)=\min\{d(4), d(3)+l(3, 4)\}=\min\{\infty, 0+120\}=120$

$d(5)=\min\{d(5), d(3)+l(3, 5)\}=\min\{\infty, 0+\infty\}=50$

$d(6)=\min\{d(6), d(3)+l(3, 6)\}=\min\{\infty, 0+30\}=30$

$d(7)=\min\{d(7), d(3)+l(3,7)\}=\min\{\infty, 0+\infty\}=\infty$

显然，$d(6)=\min\{d(4), d(5), d(6), d(7)\}=30$

于是，标记（v_0,v_6），即（v_0,v_6）是v_0到v_6的最短路径。

$k=4$,

$d(4)=\min\{d(4), d(6)+l(6,4)\}=\min\{\infty, 0+120\}=80$

$d(5)=\min\{d(5), d(6)+l(6,5)\}=\min\{\infty, 0+\infty\}=50$

$d(7)=\min\{d(7), d(6)+l(6,7)\}=\min\{\infty, 0+\infty\}=\infty$

显然，$d(5)=\min\{d(4), d(5), d(7)\}=50$

于是，标记（v_3,v_5），即（v_0,v_2,v_3,v_5）是v_0到v_5的最短路径。

$k=5$,

$d(4)=\min\{d(1), d(5)+l(3,4)\}=70$

$d(7)=\min\{d(7), d(5)+l(3,7)\}=\infty$

显然，$d(4)=\min\{d(4), d(7)\}=70$

于是，标记（v_5,v_4），即（v_0,v_2,v_3,v_5,v_4）是v_0到v_4的最短路径。

$k=6$,

$d(7)=\min\{d(1), d(5)+l(5,7)\}=\infty$

由于$d(7)=\infty$，即最后一个未标记的点为∞。于是，算法停止，即所有点都标记完毕。

反向追踪，可得v_1到v_i（i=2，3，4，5，6，7）的最短路径。

8.3.4　A*算法

A*算法是Dijkstra算法的改进算法，也是目前最流行的启发式搜索算法，该算法由Hart等首先提出，算法的创新之处在于选择下一个被检查的结点时引入了已知的全局信息，对当前结点距离终点的距离作出估计，作为评价该点处于最优路线上的可能性的量度，这样就可以首先搜索可能性较大的结点，从而提高了搜索过程的效率。

A*算法在典型的Dijkstra算法基础上引入了当前结点的估计函数$f^*(i)$，将当前节点的评价函数定义为

$$f^*(i)=g(i)+h^*(i) \tag{8-3}$$

式中，$g(i)$为从起点到当前结点的最短距离，在实际应用中常常用当前结点i之父结点j的距离$g(i)$加上它们之间距离$D(i,j)$来替代，因为直接获取当前结点与起始点最短距离往往有些困难，而$g(i)$与$g(i)+D(i,j)$差距不大，且$g(i)$获得，$D(i,j)$属于已知条件。$h^*(i)$为从当前结点到终点最短距离的估计值，可取结点到终点的直线或球面距离。若$h^*(i)=0$，即没有利用任何路网信息，这时A*算法就变成了Dijkstra算法，这说明经典的Dijkstra算法可看作A*算法的特例，即A*算法是Dijkstra算法的“改进算法”。对于$h^*(i)$的具体形式，除了当前结点到终点的最短距离的估计值之外，也可以是其他估计值，如方向，算法使用者可以依据实际情况选择。

举例说明A*算法的具体步骤如下。

（1）设置初值。对起始结点V_S，令$g_{v_s}=0$；对其余结点$\forall v \neq v_s$，令$g_v=\infty$，令$S=\varnothing$，$T=\{v_s\}$，显然此时v_s是T中具有最小f^*值的结点。

（2）若$T=\varnothing$，则算法失败，否则，从T中选出具有最小f^*值的结点v，即令$v=\min\{f_u^*\}$。令S=$S\cup\{v\}$，T=$T-\{v\}$。

判断v是否为目标结点。若是目标结点，转步骤（4）；否则，生成v的后续结点。继续执行步骤（3）。

（3）对于每一个后续结点w，计算$g_v+w(v,w)$，根据w所处的位置，有三种情况：①若$w\in T$，判断是否有$g_w>g_v+w(v,w)$。若是，置$g_w=g_v+w(v,w)$，$p_w=v$。②若$w\in S$，判断是否有$g_w>g_v+w(v,w)$。若是，置$g_w=g_v+w(v,w)$，$p_w=v$。③若$w\notin T$且$w\notin S$，令$g_w=g_v+w(v,w)$，$p_w=v$；$T=T\cup\{w\}$。计算结点w的估计函数$f_w^*=g_w+h_w^*$。转步骤（2）。

（4）从结点v开始，根据p_v利用回溯的方法输出起始结点v_s到目标结点v的最优路径，以及最短距离g_v，算法终止。

8.4　最 优 路 径

在地理网络中，除了最短路径外，还有通行时间最短、运输费用最低、行驶最安全、容量最大等，这些都统称为最佳路径问题。最短路径是最佳路径的最常见的一种。此外，还有最大可靠路径、最大容量路径等。

8.4.1　最大可靠路径

设G=<V, E>是一个非空的简单有限图，V为结点集，E为边集。对于任何$e=(v_i,v_j)\in E$，$w(e)=p_{ij}$为边（v_i,v_j）的完好概率。P是G中的两点间的一条有向路径，定义P的完好概率

$$p(P)=\prod_{e\in E(P)} p_{ij} \tag{8-4}$$

则G中这两点间完好概率最大的有向路径称为这两点的最大可靠路径。

最大可靠路径求解可以转化为最短路径求解。实际上，对式（8-4）取对数，有

$$\ln p(P)=\ln\left(\prod_{e\in E(P)} p_{ij}\right)=\sum_{e\in E(P)}\ln p_{ij} \tag{8-5}$$

由于$0\leqslant p_{ij}\leqslant 1$，则$\ln p_{ij}\leqslant 0$。定义$w_{ij}=-\ln p_{ij}$，则$w_{ij}\geqslant 0$。于是将$w_{ij}$作为边（$v_i,v_j$）对应的权值，则根据式（8-5）求最大可靠路径，即根据式（8-5）最短路径，即求得基于式（8-5）的最短路径，可得到基于式（8-4）的最大可靠路径。

由于，

$$\sum_{e\in E(P)} w_{ij}=\sum_{e\in E(P)}\left(-\ln p_{ij}\right)=-\ln\sum_{e\in E(P)} p_{ij}$$

则，

$$\prod_{e\in E(P)} p_{ij} = \exp\left(-\sum_{e\in E(P)} w_{ij}\right)$$

因此，最大可靠路径的完好概率是 $\exp\left(-\sum_{e\in E(P)} w_{ij}\right)$。

8.4.2　最大容量路径

设 $G=<V, E>$ 是一个非空的简单有限图，V 为结点集，E 为边集。对于任何为边（v_i, v_j）的容量。P 是 G 中两点间的一条有向路径，定义 P 的容量为 P 中边的容量的最小值，即

$$\mathrm{C(P)} = \min_{e\in E(P)} c_{ij} \tag{8-6}$$

则 G 中这两点间容量最大的有向路径称为这两点的最大容量路径。

交通网络中，最大容量可用来表示道路的最大通行能力。

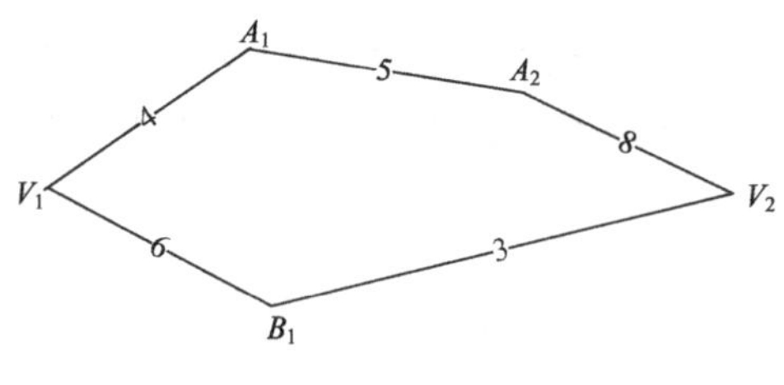

图 8.10　最大容量路径

例如，图 8.10 表示从 V_1 到 V_2 两条路径每条边上的容量。由图 8.10 可见，过结点 A_1 与 A_2 的路径的容量是 4，过结点 B_1 的路径的容量是 3。于是，从 V_1 到 V_2 的路径最大容量是 4。

类似地，可以定义其他的最佳路径。例如，将网络中每条弧的权值定义为通过该弧的时间，就可定义通行时间最短的路径；将网络中每条弧的权值定义为通过该弧的费用，就可定义通行费用最少的路径。最佳路径的本质上是通过定义在每条弧上的权值来定义的，其求解要根据具体的权值转化为图论中的最佳化问题。

8.4.3　动态分段技术

动态分段技术是 GIS 网络分析中的一种重要的技术手段，是用于实现将地理线性要素与现实交通网络中的道路状况、事故等链接起来的动态分析、显示和绘图技术。传统的弧段-节点数据模型具有静态性、属性唯一性、信息分散性和冗余性等不足，无法完好地表达现实世界中线性要素属性中的多重“事件”。动态分段可以有效地解决多重属性线性要素的表达问题，将属性从点-线的拓扑结构中分离出来，通过线性要素的度量（如里程标志）来利用现实世界的坐标，把线性参考数据（如道路质量、河流水质、事故等）链接到一个有地理坐标参考的网络中，也可称为一种建立在线性特征基础上的数据模型。

1. 动态分段方法及特点

在现有的地理信息系统中，线状特征多数是用“弧段-节点”模型来模拟。该模型主要由弧段组成，弧段有两个节点、一组坐标串和属性信息，但该模型局限于模拟描述线性系统的静态特征。在这种模型中，有时一条弧段的属性在某一段发生变化，就必须在属性变化处打

断弧段增加节点来反映属性的变化，如果多处发生变化，要增加的节点就会很多，管理和更新整个线性系统很困难，且在属性段有重叠的情况下，将会变得更加复杂。“弧段-节点”数据模型用 X、Y 坐标来定位点、线、多边形和高级对象，但地理网络所要模拟的客观事物通常是采用线性系统的相对定位方法，即采用与某个参考点的相对距离来定位。

2. 动态分段模型

动态分段模型用路径、量度和事件把平面坐标系统与线性参照系统有机地组合在一起，既保留网络图层的原始几何特征，又利用相对位置的信息将地理网络与现实世界连接起来，能够有效地解决线性要素多重属性的表达问题，尽可能地减少数据冗余。动态分段是对现实世界中的线性要素及相关属性进行抽象描述的数据模型技术手段，可以根据不同的属性按照某种度量标准对线性要素进行相对位置的划分。对同一线性要素，可以根据不同的度量标准得到不同的相对位置划分方案，相对位置信息存储在线性要素的某个属性字段中，用它可以确定线性要素上的不同分段。在动态分段中，线性要素的定位不是使用 X、Y 坐标，而是使用相对位置的信息来实现的。

动态分段是可以用相互关联的量测尺度来表示线性要素的多种属性级的技术，主要特点为：①无需重复数字化就可以进行多个属性集的动态显示和分析，减少了数据冗余；②不需要按属性集对线性要素进行真正的分段，仅在需要分析、查询时，动态地完成各种属性数据集的分段显示；③所有属性数据集都建立在同一线性要素位置描述的基础上，即属性数据组织独立于线性要素位置描述，易于进行数据更新和维护；④可进行多个属性数据集的综合查询与分析。

动态分段模型在弧段-节点模型基础上进行了扩展，引入段、路径、事件、路径系统等用来模拟线性系统中的不同特征。弧段、段和路径都可以用来表示线性特征。

（1）弧段是线状目标数据采集、存储的基本单元，一部分弧段作为边参与网络的生成。段是一条弧段或者弧段中的一部分，段与段之间反映了沿路径方向线性特征属性的变化，段的属性记录在段属性表中，可以是反映段与路径、弧段之间的图形和位置关系，也可以是用户定义的属性。

（2）路径是一个定义了属性的有序弧段的集合，可以代表线性特征，如高速公路、城市街道、河流等。每条路径应该至少包括一条弧段的一部分，它可以表示具有环、分叉和间断点的复杂线状特征。一条路径通常由一些段组成，每个段有一个起始和终止位置以定义其在弧上的位置，根据段在路径中的位置，采用相对定位的方法，给定路径其实位置一个度量值（通常为 0），路径上其余位置则相对于该起始位置来度量，单位可以是距离、时间等。一个段将定义路径的起始和终止度量，起始和终止度量将决定路径沿弧段的方向，但它的起止点并不一定与原始的线性要素相一致。段和路径分别有各自的属性表，用户可以给路径中的每个段添加属性，生成路径的优点就在于用户在路径上定义线性特征的属性，完全不会影响下面的弧段。每个路径都与一个度量系统相关，如前所述，段的属性等式是根据这一度量标准来定位的。

（3）时间是路径的一个部分或某个点上的属性，如道路质量、河流水质、交通事故等。事件包括点时间、线事件和连续事件。其中，点事件是用来描述路径系统中具体点的属性；线事件是指描述路径系统的不连续部分的属性；连续时间是指描述覆盖整个路径的不同部分的属性。

（4）路径系统是具有共同度量体系的路径和段的集合，是动态分段的基础，只有在建立路径系统的基础上，才能够将外部属性数据库以事件的形式生成时间主题，从而进行动态的查询、管理与分析。

动态分段实质是通过在线性空间数据上建立段属性表，再在段属性表上建立路径属性表，并基于路径属性表建立关联来完成段、路径和事件的联系。动态分段的核心是生成动态段。由前面介绍的相关定义可知，动态分段模型的基础仍然是弧段-节点模型，动态段在此基础上生成，主要有三个步骤：首先确定动态节点的插入位置；然后更新弧段表和节点表，生成动态段表和动态节点表；最后更新动态段的属性数据。

8.5　网络分析模型

在地理网络中，经常涉及资源分配的问题，即在网络中根据应用需求将资源分配到所需的地点。例如，学校、商场选址，电力分配、物资调配等，都涉及资源分配的问题。

8.5.1　选址

选址是指在某一指定区域内选择服务性设施的位置，如确定市郊商店区、消防站、工厂、飞机场、仓库等的最佳位置。网络分析中的选址问题一般限定设施必须位于某个节点或位于某条网线上，或限定在若干候选地点中选择位置。选址问题种类繁多，实现的方法和技巧也多种多样，不同的 GIS 在这方面各有特色，主要原因是对“最佳位置”具有不同的解释（即用什么标准来衡量一个位置的优劣），而且定位设施数量的要求不同。

选址问题的数学模型取决于可供选择的范围，以及所选位置的质量判断标准者两个条件。在一个地理网络中，能够从网络的结点和边上找到一些特定的点使它们满足某种优化条件，这些点可用于较简单的定位问题。

给定一个地理网络 $D(V,E)$，其中，V 表示地理网络结点的集合；E 表示地理网络边的集合。令 $d(p,q)$ 表示从顶点 p 到顶点 q 之间的距离；令 $\boldsymbol{R}$ 表示矩阵，矩阵的第 $R[p,q]$ 个元素取值为 $d(p,q)$，矩阵 $\boldsymbol{R}$ 的元素称为顶点—顶点距离；设 $d(f(i,j),q)$ 表示从网络边 (i,j) 上的 f 点到结点 q 之间的距离，这个长度称为点—顶点距离度，$d'(p,(i,j))$ 表示从顶点到网络边 (V_i,V_j) 的最大距离，此长度称为顶点—弧距离。由此则有

从顶点 p 到任一顶点的最大距离表示为 $\mathrm{MVV}(p)=\max\limits_{q}\{d(p,q)\}$

从顶点 p 到所有顶点的总距离表示为 $\mathrm{SVV}(p)=\sum\limits_{q}d(p,q)$

从顶点 p 到所有弧的最大距离表示为 $\mathrm{MVA}(p)=\max\limits_{(i,j)}\{d'(p,(i,j))\}$

从顶点 p 到所有弧的总距离表示为 $\mathrm{SVA}(p)=\sum\limits_{(i,j)}\{d'(p,(i,j))\}$

从网络边 (i,j) 上的 f 点到任一结点的最大距离表示为

$$\mathrm{MVA}(f(i,j))=\max_{q}\{d(f(i,j),q)\}$$

从网络边 (i,j) 上的 f 点到所有各结点的总距离表示为

$$\mathrm{SPV}\left(f(i,j)\right)=\sum_{q}d\left(f(i,j),q\right)$$

基于以上变量的定义，给出有关中心点和中位点的概念。使最大距离达到最小的位置称为网络的中心点，使最大距离总和达到最小的位置称为网络的中位点。一个地理网络的中心点主要有中心、一般中心、绝对中心和一般绝对中心等；一个地理网络的中位点主要有中位点、一般中位点、绝对中位点和一般绝对中位点等。各类地理网络的中心点的数学表达如下。

地理网络的中心点是网络中心点，是网络中距最远结点最近的一个结点 x，即

$$\mathrm{MVV}(x)=\min_{i}\left\{\mathrm{MVV}(i)\right\}$$

地理网络的一般中心是距最远点最近的一个结点 x，即

$$\mathrm{MVA}(x)=\min_{i}\left\{\mathrm{MVA}(i)\right\}$$

地理网络的绝对中心是距最远点最近的任意一点 x，即

$$\mathrm{MPV}\left(f(i,j)\right)=\min\left\{\mathrm{MPV}\left(f(r,s)\right)\right\}$$

地理网络的一般绝对中心是距最远点最近的任意一点 x，即

$$\mathrm{MPV}\left(f(i,j)\right)=\min\left\{\mathrm{MPA}\left(f(r,s)\right)\right\}$$

各类中位点的数据表达如下。

地理网络的中位点是从该点到其他各结点有最小总距离的一个结点 x，即

$$\mathrm{SVV}(x)=\min_{i}\left\{\mathrm{SVV}(i)\right\}$$

地理网络的一般中位点是从该点到其他各结点有最小总距离的一个结点 x，即

$$\mathrm{SVA}(x)=\min_{i}\left\{\mathrm{SVA}(i)\right\}$$

地理网络的绝对中位点是从该点到所有各结点有最小总距离的任意一点，即

$$\mathrm{SPV}\left(f(i,j)\right)=\min\left\{\mathrm{SPV}\left(f(r,s)\right)\right\}$$

地理网络的一般绝对中位点是从该点到所有各条网络边有最小总距离的任意一点，即

$$\mathrm{SPA}\left(f(i,j)\right)=\min\left\{\mathrm{SPA}\left(f(r,s)\right)\right\}$$

8.5.2 旅行商

旅行商问题属于结点限制路径问题，描述如下：给定 n 个城市及它们两两之间的旅行代价，寻求一条连接所有城市的哈密尔顿回路，使得回路的路径代价最小。用图论语言描述为：给定无向的完全或不完全图 G=[V, E]（V 为点集，E 为边集）及边代价，寻求 G 的一个使边代价之和最小的哈密尔顿回路。

对于有 n 个结点的无向完全图 $G=[V, E]$（V 为点集，E 为边集），存在 $\frac{1}{2}(n-1)!$ 个不同的哈密尔顿回路。旅行商问题属于 NP 完全问题，如果采用穷举法，则需要对 $\frac{1}{2}(n-1)!$ 个不同的哈密尔顿回路进行比较，当 n 较大时，这在计算上是不可行的。对这类问题，一种好的精确求解法是分支定界法。

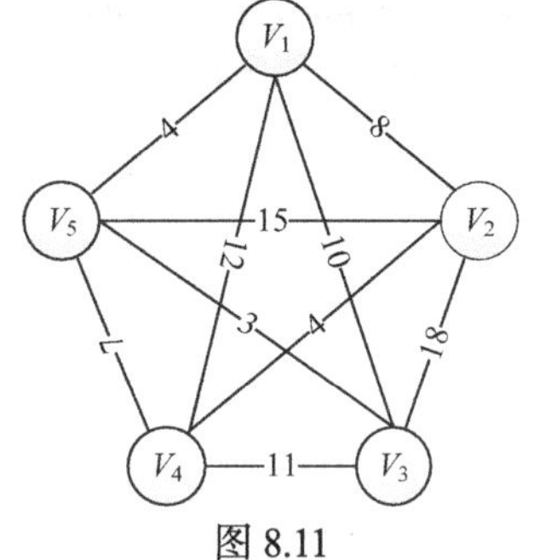

图 8.11

图 8.11 为无向完全图 $G(V, E)$，结点集 V 表示 5 个待访问城市，城市之间的相邻边表示铁路线，各边的值表示该线路的旅途费用。求从 v_1 出发，经各城市一次且仅有一次最后返回 v_1 的总费用最省的一条路径。该问题就是求解无向完全图 $G(V, E)$ 最短的哈密尔顿回路，采用分支定界法的基本思路简述如下。

（1）首先将边权由小至大排序，设定 d_0 为初始界，$d_0 \leftarrow \infty$（初始化最短回路长度）。图 G 中边权顺序排序如下：

$a_{ij}: a_{35}\ \ a_{15}\ \ a_{24}\ \ a_{45}\ \ a_{12}\ \ a_{13}\ \ a_{34}\ \ a_{14}\ \ a_{25}\ \ a_{23}$

$l_{ij}: 3\ \ 4\ \ 4\ \ 7\ \ 8\ \ 10\ \ 11\ \ 12\ \ 15\ \ 18$

为了尽快找到最优解，采用深度搜索遍历（DFS）和以下的分支判断步骤。

（2）在边权序列中一次选边进行深度搜索，直至选取 n 条边，判断是否构成哈密尔顿回路（每个结点标号只出现两次，且这些边只构成一个回路），若是，则 $d_0 \leftarrow d(s_1)$；否则，执行步骤（3）。

（3）（继续深度遍历）依次删除当前 s_i 中的最长边，加入后面第一条待选边，如果它是哈密尔顿回路，则将 $d_0 \leftarrow d(s_i)$ 作为边界。

8.5.3 可达性评价

可达性的含义非常广泛，有时空意义上的可达性，也有社会学、心理学上的可达性，它涉及人文地理学、城市规划、土地开发、城市交通、信息技术等领域。不同学者对可达性的定义各不相同。一般来讲，可达性是指利用一种特定的交通系统从某一给定区位到达活动地点的便利程度。

可达性评价包括定性和定量的评价方法。定性评价能快速得出魔化的判断结果，往往带有一定的主观性。单纯的定性评价方法远不能满足应用需要，目前实践中常采用的是定量与定性方法的结合。本书主要讨论定量的可达性评价方法。在有关可达性的定量评价研究中，评价的思路各不相同，大致可分为以下三类：①基于交通基础设施的可达性评价法。以交通系统的运行状况为基础，常用于交通工程及交通设施的规划。②基于活动的可达性评价法。以活动的时空分布为基础，在城市规划和地理研究中经常使用。③基于效用的可达性评价法。直接以人们从空间中获取利益为基础，常用于经济学研究。下面对各种可达性评价方法进行简要介绍。

1. 基于交通基础设施的可达性评价法

基于交通基础设施的可达性评价法是以交通系统的运行状况为基础的一种可达性评价方法，在交通研究和城市研究中有着很重要的地位。与该评价方法相关的指标包括：评价出行时耗、平均出行速度、单位时间内的出行距离、公交线路密度、道路网络的阻塞程度等。

2. 基于活动的可达性评价法

基于活动的可达性评价法以活动的时空分布为基础，在城市规划和地理研究中用到的有等值线法、潜力模型法、平衡系数法、时空地理学方法等。下面对其进行简单介绍。

1）等值线法

等值线法又称为等时线法、累积机会法、邻近距离法。在该方法中，可通过在一定时间或距离内能到达的活动点的数量来评价可达性。等值线法从使用者的角度来描述土地使用和交通系统，综合考虑了交通因素（出行时耗、费用、距离）和土地使用因素（位置），其主要的优点是易于理解，没有晦涩的理论或推理，简单明了地表示了土地使用与交通系统的关系，所需数据也比较容易获得，应用范围广泛。其最明显的缺点是：第一，该方法的前提是人们对所有活动点的期望值都相同，从而忽视了需求的多样性及各活动点的属性（如规模、用地性质等）；第二，邻近中心点的活动点和靠近边界的活动点没有区别对待。

2）潜力模型法

潜力模型法是受物理学中牛顿力学万有引力定律的启发，将类似的法则引入城市地理学中而得以产生的。Hansen（1959）第一次将该法应用到可达性的研究中。至今潜力模型已经成为最经典、应用最广泛的城市空间模型之一。其一般计算公式如下：

$$A_i = \sum_j D_j F\left(d_{ij}\right)$$

式中，A_i 为 i 区到所有机会点（1，2，3，…，j）的可达性大小；D_j 为 j 点的吸引力大小；d_{ij} 为 i、j 两点间的距离；$F(d_{ij})$ 为距离衰减函数。

潜力模型适合不同空间尺度的可达性研究。可用于计算工作、居民人口、零售设施、健康设施、教育设施和娱乐设施可达性等。也有很多研究以收入或 GDP 为目的地的吸收力参数，将潜力模型法应用到市场潜力研究中。

潜力模型的优点体现在三个方面：其一，该法的一般公式直接包含了道路交通能力（$F(d_{ij})$）、土地使用及经济因素 (D_j)，简单明了地反映了可达性的涵义；其二，其概念较容易理解和接受，尽管相对于等值线法要复杂一点；其三，所需数据较容易得到。而其缺点有以下四个方面：其一，在潜力模型法中，实际上是把空间中的区域简化成了点，那么区域的大小划分直接影响可达性的计算结果。其二，该法计算了从某一点到其他目的地的可达性，但没有考虑个体（需求点）之间的差异。实际上，不同个体的目的地选择、所采用的交通方式差异很大。其三，从基本潜力公式来看，该法主要考虑了机会供给点的空间分布，但没有考虑需求点的空间分布。也就是说，这种方法没有考虑活动点的供给竞争。其四，距离衰减函数的选择对可达性的结果影响很大。衰减函数的选择应考虑机会供给点的特征、需求的特征及不同的交通方式等。

3）平衡系数法

Wilson（1967）首次运用熵最大定律推导出可达性的计算方法，并介绍了四种典型的空间作用：产生约束模型、吸引约束模型、双约束模型、无约束模型。相对潜力模型法而言，双约束模型的可达性评价的优点是考虑了竞争影响，它更贴近于实际，尤其是存在竞争的情况下，缺点是不太容易理解。单约束模型的优缺点与潜力模型法类似。

4）时空地理学方法

在时空地理学方法中，可达性是从个体角度出发，考虑在时间约束下，个体是否能够和怎样参与活动。目前最常用的方法是时空棱镜法，即通过时空棱镜来描述个体在时空中的出现情况。时空棱镜是在时间约束下，人们能够到达的时间-空间区域。

在三维时空棱镜的可达性评价中，时空棱镜的体积大小表示可达性的大小。在固定的时间预算下，时空棱镜体积越大，人们参与其他活动的可能性就越大，可达性就越高。这种方法可以用来研究城市的交通、区域的居住条件、服务设施的布置和工作可达性等方面的问题。

时空地理学方法的优点是能够反映个体的可达性差异，然而，时空法主要用于分析需求方，而缺乏对供给方的考虑。对于存在供给竞争的可达性评价，时空法就存在一定的缺陷，而这一点与潜力模型法类似。

3. 基于效用的可达性评价法

基于效用的可达性评价法来源于微观经济学中的消费者理论。效用是指消费者在消费过程中获得的一种主观心理满足。从经济学的角度看，人们的出行行为可以看做一种消费行为，从理论上讲，评价这种消费行为应该以个人从交通及土地系统中获得的最终效用为评价标准，而效用法正是这样一种可达性评价方法。

效用法假设人们面对选择时，主要考虑的是选择所带来的效果，他们会选择能带来最大效用的方案。效用法的最大优点是具有很好的理论基础，其效用理论直接来源于微观经济学，并且相对于潜力模型而言，其可达性计算可精确到每一个个体，同时考虑了个体之间的差异。另外，应用效用法计算的可达性是人们视线预期的满足程度，而潜力模型法更多的是一种潜在作用大小的表达。效用法的主要缺点是理解较为困难，这与效用法涉及较为复杂的经济学理论有关，目前效用大小的确定在经济学上还有些争议。此外，由于计算的成本较高，效用法很难用于大区域的计算，目前只能通过抽样调查的方法来减少数据量，以满足计算的需求。

8.6 流　分　析

地理网络中不断地进行着各式各样的资源如电力、运输资源的流动，如何使资源合理、快速地流动，是网络分析中的重要问题。这样的资源流动问题即网络中的流分析，流就是资源在网络中的传输能力。

网络流优化是根据某种优化指标（如时间最少、费用最低、路径最短、运量最大等），找出网络物流的最优方案的过程。网络流优化的关键是根据最优标准扩充网络模型，即对结点、弧等地理要素进行性质细分和属性扩充，如结点可细分为发货点、收货点，中心可细分为发货中心、收货中心等。

8.6.1 网络流

网络流理论是指网络上的流失定义在弧集合上的一个非负函数 $f=\{f(i,j)\}$，弧 $(i,j)\in E$ 的流量 $f_{ij}=f(e)$，表示弧 (i,j) 上单位时间内的实际通过能力；弧的容量 c_{ij} 表示弧 (i,j) 上单位时间内的最大通过能力；通过网络结点 $j\in V$ 的流量表示为 $f_j=f(j)$。如果函数满足下列两个条件，那么就称 f 是网络上的一个可行流。

（1）容量限制：对应网络边的流量不超过网络边的容量，即 $0 \leqslant f_{ij} \leqslant c_{ij}$，对应网络结点的流量不超过结点容量，即 $0 \leqslant f_i \leqslant c_i$。

（2）流量守恒：发点 s 的净输出量 $v(f)$ 等于收点 t 的净输入量 $-v(f)$，而发点 s 到收点 t 之间的任意中间结点 i，其流入量与流出量的代数和等于零，即有

$$\sum f(i,j) - \sum f(j,i) = \begin{cases} v(f) & i=s \\ 0 & i \neq s,t \\ -v(f) & i=t \end{cases} \tag{8-7}$$

若网络所有边和结点的流量 f 均取值为 0，即对所有的点 i 和 j 有 $f_{ij}=0$ 和 $f_j=0$，则将其称为网络的零流，其也是一个可行流。

对于 f 在弧 (i,j) 上的流量 f_{ij}，若 $f_{ij}=c_{ij}$，称为饱和弧；若 $f_{ij}<c_{ij}$，称为非饱和弧；若 $f_{ij}>0$，称为非零流弧；若 $f_{ij}=0$，称为零流弧。

网络流的最优化问题一直是地理网络研究的一个重要问题，主要涉及两方面内容：网络最大流问题和最小费用流问题。最大流问题指的是在一个网络中怎样安排网络上的流，使从发点到收点的流量达到最大。在实际应用中，不仅要使网络上的流量达到最大，或达到要求的预定值，而且要使运送流的费用或代价最小，即最小费用流问题。

8.6.2 最大流模型

地理网络流问题可以转化为一个有向图 D（V，E，C），其中 C 对应网络边的容量的集合，它表示对应的边能运输的资源的最大数量。另外，网络中还有两个特殊的结点：发点 v_s 和收点 v_t，其中，发点表示资源的运出点（源），收点表示资源的运入点（汇）。C_{ij} 表示网络弧（v_i,v_j）的容量，是一个非负数。C_j 表示网络节点 v_j 的结点容量。

图 8.12 表示一个地理网络流的例子。

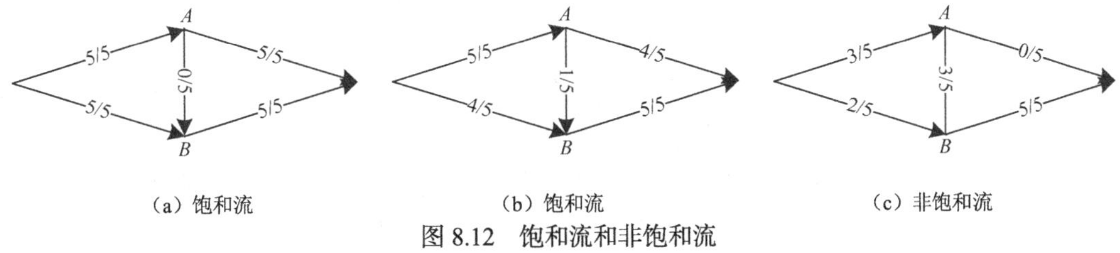

（a）饱和流　（b）饱和流　（c）非饱和流

图 8.12 饱和流和非饱和流

地理网络中的流是指定在弧集合 E 中的实值函数 $f=\{x_{ij}\}$，x_{ij} 称为对应网络边（v_i,v_j）的流量。

如果流 $f=\{x_{ij}\}$ 满足如下两个条件，则称 f 为 G 的可行流。

（1）
$$\sum_i (x_{ij} - x_{ji}) = \begin{cases} H & i=s \\ 0 & i \neq s,t \\ -H & i=t \end{cases} \tag{8-8}$$

（2）对于所有弧（ v_i, v_j ），有 $0 \leqslant x_{ij} \leqslant c_{ij}$ 。

条件（1）称为守恒方程，要求对任何中间点，资源的流入量等于流出量。条件（2）称为容量限制，表示沿一条弧的流量不能超过这条边的容量。H 称为 $f = \{x_{ij}\}$ 的流值，表示 v_s 到 v_t 的运输量。

若 $f = \{x_{ij}\}$ 满足下列条件，则称 f 为零流

$$v_i, v_j \in E,\ \ x_{ij} = 0$$

$$v_j \in V,\ \ x_j = 0$$

零流记为 $f \equiv 0$ 。

网络流问题中，通常要求在满足（1）和（2）的流中找出流值最大者，这即为最大流问题。最大流问题可以转化为如下的优化模型

$$\begin{cases} \max H \\ \sum_i \left(x_{ij} - x_{ji}\right) = \begin{cases} H & i = s \\ 0 & i \neq s,t \\ -h & i = t \end{cases} \\ x \leqslant x_{ij} \leqslant c_{ij} \end{cases} \tag{8-9}$$

若网络所有边和结点的流量 f 均取值为 0，即对所有点 i 和 j 有 $f_{ij} = 0$ 和 $f_j = 0$ ，则将其称为网络的零流，其也是一个可行流。

对于 f 在弧（ i, j ）上的流量 f_{ij} ，若 $f_{ij} = c_{ij}$ ，称为饱和流；若 $f_{ij} < c_{ij}$ ，称为非饱和弧；若 $f_{ij} > 0$ ，称为非零流；若 $f_{ij} = 0$ ，称为零流弧。

网络中从始点到终点的一条全部由正向弧构成的路称为正向路。当正向路上每条弧中的流量 f_{ij} 小于其容量 c_{ij} 时，称其为正向增广路。当网络中不存在对于某可行流 f 的正向增广路时，则可称可行流 f 为网络的饱和流。如图 8.12（a）、（b）为流动饱和流，而图 8.12（c）为非饱和流，因为求解最大流的基本思想是：从带发点和收点的容量网络中的任何一个可行流开始，用流的增广算法寻找流的增广链。如果网络 G 中存在一条从发点 s 到收点 s' 的增广链 f_1 ，则对 f_1 进行增广得到一个流值增大的可行流 f_2 ，然后在网络中继续寻找 f_2 的增广链，对 f_2 进行增广，直到找不到流的增广链位置，此时的可行流就是 G 的最大流。

网络流的最优化问题一直是地理网络研究的一个重要问题，主要涉及两方面内容：网络最大流问题和最小费用流问题。最大流问题指的是在一个网络中怎样安排网络上的流，使从发点到收点的流量达到最大。在实际应用中，不仅要使网络上的流量达到最大，或达到要求的预定值，而且要使运送流的费用或代价最小，即最小费用流问题。

1. Ford-Fulkerson 算法

Ford-Fulkerson 算法，亦为标记法，是利用图的深度优先搜索技术在剩余网络中寻找增广路，分为标记过程和增广过程。前一过程利用深度优先搜索技术通过标记结点来寻找一条可

增广的路，后一过程则使沿可增广的路的流增加。Ford-Fulkerson 算法的运行时间为 O(mf^*)，其中，f^*为最大流的流量。该算法的不足之处在于：如果每一次找到的增广链只能增加一个单位的流量，则从零流开始计算需要进行增广过程的迭代次数将等于网络边的容量，而与网络的大小无关，实际应用中网络边的容量大小可以是任意数字，运行时间将受此限制。另外，当网络边的容量不是整数时则不能保证该算法在有限步结束。选取增广链的任意性造成了这些不足，为实现应用中高效率搜索必须改进增广链的选取方法。

2. Dinic 算法

Dinic 算法的思想是减少增广次数，建立一个辅助网络，即分层网络。分层网络与原网络具有相同的节点数，但边上的容量有所不同，在分层网络上进行增广，将增广后的流值写在原网络上，再建立当前网络的辅助网络。如此反复，达到最大流。分层的目的是降低寻找增广路的代价，分层网络的建立使用了距离的概念。距离是指在一个可行流的剩余网络中，从每个结点到收点的最短有向路径的长度。距离相同的结点构成一个层次，分层网络中只保留从层次 i+1 中的结点到层次 i 中结点的边。对任何剩余网络，可以采用广度优先搜索，构造出分层网络。在分层网络 D 中，如果可行流 f 为分层网络 D 中的任意路径 s–t 的某一边的剩余容量为 0（阻塞该边）。则称可行流 f 为分层网络 D 中的阻塞流，对分层网络本身而言，阻塞流即为最大流。

Dinic 算法的终止条件是从发点到收点的距离 $l(s)\geqslant n$，这是因为任何网络中不存在长度超过 n–1 的路径，此时剩余网络中不可能存在增广路，算法结束。一般来讲，该算法的运行时间为 O（n^2m）。事实上，Dinic 算法的每一个中间过程所求得的流可以认为是最大流的一个近似。

8.6.3　最小费用最大流问题

最小费用最大流（或者最小代价最大流）问题是考虑在最大流的基础上使其费用最小，类似于这样的实际问题很多。

设一个网络 G（V，E，C，A），c_{ij} 表示弧（v_i,v_j）上的容量，a_{ij} 表示弧（v_i,v_j）上的输送单位流量所需的费用。

最小费用最大流问题就是

$$\min_{(x_{ij})\in X^*} \sum_{(v_i,v_j)\in E} a_{ij}x_{ij}$$

其中，X^* 为 G 的最在最大流集合中寻找一个费用最小的最大流。

确定最小费用最大流的基本思想是：从初始可行流（一般取零流）开始，在每次迭代过程中对每条弧赋予与 c_{ij} 、a_{ij} ，x_{ij} 有关的权 w_{ij} 构成一个邮箱复权图 G（V，E，W），再用求最短路径的方法确定 v_s 到 v_t 的费用最小的可增流链，沿着该链增加流量得到相应新的可行流，重复上述过程，直至求得最大流。

上述方法的关键在于构造权数，构造方法是：对任意弧（v_i,v_j），现有流$\{x_{ij}\}$，弧上的流量可增加$(x_{ij}<\mathrm{c}_{ij})$，也可能减少$(x_{ij}>0)$，因此，每条边赋予前向费用权 w_{ij}^+ 与反向费用全 w_{ij}^-

$$w_{ij}^{+}=\begin{cases}a_{ij} & x_{ij}<c_{ij}\\ +\infty & x_{ij}=c_{ij}\end{cases}$$

$$w_{ij}^{-}=\begin{cases}-a_{ij} & x_{ij}>0\\ +\infty & x_{ij}=0\end{cases}$$

这样构成了有向赋权图 G（V，E，W），确定 v_s 到 v_t 的费用最小的可增流路径，等价于确定从 v_s 到 v_t 的最短路径。

有了可增流链后，要确定最大可增流量，确定每条弧前向可增流量及反向可增流量

$$\delta_{ij}^{+}=\begin{cases}c_{ij}-x_{ij} & x_{ij}<c_{ij}\\ 0 & x_{ij}=c_{ij}\end{cases}$$

$$\delta_{ij}^{-}=\begin{cases}x_{ij} & x_{ij}>0\\ 0 & x_{ij}=0\end{cases}$$

于是，可得最小费用最大流的算法步骤如下。

（1）从零流开始，$\{x_{ij}\}=\{0\}$。

（2）赋权。

当 $x_{ij}<c_{ij}$ 时，$w_{ij}^{+}=a_{ij}$，$\delta_{ij}^{+}=c_{ij}-x_{ij}$；

当 $x_{ij}=c_{ij}$ 时，$w_{ij}^{+}=+\infty$，$\delta_{ij}^{+}=0$；

当 $x_{ij}>0$ 时，$w_{ij}^{-}=-a_{ij}$，$\delta_{ij}^{-}=x_{ij}$；

当 $x_{ij}=0$ 时，$w_{ij}^{-}=+\infty$，$\delta_{ij}^{-}=0$。

（3）确定 v_s 到 v_t 的最短路径（可增流链），

$$\mathrm{P}_{v_s,v_t}=\left\{v_s,v_{ij},\cdots,v_{lk},v_t\right\}$$

若路长为 $+\infty$，结束，当前已是最小费用最大流，否则转（4）。

（4）沿最短路径确定最大可增流量

$$\delta=\min\left\{\delta_{si1},\cdots,\delta_{sit}\right\}$$

δ_{ij} 取 δ_{ij}^{+} 还是 δ_{ij}^{-} 取决于（v_i,v_j）在 P 中是前向弧还是反向弧。

（5）调整

$$x_{ij}'\begin{cases}x_{ij}+\delta_t & v_i,\ v_j\text{是}P\text{的前向弧}\\ x_{ij}-\delta_t & v_i,\ v_j\text{是}P\text{的反向弧}\\ x_{ij} & \text{其他弧}\end{cases}$$

然后转（2）。

算法结束。

第九章　空间统计分析

空间统计分析是直接从空间物体的空间位置、联系等方面出发，研究既具有随机性又具有结构性，或具有空间相关性和依赖性的自然现象，以及地理空间信息特性的事物或现象的空间相互作用及变化规律的学科。空间统计分析的核心是认识与地理位置相关的数据间的空间依赖、空间关联或空间自相关，通过空间位置建立空间数据间的统计关系。空间统计分析包括两个显著的任务：一是揭示空间数据的相关规律；二是利用相关规律进行未知点预测。本章主要介绍基本统计量、确定性插值法、地统计插值法、探索性空间统计分析、层次统计分析和空间回归分析内容。

9.1　基本统计量

统计量是统计理论中用来对数据进行分析、检验的变量。基本统计量主要包括平均数、众数、中位数、极差、方差和标准差。

9.1.1　趋势统计量

数据集中趋势的统计量包括平均数、中位数、众数，它们都可以用来表示数据分布位置和一般水平。

1. 平均数

平均数是最常用的表示数据集中趋势的指标，平均数可分为三种：算术平均数、几何平均数、调和平均数。其中，前两者在 GIS 分析中最常用到。对于平均数，在求取离差、平均离差、离差平方和、方差、标准差、变差系数、偏度系数和峰度系数等时，要先求得算术平均数；算术平均数也可用于图像处理中的平滑运算。加权平均数与算术平均数的应用大致相同，但加权平均数要考虑各数据点的贡献作用。几何平均数用于分析和研究平均改变率、平均增长率、平均定比等，还在偏相关系数中有应用。

算术平均数又包括简单算术平均数和加权算术平均数。

简单算术平均数：

$$\bar{x} = \frac{1}{n}\sum_{i=1}^{n} x_i$$

加权算术平均数：

$$\bar{x} = \frac{1}{n}\sum_{i=1}^{n} f_i x_i \quad 且 \quad n = \sum_{i=1}^{n} f_i$$

几何平均数是指 n 个数据的连乘积再开 n 次方所得的方根数：

$$\overline{x_g} = \sqrt[n]{\prod_{i=1}^{n} x_i}$$

2. 众数和中位数

众数是指数据集中出现频数（次数）最多的某个（或某几个）数。众数是数据集中最常出现的，因此一定是数据集中的某个值，代表了数据的一般水平，不受极端值的影响，在频数分布曲线上位居最高点，即曲线的峰值。

中位数是指将数据值按大小顺序排列，位于中间的那个值。当数据集中有奇数个数据时，数据按大小顺序排列，那么第（n+1）/2 项就是中位数；当有偶数个数据时，中位数为第 n/2 项与第（n+1）/2 项的平均数。中位数不受极端数值的影响，如果数据集的分布形状是左右对称的，则中位数等于平均数；当数据集的分布形状呈左偏或右偏时，以中位数表示它们的集中趋势比算术平均数更合理。

9.1.2 离散度统计量

离散程度越大，数据波动性越大，以小样本数据代表数据总体的可靠性低；离散程度越小，则数据波动性越小，以小样本数据代表数据总体的可靠性越高。数据离散程度的统计量包括最大值、最小值、极差、分位数、离差、平均离差、离差平方和、方差、标准差、变差系数等。

1. 最大值、最小值、极差和分位数

把数据从小到大排列，最前端的值就是最小值，最后一个就是最大值。极差是指一个数据集的最大值与最小值的差值，它表示这个数据集的取值范围。在地形分析中，极差主要用于求取一定区域内的高差。对于两个不同地区，虽然它们的平均高度相同，但最高点、最低点及高差不同，说明了这两个地区的高程分布状况有差异。通过最大、最小值和极差，可以了解数据的取值范围和分散程度，易于计算且容易理解，但它们都易受极端数据的影响，忽视了其他值的存在，无法精确地反映所有数据的分散情形，因此可能会有误导作用。

分位数是指将数列按大小排列，把数列划分成相等个数的分段，处于分段点上的值。分位数剔除了数据集中极端值的影响，但计算麻烦，且没有用到数据集中的所有数据点。分位数在数据分集中应用较多。

2. 离差、平均离差和离差平方和

离差是指个数值与其平均值的离散程度，其值等于某个数值与该数据集的平均值差 $d_i = x_i - \overline{x}$。平均离差是指把离差取绝对值，然后求和，再除以变量个数，即

$$d_i = \frac{\sum_{i=1}^{n} |x_i - \overline{x}|}{n}$$

离差平方和是把离差求平方，然后求和，即

$$d_i^2 = \sum_{i=1}^{n} (x_i - \overline{x})^2$$

离差可以说明两个数据集与各自平均值的离散程度不同，即两个数据集的均值相同，但

其离差可以有很大的差别。

平均离差和离差平方和可以克服$\sum_{i=1}^{n}(x_i-\bar{x})$恒等于零的缺点，还可以把负数消除，只剩正值，这样更易于描述离散程度，而且离差平方和得到的结果较大，使离散程度更明显。离差平方和用于相关分析中求取相关系数。

在回归分析中，对回归方程进行显著性检验时，需要对原始数据进行离差平方和的分解，即把离差平方和分解为剩余平方和与回归平方和两部分，这两部分的比值可以反映回归方程的显著性。

在趋势面分析中，对于趋势面的拟合程度可以用离差平方和来检验，其方法也是将原始数据的离差平方和分解为剩余平方和与回归平方和两部分，回归平方和的值越大，表明拟合程度越高。

3. 方差、标准差和变差系数

方差也称均方差，它是以离差平方和除以变量个数而得到的。表示为

$$\sigma^2=\frac{1}{n}\sum_{i=1}^{n}(x_i-\bar{x})^2$$

为了应用上的方便，对方差进行开方，即标准差，表示为

$$\sigma=\sqrt{\frac{1}{n}\sum_{i=1}^{n}(x_i-\bar{x})^2}$$

它们是表示一组数据对于平均值的离散程度的很重要的指标。方差和标准差都可应用于相关分析、回归分析、正态分布检验等，还可用于误差分析、评价数据精度、求取变差系数、偏度系数和峰度系数等。标准差还可用于数据分级。

变差系数也称为离差系数或变异系数，是标准差与均值的比值，以C_v表示：

$$C_v=\frac{\sigma}{\bar{x}}$$

式中，C_v为变差系数，其值为百分率。

变差系数是用相对数的形式来刻画数据离散程度的指标，它可以用来衡量数据在时间与空间上的相对变化（波动）的程度。变差系数可用来求算地形高程变异系数。

9.2　确定性插值法

确定性插值法是在研究区域内，基于未知点周围已知点和特定公式，来直接产生平滑的曲面。通常，确定性插值方法分为两种：全局性插值法和局部性插值法。全局性插值法以整个研究区的样点数据集为基础来计算预测值，局部性插值法则使用一个大研究区域中较小的空间区域内的已知样点来计算预测值。根据是否能保证创建的表面经过所有的采样点，确定性插值法又可分为两类：精确性插值方法和非精确性插值方法。对于某个数值已知的点，精确插值法在该点位置的估算值与该点已知值相同。换句话说，精确插值所生成的面通过所有

控制点。相反，非精确插值或叫近似插值，估算的点值与该点的已知值不同。

具体的确定性插值方法包括反距离加权法、全局多项式法、局部多项式法及径向基函数法（radial basis function, RBF）等。其中，反距离加权法和径向基函数属于精确性插值方法，而全局多项式法和局部多项式法则属于非精确性插值方法。

9.2.1　反距离加权插值法

反距离加权（inverse distance weighted，IDW）插值法是基于相近相似的原理：两个物体离得越近，它们的性质就越相似；反之，离得越远则相似性越小。它以插值点与样本点间的距离为权重进行加权平均，离插值点越近的样本点赋予的权重越大。

反距离加权主要依赖于反距离的幂值，幂参数可基于距输出点的距离来控制已知点对内插值的影响。幂参数是一个正实数，默认值为 2，一般 0.5~3 的值可获得最合理的结果。通过定义更高的幂值，可进一步强调最近点。因此，邻近数据将受到最大的影响，表面会变得更加详细（更不平滑）。随着幂数的增大，内插值将逐渐接近最近采样点的值。指定较小的幂值将对距离较远的周围点产生更大的影响，从而导致平面更加平滑。

由于反距离加权公式与任何实际的物理过程都不关联，因此无法确定特定幂值是否过大。作为常规准则，认为值为 30 的幂是超大幂，如果距离或幂值较大，则可能生成错误结果，因此不建议使用。IDW 插值方法的应用条件为研究区域内的采样点分布均匀且采样点不聚集，其假设前提为各已知点对预测点的预测值都有局部性的影响，其影响随着距离的增加而减少。利用获取到的离散点子集计算插值的权重，通常计算步骤如下。

（1）计算未知点到所有点的距离 d_i。

（2）计算每个点的权重为

$$w_i = \frac{d_i^{-p}}{\sum_{i=1}^{n} d_i^{-p}}$$

式中，权重是距离倒数的函数，且 $\sum_{i=1}^{n} w_i = 1$，即所有点的权重之和为 1。

（3）计算结果为

$$\hat{Z}(x,y) = \sum_{i=1}^{n} w_i Z(x_i, y_i)$$

式中，$d_i = \sqrt{(x - x_i)^2 + (y - y_i)^2}$ 为离散预测点 (x, y) 与各已知样点 (x_1, y_1) 之间的距离；p 为参数值，是一个任意正实数，通常 p=2，可以通过求均方根预测误差的最小值确定其最佳值；n 为预测计算过程中要使用的预测点周围样点的总数；$\hat{Z}(x,y)$ 为点 (x,y) 处的预测值；w_i 为预测计算过程中使用的各样点的权重，该值随样点与预测点之间的距离的增加而减少；$Z(S_i)$ 为在 S_i 处获得的测量值。

样点在预测点值的计算过程中所占权重的大小受参数 p 的影响，即随着采样点与预测值之间距离的增加，标准样点对预测点影响的权重按指数规律减少。在预测过程中，各样点值对预测点值作用的权重大小是成比例的，这些权重值的总和为 1。

IDW 插值方法的优点是计算简单和操作便利，缺点是需要多少样本点估计是未知的。当存在各向异性时，邻域的大小、方向和形状都会对估计产生影响，结果受点布局和离群值的影响。

9.2.2　全局多项式插值

全局多项式插值（global polynomial interpolation，GPI）以整个研究区的样点数据集为基础，用一个多项式来计算预测值，即用一个平面或曲面进行全局特征拟合。进行全局多项式插值的结果是一个平滑表面，这个表面是由采样点值拟合的多项式数学方程生成的，全局多项式表面起伏变化平缓，它能够捕捉到数据集中潜在的粗糙数据。全局多项式插值就像把一张纸插入那些取值大小不同的样点之间（图 9.1）。对于全局多项式来说，一阶全局多项式可以根据数据对单平面进行拟合［图 9.1（a）］；二阶全局多项式可以对包含一个弯曲的表面进行拟合，该表面可以表示山谷［图 9.1（b）］；三阶全局多项可以对包含两个弯曲的表面进行拟合［图 9.1（c）］。

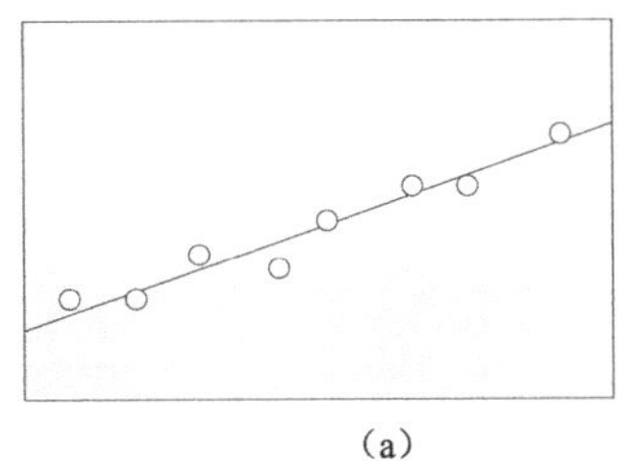
(a)

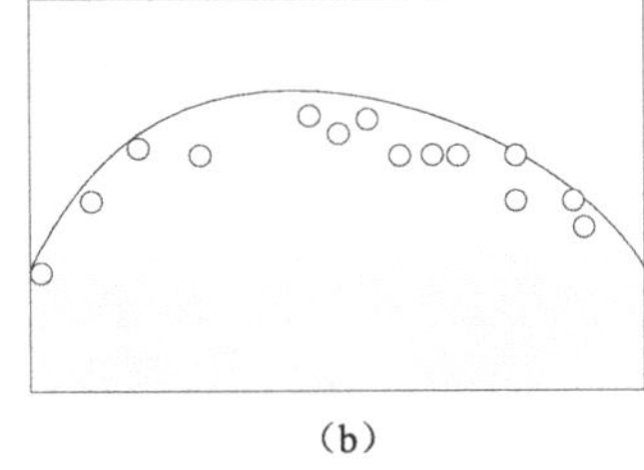
(b)

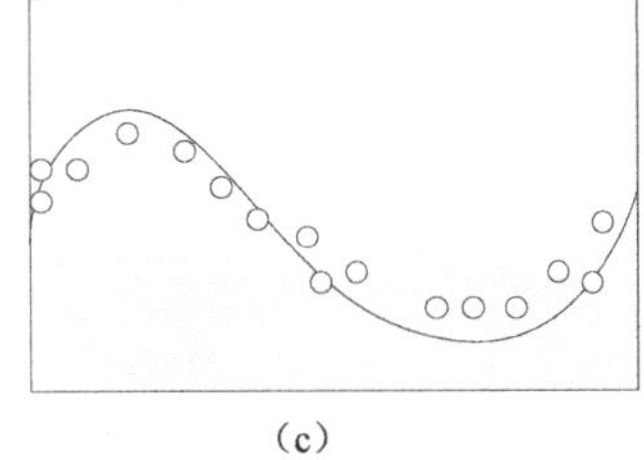
(c)

图 9.1　全局多项式插值法

全局多项式插值法得到的是一个平滑的数学表面，这个表面代表了研究区域范围内表面逐渐变化的趋势。全局多项式插值法适用的情况有以下两种。

（1）当一个研究区域的表面变化缓慢，即这个表面上的样点值由一个区域向另一个区域变化平缓时，可以采用全局多项式插值法对该研究区进行表面插值。

（2）检验长期变化的、全局性趋势的影响时一般采用全局多项式插值法，在这种情况下采用的方法通常被称为趋势面分析。

全局多项式内插表示为

$$\hat{Z}(x,y)=\sum_{r+S<p}\left(b_{rs}\times x^{r}\times y^{s}\right)$$

式中，$\hat{Z}(x,y)$为属性值；b_{rs}为系数；x 和 y 为坐标值；r 和 s 为次数；p 为多项式次数。

实际应用中，p 值一般取 1~3，分别有

$$\hat{Z}(x,y)=b_0+b_1x+b_2y$$

$$\hat{Z}(x,y)=b_0+b_1x+b_2y+b_3x^2+b_4xy+b_5y^2$$

$$\hat{Z}(x,y)=b_0+b_1x+b_2y+b_3x^2+b_4xy+b_5y^2+b_6x^3+b_7x^2y+b_8xy^2+b_9y^3$$

对于全局多项式插值法来说，其原理容易理解，并且整个区域上函数唯一，能得到全局光滑连续的表面，充分反映宏观趋势。但全局多项式插值所得的表面很少能与实际的已知样

点完全重合，这个预测表面可能高于某些实际点值，也可能低于某些实际点值。可以利用最小二乘拟合法来度量其误差，即用已知样点的真值减去由这个预测表面得到该点的值，将所有的结果平方，对所有已知样点均按此方法计算并将结果进行累加，这个过程就是一次全局多项式内插。所以，全局插值法是非精确的插值法。

利用低阶多项式插值法建立一个变化平缓的表面来描述某些物理过程，如污染、风向等逐渐变化的趋势。然而，多项式越复杂，它的物理意义就越难描述，并且利用全局性插值法生成的表面容易受极高或极低点值等离群点的影响，尤其在研究区的边沿地带影响更明显，因此用于模拟的有关属性在研究区域内最好是平缓变化的。

9.2.3　局部多项式插值法

当表面具有多种复杂形状时，如延绵起伏的地表，单个全局多项式将无法很好地拟合，而多个多项式平面则能够更加准确地体现真实表面，如图 9.2 所示。全局多项式插值法用一个多项式来拟合整个表面。局部多项式插值（local polynomial interpolation，LPI）是采用多个多项式，每个多项式都处在特定重叠的邻近区域内，并用每个邻近区域的中心值来预测待估点的值，从而拟合出更为准确、真实的表面的一种插值方法。

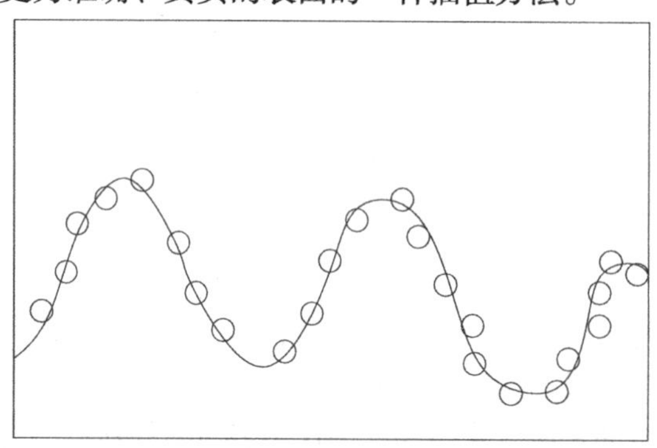

图 9.2　局部多项式插值

邻近区域是空间自相关的阈值范围，可通过设定搜索半径和方向来定义一个以待估点为中心的邻近区域，当然还可以通过限制参与某待估点预测的最多样点数和最少样点数来定义邻近区域。由此可知，局部多项式插值法产生的表面更适合用来解释局部的变异。

局部多项式插值法依赖于以下假设：①在格网上采样，即样本的间距相等；②搜索邻近区域内数据值呈正态分布。然而，大多数数据集都不符合上述假设，在此类情况下，预测值将受到影响，但误差不会像预测标准误差那样大。因此，局部多项式插值并非精确的插值方法，虽然它能生成一个最适合于表现出数据局部变化的平滑的表面，但该表面仍然不能通过所有的数据点。建立平滑表面和确定变量的小范围的变异可以使用局部多项式插值法，特别是数据集中含有短程变异时，局部多项式插值法生成的表面就能描述这种短程变异。

通常局部多项式插值法适用于以下两种情况：全局多项式插值法使用与在数据集中创建平滑表面及标识长期趋势。然而，在研究中，除了长期趋势之外，感兴趣的变量通常还具有短程变化。当数据集显示出短程变化时，局部多项式插值法可捕获这种局部变化。局部多项式插值法对邻域距离很敏感，较小的搜索邻域可能会在预测表面内创建空区域。因此，可以在生成输出图层之前预览表面。

如上所说，局部多项式插值法实质上就是一种局部加权最小二乘方法，它的算法原理可归结为以下三个主要步骤。

1. 选择插值函数

最简单的插值函数是多项式，一般最常用的一次、二次和三次多项式等几种，一般情况下二次多项式已能够满足研究需要，定义如下：

$$\hat{Z}(x,y)=a+bx+cy+dxy+ex^2+fy^2$$

2. 确定权重

邻近区域内各样点的权重是由搜索邻域范围、权重系数和实际样点数据的几何分布（距离）等因素决定的，在实际计算中可以综合考虑其中几种因素。

1）邻域范围

可以通过定义搜索半径和方向来确定一个以待估点为中心的邻域范围（圆或椭圆），它是局部多项式在短程特点上的体现。搜索范围可定义为

$$T_{xx}=\frac{\cos\varnothing}{r_1},T_{xy}=\frac{\sin\varnothing}{r_1},T_{yx}=\frac{-\sin\varnothing}{r_2},T_{yy}=\frac{\cos\varnothing}{r_2}$$

式中，$\varnothing$ 为搜索椭圆的搜索方向角度；r_1、r_2 为搜索椭圆的长、短半径；搜索方向和半径决定了搜索范围。将 T_{xx}、T_{xy}、T_{yx}、T_{yy} 4 个参数可综合定义以下 3 个参数：

$$A_{xx}=T_{xx}{}^2+T_{yx}{}^2,A_{xy}=(T_{xx}T_{xy}+T_{yx}T_{yy}),A_{yy}=T_{yy}{}^2+T_{xx}{}^2$$

其所定义的搜索椭圆的参数 A_{xx}、A_{xy} 和 A_{yy} 确定了搜索椭圆的范围，这 3 个参数对于每个数据和网络结点来说都是定值。

2）分布距离

每个数据的几何分布是局部多项式方法在“距离权重”特点上的体现。假设某个散点数据位置为 (x_i,y_i)，一个待求网络节点的位置为 (x_0,y_0)，可求得两点在 x 和 y 方向上的距离为

$$d_x=x_i-x_0\,,\quad d_y=y_i-y_0$$

3）权重系数

根据所选择权重系数来确定权重：

$$w_i=\left(1-D_i\right)^p$$

式中，w_i 为离散样点数据 (x_i,y_i) 的权重；p 为权重系数。

3. 确定相应节点值

根据以上离散样点求权重过程，将其推广到定义的搜索邻域范围内的所有散点集合 $\left\{\left(x_i,y_i,z_i\right)\right\}$，其中，$i=1,2,\cdots,n$，是邻域范围内散点总数。然后根据最小二乘原理解出多项式的系数 a、b、c、d、e 和 f，并确定多项式从而求得待估点上的属性值为

$$\hat{Z}(x,y)=\min\sum_{i=1}^{n}w_i\left[Z(x_i,y_i)-Z_i\right]^2$$

局部多项式插值法适于特定的多项式方程（如零阶、一阶、二阶和三阶方程式）对指定的邻近区域内的所有点进行插值，邻近区域之间相互重叠，预测值是拟合的多项式在区域内中心点的值。在生成预测表面的过程中，通过对不同参数计算出来的输出表面进行重复交叉验证，可以使模型最优化。与反距离加权法中的 p 值的选择相同，经过优化的参数能减小均方根预测误差。

9.2.4 径向基函数插值法

径向基函数法是人工神经网络方法中的一种。由径向基函数生成的表面不仅能够反映整体变化趋势，而且可以反映局部变化。当取样点拟合的曲面不能准确地代表表面时，可以采用径向基函数法。

为了生成表面，可以假设弯曲或拉伸预测表面使之能够通过所有已知样点。利用这些已知样点采用不同方法可以预测表面的形状，例如，可以强迫表面形成光滑的曲面（薄片样条），或者控制表面边缘拉伸的松紧程度（张力样条），这就是基于径向基函数内插的概念框架。

径向基函数法包括一系列精确的插值方法，精确的插值方法是指表面必须经过每一个已知样点。径向基函数包括五种不同的基本函数：平面样条函数、张力样条函数、规则样条函数、高次曲面函数和反高次曲面样条函数。每种基本函数的表达形式不尽相同，得到的插值表面也各不相同。

径向基函数法就如同将一个橡胶膜插入并经过各个已知样点，同时又使表面的总曲率最小。选择何种基本函数决定了以何种方式将这个橡胶薄膜插入到这些点之间。作为一种精确插值技术，径向基函数法不同于全局多项式插值法和局部多项式插值法。因为后两种技术都是非精确插值法，它们并不要求表面经过所有已知样点。将径向基函数法与反距离加权插值法（也是一种精确插值方法）做比较，可以看出两种方法的不同。对比它们采样点的断面图可以看出，这两种方法的不同之处在于，反距离加权法无法计算高于或低于样点的预测点的值，而径向基函数法则可以预测比样点高或低的未知点的值。

径向基函数适用于对大量点数据进行插值计算从而获得平滑表面。将径向基函数应用于变化平缓的表面，如表面上平缓的点高程插值，能得到令人满意的结果。但当在一段较短的水平距离内的表面值发生较大的变化，或无法确定采样点数据准确性，或采样点的数据具有很大不确定性时，该方法不适用。

9.3 地统计插值法

9.3.1 克里格法

对于任何一种插值方法，都不能要求所计算的估计值和它的实际值完全一样，偏差是不可避免的。在实际应用中，通常要求插值方法满足以下两点：①所有估计块段的实际值与其估计值之间的偏差平均为 0，即估计误差的期望等于 0，则称这种估计是无偏的，无偏是指应该避免任何过高或过低的估计。②待估块段的估计值与实际值之间的单个偏差应尽可能小，即误差平方的期望值尽可能小。因此，最合理的插值法应提供一个无偏估计且估计方差为最小的估计值。

与其他确定性插值法一样，克里格法也是从预测点周围的观测值中生成权重系数进行预测。但克里格法又与它们不完全相同，克里格法中观测点的权系数更为复杂，是通过计算反映数据空间结构的半变异图得到的。运用克里格法可以在研究邻域中观测值的半变异图和空间分布的基础上对研究区中未知点的值进行预测。

通常，克里格插值法的主要步骤一般分为两步：①生成变异函数和协方差函数，用于估算单元值间的统计相关，量化分析样点的空间结构并拟合一个空间独立模型；②利用步骤①生成的半变异函数、样点数据的空间分布及样点数据值对某一区域内的未知点进行预测。

克里格法是在区域化变量存在空间相关性基础上，在有限区域内对区域化变量的取值进行无偏、最优估计的一种方法。基于这种方法进行插值时，不仅考虑了待预测点与邻近样点数据的空间分布结构特征，使其估计结果比传统方法更精确，更符合实际，也更有效地避免了系统误差的出现。其实质是利用区域化变量的原始数据和变异函数的结构特点，对未知样点进行线性无偏和最优估计。无偏是指偏差的数学期望为 0，最优是指估计值与实际值之差的平方和最小，也就是说克里格方法是格局位置样点有限邻域内的若干已知样本点数据，在考虑了样本点的形状、大小和空间方位，与未知点的相互空间位置关系，以及变异函数提供的结构信息之后，对未知样点的一种线性无偏最优估计。

在使用克里格方法解决各种实际问题中，逐渐地产生了各种各样的克里格方法，主要包括普通克里格法、简单克里格法、泛克里格法、协同克里格法、指示克里格法及析取克里格法。当然它们都有不同的适用条件，例如，当区域化变量满足二阶平稳假设且其期望值是未知的时，可以使用普通克里格法；当区域化变量满足正态分布且其期望值未知时，可以使用简单克里格法；当区域化变量处于非平稳条件下时，可以使用泛克里格法；当只需了解属性值是否超过某一阈值时，可以使用指示克里格法；当区域化变量不服从简单分布或要计算局部可回采储量时，可以使用析取克里格法；当同一事物的两种属性存在相关关系，且一种属性不易获取时可以使用协同克里格方法。

9.3.2　普通克里格法

普通克里格是区域化变量的线性估计，它假设数据变化呈正态分布，认为区域化变量 Z 的期望值是未知的常数。插值过程类似于加权滑动平均，权重值的确定来自于空间数据分析。普通克里格模型为

$$\hat{Z}(x)=\mu+\varepsilon(x)$$

式中，μ 为未知的常量；$\varepsilon(x)$ 为随机误差；$Z(x)$ 为已知的样点数据值；$\hat{Z}(x)$ 为通过普通克里格拟合得到的估计值。普通克里格分布模型，未知常量 μ 用虚线表示。

在运用普通克里格法进行局部估计时，设待估区段为 V，其中有 n 个已知样本，$Z(x_i)$ 为测量真值（i=1，2，…，n），$\hat{Z}_v$ 为待估区段邻域内的待估点的估计值，并可以表示为

$$\hat{Z}_v=\sum_{i=1}^{n}\lambda_i Z(x_i)$$

建立克里格模型的目标就是根据求出权重系数 λ_i 的值，进一步求出待估区段 V 的平均值的 Z_v 的线性、无偏最优估计量 $\hat{Z}_v$，即克里格估计量，必须满足无偏性和最优性两个条件。

1. 无偏性

在二阶平稳条件下，要使 $\hat{Z}_v$ 成为 Z_v 的无偏估计值，即估计量的均值或者期望 $\hat{Z}_v$ 等于实际测量值 Z_v，则应满足 $E\left(\hat{Z}_v\right)=E\left(Z_v\right)$，当 $E(Z_v)=m$ 时，公式为

$$E\left(\hat{Z}_v\right)=E\left[\sum_{i=1}^{n}\lambda_i Z\left(x_i\right)\right]=\sum_{i=1}^{n}\lambda_i E\left[Z\left(x_i\right)\right]=m\sum_{i=1}^{n}\lambda_i=m \text{ 且 } \sum_{i=1}^{n}\lambda_i=1$$

当 $\hat{Z}_v$ 和 Z_v 满足上述公式关系时，说明 $\hat{Z}_v$ 是 Z_v 的无偏估计量。

2. 最优性

在满足无偏性条件下，计算估计方差的公式为

$$\sigma_E^2=\overline{\text{cov}}(x,x)+\sum_{i=1}^{n}\sum_{j=1}^{n}\lambda_i\lambda_j\overline{\text{cov}}\left(x_i,x_j\right)-2\sum_{i=1}^{n}\overline{\text{cov}}\left(x,x_i\right)$$

为使估计方差 σ_E^2 最小，根据拉格朗日乘数原理，令

$$F=\sigma_E^2-2\mu\left(\sum_{i=1}^{n}\lambda_i-1\right)$$

式中，F 为 n 个权系数 λ_i 和 μ 的（n+1）元函数；μ 为拉格朗日乘数。求出 F 对 n 个 λ_i 和 μ 的偏导数，令其为 0，可得到普通克里格方程组。

9.4　探索性空间统计分析

9.4.1　可视化探索分析

可视化的探索数据分析即图像 EDA 方法。常用的图形方法有直方图、茎叶图、箱线图、散点图、平行坐标图、Q-Q 概率图和趋势分析图等。

1. 直方图

直方图是一种二维统计图表，它的两个坐标分别是统计样本和该样本对应的某个属性的度量。横坐标通常为样本的级别，纵坐标是各级别样本出现的频率。以遥感图像处理中常用的灰度直方图为例，该图描述的是遥感图像中具有该灰度级的像素的个数，横坐标对应为灰度级别，而纵坐标对应为该灰度出现的像素个数。

直方图对采样数据按一定的分级方案（等间隔分级、标准差分等）进行分级，统计采样点落入各个级别中的个数或占总采样数的百分比，并通过条带图或柱状图表现出来。图 9.3 是“嫦娥一号”和“嫦娥二号”的微波辐射计数据采样的时角的统计结果，可以直观地看出 CE-1 号卫星的统计结果，表明其采集数据主要是月球午夜时刻（对应时角−180°或 180°）和正午时刻（对应时角 0°）的亮温数据，而不能够覆盖一天当中整个时段，而“嫦娥二号”在每个时段上都拥有大量的亮温数据，数据量更加丰富。

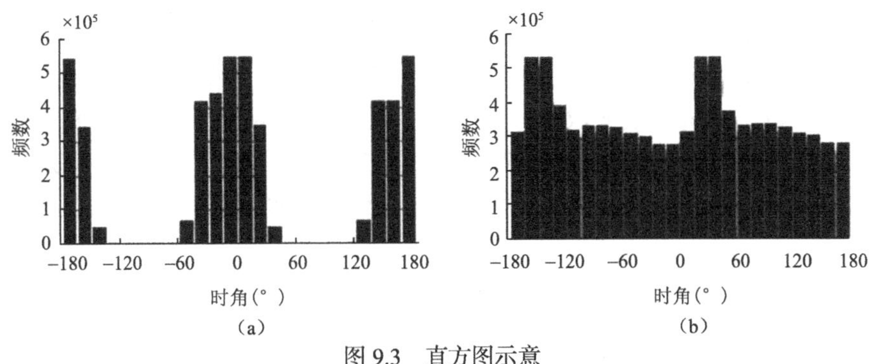

图 9.3　直方图示意

直方图可以直观地反映采样数据分布特征及总体规律，可以用来检验数据是否符合正态分布和寻找数据离群值，直观显示数据的分布特征。在直方图右上方的小视窗中，显示了一些基本统计信息，包括个数、最小值、最大值、平均值、标准差、峰度、偏态、1/4 分位数、中数和 3/4 分位数，通过这些信息可以对数据有个初步的了解。

2. 茎叶图

由统计学家 John Toch 设计的茎叶图又称为枝叶图，它的思路是将数组中的数按位数进行比较，将数的大小基本不变或较高位上的数作为一个主干（茎），将较低位位上的数作为分枝（叶），列在主干的后面，这样就可以清楚地看到每个主干后面的几位数，每个数具体是多少。如图 9.4 所示，十位上的数被作为“茎”，个位上的数被作为“叶”。

茎叶图是一个与直方图类似的工具，茎叶图保留了原始资料的信息，直方图则失去原始数据的信息。用茎叶图表示数据有两个优点：①统计图上没有原始数据信息的损失，所有数据信息都可以从茎叶图中得到；②茎叶图中的数据可以随时记录、随时添加，方便记录与表示。

要对平行班同一课程的成绩比较，可将两个班的成绩作为“叶”长在同一“茎”上，分别自左右两侧扩张，如图 9.4 所示，对照起来，简明多了。若要对多个班级成绩进行比较，可将茎叶垂直方向平行移动，作为茎叶图。先将茎叶图看成直方图观察两班成绩整体分布状况。若两班成绩图形均接近正态分布且中位数接近，说明两班的成绩差别不大；若两侧的峰值相距较远，中位数差别大，说明两班总体成绩相差较大。

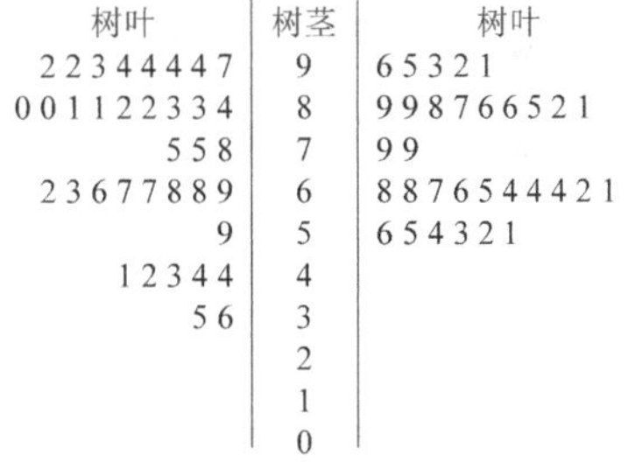

树叶	树茎	树叶
2 2 3 4 4 4 4 7	9	6 5 3 2 1
0 0 1 1 2 2 3 3 4	8	9 9 8 7 6 6 5 2 1
5 5 8	7	9 9
2 3 6 7 7 8 8 9	6	8 8 7 6 5 4 4 4 2 1
9	5	6 5 4 3 2 1
1 2 3 4 4	4	
5 6	3	
	2	
	1	
	0	

图 9.4　茎叶图示意图

3. 箱线图

箱线图也称箱须图或骨架图。该图能够直观明了地识别数据集中的异常值，利用数据中的统计量：最小值、1/4 分位数 Q_1、中位数 F、3/4 分位数 Q_3、最大值来描述数据。其中，1/4 分位数 Q_1 又称下四分位数，等于该样本中所有数值由小到大排列后第 25%的数字；中位数 F 又称第二四分位数 Q_2，等于该样本中所有数值由小到大排列后第 50%的数字；3/4 分位数 Q_3 又称上四分位数，等于该样本中所有数值由小到大排列后第 75%的数字；四分位距是上四分位数与下四分位数之间的间距，即上四分位数减去下四分位数 $QR = Q_3 - Q_1$。

箱线图的结构如图 9.5 所示，首先画一个矩形盒，两端边的位置分别对应数据集的上下四分位数，在矩形盒内部的中位数位置画一条线段位中位线。在 $Q_3+1.5QR$（四分位距）和

$Q_3-1.5QR$ 处画两条与中位线一样的线段，这两条线段位异常值截断点，称为内限；在 Q_3+3QR（四分位距）和 Q_3-3QR 处画两条线段，称为外限。内限以外位置的点表示的数据都是异常值（$x<Q_1-1.5QR$ 或 $x>Q_3+1.5QR$）；在内限与外限之间的异常值为温和异常值（$Q_1-3QR<x<Q_1-1.5QR$ 或 $Q_3+1.5QR<x<Q_3+3QR$）；在外限以外的为极端异常值（$x<Q_1-3QR$ 或 $x>Q_1+3QR$）。一般的统计软件中表示外限的线并不画出，这里用虚线表示。

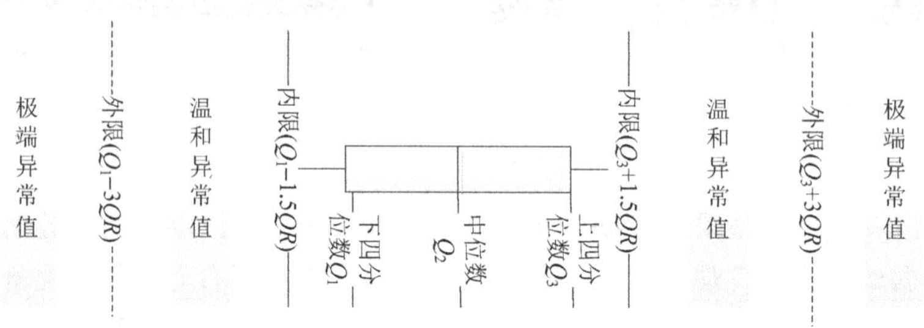

图 9.5　箱线图结构示意图

箱线图的绘制依靠实际数据，不需要事先假定数据服从特定的分布形式，没有对数据作任何限制性要求，它只是真实直观地表现数据形状的本来面貌，因此其识别异常值的结果比较客观，在识别异常值方面有一定的优越性。

4. 散点图

散点图用于初步图示两个数据之间的关系，是分析两个要素或变量之间关系时常用的方法和技术。它表示因变量随自变量而变化的大致趋势，据此可以选择合适的函数对数据点进行拟合。散点图将序列显示为一组点，值由点在图表中的位置表示，类别由图表中的不同标记表示。散点图通常用于比较跨类别的聚合数据。其作法为：将两个变量的坐标点对画在（X，Y）坐标平面上，如图 9.6 所示。

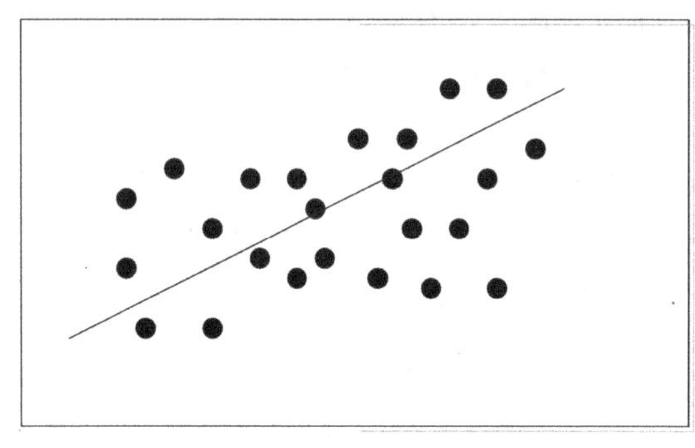

图 9.6　散点图结构示意图

散点图通常用于显示和比较数值，如科学数据、统计数据和工程数据。当在不考虑时间的情况下比较大量数据点时可使用散点图。散点图中包含的数据越多，比较的效果就越好。对于处理值的分布和数据点的分簇，散点图都很理想。如果数据集中包含非常多的点，那么散点图便是最佳图表类型。点状图中显示多个序列看上去非常混乱，这种情况下，应避免使用点状图，而应考虑使用折线图。

5. 平行坐标图

平行坐标图将高维数据在二维空间上表示，其提供的是一种在二维平面上表示高维空间中变量之间关系的技术，为可视化地探索分析高维数据空间中的关系建立可行的途径。传统的坐标系中所有变量轴都是交叉的，而平行坐标系中所有变量轴都是平行的。如图 9.7 所示，表示六维空间的两个点 A（−3，2，3，

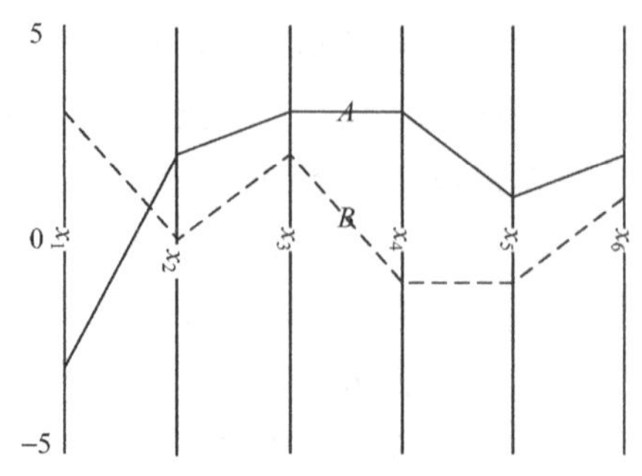

图 9.7　平行坐标图

3，1，2）、B（3，0，2，–1，–1，1）。

平行坐标图的优点是其可以在二维空间上考察分析 n 维变量的相关性。但是为了表示 n 维数据，所有的变量都以折线的形式画在平行坐标图上，对于非常大的数据集，平行坐标图容易引起视觉上的混淆。平行坐标图更为重要的作用在于：①可用于突出显示异常数据；②根据某一变量选择数据子集；③与其他可视化技术结合探索数据中的模式。

6. Q-Q 概率图

Q-Q 概率图是根据变量分布的分位数对所指定的理论分布分位数绘制的图形，是一种用来检验样点数据分布的统计图，如果被检验的样点数据符合所指定的分布，则代表样点的点簇在一条直线上，其中主要有正态概率分布图和普通概率分布图。

正态概率分布图主要用来评估具有 n 个值的单变量样本数据是否服从正态分布。构建正态概率分布图的通用过程为：①对采样值进行排序；②计算出每个排序后的数据的积累值；③绘制积累值分布图；④在积累值之间使用线性内插技术，构建一个与其具有相同累积分布的理论正态分布图，求出对应的正态分布图；⑤以横轴为理论正态分布值，竖轴为采样点值，绘制样本数据相对于其标准正态分布值的散点图。

如果采样数据服从正态分布，其正态概率分布图中采样点分布应该是一条直线。如果有个别采样点偏离直线太多，那么这些采样点可能是一些异常点，应对其进行检验。此外，如果在正态概率分布图中数据没有显示出正态分布，那么就有必要在应用某种克里格插值法之前将数据进行转换，使之服从正态分布。

普通概率分布图用来评估两个数据集的分布的相似性。普通概率分布图通过两个数据集中具有相同累积分布值作图来生成。累计分布值的做法参阅正态概率分布图内容。普通概率图揭示了两个物体（变量）之间的相关关系，如果在概率图中曲线呈直线，说明两物体呈一种线性关系，可以用一个一元一次方程式来拟合。如果概率图中曲线呈抛物线，说明两物体的关系可以用二元多项式来拟合。

9.4.2　空间自相关

地理研究对象普遍存在的变量间的关系中，确定性的是函数关系，非确定性的是相关关系。空间自相关反映的是一个区域单元上的某种地理现象或某一属性值与邻近区域单元上同一现象或属性值的相关程度，它是一种检测与量化从多个标定点中取样值变异的空间依赖性的空间统计方法，通过检测一个位置上的变异是否依赖与邻近位置的变异来判断该变异是否存在空间自相关性，即是否存在空间结构关系。空间自相关分析可以分为以下三个过程：①建立空间权值矩阵，以明确研究对象在空间位置上的相互关系；②进行全局空间自相关分析，判断研究区域空间自相关现象的存在性；③进行局部空间自相关分析，找出空间自相关现象存在的局部区域。

1. 空间权重矩阵

空间自相关概念源于时间自相关，但比后者复杂。主要是因为时间是一维函数，而空间是多维函数，因此在度量空间自相关时，还需要解决地理空间结构的数学表达，定义空间对象相互关系，这时便引入了空间权重矩阵。如何合适地选择空间权重矩阵一直以来是探索性空间数据分析的重点和难点。

通常定义一个二元对称空间权重矩阵 $\boldsymbol{W}$ 来表达 n 个空间对象的空间邻近关系，空间权重

矩阵的表达形式为

$$\boldsymbol{W}=\begin{bmatrix} w_{11} & w_{12} & \cdots & w_{1n} \\ w_{21} & w_{22} & \cdots & w_{2n} \\ \vdots & \vdots & & \vdots \\ w_{n1} & w_{n2} & \cdots & w_{nm} \end{bmatrix}$$

式中，w_{ij} 为区域 i 与 j 的邻近关系。空间权重矩阵有多种规则，下面介绍几种常见的空间权重矩阵设定规则。

（1）根据邻接标准。当空间对象 i 和空间对象 j 相邻时，空间权重矩阵的元素 w_{ij} 为 1，其他情况为 0，表达式如下

$$w_{ij}=\begin{cases} 1 & i\text{与}j\text{相邻} \\ 0 & i=j\text{或}i\text{与}j\text{不相邻} \end{cases}$$

（2）根据距离标准。当空间对象 i 和空间对象 j 在给定距离 d 之内时，空间权重矩阵的元素 w_{ij} 为 1，否则为 0，表达式为

$$w_{ij}=\begin{cases} 1 & i\text{与}j\text{相邻距离小于}d\text{时} \\ 0 & \text{其他} \end{cases}$$

如果采用属性值 x_i 和二元空间权重矩阵来定义一个加权空间邻近度量方法，则对应的空间权重矩阵可以定义为

$$w_{ij}^{*}=\frac{w_{ij}x_j}{\sum_{j=1}^{n}w_{ij}x_j}$$

2. 全局空间自相关

全局空间自相关主要描述整个研究区域上空间对象之间的关联程度，以表明空间对象之间是否存在显著的空间分布模式。Moran 指数和 Geary 系数是两个用来度量空间自相关的全局指标。其中，Moran 指数反映的是空间邻接或空间邻近的区域单元属性值的相似程度，而 Geary 系数与 Moran 指数存在负相关关系。

1）Moran 指数

对于全程空间自相关，Moran 指数计算公式为

$$I=\frac{\sum_{i=1}^{n}\sum_{j=1}^{n}w_{ij}\left(x_i-\bar{x}\right)\left(x_j-\bar{x}\right)}{S^2\sum_{i=1}^{n}\sum_{j=1}^{n}w_{ij}}$$

式中，I 为 Moran 指数，其中

$$S^2=\frac{1}{n}\sum_{i=1}^{n}\sum_{j=1}^{n}\left(x_i-\bar{x}\right)^2$$

$$\bar{x} = \frac{1}{n}\sum_{i=1}^{n} x_i$$

式中，n 为观察值的数目；x_i 为在位置 i 的观察值；w_{ij} 为对称的空间权重矩阵元素。w_{ij} 按照行和归一化建立的权重矩阵为非对称的空间权重矩阵。

Moran 指数 I 的取值一般为-1~1。当 I 值大于 0 时，表明存在正的空间自相关，数值越大表示空间分布的相关性越大，即空间上聚集分布的现象越明显；当 I 值小于 0 时，表明存在负的空间自相关，数值越小代表相关性小；I 值为 0 时，表明不存在空间自相关，代表空间分布呈现随机分布的情形。

对于 Moran 指数，还可以进行显著性检验，检验统计量为标准化 Z 值：

$$Z = \frac{I - E(I)}{\sqrt{\mathrm{var}(I)}}$$

当 Z 值为正且显著时，表明存在正的空间自相关；当 Z 值为负且显著时，表明存在负的空间自相关；当 Z 值为零时，观测值呈独立随机分布。

2）Geary 系数

对于全局空间自相关，Geary 系数计算公式为

$$C(d) = \frac{(n-1)\sum_{i=1}^{n}\sum_{j=1}^{n} w_{ij}\left(x_i - x_j\right)^2}{2nS^2\sum_{i=1}^{n}\sum_{j=1}^{n} w_{ij}}$$

Geary 系数 C 总是正值，取值范围一般在[0, 2]，且服从渐近正态分布。当 C 值小于 1 时，表明存在正的空间自相关；也就是说，相似的观测值区域空间聚焦；当 C 值大于 1 时，表明存在负的空间自相关，表明存在负的空间自相关，相似的观测值趋于空间分散分布；当 C 值为 1 时，表明不存在空间自相关，即观测值在空间上随机分布。

3. 局部空间自相关

当需要进一步考查是否存在观测值的高值或低值的局部空间聚集，哪个区域单元对于全局空间自相关的贡献更大，以及在多大程度上空间自相关的全局评估掩盖了反常的局部状况或小范围局部不稳定性时，就必须应用局部空间自相关分析。局部空间自相关分析方法包括三种分析方法。

1）空间联系的局部指标

空间联系的局部指标（local indicators of spatial association，LISA）满足下列两个条件：①每个区域单元的 LISA，是描述该区域单元周围显著的相似值区域单元之间空间聚集程度的指标；②所有区域单元 LISA 的总和与全局的空间联系成正比。LISA 包括局部 Moran 指数（local Moran）和局部 Geary 系数（local Geary）。

对于局部空间自相关，Moran 指数计算公式为

$$I_i = \frac{\left(x_i - \bar{x}\right)}{S^2}\sum_{j=1}^{n} w_{ij}\left(x_j - \bar{x}\right)$$

与计算全局空间自相关的 I 值类似，检验统计量为标准化 $Z(I_i)$ 值，可以用公式来检验 n 个区域是否存在局部空间自相关关系：

$$Z(I_i)=\frac{I_i-E(I_i)}{\sqrt{\operatorname{var}(I_i)}}$$

用标准化 $Z(I_i)$ 和局部 Moran 指数判断局部空间相关性参见全局空间自相关中 Moran 指数。

每个区域单元 i 的局部 Moran 指数是描述该区域单元周围显著的相似值区域单元之间空间集聚程度的指标，I_i 表示位置 i 上的观测值与周围邻居观测平均值的乘积。这样，全局 Moran 指数和局部指数统计量之间的关系是

$$I=\frac{\sum_{i=1}^{n}\sum_{j=1\neq i}^{n}w_{ij}z_i z_j}{S^2\sum_{i=1}^{n}\sum_{j=1\neq i}^{n}w_{ij}}=\frac{1}{n}\sum_{i=1}^{n}(z_i\sum_{j=1\neq i}^{n}w_{ij}z_j)=\frac{1}{n}\sum_{i=1}^{n}I_i$$

2）G 统计量

Arthur Getis 和 J. K. Ord 建议使用局部 G 统计量来检测小范围内的局部空间依赖性，因为此空间联系很可能是采用全局统计量所体现不出来的。值得注意的是，当全局统计量并不足以证明存在空间联系时，一般建议使用局部 G 统计来探测空间单元的观测值在局部水平上的空间聚集程度。全局 G 统计量公式如下：

$$G=\frac{\sum_{i=1}^{n}\sum_{j=1}^{n}w_{ij}x_i x_j}{\sum_{i=1}^{n}\sum_{j=1\neq i}^{n}w_{ij}}$$

对于每一个空间单元 i 的 G_i 统计量为

$$G=\frac{\sum_{j=i}^{n}w_{ij}x_i}{\sum_{j=1\neq i}^{n}x_j}$$

对统计量的检验与局部 Moran 指数相似，其检验值为

$$Z(G_i)=\frac{G_i-E(G_i)}{\sqrt{\operatorname{var}(G_i)}}$$

显著的正值表示在该空间单元周围，高观测值的空间单元趋于空间聚集，而显著的负值表示低观测值的空间单元趋于空间聚集，与 Moran 指数只能发现相似值（正相关）或非相似性观测值（负相关）的空间聚集模式相比，G_i 能够观测得出空间单元属于高值聚集还是低值聚集的空间分布模式。

3）Moran 散点图

局部空间自相关分析的第三种方法是 Moran 散点图，可以对空间滞后因子 W_Z 和 z 数据

进行可视化的二维图示。Moran 散点图用散点图的形式描述变量 z 与空间滞后向量 W_Z 间的相互关系。该图的横轴对应变量 z，纵轴对应空间滞后向量 W_Z，它被分为四个象限，分别识别一个地区及其邻近地区的关系。

Moran 散点图的四个象限分别对应于空间单元与其邻居之间四种类型的局部空间联系形式：第一象限（HH）代表了高观测值的空间单元，其为同是高值区域所包围的空间联系形式；第二象限（HL）代表了低观测值的空间单元，其为高值的区域所包含的空间联系形式；第四象限（LH）代表了高观测值的区域单元，其为低值的区域所包含的空间联系形式。

与局部 Moran 指数相比，虽然 Moran 散点图不能获得局部空间聚集的显著性指标，但是其形象的二维图像非常易于理解，其重要的优势还在于能够进一步具体区分空间单元和其邻居之间属于高值和高值、低值和低值、高值和低值、低值和高值之中的哪种空间联系形式。并且，对应于 Moran 散点图的不同象限，可识别出空间分布中存在着哪几种不同的实体。

9.4.3 半变异函数分析

1. 半变异函数及其性质

半变异函数是一个关于数据点的半变异值（或变异性）与数据点间距离的函数，对半变异函数的图形描述可得到一个数据点与其相邻数据点的空间相关关系图。半变异函数也称半方差函数，它是描述区域化变量随机性和结构性特有的基本手段。设区域化变量 $Z(x_i)$ 和 $Z(x_i+h)$ 分别是 $Z(x)$ 在空间位置 x_i 和 x_i+h 上的观测值［i=1，2，…，$N(h)$］，则半变异函数可由下式进行估计

$$\gamma(h)=\frac{1}{2N(h)}\sum_{i=1}^{N(h)}\left[Z(x_i)-Z(x_i+h)\right]^2$$

式中，$N(h)$ 是分隔距离为 h 样本量。半变异函数是在假设 $Z(x)$ 为区域化变量且满足平稳条件和本征假设的前提下定义的。数学上可以证明，半变异函数大时，空间相关性减弱。以 h 为横坐标，以 $\gamma(h)$ 为纵坐标，绘出半变异函数曲线图，可以直观地展示区域化变量 $Z(x)$ 的空间变异性。

C_0 称为块金方差，表示区域化变量在小于观测尺度时的非连续变异；C_0+C 为基台值，表示半变异函数随着间距递增到一定程度后出现的平稳值；C 为拱高或称结构方差（基台值与块金方差之间的差值）；a 为变程（半变异函数达到基台值时的间距）。在变异理论中，通常把变程 a 视为空间相关的最大间距，也称为极限距离。

二维区域化变量的半变异函数不仅与分隔距离 h 有关，也与方向有关。设 $\gamma(h,\theta_1)$ 代表区域化变量一个方向的半变异函数，$\gamma(h,\theta_2)$ 代表该区域化变量另一个方向的半变异函数，两者的比值 $K(h)=\gamma(h,\theta_1)/\gamma(h,\theta_2)$ 等于 1 或接近 1 时表明空间变异性为各向同性，否则为各向异性。

实际上理论半变异模型 $\gamma(h)$ 是未知的，必须从有效的空间取样数据中去估计，对各种不同的 h 值可计算出一系列的 $\gamma(h)$ 值，然后可通过一个理论模型来拟合它们。主要的理论半变异函数有球状模型、指数模型、高斯模型、幂函数模型和抛物线模型等。

在空间统计分析中，常见的半变异模型可分为三大类：①有基台值模型，包括球状模型、

指数模型、高斯模型、线性有基台值模型和纯块金效应模型等；②无基台值模型，包括幂函数模型、线性无基台值模型和抛物线模型；③孔穴效应模型。在进行空间局部估计时，选择不同的拟合模型将影响未知值的预测，尤其是当曲线在近原点处的形状有显著差异时，不同模型的预测结果差异会很大。近原点处曲线越陡，最近的邻域对预测的影响将越大；其结果表现为输出的表面将更不平滑，不同的模型适合拟合不同的现象。

2. 影响半变异函数的主要因素

1）样点间的距离和支撑的大小

样本间的距离对实际半变异函数有重要的影响。随着样点间的距离加大，样点间的半变异函数值的随机成分也在不断增加，小尺度结构特征将被掩盖。因此，为了使建立的半变异函数模型能准确地反映各种尺度上的变化特征，要确定采样的最小尺度，即样点间最小的距离，但这样做会增加工作强度及分析样品的成本。所以，在采样之前需要在满足精度的前提下确定最佳的采样尺度。David 和 Journel 等认为在用块段取样时，要考虑支撑的大小，一般采用正则化变量消除其影响。

2）样本数量的大小

样本数量在地统计学中主要指计算实际半变异函数值时的点对数目。显然，点对数目越多越好，每一距离上计算出的实际半变异函数值随着点对数目增加而精确。但由于工作量的关系，实际取样工作中点对数目不能无限，一般要求在变程 a 以内各距离上的点对数目不应小于 20 对，有的认为不应小于 30 对。在小尺度距离上相对多一些，在大尺度距离上相对少一些，这样才能保证在变程 a 范围内的半变异函数值能准确地反映区域化变量的空间变异性。

3）异常值的影响

异常值也称特异值，对半变异函数的影响很重要。特别是在变程 a 范围内的异常值影响半变异函数理论模型的精度。如果在原点附近的实际半变异函数值出现的是异常值，唯一解决方法就是剔除这些异常值并重新计算实际半变异函数值。剔除异常值后，该距离上的点对数目会减少，但能提高半变异函数模型的精度。在变程 a 范围内的异常值主要是影响块金值 C_0。如果异常值比较多，块金值 C_0 会增大。随机成分的影响加强，而空间自相关的影响减弱。对于半变异函数的模型来讲，块金效应值 C_0 越小越好。

4）比例效应的影响

判断比例效应是否存在主要是分析平均值和方差或标准差之间的关系。如果平均值和标准差之间存在明显的线性关系，则比例效应存在，如果平均值和标准差之间的线性关系不存在或不明显，则比例效应不存在。当样品方差随着平均值的增加而增加时，称正比例效应；反之，当样品的方差随着平均值增加而减少时，称反比例效应。比例效应的存在会使实际半变异函数值产生畸变，使基台值和块金值增大，并使估计精度降低，导致某些结构不明显。消除比例效应的方法主要是对原始数据取对数，或者通过相对半变异函数求解。

5）漂移的影响

由区域化变量理论可知，实际半变异函数值是理论半变异函数的无偏估计，当漂移存在时，半变异函数值就不再是半变异函数的无偏估计，随着漂移形式的不同，对半变异函数的影响不同。要消除漂移对半变异函数的影响主要是通过建立合适的漂移形式，即 $E[Z(x)]=$

$m(x)$ 中 $m(x)$ 的函数式，它使半变异函数曲线真实地符合实际半变异函数值。

3. 半变异函数模型的分类

根据半变异函数散点图来预测未知区域的值，需要一种合适的函数或模型来描述。随着时间积累，现有的模型有数十种之多。按照是否有基台值或可以线性化处理将模型分为：有基台模型、无基台模型、线性模型、非线性模型和空穴效应模型，其中以非线性模型为例，其又可细分为球状模型、指数模型、高斯模型、幂函数模型和对数模型。

1）球状模型

球状模型的一般公式为

$$\gamma(h)=\begin{cases}C_0 & h=0\\ C_0+C\left(\dfrac{3h}{2a}-\dfrac{h^3}{2a^3}\right) & 0<h\leqslant a\\ C_0+C & h>a\end{cases}$$

式中，C_0 为块金值；C 为偏基台；a 为变程；h 为滞后距。

2）指数模型

指数模型的一般公式为

$$\gamma(h)=\begin{cases}C_0 & h=0\\ C_0+C\left(1-e^{-\frac{h}{a}}\right) & 0<h\leqslant a\\ C_0+C & h>a\end{cases}$$

3）高斯模型

高斯模型的一般公式为

$$\gamma(h)=\begin{cases}C_0 & h=0\\ C_0+C\left(1-e^{-\frac{h^2}{a^2}}\right) & 0<h\leqslant\sqrt{3}a\\ C_0+C & h>\sqrt{3}a\end{cases}$$

4）幂函数模型

幂函数模型的一般公式为

$$\gamma(h)=h^{\theta}\quad 0<\theta<2$$

5）对数模型

对数模型的一般公式为

$$\gamma(h)=\log h$$

6）线性有基台值模型

线性有基台值模型的一般公式为

$$\gamma(h)=\begin{cases}C_0 & h=0\\ C_0+kh & 0<h\leqslant a\\ C_0+C & h>a\end{cases}$$

式中，k 为直线斜率。

7）线性无基台值模型

线性无基台值模型的一般公式为

$$\gamma(h)=\begin{cases}C_0 & h=0\\ C_0+kh & h>0\end{cases}$$

8）一维常见孔穴效应模型

一维常见孔穴效应模型的一般公式为

$$\gamma(h)=C_0+C\left[1-e^{-\frac{h}{a}}\cos\left(2\pi\frac{h}{b}\right)\right]$$

式中，b 为两孔间的平均距离。

9.5　层次统计分析

在对数据进行分析决策时，常常会面对大量相互关联、相互制约的复杂因素和难以用确切的定量方式描述的相互关系，层次分析法，就是能有效处理这样一类问题的一种实用方法，是一种定性和定量相结合的、系统化、层次的分析方法。它的本质是一种决策思维方式，基本思想是，首先，把复杂的问题按其主次或支配关系分组而形成有序的递阶层次结构，使之条理化；然后，根据对一定客观现实的判断就每一层次的相对重要性给 r 定量表示，利用数学方法确定表达每一层中所有元素的相对重要性的权值；最后，通过排序结果的分析来解决所考虑的问题。

应用层次分析法，首先要把系统中所要考虑的各因素或问题按其属性分成若干组；每一组作为一层，同层次的元素作为准则对下一层的某些元素起着支配作用，它又同时受上一层次元素的支配，这种从上而下的支配关系就构成了一个递阶层次结构，通常划分为：①最高层，表示解决问题的目标或理想结果。②中间层，表示采用某种措施和政策来实现预定目标所涉及的中间环节，一般又可称为策略层、约束层或准则层。③最低层，表示决策的方案或解决问题的措施和政策。

在建立了问题的层次结构模型的基础上，如果知道对于最高层下面的第二层的所有元素 $A_1,A_2,\cdots,A_m$ 的总排序（或权），设其权值分别为 $a_1,a_2,\cdots,a_m$，而且还知道（或可计算出）与 A_i 对应的下一层元素 $B_1,B_2,\cdots,B_n$ 的相对权重 $b_1^i,b_2^i,\cdots,b_n^i\left(i=1,2,\cdots,m\right)$，这里，若 B_i 与 A_i 无关，令 $b_j^i=0$，则下一层次所有元素 $B_1,B_2,\cdots,B_n$ 的总排序（或权）为 $\sum_{i=1}^{m}a_ib_1^i,\sum_{i=1}^{m}a_ib_2^i,\cdots,\sum_{i=1}^{m}a_ib_n^i$，如此从上到下逐层计算，最后得到方案层所有元素的总排序，根据方案层中各方案的权的大小，选择权最大（或最小）者，一般来说，这些权不容易确定，要通过适当的方法来计算。层次分析的基本计算过程：构造判断矩阵、计算层次单排序、计算各层元素的组合权重（即层次的总排序）、一致性检验等。

9.5.1　构造判断矩阵

对于上一层的某一准则，需要确定在这一准则下有关的各元素相对重要性的权重，在没有确定统一尺度下，对于事物的认识总是通过两两比较来进行。

假设 A 层中元素 A_k 与下一层次中元素 $B_1,B_2,\cdots,B_n$ 有联系，则构造判断矩阵如表 9.1 所示。

表 9.1　构造判断矩阵

A_k	B_1	B_2	$\cdots$	B_n
B_1	b_{11}	b_{12}	$\cdots$	b_{1n}
B_2	b_{21}	b_{22}	$\cdots$	b_{2n}
$\vdots$	$\vdots$	$\vdots$		$\vdots$
B_n	b_{n1}	b_{n2}	$\cdots$	b_{nn}

其中，b_{ij} 为对于 A_k 而言，B_i 与 B_j 相对重要性的数值表现形式。心理学研究表明，进行成对比较的等级，最多为 9，即通常 b_{ij} 取 1，2，…，9 及它们的倒数。其含义为：1 表示 B_i 与 B_j 一样重；3 表示 B_i 比 B_j 重要一点；5 表示 B_i 比 B_j 重要，7 表示 B_i 比 B_j 重要得多；9 表示 B_i 比 B_j 极端重要；它们之间的数 2、4、6、8 则表示介于其间的重要性判断。

若 B_i 与 B_j 比较得 b_{ij}，则 B_i 与 B_j 比较可判断为 $1/b_{ij}$。

9.5.2　计算层次单排序

层次单排序是根据判断矩阵计算对上一层某元素而言本层次与之有联系的元素的重要性次序的权值，可以通过计算判断矩阵的特征根和特征向量来求得。

设判断矩阵 $\boldsymbol{B}$，计算满足 $\boldsymbol{B}_x=\lambda_{\max}x$ 的特征根和特征向量 $\boldsymbol{\lambda}_{\max}$ 为 $\boldsymbol{B}$ 的最大特征根，x 的分量为相应元素的单排序权值（x 归一化后）。

判断矩阵最大特征值和特征向量有许多求法，用特征值、特征向量定义求解是一种方法，但计算较困难，特别阶数较高时。在层次分析法中一般采用近似方法，通常有和法、幂法和根法。这里介绍最简单的和法，和法的基本步骤是：①对矩阵 $\boldsymbol{B}$ 的每一列向量归一化；②按行求和；③归一化即得特征向量的近似值；④ $\lambda=\frac{1}{n}\sum_{i=1}^{n}\frac{(\boldsymbol{B}_x)_i}{x_i}$ 作为 $\lambda_{\max}$ 的近似值，$(\boldsymbol{B}_x)_i$ 表示 $(\boldsymbol{B}_x)$ 的第 i 个分量。

若 $b_{ij}=\frac{b_{ik}}{b_{jk}}$，则称 B_i、B_j、B_k 具有一致性。对判断矩阵 $\boldsymbol{B}$，若 $b_{ij}=\frac{b_{ik}}{b_{jk}}(i,j,k=1,2,\cdots,n)$，则称 $\boldsymbol{B}$ 具有完全一致性。

从理论上讲，对任何一个判断矩阵 **B** 具有一致性，但由于比较是两两进行的，可能会造成不一致，为了检验判断矩阵 **B** 的有效性，需对其进行一致性检验。

一致性指标 CI 为

$$\mathrm{CI}=\frac{\lambda_{\max}-n}{n-1}$$

当 **B** 具有完全一致性时，$\lambda_{\max}-n$，即 CI=0。

由于主观判断会造成不一致，为了检验矩阵是否具有满意的一致性，需将 CI 与平均随机一致性指标 RI 进行比较。

对于一、二阶判断矩阵，RI 只是形式上的，因此定义一、二阶判断矩阵总是完全一致的，当 $n>2$ 时，计算一致性比例 CR

$$\mathrm{CR}=\mathrm{CI}/\mathrm{RI}$$

若 CR<0.1 时，一般认为判断矩阵具有满意的一致性，否则就要对判断矩阵进行调整。

9.5.3　计算各层元素的组合权重

利用同一层次中所有层次单排序的结果，就可以计算对上一层而言本层所有元素重要性的权值，这就是层次总排序。

层次总排序是从上而下逐层进行计算的。假设上层所有元素 $A_1,A_2,\cdots,A_m$ 的总排序已完成，分别为 $a_1,a_2,\cdots,a_m$，而已经计算出 A_i 与对应的本层次 $B_1,B_2,\cdots,B_n$ 的单排序权值为 $b_1^i,b_2^i,\cdots,b_n^i$，则可以得到 B 层的总排序，见表 9.2。

表 9.2　*B* 层的总排序

	A_1	A_2	…	A_m	B 层次总排序
	a_1	a_2	…	a_m	
B_1	b_1^1	b_1^2	…	b_1^m	$\sum_{i=1}^{m}a_ib_1^i$
B_2	b_2^1	b_2^2	…	b_2^m	$\sum_{i=1}^{m}a_ib_2^i$
⋮	⋮	⋮		⋮	⋮
B_n	b_n^1	b_n^2	…	b_n^m	$\sum_{i=1}^{m}a_ib_n^i$

9.5.4　一致性检验

在层次分析的整个计算中，除了对判断矩阵进行一致性检验，还要对层次进行一致性检验。

设 CI 为层次总排序一致性指标，RI 为层次总排序随机一致性指标，CR 为层次总排序一致性比例，它们具有如下表达式。

$$\mathrm{CI}=\sum_{i=1}^{m}a_i\mathrm{CI}_i$$

$$\mathrm{RI}=\sum_{i=1}^{m}a_i\mathrm{RI}_i$$

$$\mathrm{CR}=\frac{\mathrm{CI}}{\mathrm{RI}}$$

式中，CI_i、RI_i 分别为与 A_i 对应的 B 层次中判断矩阵的一致性指标和随机一致性指标。同样，当 CR<0.10 时，可以认为层次总排序的计算结果具有满意的一致性。

9.6　空间回归分析

一切客观事物，它们之间都存在相互联系和具有内部规律，而这些事物的变量之间主要有两种关系：一类是变量之间存在着完全确定性的关系，可称为函数关系；另一类是具有非确定关系，可称为统计关系。空间回归分析是研究两个或两个以上的变量之间的相关关系，用数学方程式来表达变量 y 和 x 的这种不十分确定的共变关系，这一统计过程称为空间回归分析。其用意在于通过后者的已知或设定值，去估计和预测前者的（总体）均值。

由于空间变量的诸多特殊性质，在很多情况下不能直接用回归分析研究空间问题，否则将会带来错误的结论。因此，研究空间变量之间的关系需要在回归分析模型的基础上发展能够描述空间变量特征的回归分析模型。本节主要介绍经典统计回归分析模型、非线性回归模型、加权空间回归模型和空间联系自回归模型。

9.6.1　经典统计回归分析模型

回归分析是研究因变量 y 和自变量 x 之间存在某种相关关系的方法，其中，要求自变量 x 是可以控制或可以精确观察的变量，因此当 x 取每一个确定值后，y 就有一定的概率分布，若 y 的数学期望存在，则其值是 x 的函数，即 $y=\mu(x)$，这个 $\mu(x)$ 称为 y 对 x 的回归函数，或称 y 关于 x 的回归。

1. 相关概念

与回归分析统计模型相关的基本概念解释如下。

因变量（y）：该变量表示了尝试预测或了解的过程。在回归方程中，因变量位于等号的左侧。尽管可使用回归法来预测因变量，但必须先给定一组已知的 y 值，然后可利用这些值来构建（或定标）回归模型，这些已知的 y 值通常称为观测值。

自变量/解释变量（x）：这些变量用于对因变量的值进行建模或预测。在回归方程中，自变量位于等号的右侧，通常称为解释变量。因变量是解释变量的函数。

回归系数（β）：可使用回归工具来计算系数，其是一些数值，表示解释变量与因变量之间的关系强度和类型，而且，每个解释变量都有一个对应的回归系数。通常回归系数的估计采用两种方法：第一种是用最小二乘法；第二种使用最大似然函数的方法。

回归截距（β_0）：表示所有解释变量均为零时因变量的预期值。

残差（ε）：这些是因变量无法解释的部分，该部分在回归方程中被表示为随机误差项 ε。

将使用因变量的已知值来构建和校准回归模型。y 的观测值与预测值之差称为残差。回归方程中的残差可用于确定模型的拟合程度，残差较大表明模型拟合效果较差。

回归函数可以是一元函数，也可以是多元函数，可以是线性的，也可以是非线性的。下面主要介绍一元线性回归和多元线性回归模型。

2. 一元线性回归模型

一元线性回归模型用于估计 y 与 x 之间存在线性关系，该模型为

$$y = \beta_0 + \beta_1 x$$

假设一组观测数据 (x_i, y_i)，其中，i=1，2，…，n。实际观测中由于随机因素的干扰，因变量 y 的取值不仅与自变量 x 的取值有关，而且与可以评价回归模型的有效性的残差 ε 有关，从而利用观测数据建立如下方程：

$$y_i = \beta_0 + \beta_1 x_i + \varepsilon_i \text{ , } i = 1,2,\cdots,n$$

式中，y_i 为可观测的（即能给出样本值得）独立的随机变量，$y_i \sim N\left(\beta_0 + \beta_1 x_i, \sigma^2\right)$；$x_i$ 可以是一般变量，也可以是随机变量；ε_i 为观测过程中随机因素对 y_i 的影响误差，存在 $\varepsilon_i \sim N\left(0, \sigma^2\right)$。

通常采用最小二乘法估计 β_0 与 β_1，其原理是选取两者的估计量 $\hat{\beta}_0$ 与 $\hat{\beta}_1$，使残差平方和 Q 最小，即

$$Q = \sum_{i}^{n} e_i^2 = \sum_{i=1}^{n} (y_i - \hat{\beta}_0 - \hat{\beta}_1 x_i)^2$$

达到最小，按照最小二乘标准求得的总体回归函数的参数估计样本回归函数的截距项 $\hat{\beta}_0$ 与斜率项 $\hat{\beta}_1$ 的方法，叫做普通最小二乘法。

利用拉格朗日乘子法，可从上式求出

$$\begin{cases} \hat{\beta}_1 = \dfrac{\sum_{i=1}^{n} x_i y_i}{\sum_{i=1}^{n} x_i^2} \\ \hat{\beta}_0 = \overline{y} - \hat{\beta}_1 \overline{x} \end{cases}$$

式中，$\overline{x} = \dfrac{1}{n}\sum_{i=1}^{n} x_i$；$\overline{y} = \dfrac{1}{n}\sum_{i=1}^{n} y_i$ 把解得的 $\hat{\beta}_0$ 与 $\hat{\beta}_1$ 代入一元线性回归模型，求得 n 个观测点上的回归预测值为 $y = \hat{\beta}_0 - \hat{\beta}_1 x$。

3. 多元线性回归模型

一元线性回归分析讨论的回归问题只涉及了一个变量，但在实际问题中，影响因变量的因素往往有多个，还需要就一个因变量与多个自变量的联系来进行考察，才能获得比较满意的结果。这就产生了测定多因素之间相关关系的问题。

研究在线性相关条件下，两个或两个以上自变量对一个因变量的数量变化关系，称为多元线性回归分析，表现这一数量关系的数学公式，称为多元线性回归模型。多元线性回归模

型是一元线性回归模型的扩展，其基本原理与一元线性回归模型类似。

设因变量 y 是一个可观测的随机变量，它受到 n 个非随机因素 $x_1,x_2,\cdots,x_n$ 和随机因素的影响，则 y 与 $x_1,x_2,\cdots,x_n$ 的多元线性回归模型为

$$y=\beta_0+\beta_1x_1+\cdots+\beta_nx_n+\varepsilon$$

式中，$\beta_0,\beta_1,\cdots,\beta_n$ 为 n+1 个未知参数；ε 为不可测的随机误差，且通常假定 $\varepsilon\sim N\left(0,\sigma^2\right)$；$x_j\left(j=1,2,\cdots,n\right)$ 是自变量。

对于一个实际问题，要建立多元回归方程，首先要估计出未知参数 $\beta_0,\beta_1,\cdots,\beta_n$，为此要进行 m 次独立观测，得到 m 组样本数据为（$x_{i1},x_{i2},\cdots x_{in};y_i$），$i$=1，2，…，$m$，满足多元线性回归模型，即有

$$y_i=\beta_0+\beta_1x_{i1}+\cdots+\beta_nx_{in}+\varepsilon_i$$

式中，$\varepsilon_1,\varepsilon_2,\cdots,\varepsilon_m$ 相互独立且都服从 $N\left(0,\sigma^2\right)$。上式又可表示成矩阵形式为

$$\boldsymbol{Y}=\boldsymbol{X}\beta+\varepsilon$$

式中，$\boldsymbol{Y}=\left(y_i,y_2,\cdots,y_m\right)^{\mathrm{T}}$；$\beta=\left(\beta_0,\beta_1,\cdots,\beta_m\right)^{\mathrm{T}}$；$\varepsilon=\left(\varepsilon_i,\varepsilon_2,\cdots,\varepsilon_m\right)^{\mathrm{T}}$；$\varepsilon\sim N\left(0,\sigma^2I_n\right)$；$\boldsymbol{I}_n$ 为 n 阶单位矩阵；而 m 组 n 维样本数据矩阵 $\boldsymbol{X}\left(x_{ij}\right)_{mx(n+1)}$ 表示为

$$\boldsymbol{X}=\begin{bmatrix}1 & x_{11} & x_{12} & \cdots & x_{1n}\\ 1 & x_{21} & x_{22} & \cdots & x_{2n}\\ \vdots & \vdots & \vdots & & \vdots\\ 1 & x_{m1} & x_{m3} & \cdots & x_{mn}\end{bmatrix}$$

由多元回归模型及多元正态分布的性质可知，$\boldsymbol{Y}$ 仍服从 n 维正态分布，它的期望向量为 $X\beta$，方差和协方差阵为 σ^2I_n，即 $\boldsymbol{Y}\sim N_n\left(X\beta,\sigma^2I_n\right)$。

4. 参数的最小二乘估计

与一元线性回归一样，多元线性回归方程中的未知参数 $\beta_0,\beta_1,\cdots,\beta_n$ 仍然可用最小乘法来估计，即选择 $\beta=\left(\beta_0,\beta_1,\cdots,\beta_n\right)^{\mathrm{T}}$ 使误差平方和达到最小。

$$\begin{aligned}\sum_{i=1}^{n}\varepsilon_i^2&=\varepsilon^{\mathrm{T}}\varepsilon=\left(Y-X\beta\right)^{\mathrm{T}}\left(Y-X\beta\right)\\&=\sum_{i=1}^{n}\left(y_i-\beta_0-\beta_1x_{i1}-\beta_2x_{i2}-\cdots-\beta_nx_{im}\right)^2\end{aligned}$$

由于 $Q\left(\beta\right)$ 是关于 $\beta_0,\beta_1,\cdots,\beta_n$ 的非负二次函数，因而必定存在最小值，利用微积分的极值求法，得

$$\frac{\partial Q\left(\hat{\beta}\right)}{\partial\beta_j}=-2\sum_{i=1}^{n}(y_i-\hat{\beta}_0-\hat{\beta}_1x_{i1}-\hat{\beta}_2x_{i2}-\cdots-\hat{\beta}_nx_{im})\,x_{ij}=0$$

式中，$\hat{\beta}_j\left(j=0,1,\cdots,n\right)$是$\beta_j\left(j=0,1,\cdots,n\right)$的最小二乘估计。上述对$Q(\beta)$求偏导，求得正规方程组的过程可用矩阵代数运算进行，得到正规方程组的矩阵表示

$$\boldsymbol{X}^{\mathrm{T}}\left(Y-X\hat{\beta}\right)=0$$

移项得正规方程组

$$\boldsymbol{X}^{\mathrm{T}}\boldsymbol{X}\hat{\beta}=\boldsymbol{X}^{\mathrm{T}}Y$$

假定$R(\boldsymbol{X})=n+1$，所以$R(\boldsymbol{X}^{\mathrm{T}}\boldsymbol{X})=R(\boldsymbol{X})=n+1$，故$(\boldsymbol{X}^{\mathrm{T}}\boldsymbol{X})^{-1}$存在。解正规方程组得$\hat{y}=\hat{\beta}_0+\hat{\beta}_1x_1+\hat{\beta}_2x_2+\cdots+\hat{\beta}_nx_n$为经验回归方程。

9.6.2 非线性回归模型

在复杂的地理信息中，要素之间除了线性关系外，还存在着大量的非线性关系，若能找到某种途径将非线性关系转化为线性关系，就可以借助于线性回归模型的建立方法，建立要素之间的非线性回归模型。当因变量与自变量为某种已知函数关系时，可以先对变量直接进行函数变换。当它们之间的关系不清楚时，可先做出散点图，大致估计它们之间的函数关系。以下介绍一些非线性关系进行线性化的常用例子。

（1）指数曲线$y=de^{bx}$。

令$y'=\ln y$，$x'=x$，则可将其转化为直线形式：$y'=a+bx'$，其中，$a=\ln d$。

（2）对数曲线$y=a+b\ln x$。

令$y'=y$，$x'=\ln x$，则可将其转化为直线形式：$y'=a+bx'$。

（3）幂函数曲线$y=dx^b$。

令$y'=\ln y$，$x'=\ln x$，则可将其转化为直线形式：$y'=a+bx'$，其中，$a=\ln d$。

（4）双曲线$\frac{1}{y}=a+\frac{b}{x}$。

令$y'=\frac{1}{y}$，$x'=\frac{1}{x}$，则可将其转化为直线形式：$y'=a+bx'$。

（5）S 型曲线$y=\frac{1}{a+be^{-x}}$。

令$y'=\frac{1}{y}$，$x'=e^{-x}$，则可将其转化为直线形式：$y'=a+bx'$。

（6）幂函数乘积$y=\mathrm{d}x_1^{\beta_1}\cdot x_2^{\beta_2}\cdot\cdots\cdot x_k^{\beta_k}$。

令$y'=\ln y$，$x_1'=\ln x_1$，$x_2'=\ln x_2$，…，$x_k'=\ln x_k$，则可将其转化为直线形式：

$$y'=\beta_0+\beta_1x_1'+\beta_2x_2'+\cdots+\beta_kx_k'\left(\beta_0=\ln d\right)$$

（7）对数函数和$y=\beta_0+\beta_1\ln x_1+\beta_2\ln x_2+\cdots+\beta_k\ln x_k$

令$y'=y$，$x_1'=\ln x_1$，$x_2'=\ln x_2$，…，$x_k'=\ln x_k$，则可将其转化为直线形式：

$$y'=\beta_0+\beta_1x_1'+\beta_2x_2'+\cdots+\beta_kx_k'$$

非线性关系进行线性处理的转化过程有时并不能保证函数关系中变量个数不变。

9.6.3　空间加权回归模型

空间自回归模型用于处理空间依赖性，且其中的参数不随空间位置而变化，因此本质上空间自回归模型属于全局模型。由于空间异质性的存在，不同的空间子区域上解释变量和因变量的关系可能不同，因此就产生了这种空间建模技术直接使用与空间数据观测相关联的坐标位置数据建立参数的空间变化关系，也就是地理加权回归模型（geographically weighted regression，GWR），其本质也是局部模型。

地理加权回归模型是一种相对简单的回归估计技术，它已扩展了普通线性回归模型，是由英国 Newcastle 大学地理统计学家 A. Stewart Fortheringham 基于空间变系数回归模型并利用局部多项式光滑的思想提出的模型。在 GWR 模型中，特定区位的回归系数不再是利用全部信息获取的假定常数，而是利用邻近观测值的子样本数据信息进行局域回归估计得到的、随着空间上局域地理位置变化而变化的变数。GWR 模型可以表示为

$$y_i=\beta_0\left(u_i,v_i\right)+\sum_{j=1}^{n}\beta_j\left(u_i,v_i\right)x_{ij}+\varepsilon\quad(i=1,2,\cdots,m;j=1,2,\cdots,n)$$

式中，$\left(y_i;x_{i1},x_{i2},\cdots,x_{ij}\right)$为因变量 y 和自变量 x_j 在地理位置$\left(u_i,v_i\right)$处的观测值；系数$\beta_j\left(u_i,v_i\right)$为观测点$\left(u_i,v_i\right)$处的未知参数，也可理解为是关于空间位置$\left(u_i,v_i\right)$的 n 个未知函数；ε_i 为第 i 个区域的独立分布的随机误差，即要满足均值为 0、方差均为σ^2的误差项，相互独立等球形扰动假设，通常假定其服从$N\left(0,\sigma^2\right)$分布。

对于$\beta_j\left(j=1,2,\cdots,n\right)$的 GWR 估计值，通常是随着空间权矩阵的变化而变化的，不能用最小二乘方法（OLS）估计参数，因此需引入加权最小二乘方法（WLS）估计参数，依据参数的最小二乘参数估计过程可得回归点 j 的参数估计向量如下：

$$\hat{\beta}_j=\left(X^{\mathrm{T}}\boldsymbol{W}_jX\right)^{-1}X^{\mathrm{T}}\boldsymbol{W}_jY$$

其中，$\boldsymbol{W}_j$ 为 $m\times m$ 阶的加权矩阵，其对角线上的每个元素都是关于观测值所在位置 $i\left(i=1,2,\cdots,m\right)$与回归点 $j\left(j=1,2,\cdots,n\right)$的位置之间距离的函数，其作用是权衡不同的空间位置 i 的观测值对于回归点 j 参数估计的应用程度，加权矩阵 $\boldsymbol{W}_j$ 可表示如下：

$$\boldsymbol{W}_j=\begin{bmatrix}w_{j1}&0&0&0\\0&w_{j2}&0&0\\0&0&&0\\0&0&0&w_{jm}\end{bmatrix}$$

因此，加权矩阵 $\boldsymbol{W}_j$ 中的每个元素 w_{ij} 的选择至关重要，一般由观测位的空间坐标决定。实际研究中常用的空间距离权值计算公式有三种。

（1）高斯距离权值。

$$w_{ji} = \varnothing\left(\frac{d_{ij}}{\sigma\theta}\right)$$

（2）指数距离权值。

$$w_{ji} = \sqrt{\exp\left(-\frac{d_{ij}}{q}\right)}$$

（3）三次方距离权值。

$$w_{ji} = \left[1-\left(\frac{\theta}{d_{ij}}\right)^3\right]^3$$

其中，d_{ij} 为第 i 个观测值位置与 j 个回归点位置间的地理距离；$\varnothing$ 为标准正态分布密度函数；q 为观测值 i 到第 q 个最近邻居之间的距离；σ 为距离向量的标准差；θ 为衰减参数。

地理加权回归模型扩展了传统的回归框架，允许局部而不是全局的参数估计，通过在线性回归模型中假定回归系数是观测点地理位置的位置函数，将数据的空间特性纳入模型中，为分析回归关系的空间特征创造了条件。

但在有些情况下，并不是所有参数都随地理空间变化而变化，有些参数在空间上是不变的，或者其变化非常小，可以忽略不计。因此，对于一个地理问题进行完整的空间建模，需要模型中不仅要包含局部变量，而且要包含全局变量。Brunsdon 提出了混合地理加权回归模型（mixed GWR model，MCTWR）。在 MGWR 中，有些系数被假设在研究区域内是常数，另外一些则随着研究区域的变化而变化。按照先全局变量后局部变量的排列方式，MGWR 模型表示为

$$y_i = \sum_{j=0}^{k}\beta_j x_{ij} + \sum_{j=1}^{n}\beta_j\left(u_i,v_i\right)x_{ij} + \varepsilon \quad (i=1,2,\cdots,m; j=1,2,\cdots,n)$$

式中，$\beta_j\left(j=1,2,\cdots,k\right)$ 为变量 x_{ij} 的全局系数，且为未知的常数；$\sum_{j=0}^{k}\beta_j x_{ij}$ 为线性回归模型；$\beta_j\left(j=k+1,k+2,\cdots,n\right)$ 为变量 x_{ij} 的局域系数，且为第 i 个观测点 $\left(u_i,v_i\right)$ 处的未知参数，也可理解为是关于空间位置 $\left(u_i,v_i\right)$ 的未知函数；$\sum_{j=k+1}^{n}\beta_j(u_i,\ v_i)\ x_{ij}$ 为地理加权回归模型。MGWR 模型实际上组合了一个地理加权回归模型（GWR 模型）和一个线性回归模型，很明显混合地理加权回归模型能够提供更多的关于空间数据关系的特定信息。

利用矩阵法表示混合地理加权回归模型，令 $\boldsymbol{\beta} = \boldsymbol{\beta}_a + \boldsymbol{\beta}_b$，$\boldsymbol{X} = \boldsymbol{X}_a + \boldsymbol{X}_b$，则有

$$\boldsymbol{Y} = \begin{bmatrix} y_1 \\ y_2 \\ \vdots \\ y_n \end{bmatrix},\quad \boldsymbol{\beta}_a = \begin{bmatrix} \beta_1 \\ \beta_2 \\ \vdots \\ \beta_k \end{bmatrix},\quad \boldsymbol{\beta}_b = \begin{bmatrix} \beta_{k+1}\left(u_i,v_i\right) \\ \beta_{k+2}\left(u_i,v_i\right) \\ \vdots \\ \beta_n\left(u_i,v_i\right) \end{bmatrix},\quad \boldsymbol{\varepsilon} = \begin{bmatrix} \varepsilon_1 \\ \varepsilon_2 \\ \vdots \\ \varepsilon_n \end{bmatrix}$$

$$X_a = \begin{bmatrix} 1 & x_{11} & \cdots & x_{1n} \\ 1 & x_{21} & \cdots & x_{2n} \\ \vdots & \vdots & & \vdots \\ 1 & x_{k1} & \cdots & x_{kn} \end{bmatrix},\quad X_b = \begin{bmatrix} x_{11} & x_{12} & \cdots & x_{1n} \\ x_{21} & x_{22} & \cdots & x_{2n} \\ \vdots & \vdots & & \vdots \\ x_{n1} & x_{n2} & \cdots & x_{mn} \end{bmatrix}$$

将其写成矩阵形式为$\boldsymbol{Y}=\boldsymbol{\beta}_a\boldsymbol{X}_a+\boldsymbol{\beta}_b\boldsymbol{X}_b+\boldsymbol{\varepsilon}$。不难看出，若保留$\boldsymbol{\beta}_a\boldsymbol{X}_a$而将$\boldsymbol{\beta}_b\boldsymbol{X}_b$去掉，则混合地理加权回归模型将变为普通线性回归方程，可用最小二乘法估计参数；若保留$\boldsymbol{\beta}_b\boldsymbol{X}_b$而将$\boldsymbol{\beta}_a\boldsymbol{X}_a$去掉，则混合地理加权回归模型变为地理加权回归模型，可用加权最小二乘法轨迹参数。由此可见，普通线性回归模型和地理加权回归模型都可以看成是混合地理加权回归模型的特殊形式。

9.6.4　空间联系自回归模型

由于传统的空间分析方法忽略了地理问题的空间性质，不能给出空间模式的有效描述，因此在传统回归模型的基础引入能够描述空间自相关和空间非平稳性的项就能有效地克服传统回归模型的缺陷。为此引入能够描述空间自相关的模型。

空间自回归模型的一般形式可以写成：

$$\begin{cases} \boldsymbol{y}=\rho \boldsymbol{W}_1 y+\boldsymbol{X}\beta+\boldsymbol{\mu} \\ \boldsymbol{\mu}=\lambda \boldsymbol{W}_2\boldsymbol{\mu}+\varepsilon \\ \varepsilon \sim N\left(0,\sigma^2\boldsymbol{I}\right) \end{cases}$$

式中，y为因变量，$n\times 1$向量；$\boldsymbol{X}$为解释变量的$n\times p$；$\boldsymbol{\mu}$为空间自相关干扰向量矩阵；ε为随机干扰项或残差；$\boldsymbol{W}_1$和$\boldsymbol{W}_2$为已知的空间加权矩阵；$\boldsymbol{I}$为单位矩阵；λ为空间误差参数；ρ为空间自相关参数，表示空间自相关性对模型的影响程度。λ和ρ的值越高，表明空间自相关对模型的影响越大。

如果对空间自相关模型中的元素施加某些限定，可导出多种不同形式的空间自相关模型。

（1）设$\boldsymbol{X}$=0，$\boldsymbol{W}_2=0$，则可以由上式推导出一阶空间自回归模型，如下：

$$\begin{cases} \boldsymbol{y}=\rho \boldsymbol{W}_1\boldsymbol{y}+\varepsilon \\ \varepsilon \sim N\left(0,\delta^2\boldsymbol{I}\right) \end{cases}$$

该式所示的空间自回归模型的意义：$\boldsymbol{Y}$的变化是邻接空单元的因变量线性组合，解释变量$\boldsymbol{X}$对于$\boldsymbol{y}$的变化没有贡献，即因变量$\boldsymbol{y}$是因变量的空间延迟（$\boldsymbol{y}$邻近值的加权平均）和随机误差的函数。

该模型在实际工作中很少使用，但它反映了地理空间关系的本质特征，是解释空间自回归模型的基础。经常用该模型来检验误差的空间自相关性。

（2）设$\boldsymbol{W}_2=0$，则可以由空间自回归模型公式推导出空间混合自回归组合模型，如下：

$$\begin{cases} \boldsymbol{y} = \rho \boldsymbol{W}_1 \boldsymbol{y} + \boldsymbol{X}\beta + \varepsilon \\ \varepsilon \sim N\left(0, \delta^2 \boldsymbol{I}\right) \end{cases}$$

该式所示，$\boldsymbol{y}$的变化不仅和邻接空间单元的因变量有关，而且解释变量 $\boldsymbol{X}$ 对于 $\boldsymbol{y}$ 的变量也有贡献。与一阶空间自回归相比，空间混合自回归模型加入了解释变量的影响。该模型的系数需要使用极大似然估计函数的方法确定。

（3）设 $\boldsymbol{W}_1 = 0$，则可以由空间自回归模型公式推导出误差项空间自相关的回归模型，如下：

$$\begin{cases} \boldsymbol{y} = \boldsymbol{X}\beta + \boldsymbol{\mu} \\ \boldsymbol{\mu} = \lambda \boldsymbol{W}_2 \mu + \varepsilon \\ \varepsilon \sim N\left(0, \delta^2 \boldsymbol{I}\right) \end{cases}$$

这一模型假设是空间自回归模型的残差项 ε 存在空间自相关性。因此在使用该式时，需要检验多元回归模型的残差的空间自相关性。若检验结果表明误差存在空间自相关性，则使用该式是合适的。

将因变量的空间延迟项和解释变量的空间延迟加在模型中使得空间 Durbin 模型如下：

$$\begin{cases} \boldsymbol{y} = \rho \boldsymbol{W}_1 \boldsymbol{y} + \boldsymbol{X}\beta_1 + \boldsymbol{WX}\beta_2 + \varepsilon \\ \varepsilon \sim N\left(0, \delta^2 \boldsymbol{I}\right) \end{cases}$$

式中，$\boldsymbol{WX}$ 表示解释变量的空间延迟，对于因变量的空间延迟也产生影响，其贡献的情况通过系数表示。

对于该模型可以得到 β_1 与 β_2 的一个限定关系：

$$\beta_2 = -\rho \beta_1$$

第十章　时空序列分析

一切地理事实、地理现象、地理过程、地理表现，既包括了在空间上的性质，又包括了时间上的性质。只有同时把时间及空间这两大范畴纳入某种统一的基础之中，才能真正认识地理学的基础规律。时空序列分析是利用人们所积累的海量地理时空数据，如不同版本的基础地理数据、不同年月经济统计数据、不同时间卫星遥感影像数据、环境监测数据、交通流量数据等，挖掘隐含在时空数据中的地理过程信息，发现地理时空变化规律，进行科学预测分析。这些时空数据呈现复杂的时间和空间关系，具有多源、多变量、异构、海量、多尺度、多时相等特点，记录了地理物体和现象变化的时空过程。在地理信息系统中，由于连续的时空数据都是经过离散化抽样提取并存储的，因而能够将时空数据看作是在空间上有相关关系的时间序列集合，即时空序列。本章基于时空序列数据，构建时空一体化的时空预测模型，对时空序列数据的建模、分析及预测进行概述，解决人类可持续发展过程中遇见的地理问题。

10.1　地理时空概述

时间问题是人类认知领域的一个最基本、最重要的问题，也是一个永恒的主题。从古到今，人类一刻也没停止过对时空问题的探索。在地理学中，时间、空间和属性是地理实体和地理现象本身固有的三个基本特征，是反映地理实体的状态和演变过程的重要组成部分。严格地说，空间和属性数据总是在某一特定时间或时间段内采集得到或计算产生的。传统的地理信息科学只是描述了研究对象的一个快照，没有对时态数据作专门的处理，因而是静态的，它只能反映事物的当前状态，无法反映对象的历史状态，更无法预测未来发展趋势。而客观事物的存在都与时间紧密相连。因此，在系统中增加对时间维的表达、分析能力，提供历史分析与趋势分析的功能，是时空地理研究的一个独特优势。

地理时空数据分析的目的就是从时空数据出发，运用各种时空分析工具，溯源其时空过程乃至机理，由样本推断总体或超总体的参数（如历史过程分析和未来趋势预测等）。时空序列分析注重围绕自然和人类活动的各种具体制约条件，并在时空轴上动态地描述和解释各种人类活动及自然现象，发现并认识人类活动和自然现象的规律，并对其相应的发展趋势进行预测。

地理时空研究重要内容是各种地理事物、地理现象的分布规律，包括时间上的分布规律和空间上的分布规律，即通常所说的时空分布规律。因一切地理事实、地理现象、地理过程、地理表现，既包括了在空间上的性质，又包括时间上的性质，只有同时把时间及空间这两大范畴纳入某种统一的基础之中，才能真正认识地理学的基础规律。在考虑空间关系时，不要忽略时间因素对它的作用，把地理空间格局看做是某种“瞬间的断片”，不同时段的瞬间断片的联结，才能构成对地理学的动态认识。与此相应，在研究地理过程时，应把这类过程置于不同地理空间中去考察，以构成某种“空间的变换”，它们可完整地体现地理学的“复杂性”。

10.1.1　时空过程与时空机理

1. 时空过程

时间和空间是所有信息发生的背景，是所有数据资料所依赖的环境。地理学对时空理解的思想主要源于地理学、数学、物理学和哲学等四个传统学科，它们分别从经验、形式、理论及概念的角度表达时空，这些学科相互交叉，其中一些内容已融入 GIS 中，如许多时空假设在 GIS 的数据模型、功能及图形用户界面中得到体现。

数学对时空研究的最初目的是精确描述、解释、解决同地理环境有关的问题。古埃及尼罗河的季节泛滥使得土地测量师们必须重新确定边界，从而导致了空间语言——几何学的产生。希腊的数学家们，特别是欧几里得和毕达哥拉斯，把几何学发展到近乎完美的地步。两千年后，牛顿的微积分为时间提供了语言，数学从形式上表达时空，其强大的归纳演绎功能融入那些难以理解的概念的表达、操作和分析上，应用到地理尺度上，与 GIS 直接有关的有欧几里得空间和拓扑空间。

物理学根源于数学和哲学，人们通过物理学能逐渐地把对世界在形式、概念上的理解组合到连接不同种类知识的系统框架中。时间和空间的表达在历史上存在绝对和相对两种观点。绝对时空观认为时间和空间是独立于物质而存在的，空间是物质的容器，时间是由瞬间组成的，绝对空间存在于三维笛卡儿坐标系中，可以把时间作为第四个正交轴加到这个坐标系中，牛顿是这种绝对时空观的代表。然而，直到 20 世纪初爱因斯坦的相对时空观主宰了科学界。根据相对论的观点，空间和时间都只是物质的属性，并依附于对象。时间是物质运动的延续性、间断性和顺序性，其特点是一维特性，具有不可逆性；空间是物质的广延性和伸张性，是一切物质系统中各个要素的共存和相互作用的标志。时间、空间与运动着的物质不可分离，它们不可能独立于物质单独存在。相对空间不依赖任何坐标框架，其维数和属性随着时空关系发生变化。

哲学对时空研究的主要贡献在于概念表达上。两千年来，哲学上许多有关客观世界概念理解的争论都同 GIS 有着直接的关系，主要有两方面：①时空中存在具有已知或未知属性的物质，说明了对象的存在；②已知属性的时空聚簇是物质，说明场的存在，它们在本质上同时空的相对论或绝对论相一致。

时空过程的地理研究由来已久。在历史地理学中，Andrew 认为变化的空间模式能够作为“地理变化”来研究；Cliff 和 Ord 通过一系列的地图来检测随时间的变化。时空过程实质是一系列沿时间轴的时空目标的变化过程，包括量变和质变。

2. 时空机理

时空目标的描述包括几何、拓扑和属性三个基本方面，因此，时空变化包括沿时间轴的空间变化、拓扑变化和属性变化。

事实上，后一时刻的拓扑关系、空间状态、属性特征均与前一状态的相应值有关系。在不同的时刻，空间对象的空间状态、拓扑关系和属性特征可能全部变化、两项变化或单项变化；空间状态的变化也可能是空间位置、空间形状、空间分布全部变化，或其中两项变化或单项变化。以地籍变更（包括土地分割、合并、所有权等）为例，一次地籍变更可能仅仅是所有权的变化，则属于属性特征变化；也可能既有土地的分割（或合并)，也有所有权的变化，此时除属性特征变化之外，同等重要的是发生了空间状态的变化，包括空间位置和空间形状。此外，就地籍 GIS 而言，可能还牵涉地块之间相邻关系的变化，即可能还发生拓扑关系的变化。

尽管时空变化包括以上三项基本内容，但具体而言，目标的时空变化过程还是有其特定的主导变化方向的。

（1）以属性变化为主，基于行政边界的人口、资源、环境信息系统，空间目标的上体为各个不同级别的行政区，其几何状态是相对稳定不变的，而作为其属性的人口统计数据、资源勘测数据和环境数据等，则是动态变化的。

（2）以空间变化为主，如交通运输信息系统和导航信息系统。导航系统的空间目标主体为车船飞机，其属性特征是相对稳定不变的，而其空间位置则是随时变化的。

（3）空间变化与属性变化并重型，如矿山 GIS、地籍信息系统和气象信息系统。以气象信息系统为例，气象系统的空间目标主体为风暴中心、高压云团等，监测的重点包括属性特征、空间位置、空间形状和空间分布。

空间过程的状态变化也分为连续变化和离散变化两种类型。例如，森林退化、草场沙化、湖泊退化、海岸盐碱化、海岸线变化、大气环境变化、城市化等属连续的量变的过程，可以在时间轴上进行内插；而地籍变更、道路改线等则属离散的质变，在时间轴上是不可内插的。

时空数据有限次地记录了时空过程，时空过程是过程机理驱动的结果。例如，日地环绕、大陆漂移碰撞和万有引力等机理分别导致了地球气候的经纬度差异、海拔高程地带性和地壳物质分层及迁移等时空现象。自然环境演化等机理产生了生物和人类。进一步，在自组织机制下，生物圈发展和演化。时空过程在数学上可由若干时空变量按照过程机理关系表示，在地理空间上表现为时空现象。

时空过程和机理以因变量 y 和影响因子 z 之间的联系$(y|z)$来表达。在地理学中，直接影响因子 z 往往难以获得，常用的方法是寻找代理变量 x，建立因变量与代理变量的统计关系 $y=f(x)$。代理变量 x 应当满足两个条件：一是与直接因子 z 尽量相关$(z|x)$，可基于物理机制定性判断，或基于相关分析定量选择；二是全覆盖研究区域和研究时段(图 10.1)。例如，新生儿出生缺陷发生风险(y)与环境污染暴露、遗传和营养等直接因子(z)有关，而遗传、营养测量和调查成本高，因此寻找其代理变量(x)，例如，以村庄为中心做不同距离缓冲区，分别计算局域空间聚集性指标（G_i）来反映人们社会交往和通婚圈作为遗传代理因子，用人均收入代理营养摄入水平。应当结合具体研究问题将代理变量图 10.1 具体化，图 10.1 可以帮助选择代理变量，理解过程机理，并且用于解释统计结果。

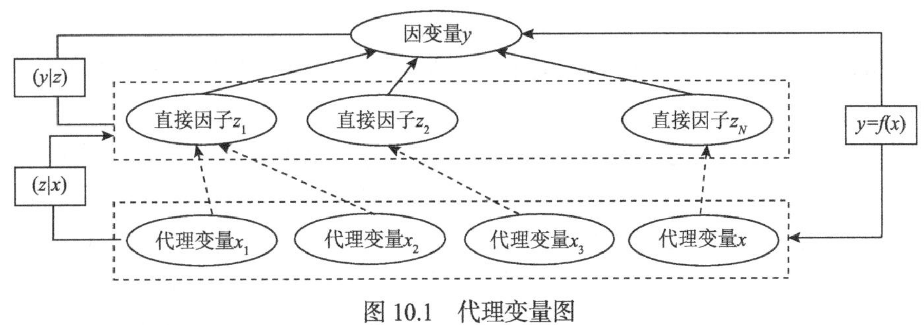

图 10.1　代理变量图

10.1.2　时空数据与时空变量

时空数据是对现实世界中时空特征和过程的抽象概括（王家耀等，2004），具有海量、动态、高维、多尺度、时空相关和异构性、时空异质性、非线性等特征。其中，海量特征指时空数据是大量不同尺度的时空数据和非时空数据长期积累的结果。动态特征指时空数据是一个动态过程，具有生命期、周期性。高维特征是指时空数据具有时间域、空间域和其他属性所构成的高维特征。尺度特征是指时空数据在不同时间尺度（时间粒度）和空间尺度（空间分辨率）上所遵循的规律及体现的特征不尽相同，利用该性质可以研究时空信息在泛化和细化过程中所反映出的特征渐变规律。时空相关性和异构性是指时空数据的分布在时间和空间上都相互关联，又受空间结构差异的影响，存在空间异构性。时空异质性在数学上称为时空非平稳性，指时空序列数据的统计特征会随着时间的演变和空间位置的变化而发生改变。这里，统计特征是指时空序列数据的一阶矩或二阶矩，即均值或方差。非线性指时空过程本质上是复杂的动力学过程，对外部因素敏感，在时间和空间上都表现出非线性特征。

时空数据按照性质一般可以分为四种主要类型，分别为空间和时间均离散数据、空间离散而时间连续数据、空间连续而时间离散数据、空间和时间均连续数据。地理时空数据通常指在空间和时间均离散（如土地利用类型、房地产价格、GDP 等经济统计序列）或者空间连续而时间离散（如降水量分布、空气污染浓度分布、土壤重金属含量分布等自然地理现象序列）的数据。本书主要探讨这两种情形下地理时空数据的分析、建模及预测方法。

陆地、海洋、大气、生物、经济和社会现象，乃至世界万物都具有地理空间分布(s)，并且随时间(t)变化，被观察并记录为时空数据。时空数据是时空变量的一次或有限次观测值。下文用$y(s，t)$表示时空数据或时空变量。

1. 时空数据

在 GIS 中，时空数据的表达要比单独的空间数据表达更复杂、更困难。传统的 GIS 以面向可视化的制图表达为基础，即以点、线、面、格网及静态地图显示的其他基本元素为概念基础。时空数据表达是传统 GIS 空间数据表达的扩展，把概念融入认知中寻求时空表达的新方法是 GIS 面临的紧迫任务。时空数据的表达必须遵循人们在时空和地理理论方面对现实世界的概念抽象，还要满足计算机分析和可视化表达的要求。

空间和时间都是连续的，为了进行客观量测，两者都被划分成统一的或可变长度的离散单元，但时间的划分与空间的划分又有所不同。时间间隔通过事件来划分，一个事件表示一种变化，在正常情况下，变化用事件或事件集来描述。将时间和空间划分为便于量测的离散单元导致了分辨率和比例尺的问题。例如，这些单元尺度应该多大？理想情况下，单元尺度应该由所观测的现象、所提出的问题决定；时空表达的单一比例尺对现实世界中多尺度现象的描述是不够的，在一种时间分辨率下，一个特别的时空模式在另一种分辨率下可能不再存在。

时间与空间的相似性与连续性特点在对象的相互作用过程中表现得十分明显。在任何特定的时间内，一个空间单元的现实状态不仅影响着它将来的状态，而且在同一或将来的时间内还影响着其他相关空间单元的状态。在整个过程中，位置的相互作用也同样存在。物理学家和哲学家使用“光锥体”描述这种时空的相互作用（基于相似性和连续性）及它们的限制（即运动受时间和空间的制约）。从地理意义上讲，这种制约强调了某一给定时间段内任何人或任何物活动的空间范围的限制。若采用时间地理学的语言来描述，就是时空棱柱，它定义了某一特定时间段内实体的可能运动空间，这种定义具有特殊的空间和时间比例尺。

现实世界地理现象的时空特性造成了空间分布的不一性，分布模式有两种：离散分布和连续分布。其中，离散分布又可分为规则分布、聚集分布和随机分布。离散分布和连续分布的地理现象都存在一定的空间关系，它们也分别对应于目前的矢量数据模型和栅格数据模型。为了实现复杂时空模式的 GIS 表达，必须有一个统一的框架。在这个框架中，时间在四维时空可视几何体中是作为一个传统维或轴来表达，也就是说，在 x，y，z，t 中，t 在超立方体的坐标空间中表示时间。另外，自然语言也支持空间和时间的结合，其中，时间使用空间术语来表达。可见，GIS 中表达时空动态是可实现的。但是，上述这种单一的四维表达是不够的，因为时间和空间属性及在其参考基点上存在重要差别。因此，建立一种集位置、时间、对象三者为一体的时空表达方法是必要的。实际上，学者们也一直朝着这个方向努力，并发展了三种时空表达方法：①基于位置的时空数据表达；②基于实体的时空数据表达；③基于过程的时空数据表达。

时空数据最直接的记录方式是时空二联表、地图时间序列和状态转换矩阵。

（1）时空二联表，行表示空间维、列表示时间维，单元格记录属性值。例如，以全国 34 个省级行政区为 34 行，1949~2014 年共 65 年为 65 列，单元格记录年度 GDP 数值，可以反映我国 GDP 的时空变化。时空二联表可以完整记录时空各节点的观测值，但是无法记录时空数据的空间拓扑关系。

（2）地图时间序列，在各时间节点分别制作某属性专题图，形成地图序列。例如，北京 18 个区县 2003 年 3 月 1~30 日逐日 SARS 新发病例分布图序列，反映了这种传染病空间分布的时间演变。地图序列能够完整记录时空演化信息，但是目前的 GIS 软件中尚缺少有效的时空数据结构来存储和操作这类数据。

（3）状态转换矩阵，行、列分别代表两个时间节点上相同的状态变量，单元格表示经过一个时间段，所在行状态转换为所在列状态的量。例如，2000~2010 年中国耕地、林地、水体、草地、建设用地和其他用地之间的相互转移量。转换矩阵可以完整记录各状态之间的流转，但在时间维度上，只能局限于两个节点之间。

2. 时空变量

数学和统计学建立了关于变量的理论。时空分析就是要借助统计学和数学，通过研究观测样本 y，推断总体或超总体的参数和性质，即地理学研究事物的格局、过程、规律和机理。时空数据推断总体可以是基于设计的或者基于模型的两个途径。

基于设计的统计推断方法（design based）。先从总体中以某种方式（设计）抽取一定数量的样本，每个样本单元有一个观测数值；然后对样本进行统计，推断总体。样本抽取的方式（设计）主要包括随机、系统、分层等。对于一个统计量，即估算公式，基于设计的统计估值及其误差随样本设计（布置方式和密度）变化而变化。在一定样本量的前提下，随机或分层随机抽样能够保证样本统计推断总体是设计无偏的（注意，不能保证最优，也就是不保证误差最小）。设计无偏在理论上与总体性质无关，然而，估值方差将随着空间相关性和分异性而发生变化。特别地，当总体是分层异质的（stratified heterogeneity），并且样本小到没有覆盖所有的层（strata）时，样本有偏于总体，传统的统计推断结果将有偏于总体参数。此时，若有无偏样本或全覆盖的相关辅助数据，则可用专门算法纠偏，从而得到无偏估计。

基于模型的统计推断方法（model based）。假设每个时空格点的值都是一个时空随机变量，观测值是其一次实现。为进行推断，假设随机变量具有平稳性，即各时空点数学期望相等。若不平稳，则先分层（stratification），使层内平稳，然后对时空变量加权来估计总体参数，以估值误差最小为目标函数，以估值无偏为约束，求解样本权重。基于模型的统计估值及其误差在理论上与样点绝对位置无关。当研究对象性质与模型假设一致时，基于模型的统计推断可以得到无偏最优估计（BLUE）。当目标对象性质与模型假设不符时，模型结果有误。

时空数据分析可以是基于设计的也可以是基于模型的，结果可能相同或不同。可以根据研究目标（总体或超总体）、对象性质（独立同概率分布、空间自相关、空间分层）及样本（布设位置和密度）选择恰当的方法。也可以对数据同时使用基于设计的和基于模型的方法，但结果具有不同的含义，需参见两种方法的定义和性质，对结果进行解释。

3. 变量类型

数据（基于设计的观点）或变量（基于模型的观点）$y(s, t)$ 可以是自然环境，如温度、降水、水土流失；也可以是经济与社会数据，如人口、GDP、交通、疾病等，或者是人地关系，如土地利用、生态价值、自然灾害等。

（1）空间变量：当属性存在空间分异并且随时间稳定或不分辨时间时，即 $y(s, t)=y(s)$，如中国地形三级阶地、胡焕庸人口线、气候带、生物区系等，可以用空间分析方法。

（2）时间变量：当属性空间均质或不分辨空间差异时，即 $y(s, t)= y(t)$，如区域 CPI 指数、北京逐年常住人口变化，可以用时间序列分析方法。当存在空间分异但在分析时不予考虑，将有可能导致生态谬误。

（3）时空变量：当属性随空时皆变时，即 $y(s+u, t+\tau) \neq y(s,t)$，可使用时空分析方法。

（4）状态变量：属性值变化到一定程度，从量变产生质变，状态或类型发生了变化。人们往往对质变，也就是状态变化更感兴趣，为此，可以定义状态变量。状态变量反映格局、规律和大势。例如，土地利用类型，由于城市化而发生变化。一个城市的产业类型和发展阶段也会演化。

空间变量和时间变量是时空变量的特例，这些变量的测量可以是比值量（ratio）、间隔量（interval）、顺序量（ordinal）和名义量（nominal），在统计学中分析方法有区别。比值量和间隔量常统称为数值量。地理学中状态（包括名义量和顺序量）变化是值得特别关注的，特用状态变量。例如，天气状态可以是下雨、多云、晴天，而天气测量是温度、湿度、气压等数值量。

10.1.3 时空分析方法简述

地理时空规律是时空过程中已经被人类认知和掌握的部分，建立机理或统计模型，可以预测预报；时空异常是与人类已认识的规律有明显差异，不能依据现有规律准确预期的部分；时空噪音是没有规律并且没有明显异常值，目前尚不为人类所认知的部分。恰当利用分析工具，对时空异常（如传染病）进行早期预警，具有重要意义；另一个努力的方向是模型残差中提取更多的信息，增强对时空异常的物理机制的理解，转化为规律，从而对其有所预期和掌握。

对于时空因变量数据（y），可以进行可视化探索分析、时空变化探测、时空格局识别、时空插值和补缺，还可以通过影响因子（x）分析推测时空机理。其中，时空机理的认知可以分为物理的（过程建模）、统计的（时空回归）和生物的（演化树）。演化树还是一种可视化的手段，实现属性空间和地理空间之间的二元协同感知。可以利用时空数据分析工具箱（图 10.2）的主要内容和相互关系选择一个或多个工具，从多角度探索、分析时空数据。

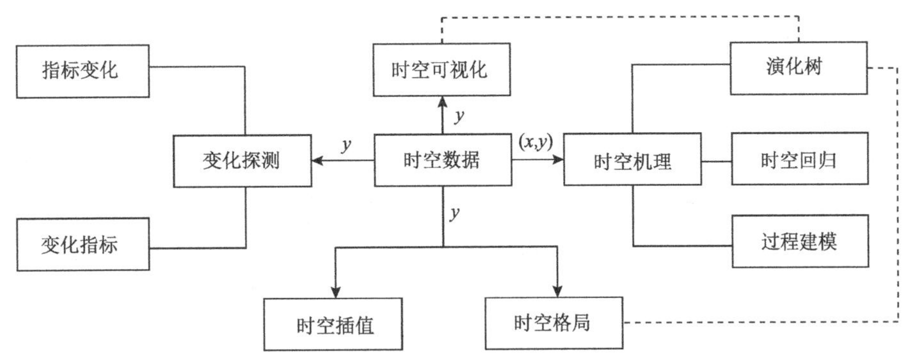

图 10.2　时空数据分析工具箱

1. 时空可视化

时空可视化是以图的形式将时空数据展示出来，时空可视化对于地理学的意义就如显微镜对于生物学的意义。人类视觉先将属性的位置依赖关系及其时间变化信息直接传入大脑，人脑再根据直觉和形象思维进行知识推理和综合分析。相对于电脑，人脑擅长处理非数值量，虽然其处理过程尚不完全清楚。时空数据可视化作为统计数值分析的先导和补充，提供背景信息和提示时空规律。主要有：

时空立方。时空立方可以是二维空间加时间维度，也可以分别以两个时间分辨率为两个维度，地理空间为第三维，颜色表示属性值。

时空轨迹。是展示一个或多个个体时空运动的技术，以水平二维坐标表示地理空间，以纵坐标表示时间，时空轨迹将一个主体，如人的时空运动轨迹用线连接起来。

时空剖面。分别以距某地物远近(欧式或非欧距离)和时间为两个水平维度，以属性值为纵轴，在纸质平面上表达的三维图案，用以发现某属性与某地物的统计关联，并且表达这种关系随时间的变化。

时空动画。利用计算机图形技术将地图序列的每一幅图片按时间帧连接并播放，即生成时空动画，完整地展示了所有时空信息。

虚拟现实：基于相似准则，运用计算机虚拟现实技术将空间、时间和物体等比例缩小，将研究对象、环境及其相互作用建立在计算机中，各要素和参数可操作、加减和调控。

2. 指标变化

空间统计量随时间的变化序列。将时空变化看做是空间分布随时间的变化，在每个时间点分别做空间统计，将其按时间先后次序连接起来，反映空间统计指标变化。已有的许多空间统计指标，如几何重心、最邻近距离、BW 统计、全局和局域的 Moran I 和 Getis G、Ripley K、半变异系数、空间回归系数等，均可做时间维度分析。

3. 过程建模

当时空过程机理清晰和主导时，可以据此建立时空过程的数学模型。对于统计模型而言，过程模型反映运动本质，容易解释，用于仿真和预测。不同的过程具有不同机理，因而有不同的模型。这种不同体现在模型机理不同或者模型形式不同，或者变量不同，或者参数不同。常用的时空过程模型如元胞自动机（CA）、智能体模型（ABM）、反应扩散方程和其他时空动力学模型等。

过程建模因过程机理不同而不同，无法通用。对于相同机理的时空过程，地理环境空间异质性使模型的参数因地而异。在给定初始和边界条件后模型不断迭代运行，误差可能累计，用观测数据对模型进行同化可减少模拟误差。

4. 时空演化树

时空数据是时空过程的产物，因此并不是一堆杂乱无章的数字沙堆，而人为界定在一维、二维或高维笛卡尔坐标系统，未必能够充分地表达出演化过程。实际上，有可能通过机理分析和观测数据反演时空过程。时空过程可能是物理的，例如，大气动力及对应的 GCM 模型；可能是经济的，如投入产出联系及对应的 CGE 模型；可能是传染的，如接触传播及对应的 SIR 模型；也可能是演化遗传变异的，如城市群演化树。

针对时空演化过程所产生的时空数据，时空演化树借鉴生物学发展演化理论，不做维度的约束，通过事物发展规程规律的梳理，将多维数据中可能蕴藏的机理关联脉络和演化变异以一种简单清晰可视化的形式表达出来，多维数据中的生命系统结构及其演化规律一览无遗。

时空演化树的核心理念是：个体状态变化形成状态空间的演化路径，多个个体的演化路径，产生状态空间的层次结构，用状态变量刻画。状态变量可以通过人类知识经验获取，也可以通过统计聚类。得到群体的演化规律，预测个体下一个状态。因此，时空演化树的思路是：确定状态变量（数据项）→确定状态空间（树的结构）→把属性变量时空数据投影到状态空间→个体（树叶）演化路径（树枝）→总结不同类型群体演化规律→个体状态沿着演化树的结构进行发育、成长、演化、变异，据此可以进行状态预测和分析。不管是城市演化、地貌水系发育，或是生物和生态系统进化，都遵循以上规律。

时空机理方法从物理过程、影响因素和状态演化来理解和掌握时空规律，包括过程建模、时空回归和演化树。其中，演化树构建的理论依据是物理学的遍历定理：个体演化组成群体演化，通过数据建立的群体演化规律，个体演化将遵循群体演化所展示出来的规律性。演化树还是一种可视化手段，也建立了属性状态空间和时空格局之间的映射关系，反映了属性值的时空变化由量变到质变导致状态变量的时空格局。这里映射关系可以通过 SOM、*K*-means 等分类算法建立。

10.2 时空数据的性质

时空序列数据与一般的时间序列数据和空间数据相比，时空相关性、时空异质性是其最主要的特征。研究时空序列数据的性质对于其建模非常重要。时空序列数据的建模必须顾及可能存在的时空依赖性，才能更好地表示时空模式和时空关系。时空数据是时空的组合，空间数据和时间序列的一些性质在时空域中并不完全保持一致。例如，在时间轴上，信息具有明确的过去、现在和未来顺序，这种特性在空间域上并不存在，然而时空域却继承了这种时空特性。另外，在空间域上，空间变量可以是各向同性，但在时空域中，因为时间的不可逆性而成为不可能。时空数据有很多特性，本书侧重从时空数据的自相关性和平稳性两个方面进行讨论。

10.2.1 自相关性

在统计上，相关性分析可以检测两种现象（统计量）的变化是否存在相关性。例如，稻米的产量往往与其所处的土壤肥沃程度相关。若其分析的统计量为不同对象的同一属性变量，则称为自相关。时空自相关是时空数据的本质特性，表示对象属性在时间域和空间域上的相互依赖。时空自相关函数是用来度量时间和空间单元与其周围单元存在的相关程度。

1. 时间自相关

时间自相关是时间序列的本质特征，表示对象属性在时间上的依赖。时间自相关函数是对这种依赖的度量。

1）时间自相关函数

对于平稳的时间序列 $z(1)$，$z(2)$，…，$z(i)$，定义时间延迟期为 k 的自相关函数为

$$\rho_k = \frac{\mathrm{Cov}\left(z(t),\ z(t+k)\right)}{\sigma_{z(t)}\sigma_{z(t+k)}} = \frac{E\left[\left(z(t)-\overline{z}(t)\right)\left(z(t+k)-\overline{z}(t)\right)\right]}{\sqrt{E[\left(z(t)-\overline{z}(t)\right)^2]E[\left(z(t+k)-\overline{z}(t)\right)^2]}} \tag{10-1}$$

根据时间平稳性质可知，如果时间序列是平稳的，方程分母中第 t 期的方差等于第 $t+k$ 期的方差，则式（10-1）可以简化为

$$\rho_k = \frac{\mathrm{Cov}\left(z(t),\ z(t+k)\right)}{\sigma_{z(t)}\sigma_{z(t+k)}} = \frac{E\left[\left(z(t)-\overline{z}(t)\right)\left(z(t+k)-\overline{z}(t)\right)\right]}{\sigma^2_{z(t)}} \tag{10-2}$$

注意，式（10-2）的分子是 $z(t)$ 和 $z(t+k)$ 的协方差 γ_k，则可进一步简化为

$$\rho_k = \frac{\gamma_k}{\gamma_0} \tag{10-3}$$

对于样本，自相关函数为

$$\hat{\rho}_k = \frac{\sum_{t=1}^{T-k}\left(z(t)-\overline{z}(t)\right)\left(z(t+k)-\overline{z}(t)\right)}{\sum_{t=1}^{T}\left(z(t)-\overline{z}(t)\right)^2} \tag{10-4}$$

从定义可以看出，相关函数是对称的，也就是说，正时间位移的相关系数与负时间位移的相关系数是一样的，则有

$$\rho_k = \rho_{-k} \tag{10-5}$$

时间自相关系数说明了不同时期的时间序列数据之间的相关程度，其取值范围为−1~1，值越接近于 1，说明时间序列的自相关程度越高。时间自相关函数图 10.3 表现的是时间序列中任意时期之间的相关程度是如何随延迟期 k 而发生改变的。其中，横坐标是延迟期，纵坐标是对应的自相关函数值（即相关程度）。从图 10.3 中可以看出，时间自相关函数值随着延迟期 k 增加，相关程度 ρ_k 逐渐减弱。

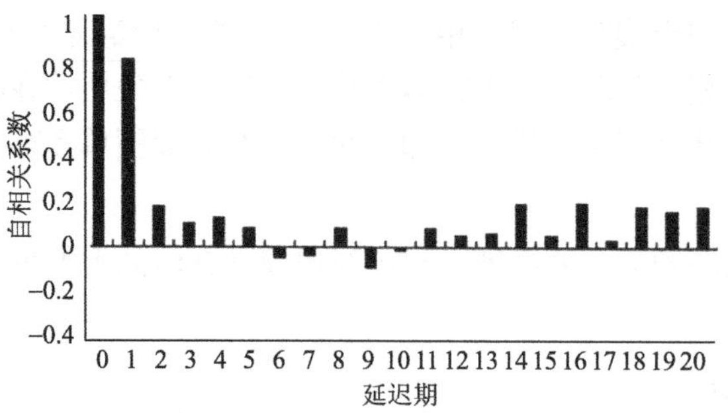

图 10.3　时间自相关函数图

2）偏相关函数

对于平稳的时间序列 $z(1)$，$z(2)$，$z(3)$，…，$z(k)$，k 阶偏相关函数定义为 $z(t)$，$z(t-k)$关于 $z(t-1)$，…，$z(t-k-1)$的条件相关函数，即

$$\begin{aligned}\phi_k &= \rho_{z(t)z(t-k)}\big|\big(z(t-1),\cdots,z(t-k+1)\big)\\ &= \frac{E(z(t),z(t-k)\big|z(t-1)\cdots,z(t-k+1))}{\mathrm{Var}(z(t)\big|z(t-1),\cdots,z(t-k+1))}\end{aligned} \tag{10-6}$$

式中，$E(z(t)\,,\ z(t-k)\,|\,z(t-1)\,,\ \cdots,\ z(t-k+1))$ 是关于条件密度函数 $f(z(t),\ z(t-k)\,|\,z(t-1),\ \cdots,\ z(t-k+1))$ 的条件期望。从偏相关函数的定义难以直接计算得到，一般是通过求解 Yule-Walker 方程组得到。Yuke-Walker 方程组是关于 ρ_1，ρ_2,…，ρ_n 个线性方程，表达式为

$$\begin{cases}\rho_1 = \varphi_1 + \varphi_2\rho_1 + \cdots + \varphi_\rho\rho_{\rho-1}\\ \rho_2 = \varphi_1\rho_1 + \varphi_2\rho_2 + \cdots + \varphi_\rho\rho_{\rho-2}\\ \quad\vdots\\ \rho_\rho = \varphi_1\rho_{\rho-1} + \varphi_2\rho_{\rho-2} + \cdots + \varphi_\rho\end{cases} \tag{10-7}$$

偏相关系数是 Yule-Walker 方程组中每一个对应方程的 ρ 阶自相关过程的协方差 γ_k 推导得到，通过对连续的 ρ 值求解，得到的序列 φ_1，φ_2,…为偏相关系数。偏相关系数排除了其他中间变量的影响，真实地反映了 $z(t)$ 和 $z(t-k)$ 两个变量之间的相关性。因此，偏相关函数图可以用来确定自相关过程的延迟期化。

总的来说，时间自相关函数和偏相关函数有以下四个用途。

第一，检验时间序列是否平稳。如果是平稳序列，相关系数会在延迟期 k 迅速接近于 0；如果自相关函数不随着 k 的增加而很快地下降为 0，则表明该序列不平稳。因此，时间自相关函数可以用来检测序列是否平稳。

第二，识别自相关过程模型 AR(p)的延迟期 p、移动平均模型 MA(q)的延迟期 q 和自相关（集成）移动平均模型 ARMA(p，q)的延迟期 p，q。

（1）自相关模型 AR（p）。自相关模型使序列延迟期 p 的相关模型，p=1 则是一阶自相关模型，记为 AR（1）。自相关模型的一般形式为

$$z(t)=\varphi_1 z(t-1)+\varphi_2 z(t-2)+\cdots+\varphi_p z(t-p)+\varepsilon(t) \tag{10-8}$$

当 $k>p$ 时，偏自相关系数为 p 步截尾，自相关系数逐步衰减而不截尾，则序列是 AR（p）

模型。实际中，一般自相关过程的自相关函数呈单边递减或阻尼振荡，所以，用偏自相关函数判别。

（2）移动平均模型 MA（q）。移动平均模型是序列随机干扰项及其延迟期 q 的相关模型。q=1 则是一阶移动平均模型，记为 MA（1）。移动平均模型的一般形式为

$$z(t)=\mu+\varepsilon(t)-\theta_1\varepsilon(t-1)-\theta_2\varepsilon(t-2)-\cdots-\theta_q\varepsilon(t-q) \tag{10-9}$$

当 $k>q$ 时，自相关系数为 q 步截尾，偏相关系数逐步衰减而不截尾，则序列是 MA（q）模型。实际中，移动平均过程的偏自相关函数一般呈单边递减或阻尼振荡，所以用自相关函数判别。

（3）自相关移动平均模型 ARMA（p，q）。自相关移动平均模型自相关模型 AR（p）和移动平均模型 MA（q）的等价形式，表明时间序列数据既与延迟序列 $z(t-p)$ 有关，又与延迟序列的误差 $\varepsilon(t-q)$ 有关。自相关移动平均模型的一般形式为

$$z(t)-\varphi_1 z(t-1)-\cdots-\varphi_p z(t-p)=\varepsilon(t)-\theta_1\varepsilon(t-1)-\cdots-\theta_q\varepsilon(t-q) \tag{10-10}$$

如果自相关系数和偏相关系数均不截尾，且快速收敛到 0，则该序列又可以是 ARMA（p，q）模型。

第三，模型检验。对序列建立模型后，需要检验新建模型的合理性。若检验不通过，则调整（p，g）值，重新估计参数和检验，反复进行直到接受为止，才能最终确定模型形式。此外，可以用自相关函数图检验拟合后的残差是否为随机误差（或白噪声），若是则表明模型合理。因为随机误差过程是序列无关的，所以，随机误差过程的自相关函数和偏相关函数在相关图中均等于 0 的水平直线。

第四，识别时间序列的季节性。如果时间序列存在季节性，自相关函数图会呈现有规律的波动。时间序列中含有季节性是很常见的，如四季气候变化引起人们社会经济生活的一定变动，风俗习惯也呈现季节性变动。

2. 空间自相关

空间自相关是空间地理数据的重要性质，它所描述的是在空间区域中位置 i 与其邻近位置 j 上同一变量的相关性。对于任何空间变量 z，空间自相关测度的是 z 的邻域值对于 z 相似或不相似的程度。如果邻近位置上相互间的数值接近，则可以认为空间模式表现出的是正空间自相关；如果相互间的数值不接近，则可以认为空间模式表现出的是负空间自相关。显然，空间自相关是根据位置相似性和属性相似性的匹配情况来测度的。位置的相似性可通过空间权重矩阵 $\boldsymbol{W}$ 来描述，而属性值的相似性一般通过交叉乘积或平方差异 $(z_i-z_j)^2$ 或绝对差异 $|z_i-z_j|$ 来描述。如果是正空间自相关，则邻近的空间位置上属性值的差异小；如果是负空间自相关，则邻近的位置上属性值的差异大。

计算空间自相关性的方法很多，如 Moran 指数、Geary 指数、Geti 和 Ord 指数，以及 Join 指数、半变异函数、协方差函数等。下面重点讨论最为常用的 Moran I 统计量和半变异函数。

1）Moran I 统计量

Moran I 统计量是一种应用非常广泛的全局空间自相关统计量，表达为

$$I = \frac{n}{\sum_{i=1}^{n}\sum_{j=1}^{n} w_{ij}} \times \frac{\sum_{i=1}^{n}\sum_{j=1}^{n} w_{ij}\left(z_i - \overline{z}\right)\left(z_j - \overline{z}\right)}{\sum_{i=1}^{n}\left(z_i - \overline{z}\right)^2} \tag{10-11}$$

式中，w_{ij} 为空间邻接矩阵，表示空间单元 i 与空间单元 j 之间的邻接关系。当 i 和 j 相邻时为 1，不相邻时为 0。

在进行统计推断的过程中，通常需要对空间变量 z 的分布预先做出假设，一般分两种情况：一种是假设变量 z 服从正态分布；另一种是在分布未知的情况下，用随机化方法得到 Z 的近似分布。通过在正态分布或随机分布两种假设下得到 I 的期望值和方差，并用来分别对原假设进行检验。

在正态分布假设下，Moran I 的期望值和方差分别为

$$E(I) = -\frac{1}{n-1} \tag{10-12}$$

$$\mathrm{Var}_n(I) = \frac{n^2 S_1 - nS_2 + 3S_0^2}{S_0^2(n^2-1)} - E_n^2(I) \tag{10-13}$$

在随机分布假设下，Moran I 的期望值和方差分别为

$$E_R(I) = -\frac{1}{n-1} \tag{10-14}$$

$$\mathrm{Var}_R(I) = \frac{\left\{n\left[(n^2-3n+3)S_1\right] - nS_2 + 3S_0^2\right\} - \left\{k\left[(n^2-n)S_1\right] - 2nS_2 + 6S_0^2\right\}}{(n-1)(n-2)(n-3)S_0^2} - E_R^2(I)^2 \tag{10-15}$$

式中，

$$S_0 = \sum_{i=1}^{n}\sum_{j=1}^{n} w_{ij}\;;\quad S_1 = \frac{\sum_{i=1}^{n}\sum_{j=1}^{n}\left(w_{ij} + \mathrm{w}_{ji}\right)^2}{2}\;;\quad S_3 = \sum_{i=1}^{n}\left(w_i + \mathrm{w}_j\right)^2\;;$$

$$w_i = \sum_{i=1}^{n} w_{ij}\;;\quad w_j = \sum_{j=1}^{n} w_{ij}\;;\quad \mathrm{b}_2 = \frac{n\sum_{i=1}^{n}\left(x_i - \overline{x}\right)^2}{\left[\sum_{i=1}^{n}\left(x_i - \overline{x}\right)^2\right]^2}$$

Moran I 结果介于−1~1，大于 0 时为正相关，小于 0 时为负相关。Moran I 值越大，表示空间分布相关性越大，即空间上具有聚集分布的现象，如图 10.4 所示。反之，Moran I 值越小，表示空间分布相关性小。而当 Moran I 值等于 0 时，即空间分布呈现随机分布的情形。

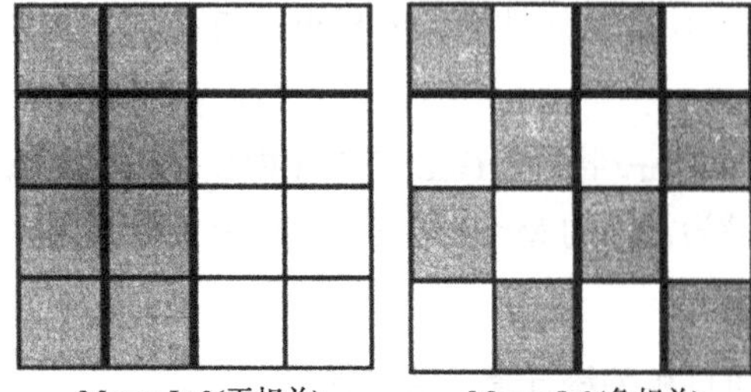

图 10.4　空间自相关正负结果示意图

对观测值在空间上不存在空间自相关，即它们在空间上随机分布这一原假设进行检验时一般根据标准化以后的 Moran I 值（或 Z 值），即

$$Z_I = \frac{1 - E(I)}{\sqrt{\text{Var}(I)}} \tag{10-16}$$

对 Moran I 值进行显著性检验时，在 5%显示水平下，$Z(I)$ 大于 1.96 时或小于−1.96 时，表示研究范围内某现象的分布具有显著的相关性，即范围内存有空间单元彼此的空间自相关性。而 $Z(I)$ 介于−1.96~1.96 时，则表示研究范围内某现象空间分布的相关性不明显，空间自相关也较弱。

2）半变异函数

在地统计学中，空间自相关系数的大小作为一个距离的函数，即半变异函数。半变异函数又称为半变差函数，是地统计分析的特有函数。空间变量 Z_i 在点 i 和 $i+h$ 处的值与 z_{i+h} 差的方差的一半称为空间变量 z_i 的半变异函数，记为 $r(h)$，而 $2r(h)$ 称为变异函数。

根据定义有

$$r(i,h) = \frac{1}{2}\text{Var}(z_i - z_{i+h}) \tag{10-17}$$

具体表示为

$$r(i,h) = \frac{1}{2N}\sum_{i=1}^{N(h)}(z_i - z_{i+h})^2 \tag{10-18}$$

半变异函数如图 10.5 所示。

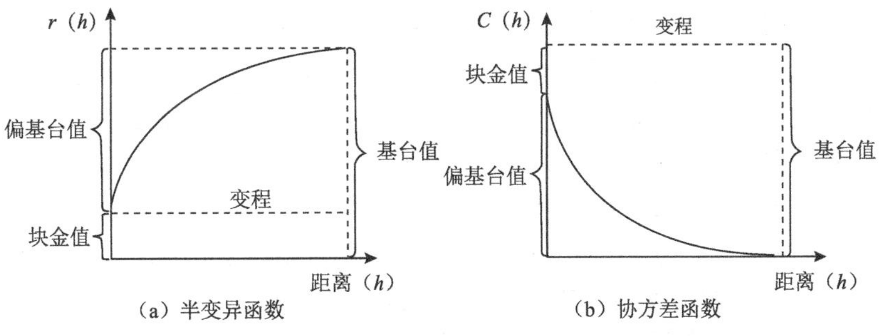

（a）半变异函数　　（b）协方差函数

图 10.5　半变异函数和协方差示意图

另外，协方差函数也用来表示空间自相关函数的距离函数，协方差函数和半变异函数的关系式为

$$r(i,h) = \text{sill} - C(h) \tag{10-19}$$

式中，sill 为基台值；$C(h)$ 为协方差函数。如图 10.5 所示，半变异函数和协方差函数都反映了一个样本点与其相邻样本点的空间关系。可以看出，半变异值随着距离的加大而增加，协方差值随着距离的加大而减小。这主要由于半变异函数是事物空间相关系数的表现，当两事物彼此距离较小时，它们是相似的，因此，协方差值较大，而半变异值较小；反之，协方差值较小，而半变异函数值较大。空间相关性的作用范围则用变程来表示，在变程范围内，样本点的距离越小，其相似性，即空间相关性越大。当 h 大于变程时，空间变量 Z_h 的空间相关性不存在，

即当某点与已知点的距离大于变程时，该点数据不能用于内插或外推。

3. 时空自相关

1）时空自相关函数

时空自相关是对时间和空间相关的度量。参照时间相关分析和空间相关分析，定义时空自相关函数为

$$\rho_{h0}(k)=\frac{\gamma_{h0}(k)}{\sqrt{\sigma_h(0)\sigma_0(0)}}=\frac{\mathrm{Cov}\left(\left[\boldsymbol{W}^{(h)}Z(t)\right],\left[\boldsymbol{W}^{(0)}Z(t+k)\right]\right)}{\sqrt{\mathrm{Var}\left(\boldsymbol{W}^{(h)}Z(t)\right)\times\mathrm{var}\left(\boldsymbol{W}^{(0)}Z(t)\right)}} \tag{10-20}$$

式中，ρ_{h0} 为时空自相关系数；k 为时间延迟；h 为空间延迟；$\boldsymbol{w}^{(h)}$ 为空间延迟期为 h 的空间权重矩阵；$\boldsymbol{w}^{(0)}$ 是空间延迟期为 0 的空间权重矩阵，是一个单位矩阵，这是因为每一个点都是它自己的第 0 阶邻域。

2）时空偏相关函数

通过对比时间偏相关函数的 Yule-Walker 方程组，可以推导出时空 Yule-Walker 方程组为

$$\hat{\rho}_h(k)=\sum_{k=1}^{\rho}\sum_{h=1}^{m_k}\varphi_{hk}\hat{\rho}_{h-l}(k) \tag{10-21}$$

式中，$\hat{\rho}_h(k)$ 为时空自相关系数；k 为时间延迟；h 为空间延迟；ρ 为最大时间延迟；m_k 为时间延迟 k 时的最大空间延迟；φ_{hk} 为时空偏相关系数。求解这个 Yule-Walker 方程组，得到的 φ_{hk} 为时空偏相关系数。时空偏相关系数能真实地反映 $z_{i+h}(t)$ 和 $z_i(t-k)$ 两个变量之间的相关性。因此，时空偏相关函数可以用来确定时空自相关过程的时间延迟 k 和空间延迟 h。

与时间自相关和偏相关函数一样，时空自相关函数和偏相关函数也有以下四个用途。

第一，检验时空序列是否平稳。如果是平稳序列，相关系数会在时间延迟 k 空间延迟 h 的情况下迅速接近于 0；如果时空自相关函数不随时间延迟 k 空间延迟 h 的增加而很快地下降为 0，就表明该序列不平稳。因此，时空自相关函数可以用来检测序列是否平稳。

第二，识别时空自相关模型 STAR(p)的时间延迟 p 和空间延迟 w 时空移动平均模型 STMA(q)的时间延迟 q 和空间延迟 s，以及时空自相关移动平均模型 STARMA（p，q)的时间延迟 p，q 和空间延迟 m，n。

（1）时空自相关模型 STAR(p)。时空自相关模型是序列时间延迟 p 和空间延迟 m 的相关模型，其一般形式为

$$z_i(t)=\sum_{k=0}^{p}\sum_{h=1}^{m}\varphi_{kh}W^{(h)}z_i(t-k)+\varepsilon_i(t) \tag{10-22}$$

当空间延迟为 h，时间延迟 $k>q$ 时，时空偏相关函数为 p 步截尾，自相关系数逐步衰减而不截尾，则序列是 STAR 模型。实际中，一般 STAR 过程的自相关函数呈单边递减或阻尼振荡，所以用偏相关函数判别。

（2）时空移动平均模型 STMA(q)。时空移动平均模型是序列随机干扰项及其实间延迟 q 空间延迟 n 的相关模型，其一般形式为

$$z_i(t)=\varepsilon_i(t)-\sum_{k=0}^{q}\sum_{h=1}^{n}\varphi_{kh}W^{(h)}\varepsilon_i(t-k) \tag{10-23}$$

当空间延迟为 h，时间延迟为 $k>q$ 时，时空自相关系数为 q 步截尾，偏相关系数逐步衰减而不截尾，则序列是 STMA 模型。实际中，一般 STMA 过程的偏自相关函数呈单边递减或阻尼振荡，所以，用偏相关函数判别。

（3）时空自相关移动平均模型 STARMA(p，q)。时空自相关移动平均模型是时空自相关模型 STAR(p)和时空移动平均模型 STMA(q)的等价形式，表明时空序列数据既与延迟序列 $z(t-p)$ 有关，又与延迟序列的误差 ε_{t-q} 有关。时空自相关移动平均模型的一般形式为

$$z_i(t)-\sum_{k=0}^{p}\sum_{h=1}^{m}\varphi_{kh}W^{(h)}z_i(t-k)=\varepsilon_i(t)-\sum_{k=0}^{q}\sum_{h=1}^{n}\varphi_{kh}W^{(h)}\varepsilon_i(t-k) \tag{10-24}$$

时空自相关系数和偏自相关系数均不截尾，且快速收敛到0，则该序列优客意识STARMA（p，q）模型。

第三，模型检验。对序列建立模型后需要检验新建模型的合理性。若检验不通过，则调整（p，q）值，重新估计参数和检验，反复进行直到接受为止，才能最终确定模型形式。进而可用时空自相关函数检验拟合后的残差是否为随机误差，若是则模型合理。由于随机误差过程是序列无关的，因此，随机误差过程的时空自相关函数和偏相关函数在相关图中均为等于 0 的水平直线。

第四，识别时空序列的季节性。如果时空序列存在季节性，时空自相关系数也会呈现有规律的波动。

10.2.2　异质性分析

对时空平稳性的理解也就是对时空异质性的理解。时空空异质性在数学上叫时空非平稳性，指时空序列数据的统计特征会随着时间的演变和空间位置的变化而发生改变，这里的统计特征指时空序列数据的一阶矩或二阶矩，即均值或方差。平稳时空序列的直观含义是序列中不存在任何趋势（或模式），其统计意义就是均值、方差、协方差等都不随时间的演变和空间位置的不同而发生变化。时空平稳性是时空同质性在数学上的表述；与此相对应，时空非平稳性是时空异质性在数学上的表述。时空异质序列存在时空效应，它可以是大尺度的趋势，也可以是局部效应。一般，前者称为“一阶”效应，它描述的是某个参数时空序列均值的总体变化性，使得时空序列数据非平稳；后者则称为“二阶”效应，是由时空依赖性所产生的。“二阶”效应表达的是时空序列在时间上为相邻间隔和空间上近邻位置数值相互趋同的倾向，也就是常说的“二阶”平稳。传统的时间序列分析和空间数据分析对于“一阶”效应能够有效地建模。例如，相关技术描述“一阶”效应，在时间序列分析中用时间的函数来描述时间序列延着时间变化的趋势，空间数据分析中采用趋势面分析描述空间数据随地理空间坐标变化的趋势。而“二阶”效应是对时空相关性局部特征的描述。传统的时间序列分析和空间数据分析对于“二阶”效应能够有效地建模。例如，自相关技术描述“二阶”效应，在时间序列分析中采用自相关移动平均模型描述时间依赖造成的时间相关局部特征，在空间数据分析中，空间自相关模型是对空间相关性局部特征的描述。对于日益增长的时

空序列数据，必须有一套一体化的模型来处理时间和空间“一阶”和“二阶”效应，而不是分开来处理。

假设要预测的时空序列是由时间和空间上的随机过程生成，该随机过程的结构可被确切地刻画和描述。换言之，时空模型描述了所研究的观察样本随机过程的随机特性。对随机特性的描述并不借助于（相关模型中所用的）因果关系，而是借助于随机过程的随机性。因此，首先要讨论随机时空模型的性质，重点放在时空平稳概念上。

对于时空平稳，本书从时间平稳、空间平稳再到时空平稳进行渐进性的分析。在时间序列分析中，平稳过程把时间序列看作为不随时间而变化的随机过程。如果时间序列的特征随时间变化，即随机过程是非平稳的。对于时空变量 $z_i(t)$，先考虑时间平稳。

1. 时间平稳

假设时间序列 $z(1)$，$z(2)$,⋯，$z(T)$ 是由一组联合分布的随机变量生成。如果可以数量化地确定序列的概率分布，就能够确定序列未来数据的概率，即序列 $z(1)$，$z(2)$,⋯，$z(T)$ 代表一个联合概率分布函数 $p(z(1), z(2),\cdots, z(T))$ 的某一特定结果。类似地，一个未来的观测 $z(T+1)$ 可以认为是由条件概率分布函数 $p(z(T+1)\,|\,z(1), z(2),\cdots, z(T))$ 生成，也就是说，$p(z(T+1)\,|\,z(1), z(2),\cdots, z(T))$ 是给定过去观测值 $z(1)$，$z(2)$,⋯，$z(T)$ 的条件概率分布。时间平稳过程为其联合分布和条件分布均为不随时间而变化的过程。换言之，如果时间序列是平稳的，则对任意时间 t 的位移 K 和 m，都有

$$p\left(z(t),\cdots,z(t+k)\right)=p\left(z(t),\cdots,z(t+k+m)\right) \tag{10-25}$$

且有

$$p\left(z(t)\right)=p\left(z(t+m)\right) \tag{10-26}$$

也就是说，对于序列 $z(t)$ 是平稳的，则时间序列的数学期望（或均值）

$$\mu_z=E\left(z(t)\right) \tag{10-27}$$

也是平稳的，则有 $E\left(z(t)\right)=E\left(z(t+m)\right)$，而且时间序列的方差

$$\sigma_z^2=E\left(z(t)-\mu_z\right)^2 \tag{10-28}$$

也是平稳的，所以有 $E[(z(t)-\mu_z)^2]=E[(z(t+m)-\mu_z)^2]$,而且对于任意的时间延迟 k，序列的协方差

$$\gamma_k=\mathrm{Cov}\left(z(t),z(t+k)\right)=E\left[\left(z(t)-\mu_z\right)\left(z(t+k)-\mu_z\right)\right] \tag{10-29}$$

也是平稳的，则有

$$\mathrm{Cov}\left(z(t),z(t+k)\right)=\mathrm{Cov}\left(z(t+k),z(t+k+m)\right) \tag{10-30}$$

2. 空间平稳

在地统计学中，空间平稳过程是把连续的空间变量认为是不随位置而发生变化的随机过

程。假设 $i=N$ 个空间位置相互独立的点 z_1，$z_2,\cdots$，z_N 是由一组联合分布的随机变量生成。如果可以数量化地确定空间数据的概率分布，就能确定空间中任一个位置数据的概率，即点 z_1，$z_2,\cdots$，z_N 代表一个联合概率分布函数 $p(z_1, z_2,\cdots, z_N)$ 的某一特定结果。与时间序列类似，在空间中任意位置的观测 z_i 可以被认为是由条件概率分布函数 $p(z_i \mid z_1, z_2,\ldots, z_N)$ 生成，也就是说，$p(z_i \mid z_1, z_2,\ldots, z_N)$ 是给定相邻观测值 z_1，$z_2,\ldots$，$z_N(t)$ 的条件概率分布。空间平稳过程为其联合分布和条件均为不随空间位置而变化的过程。换言之，如果空间过程 z_i 是平稳的，则空间范围内对任意位置的点 i 和 $i+h$，都有

$$p\left(z_i \middle| z_1,\cdots,z_N\right)=p\left(z_{i+h} \middle| z_1,\cdots,z_N\right) \tag{10-31}$$

即空间数据的数学期望（或均值）

$$\mu_{zi}=E\left(z_i\right) \tag{10-32}$$

不随位置 i 的变化而变化，也就是说 $E\left(z_i\right)=E\left(z_{i+h}\right)$，而且空间数据的方差

$$\sigma_z^2=E\left[\left(z_i-\mu_{zi}\right)^2\right] \tag{10-33}$$

也是平稳的，所以有 $E[(z_i-\mu_{zi})^2]=E[(z_{i+h}-\mu_{zi})^2]$，而且空间数据的协方差

$$\gamma_k=\mathrm{Cov}\left(z_i\left(t\right),z_{i+h}\left(t\right)\right)=E\left[\left(z_i-\mu_{zi}\right)\left(z_{i+h}-\mu_{zi}\right)\right] \tag{10-34}$$

也是平稳的，则有

$$\mathrm{Cov}\left(z_i,z_{i+h}\right)=\mathrm{Cov}\left(z_{i+h},z_{i+h+s}\right) \tag{10-35}$$

式中，h 和 s 为空间延迟距离。

一般来说，平稳性对空间变量过于严格，只存在理论上的可行性，没有应用价值。因此，只要求二阶平稳或固有假设（因为在数学中，平稳过程或者严格平稳过程是在固定时间和位置的概率分布与所有时间和位置的概率分布相同的随机过程。随机过程中常用的弱平稳也被称为广义平稳、二阶平稳或者协方差平稳。二阶平稳随机过程仅仅要求一阶和二阶矩不随时间和空间变化）。

3. 时空平稳

由时间平稳和空间平稳可以推导出时空平稳的性质，即时空序列 $z_i(t)$的均值

$$u_{z_i(t)}=E\left[z_i\left(t\right)\right] \tag{10-36}$$

是平稳的，则满足

$$E\left[z_i\left(t\right)\right]=E\left[z_{i+h}\left(t+k\right)\right]\quad(i=1,\cdots,\ N;\ t=1,\cdots,\ T) \tag{10-37}$$

对于样本，时空序列的均值为

$$u_{z_i(t)}=\frac{\sum_{i}^{N}\sum_{t}^{T}z_i(t)}{NT}\quad (i=1,\cdots,\ N;\ t=1,\cdots,\ T) \tag{10-38}$$

则时空变量的均值为

$$\mu_{z_i(t)}=\frac{\sum_{i}^{N}\sum_{t}^{T}z_i(t)}{NT}\quad (i=1,\cdots,\ N;\ t=1,\cdots,\ T) \tag{10-39}$$

则时空变量的方差为

$$\sigma_{z_i(t)}^2=E\left[\left(z_i(t)-\mu_{z_i(t)}\right)^2\right]\quad (i=1,\cdots,\ N;\ t=1,\cdots,\ T) \tag{10-40}$$

也是平稳的，所以有

$$E\left[\left(z_i(t)-\mu_{z_i(t)}\right)^2\right]=E\left[\left(z_{i+h}(t+k)-\mu_{z_{i+h}(t+k)}\right)^2\right]\quad (i=1,\cdots,\ N;\ t=1,\cdots,\ T) \tag{10-41}$$

对于时间延迟 k 和空间延迟 h，样本的方差为

$$\sigma_{z_i(t)}^2=\frac{1}{kh}\sum_{i}^{h}\sum_{t}^{k}\left(z_i(t)-\mu_{z_i(t)}\right)^2\quad (i=1,\cdots,\ N;\ t=1,\cdots,\ T) \tag{10-42}$$

对于时间延迟 k 和空间延迟 h，协方差为

$$\gamma_{k+h}=\mathrm{Cov}\left(z_i(t),z_{i+h}(t+k)\right)=E\left[\left(z_i-\mu_{z_i(t)}\right)\left(z_{i+m}(t+k)-\mu_{z_i(t)}\right)\right] \tag{10-43}$$

也是平稳的。样本的协方差为

$$\gamma_{k+h}=\frac{1}{kh}\left[\sum_{i}^{h}\sum_{t}^{k}\left(z_i(t)-\mu_{z_i(t)}\right)\right]\left[\sum_{i}^{h}\sum_{t}^{k}\left(z_{i+m}(t+k)-\mu_{z_i(t)}\right)\right] \tag{10-44}$$

协方差函数是时空延迟的函数，体现了时空序列过程的相关性和变异性，是时空序列过程统计分析的一项重要指标。在空间邻域中，面状数据空间协方差是空间延迟的离散函数，不同延迟的协方差与不同阶的空间权重矩阵 $\boldsymbol{W}$ 的构建方法密切相关，连续数据的空间协方差是空间延迟的连续函数，常用的函数形式有线性、球状、指数、高斯等。与之对应，时空离散数据协方差一般采用时空延迟的离散形式，时空连续数据一般采用时空延迟的连续函数。

由以上可知，对于一个时空平稳的时空变量 $z_i(t)$，其均值为常量，在空间上不随位置 i 变化，时间上均值不随时间 t 而发生变化。对于时间延迟 k 和空间延迟 h，时空变量的方差和协方差都在时间和空间上是不发生变化的常量。由于时空平稳只存在理论上的可能性，通常在应用中并不要求这么严格，因此，可以放宽它的要求，只要求时空序列的均值和方差为常数，协方差为时间延迟 k 和空间延迟 h 的函数，即时空协方差函数。因此，对一个时空平稳过程来说，时空建模就是要找到一个适当的时空协方差函数来描述时空序列在时间和空间上的变异。

10.3　时空数据分析

时空序列是时间序列在空间上的扩展，指在空间上有相关关系的多个时间序列的集合。对时空序列的分析、建模及预测称为时空序列分析。时空序列分析属于时空建模的范畴。时空建模指依据给定的时空数据，寻找一种分析方法，建模和预测未观测时空位置的属性值的过程。时空数据的分析其本质就是从时空数据中挖掘出准确的、有用的且能够辅助决策的信息。传统数据挖掘技术是从大量数据中发现正确的、新颖的、潜在有用且能够被理解的知识的过程，大多集中在发现适于大部分数据的常规模式。但在一些领域（如金融服务领域）的实际应用与异常检测中，异常或例外情况的信息比常规模式更有价值。在利用传统的数据挖掘技术时，通常把异常数据当做噪声过滤掉，或者将其进行修正，以减少其对正常模式挖掘的影响。时空异常探测是时间序列异常探测技术和空间异常探测技术相结合，产生的一个崭新研究领域，也是时空数据挖掘的重要手段之一。因而 10.3.1 节将讲述基于时空聚类的异常探测及其分析方法。

时间序列分析主要功能包括系统描述与分析、预测未来、辅助决策和控制。系统描述与分析是根据对系统进行观测得到的时间序列数据，用曲线拟合方法对系统进行客观的描述，对给定时间序列产生的机理进行深入的分析。预测未来是指该对时间序列的未来值或发展趋势进行预测。决策和控制是根据时间序列模型调整输入变量使系统发展过程保持在目标值上，即预测到过程要偏离目标时便可进行必要的控制。其中，预测分析是时间序列分析的目的和归宿，只有预测出结果才能有效地决策和控制，因而 10.3.2 节将对时空序列的预测及其方法进行简要的说明。

10.3.1　时空聚类与异常探测

数据聚类技术产生以后，人们发现在聚类结果中，有少部分数据明显偏离其他聚类，但是这部分数据却代表了一些重要信息，例如，网络访问量的突然增大，可能代表着网络入侵。于是这部分偏离了主体数据的小部分数据吸引了数据挖掘界学者的兴趣，并逐渐成为数据挖掘领域的一个重要研究内容。

异常数据（outlier），也称离群数据，检测是指从大量数据中挖掘明显偏离且不满足一般行为模式的数据，从中发现一些潜在的有用信息。Hawkins 将异常数据定义为“严重偏离其他对象的观测点，以至于令人怀疑它是由不同的机制产生的”。实际应用中，异常模式很可能是一类重要的隐含信息，代表事物发展的特殊性。例如，在地质灾害监测中，山体移动速度突然增大，可能预示着即将发生滑坡；在地震监测中，地壳活动频度突然加大，也可能预示着即将发生地震活动。

随着空间数据挖掘技术的发展，空间异常探测也受到空间信息技术领域学者的广泛专注，空间异常探测主要是发现空间数据库中偏离普遍模式的小部分的空间对象。空间异常往往比空间普遍模式具有更重要的价值，蕴含了许多意想不到的有用的信息和知识，代表地理现象或地理过程的潜在规律。目前，空间异常检测已取得了许多研究成果，并在成矿预测、地质运动规律研究、矿山水文监测、地球物化探数据分析、遥感图像数据处理等许多应用领域发挥了重要作用。

在某些情况下，虽然空间异常可能与整个空间数据集的分布模式并没有明显不同，但却与其时间序列演化模型或其时空邻域明显不一致。因此，随着时空数据挖掘理论和方法的提出，时空异常探测理论和方法渐出端倪。探测时空异常不仅可以引导发现未预料到的、潜在有用的、隐藏的信息或规律（如局部不稳定和变形）；这些异常对象还有助于认知和理解地理现象及地理过程的特殊性，进一步细化数据挖掘所得到的知识，能够为更深入地研究和分析整个地理现象及地理过程提供参考依据。

1. 时空聚类分析

地理空间的实体不仅具有空间位置信息，而且具有明显的时间特征与属性特征，基于空间点的聚类算法仅考虑空间位置信息因而具有明显的局限性，只适用于静态的数据，仅分析时空点对象集在特定时刻的分布模式，无法挖掘出时空对象的动态演变规律，因而需要对动态特征的时空数据进行聚类分析。本节从空间聚类和时空聚类两个方面进行叙述。

1）空间聚类

聚类分析是将数据依据相似度量规则分成若干簇的过程，从而使得簇内数据最相似，而簇间数据距离最大，以便发现数据的分布模式。在数据聚类结果中，存在一小部分没有归属任何簇的数据，这些数据是远离其他簇的小部分数据，也就是异常数据。

传统的空间聚类方法大致分为:①基于划分的聚类方法；②基于层次的聚类方法，又可分为凝聚与分裂两种；③局部聚类方法；④混合聚类方法等。

由于空间属性和专题属性是空间数据固有的双重特性，这要求在空间聚类时，同类对象既要在空间上毗邻，又要在专题属性上具有最大的相似度。也就是说，只有兼顾二者的特性进行空间聚类，才能更好地挖掘空间数据库中各对象间的分布模式。目前，综合考虑这两类特征的空间聚类方法主要有分治法和一体化法。

分治法从空间位置和专题属性两方面分别进行聚类，进而综合生成最终聚类结果，主要有 DC（dual clustering）算法和 DCAD（dual clustering algorithm for distributed spatial databases）算法。分析发现，分治法空间聚类算法复杂，计算量大，需要输入的参数较多，而且 DC 算法的运行需要分布式环境，从而决定了 DC 算法不易扩展和推广，大大限制了 DC 算法的使用。

一体化法是将空间对象的位置（即坐标）和专题属性数据都视为空间对象的属性数据，并使用属性距离函数计算相似度，再结合 *k*-mean 算法进行聚类。但是一体化法也存在一些问题:①空间坐标和专题属性同等看待，弱化了对象的空间特性；②在计算距离前，需要将坐标值和专题属性数据进行无量纲化处理，计算开销巨大；③相似度计算时权重向量的确定困难，且带有一定的主观性和随机性；④由于 *k*-means 算法本身存在因随机选取初始聚类中心而产生的聚类不确定性，从而导致一体化法也存在聚类不确定性。

2）时空聚类

时空序列聚类分析可以定义依据在空间对象的空间邻接性与时间上的相似性进行划分为不同的簇，使得同一个簇中对象在空间上是邻接可达的并且专题属性演变相似性高，不同簇在空间上是非可达的并且专题属性演变差异大。

时空序列聚类分析是针对时空序列数据，时空序列数据依附的时空对象或现象，可以抽象表达为点对象集、线对象集与面对象集。例如金融领域，城市中自动取款机一般采用点对象进行抽象表达，对银行自动取款机的月取款额所构成的时空序列集进行聚类分析，可以进行商业区划分，制定不同的服务策略。又如交通领域，道路网络一般采用线对象进行抽象表达，对交通流量所构成的时空序列数据集进行聚类分析，可以对道路网络进行等级划分，提高道路运行效率。在公共卫生领域，行政区划采用面对象进行抽象表达，对行政区划中的传染病构成的时空序列进行聚类分析，可以获取传染病的区域结构信息，为研究疾病的传播途径提供重要信息。时空现象大多通过空间采样点进行表达，例如，由气象监测站点对气象中的降水、气温等进行记录，环境监测点对空气颗粒的记录等，值得注意的是，对依附点对象时空序列数据进行聚类分析不同于空间点聚类分析，前者要求类中对象首先在空间位置上是邻近的，重点度量专题属性随时间变化的相似性，而后者则要求类中对象在空间位置上是邻近的、聚集的。

时空序列数据进行聚类研究中，许多学者提出的同时考虑专题属性相似性与空间邻近性的聚类算法能够对时空序列数据进行分析。常用到的时空聚类分析的方法有基于距离的聚类分析、基于密度的聚类分析、基于模型的聚类分析和基于智能计算的聚类分析等方法。简单讲述常用的两种时空聚类算法。

（1）SOM 时空聚类：自组织映射 SOM (self organization mapping)将 $y(s, t)$ 数据，分类为事先指定的数 $L=m\times n$ 类，其中 s 和 t 分别表示空间点和时间点，m、n 是两个正整数，其值接近。具体算法如下。每一类用一个神经元 $z(k,t)$ 表示，$k=1, 2, \cdots, L$ 个类型，放置在一个 $m\times n$ 二维平面上。第一步，将 $y(s,t)$ 标准化为[0，1]之间的值，将 $z(k, t)$ 赋以[0，1]间的随机数。第二步。计算距离 $d(s, k)$

$$d(s,k)=\Sigma_t\left\|y(s,t)-z(k,t)\right\| \tag{10-45}$$

式中，$\|\cdot\|$表示距离测度，例如，欧几里得距离，Σ 表示求和。第三步，给定一个 s^*，神经元 k^*赢得 s^*，假如 $\min d(s^*, k)$ $(\forall k)$。第四步，对于神经元 k^*及其周围，

$$z(k^*,\ t)_{\tau+1}=z(k^*,t)_{\tau}+a\left[y(s^*,\ t)-z(k^*,\ t)_{\tau}\right] \tag{10-46}$$

式中，a 是一个事先给定的(0，1)之间的学习速度。第五步，对于另外一个 s，到第三步，直至$\forall s$。第六步，到第二步开始下一轮迭代，直至 $\tau_{\max}$。第七步，每个 s 都被分类到一个类型 k；按 $z(k)$ 均值大小将 L 个神经元升序排列。

（2）EOF 时空分解：经验正交函数（empirical orthogonal function，EOF），也称主成分分析（principal component analysis，PCA），将时空数据 $y(s,\ t)$，其中，空间 $s=1,\cdots,N$ 和时间 $t=1,\cdots,T$，通过坐标变换矩阵 $\boldsymbol{R}_{N\times N}$ 将信息即方差压缩到 $z(k,\ t), k=1,\cdots,N$ 和时间 $t=1,\cdots,T$ 中 k 的前几项：

$$z=\boldsymbol{R}y \tag{10-47}$$

式中，$\boldsymbol{R}$ 是待求矩阵。使 z 方差最大，得到 $\boldsymbol{R}$ 由 y 的协方差矩阵 $\boldsymbol{C}_{N\times N}$的 N 个特征向量 $\boldsymbol{r}$ 组成，$\boldsymbol{R}_{N\times N}:(\boldsymbol{C}-\lambda)\boldsymbol{R}=0$。$\boldsymbol{R}$ 按特征值降序排列，z 的 N 个方差等于 $\boldsymbol{C}$ 的 N 个特征值，$\boldsymbol{R}$ 的第 i 列即为第 i 个 EOF，EOFs= $\boldsymbol{R}$，PCs = $y\boldsymbol{R}$。

2. 时空序列异常探测

时空序列异常探测是在给定的时空序列数据集中发现显著不同于其他大多数数据的时

空序列对象。在时间序列异常探测中，将时间序列依据异常存在的时间段，即同一时间序列点异常、同一时间序列上的片段异常和整个时间序列异常，可以分为三种模式：点异常模式、片段异常模式和序列异常模式。时空序列数据是时间序列在空间上的扩展，因而时空序列异常探测在结合时间序列异常空间尺度的变化基础上，即局部区域异常与全局异常，可以划分为五大类:局部区域点异常模式、局部区域片段异常模式、局部区域序列异常模式、全局区域点异常模式、全局区域序列异常模式。

1）空间异常探测

目前，空间异常探测代表性的方法有:基于分布的、基于深度的、基于距离的和基于密度的方法。

基于分布的方法：是利用标准的统计分布来探测异常点，该方法可分为一维（线性）异常点探测和多维异常点探测。基于分布的方法一个主要缺点是将空间对象数据假定为某种标准化的分布，因而可能得不到满意的结果。

基于深度的方法：将数据目标放置到 k-d 信息空间中，并给每个数据分配一个深度值，然后依据每个对象的深度值，将数据对象组织在多层数据空间中，最后将层数较浅的数据定义为异常数据。通常，这种方法以聚类的形式广泛地用于空间异常点探测，局限性在于没有考虑一些重要的空间对象的影响（即权重），也就是说，语义关系未能在聚类中考虑。对于多维大数据集，这种方法在计算和分析时也存在较大困难。

基于距离的方法：仅仅计算目标数据到空间邻近域的距离，对于大数据集，该方法比基于深度的方法具有更好的计算效率。但是，基于距离的方法需要有一个合适的距离函数，并且有时很难定义。

基于密度的方法：是定义在距离的基础上建立起来的，该方法将点之间的距离和给定范围内点的个数结合起来，得到“密度”的概念，并根据密度来判断一个点是否为异常点，以及异常点的程度。国内学者黄添强等研究了基于专题属性密度偏离程度的空间异常探测方法，该方法使用专题属性建立属性邻近域及其密度，再使用度量函数计算空间对象与其空间邻近域的专题属性偏离程度，并从偏离列表中选出最大的若干个空间对象组成空间异常数据集。该方法不但能够区分空间维与非空间维，还可以找到局部或全局的离群点。马荣华等也提出了基于专题属性邻域密度的 SOD 算法，但该算法仅考虑了专题属性的距离，忽略了对象间的空间距离。

基于局部角度变化的异常探测方法 ABOD（angle based outlier detection）：ABOD 算法首先将数据空间划分为若干局部空间，然后在局部空间中，对象与其他任意两个对象组成一个顶角，因此该对象对应得到一个角度集合，再计算角度集合的加权角度方差，最后将局部空间中的所有对象的角度方差平分为三组，最小组的数据对象判定为异常数据。

ABOD 算法没有使用距离计算，同时也不需要预先设定参数，在探测多维数据异常中有一定的优势。但是 ABOD 算法最大的缺点是运行效率太低，当局部数据量较大时，ABOD 算法几乎不可用。

基于图形的方法是用可视化统计图形的方法来查找空间离群点，常用的统计图有变量云与散点图，该方法只适合一维变量，不适合多维变量，此外变量云要求大量的后处理，造成查找效率低，很难用来区分离群点，从而导致基于图形的方法目前已很少使用。

2）时空异常探测

时空异常除包括专题属性偏离的异常数据以外，还包括空间关系、时间关系、时空关系产生的异常类型。空间关系异常是指在空间数据集中、同类型的空间关系集合中，空间关系明显不同于其他关系的小部分对象。时间关系异常是指对象或事件构成的时间关系集合中，时间关系明显不同于其他关系的小部分对象。时空关系异常是指对象之间构成的时空关系集合中，明显不同于其他关系的小部分数据。专题属性异常是指专题属性数据明显偏离时空邻近域的对象。

依据异常数据探测的任务性质，异常数据探测可以分为两大步骤。

（1）使用探测方法从数据中检索候选异常，称为候选异常探测，本书也简称为异常探测。

（2）使用异常可靠性分析方法对候选异常进行分析，从中筛选出有用的异常数据，本书称为异常可靠性分析。在图 10.6 中列出了整个异常探测流程。

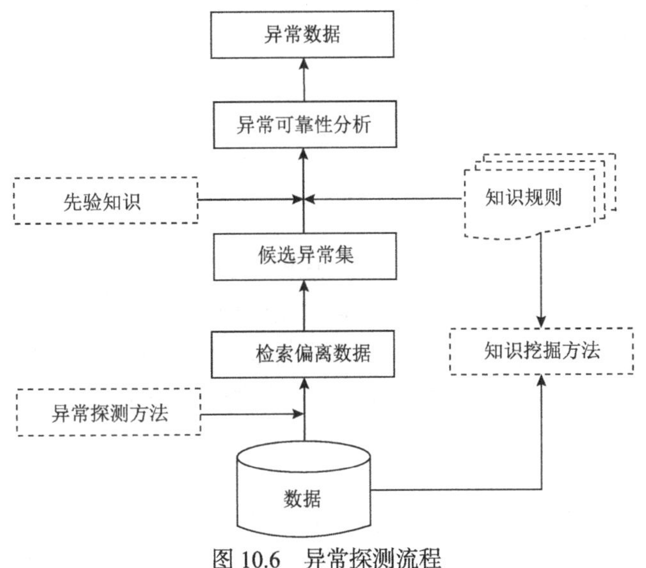

图 10.6　异常探测流程

3）时空异常探测方法

目前，异常探测的方法大致可以分为基于统计学的方法、基于距离的方法、基于密度的方法、基于深度的方法、顾及空间分布特征的方法和基于聚类分析的方法等。但是这些方法大多适用于传统数据类型，或经过扩展或改进以后，才能用于空间、时空异常探测。

由于空间、时空数据具有典型的空间、时空特性，也是有别于传统数据的重要特征，因此，空间、时空数据异常的表现形式比传统数据更加复杂，探测方法也更为困难，不仅要探测空间、时空上表现为离群的数据，还要发现专题属性明显偏离空间、时空邻近域对象的数据。

数据异常探测方法主要以统计判别方法为主，基于统计学的异常数据探测方法可以归结为：基于分布的探测法、统计判别法、误差平方标准法和统计聚类检测法等。

（1）基于分布的异常数据探测法。该方法采用标准的统计分布来探测异常数据，将所有不服从分布模型（如正态分布和对数正态分布等）的数据定义为异常数据。基于分布的异常探测方法的主要缺点是将数据假定为某种分布模型，因而可能得不到满意的结果，另外有时模型也很难选取。

（2）统计判别法。该方法探测异常数据使用的准则主要包括“k 倍标准差”准则（又称拉依达准则）、肖维勒准则、格拉布斯准则、狄克逊准则（Dixon）和狄克逊双侧检验准则等（Person，2004）。其中，最常用的是“k 倍标准差”准则。

若存在观测数据集 $x=\{x_1,x_2,\cdots,x_n\}$，“k 倍标准差”准则判别公式可表达为

$$\left|x-\bar{x}\right|>k\sigma \tag{10-48}$$

式中，$\bar{x}=\dfrac{\sum_{i=1}^{n}x_i}{n}$；$\sigma=\sqrt{\dfrac{\sum_{i=1}^{n}(x_i-\bar{x})^2}{n-1}}$；$x-\bar{x}$ 为参与误差，根据贝塞尔公式计算得到的观测结果的标准偏差，当某一观测结果 x_0 满足上式时，则 x_0 为异常数据。

（3）误差平方作为探测标准。该检测方法主要利用线性自回归方法探测时间序列的采样数据集中的异常数据，判别准则表达为

$$\lambda=\frac{\left(x_i-\bar{x}\right)^2}{\sum_{j=1}^{n}\left(x_j-\bar{x}\right)^2} \tag{10-49}$$

当 λ 大于给定的阈值时，x_i 为异常数据。这种方法不像传统意义上使用平均值和标准差作为检测异常数据的标准，计算相对简单，对数据的分布也没有太严格的要求。

（4）统计聚类探测法。统计聚类检测法首先将数据使用统计方法进行聚类，然后从中发现没有归属任何聚类的异常数据。基于统计的方法主要用于探测传统数据中的数值型、单变量的异常数据，不适用于高维数据。

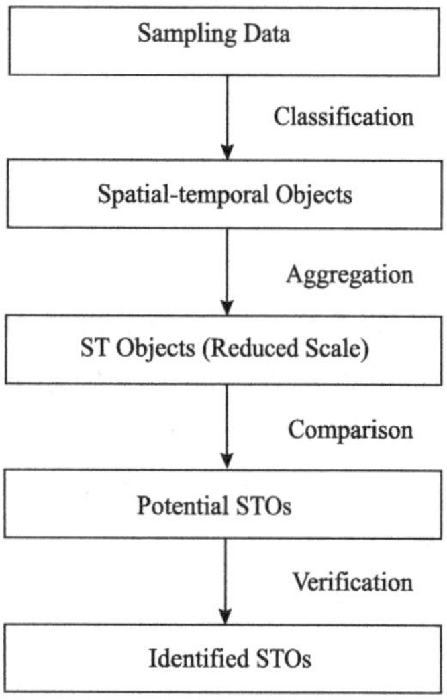

（5）基于尺度变换的时空异常探测方法。该方法是首先利用聚合函数对空间数据的空间尺度进行转换；然后计算转换前后空间数据间的差异，从中发现空间异常，组成候选空间异常；最后从候选空间异常中检测时间序列异常，组成时空异常集合。基于尺度变换的时空异常探测方法可以分为四个步骤，如图 10.7 所示，图中框图为输入数据或输出数据，箭头边的文字为操作名称。

Sampling Data
Classification
Spatial-temporal Objects
Aggregation
ST Objects (Reduced Scale)
Comparison
Potential STOs
Verification
Identified STOs

图 10.7　时空异常探测流程

聚类（分类）。此步骤是对输入的数据进行聚类或分类操作，目的是使输入的数据组成具有语义意义的数据。

过滤。此步骤是使用聚合函数对数据进行处理的过程，聚合函数通常包括求均值、求和、求方差、求标准差、求极值、求中位数等。

比对。此步骤是将第一步的聚类结果和第二步过滤后的结果作比较，检索过滤操作中被滤除的对象，并将这些对象定义为候选时空异常。

确认。确认步骤是对候选时空异常进行精选的过程，一般利用先验知识，通过时空语义

关系从候选时空异常中精选出时空异常。

由于基于尺度变换的时空异常探测方法对单个空间异常对象在时间序列上使用统计聚合函数探测时间序列异常，很难去除时间序列上噪声的影响。因此，首先可以将邻近的异常对象组成一个目标簇，每个时刻的对象簇专题属性组成一个向量，在时间序列上组成向量序列；然后在时间序列上，利用统计聚合函数计算向量与时间邻近域上的其他向量的偏离程度，来定义时间序列向量异常；最后将空间上表现为异常且在时间序列上向量也表现为异常的数据定义为时空异常。

10.3.2 时空序列预测分析

空间预测分析是根据空间对象的变化规律、空间对象之间的相关关系，以及空间对象的先验知识，对空间对象的发展趋势作出预测。空间预测的核心是对空间数据进行建模分析。时空序列预测分析作为时空数据挖掘中的一项重要技术，主要对在空间上有相互关系的多个时间序列演变趋势与规律进行研究，推测未来时空序列数据的取值或变化趋势。时空序列预测广泛应用于国民经济宏观控制、区域综合发展规划、企业经营管理、市场潜量预测、气象预报、水文预报、地震前兆预报、生态平衡、天文学、海洋学、交通控制、气象预报、传染病防治、环境监测等领域。

1. 时空序列与时序分析

时间序列，是指观察或记录到的一组按时间顺序排列的数据，经常用 $X_1,X_2,\cdots,X_t,\cdots,X_n$ 表示。不论是经济领域中某一产品的年产量、月销售量、工厂的月库存量、某一商品在某一市场上的价格变动等，或是社会领域中某一地区的人口数、某医院每日就诊的患者人数、铁路客流量等，还是自然领域中某一地区的温度、月降水量等，都形成了时间序列。所有这些序列的基本特点就是每一个序列包含了产生该序列的系统的历史行为的全部信息。

问题在于如何才能根据这些时间序列，比较精确地找出相应系统的内在统计特性和发展规律，尽可能多地从中提取人们所需要的准确信息。用来实现上述目的的整个方法称为时间序列分析，简称时序分析。时序分析是一种根据动态数据揭示系统动态结构和规律的统计方法，是统计学科的一个分支。其基本思想是根据系统有限长度的运行记录（观察数据），建立能够比较精确地反映时间序列中所包含的动态依存关系的数学模型,并借以对系统的未来行为进行预报。

时序分析具有以下三个特点。

（1）时序分析是根据预测目标过去至现在的变化趋势预测未来的发展，它的前提是假设预测目标的发展过程规律性会继续延续到未来，即以惯性原理为依据。

（2）时间序列数据的变化存在着规律性与不规律性。时间序列中每一时期的数据，都是由许多不同的因素同时发生作用的综合结果。通常根据各种因素的特点或影响效果可将这些因素分为四类。

长期趋势（T）：长期趋势是指由于某种关键因素的影响,时间序列在较长时间内连续不断地向一定的方向持续发展（上升或下降），或相对停留在某一水平上的倾向，反映了事物的主要变化趋势,是事物本质在数量上的体现。它是分析预测目标时间序列的重点。

季节变动（S）：季节变动是指由于自然条件和社会条件的影响，时间序列在某一时期依一定周期规则性地变化。它一般归因于一年内的特殊季节、节假日，典型的如农产品的季节加工，化肥、空调、服装、某些食品的销售等。

循环变动（C）：循环变动是指变动以数年为周期，而变动规律是波动式的变动。它与长期趋势不同，不是朝单一方向持续发展,而是涨落相间的波浪式起伏变动。它与季节变动也不同，它的波动时间较长，变动周期长短不一。市场经济条件下由于竞争，出现一个经济扩张时期紧接着是一个收缩时期，再接下来又是一个扩张时期等变化，通常在同一时间内影响大多数经济部门，如对农产品的需求量、住宅建筑的需求量、汽车工业的发展、资本主义国家经济危机的变化周期等。这种循环往往是由高值到低值，再回到高值的波浪形模式。

不规则变动（I）：不规则变动是指各种偶然性因素引起的变动。不规则变动又可分为突变和随机变动。突变，是指诸如战争、自然灾害、意外事故、方针政策等的改变所引起的变动；随机变动是指由于各种随机因素所产生的影响。

上述各类影响因素的共同作用，使时间序列数据发生变化，有的具有规律性，如长期趋势变动和季节性变动；有些就不具有规律性，如不规则变动及循环变动（从较长的时期观察也有一定的规律性，但短时间的变动又是不规律的）。时间序列分析法，就是要运用统计方法和数学方法，把时间序列数据分解为 T、S、C、I 四类因素或其中的一部分，据此预测时间序列的发展规律。

（3）时间序列是一种简化。在采用时间序列预测方法时，假设预测对象的变化仅仅与时间有关，根据它的变化特征，以惯性原理推测其未来状态。事实上，预测对象与外部因素有着密切而复杂的联系。时间序列中的每一个数据都是许多因素综合作用的结果，整个时间序列则反映了外部因素综合作用下预测对象的变化过程。因此，预测对象是仅与时间有关的假设，是对外部因素复杂作用的简化，这种简化使预测更为直接和简便。

2. 时空序列预测

时空序列预测建模是时空序列数据挖掘的一项重要的技术手段，由于具有普适性的时空序列数据预测方法是不存在的，在实际应用中，首先应该对时空数据特征进行分析，选取符合数据特征的模型进行预测。

时间序列预测方法分为两大类：一类是确定型的时间序列模型方法；一类是随机型的时间序列分析方法。确定型时间序列预测方法的基本思想是用一个确定的时间函数场（ft）来拟合时间序列，不同的变化采取不同的函数形式来描述，不同变化的叠加采用不同的函数叠加来描述。具体可分为趋势预测法、平滑预测法、分解分析法等。随机型时间序列分析法的基本思想是通过分析不同时刻变量的相关关系，揭示其相关结构，利用这种相关结构来对时间序列进行预测。本书讨论的时间序列预测法指的是确定型时间序列模型方法。地理过程的时间序列分析，就是通过分析地理要素（变量）随时间变化的历史过程，揭示其发展变化规律，并对其未来状态进行预测。

预测是对于未来或未知的预计与推测。预测不是臆测，这里的预测是科学的预测，它是建立在对预测对象认识、分析和科学的推理基础之上的。用时间序列预测法进行预测必须具有以下条件：一是预测变量的过去、现在和将来的客观条件基本保持不变，历史数据解释的规律可以延续到未来。二是预测变量的发展过程是渐变的，而不是跳跃式的或大起大落的。

1）移动平均法

移动平均法是一种简单平滑预测技术，它的基本思想是：根据时间序列资料、逐项推移，依次计算包含一定项数的序时平均值，以反映长期趋势。因此，当时间序列的数值由于受周期变动和随机波动的影响，起伏较大，不易显示出事件的发展趋势时，使用移动平均法可以消除这些因素的影响，显示出事件的发展方向与趋势（即趋势线），然后依趋势线分析预测序列的长期趋势。

（1）简单移动平均法。设有一时间序列 $y_1, y_2, \cdots, y_t$，则按数据点的顺序逐点推移求出 N 个数的平均数，即可得到一次移动平均数：

$$M_t^{(1)} = \frac{y_t + y_{t-1} + y_{t-N+1}}{N} = M_{t-1}^{(1)} + \frac{y_t - y_{t-N}}{N},\quad t \geqslant N \cdot \tag{10-50}$$

式中，$M_t^{(1)}$ 为第 t 周期的一次移动平均数；y_t 为第 t 周期的观测值；N 为移动平均的项数，即求每一移动平均数使用的观察值的个数。

这个公式表明 t 向前移动一个时期，就增加一个新近数据，去掉一个远期数据，得到一个新的平均数。由于它不断地“吐故纳新”，逐期向前移动，所以称为移动平均法。

由于移动平均可以平滑数据，消除周期变动和不规则变动的影响，使得长期趋势显示出来，因而可以用于预测。其预测公式为

$$\hat{y}_{t+1} = M_t^{(1)} \tag{10-51}$$

即以第 t 周期的一次移动平均数作为第 t+1 周期的预测值。

（2）趋势移动平均法。当时间序列没有明显的趋势变动时，使用一次移动平均就能够准确地反映实际情况，直接用第 t 周期的一次移动平均数就可预测第 t +1 周期之值。但当时间序列出现线性变动趋势时，用一次移动平均数来预测就会出现滞后偏差。因此，需要进行修正，修正的方法是在一次移动平均的基础上再做二次移动平均，利用移动平均滞后偏差的规律找出曲线的发展方向和发展趋势，然后建立直线趋势的预测模型，故称为趋势移动平均法。

设一次移动平均数为 $M_t^{(1)}$，则二次移动平均数 $M_t^{(2)}$ 的计算公式为

$$M_t^{(2)} = \frac{M_t^{(1)} + M_{t-1}^{(1)} + \cdots + M_{t-N+1}^{(1)}}{N} = M_{t-1}^{(1)} - \frac{M_{t-N}^{(1)}}{N} \tag{10-52}$$

再设时间序列 $y_1, y_2, \cdots, y_t$，从某时期开始具有直线趋势，且认为未来时期也按此直线趋势变化，则可设此直线趋势预测模型为

$$\hat{y}_{t+T} = a_t + b_t T \tag{10-53}$$

式中，t 为当前时期数；T 为由当前时期数 t 到预测期的时期数，即 t 以后模型外推的时间；左边第一项为第 t+T 期的预测值；右边第一项为截距；第二项 b_t 为斜率，又称为平滑系数。

根据移动平均值可得截距 a_t 和斜率 b_t 的计算公式为

$$a_t = 2M_t^{(1)} - M_t^{(2)},\quad b_t = \frac{2}{N-1}(M_t^{(1)} - M_t^{(2)}) \tag{10-54}$$

在实际应用移动平均法时，移动平均项数 N 的选择十分关键，它取决于预测目标和实际数据的变化规律。

2）指数平滑法

移动平均法的预测值实质上是以前观测值的加权和，且对不同时期的数据给予相同的加权。这往往不符合实际情况。指数平滑法则对移动平均法进行了改进和发展，其应用较为广泛。

根据平滑次数不同，指数平滑法分为一次指数平滑法、二次指数平滑法和三次指数平滑法等。但它们的基本思想都是：预测值是以前观测值的加权和，且对不同的数据给予不同的权，新数据给较大的权，旧数据给较小的权。

（1）一次指数平滑法。设时间序列为 $y_1, y_2, \cdots, y_t$，则一次指数平滑公式为

$$S_t^{(1)} = \alpha y_t + (1-\alpha) S_{t-1}^{(1)} \tag{10-55}$$

式中，$s_t^{(1)}$ 为第 t 周期的一次指数平滑值；a 为加权系数，$0 < a < 1$。为了弄清指数平滑的实质，将上述公式依次展开，可得

$$s_t^{(1)} = \alpha \sum_{j=0}^{t-1} (1-\alpha)^j y_{t-j} + (1-\alpha)^t s_0^{(1)} \tag{10-56}$$

由于 $0 < a < 1$，当 $t \to \infty$ 时，$(1-a)t \to 0$，于是上述公式变为

$$s_t^{(1)} = \alpha \sum_{j=0}^{\infty} (1-\alpha)^j y_{t-j} \tag{10-57}$$

由此可见，$s_t^{(1)}$ 实际上是 $y_1, y_2, \cdots, y_t$ 的加权平均。加权系数分别为 $a, a(1-a), a(1-a)^2, \cdots$ 是按几何级数衰减的，越近的数据，权数越大，越远的数据，权数越小，且权数之和等于 1，即

$$\alpha \sum_{j=0}^{\infty} (1-\alpha)^j = 1 \tag{10-58}$$

因为加权系数符合指数规律，且又具有平滑数据的功能，所以称为指数平滑。

用上述平滑值进行预测，就是一次指数平滑法。其预测模型为

$$\hat{y}_{t+1} = S_t^{(1)} = \alpha y_t + (1-\alpha) \hat{y}_t \tag{10-59}$$

即以第 t 周期的一次指数平滑值作为第 t+1 期的预测值。

（2）二次指数平滑法。当时间序列没有明显的趋势变动时，使用第 t 周期一次指数平滑就能直接预测第 t+1 期之值。但当时间序列的变动出现直线趋势时，用一次指数平滑法来预测仍存在着明显的滞后偏差。因此，也需要进行修正。修正的方法也是在一次指数平滑的基础上再作二次指数平滑，利用滞后偏差的规律找出曲线的发展方向和发展趋势，然后建立直线趋势预测模型。故称为二次指数平滑法。

设一次指数平滑为 $s_t^{(1)}$，则二次指数平滑 $s_t^{(2)}$ 的计算公式为

$$S_t^{(2)} = \alpha S_t^{(1)} + (1-\alpha) S_{t-1}^{(2)} \tag{10-60}$$

若时间序列 $y_1, y_2, \cdots, y_t$，从某时期开始具有直线趋势，且认为未来时期也按此直线趋势

变化，则与趋势移动平均类似，可用如下的直线趋势模型来预测。

$$\hat{y}_{t+T}=a_t+b_tT \qquad T=1,2,\cdots \tag{10-61}$$

式中，t 为当前时期数；T 为由当前时期数 t 到预测期的时期数；$\hat{y}_{t+T}$ 第一项为第 $t+T$ 期的预测值；a_t 为截距，b_t 为斜率，其计算公式为

$$a_t=2S_t^{(1)}-S_t^{(2)}, \quad b_t=\frac{\alpha}{1-\alpha}(S_t^{(1)}-S_t^{(2)}) \tag{10-62}$$

相应地，若时间序列的变动呈现出二次曲线趋势，则需要用三次指数平滑法。三次指数平滑是在二次指数平滑的基础上再进行一次平滑。

3）回归预测法

a. 一元线性回归预测法

一元线性回归预测法是指成对的两个变量数据分布大体上呈直线趋势时，运用合适的参数估计方法，求出一元线性回归模型，然后根据自变量与因变量之间的关系，预测因变量的趋势。由于很多社会经济现象之间都存在相关关系，因此，一元线性回归预测具有很广泛的应用。进行一元线性回归预测时，必须选用合适的统计方法估计模型参数，并对模型及其参数进行统计检验。

b. 多元线性回归预测法

社会经济现象的变化往往受到多个因素的影响，因此，一般要进行多元回归分析，把包括两个或两个以上自变量的回归称为多元回归。多元回归与一元回归类似，可以用最小二乘法估计模型参数。也需对模型及模型参数进行统计检验。选择合适的自变量是正确进行多元回归预测的前提之一，多元回归模型自变量的选择可以利用变量之间的相关矩阵来解决。

（1）建立模型——以二元线性回归模型为例。二元线性回归模型：$y_i=b_0+b_1x_1+b_2x_2+\mu_{i2}$。类似使用最小二乘法进行参数估计。

（2）拟合优度指标。标准误差：对 y 值与模型估计值之间的离差的一种度量。其计算公式为

$$\mathrm{SE}=\sqrt{\frac{\sum(y-\hat{y})^2}{n-3}} \tag{10-63}$$

可决系数：

$$R^2=1-\frac{\sum(y-\hat{y})^2}{\sum(y-\bar{y})^2} \tag{10-64}$$

$R^2=0$ 意味着回归模型没有对 y 的变差做出任何解释；而 $R^2=1$ 意味着回归模型对 y 全部变差做出解释。

（3）置信范围。置信区间的公式为：置信区间 $=\hat{y}\pm t_p\mathrm{SE}$，其中，$t_p$ 是自由度为 $n-k$ 的 t 统计量数值表中的数值，n 是观察值的个数，k 是包括因变量在内的变量的个数。

（4）自相关和多重共线性问题。自相关检验：

$$D-W=\frac{\sum_{i=2}^{n}(\mu_i-\mu_{i-1})^2}{\sum_{i=1}^{n}\mu_i^2},\quad 其中，\mu_i=y_i-\hat{y}_i \tag{10-65}$$

多重共线性检验。由于各个自变量所提供的是各个不同因素的信息，因此，假定各自变量同其他自变量之间是无关的。但是实际上两个自变量之间可能存在相关关系，这种关系会导致建立错误的回归模型，以及得出使人误解的结论。为了避免这个问题，有必要对自变量之间的相关与否进行检验。任何两个自变量之间的相关系数为

$$r=\frac{\sum(x-\bar{x})(y-\bar{y})}{\sqrt{\sum(x-\bar{x})^2(y-\bar{y})^2}} \tag{10-66}$$

经验法则认为相关系数的绝对值小于 0.75，或者 0.5，这两个自变量之间不存在多重共线性问题。

4）灰色预测与优化

在灰色理论中，白指信息完全，黑指信息缺乏，灰指信息不完全。信息不完全的系统便是灰色系统。例如，农牧耦合系统中物质循环和能量流动的信息就是不完全的。因此，农牧耦合系统是灰色系统。目前，灰色理论在农牧耦合系统中应用较多的是灰色预测和灰色优化决策。

（1）灰色预测。预测就是根据客观事物的过去和现在的发展规律，借助于科学的方法和先进的技术手段，对其未来的发展趋势和状况进行描述和分析，并形成科学的假设和判断，对于一个将来出现的、现在没有诞生的未来系统，必然是既有已知信息，又有未知或不完全确知的信息并且处于连续变化的动态之中，所以说“预测未来”从本质上说是灰色问题，基于灰色动态 GM(n,h)模型的预测称为灰色预测。

灰色系统建立的 GM(n, h)模型是微分方程的时间连续函数模型，n 表示微分方程的阶数，h 表示变量的个数，灰色预测具有以下特点：①灰色预测需要的数据量较少。②灰色预测方法计算简单。虽然 GM(n, h)模型建立在较深的高等数学基础上，但它的计算步骤却不烦琐，多数可用手工完成，借助数学软件计算则更为迅速。③灰色预测不需要太多的关联因素，因而资料比较容易取得。④灰色预测既可用于近期、短期，也可用于中长期预测。

灰色预测的基本方法大致可分为三类：①数列预测，即对某个系统或因素发展变化到未来某个时刻出现的数量大小进行预测；②灾变预测，即对某个时间是否会发生某种“灾变”，或某个异常值可能在什么时间出现等进行预测；③系统预测，即对某个系统中一些变量或因素间相互协调发展变化的大小及其数量进行预测。

在这些预测方法中，灰色数列预测应用最为普遍，灰色数列预测是指利用 GM(1, 1)模型，对时间序列进行数量大小的预测。

（2）灰色优化。灰色优化是指在优化设计中含有信息不完全的因素（即灰数），灰色优化的数学模型与普通优化的数学模型一样，也是从设计变量、目标函数和约束条件给出的。

灰色优化一般是将约束条件或约束式中的系数作为灰数。灰色优化的特点是：能够反映约束条件随时间变化的情况，不像线性规划那样是静止的；灰色优化的约束式变量作为灰数，

更符合实际情况，灵活性更大，有解的可能性更大。灰色优化分预测型线性规划和漂移型线性规划两类（这里仅介绍预测型线性规划）。

预测型线性规划数学模型如下。

目标函数：$f(x)=\sum_{j=1}^{n}c_j x_j$

约束条件为$\sum_{j=1}^{n}c_{ij}x_j \leqslant \otimes i,\ i=1,2,\cdots,m$；$x_j \geqslant 0,\ j=1,2,\cdots,n$

预测型线性规划中仅约束值$\otimes i$为灰数，可以通过模型GM(1,1)预测，将灰数白化，然后按一般线性规划的方法求解。

综上，一个时间序列通常存在长期趋势变动、季节变动、周期变动和不规则变动因素。时间序列分析的目的就是逐一分解和测定时间序列中各项因素的变动程度和变动规律，然后将其重新综合起来，预测统计指标今后综合的变化和发展情况。

时间序列的预测分析步骤如下：①确定时间序列的变动因素和变动类型；②计算调整月（季）指数，以测定季节变动因素的影响程度；③调整时间序列的原始指标值，以消除季节变动因素的影响；④根据调整后的时间序列的指标值（简称调整值）拟合长期趋势模型；⑤计算趋势比率或周期余数比率，以度量周期波动幅度和周期长度；⑥预测统计指标今后的数值。

因为不规则变动项的平均数等于0，所以不规则变动项对预测值没有影响，上面步骤中没有对不规则变动进行计算。

在地理信息系统中，预测数据已有时间系列内部的数据称为内插，已有时间序列以外的数据叫外插。内插可用于时间数据的匹配。例如，有两个时间序列，一个是每一个月测一次而获取的数据；另一个是每两个月测一次而获取的数据，分析某一时刻两种因素的某月的综合作用时，对两个月测得的数据进行内插，以便于对数据进行叠加分析。

另外，时间序列分析可用于两个地理现象变化的相关分析，透过相关分析可以检测两种现象的变化是否存在相关性。例如，稻米的产量，往往与其所处的土壤肥沃程度相关。也有学者把时间序列的相关分成两类：第一类情况，这两个时间序列以相同的基础产生，如分析在两个记录地点收到的地震信号。第二类情况，两个时间序列有因果关系。一个时间序列可以看成线性系统的输入，而另一个看成线性系统的输出。

第十一章　空间数据挖掘

空间数据挖掘是指从海量地理空间数据中抽取没有清楚表现出来的隐含的知识和空间关系，并发现其中有用的特征和模式的理论、方法和技术。传统的数据分析处理方法缺乏挖掘数据背后隐藏知识的手段，无法发现数据中存在的关系和规则，无法根据现有的数据预测未来的发展趋势，导致了人类正被数据淹没却饥渴于知识的现象。数据挖掘是在数据库技术、机器学习、人工智能、统计分析、模糊逻辑、人工神经网络和专家系统等基础上发展起来的新兴交叉学科，是继网络之后的又一个技术热点。如果将数据库中的大量数据比喻为矿床，则数据挖掘技术就是从这矿床中挖掘知识“金块”的工具。本章首先介绍空间数据挖掘的一般概念，然后再重点介绍空间聚类、空间关联和空间分类与预测等方法。

11.1　空间数据挖掘概述

空间数据挖掘（spatial data mining，SDM）是数据挖掘（data mining，DM）的分支学科，但空间数据挖掘不同于一般的数据挖掘，有别于常规的事务型数据库的数据挖掘，比一般数据挖掘的发现状态空间理论增加了空间尺度维。

11.1.1　空间数据挖掘的定义与特点

空间数据挖掘，也称基于空间数据库的数据挖掘和知识发现（spatial data mining and knowledge discovery），作为数据挖掘的一个新的分支，是指从空间数据库中提取用户感兴趣的空间模式与特征、空间与非空间数据的普遍关系及其他一些隐含在数据库中的普遍的数据特征。简单地讲，空间数据挖掘是指从空间数据库中提取隐含的、用户感兴趣的空间和非空间的模式、普遍特征、规则和知识的过程，是指从空间数据库中抽取没有清楚表现出来的隐含的知识和空间关系，并发现其中有用的特征和模式的理论、方法和技术。

空间数据挖掘处理的是空间数据，空间数据与其他类型数据的一个重要区别就是它的空间特性，由于空间数据的复杂性，空间数据挖掘不同于一般的事务数据挖掘，它有如下一些特点。

（1）数据源十分丰富，数据量非常庞大，数据类型多，存取方法复杂。

（2）应用领域十分广泛，只要与空间位置相关的数据，都可对其进行挖掘。

（3）挖掘方法和算法非常多，而且大多数算法比较复杂，难度大。

（4）知识的表达方式多样，对知识的理解和评价依赖于人对客观世界的认知程度。

11.1.2　空间数据挖掘的体系结构

空间数据挖掘系统大致可以分为三层结构，如图 11.1 所示。

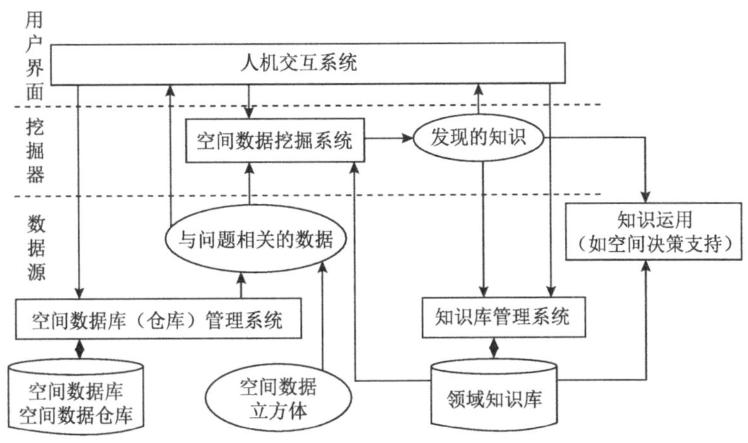

图 11.1　空间数据挖掘的体系结构

第一层是数据源，指利用空间数据库或数据仓库管理系统提供的索引、查询优化等功能获取和提炼与问题领域相关的数据，或直接利用存储在空间数据立方体中的数据，这些数据可称为数据挖掘的数据源或信息库。在这个过程中，用户直接通过空间数据库（数据仓库）管理工具交互地选取与任务相关的数据，并将查询和检索的结果进行必要的可视化分析，多次反复，提炼出与问题领域有关的数据，或通过空间数据立方体的聚集、上钻、下翻、切块、旋转等分析操作，抽取与问题领域有关数据，然后再开始进行数据挖掘和知识发现过程。

第二层是挖掘器，利用空间数据挖掘系统中的各种数据挖掘方法分析被提取的数据，一般采用交互方式，由用户根据问题的类型及数据的类型和规模，选用合适的数据挖掘方法，但对于某些特定的专门的数据挖掘系统，可采用系统自动地选用挖掘方法的方式。

第三层是用户界面，使用多种方式（如可视化工具）将获取的信息和发现的知识以便于用户理解和观察的方式反映给用户，用户对发现的知识进行分析和评价，并将知识提供给空间决策支持使用，或将有用的知识存入领域知识库内。在整个数据挖掘过程中，用户能够控制每一步。一般说来，数据挖掘和知识发现的多个步骤相互连接，需要反复进行人机交互，才能得到最终满意的结果。显然，在整个数据挖掘过程中，良好的人机交互用户界面是顺利进行数据挖掘并取得满意结果的基础。

11.1.3　空间数据挖掘的基本过程

尽管不同于一般的数据挖掘，但空间数据挖掘的步骤与一般数据挖掘没有太大区别。通常认为，在数据库中挖掘出有用的知识和信息遵循以下六个步骤（图 11.2 所示）。

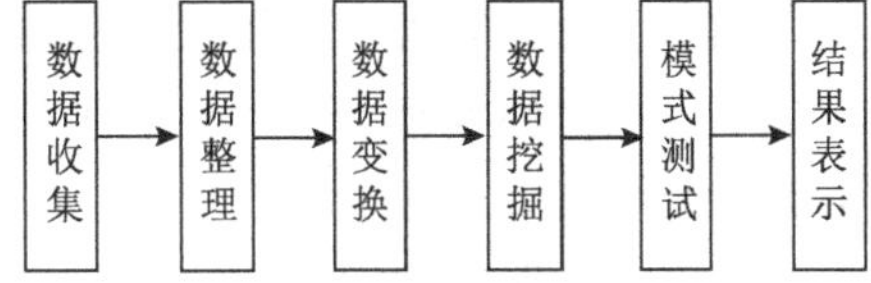

图 11.2　空间数据挖掘的一般步骤

（1）数据收集：根据所研究专题的相关领域，充分利用各种数据源，如已有的数据库、旧的文献记载或者使用新技术及时得到的第一手资料，做最大范围的数据收集，同时要注意甄别，保证数据的准确性。

（2）数据整理：得到了要分析的对象的数据资料，会发现里面有许多资料或者失去了时效性，或者有重复或重叠的部分，此时要对各种数据进行初步的整理，清理出失效或失真的数据，并将数据进行统一的存储。

（3）数据变换：不可能用一种分析方法挖掘出隐含在数据中的所有知识，也不可能用一种分析方法对所有的数据格式进行分析。因此，有必要对数据格式进行变换，以适应当前的分析算法。

（4）数据挖掘：当确定了要使用的分析算法时，下一步就是设定这种分析模型下的参数并设计合适的数据模式，开始挖掘用户需要的信息。

（5）模式测试：单一的模式有时候并不能解决问题，或者不能够提供足够的知识供用户参考，必须调整参数的选择，改变已有的设计模式，反复进行调试，直到得到足够有效的信息。

（6）结果表示：有时候潜在的知识虽然被挖掘出来了，但由于缺乏简单的可视化方法，只有专家等少数人才能理解，使得知识的可传播性下降。为了增加易读行，形象的可视化界面和交互技术也是必需的。

以上是数据挖掘的基本步骤，是一个完整的数据挖掘过程，能满足一般用户的知识发现需求。需要指出的是，在数据挖掘的各个步骤中，都受人的主观因素的影响，都有潜在的不确定性。因此，为了确保知识发现的有效性，在数据挖掘的各个步骤中，要求参与人员尽量是专业人士，并且做到实事求是。

11.1.4　空间数据的知识类型

空间数据挖掘是一种知识决策支持技术，重在从数据中挖掘未知却有用的最终可理解知识，从而提供给空间决策支持系统。空间决策所用的知识是从空间数据中挖掘而来，最终服务于数据利用，目的是帮助人们最大限度地有效利用数据，提高决策的准确性和可靠性。数据挖掘所能发现的知识最常见的有以下五种类型:广义知识、关联知识、分类知识、聚类知识和预测型知识。

而知识和规则是研究者期望从空间数据中挖掘出的信息，是空间数据库记录间的区别和差异，是隐含在数据记录间的空间数据的内在联系和潜在关系。知识有普遍几何知识和面向对象知识，规则包括空间数据的分类、聚类、序列、区分、关联、预测和特征等关系模式。通常可将空间数据挖掘发现的知识和规则分为以下几种。

（1）普遍几何知识（general geometric knowledge）：是指关于目标的数量、大小、形态特征等普遍的几何特征。用统计方法可以容易地得到各类目标的数量和大小，如线状目标的大小用长度、宽度来表征，面状目标的大小用面积、周长来表征。目标的形态特征就是要把直观的可视化的图形表示成易于利用计算机实现的定量化的特征值，如线状目标的形态特征用弯曲度、方向等表示，面状目标的形态特征用密集度、边界弯曲度、主轴方向等来表示，单独的点状目标没有形态特征，而对于聚集在一起的点群，可以用类似面状目标的方法进行形态特征计算。

（2）面向对象的知识（object oriented knowledge）：是指某类复杂对象的子类构成极其普遍特征的知识。例如，把一个大学校园作为一个空间对象，可以把大学校园这个对象分为大门、建筑物、道路、操场、树木和围墙等子类，进一步描述为大门连接围墙和道路，而建筑物则形态规则、高度一定并和道路相连等。

（3）空间关联规则（spatial association rules）：是指空间实体目标之间同时出现的内在规律，描述在给定的数据库中，空间实体的特征数据项之间频繁同时出现的条件规则，一般表现为相邻、相连、共生、包含等关联关系，既包含单个谓词的单维空间关联规则，也包含两个或两个以上的空间实体或谓词的多维空间关联规则。在GIS中用拓扑关系来表现空间数据库中数据的关联关系。此外，关联规则的形式包括一般关联规则和强关联规则。

（4）空间聚类规则（spatial clustering rules）：是指依据特征相近程度将空间实体目标分到不同的组中，组内的实体具有相近的特征，组间的实体相对组内有较大的特征差别。空间聚类是一个概括和综合的过程，与分类规则不同，在聚类前并不知道将要划分成几类，也不知道根据哪些空间区分规则来定义类。

（5）空间特征规则（spatial characteristic rules）：是指用简单的方式汇总空间实体数据的某类或几类几何和属性的一般共性特征。属性规则指空间实体的大小、数量和形态等，几何规则指空间实体的形状分布特征。空间特征规则归纳了目标类空间数据的一般特性，多为对空间的类或概念的描述，当样本空间的数据海量时，直方图、饼状图、条图、曲线、多维数据立方体、多维表数据等都可以转换为先验概率知识。

（6）空间区分规则（spatial discriminate rules）：是指用规则描述的两类或几类实体间的不同空间特征规则的区分，所附的比较度量用以区分目标类和对比类。目标类和对比类由挖掘的目的而定，对应的空间数据通过数据库检索查询就能获得，可以通过把目标类空间实体的空间特征，与一个或多个对比类空间实体的空间特征相对比，得到空间区分规则。在空间区分规则中，空间分布规律是指实体在空间的垂直、水平或垂直-水平的分布规律。

（7）空间分类规则（spatial classification rules）：是指将反映同类实体共同性质的特征型知识和不同事物之间的差异型特征知识进行归类。根据空间区分规则可以把空间数据库中的数据映射到给定的类上，空间分类规则在分类前预先定义类别和数目。

（8）空间回归规则（spatial regression rules）：与空间分类规则相似，其差别是空间分类规则的预测值是离散的，而空间回归规则的预测值是连续的。空间分类规则和回归规则主要是从空间数据库中挖掘描述并区分数据类或概念的模型，常表现为决策树、谓词逻辑、神经网络或函数等形式，常用的回归函数有一元线性回归、多元线性回归和曲线回归函数。

（9）空间依赖规则（spatial dependent rules）：主要用于发现不同实体之间或者相同实体的不同属性之间的函数依赖关系和程度。空间依赖规则发现的知识用以空间实体名或属性名为变量的数学方程表示。

（10）空间预测规则（spatial predictable rules）：是在空间分类规则、空间回归规则、空间聚类规则、空间关联规则及空间依赖规则的基础上，充分利用已有的空间数据，预测空间未知的数据值、类标记和分布趋势。

（11）空间演变规则（spatial evolution rules）：描述实体数据随时间变化的规律或趋势，并建立数学模型，空间演变规则将数据和时间联系在一起。在发现演变规则时，不仅需要知道空间事件是否发生，还需要知道事件发生的时间，所以是带有时间约束的空间序列规则。虽然，空间演变规则可能包括与时间相关的空间数据的特征、区分、关联、分类、聚类、依赖和预测等，但是基于时序相关数据的序列规则挖掘有其自身的特色，如时间序列分析、序列或周期模式匹配、基于类似性的推理等。

（12）空间例外（spatial exceptions and outliers）：是大部分空间实体的共性特征之外的偏差或独立点，是与空间数据库或数据仓库中数据的一般行为或通用模型不一致的数据对象的特性。例外是异常的表现，排除人为的原因，异常就意味着某种灾变的表现，所以可以作为空间例外知识，异常值分析即是基于空间例外知识。

11.1.5　空间数据的挖掘方法

空间数据挖掘是一种决策支持过程，基本知识类型是规则和例外，理论方法的好坏将直接影响所发现知识的优劣。根据面向的空间数据对象，已经使用和发展了的空间数据挖掘方法可以分为基于确定数据的和基于不确定数据的，主要包括概率论、空间统计、规则归纳、聚类分析、空间分析、模糊集、云模型、数据场、粗集、神经网络、遗传算法、可视化、决策树、空间在线数据挖掘等，并取得了一定的成果。常用的空间数据挖掘方法有以下几类。

（1）基于概率论的方法。这是一种通过计算不确定性属性的概率来挖掘空间知识的方法，所发现的知识通常被表示成给定条件下某一假设为真的条件概率。在用误差矩阵描述遥感分类结果的不确定性时，可以用这种条件概率作为背景知识来表示不确定性的置信度。

（2）空间分析方法：指采用综合属性数据分析、拓扑分析、缓冲区分析、密度分析、距离分析、叠置分析、网络分析、地形分析、趋势面分析、预测分析等在内的分析模型和方法，用以发现目标在空间上的相连、相邻和共生等关联规则，或挖掘出目标之间的最短路径、最优路径等知识。目前常用的空间分析方法包括探测性的数据分析、空间相邻关系挖掘算法、探测性空间分析方法、探测性归纳学习方法、图像分析方法等。

（3）统计分析方法：指利用空间对象的有限信息和/或不确定性信息进行统计分析，进而评估、预测空间对象属性的特征、统计规律等知识。它主要运用空间自协方差结构、变异函数或与其相关的自协变量或局部变量值的相似程度实现包含不确定性的空间数据挖掘。

（4）归纳学习方法，即在一定的知识背景下，对数据进行概括和综合，在空间数据库（数据仓库）中搜索和挖掘一般的规则和模式的方法。归纳学习的算法很多，如由 Quinlan 提出的著名的 C5.0 决策树算法、Han Jiawei 等提出的面向属性的归纳方法、裴健等提出的基于空间属性的归纳方法等。

（5）空间关联规则挖掘方法，即在空间数据库（数据仓库）中搜索和挖掘空间对象（及其属性）之间的关联关系的算法。最著名的关联规则挖掘算法是 Agrawal 提出的 Apriori 算法。此外，还有程继华等提出的多层次关联规则的挖掘算法、许龙飞等提出的广义关联规则模型挖掘方法等。

（6）聚类分析方法，即根据实体的特征对其进行聚类或分类，进而发现数据集的整个空间分布规律和典型模式的方法。常用的聚类方法有 *K*-means、*K*-medoids 方法、Ester 等提出的基于 R-树的数据聚焦法及发现聚合亲近关系和公共特征的算法、周成虎等提出的基于信息熵的时空数据分割聚类模型等。

（7）神经网络方法，即通过大量神经元构成的网络来实现自适应非线性动态系统，并使其具有分布存储、联想记忆、大规模并行处理、自学习、自组织、自适应等功能的方法；在空间数据挖掘中可用来进行分类和聚类知识及特征的挖掘。

（8）决策树方法，即根据不同的特征，以树型结构表示分类或决策集合，进而产生规则和发现规律的方法。采用决策树方法进行空间数据挖掘的基本步骤如下：首先利用训练空间实体集生成测试函数；其次根据不同取值建立决策树的分支，并在每个分支子集中重复建立下层结点和分支，形成决策树；最后对决策树进行剪枝处理，把决策树转化为据以对新实体进行分类的规则。

（9）粗集理论。一种由上近似集和下近似集来构成粗集，进而以此为基础来处理不精确、不确定和不完备信息的智能数据决策分析工具，较适于基于属性不确定性的空间数据挖掘。

（10）基于模糊集合论的方法。这是一系列利用模糊集合理论描述带有不确定性的研究对象，对实际问题进行分析和处理的方法。基于模糊集合论的方法在遥感图像的模糊分类、GIS 模糊查询、空间数据不确定性表达和处理等方面得到了广泛应用。

（11）空间特征和趋势探测方法。这是一种基于邻域图和邻域路径概念的空间数据挖掘算法，它通过不同类型属性或对象出现的相对频率的差异来提取空间规则。

（12）基于云理论的方法。云理论是一种分析不确定信息的新理论，由云模型、不确定性推理和云变换三部分构成。基于云理论的空间数据挖掘方法把定性分析和定量计算结合起来，处理空间对象中融随机性和模糊性为一体的不确定性属性；可用于空间关联规则的挖掘、空间数据库的不确定性查询等。

（13）基于证据理论的方法。证据理论是一种通过可信度函数（度量已有证据对假设支持的最低程度）和可能函数（衡量根据已有证据不能否定假设的最高程度）来处理不确定性信息的理论，可用于具有不确定属性的空间数据挖掘。

（14）遗传算法。这是一种模拟生物进化过程的算法，可对问题的解空间进行高效并行的全局搜索，能在搜索过程中自动获取和积累有关搜索空间的知识，并可通过自适应机制控制搜索过程以求得最优解。空间数据挖掘中的许多问题，如分类、聚类、预测等知识的获取，均可以用遗传算法来求解。这种方法曾被应用于遥感影像数据中的特征发现。

（15）数据可视化方法。这是一种通过可视化技术将空间数据显示出来，帮助人们利用视觉分析来寻找数据中的结构、特征、模式、趋势、异常现象或相关关系等空间知识的方法。为了确保这种方法行之有效，必须构建功能强大的可视化工具和辅助分析工具。

（16）计算几何方法。这是一种利用计算机程序来计算平面点集的 Voronoi 图，进而发现空间知识的方法。利用 Voronoi 图可以解决空间拓扑关系、数据的多尺度表达、自动综合、空间聚类、空间目标的势力范围、公共设施的选址、确定最短路径等问题。

（17）空间在线数据挖掘。这是一种基于网络的验证型空间来进行数据挖掘和分析的工具。它以多维视图为基础，强调执行效率和对用户命令的及时响应，一般以空间数据仓库为直接数据源。这种方法通过数据分析与报表模块的查询和分析工具（如 OLAP、决策分析、数据挖掘等）完成对信息和知识的提取，以满足决策的需要。

上述空间数据挖掘的方法并不是严格分界的，各种数据挖掘方法除了可以综合运用外，有些数据挖掘方法的技术核心是相互交融的，理论基础也是一致的。针对各种空间数据库和空间数据，应采取不同的数据挖掘方法，同时基于不同的应用目的，对于同一种空间数据库，有时也要考虑相对应的挖掘技术。

尽管空间数据挖掘的理论和方法已经很多，然而必须认识到，目前许多研究成果还处于实验阶段，一些算法不具备很高的普适性，许多知识的表达还不是很清晰，现有的空间数据挖掘系统不够稳健，并不能满足某些用户的需求。下面各节将就几种典型的空间数据挖掘方法进行重点介绍。

11.2　空间聚类分析

空间聚类是聚类分析的一个研究方向，指按照一定准则将空间数据集内的数据对象组织（划分）成多个组或簇，这样在同一簇中的对象之间具有较高的相似度，而不同簇中的对象之间则差别较大，即相异度较大。作为一种非监督学习方法，空间聚类不依赖于预先定义的类和带类标号的训练数据集。

11.2.1　聚类分析概念

聚类分析（cluster analysis）简称聚类（clustering），是依据数据对象间关联的度量标准将数据对象集自动分成几个组或簇。聚类分析系统的输入是一个对象数据集和一个度量两个对象间关联程度（相似度或相异度）的标准。聚类分析的输出是数据集的几个簇，这些簇构成一个分区或一个分区结构。聚类分析的一个附加结果是对每个簇的概括描述，这个结果对于深入分析数据集的特性尤为重要。

表 11.1 是一个根据顾客购买行为对顾客进行聚类分析的简单例子，它给出了 9 个顾客的信息，共分 3 个簇进行分析。两个描述顾客的特征：第 1 个特征是顾客所购买商品的数量；第 2 个特征是他们所购买的每种商品的价格。簇 1 中的顾客购买少量的高价商品，簇 2 中的顾客购买大量的高价商品，簇 3 中的顾客购买少量的低价商品。这个简单的例子和对每个簇特性的解释表明，聚类分析的目的是基于未标志类的训练数据集构造判别边界（分类面）。这些数据集中的对象仅有输入特征（没有类标号），学习过程是在无指导的情况下进行分类的。

表 11.1　顾客购买行为的聚类分析示例

项目	商品数量	价格
簇 1	2	1700
	3	2000
	4	2300
簇 2	10	1800
	12	2100
	11	2500
簇 3	2	100
	3	200
	3	350

聚类是一个非常难的问题，因为在 n 维的数据空间中，数据所揭示出的簇可以有不同的形状和大小。为了深入研究这个问题，数据中簇的数量常常依据观察到的数据的精确度（精细的和粗糙的）来定。下面通过图 11.3 来说明这些问题。图 11.3（a）表示一组分散在二维平面上的点（二维空间对象集）。分析将这些点分成几个簇。簇数 N 事先没有给出。图 11.3（b）以虚线为边界进行自然的聚类。由于簇数没有给出，因此可以将这些点分成四个簇，如图 11.3（c）所示，它和图 11.3（b）一样自然。聚类形成簇的数量的任意性是聚类过程中的主要问题。

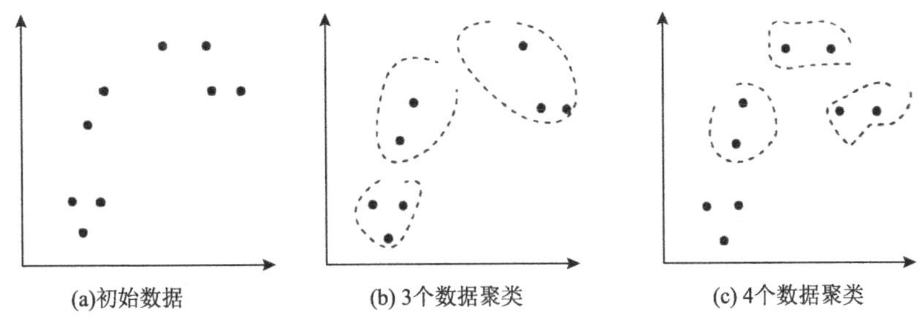

图 11.3　二维空间中点的聚类分析

作为一种数据挖掘功能，聚类分析也可以作为一种独立的工具，用来洞察数据的分布，观察每个簇的特征，将进一步分析集中在特定的簇集合上。另外，聚类分析可以作为其他算法（如特征化、属性子集选择和分类）的预处理步骤，之后这些算法将在检测到的簇和选择的属性或特征上进行操作。

在某些应用中，聚类又称做数据分割（data segmentation），因为它根据数据的相似性把大型数据集合划分成组。聚类还可以用于离群点检测（outlier detection），其中离群点（“远离”任何簇的值）可能比普通情况更值得注意。离群点检测的应用包括信用卡欺诈检测和电子商务中的犯罪活动监控等。

总之，聚类分析已经成为数据挖掘研究领域中一个非常活跃的研究课题。

11.2.2　聚类分析方法

到目前为止，研究人员已经发明了大量的聚类算法。但很难对聚类方法提出一个简洁的分类，因为这些类别可能重叠，从而使得一种方法具有几种类别的特征。尽管如此，对各种不同的聚类方法提供一个相对有组织的描述仍然是十分有用的。一般而言，主要的基本聚类算法可以划分为如下几类。

1. 划分方法

给定一个 n 个对象的集合，划分方法（partitioning method）构建数据的 k 个分区，其中每个分区表示一个簇，并且 $k \leqslant n$ 。也就是说，它把数据划分为 k 个组，使得每个组至少包含一个对象。换言之，划分方法在数据集上进行一层划分。典型的基本划分方法采取互斥的簇划分，即每个对象必须恰好属于一个组。这一要求，如在模糊划分技术中，可以放宽。

大部分划分方法是基于距离的。给定要构建的分区数 k ，划分方法首先创建一个初始划分。然后，它采用一种迭代的重定位技术，通过把对象从一个组移动到另一个组来改进划分。一个好的划分的一般准则是：同一个簇中的对象尽可能相互“接近”或相关，而不同簇中的对象尽可能“远离”或不同。还有许多评判划分质量的其他准则。传统的划分方法可以扩展到子空间聚类，而不是搜索整个数据空间。当存在很多属性并且数据稀疏时，这是有用的。

为了达到全局最优，基于划分的聚类可能需要穷举所有可能的划分，计算量极大。实际上，大多数应用都采用了流行的启发式方法，如均值和中心点算法，渐进地提高聚类质量，逼近局部最优解。这些启发式聚类方法很适合发现中小规模的数据库中的球状簇。

发现具有复杂形状的簇和对超大型数据集进行聚类，需要进一步扩展基于划分的方法。

2. 层次方法

层次方法（hierarchical method）创建给定数据对象集的层次分解。根据层次分解如何形成，层次方法可以分为凝聚的或分裂的方法。凝聚的方法，也称自底向上的方法，开始将每个对象作为单独的一个组，然后逐次合并相近的对象或组，直到所有的组合并为一个组（层次的最顶层），或者满足某个终止条件。分裂的方法，也称为自顶向下的方法，开始将所有的对象置于一个簇中。在每次相继迭代中，一个簇被划分成更小的簇，直到最终每个对象在单独的一个簇中，或者满足某个终止条件。

层次聚类方法可以是基于距离的或基于密度和连通性的。层次聚类方法的一些扩展也考虑了子空间聚类。

层次方法的缺陷在于，一旦一个步骤（合并或分裂）完成，它就不能被撤销。这个严格规定是有用的，因为不用担心不同选择的组合数目，它将产生较小的计算开销。然而，这种技术不能更正错误，针对这个问题已经提出了一些提高层次聚类质量的方法。

3. 基于密度的方法

大部分划分方法基于对象之间的距离进行聚类。这样的方法只能发现球状簇，而在发现任意形状的簇时遇到了困难。已经开发了基于密度概念的聚类方法（density-based method），其主要思想是：只要“邻域”中的密度（对象或数据点的数目）超过某个阈值，就继续增长给定的簇。也就是说，对给定簇中的每个数据点，在给定半径的邻域中必须至少包含最少数目的点。这样的方法可以用来过滤噪声或离群点，发现任意形状的簇。

基于密度的方法可以把一个对象集划分成多个互斥的簇或簇的分层结构。通常，基于密度的方法只考虑互斥的簇，而不考虑模糊簇。此外，可以把基于密度的方法从整个空间聚类扩展到子空间聚类。

4. 基于网格的方法

基于网格的方法（grid-based method）把对象空间量化为有限个单元，形成一个网格结构。所有的聚类操作都在这个网格结构（即量化的空间）上进行。这种方法的主要优点是处理速度很快，其处理时间通常独立于数据对象的个数，而仅依赖于量化空间中每一维的单元数。

对于许多空间数据挖掘问题（包括聚类），使用网格通常都是一种有效的方法。因此，基于网格的方法可以与其他聚类方法（如基于密度的方法和层次方法）集成。

表 11.2 简略地总结了这些方法。有些聚类方法集成了多种聚类方法的思想，因此有时很难将一个给定的算法只划归到一个聚类方法类别。此外，有些应用可能有某种聚类准则，要求集成多种聚类技术。

表 11.2　常用聚类方法概览

方法	一般特点
划分方法	发现球形互斥的簇 基于距离 可以用均值或中心点等代表簇中心 对中小规模数据集有效
层次方法	聚类是一个层次分解（即多层） 不能纠正错误的合并或划分 可以集成其他技术，如微聚类或考虑对象“连接”

续表

方法	一般特点
基于密度的方法	可以发现任意形状的簇 簇是对象空间中被低密度区域分隔的稠密区域 簇密度：每个点的“邻域”内必须具有最少个数的点 可能过滤离群点
基于网格的方法	使用一种多分辨率网格数据结构 快速处理（典型的，独立于数据对象数，但依赖于网格大小）

11.2.3　*k*-均值算法

k-均值方法（k-means）是划分方法的一种典型代表，也是最简单、最基本的聚类方法，它将数据集中的对象基于某种准则划分到k（$k<n$）个组，通过迭代使得某个评价指标最小而实现聚类。

假设数据集D包含n个欧氏空间中的对象，k-均值方法把D中的对象分配到k个簇$C_1,\cdots,C_k$中（对于$1\leqslant i,j\leqslant k$，$C_i\subset D$且$C_i\cap C_j=\varnothing$），使得以下的误差函数最小

$$E=\sum_{i=1}^{k}\sum_{p\in C_i}\operatorname{dist}\left(p,c_i\right)^2 \tag{11-1}$$

式中，p为空间中的点，表示给定的数据对象；c_i为簇C_i的中心，即分配给簇C_i的对象的均值；$\operatorname{dist}(x,y)$为两个对象x和y之间的欧氏距离，用以度量两个对象之间的相似度或相异度。

k-均值算法的处理流程如下。

（1）确定要聚类的簇数，即确定k值。

（2）在D中随机地选择k个对象，每个对象代表一个簇的初始均值或中心。

（3）对剩下的每个对象，根据其与各个簇中心的欧氏距离，将它分配到最相似的簇（即对象与这个簇中心的欧式距离最小）。

（4）重复步骤（3）与步骤（4），直到每个簇的中心点不再变化，即没有对象被重新分配时算法处理流程结束。

以图 11.4 来说明使用k-均值方法对对象集进行划分的聚类过程。考虑二维空间的对象集合，如图 11.4（a）所示。令$k=3$，即用户要求将这些对象划分成 3 个簇。

根据k-均值算法，任意选择 3 个对象作为 3 个初始的簇中心，其中簇中心用“+”标记。根据与簇中心的距离，每个对象被分配到最近的一个簇。这种分配形成了如图 11.4（a）中虚线所描绘的轮廓。

下一步，更新簇中心。也就是说，根据簇中的当前对象，重新计算每个簇的均值。使用这些新的簇中心，把对象重新分布到离簇中心最近的簇中。这样的重新分配形成了图 11.4（b）中虚线所描绘的轮廓。

重复这一过程，形成图 11.4（c）所示结果。这种迭代地将对象重新分配到各个簇，以改进划分的过程被称为迭代的重定位。最终，对象的重新分配不再发生，处理过程结束，聚类过程返回结果簇。

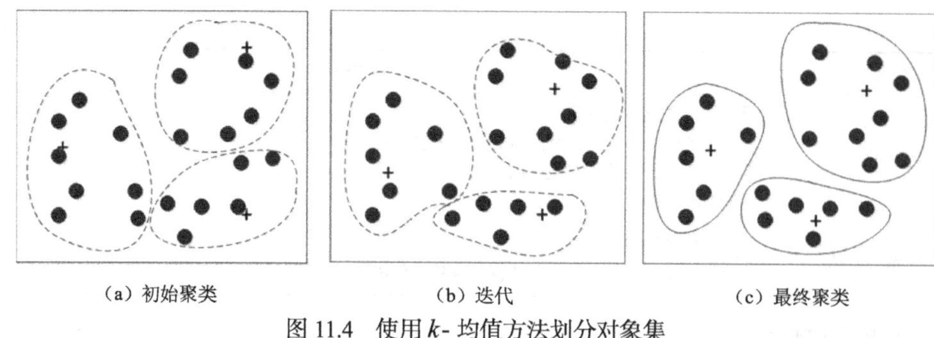

（a）初始聚类　　（b）迭代　　（c）最终聚类

图 11.4　使用 k- 均值方法划分对象集

k- 均值方法不能保证能够获取全局最优解，并且它常常终止于一个局部最优解。结果可能依赖于初始簇中心的随机选择。实践中，为了得到好的结果，通常以不同的初始簇中心，多次运行均值算法。

11.3　空间关联挖掘

关联规则挖掘是数据挖掘的主要技术之一，目的是发现大量数据集中有趣的关联模式。空间关联挖掘则是发现空间数据之间的空间关联性，核心内容就是挖掘空间关联规则，包括空间对象的拓扑关系、距离关系、方位关系及它们的组合。

11.3.1　关联规则的概念

关联规则挖掘，即 ICOA（itemset correlation oriented association mining），全称是基于项集相关性的关联规则挖掘，其目的是寻找给定数据集中项之间的有趣联系。关联规则的形式化定义为：设 $\Gamma=\{I_1,I_2,\cdots,I_m\}$ 是项的集合（如商店中所销售的电脑、杀毒软件、电视机等每一种商品都可以是一个项）。设任务相关的数据集 D 是数据库事务的集合，其中每个事务 T 是一个非空项集，使得 $T\subset\Gamma$。每一个事务都有一个标识符，称为 TID。设 A 是一个项集，事务 T 包含 A，当且仅当 $A\subseteq T$。关联规则是形如 $A\Rightarrow B$ 的蕴涵式，其中，$A\subset\Gamma$，$B\subset\Gamma$，$A\neq\varnothing$，$B\neq\varnothing$，并且 $A\cap B=\varnothing$。规则 $A\Rightarrow B$ 在事务集 D 中成立，具有支持度 s，其中 s 是 D 中事务包含 $A\cup B$（即集合 A 和 B 的并）的百分比，它是概率 $P(A\cup B)$。规则 $A\Rightarrow B$ 在事务集 D 中具有置信度 c，其中 c 是 D 中包含 A 的事务同时也包含 B 的事务的百分比，这是条件概率 $P(B\mid A)$。

支持度与置信度可以表示为

$$\text{support}(A\Rightarrow B)=P(A\cup B) \tag{11-2}$$

$$\text{confidence}(A\Rightarrow B)=P(B\mid A) \tag{11-3}$$

同时满足最小支持度阈值（min_sup）和最小置信度阈值（min_conf）的规则称为强规则。

项的集合称为项集。包含 k 个项的项集称为 k 项集。集合 {computer, antivirus_software} 是一个 2 项集。项集的出现频度是包含项集的事务数，简称为项集的频度或计数。式 11-2 定义的项集支持度称为相对支持度，而出现频度称为绝对支持度。如果项集 I 的相对支持度满足预定义的最小支持度阈值（即项集 I 的绝对支持度满足对应的最小支持度计数阈值），则项集 I 是频繁项集。频繁 k 项集的集合记为 L_k 。

空间关联规则的挖掘过程是生成所有支持度和置信度分别大于用户定义的最小支持度和最小置信度的关联规则，主要包括以下步骤：①准备数据。②设定最小支持度阈值和最小置信度阈值。③根据挖掘算法找出支持度大于或等于最小支持度阈值的所有频繁项集。④根据频繁项集生成所有置信度大于或等于置信度阈值的规则（强规则）。⑤如果生成的规则过多或过少，则需调整支持度阈值和置信度阈值，并重新生成强关联规则。⑥关联规则的理解。挖掘出关联规则以后，还要结合领域相关知识对规则的意义进行解释和理解，这样才能体现出数据挖掘有意义规则的含义。在这几个步骤中，最繁杂、最耗时的是步骤③生成频繁项集，步骤④根据频繁项集生成关联规则时要避免生成过多的、冗余的规则，其他步骤可认为是相关的辅助步骤。

11.3.2　Apriori 算法

Apriori 算法是 Agrawal 和 R.Srikant 于 1994 年提出的，是一种发现频繁项集的基本算法。算法的名字基于这样的事实：算法使用频繁项集性质的先验知识。Apriori 算法使用一种称为逐层搜索的迭代方法，其中 k 项集用于探索 $(k+1)$ 项集。首先，通过扫描数据库，累计每个项的计数，并搜集满足最小支持度的项，找出频繁 1 项集的集合，该集合记为 L_1 。然后，使用 L_1 找出频繁 2 项集的集合 L_2 ，使用 L_2 找出 L_3 ，如此下去，直到不能再找到频繁 k 项集。找出每个 L_k 需要一次数据库的完整扫描。

为了提高频繁项集逐层产生的效率，一种称为先验性质（apriori property）的重要性质用于压缩搜索空间。

先验性质：频繁项集的所有非空子集也一定是频繁的。因为根据定义，如果项集 I 不满足最小支持度阈值 min_sup ，则项集 I 不是频繁的，即 $P(I) < \text{min\_sup}$ 。如果把项 A 添加到项集 I 中，则结果项集（即 $I \cup A$ ）不可能比 I 更频繁出现。因此， $I \cup A$ 也不是频繁的，即 $P(I \cup A) < \text{min\_sup}$ 。

该性质属于一类特殊的性质，称为反单调性，意指如果一个集合不能通过测试，则它的所有超集也都不能通过相同的测试。

利用这种性质，Apriori 算法的实施可以分为两个步骤。

（1）连接步：为找出 L_k ，通过将 L_{k-1} 与自身连接产生候选 k 项集的集合。该候选项集的集合记为 C_k 。设 l_1 与 l_2 是 L_{k-1} 中的项集。记号 $l_i[j]$ 表示 l_i 的第 j 项（例如，$l_1[k-2]$ 表示 l_1 的倒数第 2 项）。为了有效地实现，Apriori 算法假定事务或项集中的项按字典排序。对于 $(k-1)$ 项集 l_i ，这意味着把项排序，使得 $l_i[1] < l_i[2] < \cdots < l_i[k-1]$ 。执行连接 $L_{k-1} \times L_{k-1}$ ，其中， L_{k-1} 的元素是可连接的，如果它们前 $(k-2)$ 个项相同。即 L_{k-1} 的元素 l_1 和 l_2 是可连接的，如果 $l_1[1] = l_2[1]$ ， $l_1[2] = l_2[2]$ ， $\cdots$ ， $l_1[k-2] = l_2[k-2]$ ，且 $l_1[k-1] < l_2[k-1]$ ，条件 $l_1[k-1] < l_2[k-1]$ 是简单地确保不产生重复。连接 l_1 和 l_2 产生的结果项集是 $\{l_1[1], l_1[2], \cdots, l_1[k-1], l_2[k-1]\}$ 。

（2）剪枝步： C_k 是 L_k 的超集，也就是说， C_k 的成员可以是也可以不是频繁的，但所有的频繁的 k 项集都包含在 C_k 中。扫描数据库，确定 C_k 中每个候选的计数，从而确定 L_k （即根据定义，计数值不小于最小支持度计数阈值的所有候选都是频繁的，从而属于 L_k ）。然而，C_k 可能很大，因此所涉及的计算量就很大。为了压缩 C_k ，可以用以下办法使用先验性质。任何非频繁的 $(k-1)$ 项集都不是频繁 k 项集的子集。因此，如果一个候选 k 项集的 $(k-1)$ 项子集不在 L_{k-1} 中，则该候选也不可能是频繁的，从而可以从 C_k 中删除。

基于表 11.3 的事务数据库 D 来说明 Apriori 算法的应用过程。该数据库有 9 个事务，即 $|D|=9$ 。使用图 11.5 解释 Apriori 算法发现 D 中的频繁项集。

表 11.3　某商店的事务数据

TID	商品 ID 的列表	TID	商品 ID 的列表
T100	*I*1，*I*2，*I*5	T600	*I*2，*I*3
T200	*I*2，*I*4	T700	*I*1，*I*3
T300	*I*2，*I*3	T800	*I*1，*I*2，*I*3，*I*5
T400	*I*1，*I*2，*I*4	T900	*I*1，*I*2，*I*3
T500	*I*1，*I*3		

在算法的第一次迭代时，每个项都是候选 1 项集的集合 C_1 的成员。算法简单地扫描所有的事务，对每个项的出现次数计数。

假设最小支持度计数为 2（这里，使用的是绝对支持度，因为使用的是支持度计数，对应的相对支持度为 $2/9=22\%$ ），可以确定频繁 1 项集的集合 L_1 。它由满足最小支持度的候选 1 项集组成。在本书的例子中，C_1 中的所有候选都满足最小支持度。

为了发现频繁 2 项集的集合 L_2 ，算法使用连接 $L_1\times L_1$ 产生候选 2 项集的集合 C_2 。C_2 由 $C_{|L_1|}^2$ 个 2 项集组成。注意，在剪枝步，没有候选从 C_2 中删除，因为这些候选的每个子集也是频繁的。

扫描 D 中事务，累计 C_2 中每个候选项集的支持计数，如图 11.5 的第二行中间的表所示。

确定频繁 2 项集的集合 L_2 ，它由 C_2 中满足最小支持度的候选 2 项集组成。

在确定集合 L_2 后，基于它将产生候选 3 项集的集合 C_3 。在连接步，首先令 $C_3=L_2\times L_2=\{\{I1,I2,I3\},\{I1,I2,I5\},\{I1,I3,I5\},\{I2,I3,I4\},\{I2,I3,I5\},\{I2,I4,I5\}\}$ 。在这里，使用先验性质剪枝：频繁项集的所有非空子集必须是频繁的，即对 $\{\{I1,I2,I3\},\{I1,I2,I5\},\{I1,I3,I5\},\{I2,I3,I4\},\{I2,I3,I5\},\{I2,I4,I5\}\}$ 的所有子集进行判断。$\{I1,I2,I3\}$ 的 2 项子集是 $\{I1,I2\}$ ，$\{I1,I3\}$ 和 $\{I2,I3\}$ 。$\{I1,I2,I3\}$ 的所有 2 项子集都是 L_2 的元素。因此，$\{I1,I2,I3\}$ 保留在 C_3 中。$\{I1,I2,I5\}$ 的 2 项子集是 $\{I1,I2\}$ ，$\{I1,I5\}$ 和 $\{I2,I5\}$ 。$\{I1,I2,I5\}$ 的所有 2 项子集都是 L_2 的元素。因此，$\{I1,I2,I5\}$ 保留在 C_3 中。$\{I1,I3,I5\}$ 的 2 项子集是 $\{I1,I3\}$ ，$\{I1,I5\}$ 和 $\{I3,I5\}$ 。$\{I3,I5\}$ 不是 L_2 的元素，因而不是频繁的。因此，从 C_3 删除 $\{I1,I3,I5\}$ 。$\{I2,I3,I4\}$ 的 2 项子集是 $\{I2,I3\}$ ，$\{I2,I4\}$ 和 $\{I3,I4\}$ 。$\{I3,I4\}$ 不是 L_2 的元素，因而不是频繁的。因此，从 C_3 删除 $\{I2,I3,I4\}$ 。$\{I2,I3,I5\}$ 的 2 项子集是 $\{I2,I3\}$ ，$\{I2,I5\}$ 和 $\{I3,I5\}$ 。$\{I3,I5\}$ 不是 L_2 的元素，因而不是频繁的。因此，从 C_3 删除 $\{I2,I3,I5\}$ 。$\{I2,I4,I5\}$ 的 2 项子集是 $\{I2,I4\}$ ，$\{I2,I5\}$ 和 $\{I4,I5\}$ 。$\{I4,I5\}$ 不是 L_2 的元素，因而不是频繁的。因此，从 C_3 删除 $\{I2,I4,I5\}$ 。

剪枝后$C_3=\{\{I1,I2,I3\},\{I1,I2,I5\}\}$（图 11.5 底部的第一个表）。

继续扫描D中事务以确定L_3，它由C_3中满足最小支持度的候选 3 项集组成（图 11.5）。

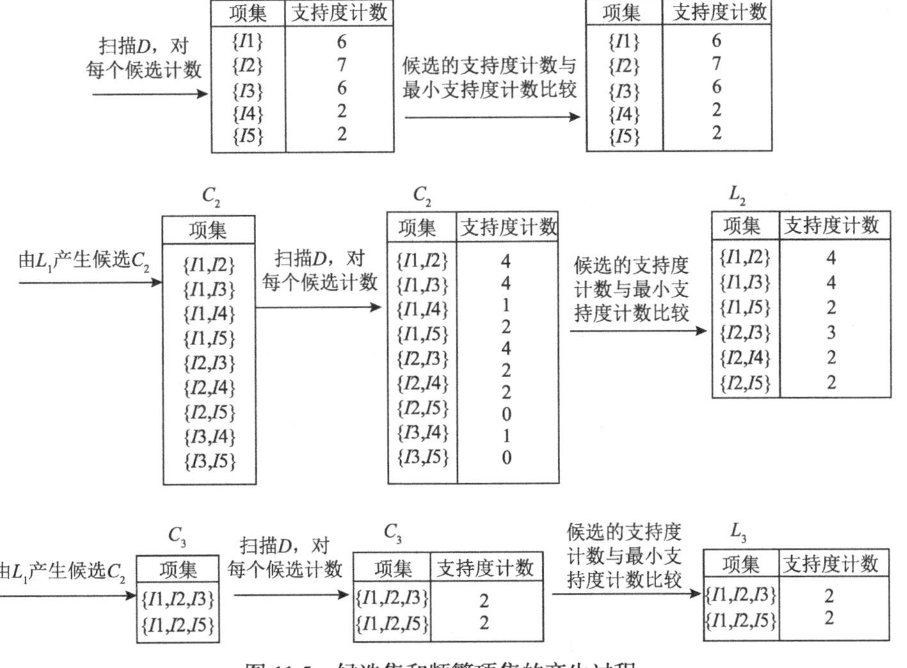

图 11.5　候选集和频繁项集的产生过程

算法使用$L_3\times L_3$产生候选 4 项集的集合C_4。尽管连接产生结果$\{\{I1,I2,I3,I5\}\}$，但是这个项集被剪去，因为它的子集$\{I2,I3,I5\}$不是频繁的，这样，$C_4=\varnothing$，因此算法终止，找出了所有的频繁项集。

11.3.3　生成关联规则

一旦由数据库D中的事务找出频繁项集，就可以直接由它们产生强关联规则（强关联规则满足最小支持度和最小置信度）。对于置信度，可以用式（11-3）计算。为完整起见，这里重新给出该式

$$\text{confidence}(A\Rightarrow B)=P(B\mid A)=\frac{\text{support\_count}(A\cup B)}{\text{support\_count}(A)}$$

条件概率用项集的支持度计数表示，其中，$\text{support_count}(A\cup B)$是包含项集$A\cup B$的事务数，而$\text{support_count}(A)$是包含项集$A$的事务数。根据该式，关联规则可以产生如下意义：

对于每个频繁项集l，产生l的所有非空子集。

对于l的每个非空子集s，如果$\dfrac{\text{support_count}(A\cup B)}{\text{support_count}(A)}\geqslant \text{min_conf}$，则输出规则“$s\Rightarrow(l-s)$”。其中，$\text{min_conf}$是最小置信度阈值。

由于规则由频繁项集产生，因此每个规则都自动地满足最小支持度。

基于表 11.3 中某商店的事务数据库来说明关联规则产生的过程。该数据包含频繁项集$X=\{I1,I2,I5\}$。X的非空子集是$\{I1,I2\}$、$\{I1,I5\}$、$\{I2,I5\}$、$\{I1\}$、$\{I2\}$和$\{I5\}$。结果

关联规则如下，每个都列出了置信度。

$$\{I1, I2\} \Rightarrow I5, \text{ confidence} = 2/5 = 50\%$$

$$\{I1, I2\} \Rightarrow I2, \text{ confidence} = 2/2 = 100\%$$

$$\{I2, I5\} \Rightarrow I1, \text{ confidence} = 2/2 = 100\%$$

$$I1 \Rightarrow \{I2, I5\}, \text{ confidence} = 2/6 = 33\%$$

$$I2 \Rightarrow \{I1, I5\}, \text{ confidence} = 2/7 = 29\%$$

$$I5 \Rightarrow \{I1, I2\}, \text{ confidence} = 2/2 = 100\%$$

如果最小置信度阈值为 70%，则只有第 2、第 3 和最后一个规则可以输出，因为只有这些是强规则。与传统的分类规则不同，关联规则的右端可能包含多个合取项。

可见，Apriori 算法容易理解，能够有效地发现大量数据中的关联规则，但是存在缺点：①在由 $k-$候选项集生成 $k-$频繁项集的过程中，需要对数据库重新扫描一次，这样需要多次扫描数据库，如果数据库很大，该算法将十分费时。②在根据频繁项集生成关联规则时，需要计算频繁项集的所有子集，这个过程也比较费时。③生成的规则太多，有很多规则是冗余规则。

11.4　空间分类方法

分类作为空间分析的重要手段，是空间数据库知识挖掘研究的重要领域，其根据已知的分类模型把数据库中的数据映射到相应类别中。分类预测了数据的类标号，尽管也是将数据库划分子集的过程，但其与聚类不同。分类是一个先训练学习，而后利用学习的结果（分类模型/分类器）对新的数据进行规划的过程，事先对数据的分布特征有要求，而聚类在操作前对数据的分布特征是未知的，聚类后才确定数据的分布特征，因此分类与聚类是不同的。

11.4.1　分类的一般过程

数据分类一般包含三个阶段（图 11.6），即学习阶段（构建分类模型/分类器）、评估阶段（评估分类器的预测准确率）及分类阶段（使用分类模型预测给定数据的类标号）。

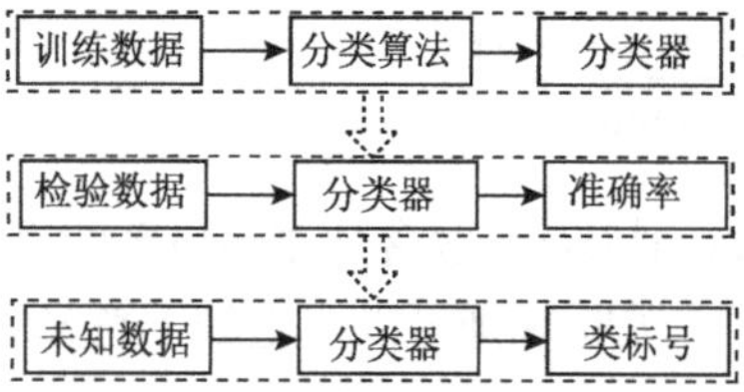

训练数据 → 分类算法 → 分类器

检验数据 → 分类器 → 准确率

未知数据 → 分类器 → 类标号

图 11.6　数据分类过程

在第一阶段，建立描述预先定义的数据类或概念集的分类器。这是学习阶段（或训练阶段），其中分类算法通过分析或从训练集“学习”来构造分类器。训练集由数据库元组和与它们相关联的类标号组成。元组 X 用 n 维属性向量 $X=(x_1, x_2, \cdots, x_n)$ 表示，分别描述元组在 n 个数据库属性 $A_1, A_2, \cdots, A_n$ 上的 n 个度量。假定每个元组 X 都属于一个预先定义的类，由一个称为类标号属性（class label attribute）的数据库属性确定。类标号属性是离散值和无序的，它是分类的，因为每个值充当一个类别或类。构成训练数据集的元组称为训练元组，并从所分析的数据库中随机地选取。在谈到分类时，数据元组也称为样本、实例、数据点或对象。

由于提供了每个训练元组的类标号，这一阶段也称为监督学习（supervised learning）（即分类器的学习在被告知每个训练元组属于哪个类的“监督”下进行的）。而聚类是无监督学习（unsupervised learning），每个训练元组的类标号是未知的，并且要学习的类的个数也可能事先不知道。

分类过程的第一阶段也可以看做学习一个映射或函数 $y=f(X)$，它可以预测给定元组 X 的类标号 y。在这种观点下，希望学习把数据类分开的映射或函数。在典型情况下，该映射用分类规则、决策树或数学公式的形式提供。

在第二阶段，对分类器的预测准确率进行评估。如果使用训练集来度量分类器的准确率，则评估可能是乐观的，因为分类器趋向于过分拟合（overfit）该数据（即在学习期间，它可能包含了训练数据中的某些特定异常，这些异常不在一般数据集中出现）。因此，需要使用由检验元组和与它们相关联的类标号组成的检验集（test set）。它们独立于训练元组，意指不使用它们构造分类器。

分类器在给定检验集上的准确率（accuracy）是分类器正确分类的检验元组所占的百分比。每个检验元组的类标号与学习模型对该元组的类预测进行比较。可以设置一个分类器准确率的阈值，如果低于此阈值，则认为分类器是不可接受的。

在第三阶段，使用模型进行分类。如果认为分类器的准确率是可以接受的，那么就可以用它对类标号未知的数据元组进行分类。

11.4.2 *k*-最近邻分类

k-最近邻分类法（*k* Nearest Neighbours，KNN）是基于类比学习，即通过将给定的检验元组与和它相似的训练元组进行比较来学习。训练元组用 n 个属性描述。每个元组代表 n 维空间的一个点。这样，所有的训练元组都存放在 n 维模式空间中。当给定一个未知元组时，k-最近邻分类法搜索模式空间，找出最接近未知元组的 k 个训练元组。这 k 个训练元组是未知元组的 k 个“最近邻”。对于 k-最近邻分类，未知元组被指派到它的 k 个最近邻中的多数类。

“邻近性”用距离度量，如欧几里得距离。两个点或元组 $X_1=(x_{11},x_{12},\cdots,x_{1n})$ 和 $X_2=(x_{21},x_{22},\cdots,x_{2n})$ 的欧几里得距离是

$$\text{dist}(X_1,X_2)=\sqrt{\sum_{i=1}^{n}(x_{1i}-x_{2i})}^{2} \tag{11-4}$$

图 11.7 为一个 k-最近邻分类的示例，示例存在 3 个类 (w_1,w_2,w_3)，表示训练元组的集合，目标是为元组 X_u 发现类标号。在此环境下使用欧几里得距离度量，k 值取 5 作为阈值。在 X_u 所涉及的 5 个最近邻中，4 个属于 w_1 类，1 个属于 w_3 类，因此 X_u 被划分到 w_1 类，因为 w_1 类在其近邻中数量上占优。

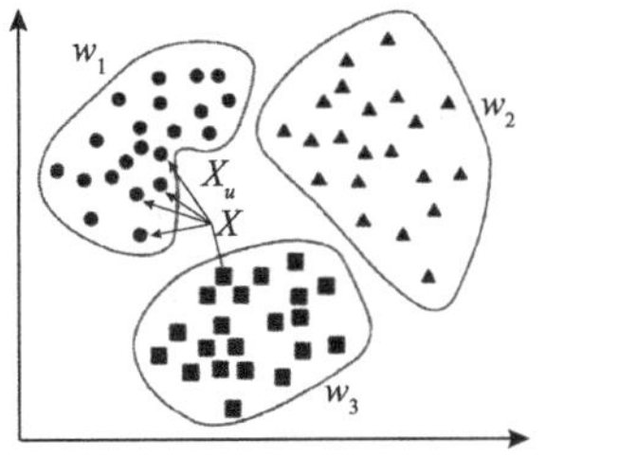

总之，k-最近邻分类仅需要一个参数 k，一个有标号的训练元组集及在 n 维空间中度量距离的方法。k-最近邻分类过程一般有以下步骤。

图 11.7 k 值取 5 时的最近邻分类器

（1）确定参数 k——最近邻的数量。

（2）计算未知类别元组 X 与训练元组集 D 中每个元组的距离。

（3）整理距离，基于 k 值选择最近邻。

（4）通过对最近邻使用简单的多数表决原则确定未知元组 X 的类别。

k-最近邻分类方法相对简单并且可以应用于处理许多现实问题。当然，目前该方法仍然存在问题，如可扩展能力、“维度灾难”、关联属性的影响、距离度量的权重因子、k 近邻投票的权重因子等。

11.4.3　支持向量机

支持向量机（support vector machine，SVM），是一种对线性和非线性数据进行分类的方法，来源于二元的模式分类问题。简要地说，SVM 是一种算法，它按以下方法工作：如果数据线性可分，它在训练数据上搜索最佳分离超平面（即将一个类的元组与另一个类的元组分离的“决策边界”）把数据分离；如果数据线性不可分，它使用一种非线性映射，把原训练数据映射到较高的维上。在新的维上，它搜索最佳分离超平面。使用合适的非线性映射将数据变换到到足够高的维上，两个类的数据总可以被超平面分离。本节将分别对数据线性可分与非线性可分的情况进行介绍。

1. 数据线性可分的情况

为了解释 SVM，首先考察最简单的情况——两类问题，其中两个类是线性可分的。设给定的数据集 D 为 (X_1,y_1)，(X_2,y_2)，…，$(X_{|D|},y_{|D|})$，其中，X_i 是训练元组，具有类标号 y_i。每个 y_i 可以取值+1 或−1（即 $y_i \in \{+1,-1\}$）。为了便于可视化，考虑一个基于两个输入属性 A_1 和 A_2 的例子，如图 11.8 所示。从该图可以看出，该二维数据是线性可分的，因为可以画一条直线，把类+1（$y=+1$）的元组与类 -1（$y=-1$）的元组分离。

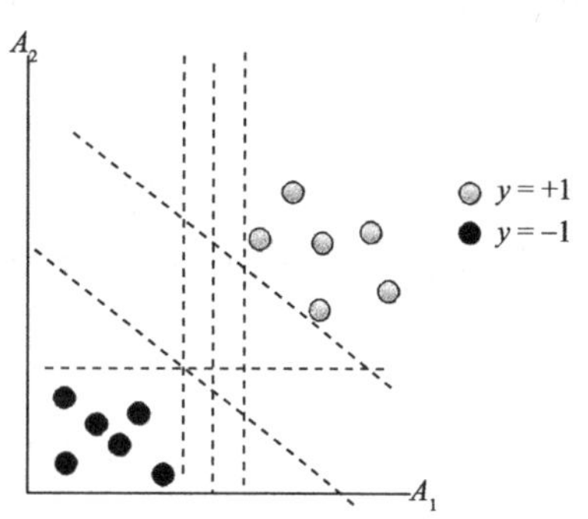

图 11.8　线性可分的二维数据集

在图 11.8 上，可以画出无限多条分离直线，但想找出“最佳的”一条，即（希望）在对未来的数据元组分类上具有最小分类误差的那一条。如果数据是三维的（即具有三个属性），则希望找出最佳分离平面。推广到 n 维，希望找出最佳分离超平面。将使用术语“超平面”表示寻找的决策边界，而不管输入属性的个数是多少。

SVM 通过搜索最大间隔超平面（maximum marginal hyperplane，MMH）来找出最佳分离超平面，也可以认为是搜索两个平行的超平面，使它们之间的间隔（距离）最大。考虑图 11.9，H_1、H_2 为与 H 平行的两个超平面，且 H 到 H_1、H_2 的距离相等。事实上，H 到 H_1、H_2 的距离即 H 到两个类的最近的训练元组的最短距离。在图 11.9（a）与图 11.9（b）中，超平面 H 都对所有的数据元组正确地进行了分类。然而，直观地看，预料具有较大间隔的超平面［图 11.9（b）］在对未来的数据元组分类上比具有较小间隔的超平面［图 11.9（a）］更准确。这就是 SVM 要搜索具有最大间隔的超平面（即最大间隔超平面）的原因。H_1、H_2 之间的间隔给出类之间的最大分离性。

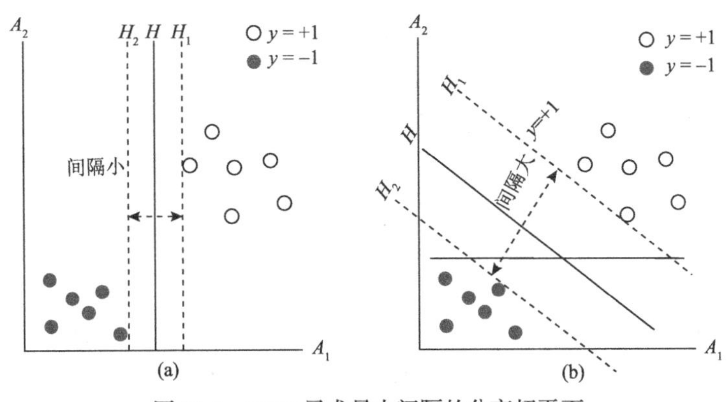

图 11.9　SVM 寻求最大间隔的分离超平面

分离超平面 H 可记为 $W \cdot X + b = 0$（W 为权重向量，即 $W = \{w_1, w_2, \cdots, w_n\}$；$n$ 为属性数；b 为标量，通常称作偏倚）。

与 H 平行的两个超平面可记为 $H_1: W \cdot X + b = +1$、$H_2: W \cdot X + b = -1$，H_1、H_2 应满足

$$W \cdot X + b \geqslant 1, \quad y_i = +1 \tag{11-5}$$

$$W \cdot X + b \leqslant -1, \quad y_i = -1 \tag{11-6}$$

为便于观测，以图 11.10 为例来解释式（11-5）和式（11-6）。假设数据集是二维的，只有两个属性 A_1 和 A_2，训练元组 $X = \{x_1, x_2\}$，其中，x_1 和 x_2 分别是 X 在属性 A_1 和 A_2 上的值，则此时的分离超平面 H 为 $w_1x_1 + w_2x_2 + b = 0$，H_1 为 $w_1x_1 + w_2x_2 + b = +1$，H_2 为 $w_1x_1 + w_2x_2 + b = -1$。这样位于分离超平面 H_1 上或上方的点满足 $w_1x_1 + w_2x_2 + b \geqslant +1$，位于分离超平面 H_2 上或下方的点满足 $w_1x_1 + w_2x_2 + b \leqslant -1$。也就是说，落在 H_1 上或上方的元组都属于类+1，落在 H_2 上或下方的元组都属于类–1。

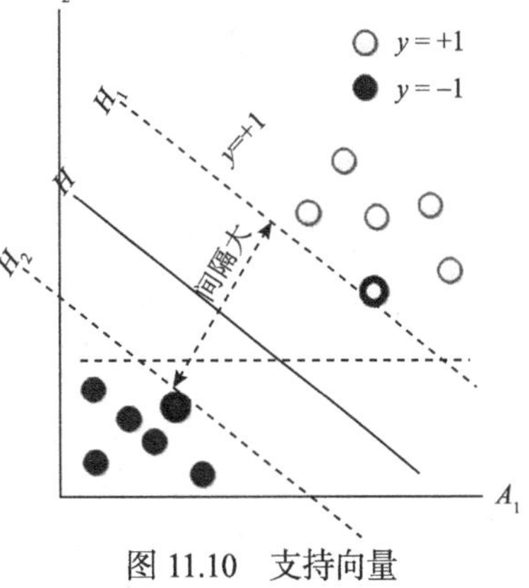

图 11.10　支持向量

结合两个不等式（11-5）和（11-6），得到

$$y_i(W \cdot X + b) \geqslant 1, \quad \forall i \tag{11-7}$$

落在超平面 H_1 或 H_2 上的任意训练元组都使式（11-7）的等号成立，称这些元组为支持向量（support vector）。在图 11.10 中，支持向量用加粗的圆圈显示。本质上，支持向量是最难分类的元组，并且给出了最多的分类信息。

由上，可以得到最大间隔的计算公式。从分离超平面 H 到 H_1 上任意点的距离是 $\frac{1}{\|w\|}$，其中，$\|w\|$ 是欧几里得范数，即 $\sqrt{W \cdot W}$。根据定义，它等于 H_2 上任意点到分离超平面 H 的距离。因此，最大间隔是 $\frac{2}{\|w\|}$。

SVM 认为间隔 $\frac{2}{\|w\|}$ 最大的超平面即为最佳分离超平面 MMH。可以将此问题转换成一个

称作被约束的（凸）二次最优化问题，再对此求解，就可以找出 MMH 和支持向量。一旦找出支持向量和 MMH，就有了一个训练后的支持向量机。MMH 是一个线性类边界，因此对应的 SVM 可以用来对线性可分的数据进行分类。称这种训练后的 SVM 为线性 SVM。

一旦得到训练后的支持向量机，可以将最大间隔超平面改写成决策边界

$$f(X)=\sum_{i=1}^{l} y_i a_i X_i X + b^0 \tag{11-8}$$

式中，y_i 为支持向量 X_i 的类标号；X 为检验元组；a_i 和 b^0 为由上面的最优化算法自动确定的数值参数（每个支持向量 X_i 有一个相对应的 a_i）；而 l 为支持向量的个数。

给定检验元组 X，将它代入式（11-8），然后检查结果的符号。这将得出检验元组落在超平面的哪一侧。如果该符号为正，则 X 落 MMH 上或上方，因而 SVM 预测 X 属于类+1。如果该符号为负，则 X 落 MMH 上或下方，因而 SVM 预测 X 属于类−1。

2. 数据非线性可分的情况

如果数据不是线性可分的（如图 11.11 所示，不可能画一条直线将两个类分离，该决策边界是非线性的），可以扩展上面介绍的线性 SVM，为线性不可分的数据分类创建非线性的 SVM。这种 SVM 能够发现输入空间中的非线性决策边界（即非线性超平面）。

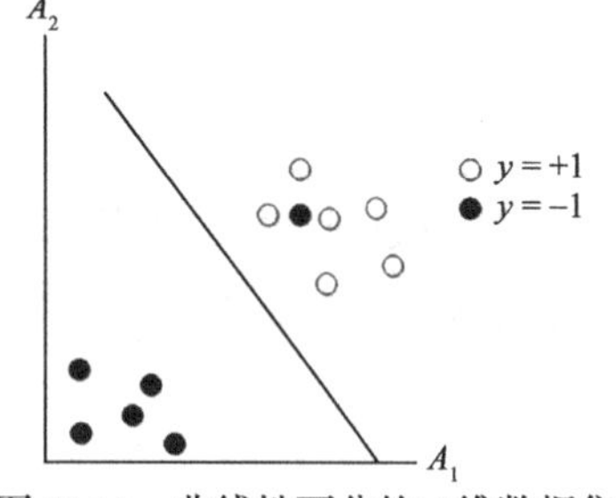

图 11.11　非线性可分的二维数据集

可按如下方法扩展线性 SVM，得到非线性的 SVM，有两个主要步骤：第一步，用非线性映射把原输入数据变换到较高维空间。这一步可以使用多种常用的非线性映射，下面将进一步介绍。一旦将数据变换到较高维空间，第二步就在新的空间搜索分离超平面，又遇到二次优化问题，可以用求解线性 SVM 的方式求解。在新空间找到的最大间隔超平面对应于原空间中的非线性分离超平面。

以下面的例子来说明如何将原输入数据通过非线性变换映射到较高维空间。使用映射 $\phi_1(X)=x_1$，$\phi_2(X)=x_2$，$\phi_3(X)=x_3$，$\phi_4(X)=(x_1)^2$，$\phi_5(X)=x_1x_2$ 和 $\phi_6(X)=x_1x_3$，把一个三维输入向量 $X=(x_1,x_2,x_3)$ 映射到六维空间 Z 中。在新空间中，决策超平面是 $f(Z)=WZ+b$，其中，W 和 Z 是向量。这是线性的。解 W 和 Z，然后替换回去，使得新空间 (Z) 中的线性决策超平面对应于原来三维空间中非线性的二次多项式

$$\begin{aligned}f(Z)&=w_1x_1+w_2x_2+w_3x_3+w_4(x_1)^2+w_5x_1x_2+w_6x_1x_3+b\\&=w_1z_1+w_2z_2+w_3z_3+w_4z_4+w_5z_5+w_6z_6+b\end{aligned}$$

但是，还存在一些问题。首先，如何选择到较高维空间的非线性映射。其次，所涉及的计算开销将很大。考虑对检验元组 X 分类的式（11-8）。给定该检验元组，必须计算与每个支持向量的点积。在训练阶段，也必须多次计算类似的点积，以便找出最大间隔超曲面（MMH），这种开销特别大。因此，点积所需要的计算量很大并且开销很大，需要其他技巧。

可以使用另一种数学技巧。在求解线性 SVM 的二次最优化问题时（即在新的较高维空间搜索线性 SVM 时），发现训练元组仅出现在形如 $\phi(X_i)\cdot\phi(X_j)$ 的点积中，其中，$\phi(X)$ 只

不过是用于训练元组变换的非线性映射函数。结果表明，它完全等价于将核函数 $K(X_i \cdot X_j)$ 应用于原输入数据，而不必在变换后的数据元组上计算点积，即

$$K(X_i \cdot X_j) = \phi(X_i) \cdot \phi(X_j) \tag{11-9}$$

换言之，每当 $\phi(X_i) \cdot \phi(X_j)$ 出现在训练算法中时，都可以用 $K(X_i \cdot X_j)$ 替换它。这样，所有的计算都在原来的输入空间上进行，这可能是低得多的维度。可以避免这种映射——事实上，甚至不必知道该映射是什么。

使用这种技巧之后，可以找出最大分离超平面。该过程与线性可分情况下介绍的过程类似，此时得到的决策边界为

$$f(X) = \sum_{i=1}^{l} y_i a_i K(X_i \cdot X) + b^0 \tag{11-10}$$

式中，y_i，X_i，X，a_i，b^0 及 l 的意义同式（11-8）。

可以用来替换上面的点积的核函数的性质已经被深入研究，常见的核函数有

多项式核函数 $K(X, X_i) = \left[(X \cdot X_i) + 1\right]^d$；

径向基核函数 $K(X, X_i) = \exp(-\frac{\|X - X_i\|^2}{2\sigma^2})$；

双曲正切 sigmoid 核函数 $K(X, X_i) = \tan h\left[v(X \cdot X_i) + c\right]$。

这些核函数每个都导致（原）输入空间上的不同的非线性分类器。没有一种“黄金规则”可以确定哪种可用的核函数将推导出最准确的 SVM。在实践中，核函数的选择一般并不导致结果准确率的很大差别，SVM 训练总是发现全局解。

针对二元分类问题，介绍了线性的和非线性的 SVM。对于多类问题，则可以通过组合 SVM 分类器的方式实现。

第十二章　空间智能分析

无论是日常生活中以自然语言还是地理信息科学中以地图为工具表达现实世界，都是不完整的，许多地理表达都基于二义性的定义和概念。不确定性广泛存在于地理信息数据获取、表达、管理、传输、分析和应用中。随着地理信息分析和应用水平的提高，人们逐渐重视起地理信息中的不精确、模糊等问题，然而传统的数学工具难以解答这些问题，人们试图将模糊数学、神经网络、支持向量机、元胞自动机等人工智能理论和技术引入地理信息科学中，以提高地理信息技术解决综合复杂问题的能力。经过数十年的发展，智能计算技术在地理信息科学领域广泛应用，取得了大量可喜的成果。

12.1　空间智能分析概述

12.1.1　不确定性

“不确定性”表示事物的模糊性、不明确性或指某事物的未决定或不稳定状态。在对客观世界表达中，不确定性广泛存在于许多学科中，如物理学、统计学、经济学、量测学、心理学及哲学。然而，不同领域中不确定性的含义不同。地理信息科学中的不确定性主要是统计和度量中的不确定性。

不确定性可以理解为模糊性、未知性或不精确性，如图 12.1 所示。不精确性源于随机性，随机事件是介于必然事件与不可能事件之间的现象和过程。自然界、社会和思维领域的具体事件都有随机性。具有随机性的事件有以下一些特点：①事件可以在基本相同的条件下重复进行，如以同一门炮向同一目标多次射击。只有单一的偶然过程而无法判定它的可重复性则不称为随机事件。②在基本相同条件下某事件可能以多种方式表现出来，事先不能确定它以何种特定方式发生，例如，不论怎样控制炮的射击条件，在射击前都不能毫无误差地预测弹着点的位置。只有唯一可能性的过程不是随机事件。③事先可以预见该事件以各种方式出现的所有可能性，预见它以某种特定方式出现的概率，即在重复过程中出现的频率，例如，大量射击时炮弹的弹着点呈正态分布，每个弹着点在一定范围内有确定的概率。在重复发生时没有确定概率的现象不是同一过程的随机事件。不精确性可以指多次量测值的变化程度，也可以指精度不足。

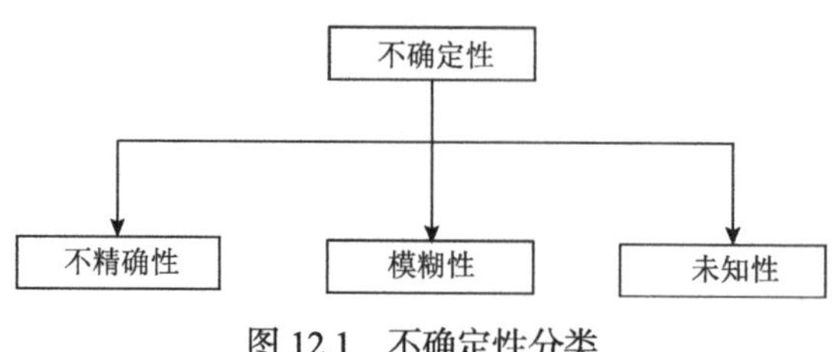

图 12.1　不确定性分类

不确定性的各个方面可以用相应的数学理论进行描述与处理。例如，概率论与数理统计可用来描述不精确性（随机性）。模糊数学可用于评估另外两种不确定性：模糊性和未知性。事实证明，模糊数学可用于描述模糊性，而未知性可以用非一致性测度、混淆性及非明确性测度等衡量。

12.1.2　智能计算技术

智能计算只是一种经验化的计算机思考性程序，是人工智能化体系的一个分支，其是辅助人类去处理各式问题的具有独立思考能力的系统。智能是个体有目的的行为、合理的思维及有效地适应环境的综合性能力。人工智能（artificial intelligence，AI）是指通过对人类智力活动奥秘的探索与记忆思维机理的研究，开发人类智力活动的潜能、探讨用各种机器模拟人类智能的途径，使人类的智能得到物化、延伸和扩展的一门学科。在半个多世纪的时间里，人工智能的发展经历了数次高潮和低谷，如今在许多领域得到了广泛的应用，取得了显著的成就，与生物工程和空间技术一起成为当今世界的三大尖端技术。

1. 智能计算技术的概念

智能计算也称为“软计算”。传统人工智能使用的是知识，在面对许多涉及识别、认知、理解、学习、决策等方面的问题时，特别是人类仅凭自身的经验、直觉就能解决的问题时，方法上就存在知识表达或建模的困难。智能计算则基于操作者提供的数据，不依赖于知识，以数据为基础，通过训练建立联系，进行问题求解。James C.B.认为智能计算具有适应性运算能力、计算的容错能力、人脑的计算速度，以及与人脑一样决策与思维的正确率。智能计算的本质与传统硬计算不同，其目的在于适应现实世界遍布的不确定性，因此，智能计算的指导原则是开拓对客观世界不确定性的容忍，以达到对不确定性问题的可处理性、鲁棒性、低成本求解等目标。

迄今为止，关于智能计算的定义尚没有统一的结论，大体归纳如下。

（1）智能计算就是受自然界（生物界）规律的启迪，根据其原理模拟设计求解问题的算法，如人工神经网络技术、遗传算法、进化规划、模拟退火技术和群集智能技术等。

（2）智能计算（包括神经网络、进化、遗传、免疫、生态、人工生命、主体理论等）作为第二代人工智能方法，是连接主义、分布式人工智能和自组织系统理论等共同发展的结果。

（3）智能计算是用计算机模拟和再现人类的某些智能行为。从方法论的角度，计算智能大致可分为三种基本类型：以符号操作为基本特征的符号机制；以人工神经网络为代表的联结机制；以遗传算法为代表的进化机制（进化论）。符号机制从抽象层次模拟和再现人类的某些智能行为，演绎方法构成其主要的逻辑框架；联结机制从神经元相互作用的层次模拟再现人类的某些智能行为，归纳法，尤其是不完全归纳法构成其主要的逻辑框架；进化机制从自然进化的角度探寻智能的形成方式，基于试探和反馈的自适应奖罚策略构成其主要的逻辑框架。

（4）智能计算广义地讲就是利用仿生学思想，基于生物体系的生物进化、细胞免疫、神经细胞网络等某些机制，用数学语言抽象描述的计算方法，用以模仿生物体系和人类的智能机制。从方法论的角度和目前的研究状况来看，智能计算有五种基本类型：①适用于处理不确定信息的模糊数学和粗集理论；②再现人类某些智能行为的神经网络；③以模拟生物进化规律为特征的进化算法；④以免疫操作为基本特征的免疫算法；⑤以脱氧核糖核酸复制为基本特征的脱氧核糖核酸计算。

总的看来，上述不同版本的定义共同认为：智能计算技术是从模拟自然界生物体系和人类智能现象发展而来的，可以在人们改造自然的各种工程实践中取得实际效果。

关于人工智能和计算智能的关系，不同学者持有不同的观点。James C.B.等把智能分为三个层次：第一层次是生物智能（biological intelligence），它是对智能的产生、形成和工作机理的直接研究，主要是生理学和心理学研究者所从事的工作，大脑是其物质基础；第二层次是人工智能，是非生物的，它以符号系统及其处理为基础，来源于人的知识和有关数据，主要目标是应用符号逻辑的方法模拟人的问题求解、推理、学习等方面的能力；第三层次是计算智能（computational intelligence），由数学方法和计算机实现，来源是数值计算及传感器所得到的数据。他们认为计算智能是人工智能的子集，人工智能是计算智能到生物智能的过渡。另一些学者认为人工智能和计算智能是不同的范畴，计算智能系统通常包括多种方法的混合，如神经网络、模糊系统、进化计算系统及知识元件等。事实上，无论是 CI 还是 AI 都各具特点、问题、潜力和局限，只能相互补充而不能相互取代。

智能理论与技术的研究方兴未艾，智能技术的新概念、新名词将不断出现，智能技术的最高层次是在结构和功能上接近人脑的思维。一般认为，计算智能是神经网络、模糊计算、进化计算及其融合技术的总称，是基于数值计算和结构演化的智能，是智能理论发展的高级阶段。

2. 智能计算技术的特点及组成

1）智能计算技术的特点

（1）智能性。智能计算技术的智能性包括自适应、自组织和自学习性等，这种自组织、自适应特征赋予该技术根据环境的变化自动发现环境的特性和规律的能力。

（2）稳健性。智能计算的稳健性是指在不同环境和条件下算法的适用性和有效性。利用智能计算技术求解不同问题时，只需设计相应的适应性评价函数，而无需修改算法的其他部分。

（3）不确定性。智能计算技术的不确定性是伴随其随机性而来的，其主要操作都含有随机因子，从而在算法的进化过程中，事件发生与否带有较大的不确定性。

（4）强化计算。智能计算不需要很多待求解的背景知识，而主要依赖于大量快速的运算从数据集中寻找规则或规律，这是智能计算领域的普遍特征。

（5）容错性。神经元网络和模糊推理系统都有很好的容错性。从神经元网络中删除一个神经元，或是从模糊推理系统中去掉一条规则，并不会破坏整个系统。由于具有并行和冗余的结构，系统可以继续工作。

（6）全局优化。传统的优化方法一般采用的是梯度下降的爬山策略，遇到多峰函数时容易陷入局部最优。遗传算法能在解空间的多个区域内同时进行搜索，并且能够以较大的概率跳出局部最优以找出整体最优解。

2）智能计算技术的组成

智能计算以连接主义的思想为主，并与模糊数学和迭代函数系统等数学方法相交叉，形成了众多的发展方向。迄今为止，关于智能计算方法体系尚未形成统一的认识。Zadeh L.A. 教授提出智能计算主要包括模糊逻辑（fuzzy logic）、神经网络理论（neural network）和概率推理（probabilistic reasoning），随后还增加了进化计算（evolutionary computation）、学习理论（learning theory）、置信网络（belief net. work）和混沌理论（Chaos theory）等内容，其中，进化计算包括遗传算法（genetic algorithms，GA）、进化策略（evolutionary strategies，ESs）和进化规划（evolutionary programming，EP）三个分支。一些研究认为智能计算还应包括非线性科学中的小波分析、混沌动力学、分形几何理论、免疫算法（immune algorithm）、DNA 计算、模拟退火技术（simulated annealing algorithm）、多智能体（multi-agent）系统，以及粗集理论（rough sets）和云理论（cloud theory）等。

智能计算并不是单一的方法，而是众多方法和技术的集合，包括模糊逻辑、神经计算、遗传算法、随机推理、数据推理、置信网络、混沌系统、不确定管理和部分学习理论等。大体而言，模糊逻辑、神经计算和遗传算法是智能计算技术的核心，这些技术是互补关系，而不是竞争关系。模糊集合理论借助隶属度来刻画模糊事物的亦此亦彼性，考虑模糊性，重在处理不精确的概率，而粗集以自己的上近似集和下近似集为基础，笼统考虑随机性和模糊性，具有很强的定性分析能力，可用于不确定影像分类、模糊边界划分等。云理论是一个分析不确定信息的新理论，由云模型、不确定性推理和云变换三大部分构成。云理论把定性分析和定量计算结合起来，适于处理 GIS 中随机性和模糊性为一体的属性不确定性。空间统计学可估计模拟决策分析的不确定性范围，分析空间模型的误差传播规律，改善 GIS 对随机过程的处理等。神经网络反映大脑思维的高层次结构，善于直接从数据中进行学习；模糊计算模仿低层次的大脑结构，推理能力较强；进化计算模拟生物体种群的进化过程，实现优胜劣汰，很适合于求解全局最优问题，但其学习的精度不如神经网络、推理能力不如模糊系统。

在实际应用中，更多的是将多种方法有机交叉融合，而非单独使用其中一种，形成模糊-神经网络、遗传-神经网络、随机-神经网络、模糊-遗传、神经网络-模糊-遗传及神经网络-遗传-免疫算法等混合智能计算系统。基于可视化技术的表达和分析，直观表示了空间数据不确定性大小、分布、空间结构和趋势，使用户在决策分析时了解何处数据有质量问题及其严重程度。

12.1.3　空间智能分析框架

地理信息科学的目的在于揭示地理信息的产生机理。从而寻找出空间信息处理与分析的机制。因此，开展空间分析、模拟和再现地理现象的研究，进而在众多的空间数据中发现对地理现象起主导作用和有重要影响的空间模式和规律是极为重要的。然而，目前的 GIS 普遍缺少自我学习的能力，不能自我纠错校正；不能通过经验改善自身的性能；不能自动获取和发现所需要的知识、模式和规则等。随着 GIS 应用需求的多源化、复杂化、综合化和智能化，传统 GIS 技术的局限性表现得越加明显。因此，开展空间信息的认知，时空过程表达、分析、模拟与决策支持等一些基本地学问题研究，探讨智能化的 GIS 技术的基本理论、技术方法和领域应用迫在眉睫。地理信息科学是多学科交叉融合的系统科学，它的发展与一系列的现代信息技术的进步息息相关。随着计算技术、人工智能与运筹学等领域的快速发展，这些领域里所取得的一些最新进展给人们带来了新的思考方法。将它们与地理信息科学的基本问题有效结合起来，可能在很大程度上能揭示地理信息的发生机理，极大地提高空间信息认知、时空过程分析与模拟的能力，从而产生新的研究领域——空间智能。

空间智能的基本概念来源于心理学，它主要指形象思维的智能，具有在复杂环境下准确感觉视觉空间的能力，并且能把所知觉到的表现出来，对色彩、线条、形状、形式和空间关系很敏感，有辨别空间方位的能力。借鉴这个概念，地理信息科学的空间智能理论与方法的特点是需要具备空间智能，即一种能够发现与应用空间模式能力，并能通过外部环境和经验不断进行学习的能力。它包含两层涵义：其一，空间认知能力；其二，自学习能力。空间认知能力是指个体对客体或空间图形在头脑中进行识别、编码、储存、表征、分解组合和抽象概括的能力，主要包括空间观察、空间记忆、空间想象和空间思维等能力因素。自学习能力包含以下几种功能：①强化学习功能。使得系统在下一次完成同样或类似的任务时更为有效。②自适应功能。自适应功能要求能够对所经历事物重新构造模式、规则并修改相应的记录。③知识获取功能，即能够在复杂环境下挖掘空间模式、发展趋势和规律。空间智能是人们应用 GIS 进行更高层次的分析和应用的必然结果，表现为寻找未知模式、规律或趋势而在复杂时空数据中进行主动搜索和智能化的探索过程。

空间智能的基本框架如图 12.2 所示。框架的底层是空间统计、运筹规划及智能算法等近现代分析计算工具，它们为空间分析、优化和模拟提供技术基础。中间层是空间智能，自学习与空间认知，它们主要为地学现象及地学过程分析、模拟、预测和决策提供一种可能的技术支撑。顶层是地学规律，在于揭示地理现象的发生机理。空间智能、空间认知和空间自学习之间表现为相互促进和依存的关系。空间智能在对问题的分析、模拟及优化的基础上，从复杂多变的数据中寻找时空数据中隐含相关性或关系，形成比较具体化和系统化的空间模式，并在地学规律支持下发现问题和提出假设；空间认知可以看成是一个自下而上的精炼过程和自上而下的加工过程，它使用归纳方法发现规律，使用演绎法评估所得出的规律，反过来又能够通过空间智能技术指导空间分析，优化和模拟等基本问题。空间智能主动探索未知模式、规律或趋势的本身就是一个自学习和自适应的过程；反过来自学习能够增强空间智能在复杂环境下挖掘空间模式和发展趋势的能力。

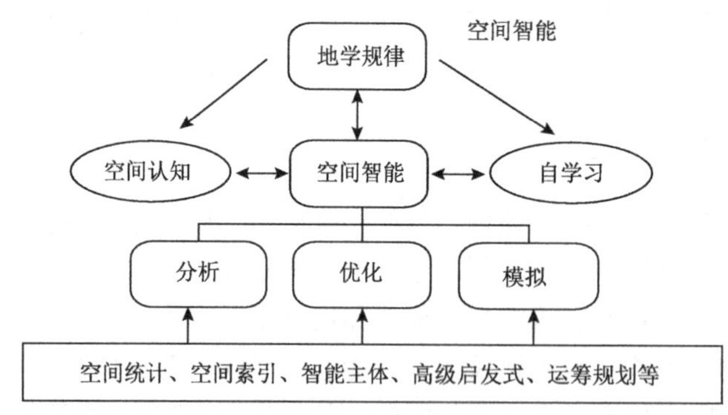

图 12.2　空间智能基本框架

在技术层面，空间智能技术体系基础是软件化的知识和智能化的技术。因此，需要强调开发 GIS 主动“学习”的技术，本质上，GIS 学习是创建数据集分析程序的方法。由于很多推论问题属于无程序可循，所以有一部分 GIS 学习能力的开发强调采用相对容易处理的近似算法，使用综合归纳分析而不是演绎推理的方法。

1. 智能 GIS

智能化 GIS 是指与专家系统、人工神经网络、模糊逻辑、遗传算法等相结合的 GIS。简言之，智能化 GIS 是人工智能技术在 GIS 中的应用。目前对智能化 GIS 有两种理解。

（1）智能化 GIS 是指在 GIS 系统中应用人工智能技术，建立智能化时空数据处理和分析模型，在人工智能理论支持下对时空信息进行处理和分析，即在地学规律指导下，结合具体的地学知识和地理信息，通过地学分析和 GIS、人工智能等技术手段获得更精确的、反映实际地学规律的分析结果。

（2）智能化 GIS 是 GIS 作为一种分析处理空间信息的通用技术应用于某一个领域，使管理水平、决策系统智能化。例如，在智能交通系统中，通过采用电子技术、地理信息系统技术、通信技术等高新技术对传统的交通运输系统及管理体制进行改造，形成一种信息化、智能化、社会化的新型现代交通系统。

2. 智能空间数据处理

智能 GIS 是空间信息科学与技术发展的必然趋势。GIS 信息的智能化处理主要体现在以下几个方面。

1）地理信息的采集与集成

在建立地理信息系统的过程中，地理信息的自动采集问题的解决可以大大提高地理信息系统的建库效率，节省大量人力物力。自动识别地图信息仍然是一个需要继续研究的问题，特别是地图符号的语义信息的自动获取。

目前，市场上已有多种商品化的地图扫描与信息提取软件，但是自动化和智能化程度仍然不是很高。为了满足社会的迫切需求，许多公司和研究机构投入了大量的人力物力，研究和开发了许多半自动化的地图数字化系统，如美国的 NSXPRES 和 R2V、德国的 CAROL、日本的 MAPVISION 等。

遥感是地理空间数据库更新的一种有效途径。随着遥感技术的发展，相对于地图来说，遥感图像的时效性很强，更加符合用户对地理空间数据的变化检测和及时更新的需求，遥感图像越来越成为 GIS 的重要数据源，已经逐步取代了传统 GIS 中地图作为重要数据源的位置。但是，基于遥感数据的地理空间实体自动识别，仍然是一个难题。在地理信息系统建库和维护过程中，数字地理实体或地理目标和真实世界的一致性的自动检测和维护也是当前迫切需要解决的问题。迫切需要引入人工智能技术提升利用遥感图像更新地图数据库的水平。

2）地理数据分类的智能化方法

在地理信息系统中，经常用到地理数据的分类技术，如土地类型的分类、土地等级的划分、遥感图像的分类等。在这些领域，人工智能技术的应用比较广泛。利用遥感数据进行土地类型的划分一直是人们非常关心的问题，例如，利用专家系统技术辅助土地类型的划分，利用人工神经网络模型建立更高精度的土地类型分类模型。土地等级划分的专家系统方法现已广泛应用于土地评价，基于知识的遥感图像分类方法已应用于商品化的遥感图像处理软件。

3）地理信息的智能检索

目前，地理信息的检索主要以确定性的信息为检索条件，但是，随着地理信息系统的广泛应用，模糊性的地理信息检索是非常需要的，这主要体现在检索条件的模糊性。同时，检索条件还可以进一步是声音或自然语言等。这就要求地理信息的检索必须使用人工智能技术，以满足 GIS 用户的需要。

4）智能化地图设计与综合

地图数据处理中涉及大量的地图知识，这些知识是制作高质量地图的保证，因此，人工智能在地图数据处理中的应用主要表现在如何有效地利用地图制图知识。目前，在地图数据处理中，使用人工智能技术比较多的几个领域是：地图投影选择、地图注记的自动配置、地图符号的设计与配置、地图综合等。国内外在这些方面已做了大量的研究工作，如地图投影选择专家系统、地图注记自动配置专家系统、地图符号的优化配置技术、地图色彩的设色专家系统、地图综合智能化系统、多智能体的地图综合系统、智能化地图设计系统等。这些系统大多数是实验性研究型系统，还有待地图工作者进一步研究和开发。

3. 智能空间分析

地理信息处理中经常会遇到难以用单纯的算法解决的问题，如资源的分配、土地利用规划等，这样的问题常用人工智能技术解决。在地理信息系统的应用过程中这类问题很多，需要根据实际情况开发相应的智能化模型，以满足地理信息系统用于空间决策的需要。也就是说，必须研究地理空间决策支持系统，而不是简单地提供地理信息的服务。

随着大规模的数据库不断增加，人们不再满足一般的数据查询和检索，开始利用这些数据库自动发现新的知识，这项技术被称为数据库知识发现（knowledge discovery in databases，KDD）或数据挖掘（data mining）。数据挖掘是指从大量数据中提取或挖掘知识，数据挖掘是知识发现过程的一个基本步骤。知识发现的过程包括数据清理、数据集成、数据选择、数据变换、数据挖掘、模式评估和知识表示等（Han and Kamber，2007）。空间数据的采集、存储和处理等现代技术设备的迅速发展，使得空间数据的复杂性和数量急剧膨胀，远远超出了人们的解译能力。空间数据库是空间数据及其相关非空间数据的集合，是经验和教训的积累，无异于是一个巨大的宝藏。当空间数据中的数据积累到一定程度时，必然会反映出某些人们感兴趣的规律，空间数据挖掘与知识发现是促进 GIS 信息智能化处理的关键技术，常用理论和方法包括概率论、证据理论、空间统计学、规则归纳、聚类分析、空间分析、模糊集、粗糙集、云模型、数据场、地学粗空间、概念格、神经网络、遗传算法、可视化、决策树、空间在线数据挖掘等，而且都取得了一定的成果。

4. 智能地理空间知识表达

在信息技术领域，知识与信息和数据完全不同。数据是对个体相关属性进行度量和统计的事实集合，常表现为数字、文字、图形、图像和声音等形式，也可以是计算机代码。对信息的接收始于对数据的接收，对信息的获取只能通过对数据背景的解读。

信息是对客观事物存在及其变化情况的反映、刻画、描述、标志和度量，是一种客观存在。信息可以认为是关于数据含义的描述，反映数据和数据之间的联系。数据只有转换为信息，才能被人们理解和接受。

知识不是数据和信息的简单累加，而是人们在改造世界过程中所获得的认识和经验的总结，是人类智慧的结晶。从其基本作用出发，知识被认为是一种能够改变某些人或某些事物的信息。知识表示互相联系的一种模式，通常为所描述的或将要发生的提供一种高层次的预测。在给定情景下，知识与信息的区别在于它拥有更多与经验、认知相关的要素。拥有知识就意味着可以运用知识去解决问题，拥有信息却不一定能够解决问题。可执行能力是知识的一个必备要素。三者之间的区别与联系如图 12.3 所示。

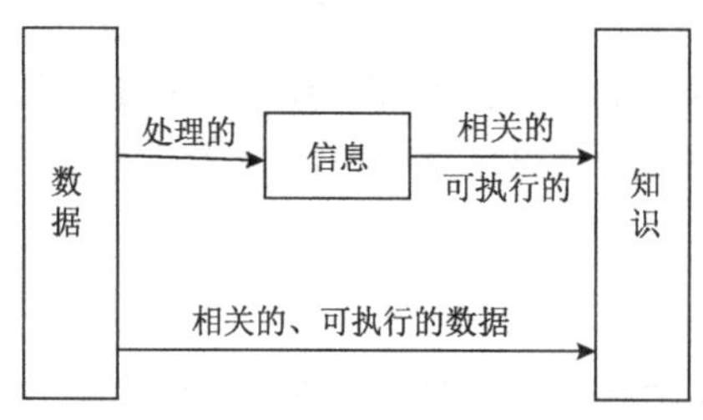

图 12.3　数据、信息、知识三者的相关关系

在国民经济建设和社会发展的实践活动，以及人们日常生活所接触和利用的现实数据中，大约有80%是与地理参考相关的（如地理坐标、地址、邮编等），其中包含着大量的各种形式的信息。

空间数据是人们据以认识自然和改造自然的重要数据，涉及空间实体的属性、数量、位置及相互关系等的空间符号描述。空间数据不仅是空间信息的载体，还是形成认知基元——空间概念的要素。空间信息是有意义的空间数据语义。空间数据是客观对象的表示，空间信息则是空间数据内涵的意义，是空间数据的内容和解释。空间信息有助于人们对于地球表面客观环境的理解和认识。空间知识是一个或多个空间信息关联在一起形成的有应用价值的信息结构。空间知识直接与真实或抽象世界有关的不同分类模式联系在一起，称为论述的论域，简称论域。随着地理科学的发展及与其他学科的融合，与50年前相比，空间知识的概念已经从最初的“地理事实的集合”发展到“对各种地理现象和地理实体及其性质进行地理思考的结果”（常表现为对地理现象和地理实体的潜在规律的认识），也就是从“知道的状态”（know what）向更深层次的“知道怎么做”（know how）转变。为了区分信息和知识两种层次的空间知识，邸凯昌提出了一个原则：对事物属性的具体描述是信息；对数据进行处理、与相关数据比较得到的结论性、概括性的描述，如果在某一领域有应用的价值，那么是该领域的知识，若无应用价值，则不认为是知识。

从空间数据到空间知识体现了人们对地理空间不同程度的概念化表达。空间数据主要以数据、文字、图形图像等形式表达地理实体的属性、数量、位置等基本特性；空间信息是从空间、时间和特征三个维度对地理特征的表达；而空间知识则是对与地理实体集合和不同时间同一地理实体相关的地理概念和地理现象的描述，更符合人类的认知习惯。与空间信息、空间数据相比，空间知识更加强调地理概念、地理原理、地理方法、地理规则等各个方面的相互联系和内在规律。地理概念是对地理实体、地理现象或者地理实体进化过程的本质属性的抽象概括，是人们认知和区分不同地理事物的依据、进行地理思维的基础，是地理认知过程的关键环节。空间知识起始于一般的基础的地理概念，即地理概念中的地理术语、地理名词、地理名称等基本单元，然后发展到地理特征。

空间知识的核心问题是如何将人脑中形成的地理概念、原理、公理等关于地理世界的知识利用现有的信息技术以计算机可理解、可阅读、可计算的方式进行重建，以实现空间知识支持下的智能空间信息检索、集成、挖掘、表达、推理及智能地学决策。

1）知识地图

知识地图（knowledge map）是一种知识（既包括显性的、可编码的知识，也包括隐性知识）导航系统，并显示不同的知识存储之间重要的动态联系。它是知识管理系统的输出模块，输出的内容包括知识的来源、整合后的知识内容、知识流和知识的汇聚。它的作用是协助组织机构发掘其智力资产的价值、所有权、位置和使用方法；使组织机构内各种专家技能转化为显性知识并进而内化为组织的知识资源；鉴定并排除对知识流的限制因素；发挥机构现有的知识资产的杠杆作用。在知识地图中，人类的知识结构可以绘制成以各个单元概念为结点的学科认识图，大部分知识存在于知识结点链接的知识源中，知识结点的关联更多的是从知识利用的角度出发的关联，而不是知识本身的内在联系。而其之所以称为“地图”，主要的原因是将不同来源知识间的多维关联关系网络“投影”到二维的平面，并用“地图”的形式加以可视化描述。知识地图的概念模型如图12.4所示。

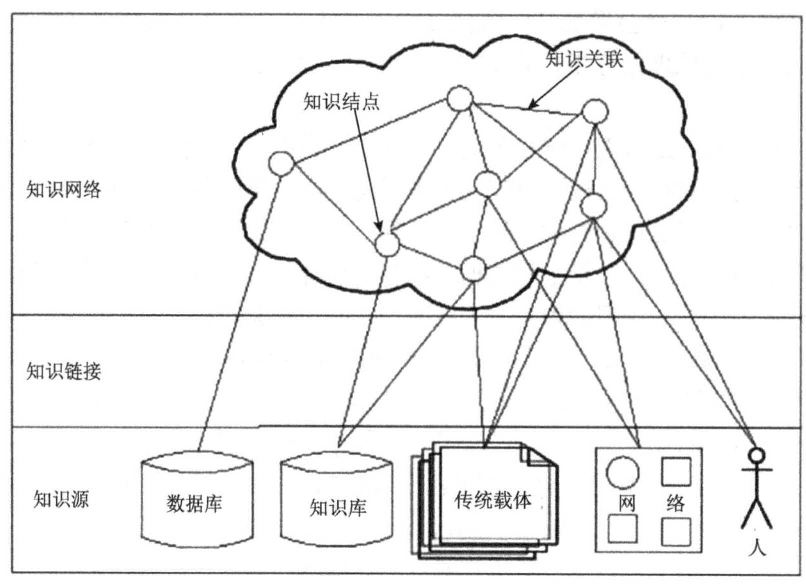

图 12.4　知识地图概念模型

知识地图的作用包括：①有助于知识的重复利用，有效地防止知识的重复生产，节约检索和获取时间；②发现“知识孤岛”并在它们之间建立联系，以促进知识共享；③发现企业内部能有效促进学习的非正式社团；④为知识项目评估提供基础；⑤协助员工快速获取所需知识；⑥通过提供知识的检索，来协助企业决策及业务问题的解决；⑦提供更多的学习、利用知识的机会；⑧有助于知识资产的创造和评价；⑨有助于建立合适的组织知识管理基础设施。

知识地图包括以下类型。

（1）面向程序的知识地图。这种知识地图将关于某个流程的知识或知识源图形化表示。这里的业务流程涵盖了一个企业或一个组织机构的任何业务操作流程。面向程序的知识地图的主要作用是规划知识管理方案并推动知识管理的实践。

（2）面向概念的知识地图。其实是“分类学”的一种，是划分组织等级和进行内容分类的一种方法。在知识管理中，分类学被用于网站站点或知识库中的内容管理。

（3）面向能力的知识地图。这种知识地图将一个组织结构的各种技能、职位甚至个人的职业生涯视为一种资源并进行记录，从而勾画出了一张该机构的智力分布图。它的功能类似于黄页电话簿，可以使员工很方便地找到他们所需要的专项知识（各种技能、技术和/或职责描述）。

（4）面向社会关系的知识地图。这类知识地图也称为社会关系图。社会关系图揭示了不同的社会实体之间、不同的组织机构之间和统一组织内的不同成员之间关系的表现形式和处理原则。社会关系分析图的一个作用就是对一个社会背景内的共享信息进行分析。

2）知识网络

为了从认知角度描绘科学知识网络的结构特征与其演化规律，构建“知识单元”之间的语义关联结构，人们提出了知识网络（knowledge network）的相关概念。知识网络是作为陈述性知识和程序性知识在人的大脑内系统化的存储方式。知识网络在不同的领域有不同的定义，在知识管理领域知识网络定义为：以知识元素、知识点、知识单元、知识库作为“结点”，以知识间的关联作为“边”或“链”而构成的网络。知识网络的其他定义为：①知识网络是基于知识的关系，它可以使企业发挥其潜在的认知协同优势；②知识网络是实体（个体、团队、组织）间的关系，这些实体具有共同的关注，且嵌入在集体的与系统的知识资产的创造与共享的动态关系的工作环境中；③知识网络是一个具有模块化结构的组织系统，它可以使企业传递与共享其可用的无形资产，特别是其自身的知识。

概念地图、主题地图和语义网都可以看做是知识网络的一种。但是知识网络比概念地图、主题地图涵义更丰富。由知识结点及其关联构成的可视化网络都可认为是知识网络，而不必关注这些知识结点是不是概念类型、属不属于相同主题等。知识网络试图以知识结构中的知识关联作为切入点，通过模拟知识本体的网状结构和知识关联的作用进一步构建客观知识网络，从而实现从主观知识网络（知识本体网络）到客观知识网络的映射，通过对知识内容的组织实现知识共享的最大化。

3）空间知识地图

空间知识地图（geospatial knowledge map）有广义和狭义之分。广义空间知识地图是指将地图生产使用过程中涉及的数据、信息、知识、人员、质量、处理方法、生产流程、使用情况的一个集合。它不再是简单的一张图，而是一种有效的知识管理过程。通过这种空间知识地图，地图用户能够很方便地掌握数据的来源、现势性、精度，快速定位地图数据存储位置，查找相关生产单位，并通过分析其使用情况来评估能否满足自身任务的要求等。狭义空间知识地图是将空间信息、空间数据、空间知识及其相互关联关系基于一定的数学基础反映在地图上，是空间知识的地图形式化表达。其核心问题是知识的空间化和知识的可视化。它实现了客观地理空间及其内在知识空间的一体化描述。其根本目的是通过从数据、信息、知识三个不同层次对地理环境进行刻画，从而更深刻地揭示地理空间中蕴含的潜在时空规律，促使空间知识在不同领域的传播、共享、重用和创新。狭义空间知识地图的概念模型如图 12.5 所示。

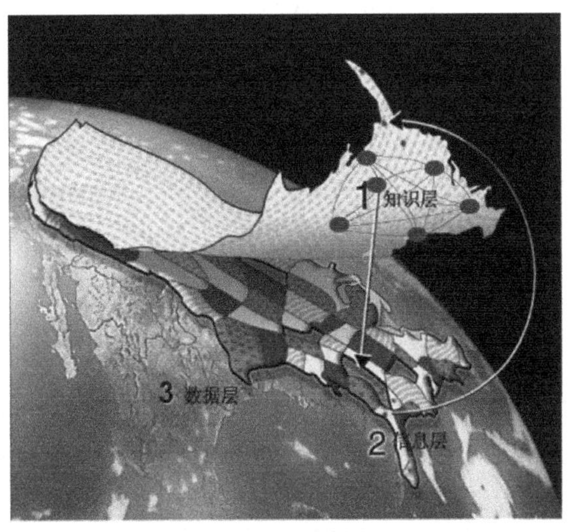

图 12.5　空间知识地图概念模型

4）空间知识表示

空间知识的获取与表达是智能 GIS 的基础，是一般空间分析向智能空间分析发展的关键技术。空间知识表示将直接影响决策推理和最终的结果。从人工智能的观点看，空间知识的表示，特别是关于空间的常识性知识的表示，是许多典型的 AI 任务需要做到的。一般知识的表示方法包括：状态空间法、问题归约法、谓词逻辑法、语义网络法、框架表示法、剧本表示法、过程表示法等。空间知识的表示需要将这些一般的知识表示法引入空间信息科学进行特化研究，目前主要的空间知识表示方法有基于谓词逻辑的空间知识表示、基于规则的空间知识表示、基于语义网的空间知识表示、面向对象的空间知识表示、基于本体的空间知识表示等。

12.2　基于人工神经网络的空间分析

12.2.1　人工神经网络概述

人工神经网络（artificial neural network，ANN）是在现代神经生物学研究成果的基础上发展起来的，研究的目的就是模拟人脑的某些机理和机制，实现某些方面的功能。国际著名的神经网络研究专家，第一家神经计算机公司的创立者与领导人 HechtNielsen 给人工神经网络下的定义是：神经网络是由多个非常简单的处理单元彼此按某种方式相互连接而形成的计算机系统，该系统靠其状态对外部输入信息的动态响应来处理信息。

地球上的任何动物的神经结构的形态与功能都是大体相同的，而人工神经网络则是对其功能的模拟。从功能上说，每一个细胞体都能完成“刺激—兴奋—传导—效应”这样一个过程，因此人工神经网络也必须能完成这样一个过程。首先可以先从大脑皮层神经元的基本结构中了解其功能完成的整个过程，其结构如图 12.6 所示。

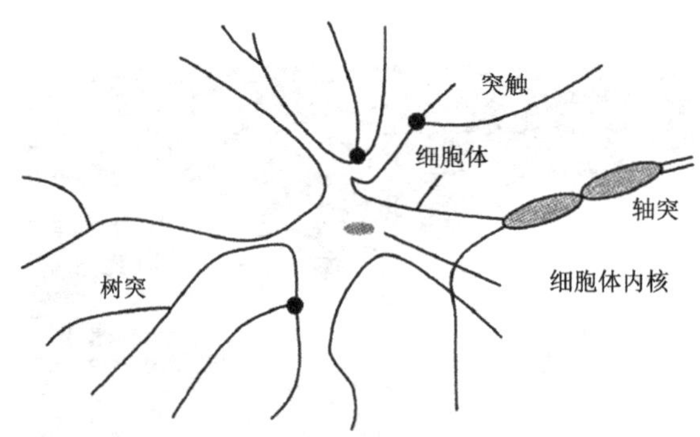

图 12.6　神经元结构示意图

一个神经元包括细胞和它发出的许多突起，多个神经元通过这些突起形成网络。神经元的细胞体是整个神经元的核心，所起的作用是接收和处理信息，接受刺激产生兴奋或抑制。突起所起的作用是传递信息，分为两类：一类是作为引入输入信号的若干个突起，称为“树突”，传导“兴奋”；另一类是作为输出端的突起，称为“轴突”，产生“效应”。人工神经网络则是用数学的方法抽象其神经元的工作机理，其基本处理单元也是神经元，简化后的神经元由多输入单输出构成基本单元。

1. 神经网络的特征

大量的神经元相互连接组成的人工神经网络就显示出了人脑的若干特征。人工神经网络具有以下特征。

（1）非线性大规模并行处理。人脑神经元之间传递信息的速度远低于冯·诺依曼计算机的工作速度，但是人脑在感知方面，如推理判断、决策处理方面的功能却相当强大，冯·诺依曼计算机就难以处理这类非线性的大规模复杂事件。由于人工神经网络模拟人脑的神经元在结构上是并行的，而且能同时处理类似的过程，所以人工神经网络也初步具备了人脑的并行处理功能。

（2）非线性映射。神经网络具有固有的非线性特性，这源于其近似任意非线性映射（变换）能力。这一特性给处理非线性问题带来了新的希望。

（3）分布性和稳健性。人脑各神经元的结构完全并行，其记忆信息分布存储在各神经元的连接强度上，在人工神经网络中表现为连接权值，由于连接权值是计算的主要依据，所以存储和计算均具有分布性。人脑的神经细胞每天都会有死亡，但是并不影响大脑的基本功能，这是由于信息分布存储并具有一定的冗余度，导致部分信息的丢失对整个网络的影响并不是很大。

（4）自适应学习能力。人类具有很强的学习、自适应和自组织能力，人工神经网络模拟大脑的工作机制，初步具备这一功能。由于连接权值存储信息，因此在学习过程中改变连接权值的值，记忆了输入样本的基本属性，挖掘样本中的有用数据，对于不完整的输入样本能较好地恢复其完整原型。

（5）推广性。已经训练好的神经网络能够对不属于训练样本集合的输入样本正确识别或分类，这就是神经网络的推广性。

（6）硬件实现。神经网络不仅能够通过软件，而且可以借助硬件实现并行处理。近年来，一些超大规模集成电路实现硬件已经问世，而且可以从市场上购买到。这使得神经网络成为具有快速和大规模处理能力的网络。

神经网络由于其学习和适应、自组织、函数逼近和大规模并行处理等能力，因而具有用于智能系统的潜力。神经网络在模式识别、信号处理、系统辨识和优化等方面的应用，已有广泛研究。在控制领域，已经做出许多努力，把神经网络用于控制系统，处理控制系统的非线性和不确定性及逼近系统的辨识函数等。

2. 人工神经网络的典型类型

人工神经网络已被成功地应用到模式识别、图像处理、专家系统、机器学习、遥感、地理信息系统、全球定位系统等许多方面。如今，已经开发出大量的人工神经网络模型，下面简单介绍其中的部分常用的神经网络模型。

（1）反向传播 BP 网络模型。最初由沃博斯开发的反向传播训练算法是一种迭代梯度算法，用于求解前馈网络的实际输出与期望输出间的最小均方差值。BP 网络是一种反向传递并能修正误差的多层映射网络。当参数适当时，此网络能够收敛到较小的均方差，是目前应用最广的网络之一。BP 网络的不足是训练时间较长，且易陷于局部极小。

（2）Hopfield 神经网络模型。Hopfield 神经网络模型是反馈型网络的代表，是一类不具有学习能力的单层自联想网络，Hopfield 网络有离散型网络和连续型网络两种类型。Hopfield 网络模型由一组可使某个能量函数最小的微分方程组成。其不足在于计算代价较高，而且需要对称连接。

（3）自组织特征映射（self organizing map，SOM）网络模型。自组织特征映射（SOM）网络模型属于无导师学习的一个单层网络。SOM 能够形成簇与簇之间的连续映射，起到矢量量化器的作用。

（4）径向基函数（RBF）神经网络模型。径向基函数（RBF）神经网络是一种前馈型神经网络，其网络学习收敛速度较快。RBF 网络起源于数值分析中的多变量插值的径向基函数方法，其所具有的最佳逼近特性是传统 BP 网络所不具备的。

（5）自适应谐振理论（adaptive resonance theory，ART）模型。该模型是一个根据可选参数对输入数据进行粗略分类的网络。ART.1 用于二值输入，而 ART.2 用于连续值输入。ART 模型的不足之处在于过分敏感，当输入有小的变化时，输出变化很大。

（6）认知机（recogntion）模型。该模型是迄今为止结构上最为复杂的多层网络。通过无师学习，认知机具有选择能力，对样品的平移和旋转不敏感。不过，认知机所用节点及其互连较多，参数也多且较难选取。

（7）博尔茨曼（Boltzmann）机（BM）。该模型建立在 Hopfield 网络基础上，具有学习能力，能够通过一个模拟退火过程寻求解答。不过，其训练时间比 BP 网络要长。

（8）感知器网络（perceptrons）。感知器网络只有一个神经元，是最简单的网络模型，也是最基本的网络模型，是最古老的人工神经网络模型之一。

（9）Madaline 算法。Madaline 算法是 Adaline 算法的一种发展，是一组具有最小均方差线性网络的组合，能够调整权值，使得期望信号与输出间的误差最小。此算法是自适应信号处理和自适应控制的有力工具，具有较强的学习能力，但是输入和输出之间必须满足线性关系。

12.2.2 人工神经网络在空间分析中的应用

1. 反向传播 BP 网络及应用

1）网络的基本原理

在人工神经网络模型的实际应用中，绝大多数是 BP 网络或其变化形式的应用，BP 网络体现了现阶段人工神经网络最精华的部分。

BP 网络是一种具有三层或三层以上神经元的多层前向网络，如图 12.7 所示。网络按有导师学习的方式进行训练，训练模式包括若干对输入模式和期望的目标输出模式。当把一对训练模式提供给网络后，网络先进行输入模式的正向传播过程，输入模式从输入层经隐含层处理向输出层传播，并在输出层的各神经元获得网络的输出。当网络输出与期望的输出模式之间的误差大于目标误差时，网络训练转入误差的反向传播过程，网络误差按原来正向传播的连接路径返回，网络训练按误差对权值的最速下降法，从输出层经隐含层修正各个神经元的权值，最后回到输入层，然后，再进行输入模式的正向传播过程……这两个传播过程在网络中反复运行，使网络误差不断减小，从而网络对输入模式响应的正确率也不断提高，当网络误差不大于目标误差时，网络训练结束。

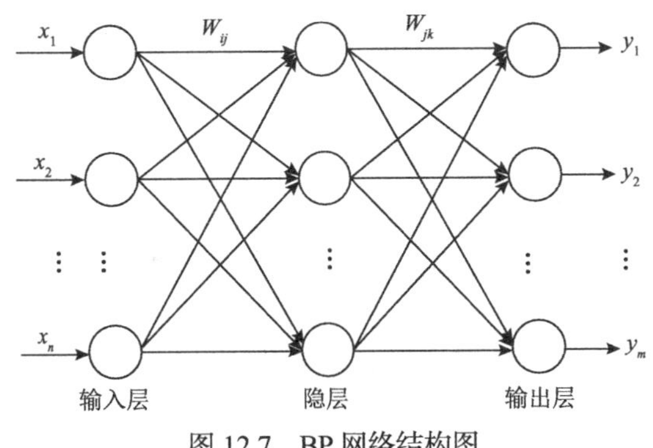

图 12.7　BP 网络结构图

2）BP 网络在空间分析中的应用

BP 网络模型是最常用的神经网络模型，在遥感图像分类、GIS 空间数据分析、地学模拟分析等地学领域得到了广泛应用。

万幼川在对水质评价方法进行深入研究的基础上，引入人工神经网络理论来解决水质评价方法中的决定权问题。针对 BP 网络存在的不足从两个方面进行了改进：一是通过扩展函数取值及改进动量因子来提高收敛速度；二是通过自适应确定隐节点数来消除冗余节点从而提高收敛速度。同时将 BP 改进模型用于东湖水质评价、富营养化评价和区域综合评价。通过东湖不同方法的对比分析，探讨该方法在水质评价中的客观性、实用性及适应性问题，并以 ArcInfo 为软件平台，实现了 GIS 支持下的东湖水质评价结果的可视化显示和分析。

气温数据空间化是插补无站地区温度、使气温数据便于综合分析的重要技术手段。理想情况下，气温的空间化分布受经度、纬度和海拔高度的影响，呈现规律性的空间分布态势。但是，各种微观因子如坡度、坡向、地形起伏、地表覆被等的存在，在一定程度上扰乱并弱化了这种规律性的分布态势。张赛（2011）基于 Matlab 平台，选择了 56 个站点作为检验样本。检验样本之外的 642 个站点数据作为训练样本，利用 BP 神经网络研究了我国多年平均气温数据空间化的新方法。结果表明，与传统的 IDW 插值、Kriging 插值、样条插值和趋势面插值相比，BP 神经网络的绝对误差仅为 0.51℃，具有较高的空间化精度，同时它更加准确地反映了诸如阿尔泰山、天山、昆仑山、喜马拉雅山等山区低温带的气温分布规律。

2. 自组织映射（SOM）网络及其应用

1）SOM 网络原理

自组织映射（self organizing map，SOM）网络是芬兰学者 Kohonen 提出的一种神经网络模型，它模拟了哺乳动物大脑皮质神经元的侧抑制、自组织等特性。1984 年 Kohonen 将芬兰语音精确地组织为音素图，1986 年又将运动指令组织成运动控制图。由于这些成功应用，自组织特征映射网络引起了人们的高度重视，形成一类很有特色的无师训练神经网络模型。

SOM 的拓扑结构一般为两层：输入层和竞争层，如图 12.8 所示。输入层通过权向量将外界信息汇集到竞争层各神经元，每个输入端口与所有神经元均有连接，称为前向权，它们可以调整。竞争层也可

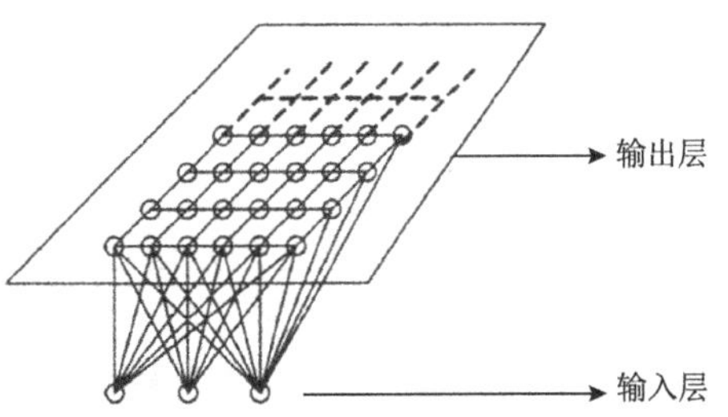

图 12.8　SOM 网络结构图

称为输出层，其神经元的排列有多种形式，如一维线阵、二维平面阵和三维栅格阵。最典型的结构是二维形式，它更具有大脑皮层的形象。

2）SOM 网络在空间聚类分析中的应用

SOM 神经网络模型具有良好的聚类特性，可用于复杂的高维数据聚类分析，能够实现空间数据的有效聚类或分类，在图像分割、地学统计数据的聚类和分类等方面都得到了很好的应用。这里以文献（Bação et al.，2005）为例，介绍 SOM 神经网络模型在空间聚类分析中的应用。所用数据来自葡萄牙统计局，关于其首都西里本城市的普查区内包括 65 个社会人口学变量，这些描述普查区的变量主要是基于以下六个方面：建筑的数量、家庭的数量、房屋拥有者数量、年龄结构、教育水平及经济承受能力，另外还有两个精确的地理变量，即（x，y）坐标。

标准的 SOM 网络仅仅考虑在竞争层选出优胜单元，并设定一个邻域半径，随着训练次数的增加，邻域半径不断减小，最终为零，其聚类结果也由此产生。而在基于地理空间信息的 SOM 网络中增加一个参数 k 来控制优胜单元，称其为“地理公差（geographical tolerance）”，允许优胜单元在半径为 k 的范围内存在潜在的优势单元。基于地理空间信息的 SOM 网络选出优胜单元通常分两步走：第一步仅仅考虑地理坐标，将地理坐标作为输入向量，仅在竞争层选出优胜单元，然后再和输入模式比较调整，选择出最终的获胜单元，并根据标准 SOM 网络规则更新神经元的权值，这就不仅要求神经元在竞争层有比较好的聚类，还要求在输入层输入模式也有比较好的聚类，这样的聚类就体现了在空间信息上的聚类。分别利用标准 SOM 网络和 Geo.SOM 网络进行聚类，聚类结果如图 12.9 所示。Geo.SOM 网络依据了两个标准：一个是输入模式的地理坐标，即普查区的中心；另一个是神经元的量化误差的最小值。而标准 SOM 仅基于量化误差的最小值进行聚类，因此聚类结果密集分布在城市中心，而周边几乎没有聚类产生。

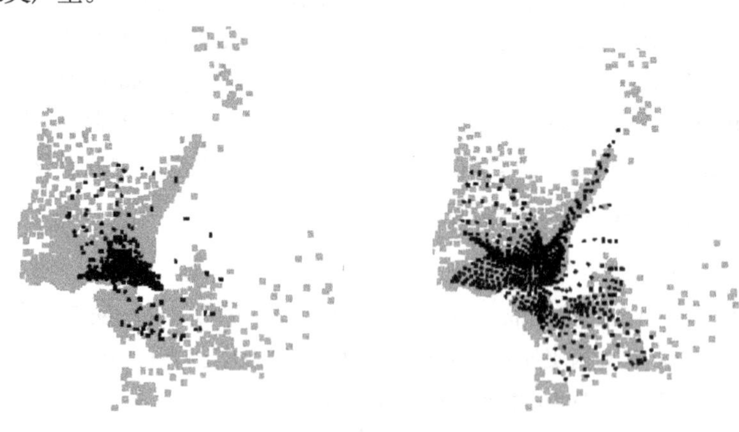

（a）标准 SOM 聚类结果　　（b）Geo.SOM 聚类结果

图 12.9　基于 SOM 网络的聚类分析

Geo.SOM 的基本思想是通过引进空间参数对标准 SOM 算法改进，利用空间属性自相关性对空间多维数据分成若干类，实现聚类分析。Geo.SOM 算法不是简单地根据其邻域内各单元的相似性分类，而是根据其输入模式中的地理空间信息的密度将 SOM 网络的神经元聚类，其聚类结果表现出了空间信息的相似性。Geo.SOM 算法在处理地理空间信息时对相似空间的定义和对边缘的检测区分已经表现出了潜在的前景，但同时也存在问题，即如何利用Geo.SOM网络在地理密度和属性空间的密度之间建立相互的联系。

3. Hopfield 网络及其在路径规划中的应用

1）Hopfield 网络原理

Hopfield网络模型是美国加州理工学院生物物理学家Hopfield J.J.于1982年提出来的新型人工神经网络模型。他在这种网络模型的研究中，首次引入了网络能量函数的概念，并给出了网络稳定性的判据。1984 年 Hopfield 提出了网络模型实现的电子电路，为神经网络的工程实现指明了方向。这种网络是反馈网络的一种，所有神经单元之间相互连接，具有丰富的动力学特性。现在，Hopfield 网络已经广泛应用于联想记忆和优化计算中，取得了很好的效果。

Hopfield网络分为两种形式：离散型Hopfield网络和连续型Hopfield网络。离散型Hopfield神经网络是离散时间系统，它可以用一个无向图表示，图的每一边都附有一个权值，图的每个节点代表一个神经元而且附有一个阈值，网络的阶数对应于图中的节点数。连续型Hopfield神经网络的每个神经元的输入与输出关系为连续可微的单调上升函数，它的每个神经元的输入是一个随时间变化的状态变量，它与外界输入和其他神经元来的信号有直接关系，同时也与其他神经元同它之间的连接权有关系，状态变量直接影响输入变量，使系统变成一个随时间变化的动态系统。

2）Hopfield 网络在地理空间数据网络分析中的应用

旅行家要旅行 N 个城市，要求各个城市经历且仅经历一次，并要求所走的路程最短，该问题一般称为旅行推销员问题（TSP 问题），也称为货郎担问题、邮递员问题、售货员问题。TSP 问题具有广泛的应用背景，如计算机联网、电气布线、加工排序、通信调度等。要得到 N 个城市依次经历的最短路径，应把遍历 N 个城市的各个路程值相比较，选出其中的最小值作为返回结果。在 N 很大时，传统的递归遍历方法无法解决，采用人工神经网络中的 Hopfield 网络可以很好地求解该问题。

Hopfield 网络是一种非线性动力学模型，它引入类似于 Lyapunov 函数的能量函数概念，把神经网的拓扑结构（用连接权矩阵表示）与所求问题（用目标函数描述）相对应，并将其转换为神经网动力学系统的演化问题。因此，基于 HNN 模型求解网络优化问题之前，必须将网络优化问题映射为相应的神经网，通常需要完成以下几方面工作：①选择合适的问题表示方法，使神经网的输出与问题的解相对应；②构造合适的能量函数，使其最小值对应问题的最优解；③由能量函数和网络稳定条件设计网络参数，得到动力学方程；④硬件实现或软件模拟。

HNN 模型将 TSP 的合法解映射为一个置换矩阵，并给出相应的能量函数，同时将满足置换矩阵要求的能量函数最小值与 TSP 问题最优解相对应。Hopfield 求解 TSP 的具体方法是：对于 n 个城市的一个旅行方案，可用一置换矩阵 $V_{n\times n}$ 来表示。如表 12.1 所示，$n=4$ 时的一旅行方案，$x=A,B,C,D$ 与各个城市对应，$i=1,2,3,4$ 表示访问次序，若 $V_{xi}=1$ 表示访问的第 i 个城市是 x，表 12.1 所对应的旅行路线为 DACB。

表 12.1　置换矩阵

x \ i	1	2	3	4
A	0	1	0	0
B	0	0	0	1
C	0	0	1	0
D	1	0	0	0

Hopfield 构造能量函数如下：

$$\begin{aligned} E=&\frac{A}{2}\sum_x\sum_i\sum_{j\neq i}V_{xi}V_{xj}+\frac{B}{2}\sum_x\sum_i\sum_{j\neq i}V_{xi}V_{xj} \\ &+\frac{C}{2}\left(\sum_x\sum_i V_{xi}-n\right)^2+\frac{D}{2}\sum_x\sum_i\sum_y d_{xy}V_{xi}\left(V_{xi+1}+V_{xi-1}\right) \end{aligned} \tag{12-1}$$

式中，d_{xy} 为城市 x 到城市 y 的距离，式中前三项是约束项，最后一项是优化目标项。

城市拓扑结构是影响神经网络性能（网络的有效收敛率和路径质量）最重要的因素之一，城市拓扑分布越分散，网络的有效收敛率越小；而城市拓扑越集中，网络的有效收敛率就越高。对于分布比较均匀的城市拓扑，所得解的质量相对高一些。

12.3　基于元胞自动机的空间分析

12.3.1　元胞自动机概述

元胞自动机（CA）是一种在空间和时间尺度内都呈离散状态的动力系统，所有的元胞都遵循同样的演化规则，并依据规则，对元胞状态进行不断更新，以模拟动态系统的演化过程。与一般动态系统不同，元胞自动机没有既定的物理方程式或数学函数表达式，而是对元胞制一系列简单的变化规则，其形式语言可表达为

$$\mathrm{CA}=(L_d,S,N,f) \tag{12-2}$$

式中，L 为一个规则的格网空间，每个格网被称为一个元胞；d 为格网空间的维数，理论上可以取任意正整数，即元胞自动机理论可以模拟任意正整数的规则空间，在实际应用中常用于模拟一维或二维动态系统；S 为元胞在动态系统中所有状态的集合；N 为元胞的邻居集合，对于任何元胞的邻居集合 $N\subset L$，设邻居集合内元胞数目表示为 n，那么 N 可以表示为一个所有邻域内元胞的组合，即包含 n 个不同元胞状态的一个空间矢量，记为 $N=(s_1,s_2,s_3,\cdots s_n), s\in S, i\in(1,2,\cdots,n)$；$f$ 为一个映射函数：$S_t^n\rightarrow S_{t+1}^n$，即根据 t 时刻某个元胞的所有邻居的状态组合来确定 $t+1$ 时刻该元胞的状态值，f 通常又被称作转换函数或演化规则。

1. 元胞自动机的组成

元胞自动机由五部分组成：元胞、元胞空间、邻居、演化规则及时间，这五部分的关系如图 12.10 所示。

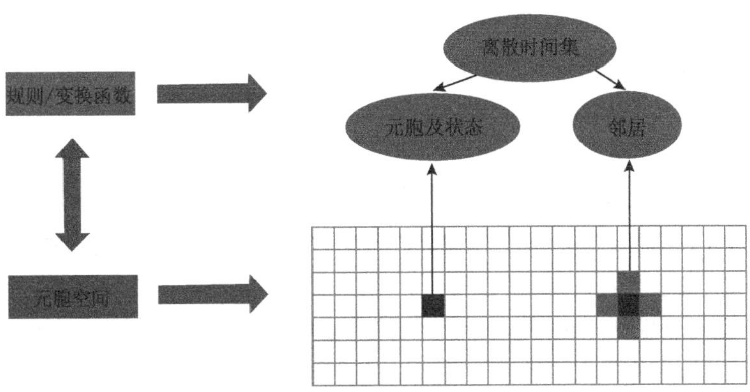

图 12.10　元胞自动机结构关系图

（1）元胞。元胞是元胞自动机中最小的构造组成部分。理论上讲，元胞可以为任意形状，规则或不规则。然而在实际应用中，常采用规则格网，如三角形、菱形、矩形、正方形。鉴于元胞与栅格数据中的像元概念相似，学者们常采用规则的正方形来表示元胞，以便与海量的遥感卫星影像、航片等栅格数据相结合，扩大应用范围。元胞所处状态既可以用{0,1}二进制形式表示，也可以是有限个状态的集合。

（2）元胞空间。元胞空间，是指由大量元胞构成的空间。虽然理论上元胞空间可以为任意维数，然而目前研究多集中于一维和二维。常用的二维空间形式主要有三角形、正方形及六边形，如图 12.11 所示。

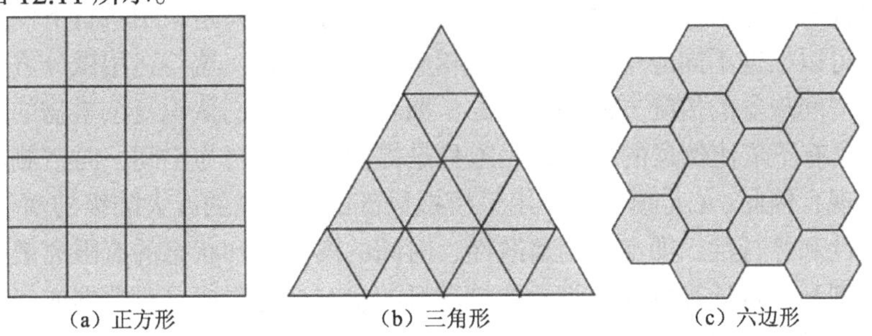

图 12.11　元胞空间类型

（3）邻居。邻居是指与待分析元胞相邻的元胞。对于一维的元胞自动机而言，邻居元胞个数与距离待分析元胞的半径密切相关，半径值越大，与待分析元胞相邻的元胞个数就越多，反之相邻元胞则越少。而对于二维元胞自动机而言，邻居的定义则相对复杂，常用的主要有冯·诺依曼型，摩尔型和扩展摩尔型，如图 12.12 所示。

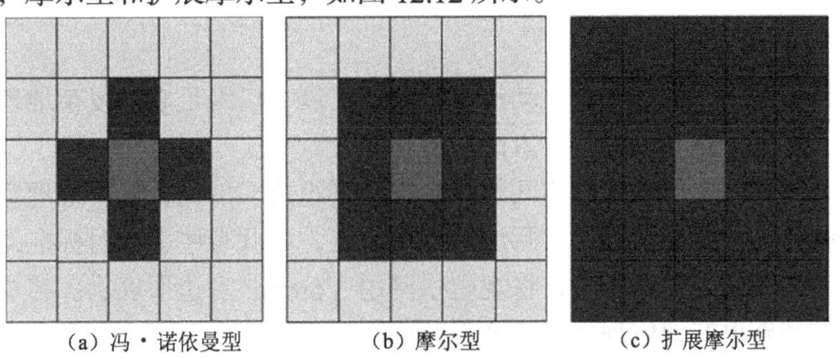

图 12.12　常用的邻居定义示意图

演变规则：演变规则用于描述元胞从上一刻状态转变为下一刻状态的行为变化规则，即元胞状态的转移函数。其数学表达式为

$$S_i^{t+1} = f(S_i^t, S_N^t) \tag{12-3}$$

式中，S_i^t 为时刻元胞 i 的状态；S_N^t 为 t 时刻元胞 i 的邻近元胞的状态集合；f 为制定的元胞状态演化规则，从数学表达式来看，元胞 i 在 $t+1$ 时刻的状态 S_i^{t+1}，与 t 时刻的元胞 i 自身状态及周边邻近元胞状态有着密切的联系。

（4）时间：鉴于元胞自动机是一个处于不断发生变化的动态系统，元胞状态依据制定的演变规则随着时间的变化而发生改变。因此，时间可理解为触发元胞状态发生改变的重要指标。在实际建模中，时间间隔常设置为等距且连续的离散函数集合。由演变规则的数学表达式可知，元胞在 $t+1$ 时刻的状态直接与 t 时刻的元胞及其邻近元胞的状态相关，而与 $t+1$ 时刻的状态无关。

2. 元胞自动机的一般特征

元胞自动机的一般特征是具有强大的空间建模能力和运算能力，能模拟具有时空特征的复杂动态系统。CA 在化学、生物学中成功模拟了复杂系统的繁殖、自组织、进化等过程。与传统的数学模型相比，CA 模型能更清楚、准确、完整地模拟复杂的自然现象。CA 能够模拟出复杂系统中不可预测的行为，这对于传统的基于方程式的模型来说，是无能为力的。从元胞自动机的构成及其规则上分析，标准的元胞自动机具有以下几个特征。

（1）开放性和灵活性。CA 没有一个既定的数学方程，只是采用“自下而上”建模原则的模型框架，可以根据不同应用领域，构筑相应的专业模型。这与运用微分方程或物理模型从宏观上描述空间现象的传统方法是对立的，前者更符合人们认识复杂事物的思维方式。而且，CA 模型具有不依比例尺的概念，元胞只是提供了一个行为空间，时空测度的影响可由转换规则来体现，因此，CA 模型可以用于模拟局部的、区域的或大陆级的演化过程。

（2）离散性和并行性，即空间的离散性、时间的离散性和状态的有限离散性。这适合于建立计算机模型和并行计算特征，将元胞自动机的状态变化看成是对数据或信息的计算或处理，而且这种处理具有同步性。

（3）空间性。以栅格单元空间来定义元胞自动机，能很好地和许多空间数据集相互兼容。

（4）局部性，即时间和空间的局部性。每一个元胞的状态，只对其邻居元胞下一时刻的状态有影响。从信息传输的角度来看，CA 中信息的传递速度是有限的。

（5）高维性。在动力系统中一般将变量的个数称为维数，从这个角度看元胞自动机的维数是无穷的。

3. 地理元胞自动机

地理元胞自动机是对标准元胞自动机进行一定扩展，以满足表达复杂地理对象、地理空间系统的需要。扩展体现在以下几个方面。

（1）元胞空间扩展。标准元胞空间是由规则格网组成。然而，鉴于地理空间的非均质性和复杂性，规则格网往往无法满足实际地理建模需要，因此有些学者对标准元胞的空间进行了扩展，例如，在实际建模过程中，将规则格网用 Voronoi 多边形表示。与规则格网空间相比，不规则格网能够更好地体现复杂的地表特征。

（2）元胞状态扩展。标准元胞状态，常常仅能表现一种属性状态。但由于土地利用/覆盖

状态是多种因素相互作用的结果。例如，自然因素表现在坡度、海拔高度及可通达性；社会经济因素则表现在人口、经济发展状况及土地政策等方面。因此，对标准元胞进行扩展，除拥有表示元胞所在的状态外，还赋予元胞一系列属性，以描述元胞所处的环境信息。

（3）转换规则的扩展。标准自动机元胞中，元胞演化规则通常是依据元胞本身的状态及周边邻近元胞状态边行制定的。而在实际土地利用覆盖变化建模中，模型元胞转换规则不仅仅取决于自身及周边元胞状态的影响，而且需要考虑其他土地利用覆盖变化驱动力因素。在城市元胞自动机模型中，对标准元胞自动机的演化规则进行了扩展，转换规则可以由多种方法进行制定。例如，基于各种城市理论或基于城市规划方案或基于求解一种土地利用类型转换为另一种土地利用类型的转换概率而制定的元胞演化规则。

（4）邻居定义的扩展。标准自动机元胞中，每个元胞的邻居大小相同，常用的邻居类型有冯·诺依曼型和摩尔型等，然而在客观复杂的地理世界中，某一事物或事件的发生，常受到周边事物的影响，但影响半径随地理事件不同而有所不同，而且影响程度会因距离远近而有所差异。因此，在实际地理元胞自动机建模时，常常会用距离衰减函数来赋予每个邻近元胞以特定的权重，来使模型与客观实际吻合，以提高模型模拟的真实性。

（5）空间与时间真实化，在标准自动机元胞中，从理论层面上讲，空间可以为任意维，时间可以是任意大小。然而在实际地理建模时，空间需要符合笛卡尔空间坐标系，这样才能够更好地与实际的地理空间相符，也易与具有地理空间坐标的遥感卫星影像资料、地图资料或各类 GIS 数据相结合。在时间尺度上，也需要根据实际研究对象，以及获取的数据源的时间分辨率，来为建立的模型选择适合的元胞状态更新时间间隔，即与真实的时间刻度相吻合，如天、月、年等。

12.3.2　地理元胞自动机及应用

元胞自动机具有强大的空间运算能力，常用于自组织系统演变过程的研究。它是由具有有限状态的离散元胞空间构成，并按照一定的局部规则，在离散的时间维上演化的动力系统，具有模拟复杂系统时空演化过程的能力。它这种“自下而上”的研究思路充分体现了复杂系统局部的个体行为产生全局、有秩序模式的理念。

城市是一个典型的动态空间复杂系统，具有开发性、动态性、自组织性、非平衡性等耗散结构特征；城市的发展变化受自然、社会、经济、文化、政治、法律等多种因素的影响，因而其行为过程具有高度的复杂性。正是由于这种复杂性，城市 CA 模型必须考虑各种复杂因素的影响。可以将复杂的城市系统进行分解，用不同的 CA 模型模拟城市系统的不同特征。

城市地理学家在 20 世纪中后期发展了许多城市模型，这些模型主要源于社会经济理论，如输入、输出理论和空间相互作用理论。劳利模型就是源自空间相互作用理论的城市发展模型。这些传统的城市模型在模拟城市系统时具有一定的局限性，因为此类模型是静态、解析性的模型，无法反映城市系统的动态变化及复杂性特征。同时，传统城市模型由于以较大的单元作为研究对象（如行政区等），缺乏详细的真实空间资料，模型的建立无法运用高分辨率的空间信息，也无法反映城市的微观结构特征和个体行为，而这恰恰是造成城市动态性、自组织性、突变性等复杂特征的原因。此外，传统的基于方程式的城市模型要么因涉及的参数太多而根本无法得到合适的方程式，要么因方程式本身极其复杂难以求解。

CA 模型通过运用高分辨率空间信息能够克服传统城市模型的局限。CA 模型的研究对象是元胞，元胞可以定义为高分辨率的格网。城市 CA 模型的基本原理是通过局部规则模拟出全局的、复杂的城市发展模式。CA 模型具有强大的建模能力，能模拟出与实际非常接近的结果，已被越来越多的学者运用到城市模拟中。许多学者表明 CA 模型能用简单的局部规则模拟复杂系统。通过运用一般的 CA 模型结构，城市可以分解为各种可计算的模型。从严格的决定论到完全的随机性、从完全的可预测性到不可预见，CA 模型能模拟出城市各种不同的形态结构。

标准 CA 模型只考虑邻域的作用。邻域包括 VonNeumann 邻域和 Moore 邻域。VonNeumann 邻域是由中心元胞相连的周围 4 个元胞组成（图 12.13），Moore 邻域则是由中心元胞周围相邻的 8 个元胞组成（图 12.14）。标准 CA 模型的转换规则常在均质空间的元胞上定义，元胞本身的属性不影响转换规则。如果给定某个元胞邻域内所有元胞的构造将产生一致的状态转换，这与该元胞在格网上的位置无关。在模拟过程中，标准 CA 并没有约束条件。如果对标准 CA 的限制条件适当地放宽，则可以更好地模拟出真实的城市发展，如引入各种距离变量因子可使模拟结果比标准 CA 邻域的模拟结果更接近实际，外在因子的引入也能影响城市发展的形态。引入机变量后，使得城市 CA 模型的模拟结果具有不确定性，这与真实的城市发展更为接近。

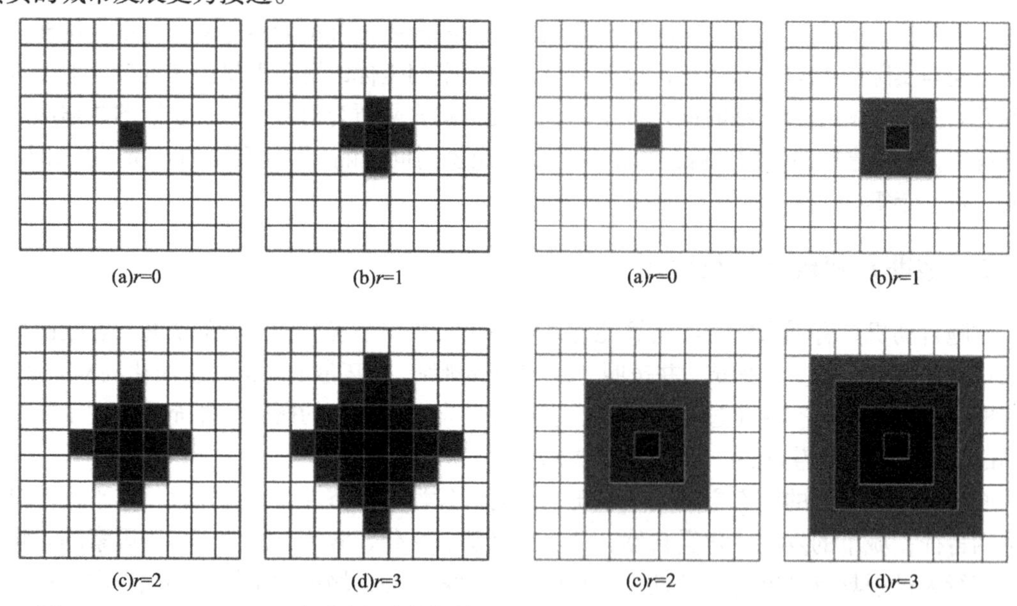

图 12.13　Von Neumann 4 个元胞组成的邻域　　图 12.14　Moore 8 个元胞组成的邻域

1. 地理元胞自动机与转换规则

城市 CA 模型有四个基本要素——元胞、状态、邻域和转换规则。第一，城市 CA 模型的运行是在二维元胞空间上进行的。很多情况下，城市 CA 模型将模拟空间分成统一的规则格网。第二，某时刻 t 元胞的状态只可能是有限状态中的一种，但是，有时也用“灰度”或“模糊集”来表示元胞的状态。在绝大多数情况下，城市元胞只有两个状态：城市用地或非城市用地。第三，元胞的邻域结构决定元胞的转换状态。最常用的邻域结构有 Von Neumann 邻域和 Moore 邻域。然而，也有其他一些邻域用来模拟城市环境，如圆形邻域和随距离衰减的邻域。离中心元胞距离越近的邻域元胞，在转换规则中对中心元胞状态转换的影响也就越大。第四，城市 CA 模型的转换规则往往是邻域函数的表达式。模型模拟的过程需要动态迭代计算邻域的变化。同时需要引入随机变量以突出城市系统的不确定性。

由于城市系统的不确定性，有些学者更倾向于用概率转换规则代替确定性的转换规则。城市 CA 模型和传统的 CA 模型在转换规则上有很大的差异。城市地理学家提出了各种各样的转换规则以满足他们研究的需要，这些转换规则与传统 CA 模型的转换规则迥然不同，往往对传统 CA 模型的限制条件进行了适当的放宽，城市 CA 模型并不适合运用严格限制的转换规则。

CA 模拟的关键是定义模型的转换规则。然而，CA 模型转换规则的定义是多种多样的，不同的应用目的需要定义不同的转换规则。传统 CA 模型的转换规则只考虑冯·诺依曼邻域或摩尔邻域的影响，函数表达式如下：

$$S_{ij}^{t+1} = f_N(S_{ij}^t) \tag{12-4}$$

式中，S 为元胞 i、j 的状态；N 为元胞的邻域，作为转换函数的一个输入变量；f 为转换函数，定义元胞从时刻 t 到下一时刻 $t+1$ 状态的转换。

CA 模型的执行需要可操作性的转换规则。最为著名的转换规则是“生命游戏”里的转换规则，这种转换规则极其简单：如果某一时刻一个元胞的状态为“死”，且其相邻元胞中恰好有 3 个元胞的状态为“生”，则在下一时刻该元胞“复活”；如果某一时刻一个元胞的状态为“生”，且其相邻元胞中有 2～3 个元胞的状态为“生”，则下一时刻该元胞继续保持为“生”的状态；如果一个“生”元胞处于孤立的状态（其相邻元胞中的“生”元胞少于 2 个）或者处于过饱和状态（其相邻元胞中的“生”元胞多于 3 个），那么，该元胞下一时刻的状态为“死”。这种简单的规则能形成令人惊奇的复杂模式，意想不到的复杂现象皆可由简单的局部规则产生，而且经过多次迭代后模式趋于稳定。

CA 模型和社会经济理论模型结合后，模型的转换规则变得更为复杂。城市 CA 模型除与传统 CA 的局部规则有关外，还与社会经济因子有关。运用该类复杂模型的一个案例就是在 CA 模型的转换规则中嵌入社会行为、劳利模型和系统动力学模型。

CA 模型与传统的城市模型结合后，模型将会变得相当复杂，保持 CA 模型原有的简洁性是必须面对的一个问题。因为 CA 模型过于复杂，就会失去局部规则的意义，从而使得模型已不再具有 CA 的特性。此外，定义复杂 CA 模型结构及确定模型参数同样也是问题，当 CA 模型使用了太多的变量而变得过于复杂时，对模型参数的校正几乎就变得不可能了。传统的逻辑回归等简单的统计方法是无法校正复杂模型参数的，因为只有当自变量和因变量之间的关系为简单线性关系时，这些方法才有效，而复杂 CA 模型中自变量和因变量之间的关系往往是复杂非线性的。

2. 基于多准则判断的 CA 模型

该模型最早由 Wu 和 Webster 于 1998 年提出。元胞自动机模拟方法已经成为探索各种自组织系统演化的有效工具。然而在元胞自动机的几个重要的特性中，获取转换规则是首要的问题。多准则判断方法与 CA 的结合将大大加强 CA 模型的生命力。下面具体介绍基于多准则判断的 CA 模型，将结合 CA 模型应用在土地利用中的例子来说明。

每个多准则方案都有一些相同的元素：一系列的事物，一系列组成决策矩阵的准则。基本说来，评估得分能够借助权重的总和或者成对的比较待选择的准则来计算。在一个元胞自动机系统中，每个元胞可以被视为一个选择，成对比较这些选择几乎是不可能的。因此，权重的总和经常被用于计算适宜的范围，它反过来确定在模拟中土地转化的概率。

CA 模型定义一个元胞在 $t+1$ 时刻的状态是由它和它的邻居在 t 时刻的状态及对应的转换规则决定的，描述为 $S_{ij}^{t+1}=f(S_{ij}^{t},O_{ij}^{t},T)$。其中，$S_{ij}^{t+1}$ 和 S_{ij}^{t} 是在 i、j 位置、$t+1$ 和 t 时刻各自的土地利用状态；O_{ij}^{t} 是 i、j 位置邻居空间的发展状况；T 是一系列的转换规则。这个方程表明，在一个自组织的城市系统中，土地开发是个历史依赖过程，在这个过程中过去的开发通过土地继承之间的交互作用来影响未来。在模拟中通过一个移动的、配置好的 3×3 的内核来捕捉开发土地之间的交互作用。内核应用到每个像元，同时返回一个值指示它的 8 个邻居在 S_{ij} 状态式被开发的比例。这个局部的和动态的信息用一系列全局变量总计，这些全局变量用于产生附加的评价得分，而这些得分决定位置在时刻状态的转变概率。

概率方法准许灵活的转换内容和局部依赖到转化规则。就一个非约束性的 CA 来说，$t+1$ 时刻的状态可以写为 $S_{ij}^{t+1}=f(P_{ijs}^{t},T^{t})$。其中，$P_{ijs}^{t}$ 是在位置 i、j 状态 S 可能的转换概率，一般记为 $P_{ijs}^{t}=F(r_{ijs}^{t})=F\left[\omega(F_{ijk}t,W_k)\right]$。其中，$r_{ijs}^{t}$ 评估状态 S 在位置转化的适宜性，是发展因子 k 在位置 ij 的积分，包括邻居元胞在状态 t 开发的比例；W 是对每个发展因子赋予相关重要性的矢量权重；ω 是用于计算发展权重得分的联合函数；F 是用于将合成的适宜性得分转化为概率的函数。

约束性因子取二进制值 0 或 1，代表绝对约束或不约束，ω 的规范可以表示为 $r_{ijs}=\left(\sum_{k=1}^{m}F_{ijsk}W_{sk}\right)\prod_{k=m+1}^{n}F_{ijsk}$。其中，$F_{ijsk}$ 是对在位置 i、j 一个改变状态的发展因子 k 的得分；$1=k=m$ 代表发展的非约束性因子，$m<k=n$ 代表发展的约束性因子。

在多准则转换规则确定后，获取权重成为下个步骤。在此可以应用层次分析法确定转换规则。从总的准则下降到次级准则，每次仅仅比较一对准则能够做出有效的决定。比较应用了 9 点刻度来衡量一对准则的优先级，矩阵 $\boldsymbol{A}$ 确定如下从总的准则下降到次级准则。每次仅仅比较一对的准则能够做出有效的决定。比较应用了 9 点刻度来衡量一对准则的优先级。矩阵 $\boldsymbol{A}$ 确定如下：$\boldsymbol{A}=(a_{ij})=(w_i/w_j)$ 其中，w_i 是矢量 $\boldsymbol{W}$ 的权重，$\boldsymbol{W}=(w_{\mathrm{i}})^{\mathrm{T}}$，1~9 分布；同时 a_{ij} 为 1/9~9 分布。

很明显，$a_{ij}>0, a_{ij}=1/a_{ji}$，同时 $a_{ij}=1$。当主要的特征向量 $\boldsymbol{A}$ 常态化时，反映了决策者的优先权。描述如下：$\boldsymbol{AW}=(w_i/w_j)\cdot(w_i)^{\mathrm{T}}=\lambda^{\max}\boldsymbol{W}$。在一个一致性的情形下，当 $a_{ij}\cdot a_{jk}=\boldsymbol{n}$ 时，主要的特征向量 $\boldsymbol{A}$ 等价于 $\boldsymbol{A}$ 的维度，这就是说，$\lambda^{\max}=\boldsymbol{n}$。

3. SLEUTH 模型

SLEUTH 模型的正式名称是 Clarke 城市增长元胞自动机模型，由一系列循环嵌套的增长规则组成，这些规则都是预先定义好并被应用在地理格网空间。该模型由加州大学圣巴巴拉分校的 Keith Clarke 教授开发，能够应用于可变尺度和全局尺度的研究。模型是其栅格形式的输入数据首字母缩写的简称：坡度（slope）、土地利用（landuse）、排除层（excluded）、城市范围（urban）、交通（transportation）和阴影（hillshade）。它是一种用于模拟和预测城市增长的 CA 模型，其特点是以均质单元点阵空间（grid space）为工作基础，相邻有 4 个单元格，每个单元格被赋予两种属性（城市/非城市），并通过定义 5 项转换规则应用于时间序列数据的动态研究。最为重要的特点就是通过自我修改规则来获悉地方的历史状态并进行相应的模拟。

SLEUTH 模型要求输入层具有相同的行与列，以及正确的地理坐标。除了城市图层之外（至少需要 4 个图层用于统计目的），模型至少需要 2 个不同年份的交通图层（在每个道路图层中也能够确定道路的等级），即一个单独年份的含有地形坡度百分比的图层和一个城市化外围区域图层(模型准许对图层按排除的概率分类)。山体阴影图层用作模型的背景。SLEUTH 模型包含三个模块：测试模块、校准模块和预测模块。测试模块确保模型正确编译和运行，用于城市增长的历史重建校准和预测模块是模型的主体，也是最复杂、耗时最多的部分，用于预测城市增长。该模型运行的基本流程如图 12.15 所示。

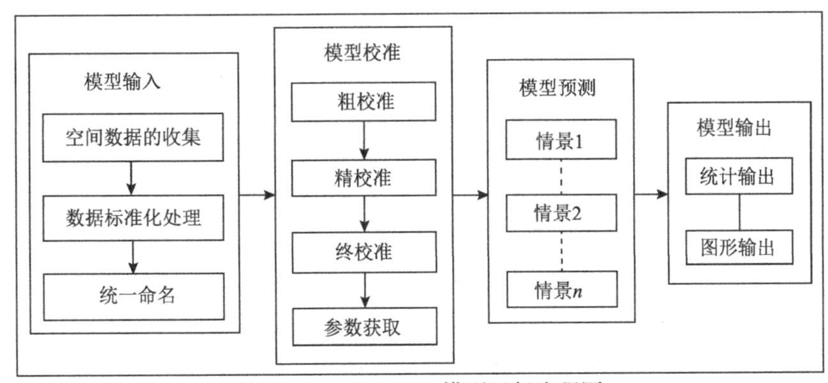

图 12.15　SLEUTH 模型运行流程图

决定每个单元格状态的变化规则取决于相邻的单元格，基本上有五种因子控制着元胞自动机的行为，能够产生四种增长类型。这五种因子如下：①扩散因子（diffusion），决定着地理区域分布的总体的分散性；②繁衍系数（breed），决定着一个新产生的分离的定居点在多大程度上开始其增长周期；③蔓延系数（spread），控制着多少外表正常的自组织繁衍在系统里发生；④坡度阻碍因子（slope resistance），影响定居点在陡峭坡度上扩张的可能性；⑤道路引力因子（road gravity），如果新定居点在距离道路的给定范围内，吸引新定居点接近已有的道路。

五种因子控制着元胞自动机的行为，城市化区域的增长将有四种类型：①自发的邻近增长，它模拟区域增长，是在蔓延系数控制下的城市增长；②扩散增长和创造新的增长中心；③自组织增长，在城市的周围和空隙复制城市的增长规律；④道路影响型增长，借助于沿道路发生的增长来表达道路引力和道路密度的重要性。

SLEUTH 模型的校准是其模型的核心部分之一，SLEUTH 模型 5 个独立参数值范围都在 0~100，这必然将出现许多组合方案，探索多维系数空间比较耗时。SLEUTH 模型传统校准方法为 Brute.force 方法，是在模型应用研究中采用最多也最成熟的方法。Brute.force 方法校准分为粗校准（coarse calibration）、精校准（fine calibration）、终校准（final calibration）和预测参数获取（deriving forecasting coefficients）四个步骤，逐步缩小系数范围和提高数据空间分辨率。该方法很大程度上减少了系数之间的组合次数，但不减少组合方式。

SLEUTH 预测即根据过去历史发展特征与趋势，在未来继续外推这种发展趋势或复制其增长趋势。从校准过程获得的最佳值作为预测的初始化值，用离现在最近时期的坡度、土地利用、排除层、城市范围、交通和阴影层作为预测的初始化输入数据，运行 100 次（或更小一些，但不能小于 20 次）蒙特卡罗迭代数进行预测。预测除了生成每年的城市增长图以外，一系列的系数和指数值都存储在一个 log 文件里。SLEUTH 模型预测可以分为两种类型：一是认为未来城市发展的外部环境条件保持不变，其城市增长趋势是过去历史发展的延续，从校准过程中获得的最佳值直接作为预测的初始化参数进行预测；二是根据城市未来发展环境条件的可能变化，如政府政策、城市规划、外资投资等因素的影响，设定特殊的未来发展趋势。

适当修改其从校准过程中获得的最佳值或调整排除层，如在排除层中加入未来城市发展政策及城市规划等因素，预测其特定情景的发展趋势。

4. DUEM 模型

DUEM（dynamic urban evolution model）模型是一个在地理元胞自动机框架下构造的专业应用模型，侧重于在微观尺度上模拟城市内部土地利用动态演化过程及虚拟城市研究，成功模拟了美国 Buffalo、Ann Arbor 和 Detroit 城市的土地利用动态演化。在 DUEM 模型构造中，借助了主体（agent）的概念，将不同类型的土地利用单元、交通单元等视为不同的空间实体类，从而赋予其不同的状态变量和行为规则，即模型采用面向对象（object oriented）的设计和分析方法对标准的模型进行了扩展，因此，DUEM 模型是一个面向对象的 CA 模型。

在 DUEM 模型中，有许多规则都是基于概率的随机过程。为了模拟这样的随机过程，模型中广泛应用了蒙特卡罗方法。因此，模型是一个随机元胞自动机模型。DUEM 模型引入了控制因素层作为元胞变化的外部环境，因而每个元胞因所处的外界环境不同，其行为规则也随之有所不同。另外，DUEM 采用了面向对象的方法对元胞进行了分类封装。因此，不同的元胞不仅拥有各自不同的邻居和转换规则，而且作为土地单元，各个元胞可能由于产生的时间不同，而处于不同的发展阶段，从而执行各自不同的发展规则。因此，DUEM 模型是一个不同构元胞自动机模型。

DUEM 模型构成分为三部分：第一部分是土地利用类型层面；第二部分是交通层面；第三部分是控制因素层面。它们通过统一空间分辨率的栅格结构相互联系在一起，如图 12.16 所示。

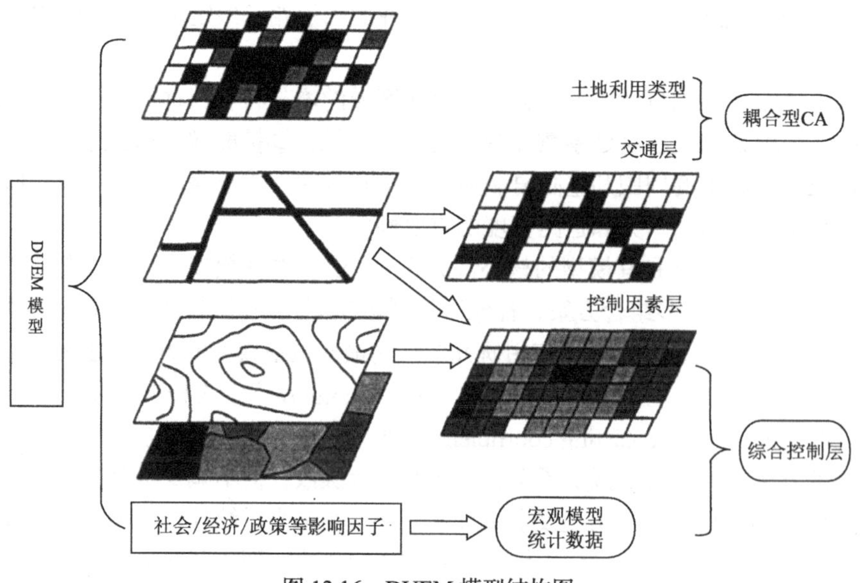

图 12.16 DUEM 模型结构图

第一部分土地利用类型是模型的核心部分，它是一个基于多种土地利用类型的 CA 模型。

这里的土地利用类型是一个相对狭义的概念，在这个土地类型层中，不包括道路、街道等交通路线用地。不同土地利用单元的相互作用和动态变化造就了城市的动态发展变化，土地利用单元在根据邻居构形确定自身行为的同时，其行为规则还受到下面两个层面的影响。

第二部分交通层面具有双重特性：一方面，由它得到的可达性指标可以作为上述土地单元变化的影响因素和控制因素，控制土地利用元胞的行为；另一方面，它自身又可以是一个发展变化的动态 CA 模型，来模拟交通网络的发展变化，这时土地利用类型又作为交通层的影响和控制因素。因此，可以说 DUEM 是交通与土地利用元胞自动机模型两个 CA 模型相互耦合、相互作用的复合型模型。

第三部分控制因素层面则是具有不同特性的空间区域构成的图层：它作为 CA 模型的一个外部环境，影响和控制上述土地利用和交通单元的行为。在该模型运行中有一个综合性控制层，可以表现为两种形式：一种形式为由若干控制要素层经过空间叠置等空间分析得到的综合结果，集中反映城市增长适宜性，是一个静态的图层；另一种形式为基于区域的动态预测模型，如人口预测模型、工业增长模型等，与上述两部分的微观 CA 模型相互耦合同步运行，根据区域模型所得到的区域社会、经济等指标，以及这些指标与土地利用变化和交通发展变化的相关关系，自动地动态调整微观 CA 模型的行为规则参数，抑制或促进某种土地利用类型的增长，从而在宏观上控制 CA 模型的运行。在空间匹配上，经过矢栅转换或重采样等空间数据处理技术而转变为与上述 CA 模型拥有统一空间分辨率的栅格数据格式。

通过这个统一框架下的三个部分，DUEM 模型将外部的宏观地理学模型及空间数据库有机地与微观的 CA 模型集成在一起，使得 DUEM 模型不仅是一个微观模型，而且是一个微观与宏观集成的模型，极大地提高了模型的实用性，模型框架如图 12.17 所示。

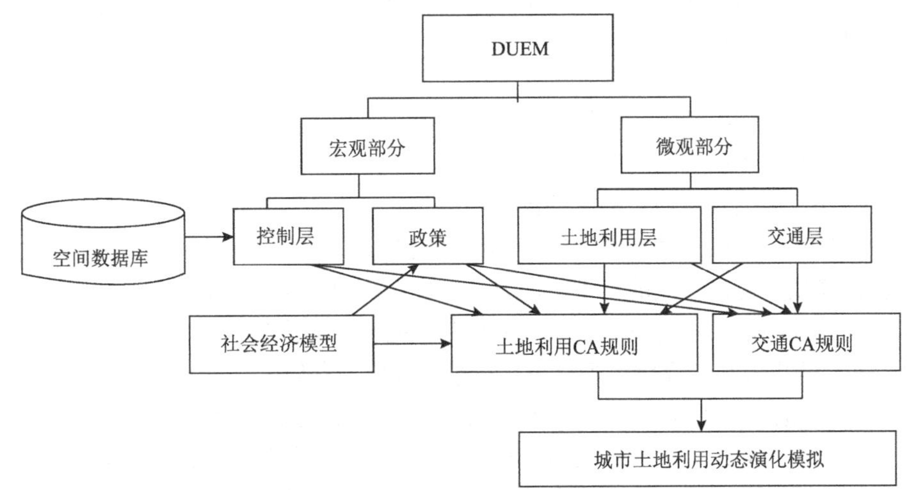

图 12.17　DUEM 模型框架

5. Dinamica EGO 模型

Dinamica EGO 是一个基于元胞自动机的地理建模环境，其中 EGO 的全称是 Environment Geoprocessing Objective，Dinamica EGO 同样具有元胞自动机的五个组成部分。该模型为基于 C++和 Java 编写的软件环境，提供了常用功能和专用于地理元胞建模的特殊模块，如转换矩阵计算模块、模型校准及验证模块。软件拥有友好的图形界面，如图 12.18 所示。

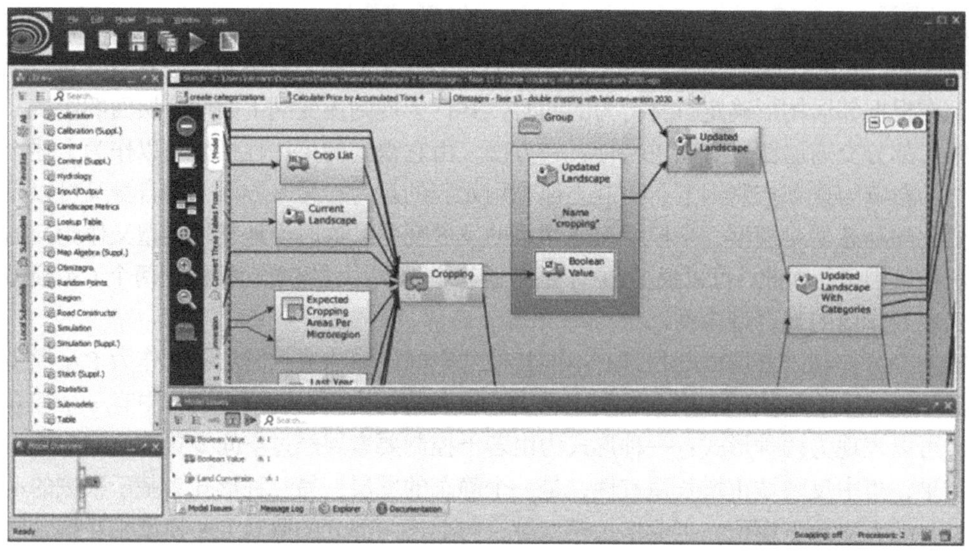

图 12.18　Dinamica EGO 模型界面

Dinamica EGO 软件平台具有简单、灵活和易操作的优点。此外，软件采用虚拟内存和并行计算等技术以达到提高计算效率和优化计算机资源的目的。与其他建模环境相比，具有处理大量栅格数据的能力，其最大可处理的栅格数高达 64000×64000 个像元，这为大区域的空间建模提供了可能。Dinamica EGO 主要包括如下模块。

（1）地图计算模块：空间分析算法集合。

（2）区域分析模块：该模块能够将整个研究区域划分为若干用户指定的子区域，并按照不同域特性分别进行模拟。

（3）模拟模块：模拟算法集合。

（4）堆栈：提供相关函数，使用户能够为模型在不同模拟阶段设置不同参数。

（5）统计模块：提供一系列空间统计函数。

（6）表模块：提供一系列查找表的读写函数。

（7）校准模块：提供一系列方法用于模型的校准。

（8）验证模型：提供相应的模型验证方法，确保所建模型的可靠性。

（9）数据流控制模块：提供系列数掘流控制结构，方便模型的建立。

（10）输入/输出模块：提供系列接口用于数据读取与存储。

（11）日志：记录模型运行中出现的过程，实时显示模型运行状态。

目前，Dinamica EGO 模型已经被诸多学者应用于不同的领域，如城市土地利用变化模拟、森林退化模拟、道路建设对土地利用变化的影响、区域气候变化对作物的影响、森林退化对二氧化碳排放影响、农业扩张及气候变化对土壤流失的影响等。

12.4　基于智能体的空间分析

12.4.1　智能体概述

多智能体理论的应用研究开始于 20 世纪 80 年代中期，它以传统的人工智能、分布式控制和分布式计算为理论基础，是当今人工智能中的前沿学科。其目标是将大的复杂系统建造成小的、彼此相互通信及协调的、易于管理的系统。智能体（agent）最初是作为一种分布式智能计算模型被提出的。人工智能学者 Minsky 在 1986 年出版的著作《思维的社会》（*The Society of Mind*）中提出了 Agent，认为社会中的某些个体经过协商之后可以求得问题的解，这个个体就是智能体，它具有社会交互性和智能性。

Agent 具有丰富的内涵，其中文名词有“主体”“智能体”“代理人”或“结点”等，在本书中称为智能体，在不同的学科背景中有不同的含义，因此并没有一个统一明确的定义，不同的研究人员都在自己的系统中赋予不同的结构、内容和能力，以方便自己特定方向的深入研究。在英语中，Agent 具有三层含义：一是指能对其行为负责的人；二是指能够产生某种效果的，在物理、化学或生物意义上活跃的东西；三是指代理，即接受某人的委托并代表他执行某种功能。从知识处理的角度来看，智能体是具有一定知识并能够针对特定目标有效运用知识求解问题的能动的计算单元。从多智能体系统的社会智能性角度出发，是这样一些进程，它本身只会做一些不需要思考的简单事情，但当用某些特定的方法将这些智能体组成一个社会时，就产生了真正的智能。从拟人的角度理解，应包括诸如知识（knowledge）、信念（belief）、承诺（commitment）和能力（capability）等精神状态（mental state）。尽管不同领域的人们对理解存在一定的区别，但大多数研究人员都认为是一类在特定环境下能感知环境，并能灵活、自主地运行以实现一系列设计目标的、自主的计算实体或程序。

通常一个智能体需要具有下述特性。

（1）能动性：智能体不仅简单地对环境变化作出反应，而且显示出有意识的和目标导向的行为。这一点是多智能体模型和其他建模方法的关键性的区别，正是这个特点，使得它能够适用于经济、社会、生态等其他方法难于应用的复杂系统。智能体的能动性是关键，“能动”的程度决定了整个系统行为的复杂性的程度。

（2）自治性：智能体运行时不直接受他人控制，对自己的行为与内部状态有一定的控制力，这是最基本的属性，是智能体区别于其他抽象概念，如过程、对象的一个重要特征。

（3）相互作用：它通过智能体和环境包括个体之间的相互作用，使得个体的变化成为整个系统变化的基础，也是系统演变和进化的主要动力。

（4）社会性：当智能体认为合适时能与其他智能体实现通信、协调、合作或竞争，并组成一个智能体社会。

（5）响应性：智能体能够感知所处的环境，并通过行为对环境中相关事件做出适时反应。

（6）持续性：智能体是持续或连续运行的过程，其状态在运行过程中应保持一致。

（7）适应性：智能体应能够在与环境的不断交互过程中积累经验和学习知识、并修改和调整自己的行为策略以适应新环境。

（8）可移动性：智能体应具有在分布式或物理网络或虚拟网格中移动的能力，并在此过程中保持状态一致。

（9）协调性：智能体能够相互间协同工作并完成复杂任务，是最重要的属性和智能体社会性的具体表现。

（10）学习性：智能体能从周围环境和协同工作的成果中学习，进化自身的能力，是智能体智能性的具体体现。

（11）进化性：智能体能通过学习进化自身，繁衍后代，并遵循达尔文的“优胜劣汰”

的自然选择规则，这是智能体学习性的具体体现。

（12）可靠性、诚实性：智能体不会有意去欺骗使用者。

（13）理智性：智能体所采取的行动及其所产生的后果不会损害自身和用户的利益。

（14）规划和推理智能体能根据以前所积累的知识、当前的环境和其他智能体的状态以理性的方式进行推理和预测。

另外，一些学者还提出智能体应具有实时性等特性，特别是对于人工智能的研究者而言，智能体除了应具有以上特性外，还应具有某些更为拟人的特性，如知识、信念、意图、承诺甚至情感等心智状态。任何一个智能体都不可能具备上述全部的性质，研究人员一般会根据研究目的或实际应用的需要，设计出包含部分属性的系统，于是产生了不同类型的智能体。

12.4.2　多智能体系统

传统人工智能构造出的具有一定智能的单一智能体对问题的求解取得了一定程度上的成功，但是随着应用的深入，人们发现对于现实中复杂的、大规模的问题，只靠单个的智能体往往无法描述和解决。研究者也逐渐认识到人类智能体本质上是社会性的，人们往往为解决复杂问题组织起来相互协作，来实现共同的整体目标。受此启发一些研究者提出了多智能体系统（multi agent system，MAS）的概念，例如，将多智能体系统定义为一个松散耦合问题的求解者网络，求解者之间通过相互作用，可以求解任何单一求解者都没有足够能力或知识予以求解的问题。

简单地说，多智能体系统是由两个或更多的可以相互交互的智能体所组成的系统。多智能体系统具有以下特性。

（1）有限视角，即每个智能体都有解决问题的不完全的信息，或只具备有限能力。

（2）不同的每个智能体通过通信进行交互，每个智能体之间可能存在复杂的关系。

（3）系统内部的交互性和系统整体的封装性。

（4）没有系统全局控制，数据是分散存储和处理的，没有系统级的数据集中处理结构。

（5）计算过程是异步、并发或并行的。

1. 智能体结构

智能体的基本功能就是与外界环境交互，得到信息，对信息按照某种技术处理，然后作用环境。图 12.19 是智能体的基本结构。智能体可以看成一个黑箱，通过传感器感知环境，通过效应器作用环境。智能体软件通过字符串编码作为感知和作用。大多数智能体不仅要与环境交互作用，更主要的是处理和解释接受的信息，达到自己的目的。

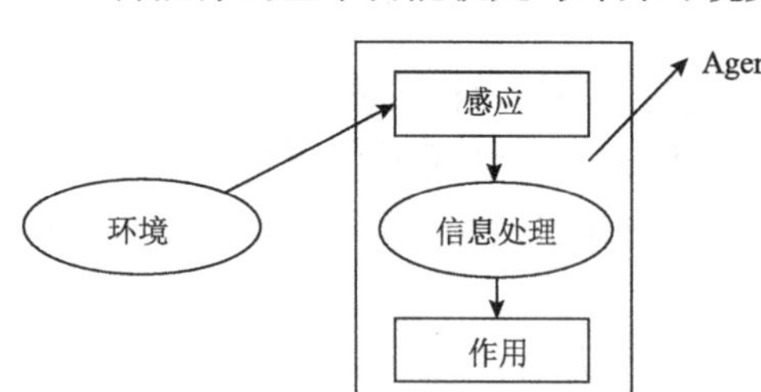

图 12.19　智能体的基本结构

智能体可以定义为从感知序列到智能体示例动作的映射。设 O 是智能体随时能注意到的感觉集合，A 是智能体在外部世界能完成的可能动作集合，则智能体函数 $f: O \to A$ 定义其在所有的环境下的智能体的行为。

智能体的结构则是建造智能体的一套特定方法，它说明如何把一个智能体分解为模块集合及如何相互作用。模块集合及其相互作用规定了智能体如何根据所获得的数据和它的运作策略来决定和修改智能体的输出。

智能体结构研究智能体的组成模块及其相互关系，智能体感知环境并作用于环境的机制。例如，从设计实现角度看，有些智能体类型的体系结构可以被抽象为一个黑板，通过传感器感知环境，效应器作用环境。从智能体体系结构所基于的理论基础出发，通常将单智能体的体系结构分为：①认知或思考型或慎思型，包含世界和环境的显式表示和符号模型，使用符号操作进行决策。②反应型，不包括任何符号世界模型，不使用复杂的符号推理机制。③混合型，将上述两类结构有机结合而形成的结构。

2. 智能体的内部机制

基于智能体的建模中，如何构造智能体的学习模型，体现出智能体的知识获取能力和适应性是一个重要的问题。学习过程是认知处理过程的重要组成部分，也是最难实现的一个部分。建立学习模型就需要从分析人类学习行为出发，研究一些基本方法，如归纳、一般化、特殊化、类比等，深入了解人类的认知规律和各种学习过程。学习能力是智能行为的一个非常重要的特征，虽然至今对学习的机理尚不清楚，但研究者还是建立了许多有关的模型，这方面早期的研究有感知机、生物进化过程模拟、知识的符号表示等。20 世纪 80 年代中后期，由于使用隐单元的多层神经网络及反传算法的提出，克服了早期“线性感知机”的局限性，从而使得非符号的神经网络的研究得以与符号学习并行发展。总的来说，在学习算法中比较典型的有遗传算法、人工神经网络、增强学习算法，以及归纳学习和分析学习等。

在智能体认知过程中的形势评估是对当前所处形势的估计及对未来形势的预测，这些技术实现手段比较多，如黑板系统、专家系统、基于范例的推理机制、主观 Bayes 方法、基于效用理论的决策等。

3. 多智能体系统结构

多智能体系统实际上是对社会智能的一个抽象，许多现实世界中的群体都具有这些特征。正如人类的群体协作的能力要远远大于个体能力一样，多智能体系统具有比单个智能体因其更高的智能性而具有更强大的问题求解能力，多智能体系统的研究也是当前有关智能体研究领域的关注焦点。图 12.20 描述了多智能体系统的标准结构，该多智能体系统由多个相对独立的智能体组成，每个智能体至少可以影响环境的一部分，同时这些智能体之间又存在复杂的交互关系。

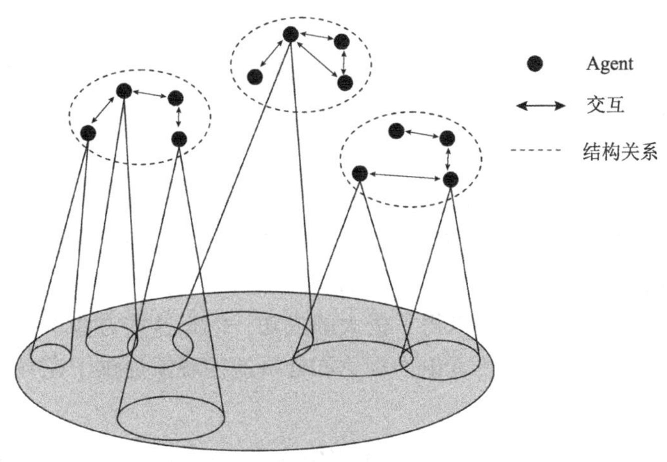

图 12.20　多智能体系统的标准结构

智能体之间的关系主要表现为结构相关性和行为相关性两个方面。结构相关性是指不同智能体之间具有结构关系，如对等关系、上下级关系、敌对关系、集成关系等。图 12.20 中多智能体系统划分为三个小组，每个小组承担一个子任务。一般在系统运行过程中，智能体之间的结构关系相对稳定，但在某些系统中结构关系也可能发生动态变化。智能体之间也可能存在行为相关性。图中相互重叠的部分就是不同的智能体之间产生了行为上的相互影响。以土地利用为例，政府的土地利用政策将会影响企业和农民的土地利用行为，例如，政府农村土地流转政策将会促使企业积极参与农村土地流转，推动土地规模化经营；又如，政府提出延长并稳定家庭联产承包责任制度，将可能使农民对自己耕种土地采取长期行为，有利于土地的可持续利用。同时，政府的政策又会受到企业和农民的土地利用行为的影响，会根据企业和农民土地利用行为结果的反馈来制定有利于土地可持续利用的政策。

多智能体系统采用从底层自下而上的建模思想，其核心是通过反映个体结构功能的局部细节模型与全局表现之间的循环反馈和校正，来研究局部的细节变化如何突现出负责的全局行为，是研究地理空间系统的天然工具。多智能体系统由以下几个部分构成：①环境（E），通常是一个空间；②对象集合（O），这些对象可能在某个时刻中的某个位置与其他对象进行联系；③智能体集合（A），它代表某些特殊的、在系统中处于活动状态的对象，是 O 的一个子集；④关系集合（R），对象当然包括智能体通过关系与其他智能体发生联系；⑤操作集合（OP），这使得智能体具有感知、生产、状态转换及操纵 OP 中对象的能力；⑥操作符，由操作符来实施操作集中的动作及对环境的反应作用，这也被称为领域规则。多智能体系统根据研究问题所需的系统局部细节、智能体的反映规则和各种局部行为就可以构造出具有复杂系统的结构和功能的系统模型。

12.5 模糊空间分析

传统的空间分析理论和技术在描述分明地理对象方面取得了极大的成功，随着人们认知的深入，模糊集理论广泛应用于表达各种模糊的自然或人文现象，分析复杂综合的地理问题。本节主要介绍模糊集描述和分析地理问题的基本方法。

12.5.1 模糊集合概述

在复杂的地理空间中既存在含义明确、边界分明的实体或现象，也存在着大量含糊或模棱两可的现象，一般明确对象用经典集合理论来处理。针对模糊现象或命题，美国加利福尼亚州立大学的计算机与控制论专家扎德（Zadeh）提出了模糊集理论，创立了研究模糊性或不确定性问题的理论方法，迄今为止已成为一个比较完善的数学分支。从广义上讲，分明集是模糊集的一个特例（隶属度只为 1 或 0），在描述现实世界时模糊集更具有一般性。传统的基于点集拓扑学的空间关系和分析方法描述的是理想状态中实体及关系，这些方法在描述楼宇、高速公路这样的实体方面已经取得了极大的成功。但是这些方法不能真实地表达和分析像森林、湿地等复杂现象，模糊集理论为表达和分析这些现象提供了完善的理论基础。

1. 模糊集定义

设 U 为论域，U 上的一个模糊集合 A 可以定义为 $A=\{\mu_A(x)|x\in U\}$，$\mu_A(x)$ 为集合 A 的

特征函数。图 12.21 描述了模糊集合与分明集合的不同。

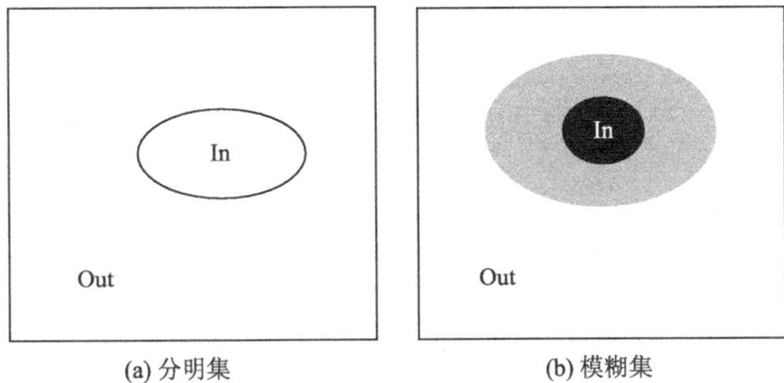

(a) 分明集　(b) 模糊集

图 12.21　分明集合与模糊集合

2. 模糊集运算

与普通集合一样，也可以在模糊集上定义模糊集的交（∩）、并（∪）、差（-）和补（C）运算，还可以定义模糊集间的各种距离。与普通集合不同的是，可以在模糊集上定义多种并、交运算，以满足不同的需要，需要注意的是，交运算与并运算必须配对使用。本书介绍最基本的模糊集合运算。

（1）并运算。

$$A \cup B : \max\{\mu_A(x), \mu_B(x)\}, x \in U \tag{12-5}$$

（2）交运算。

$$A \cap B : \min\{\mu_A(x), \mu_B(x)\}, x \in U \tag{12-6}$$

（3）补运算。

模糊集的补运算是与普通集合中的补集相对应的一种运算。设模糊集 A 的隶属函数为 $\mu_A(x)$，则 A 的补集 A^C 的隶属函数为

$$\mu_A^C(x) = 1 - \mu_A(x) \tag{12-7}$$

（4）截运算。

通过模糊集的截运算，可以把模糊集转化为相应的经典集合。设 A 是 U 上的模糊集，对于任意的实数 $\lambda \in [0,1]$，则模糊集 A 的 λ 截集 A_λ 和 λ 强截集 A'_λ 分别为

$$A_\lambda = \{x \mid \mu_A(x) \geqslant \lambda, x \in U\} \tag{12-8}$$

$$A'_\lambda = \{x \mid \mu_A(x) > \lambda, x \in U\} \tag{12-9}$$

A_λ 和 A'_λ 均为普通集合，且 $A'_\lambda \subseteq A_\lambda$。

模糊集 A 的 0 强截集 A'_0 也称为 A 的支集，记为 A，$A \subseteq U$。A 的 1 截集 A'_1 也称为模糊集的核。模糊集的截运算具有如下性质：对任意的两个数 $\alpha \in [0,1]$、$\beta \in [0,1]$，若 $\alpha \geqslant \beta$，则 $A_\alpha \subseteq A_\beta$、$A'_\alpha \subseteq A'_\beta$ 成立。

3. 模糊集间的语义距离

两个模糊集 A 和 B 间的距离 $\mathrm{SD}(A,B)$ 可以定义为两隶属函数之差 $\mu_A(x) - \mu_B(x)$ 的某种

范数 $\mu_A(x)-\mu_B(x)$，如欧几里得距离[式（12-10）]、明科夫斯基距离［式（12-11）］和切比雪夫距离[式（12-12）]。

$$\mathrm{SD}_1(A,B)=\sqrt{\sum_{x\in R}\omega(x)\times(\mu_A(x)-\mu_B(x))^2} \tag{12-10}$$

$$\mathrm{SD}_2(A,B)=(\sum_{x\in R}\omega(x)\times|\mu_A(x)-\mu_B(x)|^p)^{\frac{1}{p}} \tag{12-11}$$

$$\mathrm{SD}_3(A,B)=\max_{x\in R}(|\mu_A(x)-\mu_B(x)|) \tag{12-12}$$

式（12-10）~式（12-12）中，$\omega(x)$ 为权重系数，且 $\sum_{x\in R}\omega(x)=1$。

4. 常用的模糊隶属函数

下面给出一些经常使用的、定义域为实数 **R** 的隶属函数。其中，分号（；）前的 x 为隶属函数的自变量，分号（；）后的变量为隶属函数的控制变量。

（1）梯形隶属函数。

$$f(x;a,a_1,a_2)=\begin{cases}0 & x\leqslant a-a_2\\ \dfrac{a_2+x-a}{a_2-a_1} & a-a_2<x<a-a_1\\ 1 & a-a_1<x\leqslant a+a_1\\ \dfrac{a_2-x+a}{a_2-a_1} & a+a_1<x<a+a_2\end{cases} \tag{12-13}$$

（2）π 形的隶属函数。

$$S(x;a,b,c)=\begin{cases}0 & x<a\\ \dfrac{2(x-a)^2}{(c-a)^2} & a\leqslant x<b\\ 1-\dfrac{2(x-c)^2}{(c-a)^2} & b\leqslant x<c\\ 1 & c\leqslant x\end{cases} \tag{12-14}$$

$$f(x;b,c)=\begin{cases}S(x;c-b,c-b/2,c) & x\leqslant c\\ 1-S(x;c,c+b/2,c+b) & x>c\end{cases}$$

（3）正态隶属函数。

$$f(x;\sigma,a)=\exp[\frac{-(x-a)^2}{2\sigma^2}] \tag{12-15}$$

（4）哥西隶属函数。

$$f(x;\alpha,a,\beta)=\frac{1}{1+\alpha(x-a)^{\beta}} \tag{12-16}$$

式中，$\alpha>0$，β为正偶数。

5. 模糊逻辑

模糊逻辑（fuzzy logic）指模仿人脑的不确定性概念判断、推理思维方式，对于模型未知或不能确定的描述系统，以及强非线性、大滞后的控制对象，应用模糊集合和模糊规则进行推理，表达过渡性界限或定性知识经验，模拟人脑方式，进行模糊综合判断，推理解决常规方法难以对付的规则型模糊信息问题。模糊逻辑善于表达界限不清晰的定性知识与经验，它借助于隶属度函数概念，区分模糊集合，处理模糊关系，模拟人脑实施规则型推理，解决因“排中律”的逻辑破缺产生的种种不确定问题。模糊逻辑是对二值逻辑和多值逻辑的扩展，它们的区别在于模糊逻辑不仅承认真值的中介过渡性，还认为事物在形态和类属方面具有亦此亦彼或模糊性。相互中介之间是相互交叉和渗透的，其真值也是模糊的。模糊数学与模糊逻辑实质上是要对模糊性对象进行精确的描述和处理。

12.5.2　模糊地理实体建模和度量

目前，基于经典点集拓扑学的空间对象模型和分析方法广泛应用于地理信息系统中。为了能够描述自然界中的模糊空间现象，人们提出了基于经典模糊集（I-型模糊集）的空间实体模型和空间分析方法，在描述模糊空间现象时取得了一定的成功。

1. 模糊对象模型

三值逻辑（多值逻辑）在描述模糊空间实体的边界时忽略了边界上属性可能存在的变化性，与模糊逻辑相比，在表示和进行空间分析时操作比较简单，但是显得粗糙，因此更多的研究人员选择模糊逻辑进行模糊空间现象的建模和空间分析。在这一研究方向中，Zhan（1998）提出的模糊区域模型具有代表性，在该模型中模糊简单区域由三部分构成：①核（core），表示为$A^{\bullet}$；②不确定性边界（indeterminate boundary），表示为A^{δ}；③外部（exterior），表示为A^{-}。不确定性边界通过α-截集定义，并进一步细分为内边界（inside edge，A°）和外边界（outside edge，A^{O}），如图 12.22 所示。

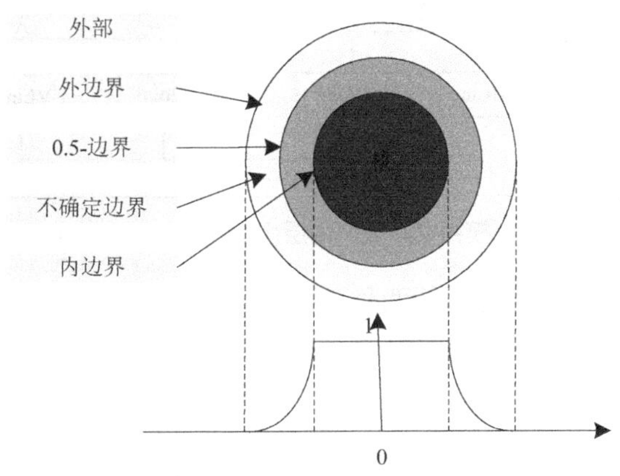

图 12.22　宽边界区域模型（Zhan，1998）

我国学者唐新明教授基于模糊集理论对模糊对象模型和拓扑关系展开了深入研究（Tang，2004）。对于一个一般模糊拓扑空间中的简单模糊区域 A 存在以下属性：the core $A^{\oplus}$、the boundary of the core $\partial(A^{\oplus})$、the boundary ∂A、the frontier $\partial^{e} A$、the internal boundary $\partial^{i} A$、the external frontier $\partial^{ex} A$、crisp region supp(A)、α-level region A_{α}、fuzzy α-level region $A_{\tilde{\alpha}}$，可以看出该定义与 Zhan（1998）定义的简单模糊区域结构类似，但是更精细，如图 12.23 所示。

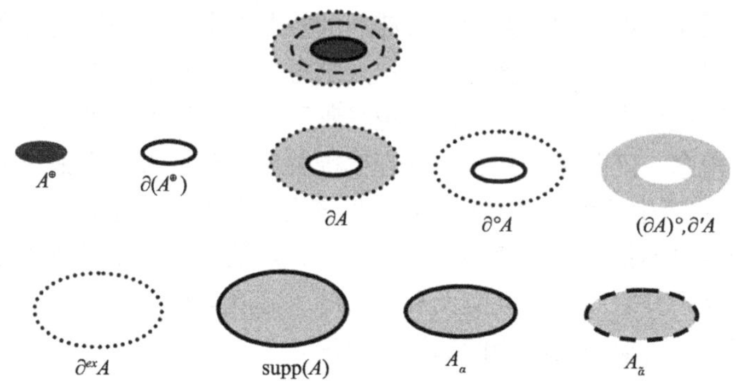

图 12.23　模糊区域的拓扑属性

Dilo（2006）将模糊空间对象分为两类：简单类型 VPoint、VLine 和 VRegion，分别表示简单的模糊点、线和面；一般类型 VMPoint、VMLine 和 VMRegion，分别表示模糊点群（multipoint）、多线（multiline）和多区域（multiregion），模糊对象类型的关系如图 12.24 所示。VExt 对象是模糊线和模糊区域的集合，VLDime 对象是模糊点和模糊线的集合。VPartition 是 multiregion 的集合，这些 multiregion 只能在不确定部分相交，一个区域的核可以和另一个模糊区域的边界相交。

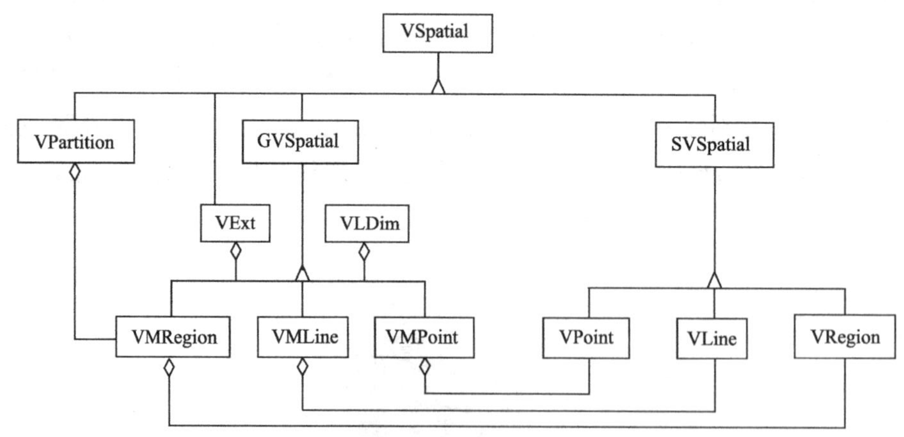

图 12.24　模糊空间类型的层次结构（Dilo，2006）

（1）模糊点类型。模糊点类型包括两种：模糊点和模糊多点，如图 12.25 所示。模糊点表示一个具有确定位置的点并具有某种感兴趣属性的隶属度，其隶属函数为

$$\mu_{\overline{p}(a,b)}(x,y)=\begin{cases}\lambda & (x,y)=(a,b)\\ 0 & \text{其他}\end{cases}\tag{12-17}$$

式中，$0 \leqslant m \leqslant 1$，一个简单点可以简单地表示为$\{((x,y),\lambda)\}$。

模糊多点是模糊点的有限集，可表示为

$$\{((x_1,y_1),\lambda_1),((x_2,y_2),\lambda_2),\cdots,((x_n,y_n),\lambda_n)\}$$

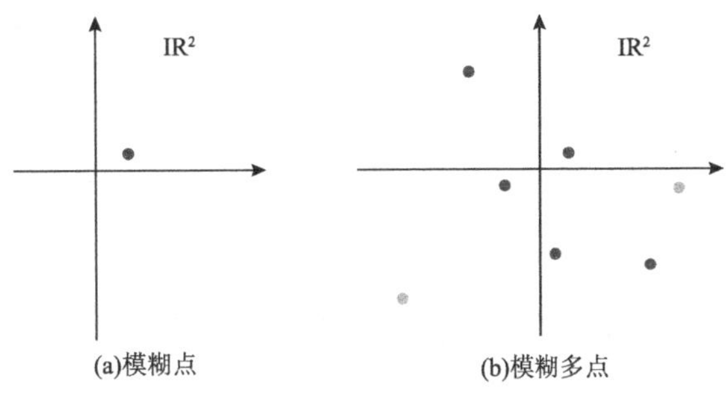

图 12.25 模糊点对象类型

（2）模糊线类型。模糊线类型包括简单模糊线和模糊多线两种，如图 12.26 所示。简单模糊线表示在一条确定的线的位置上具有线的特征属性，不过线上每点的特征属性的程度不能确定。它的隶属函数可用函数$L(x,y)$表示。

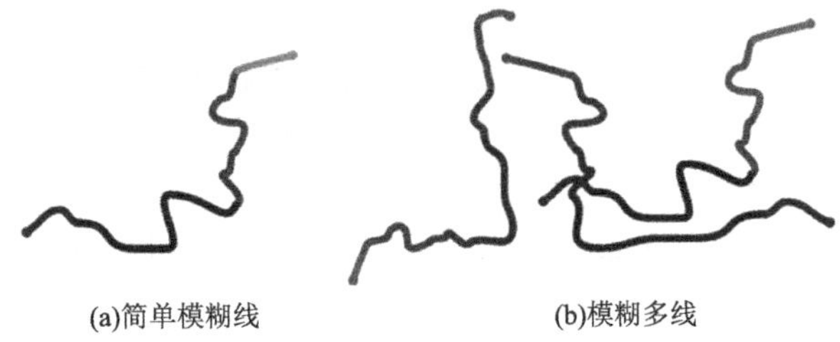

图 12.26 模糊线类型

模糊多线是简单模糊线的有限集合，可表示为$\{L_1(x,y),L_2(x,y),\cdots,L_n(x,y)\}$。

简单模糊线的长度

$$\text{Length}(L)=\int L(x(t),y(t))\sqrt{(\mathrm{d}x/\mathrm{d}t)^2+(\mathrm{d}y/\mathrm{d}t)^2}\,\mathrm{d}t \tag{12-18}$$

模糊多线的长度为

$$\text{Length}(L)=\sum_{i=1}^{n}\text{Length}(L_i) \tag{12-19}$$

模糊直线是一种特殊的模糊线对象，对于任意$\alpha\in(0,1]$，其 α-截集要么为空，要么为直线。

（3）模糊面与模糊多面。模糊圆是一种特殊的简单模糊面，对于任意$\alpha\in(0,1]$，其α-截集为同心圆；同理，模糊椭圆的α-截集具有相同的中心、方向和偏心率（图 12.27）。

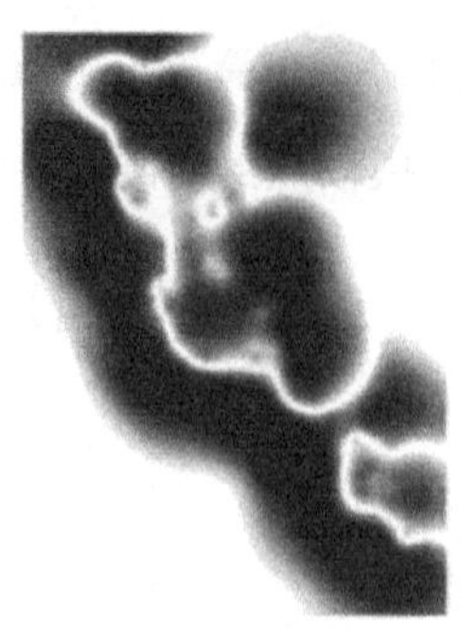

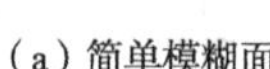

（a）简单模糊面　　（b）模糊多面

图 12.27　模糊面类型

由于模糊区域形式化描述的定义和度量方法受具体的应用驱动，目前较多的采用 α-截集来度量模糊区域的面积。

$$\mathrm{Area}^{\alpha}(A)=\iint\limits_{\mu_A(x,y)\geqslant\alpha}\mu_A(x,y)\mathrm{d}x\mathrm{d}y \tag{12-20}$$

式中，$\alpha>0$。

对于 I-型模糊区域的周长的计算方法为

$$\mathrm{Per}^{\alpha}(A)=\iint\limits_{\mu_A(x,y)\geqslant\alpha}\left|\nabla\mu_A(x,y)\right|\mathrm{d}x\mathrm{d}y \tag{12-21}$$

式中，$\left|\nabla\mu_A(x,y)\right|=\sqrt{\left(\dfrac{\partial\mu_A(x,y)}{\partial x}\right)^2+\left(\dfrac{\partial\mu_A(x,y)}{\partial y}\right)^2}$ 为模糊实体的梯度。

高为

$$H^{\alpha}(A)=\int\limits_{\mu_A(x,y)\geqslant\alpha}\max_{x}\left(\mu_A(x,y)\right)\mathrm{d}y \tag{12-22}$$

宽的定义与高类似。

2. 模糊空间语言变量

语言可分为两种：自然语言和形式语言。自然语言（natural language）就是人类讲的语言，如汉语、英语和法语。这类语言不是人为设计（虽然有人试图强加一些规则），而是自然进化的。形式语言（formal language）是为了特定应用而人为设计的语言，如数学家用的数字和运算符号、化学家用的分子式等。编程语言也是一种形式语言，是专门设计用来表达计算过程的形式语言。自然语言的语意丰富、灵活，同时具有模糊性。

带模糊性的语言称为模糊语言，如长、短、大、小、年轻、年老等。而模糊语言变量是自然语言中的词或句，它的取值不是通常的数，而是用模糊语言表示的模糊集合。例如，“年龄”这个模糊语言变量，其取值为“年幼”“年轻”“年老”等模糊集合。又如，“距离”这个模糊语言变量，其取值可以为“非常近”“很近”“一般般”“远”“非常远”等。在模糊数学中，模糊语言变量可定义为一个五元组 $(x,T(x),U,G,M)$，其中，x 为变量名称；$T(x)$

为语言变量值的集合，每个语言变量值是定义在论域U上的一个模糊集合；U为x的论域；G为语法规则，用于产生语言变量x的值的名称；M为语义规则，用于产生模糊集合的隶属度函数。

12.5.3　模糊空间分析技术

模糊空间关系主要描述模糊地理（实体）现象之间的相互关系，包括模糊叠置分析、模糊空间关系、模糊空间聚类、模糊空间插值等。本节主要介绍模糊叠置分析和模糊空间关系分析。

1. 模糊叠置分析

模糊空间叠置分析是经典叠置分析的扩展，包括模糊数学运算和模糊逻辑运算。设模糊栅格图层序列$A_i\left(i\geqslant 2,i\leqslant n\right)$，则

（1）模糊逻辑运算。

与（交）为

$$B\left(x\right)=\bigcap_{i=1}^{n}A_i\left(x\right) \tag{12-23}$$

或（并）为

$$B\left(x\right)=\bigcup_{i=1}^{N}A_i\left(x\right) \tag{12-24}$$

异或，即模糊差为

$$B(x)=\left(A_1\left(x\right)\right)\cap\left(A_2^c\left(x\right)\right) \tag{12-25}$$

（2）模糊数学运算。包括加、减、乘、除、加权和等代数运算，是模糊综合分析中最常用的方法。根据不同的应用，可选择的模糊运算还包括概率和、有界和、有界差、有界积等。

2. 模糊距离关系

定性距离是用语言值来描述空间对象之间的远近关系。定性距离关系需要三个元素：源目标、参考目标和参考框架，出于空间认知的考虑，定性空间距离可以从不同粒度上进行定义，第一个粒度等级是：近和远（郭庆胜，2006），还可以建立其他不同的粒度等级，如三等级：近、适中、远，如图 12.28 所示。事实上，类似于“近”和“远”的描述方法并不是对空间的绝对划分，是距离远近的一种程度度量，具有极大的模糊性。因此还可有近、适中、远的描述方法等。定性距离还具有尺度依赖性，例如，小孩和大人对“远”“近”的认识是不一样的，坐飞机和骑自行车对“远”“近”的认识也是不一样的。模糊距离涉及三个方面的问题：①用模糊集表达现实生活中的“远”“近”等概念；②模糊地理实体之间的位置距离；③两类模糊地理类型之间的属性距离，例如，用模糊集表达不同时间的污染物分散区域，那么可以用模糊距离来度量污染分布区域的变化。

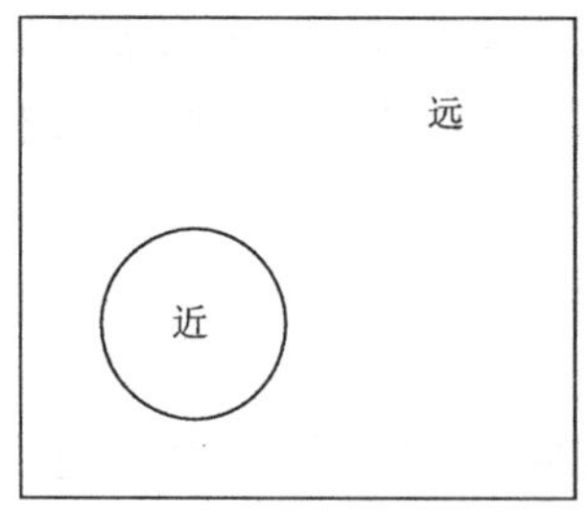

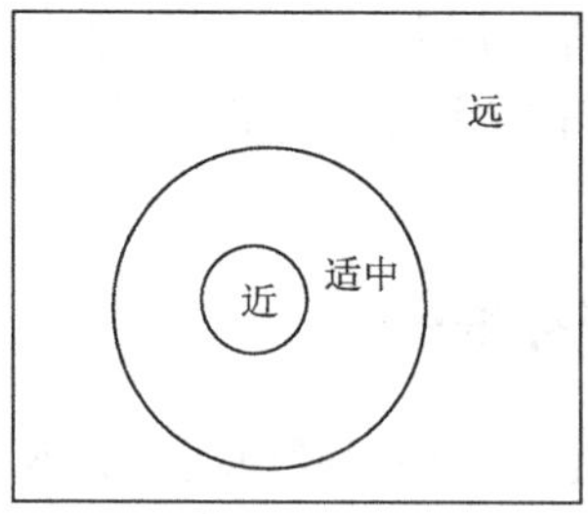

图 12.28　不同等级的距离分离

（1）模糊距离语言变量。在现实生活中，不同场景下“远”“近”等程度是不一样的，这可能受感知距离的主体、交通工具、认知等多方面的影响。例如，小孩认为的“远”和成年人认为的“远”是不一样的，骑自行车和坐飞机也是不一样的。某种场景下距离语言变量可以表示为：T（距离）＝{近、适中、远}，其论域$U=[0,20]$，单位是 km。

可以用以下模糊集进行表达（图 12.29）。

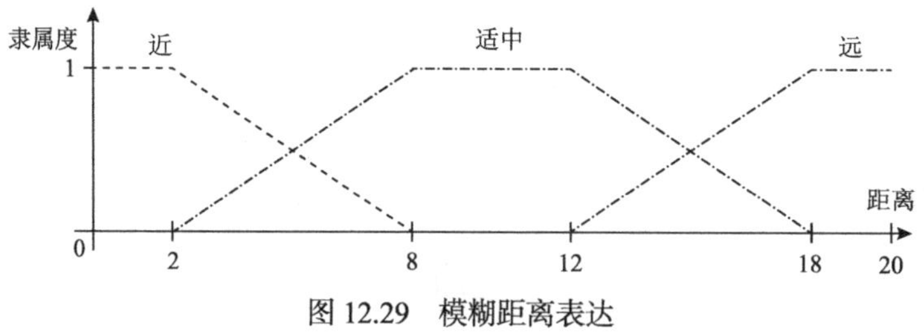

图 12.29　模糊距离表达

（2）模糊地理实体间的位置距离。模糊地理实体间的位置距离可通过计算 α- 截集下模糊集之间的距离来表达，如图 12.30 所示。图中模糊集 A、B 通过 α- 截集转换为分明集，分明集之间的距离参照第四章，在此不再赘述。

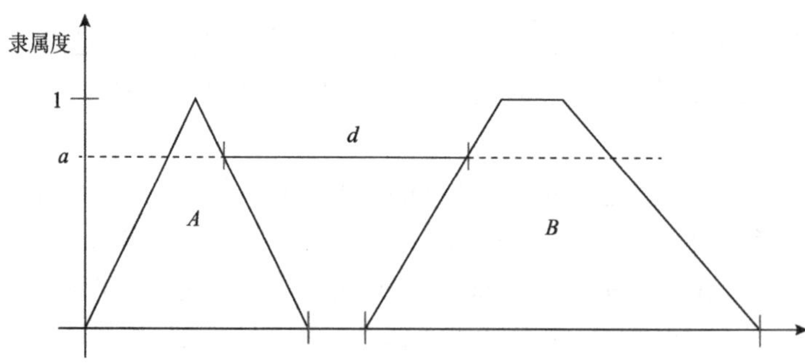

图 12.30　模糊实体间的位置距离

（3）模糊地理实体或现象间的属性距离。模糊空间对象是空间区域某种属性为模糊值的对象，因此，模糊空间对象的另一种定量距离是对象间的属性距离，这种距离往往跟相似性相关，即属性距离越小，模糊对象之间的相似性越高，反之亦然。区间Ⅱ-型模糊空间对象的欧几里得属性距离为

$$D_E(A,B)=\sqrt{\frac{1}{2n}\sum_{j=1}^{m}\sum_{i=1}^{n}\left[\varphi_{AB}^2(i,j)+\phi_{AB}^2(i,j)\right]} \tag{12-26}$$

式中，$\varphi_{AB}(i,j)=\left|\mu_A(x_i)-\mu_B(x_i)\right|$，$\phi_{AB}(i,j)=\left|\mu_A(y_j)-\mu_B(y_j)\right|$，$i$、$j$ 分别为 A、B 的索引。

3. 模糊拓扑关系

拓扑关系分析一直是空间分析中最活跃的核心研究课题。在分明空间，比较成熟的模型有 4-交模型、9-交模型、RCC5 和 RCC8 等。模糊空间拓扑关系是近年来研究热点，目前的研究中一般通过枚举模糊对象中拓扑不变量的相交情况来确定模糊拓扑关系，拓扑关系的数量依赖模型中拓扑不变量的数量。因此，可以认为模糊拓扑关系主要由空间对象的模糊层次、模糊对象模型和模糊拓扑不变量的数量决定。从模糊对象建模的角度，可分为三类：①基于宽边界模型的模糊拓扑关系；②基于抽象数据模型的模糊拓扑关系；③基于粗糙集的拓扑关系。在两种数据模型上均有扩展交叉模型和扩展的 RCC5 的研究。

在模糊不确定性建模和空间分析中，边界的定义存在有很多种以至于得到的拓扑关系结果千差万别，但又很难说出每种定义的正误和优劣，这就是模糊地理信息科学领域中的"边界综合征"问题。本节不深入讨论这一问题，仅是简单介绍一些比较有代表性的结果。

1）基于交叉模型的扩展

在基于交叉模型的扩展方面，由于模糊空间现象建模方法不同和对拓扑不变量定义的不同，不同的研究人员得到了不同的分析结果，这些分析方法大致可分为两类：定性分析方法和定量分析方法。Clementini 和 Di Felice（1997）基于其定义的简单宽边界区域模型和 9-交模型，构造了宽边界区域的模糊拓扑关系矩阵，得到了 44 种拓扑关系，随后将简单宽边界区域模型扩展为具有宽边界的复合区域模型（Clementini and Di Felice，2001），得到了 56 种拓扑关系。Tang（2004）讨论了简单拓扑空间和一般拓扑空间中的拓扑关系，在这两种拓扑空间中，模糊区域在采用 3×3-交模型时可以得到 44 种拓扑关系，而采用 4×4-交模型时可以得到 152 种关系。在讨论基于模糊闭包复形时的模糊拓扑关系时得到了 44 种模糊区域与模糊区域、3 种模糊点与简单模糊区域、3 种模糊点与简单模糊线、30 种简单模糊区域与简单模糊线和 97 种简单模糊线之间的拓扑关系。Liu（2009）基于其建立的模糊对象模型给出了一种模糊拓扑关系的定量计算方法，通过这种方法，可以得到 44 种模糊区域与模糊区域、16 种模糊区域与模糊线、3 种模糊区域与模糊点、46 种模糊线与模糊线和 3 种模糊线与模糊点的模糊拓扑关系。Bjørke（2004）采用了类似的方法来确定模糊区域间的拓扑关系，他没有利用重叠区的面积来定量计算拓扑关系，而是用包含度来定量描述叠置关系。4-交模糊关系矩阵可表示为

$$\boldsymbol{F}_4=\begin{bmatrix} h(\partial A\cap\partial B) & h(\partial A\cap B^\circ) \\ h(A^\circ\cap\partial B) & h(A^\circ\cap B^\circ) \end{bmatrix} \tag{12-27}$$

式中，$h(\Delta)$ 为模糊集 Δ 的高；∂A 和 ∂B 为模糊集 A 和 B 的边界；A° 和 B° 分别为模糊集 A 和 B 的内部。

将分明拓扑空间中两个区域的 4-交拓扑关系表示成集合：

$$R_8=(r_0,r_1,r_3,r_6,r_7,r_{10},r_{11},r_{15}) \tag{12-28}$$

考虑自然语言的模糊性，将 r_6、r_7 合并成 r_{67}，将 r_{10}、r_{11} 合并成 r_{1011} 构成 6 元素集合：

$$R_6 = (r_0, r_1, r_3, r_{67}, r_{1011}, r_{15}) \tag{12-29}$$

这 6 种拓扑关系分别为 equal、outside、touch、inside、cover 和 overlap。那么，4-交模糊关系矩阵和 4-交基本关系矩阵的相似性可用下式确定：

$$\mu(\boldsymbol{F}_4, r) = \gamma\left[(\boldsymbol{F}_4 \cap r) \cup (F_4^- \cap r^-)\right] \tag{12-30}$$

式中，γ 为 4-交矩阵中选择小元素的运算，分别计算模糊拓扑关系矩阵 $\boldsymbol{F}_4$ 与 6 种基本关系矩阵的相似性。选择最主要和次要的两种关系构成一个四元组模糊语言变量，通过该模糊语言变量来描述模糊拓扑关系。

$$T = \left\langle q(r_i), t(r_i), q(r_j), t(r_j) \right\rangle \tag{12-31}$$

式中，$t(r_i)$ 和 $t(r_j)$ 为主要和次要拓扑关系的名称，对应的，$q(r_i)$ 和 $q(r_j)$ 分别为这两个拓扑关系的量词（quantifier）。表示成：

$$q(r) = \begin{cases} \text{完全不(no)} & \mu(\boldsymbol{F}_4, r) \leqslant 0.05 \\ \text{稍微(slightly)} & 0.05 < \mu(\boldsymbol{F}_4, r) \leqslant 0.03 \\ \text{有一点(somewhat)} & 0.3 < \mu(\boldsymbol{F}_4, r) \leqslant 0.6 \\ \text{多半(mostly)} & 0.6 < \mu(\boldsymbol{F}_4, r) \leqslant 0.95 \\ \text{完全(clearly)} & \mu(\boldsymbol{F}_4, r) > 0.95 \end{cases} \tag{12-32}$$

图 12.31 中有两个模糊实体，在图 12.31（a）中两个实体有轻微的相交，但是在核心区（隶属度为 1）没有相交；在图 12.31（b）中，已经在核心区有重叠，因此此时拓扑关系是有些相交，也有重叠；在图 12.31（c）中，小模糊集已经大部分落入了大模糊区域的核心区，因此此时的拓扑关系是几乎重叠、有点包含了，图 12.31（d）则是完全包含关系。

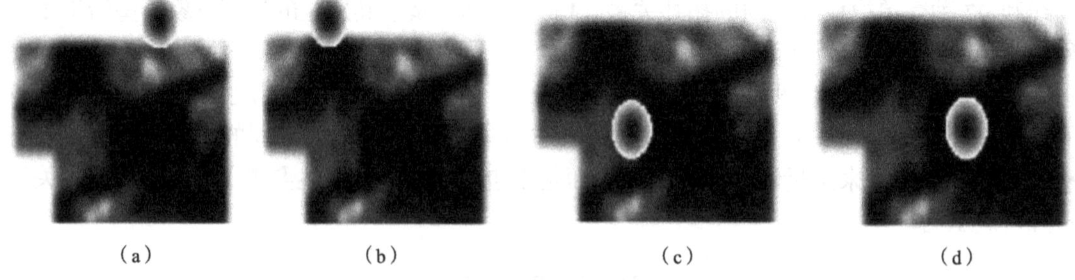

（a）　（b）　（c）　（d）

图 12.31　模糊实体间的拓扑关系

2）基于 RCC 模型的扩展

虞强源等（2005）基于扩展的“蛋黄/蛋清”模型分别对 RCC5 和 RCC8 进行扩展，其中，基于 RCC5 的扩展模型得到了模糊区域的 51 种模糊拓扑关系，基于 RCC8 的模糊拓展模型得到了 261 种可能的模糊拓扑关系。何建华等（2008）基于模式识别的思想，利用模糊相似度对 RCC-5 进行扩展，在他们的方法中，首先以部分关系算子 P 代替连接算子 C：

$$P(A,B)=\frac{\text{Area}(A\cap B)}{\text{Area}(A)} \tag{12-33}$$

式中，A 和 B 为两个模糊区域；$\text{Area}(A\cap B)$ 为模糊区域 A 和 B 相交的面积；$\text{Area}(A)$ 为模糊区域 A 的面积。可以看出 $P(A,B)\in[0,1]$，也就是说，当 $A\subseteq B$ 时，$P(A,B)=1$，而当 $A\cap B=\varnothing$ 时，$P(A,B)=0$。那么模糊区域 A 和 B 的拓扑关系即可通过一个三元组向量进行度量：

$$\text{Top}(A,B)=(P(A,B),P(A,-B),P(B,A)) \tag{12-34}$$

5 个基本拓扑关系可以表示为：$\text{DR}=(0,1,0)$、$\text{PO}=(0,0,0)$、$\text{PP}=(1,0,0)$、$\text{PPI}=(0,0,1)$、EQ=(1,0,1)，选择海明贴近度作为拓扑关系模式匹配的方法：

$$N(\text{Top}_i,\text{Top}_{A,B})=1-\sum\left|\text{Top}_{ij}-\text{Top}_{ABj}\right| \tag{12-35}$$

式中，Top_i 为 5 个基本拓扑关系之一。然后，对 $N(\text{Top}_i,\text{Top}_{A,B})$ 进行排序来确定两者之间的拓扑关系。

4. 模糊方位关系

模糊方向关系研究中采用与分明方向关系一样的参考框架，其研究的重点是模糊方向概念的表达和模糊地理实体方向关系的表达。在现实生活中方向概念是模糊的，例如，方向概念“北”是模糊的，没有明确的边界，从“北”方向是逐渐过渡到“东”方向的。因此，模糊集比较适合用于表达模糊方向概念，如图 12.32 所示。在模糊 8 方向模型中，8 个模糊方向包含的方位角并不是相等的，北京大学通过一个方向关系认知实验证明了这一点，郭继发（2010）通过 8 方向模糊不均匀划分模型来表达了这种方向关系模型，如图 12.33 所示。分明实体的“东”方向如图 12.34（a）所示，模糊实体的“北”方向如图 12.34（b）所示。

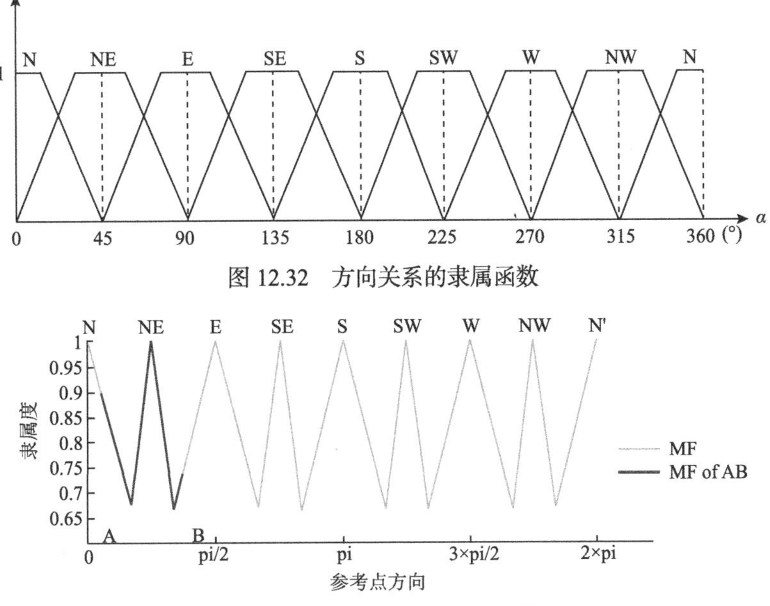

图 12.32　方向关系的隶属函数

图 12.33　方向模糊不均匀划分模型

（a）分明实体的“东”方向　　（b）模糊实体的“北”方向

图 12.34　地理实体的模糊概念表达

在图 12.35 中，*A* 为参考对象，*B* 为目标对象。可计算出 *B* 在 *A* 的“右”的隶属度为 0.86，在“北”的隶属度为 0.13，在“南”的隶属度为 0.01，在“西”的隶属度为 0。因而可以得出“*B* 主要在 *A* 的东方向”的结论。

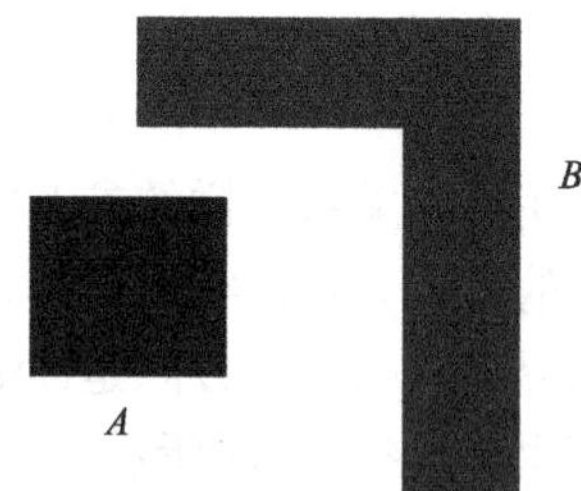

图 12.35　分明空间中的方向关系

第十三章　空间决策支持

空间决策是为了达到某个目标，对包含地理环境要素在内的决策问题相关因素进行分析评价和构建方案，并从多个方案中优选或综合出一个合理方案的过程。空间决策支持可以看做是 GIS 在空间模拟和决策分析能力上的延伸，而这种延伸恰恰是使 GIS 的社会应用价值得以最大化的体现。空间决策支持，已成为当前复杂地理问题求解的一种有效手段。

13.1　决策与决策支持

13.1.1　决策

1. 决策的概念

决策，是人类社会自古以来就有的一项基本活动，是人类的固有行为之一。有人类就有集体，有集体就有管理，有管理就有决策，甚至在与集体无关的纯粹个人行为中也有决策。在人类几千年的历史中，记载了许多决策的范例和决策的著作，虽然其中多数属于政治、军事范畴，但决策已广泛渗透于军事、政治、经济、文化、科学等各个领域。

决策，是指人们为了达到一定的目标，而决定行动方案并付诸实施的过程。在一定的人力、设备、材料、技术、资金和时间等因素制约下，人们为了实现特定目标，而从多种可供选择的策略中做出决断，并付诸实施以求得最优或较好结果的过程就是决策。

决策的基本要素是决策者和决策对象。两者构成一个矛盾对立的统一体——决策系统。决策者与决策对象相互作用的最一般的抽象是消息，所以消息是决策的必要条件，也是决策的基本要素。此外，决策活动还离不开决策者的决策理论与方法，以及最后获得的决策结果（行动方针、行动规则和行动方法等）。

决策对人类社会、经济发展起着重要的作用，决策是否得当不仅直接影响管理工作的效率和经济效益，而且，在重大问题上关系企业，甚至国家的生死存亡。传统的决策依靠决策者个人的经验，凭直觉判断，因而决策被认为是一种艺术和技巧。随着社会化大生产的迅速发展，社会活动越来越复杂，变化越来越快。在这种情况下，若仍进行经验决策，稍有不慎，就会出现重大的失误。为适应社会化大生产的需要，现代决策不仅要凭借决策者个人的经验和智慧，更要借助于许多科学的方法和先进的工具，故称为科学决策。

目前，决策科学化正在向以下一些方向发展。

（1）个人决策向群体决策发展。这是由现代社会生产的精微性、宏大性、高速性、瞬变性决定的。“超人”的个人决策必然被借助于电子计算机和现代通信工具的群体的现代科学决策所替代。

（2）定性决策向定性与定量相结合的决策发展。定性决策向定量决策发展是当代决策活动发展的必然趋势。现代科学中的系统工程学、仿真技术、电子计算机理论、预测学，特别是运筹学、布尔代数、模糊数学、泛函分析等引进决策活功，为决策的定量化发展奠定了基础。但是，应当指出，决策的本质是人的主观认识能力，因此它就不能不受人的主观认识能力的限制。近代决策活动的实践表明，尽管定量的数学方法与电子计算机相结合，能够进行比人脑更精密更高速的逻辑推理、分析、归纳、综合与论证，但是，它绝不能代替人的创造性思维。这就是出现由人的创造性逻辑思维与近代利用计算机进行定量分析相结合，从而产生的头脑风暴法、前置方案法、电影脚本法、德尔裴法、系统分析法等决策活动方式的原因。

（3）单目标向多目标综合决策发展。决策活动的目标本身也构成一个难以确定的庞大系统。现代决策活动的目标不是单一的，这不仅指以经济利益为核心的目标是多目标，还包括更广阔的社会的和非经济领域的目标。

（4）战略决策向更远的未来决策发展。决策是对未来实践的方向、原则、目标和方法等所作的决定，所以决策从本质上说是对应于未来的。为了避免远期可能出现的破坏抵消甚至超过近期的利益，要求战略决策在时域上向更遥远的未来延伸。

2. 决策的种类

西蒙（Simon）教授将决策问题分为结构化决策和非结构化决策。结构化决策是那些问题的本质和结构十分明确，解决这些问题的步骤是已知的，而且是经常重复发生的那样一类决策问题。非结构化决策是那些以前未曾出现过的问题，或者问题的本质和结构十分复杂而难以确切了解，从而用以往解决问题的一些方法和步骤难以处理的那样一类决策问题。

按对决策对象规律性的认识程度，可把决策分为程序化决策和非程序化决策。程序化决策又称为战术性决策，是一种例行的、重复发生的决策，如编制作业计划、库存管理、成本管理等。这类决策是常规活动，有一定结构，可以建立一定的决策程序。非程序化决策又称为战略性决策，是一种非例行的、一次性的决策，如重大工程项目的确定、新产品开发、产业结构的调整等。这类决策问题过去并未发生或处理过，不存在一定可循的决策程序，需要按一般性的程序来处理。一般性的决策程序，就是根据目标，制订多个备选方案，然后按照决策者的决策准则，选定一个较为合理的方案，付诸实施。在实施过程中，通过不断反馈和控制，以保证目标的实现。实际工作中的决策，往往介于这两者之间。管理层次越往上，非程序化决策越多。最高管理层的领导进行的决策，往往是非程序化决策居多。数学模型和电子计算机的采用正在扩大决策程序化的范围。

按对决策系统所处状态的认识程度，可把决策分为确定型决策和非确定型决策。确定型决策是指决策系统的全部事实都能明确地列举出来的决策。这类决策的制定，在决策系统的约束条件下，只存在唯一可能的结果。如果在决策时，有关系统的全部状态不能准确列举，则称为非确定型决策。非确定型决策又可分为风险型和竞争型两类。风险型决策是指可能发生的结果有统计规律可循的决策。如果经过概率统计计算得知抉择事件出现的概率为 80%，则承担的风险度为 20%。解决风险型决策问题，一般采用决策树分析法、马尔柯夫分析法和排队论方法等。竞争型决策是指在决策系统中存在竞争对手情况时所进行的决策。由于竞争对手的行为既不符合统计规律，也不受决策者控制，所以这种决策没有统计规律可循。决策者为了战胜竞争对手，需要在策略集中选取最佳的对策。因此，竞争型决策是对策论的研究领域。

按决策系统的范围，决策可分为个人决策和集体决策。其中，集体决策包括团体决策、国家决策和国际决策等。

以上是按属性对决策进行的分类。除此以外，还可以按构成的基本要素对决策分类。决策系统的基本要素是决策对象、决策者、信息、决策理论和方法、决策结果等。根据决策对象的性质，可把决策系统分为政治决策、经济决策、军事决策、文化教育决策、人口决策、能源决策等。根据决策者的性质，决策系统可分为个人决策、非个人决策、智能机决策。智能机决策，是指用现代管理学的理论和方法，把一些确定型决策系统，根据决策目标排成一定的程序，用电子计算机进行决策，如自动售票机代替人工售票是初级的智能机决策。根据决策者利用信息的性质，可把决策系统分为定性决策、定量决策和模糊决策二种。模糊决策是利用模糊数学的概念把定性信息通过“模糊集”的“量”转化为定量信息的决策问题。按决策的理论方法，决策可以分为创造性逻辑思维方法决策和数量统计计量方法决策两大类。按决策结果的形式，决策系统可以分为“隐”决策和“显”决策。隐决策一般是个人行为的决策。因为个人经过思考，做出的决定，直接通过大脑指挥自己的行为，并未表露于外，所以称之为“隐”。显决策则不同，其决策者通过口头指令和文件（文字、图表、计算机软件、录音、录像、指令等）发布决策方案，交执行者执行。

3. 决策的过程

对决策者来说，科学的决策程序一般包括发现问题、确定目标、收集情报、探索方案、方案选定和决策执行等几个阶段。

（1）发现问题，确定目标。决策问题是人们已经认识了的主客观之间的矛盾。客观存在的问题，只有当人们能够清楚地在表达出来的时候，才构成决策问题。科学的发展表明，客观存在的矛盾，要变成人们能够清楚描绘出来的问题，并抓住它的实质，不但要经过大量的调查研究、分析、归纳，有时还必须通过创造式的思维，突破传统的观念，开发出新的观念。

为了抓住问题的实质，确定系统的决策目标，首先要对存在的决策问题进行系统分析。可以说，决策目标是对决策问题的本质的概括与抽象。经过分析后得出的目标必须达到如下要求：第一，目标成果可用决策目标的价值准则进行定性或定量的衡量；第二，目标是可以达到的，即在内外各种约束条件下是现实的、合理的；第三，达到目标要有明确的时间概念。

（2）收集情报（信息）和预测。信息是人们认识世界改造世界的源泉，也是决策科学化的基础。在决策方案制定过程中、自始至终都需要进行数据、信息的收集和调查研究工作。

由于决策所需要的条件和环境往往存在着一些目前不能确定的因素。因此就要根据已经收集到的数据和信息进行预测。预测是人们对客观事物发展规律的一种认识方法。预测的范围很广，包括社会预测、技术预测、军中预测及市场预测等。

（3）探索各种对策方案。一般情况下，实现目标的方案不应该是一个，而是两个或更多的可供选择的方案。为了探索可供选择的方案，有时需要研究与实现目标有关的限制性因素。在其他因素不变的情况下，如果改变这些限制性因素，就能实现期望的目标。识别这些因素，把注意力放到如何克服这些限制因素上，就可能探索出更多的比较方案。在制订方案的过程中，寻求和辨认限制性因素是没有终结的。对某一时间、某一方案来说，某一因素可能对决策起决定作用；但过了一定时间后，对类似的决策者来说，限制性因素就改变了。

对于复杂的决策问题，有时需要依靠相关业务部门或参谋决策机构，汇集各方面的专家，一起制订方案。

（4）选择方案。从各种可能的备选方案中，针对决策目标，选出最合理的方案，是决策成功或失败的关键阶段。通常这个阶段包括方案论证和决策形成两个步骤。方案论证是对备选方案进行定量和定性的分析、比较和择优研究，为决策者最后选择进行初选，并把经过优化选择的可行方案提供给决策者。决策形成是决策者对经过论证的方案进行最后的抉择。作为决策者的主管虽不需要掌握具体论证方法，但必须知道决策的整个程序和各种方法的可靠程度，应当具备良好的思维分析能力、敏锐的洞察力，以及判断和决断的素质。

（5）控制决策的执行。在决策执行过程中，还要及时收集其过程中的情报，据此发现问题或采取预防措施以消除可能出现的问题。有时根据情报，也可能做出停止执行或修改后继续执行的决定。

13.1.2　决策支持

在决策支持系统（decision support system，DSS）的发展过程中，决策支持的概念出现于DSS 概念之前若干年，它是比 DSS 更基本的一个概念。可以这样说，决策支持是目标，而DSS 是工具。决策支持的基本含义是用计算机及软件技术来达到如下目的的：①帮助决策者在半结构化或非结构化的任务中做决策；②支持决策者的决策，但并没有代替决策者的判断力的意思；③改进决策效能，而不是提高它的效率。

对于决策者而言，可以提供的决策支持主要有如下四类。

（1）消极的支持，即给决策者提供比较满意的工具，使用户能够自由地做出决策，而并不改变他们现在的运行模式。这种支持并不考虑决策应该如何处置、也没有特定的目标，用户享有极大的自主权。实质上，这种支持提供的只是一些基本的信息，用户仍然仅仅凭借个人本身的喜恶和经验进行设计、比较和选择。实现消极支持的计算机系统实质上与管理信息系统没有什么分别。

（2）传统的支持，即给决策者提供工具用于产生并分析各种不同的方案，从而改进决策过程。这种支持过程是由计算机提出方案，决策者在各种方案中依靠自己的能力与判断选出最优或是满意的结果。这样能够帮助决策者解决管理科学像运筹学在应用时所碰到的一些难题，如需要预先规定目标、权、对象等，并且使 DSS 具有了方法的可用性。

（3）扩展的支持，即给决策者积极提出各种可选择的方法，并给出不同标准下的选择建议。这种支持具有主动性，它保留了判断的主要地位，并注意到决策者的思维和偏好，充分考虑他们对于分析工具的期望和态度，同时努力影响和指导他们的决策。

（4）标准化支持，即决策者只要提供输入数据和详细要求说明，而由系统支配整个决策过程。这种支持是一种非常理想化的支持，但由于许多个性化因素的影响，常常无法给出可行的满意方案。

比较这四种决策支持，消极的支持和传统的支持更为强调决策者自身的判断，忽视了系统对决策者的指导作用；而标准化支持正好相反，过于强调决策者应该如何去做，而忽略了他们能否这样做。扩展的决策支持是它们之间的一个折中，试图同时兼顾系统的辅助指导作用及决策者和环境的个性化因素。具体地说，扩展的决策支持具有以下的几个特点。

（1）不局限于已有的技术和软件，也不把工作方向置于容易支持的决策，而去探索新的有希望的领域，并把成熟的 DSS 技术同它们结合在一起，形成扩展的 DSS，以实现扩展的决策支持。

（2）尽量应用分析方法和各种模型。显然，决策分析、多目标决策及模型生成和管理等技术是 DSS 追求的目标。扩展的 DSS 将把绝大部分精力放在进一步提高决策的效能上，而不是为广大 DSS 开发者提供一套标准模式。

（3）将人工智能技术和构造专家系统的理论与方法引入 DSS 的开发研究中，才能避免 DSS 返回消极决策的误区。

（4）特别重视 DSS 开发人员的作用，因为他们既是理解决策过程的行家，又是掌握与计算机合作领域发展的能手。扩展决策支持不仅利用信息技术，还要利用思维技术。

13.1.3　决策支持系统

1. 决策支持系统的概念

DSS 是以计算机技术为手段，主要针对半结构化或非结构化决策问题的求解，通过人机交互实现辅助决策的信息系统。它通过数据库系统、模型库系统和人机交互系统，为决策者提供决策所需的数据、信息等背景材料，帮助用户明确决策目标和识别问题，利用建立和修改决策模型来提供多个备选方案，通过人机交互对方案进行分析、比较和判断，为正确的决策提供支持。

DSS 包括如下五点内容。

（1）DSS 的服务对象是面临某种决策问题的管理人员。

（2）由于决策问题的种类繁多，本书所讨论的 DSS，总是针对某一类型的决策问题而言的。然而，类型的大小范围是多种多样的。

（3）DSS 能够提供帮助的是半结构化的决策问题。结构化的问题指的是对某一决策过程的环境及原则，能否用明确的语言（如数学的或是逻辑的、定量的或是定性的等）加以说明与描述，如果能够描述清楚的，则称为结构化决策问题，如果不能够描述清楚的，则称为非结构化决策问题。介于两者之间的，即有所了解但又不全面，有所分析但又不确切，有所估计但又不确定的问题，称为半结构化的决策问题。对于结构化的决策问题，可以按照例行的规定的方法处理，无须 DSS 帮助；对于非结构化的决策问题，DSS 也不能发挥作用，因为没有基本模式，所以，不能支持决策者。上述这两者都是极端化的情况，大量存在的是半结构化的决策问题。这正是 DSS 能够发挥作用的地方。

（4）DSS 对于决策者只起帮助的作用，而不是取代决策者。在半结构化的决策问题中，人的主观作用是十分重要的。有关管理人员的经验、知识、理论观点、思想方法，以至个人素质和爱好，都对半结构化决策具有直接的影响。因此，DSS 只能为决策者提供各种素材及其他帮助，而决不能代替决策者做决策。这一点必须注意，防止出现各种误解。

（5）半结构化决策问题的解决是一个复杂的过程，DSS 必须在整个过程中，根据使用者的需要，DSS 在不同的阶段提供不同形式的帮助，而不像早期的应用软件那样，只能在某一阶段中的某一工作中给予帮助，且按固定的算法输入单独的数据，并给出结果。

2. 决策支持系统的特点

DSS 涉及管理、计算机、信息等多个学科，其对象包括决策信息及决策模型、决策问题及其环境、组织机构及决策者，以及相关的计算机、信息和通信技术。而决策信息、决策模型、决策者是诸要素中的三个基本要素。DSS 的目标应该是辅助决策者作决策，提高决策者的决策技能和组织的决策水平，获得好的经济效益。

根据 DSS 的定义，DSS 具有如下特点。

（1）针对的问题主要是半结构化或非结构化的。解决结构化决策问题是一个一次性的处理过程，而解决半结构化或者非结构化决策问题则是一个反复探讨的过程，因为这类问题存在不确定性因素，需要对决策过程进行研究和探索，因而是一个反复认识、实践的过程。

（2）主要用于帮助决策。DSS 本身并不作决策，其仅是一个辅助性工具，即使把决策专家的知识融合到系统中去也是如此，决策者仍然保持其决策的自主权。

（3）人机交互使用。这是由决策问题的性质确定的，系统应能让决策者便于探讨问题。例如，按决策者的希望、系统结出了一个解（可能给出了相应的理由），但决策者对它还不满意，此时决策者可以修改其要求，系统又能重新设计求解方案并组织模型进行求解，如此交互进行，直到满意为止。

（4）追求的是效果和效益。DSS 要能为组织提供决策的良好效果，即能帮助决策者作出正确决策，使组织提高经济效益。因此，DSS 必须是一个有效的系统，对决策的改善提供支持，追求决策的有效性。

（5）使用数据和模型。在辅助决策过程中，DSS 应能提供有关的决策信息和足够的决策模型，提供多种可供决策的行动方案和可能的结果，供决策者判断。

（6）方便使用。方便的人机界面，才能为决策用户乐于使用，这是 DSS 成功的关键所在。

根据上述特点，DSS 区别于其他信息系统的五个主要特征为：第一是半结构化或非结构化的；第二是支持性的而不是替代性的；第三是描述式的而不是过程式的；第四是效益而不是效率；第五是易于发展变化的。

3. 决策支持系统的构成

为了完成决策支持的功能，DSS 必须依靠“四库”（数据库、模型库、知识库和方法库）作为其主要组成部分，并通过人机交互系统来实现辅助决策者进行决策的工作。一个 DSS 通常由以下几个主要部分组成。

（1）人机交互系统。人机交互系统是 DSS 连接用户和系统的桥梁，能在系统使用者、模型库、数据库、知识库和方法库之间传送、转换命令和数据。因此，该系统设计的好坏对整个 DSS 的成败有着举足轻重的意义。对使用者来说，需要一个良好的对话接口，对维护者来说则需要有一个方便的软件工作环境。可以说，人机交互系统是 DSS 的窗口，其功能的好坏标志着该系统的水平。

（2）数据库。数据及其内部所隐藏的信息是决策支持必不可少的重要依据。因此，数据库系统对于 DSS 来说是一个最基本的组成部分，它拥有支持决策所需的各种基本信息。一般情况下，任何一个 DSS 都不能缺少数据库系统。数据库系统一般由 DSS 数据库、数据库管理系统、数据字典、数据查询模块和数据析取模块组成。其中，最主要的是数据库及其管理系统。

（3）模型库。模型库系统是传统 DSS 的三大支柱之一，是 DSS 最有特色的组成部分之一。与数据库相比，其优势主要在于能为决策者提供推理、比较选择和分析整个问题的相关模型，并且能体现决策者解决问题的途径和方法。随着决策者对问题认识程度的深化，模型也必然会随之发生相应的变化，即模型库系统能灵活地完成模型的存储和管理功能。因此，模型库及其相应的模型库管理系统在 DSS 中占有十分重要的位置。

（4）知识库。当 DSS 向智能方向发展时，知识和推理的研究才显得越来越重要。知识和推理技术的引入才使得 DSS 能够真正达到决策支持所提出的指标。现实世界中大量决策问题都要求 DSS 能够处理半结构化和非结构化问题。这类问题单纯用定量方法是无法解决的。为了使 DSS 能有效地处理这类问题，必须在 DSS 中建立一个知识库，用以存放问题的性质、求解的一般方法、限制条件、现实状态、相关规定、各种规则、因果关系、决策人员的经验等解决问题的相关知识，并建立知识库管理系统。此外，一个成功的 DSS 还应有能够综合利用知识库、数据库和对定量计算结果进行推理及问题求解的推理机，以实现决策和解决问题时的推理功能。

13.2　空间决策支持系统

空间决策支持系统（spatial decision support system，SDSS）是在常规决策支持系统和地理信息系统相结合的基础上发展起来的新型信息系统。SDSS 是由空间决策支持、空间数据库等相互依存、相互作用的若干元素构成，并进行空间数据处理、分析和决策的有机整体，即具有地理空间数据管理、空间分析与模拟及决策分析能力的交互式计算机系统。

13.2.1　空间决策支持系统概述

1. 空间决策支持系统与决策支持系统的差异

SDSS 与一般 DSS 相比较，有其特点，如数据具有明显的空间特征、系统中涉及大量的空间模型与空间分析运算、空间问题比较复杂、不确定性程度也更大。因此，SDSS 比一般 DSS 要复杂一些。具体来说，两者的差异主要体现在以下五个方面。

（1）数据形式不同。空间数据是指以地球表面空间位置为参照的自然、社会和人文经济数据，它们可以具有图形、图像、文字、表格和数字等形式。在空间信息系统中，数据又由三部分组成：①在某个已知参考坐标系中的位置，即几何坐标。②地理实体之间的空间拓扑关系，即通常的点、线、面之间的逻辑关系。③与几何位置无关的属性，是与地理实体相联系的地理变量或地理意义，以定性或定量形式表达的自然、社会、经济要素。

（2）信息获取方式不同。空间数据有专门的获取途径，它们是通过数字化仪、扫描仪或图像处理系统等硬件设备及相应的驱动软件输入空间信息系统。

（3）决策模型不同。SDSS 中有许多特有的空间模型，空间模型有时候可以转化为非空间模型来运算，而非空间模型也可通过在每一个空间单元上实施该模型而空间化。

（4）决策结果的输出不同。SDSS 输出的决策结果多为图形、图像和表格等。

（5）系统结构不同。SDSS 增加了 GIS 空间数据库及数据库管理系统。

2. 空间决策支持系统的分类

从不同的角度 SDSS 有多种分类方法（图 13.1）。根据系统的功能特点，SDSS 可以分为通用开发平台、专用软件工具和具体应用系统三大类；根据技术水平，SDSS 可以分为地理信息系统、空间决策支持系统和空间群决策支持系统三个层次；根据系统的体系结构，SDSS 可以分为单机系统和网络系统两种类型。这样，就构成了如图 13.1 所示的 SDSS 分类体系或分类立方体。

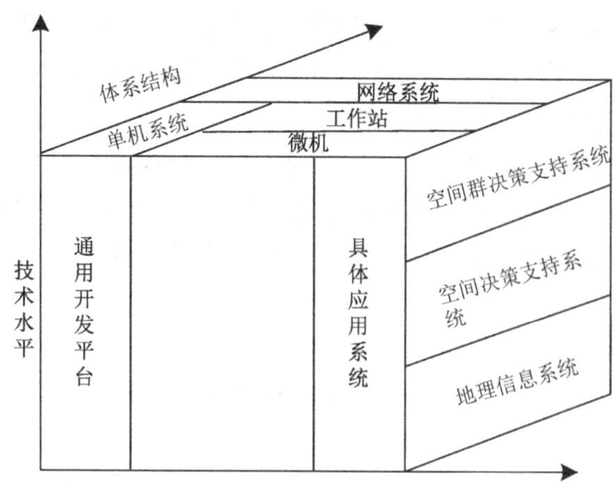

图 13.1　空间决策支持系统的分类体系

3. 空间决策支持系统的功能

SDSS 的最终目的是辅助和支持决策者做出决策。这里，需要特别注意的是：DSS 是辅助决策者进行决策，而不是代替人做决策；其用户一般是相应层次的决策者，而不是计算机专业人员；其能处理的问题一般是半结构化甚至是非结构化的问题，辅助决策的工作方式是人机交互式的。SDSS 是在 GIS 和 DSS 的基础上发展起来的，是信息服务系统的更高层次。实现 SDSS 的关键在于信息的有效提取并加以分析，不在于信息收集与更新的过程。一个有效的 SDSS 应具有以下功能。

（1）及时、准确地向决策者提供信息。决策行为的实效性很强，必须在规定的时间内做出。因此，要求 SDSS 能及时地提供决策者信息，即使不能实时的提供信息，也要在允许范围内尽快地为决策者提供信息。信息的准确性就是反映客观事物的真实性，如果信息不准确，就会误导决策。

（2）提供多层次的信息。决策者所需要的信息大多是经过加工整理、能够反映事物的本质特征和发展趋势的综合信息。而综合信息是建立在对大量信息的收集、存储的基础之上的。因此，SDSS 应能提供多层次的信息访问功能。

（3）多维数据视图及数据挖掘。“维”，就是观察问题的角度，决策分析需要从不同角度观察分析数据，即 SDSS 能为决策者提供多侧面、全方位的信息。数据挖掘功能则帮助决策者一步步深入地进行数据分析，从而找出事物的内在规律，为决策服务。近年来，快速发展的联机分析处理技术（on-line analytical processing，OLAP）和基于数据仓库的数据挖掘技术为实现这一功能奠定了基础。

（4）信息分析功能，包括产生各种固定的及随机的报表、图形，并根据各种基于数学方法的模型进行分析预测功能。

4. 空间决策支持系统的应用

由于社会需求的牵引和技术发展的推动，SDSS 已经发展到了一个新的阶段，在与空间问题有关的各领域内得到了广泛的应用，如城市用地选址、最佳路径选取、定位分析、资源分配和机场净空分析等。

（1）在军事领域的应用，如指挥自动化系统，它是一种用于战场军事地理环境分析和辅助决策的现代军事应用系统，可辅助各级指挥员完整、准确、快速地分析战场环境地理要素，科学地进行军事决策，正确选择作战方向和作战空间，合理地组织军事行动。

（2）在防洪防凌及水量调度决策支持中的应用，如河流的防洪防凌决策支持系统、河流的水量调度管理决策支持系统、抢险救灾决策支持系统。

（3）在大型水利工程中的应用，如基于 GIS 的水利工程移民决策支持系统。

（4）在城市规划、管理决策支持中的应用，如城市公交线路规划决策支持系统、城市房地产管理决策支持系统；在各种管网（电力、通信、供水、煤气等）管理决策支持中的应用，如基于 GIS 的配电网故障后处理决策支持系统。

（5）在生态环境决策支持中的应用，如生态环境监测与规划系统等。

13.2.2　空间决策支持系统的组成

由前对 SDSS 的简述可知，SDSS 是 GIS 与 DSS 有机结合的产物。它在传统 GIS 空间分析功能基础上添加了 DSS 的先进技术，从而使得 GIS 具有更强大的空间决策支持能力，GIS 空间分析技术与专业领域模型的有机结合使得传统的基于数据驱动的 DSS 逐步向基于模型、基于知识与规则的 SDSS 演变。相应的 SDSS 技术体系也由传统的两库结构（数据库+模型库）逐步向三库结构（数据库+模型库+知识库）、四库结构（数据库+模型库+知识库+方法库）转变。因此，可认为 SDSS 由以 GIS 为系统框架的数据库、模型库、方法库，知识库及其管理系统组成（图 13.2）。

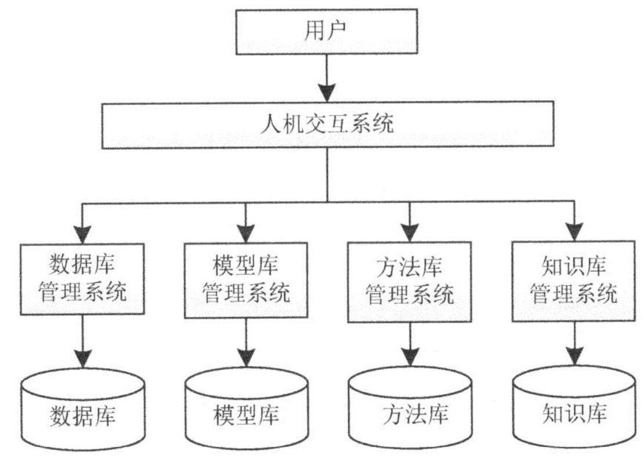

图 13.2　空间决策支持系统的体系结构

1. 数据库

数据库是 SDSS 的基础，任何功能的 SDSS 都是以数据作为其“原材料”进行系统加工，以得到决策的相关知识和模型，而这里所说的数据都更侧重于描述地理空间信息的空间数据。因此，这里的数据库也主要指空间数据库。空间数据库突破了传统数据库主要以文字、数字信息等简单信息载体为分析和管理对象的模式。转而以存储和分析大量区域空间内具有复杂结构和特征信息的数据为主要功能。通常，空间数据库主要存储空间数据和属性数据。因此，SDSS 中的数据也可分为空间数据和属性数据两类。其中，空间数据描述空间实体的几何位置及实体间的空间关系，具有地理位置特征，其内部结构紧密，数据类型一致，内部关系非常复杂。属性数据用以描述实体的自然、社会特性，其相互关系较少，数据类型复杂，结构松散。

SDSS 中的数据分为两类：空间数据和属性数据。空间数据描述空间实体的几何位置，以及实体之间的空间关系、具体地理位置特征。其内部结构较紧密，数据类型一致，内部关系非常复杂。属性数据用以描述实体的自然、社会特性，其相互关系较少，数据类型复杂，结构松散。在 SDSS 数据库设计中，重要的是如何组织和管理空间数据并确保空间数据与属性数据的密切配合。

数据库中数据间的联系主要通过数据模型来实现。数据模型，就是表达实体和实体间的联系形式，是衡量数据库能力强弱的主要标志之一。数据库设计的核心问题就是设计一个合乎要求的数据模型，常用的数据模型有层次模型、网状模型、关系模型及面向对象模型等。选用何种模型，取决于问题的性质和所要表达的实体间联系的形式，不同模型之间并非完全独立，它们之间具有某种联系，可相互转换。对于空间数据库，除了数据模型的确定和转换，还必须根据数据库的功能，选择描述空间实体的数据结构类型，如矢量数据结构、栅格数据结构或两种数据结构类型的结合。在 SDSS 数据库设计中，重要的是组织和管理空间数据并确保空间数据与属性数据的密切配合。数据库管理系统的功能正是对数据进行常规管理和维护，以支持数据的查询和分析，及时准确地为系统提供所需信息，支持模型运算及统计分析，为知识库提供库元素，在决策推理中提供各种基本事实等。

空间数据库及其管理系统共同构成的空间数据库系统，主要负责空间数据及属性数据的存储、空间数据及其对应的属性数据之间的双向查询、辅助空间数据挖掘，同时对空间知识库系统提供支持。空间数据库系统与 SDSS 的关系如图 13.3 所示。

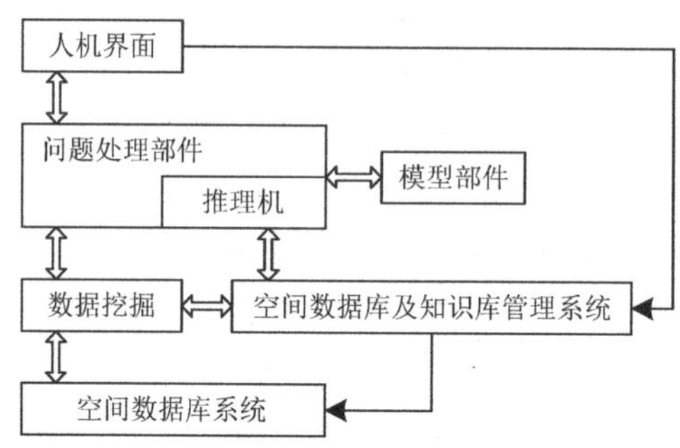

图 13.3　空间数据库系统与 SDSS 的关系

2. 模型库

模型是以某种形式对一个系统的本质属性的描述，以揭示系统的功能、行为及其变化规律。模型是客观世界的一个表征和体现，同时又是客观事物的抽象和概括。模型库是提供模型存储和表示模式的计算机系统。在这个系统中，还包含模型的存储模式，并可进行模型提取、访问、更新和合成等操作，这个软件系统可称为模型库管理系统。

对于 SDSS 来说，模型库是其核心。有人认为，是 GIS 中引入模型库和模型管理系统等概念才导致了 SDSS 的产生与发展，这足以证明模型库在 SDSS 中的地位。在模型库中，模型的作用主要表现在以下几方面。

（1）模型以专业研究为基础。模型的建立绝不是纯数学或技术问题，而取决于专业研究的深入程度。

（2）模型是综合利用大量数据的工具。对系统中存储的形式各异和来源不同的数据的分析、处理及运用，主要通过系统中模型的使用来实现。系统数据的使用效率，取决于模型的数量和质量。

（3）模型是系统解决问题的有力手段。模型客观世界中解决各种实际问题所依赖的规律或过程的抽象或模拟，能有效地帮助人们从各因素之间找出其因果关系或内在联系，促进问题的解决。

（4）模型是系统进一步发展的基础。大量模型的发展和应用，集中和验证了应用领域中许多专家的经验和知识，将使 SDSS 智能化得到进一步发展。

根据模型的空间特征，可分为空间模型和应用模型两类。其中，空间模型主要对系统中各种属性数据进行运算，包括图形运算、空间检索、统计识别、网络分析、空间扩散计算等。应用模型是 SDSS 分析问题、解决问题的基础，通过建立和完善应用模型，不仅可以规范空间辅助决策支持系统的建设，而且可以推进各种专业部门的信息共享。一般应用模型都是根据研究对象的不同而由用户自主开发，多具有可行性、空间性、多元性、智能性和可扩充性的特点。具体的应用模型可分解成模型体和模型描述两部分，其中模型体是模型的功能部分，如图 13.4 所示。模型体由空间数据、非空间数据、空间知识库、非空间知识库、空间算子、非空间算子、空间结果、非空间结果、决策知识库和决策结果组成。空间数据和非空间数据是空间算子和非空间算子的处理对象。空间知识库定义了包括地图投影、空间实体编码（如行政编码、邮政编码、国道编码）、空间运算逻辑与法则等信息，这些信息是空间算子工作时的“参谋”。非空间知识库定义了各种专业背景的数据内容、计算规则和表示方法等，这些信息是空间算子工作时的“参谋”。空间算子和非空间算子构成模型功能的实际内容。空间算子包含了如空间量算、空间关系和空间分析等功能，非空间算子包含了文本挖掘、数据统计与分析等。空间结果和非空间结果分别是空间算子和非空间算子的处理结果，该结果往往表现为统计数字或逻辑关系。决策知识库定义了与各种专业背景相关的知识、决策结果的表示参数等，以空间结果和非空间结果为基础、结合决策知识库最终生成用户的决策结果。模型描述包括模型名称、模型编号、模型设计和实现人、模型功能介绍、模型的使用条件、适用范围、模型参数说明、模型评估与相关模型及方法等。

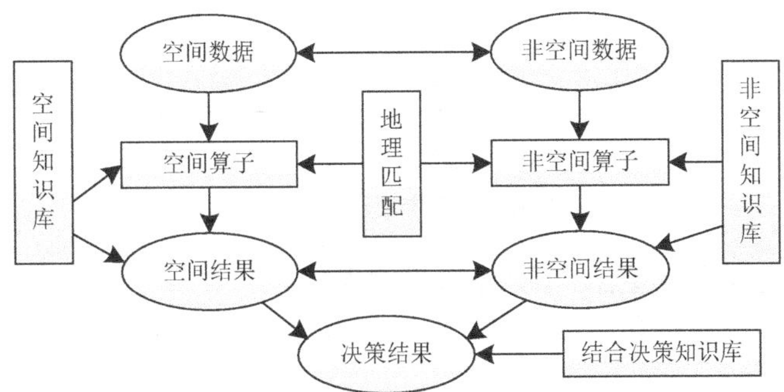

图 13.4　空间决策支持系统应用模型的组成

一般应用模型的建立过程如图 13.5 所示。建模目标，是指模型研究的目的；模型知识，是指通过对现象的试验与观察已有的相关或相同的构造经验和知识，根据 SDSS 的特点可分为空间知识和非空间知识。支持数据，是指通过对现象的观察而获取的空间信息和非空间信息，如矢量地图、数字高程模型数据、统计表等，由这三方面构成了建模过程的输入。模型构造，是指具体的建模技术的运用过程，是模型功能的具体内容。可行性分析与修正，是指

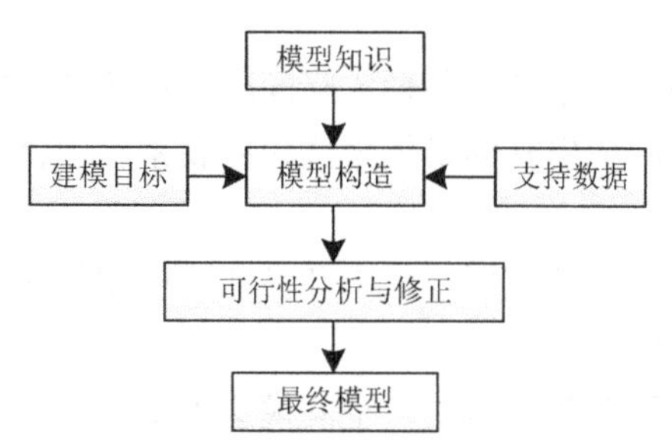

图 13.5　空间决策支持系统应用模型的建立过程

分析所建立的模型是否能满足所有可能的研究目的、对满足的程度和正确性进行评估和模型改进。

以模型库为基础建立起来的模型库管理系统可以快速简便地构造新模型。通过数据库将若干模型连接起来，构成合成模型；对模型进行分类和维护，方便地实现对模型的建立、修改、维护、连接和使用。

模型库系统 MBS（model base system）是模型库和模型库管理系统的总称。其主要功能是对模型进行分类和维护，支持模型的生成、存储、查询、运行和分析应用。模型库系统是开发、管理及应用数学模型的有力工具，它包含多种用于模型管理和生成的子系统。这些系统，可帮助研究人员完成模型的部分工作，提高空间决策支持的科学性和有效性。模型库系统主要包括模型的生成、模型运行及模型管理三个子系统。在模型的生成部分要调用模型方法库中的构造模型的连接方法模块，同时调用模型数据库中的数据字典。模型的运行是在方法库和模型数据库的支持下完成的。模型库系统的基本结构如图 13.6 所示。

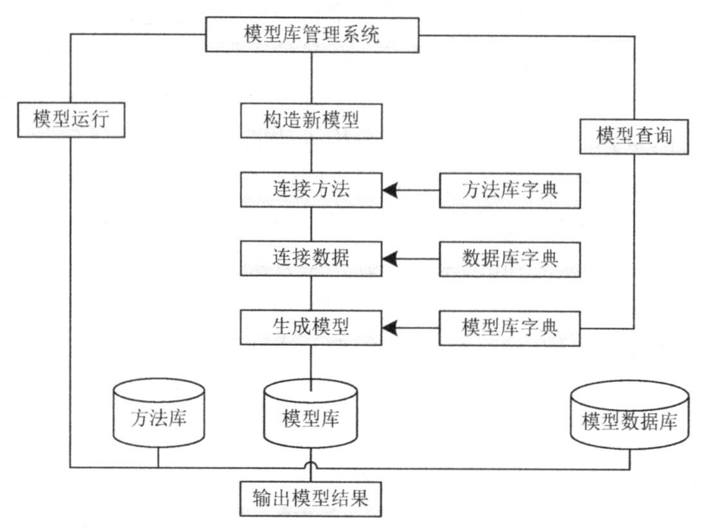

图 13.6　模型库系统的基本结构

模型库系统的基本功能包括以下几个方面的内容。

（1）建立新模型。用户利用系统建立新模型或输入新模型，并自动完成对新增模型的管理。

（2）模型连接。系统按照用户的需求自动将多个模型连接起来运行，同时检查模型之间数据的传输是否合理，若不合理，系统将提示用户不能进行模型连接。

（3）模型查询。系统提供了对库内模型的查询功能，用户通过模型查询，选用适当的模型。

（4）模型库字典及管理功能。系统建有模型库字典以存储关于模型的描述信息，并能完成对模型库字典的管理。当有新模型生成时，系统自动将新模型的有用信息存入字典。实现对新模型的管理。

（5）模型的生成。模型生成是模型运行系统的关键部分。系统可根据用户输入的模型名在模型库内查询出所需运行的模型及其有关信息，其中重要的信息是该模型所使用的方法和模型使用的数据库名称。系统根据这两项内容从方法库内调出该方法的运行程序，从模型数据库中调出该模型所使用的数据，经过连接后投入运行。

（6）模型运行。库内模型的运行与一般模型没有什么不同，唯一的区别在于某方法程序运行结束后，可自动连接模型方法链中下一个环节的方法，直到链内所有的方法运行完成后返回到运行系统模块的控制之下，所有这些步骤中间无须用户的干预。

3. 方法库

“方法”是指在自然科学领域中所采用的基本算法和过程，如数学方法、数理统计方法、经济数学方法等。从计算机角度看，方法是能完成预定功能的程序单位。方法作为程序单位，是完全模块化的。它与外界的信息交换只能通过接口进行。完全模块化的标志之一是，方法接口上有载荷状态报告的参数，指出方法是否被正常地执行了；如属非正常结束，则指出错误类型，这就显著地提高了可靠性。

方法库是方法的荟萃，是方法的可扩充集合。方法库的前身是程序包或程序库。程序库面向具体领域的应用，针对性强，使用频繁，至今仍然不失为科技界使用计算机的肱股。但是，程序库有它的局限性。首先，程序库中的子程序被不同用户程序调用时，每一次都要进行编译、连接，信息冗余量很大。然后，修改程序库中的子程序，所有调用它的用户程序都要相应修改，重新编译连接，牵一动十，花费高，不灵活。最后，为了使用程序库，用户必须熟悉有关程序设计语言和数据管理的规则，这就限制了程序库的用户只能是应用程序员。若干年来，由于计算机应用的推广，大批非数据处理专业的用户涌向终端。许多先进的系统充分考虑了用户成分的这种变化，设计或补充设计了易学易用而功能又强的接口。用户接口是否喜闻乐见、通俗易懂已成为衡量应用系统质量优劣的标准之一。方法库就是在努力克服上述缺点中从程序库脱颖而出的。在方法库中，模块被统一管理，调用时动态连接，避免了代码的冗余。模块的修改可以孤立进行，不会牵动调用程序，减少了开销，提高了灵活性。同时，方法库既考虑应用程序员用户，又考虑了非程序员用户的需要，增加了命令语言接口，从而在经济性与可用性方面显示出明显的优点。

方法库实现模型与方法的分离存储，为模型生成和修改提供了方便，也提高了模型的运行效率。由于方法总是相对成熟和固定的，每一种方法又总是相对独立的，模型对方法来说是一种调用和被调用的关系，方法库为模型库提供了算法上的支持。各种模型共享一类方法或一类模型共享多种方法，实现了软件资源共享。

目前，建立方法库系统的办法是将方法抽象为数据，利用数据库管理系统所具有的功能对方法库进行管理，如数据定义、数据存取、数据查找、并发控制、错误恢复、完全性限制等。方法库系统的结构由方法库、方法库管理系统、内部数据库和用户界面组成。

（1）方法库由方法程序库和方法字典组成。方法程序库是存储方法模块的工具，包括存储方法程序的源码库和目标码库，以及存放方法本身信息的方法、字典等。方法程序有排序算法、分类算法、最短路径法、计划评审技术、线性规划、整数规划、动态规划、各种统计算法、各种组合算法等。方法字典则用来对方法库中的程序进行登录和索引，描述方法信息（名称、类型、使用范围等文字说明）和方法数据抽象（数据存取说明）。

（2）方法库管理系统是方法库系统的核心，是方法库的控制机构。

（3）内部数据库是方法库本身的数据，用于存放输入的数据及经过方法加工后的输出数据。

（4）用户界面包括系统管理员界面、程序员界面和终端用户界面。

4. 知识库

知识来源于客观世界的各种信息，但是它又区别于数据和信息。数据（数值、符号）通常只是事物的名称，单个数据本身不能说明什么。而信息则通过数据之间的某种联系，揭示有意义的概念。知识则是经过提炼加工的信息，是一个或多个信息之间的关联，可用以揭示事物的规律性。知识多以产生式规则表示，以知识文件形式存储。知识具有真实性、相对性、不完全性、模糊性和可表示性的特点。知识可以分为三类，即过程型知识、描述型知识和元知识。

1）过程型知识

传统的数据处理将知识寓于程序中，即程序就代表着系统解决问题所使用的知识。这种知识的表示类型称为过程型知识。过程型知识针对特定的问题，根据具体的处理步骤用一系列过程来表达，所以执行效率非常高，但它有以下缺点：①不易表示大量知识，且知识难于理解和修改；②只适合表达完全正确的知识，稍有含糊的知识就难以用程序表达；③只适合于处理完整、准确的数据。综上所述，过程性知识表示要求待处理的问题具有成熟的解法和完整、准确的数据，这大大地限制了它的适用范围，所以适用性较差。

2）描述型知识

以描述的方式来表示的知识叫做描述型知识。描述型知识包含事实知识和判断知识，事实知识描述有关对象、事件，以及行为等特征。判断知识是指对事实的判断和判断的过程。前者为经验知识，是人类专家从长期丰富的实践经验中自然学到的知识。后者为信念知识，是人类基于主观理解和感情色彩对客观事件的解释和推理过程。描述型知识可以用数据结构来表示，使知识作为一种独立于程序的实体存在，把用于解决问题的知识与程序编制方面的知识有效地分开，描述型知识具有知识表示清晰明确、易于理解、可读性好等优点，同时知识之间联系简单，从而增加了知识的模块性，大大地降低了修改和扩充知识的难度。但描述型知识表示在解决问题时要重复查找适用的知识，所以知识量越多则处理效率就越低。但它的适应性都很好。在知识库中考虑知识的独立性、可维护性，以及知识库的通用性和适应性，采用描述型知识表示是适宜的。

3）元知识

元知识就是关于知识的知识。具体说，元知识可分为以下几类：第一类是有关怎样组织、管理知识的元知识，这些元知识刻画了知识的内容和结构的一般特性，以及分类、综合等有关特征。第二类是有关利用知识求解问题方向的元知识，对领域知识的运用起指导作用。第三关是有关从知识源中获取知识的知识。在这里知识源包括书本、人脑和其他知识系统。

当 SDSS 向智能方向发展时，知识和推理的研究就显得越来越重要。事实上，也只有当知识和推理技术被成功运用于 SDSS 时，才可能真正达到空间决策支持所提出的目标。因此，知识库系统是实现 SDSS 智能化的一个至关重要的环节。人们可以通过演绎推理、归纳推理、联想与类比、综合分析、预测、假设与验证等方式进行知识的推理，并组成知识库。知识库的概念，是数据库概念在知识处理领域的拓展和延伸。知识库的主要任务，还是存储大量的规划、专家经验、有关知识和因果关系等的知识，因此，可将知识库定义为经过分类组织的“知识的一个集合”。一般来说，知识库主要包括事实库、规则库和约束库三部分。事实库存放求解问题的说明性知识、构成信息实体的事实等；规则库中的主要内容是特定领域的规则、定理、定律等过程性知识及说明模型库中各个模型的使用范围、方法及关系的规则信息；约束库主要是说明知识的使用范围和使用条件。

知识库的关键技术是知识的获取和解释、知识的表示、问题求解及知识库的管理和维护，知识的获取和解释是知识库建立的基础。目前，知识获取通常是由知识工程师与专家系统中的知识获取机构共同完成。知识工程师负责从领域专家那里抽取知识，并用适当的模式把知识表示出来；而专家系统中的知识获取机构负责把知识转换为计算机可存储的内部形式，然后把它们存入知识库。常用的知识获取方式有人工移植、机器学习和机器感知三种方式。获取的知识只有在进行适当的表示后才能被加以应用。知识表示的好坏对知识处理的效率和应用范围影响很大，同时还将对知识获取产生直接的影响。知识的表示，就是在计算机中如何用最合适的形式对系统中所需的各种知识进行组织，它与问题的性质和推理控制策略有着密切关系。一般说来，任何一个给定的问题都有多种等价的表示方法，但它们可能产生完全不同的效果。恰当的表示方法使问题明确，并为内部推理提供方便，从而使问题变得容易求解。常用的知识表示法有：谓词逻辑、产生式规则、语义网络、框架、黑板模型、面向对象的表示及几种方法混合使用的表示法。问题求解过程实际上是运用知识进行推理的过程。推理，是指依据一定的原则从已有的事实推出结论的过程。在知识库系统中，推理过程是对知识的选择和运用的过程，称为基于知识的推理。演绎推理和归纳推理是其基本方法和核心内容，知识库的管理和维护工作主要由知识库管理系统来完成。其主要功能是在决策过程中，通过人机交互作用，使系统能够模拟决策者的思维方法和思维过程，发挥专家的经验、推测和判断，从而使问题得到一个满意而又具有一定可信度的解答。

知识库和知识库管理系统共同构成知识库系统。在该系统中，知识库及推理机是其主要功能模块。其中，知识库的功能是向问题处理部件提供所需的各种有用信息，把推理过程中得到的有用知识组织入库，同时调用模型部件中相关的推理模型进行推理。空间知识库还具备知识获取和知识库操作接口，以便于用户添加、修改知识及与其他 SDSS 部件协同工作，推理机的功能是综合利用知识库、数据库和定量计算结果进行推理和问题求解（图 13.3）。知识库、推理机及工作存储器是知识库系统的主要组成要素。

5. 人机交互系统

人机交互系统是 SDSS 与用户之间的交互界面。用户通过该系统控制实际 SDSS 的运行，SDSS 既需要用户输入必要的信息和数据，同时要向用户显示运行情况及最后结果。它有以下几个功能：①提供丰富多彩的显示和对话，对于 SDSS 要有显示空间数据的功能；②输入输出转换功能，系统对输入数据和信息要转换成能够理解和执行的内部表示形式，系统运行结束后应该把系统的结果按一定格式显示或打印给用户；③控制决策支持的有效运行，人机交互系统需要将模型系统、数据系统进行有机综合集成形成系统，并使系统有效运行。

SDSS 中，人机交互的模式主要有以下几种。

1）菜单交互模式

在菜单交互模式中，用户使用输入装置，并选择一项完成一定功能的菜单。菜单以逻辑形式组织和显示，主菜单下面是子菜单；菜单项可包括显示在子菜单中的命令，或者菜单中其他项目及开发工具。当分析复杂情况时，有时需要用几个菜单来构造或使用系统。

2）自然语言

类似于人与人对话的人机交互称为自然语言，目前自然语言对话主要通过键盘进行，有些对话今后将用声音进行输入输出。应用自然语言的主要限制是计算机不能理解自然语言，然而 AI 的不断发展正逐渐增强自然语言对话的功能。

3）图形用户接口

在图形用户接口模式中，用户通常可直接操纵用图标（或符号）表示的对象，如用户可用鼠标或光标指向图标，然后移动、放大或显示有关细节。图形能以更清楚表达数据含义的方式表达信息，并且能让用户看到数据之间的关系，因此在数字和数据通信中，人们早已认识到了图表和图形的价值。计算机图形技术使用户在没有图形专家的帮助下，可以快速和经济地产生图形信息，还可以应用动画技术表示信息。

一个完备的人机交互系统由硬件和软件包组成，硬件会影响人机交互部件的功能、性能和可用性。硬件的选择要受到本单位客观条件的限制，这时硬件就成为建立人机交互的制约。对于批处理模式的 SDSS 来说，恰当的硬件包括输出设备（如打印机）及输入中介（如卡片、表格等）。对于交互作用式 SDSS 来说，恰当的硬件是终端及相关的输入设备（如光笔、键盘、音频单元及输入板等）。研制 SDSS 软件的费用大多数是用于开发和维护实现人机交互部分的软件。而软件包就是能够用于实现其他程序的一部分程序集合体。对于人机交互部分来讲，最有用的是支持所选硬件设备的输入和输出命令的软件包。

13.2.3 空间决策支持系统的实现方法

SDSS 的实现需要将处理空间地理现象的 GIS 技术和 DSS 技术集成起来，以实现空间数据与属性数据的联合管理，空间分析模型与专业模型的连接。但由于专业模型通常都是独立于 GIS 在各个领域发展起来的，其规模和复杂程度不亚于 DSS。同时，空间数据的复杂性也进一步增加了 GIS 与专业模型集成的难度，GIS 的数据模型仍然缺乏地理模拟所需的时空结构，GIS 软件也不具有同时处理空间和时间数据的结构化可变性，以及建立和检验过程模型的算法可变性。综上所述，SDSS 的构建可以通过集成 GIS 和 DSS 的方式进行。

关于 DSS 和 GIS 的结合，一般有三种模式（表 13.1）。

（1）集成 DSS 开发模式（模式Ⅰ），即将装有各种分析模型的部件和 GIS 软件包集成为一个统一的支持环境。该模式要求 GIS 开发商不断完善 GIS 空间分析工具，以便在 GIS 空间分析工具基础上形成一个空间模型管理系统。

（2）GIS 建模方式（模式Ⅱ），即利用 GIS 软件本身的一些建模功能建立数值分析模型，使系统具有有限的决策支持功能。该模式相当于把具有分析功能的 GIS 作为 SDSS，其决策支持的能力不够理想。

（3）模型/GIS 连接模式（模式Ⅲ），即通过数据文件将 DSS 和 GIS 结合起来。此模式又可分为紧耦合和松耦合两种方式。松耦合方式是指 GIS 系统与空间模型库系统通过文件系统（如 ASCII 格式或二进制格式文件）来交换信息。紧耦合的方式是指应用程序和人机接口的建立既可通过 GIS 应用平台提供的脚本语言及 API 来实现，也可以通过通用的 4GL（第四代语言）开发工具来实现，然后利用 OLE（对象连接或嵌入）或 DDE（动态数据交换）等方式来利用 GIS 的空间数据库管理和空间数据显示功能以实现紧耦合的集成方式。

从表 13.1 可以得出，从用户的角度来看，模式Ⅰ功能最全面，决策支持的效果最好，但就目前的技术进展，实现难度极大；模式Ⅱ虽然在耦合程度及系统统一性方面都比较好，且实现难度一般，但其主要功能——决策支持能力太弱，显然不能满足实际问题的需要；而模式Ⅲ，虽然在耦合程度及系统统一性方面较模式Ⅰ与模式Ⅱ都差些，但其实现难度较模式Ⅰ简单许多，同时决策支持能力也较模式Ⅱ强。故模式Ⅲ可认为是比较实际、也较可行的模式。折中选择开发模式，是成功构造基于 GIS 的 SDSS 的关键。

表 13.1　GIS 与 DSS 的三种结合模式比较

模式＼指标	耦合程度	系统统一性	决策支持能力	实现难度
模式Ⅰ	高	好	强	难
模式Ⅱ	高	好	弱	一般
模式Ⅲ	低	差	较强	简单

此外，从 GIS 功能的角度对 SDSS 实现模式进行分析，具体为：

（1）GIS 作为一个独立软件系统时，需要具有完整的功能结构，而作为 DSS 的一部分时，其主要目的在于为决策者提供决策对象及其环境的空间状态演变的地图，以及基于地图的各种视图操作和信息处理，因此只要按需选取 GIS 的部分功能，而不必面面俱到。

（2）GIS 的一些功能，如查询、分析等，在 DSS 中存在相似模块，因此可通过 DSS 中已有功能得到。查询可利用数据库管理功能，分析模块则可作为一个或多个模型加入模型库，由模型管理子系统统一管理，这样不仅可减少系统的功能冗余，提高系统的一致性，还可降低开发费用。

（3）目前，GIS 软件的数据格式均遵循某种标准，如 ArcGIS 的 Shp 格式、MapInfo 的 Mif 格式、AutoCAD 的 Dxf 格式等，因此只要系统设计一个数据转换接口，即可将其他 GIS 的数据转为己用，这样大部分数据处理等一次性的工作（如原始数据录入、修正等）可以在后台借用其他图形处理软件完成。

基于以上两方面的分析，基于 GIS 的 SDSS 的合理模式是以现有的 DSS 为核心，扩展其支持双向查询等空间分析的能力，并增加图形数据管理功能，提供对地图的各种操作，即模式Ⅲ的集成方式。这样构造的 SDSS 系统的基本结构与一般 DSS 相同，只是在模型管理和数据管理中增加了有关图形查询和空间分析的功能，并建立一个空间数据库管理系统管理有关的视图操作及与其他系统交换图形数据，同时为了使系统能够正确区分各命令处理对象（图形、文本和模型等），在系统中增加一个人机交互系统，该模块将用户的菜单选择、模型对数据（文本和图形）的调用，以及各种图形操作和查询处理为一定的命令序列，再分给各种功能子系统处理，并将处理结果回送给调用者。

主要参考文献

艾廷华, 祝国瑞, 张根寿. 2003. 基于Delaunay三角网模型的等高线地形特征提取及谷地树结构化组织. 遥感学报, 7(4): 292-298.

曹志月, 刘岳. 2002. 一种面向对象的时空数据模型. 测绘学报, 31(1): 87-92.

陈军. 1995. 用非第一范式关系表达GIS时态属性数据. 武汉测绘科技大学学报, 20(1): 12-16.

陈述彭, 鲁学军, 周成虎. 2000. 地理信息系统导论. 北京: 科学出版社.

楚义芳. 1988. 地理学的逻辑方法和基本法则. 地理学报, 03: 43.

崔铁军. 1990. 地图数据库管理系统设计与实现. 解放军测绘学院学报, (1): 98-102.

邓敏. 2013. 空间关系理论与方法. 北京: 科学出版社.

丁志雄, 李纪人, 李琳. 2004. 基于GIS格网模型的洪水淹没分析方法. 水利学报, (06): 56-60.

杜世宏, 王桥, 秦其明. 2007. 空间关系模糊描述与组合推理. 北京: 科学出版社.

高安秀树. 1989. 分数维. 北京: 地震出版社.

龚健雅. 1997. GIS中面向对象时空数据模型. 测绘学报, 26(4): 289-297.

郭继发. 2010. 基于区间Ⅱ-型模糊集的重大自然灾害多尺度空间分析研究和应用. 北京: 中国科学院遥感应用研究所博士学位论文.

郭利华, 龙毅. 2002. 基于DEM的洪水淹没分析. 测绘通报, (11): 25-27.

郭仁忠. 1996. 空间分析. 武汉: 测绘科技大学出版社.

郭仁忠. 2001. 空间分析. 北京: 高等教育出版社.

何建华, 刘耀林, 俞艳. 2008. 不确定拓扑关系模糊推理. 测绘科学, 33(2): 107-109.

贺瑜. 2009. 基于多智能体的土地利用行为研究. 武汉: 武汉大学博士学位论文.

黄培之. 2001. 提取山脊线和山谷线的一种新方法. 武汉大学学报:信息科学版, 26(3): 247-252.

黄杏元, 马劲松. 2008. 地理信息系统概论(第3版). 北京: 高等教育出版社.

姜晓轶. 2005. 基于OpenGIS简单要素规范的面向对象时空数据模型研究. 上海: 华东师范大学博士学位论文.

康塔尼克. 2003. 数据挖掘：概念、模型、方法和算法. 门四清, 等译. 北京：清华大学出版社.

柯丽娜, 刘登忠, 刘海军. 2003. 基于特征的时空数据模型用于地籍变更的探讨. 测绘科学, 28(4): 58-61.

李德仁等. 1993. 地理信息系统导论. 北京: 测绘出版社.

李厚强, 刘政凯, 林峰. 2001. 基于分形理论的航空图像分类方法. 遥感学报, 5(5): 353-357.

李天文, 刘学军, 陈正江,等. 2004. 规则格网DEM坡度坡向算法的比较分析. 干旱区地理, 27(3): 398-404.

李小娟, 尹连旺, 崔伟宏. 2002. 土地利用动态监测中的时空数据模型研究. 遥感学报, 6(5): 370-375.

李忠娟, 马孝义, 朱晖,等. 2013. GIS环境下基于DEM的水文特征提取. 人民黄河, 35(2): 16-18.

梁进社. 2009. 地理学的十四大原理. 地理科学, 29(3): 307-315.

廖平. 2007. 分割逼近法快速求解点到复杂平面曲线最小距离. 计算机工程与应用, 45(10): 163-164.

廖平. 2009. 基于分割逼近法和遗传算法的复杂平面曲线形状误差计算. 机械科学与技术, 09: 1121-1124.

林广发. 2004. 基于事件的时空数据模型. 测绘学报, 33(3): 282.

刘纯平, 陈宁强, 夏德深. 2003. 土地利用类型的分数维分析. 遥感学报, 7(2): 136-141.

刘仁义, 刘南. 2001. 一种基于数字高程模型DEM的淹没区灾害评估方法. 中国图象图形学报, (2): 118-122.

刘湘南, 黄方, 王平. 2007. GIS空间分析原理与方法. 北京: 科学出版社.

刘学军, 龚健雅, 周启鸣,等. 2004. 基于DEM坡度坡向算法精度的分析研究. 测绘学报, 33(3): 258-263.

陆锋, 李小娟, 周成虎, 等. 2001. 基于特征的时空数据模型: 研究进展与问题探讨. 中国图象图形学报, 6(9): 830-835.

牛方曲, 朱德海, 程昌秀. 2006. 改进基于事件的时空数据模型. 地球信息科学, 8(3): 104-108.
潘玉君. 2003. 地理学元研究: 地理学的理论结构. 云南师范大学学报, 23(2): 49-54.
沈燕. 2013. ArcGIS 在 DEM 地形特征点方面的应用. 新疆有色金属, (3):37-38.
舒红, 陈军, 杜道生, 等. 1997. 面向对象的时空数据模型. 武汉测绘科技大学学报, 22(3): 229-233.
宋玮. 2005. 时空数据模型及其在土地管理中的应用研究. 郑州: 中国人民解放军信息工程大学博士学位论文.
谭永滨, 李霖, 王伟, 等. 2013. 本体属性的基础地理信息概念语义相似性计算模型. 测绘学报, 42(5): 782-789.
汤国安, 杨玮莹, 杨昕, 等. 2003. 对 DEM 地形定量因子挖掘中若干问题的探讨. 测绘科学, 28(1):28-32.
汤国安, 杨昕. 2012. ArcGIS 地理信息系统空间分析实验教程. 北京:科学出版社.
万洪涛, 周成虎, 万庆,等. 2001. 地理信息系统与水文模型集成研究述评. 水科学进展, 12(4): 560-568.
王耀建. 2013. 基于 GIS 的水文信息提取——以深圳市光明森林公园水文分析计算为例. 亚热带水土保持, 25(3): 61-62.
王铮. 2011. 计算地理学的发展及其理论地理学意义. 中国科学院院刊, 04: 423-429.
王中根, 刘昌明, 吴险峰. 2003. 基于 DEM 的分布式水文模型研究综述. 自然资源学报, 18(2): 168-173.
魏国, 姜海, 黄介生, 等. 2006. GIS 环境下基于 DEM 的流域分析. 中国农村水利水电, (10): 12-16.
魏文秋, 于建营. 1997. 地理信息系统在水文学和水资源管理中的应用. 水科学进展, (3): 296-300.
吴立新, 史文中. 2003. 地理信息系统原理与算法. 北京: 科学出版社.
吴长彬, 闾国年. 2008. 一种改进的基于事件-过程的时态模型研究. 武汉大学学报: 信息科学版, 33(12): 1250-1253, 1277.
夏德深, 金盛, 王健. 1999a. 基于分数维与灰度梯度共生矩阵的气象云图识别(Ⅰ)——分数维对纹理复杂度和粗糙度的描述. 南京理工大学学报, 23(3): 278-281.
夏德深, 金盛, 王健. 1999b. 基于分数维与灰度梯度共生矩阵的气象云图识别(Ⅱ)——灰度梯度共生矩阵对纹理统计特征的描述. 南京理工大学学报, 23(4): 289-292.
向郑涛. 2012. 基于元胞自动机的交通流建模及实时诱导策略研究. 上海: 上海大学博士学位论文.
徐昔保. 2007. 基于GIS与元胞自动机的城市土地利用动态演化模拟与优化研究. 兰州: 兰州大学博士学位论文.
徐志红, 边馥苓, 陈江平. 2002. 基于事件语义的时态 GIS 模型. 武汉大学学报: 信息科学版, 27(3): 310-313.
闫浩文, 褚衍东. 2009. 多尺度地图空间相似关系基本问题研究. 地理与地理信息科学, 25(4): 42-45.
闫浩文, 郭仁忠. 2002. 基于 Voronoi 图的空间方向关系形式化描述研究(一). 测绘科学, 27(1): 24-27.
杨慧. 2013. 空间分析与建模. 北京：清华大学出版社.
尹章才. 2002. GIS 中基于特征的数据模型. 国土资源科技管理, 19(2): 50-53.
尹章才, 李霖. 2005. 基于快照-增量的时空索引机制研究. 测绘学报, 34(3): 257-261, 282.
袁江红, 欧建良, 查正军. 2009. 等值线 DEM 地形特征点提取与分类. 现代测绘, 32(3): 3-6.
张丰, 刘南, 刘仁义, 等. 2010. 面向对象的地籍时空过程表达与数据更新模型研究. 测绘学报, 39(3): 303-308.
张宏. 2006. 地理信息系统算法基础. 北京: 科学出版社.
张鸿辉. 2011. 多智能体城市规划空间决策模型及其应用研究. 长沙: 中南大学博士学位论文.
张慧芳. 2011. 基于元胞自动机的上海土地利用_覆盖变化动态模拟与分析. 上海: 华东师范大学博士学位论文.
张赛, 廖顺宝. 2011. 多年平均气温空间化 BP 神经网络模型的模拟分析. 地球信息科学学报, 13(4): 534-537.
张振, 宋亚娅. 2014. GIS 环境下基于 DEM 流域水文地理信息的提取. 地下水, (6): 25-30.
郑新奇. 2012. 论地理系统模拟基本模型. 自然杂志, 03: 143-149.
周启鸣, 刘学军. 2006. 数字地形分析. 北京: 科学出版社.
朱庆, 胡明远, 黄丽慧. 2009. 基于多层次事件的三维房产动态表示. 武汉大学学报: 信息科学版, 34(3): 326-330.

朱庆, 赵杰, 钟正,等. 2004. 基于规则格网 DEM 的地形特征提取算法. 测绘学报, 33(1): 77-82.

朱长青, 史文中. 2006. 空间分析建模与原型. 北京: 科学出版社.

朱智伟, 莫家庆. 2000. Koch 曲线的分形维数及计算机模拟. 西江大学学报, (2): 26-30.

祝国瑞. 1993. 地图设计. 广州: 广东省地图出版社.

祝红英, 顾华奇, 桂新, 等. 2009. 基于 ArcGIS 的洪水淹没分析模拟及可视化. 测绘通报, (05): 66-68.

Han Jiawei, Kamber Micheline, Pei Jian. 2012. 数据挖掘: 概念与技术(原书第 3 版). 范明, 孟小峰译. 北京: 机械工业出版社.

Han J W, Kamber M. 2012. 数据挖掘: 概念与技术(第 3 版). 北京: 机械工业出版社.

Angran G. 1988. A framework for temporal geographic information systems. Cartographica, 25(3): 1-14.

Bacao F, Lobo V, Painho M. 2005. The self-organizing map, the Geo-SOM, and relevant variants for geosciences. Computers Geosciences, 31(2): 155-163.

Bailey T C, Gatrell A C. 1995. Interactive spatial data analysis. Ecology, 22(8).

Bjørke T. 2004. Topological relations between fuzzy regions: Derivation of verbal terms. Fuzzy Sets and Systems, 141:449-467.

Boocii G, Rumbaugi J, Jacobson I. 2005. The Unified Modeling Language User Guide, 2ed. Delhi: Pearson Education India.

Clementini E, Felice Di P, Hernandez D. 1997. Qualitative representation of positional information. Artificial Intelligence, 95(2):317-356.

Dilo A. 2006. Representation of and reasoning with vagueness in spatial information:A system for handling vague objects. PhD thesis (Enschede: ITC).

Frank U. 1991. Qualitative spatial reasoning about cardinal directions//Mark D, White D. Proceedings of Austrian Conference on Artificial Intelligence: 157-167.

Galton A. States, 2012. Processes and events and the ontology of casual relations//Proceedings of the 7th International Conference on Formal Ontology in Information Systems(FOIS). Amsterdam: IOSPress：279-292.

Goodchild M F. 1987. A spatial analytical perspective on geographical information systems. Geographical Information Systems, 1(4): 327-334.

Goyal A R. 2000. Similarity assessment for cardinal directions between extended spatial objects. Maine: master's degree thesis, University of Maine.

Iiagerstrand T. 1970. What about people in regional science. Papers of the Regional Science Association, 24(1): 7-24.

Langran G. 1989. A review of temporal database research and its use in GIS applications.International Journal of Geographical Information Systems, 3(3): 215-232.

Langran G. 1992. Time in Geographic Information Systems. London：Taylor & Francis.

Liu K, Shi W Z. 2009. Quantitative fuzzy topological relations of spatial objects by induced fuzzy topology. International Journal of Applied Earth Observation and Geoinformation, 11(1): 38-45.

Openshaw S, Openshaw C. 1997. Artificial Intelligence in Geography. Chichester: John Wiley & Sons.

Pang Y C. 2002. Development of process-based model for dynamic interaction process in spatiotemporal GIS. GeoInformatica, 6(4): 323-344.

Peuquet D J, Duan N. 1995.An event-based spatiotemporal data model for geographic information systems. International Journal of Geographical Information Systems, 9(1): 7-24.

Peuquet D J, Duan N. 1995. An event_based spatiotemporal data model (ESTDM) for temporal analysis of geographical data. International Journal of Geographical Information, 9(1): 7-24.

Peuquet D J. 1984. A conceptual framework and comparison of spatial data models. Cartographica, 21(4): 66-113.

Rodriguez M A. 2000. Assessing semantic similarity among spatial entity classes. Maine: Doctor Dissertation, University of Maine.

Tang X. 2004. Spatial object modeling in fuzzy topological space: with applications to land cover change. Itc

Dissertation Number: 427-434.

Tversky. 1997. Features of similarity. Psychological Review, 84(4): 327-352.

Usery E L. 1996. A feature-based geographic information system model. Photogrammetric Engineering & Remote Sensing, 62(7): 833-837.

Worboys M F. 1992. A model for spatio-temporal information//Proceedings of the 5th International Symposium on Spatial Data Handling: 2.Columbia: University of South Carolina: 602-610.

Worboys M F. 1992.A model for spatio-temporal information//Proc. of the 5th International Symposium on Spatial Data Handling. Chan-leston：IGU Commission on GIS: 602-610.

Worboys M F. 1994. A unified model forspatial and temporal information. The Computer Journal, (1): 26-34.

Worboys M F. 2005. Event-oriented approaches to geographic phenomena. International Journal of Geographical Information Science, 19(1): 1-27.

Worboys M, Hornsby K.2004.From objects to events: GEM, the Geospatial event model//Proceedings of the Third International Conference on GIScience. Berlin: Springer-Verlag: 327-344.

Yin Zhangcai, Li Lin, Ai Zixing. 2003. A study of spatio-temporal data model based on graph theory. Acta Geodaetica et Cartographica Sinica, 32(2): 168-172.

Yuan M. 1994. Representation of wildfire in geographic information systems. Buffalo: Department of Geography, State University of New York.

Yuan M. 2001. Representing complex geographic phenomena in GIS. Cartography and Geographic Information Science, 28(2): 83-95.

Zhan F B. 1998. Approximate analysis of binary topological relations between geographic regions with indeterminate boundaries. Soft Computing, 2: 28-34.